Blog Boosting

Robert Weller, Michael Firnkes

Blog Boosting

Content | Marketing | Design | SEO

mitp

Bibliografische Information der Deutschen Nationalbibliothek

Die Deutsche Nationalbibliothek verzeichnet diese Publikation in der Deutschen Nationalbibliografie; detaillierte bibliografische Daten sind im Internet über <http://dnb.d-nb.de> abrufbar.

Bei der Herstellung des Werkes haben wir uns zukunftsbewusst für umweltverträgliche und wiederverwertbare Materialien entschieden.
Der Inhalt ist auf elementar chlorfreiem Papier gedruckt.

ISBN 978-3-95845-022-6
2. Auflage 2015

www.mitp.de
E-Mail: mitp-verlag@sigloch.de
Telefon: +49 7953 / 7189 - 079
Telefax: +49 7953 / 7189 - 082

Lektorat: Miriam Robels
Sprachkorrektorat: Petra Heubach-Erdmann
Covergestaltung: Robert Weller, Anika Wilms
Satz: III-satz, Husby, www.drei-satz.de
Druck: Medienhaus Plump GmbH, Rheinbreitbach
Bildnachweis: ©kras99, fotolia.de

Inhaltsverzeichnis

Einleitung

Als Michael 2011 die erste Auflage von *Blog Boosting* veröffentlichte, war das professionelle Bloggen hierzulande sprichwörtliches Neuland. Geld mit dem eigenen Blogportal zu verdienen oder gar den eigenen Lebensunterhalt damit zu bestreiten, das galt als eher ungewöhnlich. Informierende Berufsbilder waren dem klassischen Journalismus vorbehalten, während es in den USA schon seit mehreren Jahren eine sogenannte ProBlogger-Szene gab. Auch von Unternehmen betriebene Corporate Blogs hatten noch längst nicht die Bedeutung, die sie heutzutage genießen. Vor allem der Hype rund um das Thema »Content-Marketing« hat jedoch erheblich dazu beigetragen, in Blogs eine effiziente Form der Vermarktung zu sehen.

Mittlerweile verfügen selbst viele »kleine« Selbstständige unterschiedlichster Branchen über einen eigenen Blog und berichten – auch aufgrund hochwertiger Inhalte – teils über erstaunliche Erfolge, denn schließlich ist ein guter Blog gleichfalls ein Aushängeschild. Er dient einer guten Sache, der Verbreitung eines Themas, dem Aufbau von Wissen, dem Gewinnen von »Fans« für Autoren und Künstler, dem Erlangen eines Expertenstatus, der Kundenbindung und vielem Weiteren mehr.

Heutzutage ist es nicht mehr so einfach, einen neuen Blog zu etablieren. Das liegt zum einen an der wachsenden Konkurrenz, zum anderen an einem (leider) sinkenden Qualitätsbewusstsein: Einige neuere (Corporate) Blogger betrachten ihre Webseite eher als Mittel zum Zweck. Sie wollen möglichst schnell eine möglichst große Reichweite aufbauen, um den Umsatz anzukurbeln. Teils setzen sie dabei auf Vermarktungsmethoden, die sich nicht mit den ursprünglichen Zielen der Blogosphäre vereinbaren lassen – etwa was die Punkte einer größtmöglichen Transparenz oder den Mehrwert für die Leser anbelangt.

Wenn sich professionelle Blogger in den Dienst ihrer Leser und des Blog-Themas stellen, dann ist der Erfolg nach wie vor möglich. In diesem Sinne ist die Neuauflage *Blog Boosting* durchaus ein Plädoyer für mehr Qualität und für eine Rückbesinnung. Auch wenn das Marketing und die zugehörigen Tipps in diesem Buch wichtig sind, um Inhalte und Wissen voranzubringen, dürfen die Tugenden, die Blogs und Blogger »groß« gemacht haben, nicht in Vergessenheit geraten. Hinzu kommt, dass Blogleser zu Recht kritischer werden. Sie schauen genauer hin, wie private oder unternehmerische Blogger agieren. Blogs rein als billige Werbemaschine zu betrachten oder gar mit Schleichwerbung zu arbeiten, funktioniert glücklicherweise immer seltener. Nur wer die Leser mit besonders nützlichen, neuen oder unterhaltsamen Inhalten voranbringt, nur wer tatsächlich etwas Werthaltiges zu sagen hat, der kann von der Macht dieses Mediums profitieren. Und das ist gut so, denn es verhilft jenen Bloggern zum Erfolg, die glaubwürdig und qualitätsbewusst arbeiten.

Mit Robert kam für diese Auflage ein erfahrener zweiter Blogprofi hinzu, dessen Erfahrung bis ins Social-Media-Marketing und die grafische Gestaltung reicht. Auch er hat sein einstiges Hobby zum Beruf gemacht. Sie als Leser profitieren somit von noch mehr Know-how aus der Praxis – sowohl im Corporate als auch im Profi-Blogger-Umfeld. Eine kleine Anekdote am Rand: Die Zusammenarbeit kam über einen Aufruf in Michaels Blog zustande. So wie immer mehr Blogger über ihr Portal einen Arbeitgeber, spannende Projekte oder potenzielle Kunden finden, so ist auch dies ein Beispiel dafür, wie gut Blogs wirken.

Wir würden uns freuen, wenn *Blog Boosting* dazu beiträgt, den einen oder anderen Blog erfolgreicher zu machen. Dabei ist der gemeinsame Austausch unter den Lesern – und mit uns Autoren – wichtig. Michael erreichten in der Vergangenheit sehr viele Anfragen von Lesern, die er nicht immer in vollem Umfang beantworten konnte. Aus diesem Grund haben wir eine Facebook-Gruppe gegründet, in der wir uns austauschen können (Link zur Gruppe: http://on.fb.me/1eeUi85). Zusätzlich dazu verwenden wir in allen sozialen Netzwerken das Hashtag #BlogBoosting, um uns über das Buch und das Thema zu unterhalten. Unser Ziel ist, dass Sie dadurch nicht nur Fragen auf Ihre Antworten erhalten, sondern gleichzeitig auch vom Wissen anderer Blogger profitieren können.

Weitere Hinweise

- Um eine gute Lesbarkeit zu bieten, verzichten wir darauf, mit männlichen und weiblichen Formen zu arbeiten. Auch bei Berufsbezeichnungen und Ähnlichem mehr nutzen wir nur eine Variante. Dies stellt keinerlei Wertung dar.

- Private Blogger wundern sich möglicherweise über die ungewohnte Ansprache in der »Sie«-Form. Da sich das Buch jedoch auch an Corporate Blogger richtet und das Duzen in Fachbüchern unüblich ist, haben wir uns für diese Vorgehensweise entschieden.

- Corporate Blogger sollten die Tipps für private Blogger ebenso lesen wie umgekehrt. Beide Seiten können voneinander lernen. Bei vielen Blog-Marketing-Themen ist Querdenken und eine gewisse Abstraktion auf das eigene Thema notwendig und hilfreich.

- Dieses Buch ist stellenweise blogähnlich aufgebaut. Das bedeutet, dass wir an einigen Stellen auf weiterführende Beiträge verweisen, um nicht den Rahmen zu sprengen. Dies ist dem unterschiedlichen Wissens-, aber auch Interessensstand der Leser geschuldet. Sie können somit selbst entscheiden, welches Thema Sie wie vertiefen möchten. Eine Liste mit allen Links aus dem Buch finden

Sie in Roberts Blog unter `www.toushenne.de/blog-boosting-links.html`. Scannen Sie den folgenden QR-Code, um direkt zur Seite zu gelangen.

- Machen Sie sich beim Lesen Notizen (gerne auch im Buch selbst, hierfür haben wir an einigen Stellen entsprechenden Platz geschaffen) oder arbeiten Sie mit Klebezetteln und anderen Mitteln. Leser der ersten Auflage berichteten uns, dass sie sich somit ihren eigenen kleinen Blog-Erfolgsfahrplan erstellen konnten. Auch später können Sie auf diese Weise jederzeit auf Hinweise zurückgreifen, die Sie noch nicht umgesetzt haben.

- Wir haben ganz bewusst darauf verzichtet, den technischen Einstieg in das Bloggen mit WordPress & Co. näher zu erläutern. Hierfür gibt es bessere Ratgeber. Zudem wollten wir uns auf den vielschichtigen Aspekt des Marketings konzentrieren, der ansonsten womöglich zu kurz gekommen wäre. Wenn Sie noch vor der Einrichtung Ihres ersten Blogs stehen, so können Sie dieses Buch trotz der fehlenden technischen Kenntnisse lesen. Bei vielen der genannten Tipps und Tricks macht es sogar durchaus Sinn, diese im Vorfeld Ihrer zukünftigen »Karriere« als professioneller Blogger zu studieren. Somit können Sie von Beginn an möglichst erfolgreich vorgehen – und typische Anfängerfehler vermeiden.

Danksagungen

Wir möchten die Gelegenheit nutzen, den Menschen zu danken, die uns beim Schreiben dieses Buches unterstützt haben. Das sind vor allen unsere Familien, für die wir in den vergangenen Monaten weniger Zeit hatten, aber auch unsere Freunde und Kollegen, die uns mit ihrem Wissen und ihrer Erfahrung unterstützt haben. Ein besonderer Dank geht daher an alle Experten, die uns Antwort auf ganz spezielle Fragen gegeben haben. Sie werden sie im Verlauf dieses Buches immer wieder antreffen. Ein großes Dankeschön geht ebenfalls an alle Leser der Erstauflage von *Blog Boosting*, die uns – zusammen mit dem mitp-Verlag und unserer Lektorin Miriam Robels – Mut gemacht haben, eine Neuauflage zu schreiben. Wir wünschen Ihnen daher viel Spaß beim Lesen von *Blog Boosting* und vor allem viel Erfolg beim Bloggen!

Robert Weller und **Michael Firnkes**

Die Autoren

 **Robert Weller** debütiert mit der Neuauflage von *Blog Boosting* als Fachbuchautor. Noch als freiberuflicher Grafiker entdeckte er seine Leidenschaft für das Schreiben, als er 2011 sein Online-Portfolio um einen Blog erweiterte, um dort über die Bedeutung von Design im Marketing zu schreiben. In den vergangenen Jahren hat sich sein Interesse auf die verschiedenen Teildisziplinen des Inbound Marketings ausgeweitet, besonders auf das professionelle Bloggen, Content Marketing und Content Design.

Nach seinem Universitätsabschluss und mit einer zusätzlichen Zertifizierung als Online-Marketing-Manager wurde er zunächst in einem mittelständischen Sport-E-Commerce-Unternehmen tätig. Dort entwickelte er durch seine Arbeit in verschiedenen Abteilungen ein umfassendes Verständnis für die unterschiedlichen Marketingdisziplinen. Nach einem Exkurs in die Agenturbranche ist er derzeit wieder unternehmensseitig für Inbound- und Content-Marketing verantwortlich und gibt auf Konferenzen und in Seminaren sein Wissen weiter.

Seinen eigenen Blog erreichen Sie unter `www.toushenne.de`, bei Twitter finden Sie ihn unter `@toushenne`.

Blogsteckbrief

Gründung: 2011

Blog-System: Contao

Thema: Strategisches Marketing mit den Schwerpunkten Inbound- und Content-Marketing sowie Content Design

Mission: Inbound Marketing als ganzheitliches Marketingkonzept im deutschsprachigen Raum bekannt machen und die Bedeutung von Design im Marketing als Teil der Marketingstrategie hervorheben.

Nächstes Projekt: Ein Fachbuch über Content Design

© Christine Halina Schramm

Michael Firnkes – Autor und hauptberuflicher Blogger – schrieb 2011 die erste Auflage von *Blog Boosting*. Er zählt zu den ersten professionellen Bloggern im deutschsprachigen Raum: Mehrere Jahre lebte er komplett von den Werbeeinnahmen seiner Portale.

Zuvor arbeitete der studierte Informatiker als Marketing- und CRM-Manager, unter anderem bei einem der größten Internetportale Deutschlands. Er schrieb mehrere Fachbücher zum Thema Online-Marketing. Sein beruflicher Werdegang ist bloggertypisch »bunt«.

Heute arbeitet er als Corporate Blogger. Zudem hält er Seminare zu den Themen Corporate Blog und Content-Marketing. Er ist Mitveranstalter zahlreicher Events innerhalb der deutschsprachigen Blogosphäre. Aktuell beschäftigt er sich mit den Chancen, aber auch mit den Herausforderungen der vernetzten Gesellschaft.

Sein Blog ist erreichbar unter `http://michaelfirnkes.de`.
Auf Twitter finden Sie ihn unter `@MichaelFirnkes`.

Blogsteckbrief

Erster Blog: 2007

Blogsystem: WordPress

Thema: Existenzgründerblog rund um das Thema »Geschäftsideen«

Mission: Blogs als Kommunikationskanal bekannter zu machen, ohne dabei die ursprünglichen Werte der Blogosphäre zu vergessen

Nächstes Projekt: Intensive Pflege des privaten Blogs

Kapitel 1

Grundvoraussetzungen für ein erfolgreiches Blogprojekt

Sie und die meisten anderen Leser werden bereits die ersten Blog-Versuche hinter sich haben oder schon erfolgreich einen Blog betreiben. Wir werden immer wieder gefragt, welche Voraussetzungen denn ein guter Blog beziehungsweise ein guter Blogger mit sich bringt. Sie benötigen im Grunde nur wenige Dinge, um Erfolg mit Ihrem Blog zu haben:

- **Spaß am Schreiben**, und dieser Faktor ist nicht zu unterschätzen. Ihr Blog, egal welcher Art, wird nur dann erfolgreich sein, wenn Sie ihn regelmäßig (!) mit werthaltigen, neuen und für die Leser interessanten Inhalten füllen. Nicht jeder Mann und jede Frau ist hierfür »geboren«, und manche stoßen hier schneller an ihre Grenzen, als ihnen lieb ist. »Über was soll ich denn nun überhaupt noch schreiben?«, kommt dann oft als Frage auf. Ein Blog wird nicht über Nacht ein Erfolg, Sie müssen gerade zu Beginn sehr viel Ausdauer beweisen und an das langfristige Ziel glauben. Mit der Zeit entwickeln Sie eine Routine und haben immer mehr Spaß am Schreiben, wodurch Ideen für neue Blogbeiträge fast von alleine entstehen.

- **Interesse, Kenntnisse im und Freude am jeweiligen Blog-Thema.** Die oft gehörte Frage »Mit welchem Thema kann ich denn am meisten Geld verdienen?« ist unseres Erachtens fatal.

  Nicht nur, dass es Ihnen als Blogger keinen Spaß machen wird, einen Blog mit Leben zu füllen, dessen Thema Ihnen nicht sonderlich gut liegt, sondern auch, weil die Leser dies merken und entsprechend darauf reagieren – mit negativen Kommentaren, mangelnder Interaktion oder ihrer Abwesenheit. Ein solches Vorhaben wird keinen nachhaltigen Erfolg erzielen, es sei denn, Sie möchten einen rein suchmaschinenoptimierten Ansatz fahren, bei dem die eigentlichen Inhalte keine größere Rolle spielen. Das hat dann aber mit dem Thema »Bloggen« nicht mehr wirklich viel zu tun.

- **Die notwendigen technischen Hilfsmittel:** Diese sind – anders als etwa im nativen HTML-Bereich – dank der frei verfügbaren Hilfsmittel von WordPress & Co. auch für (IT-technische) Einsteiger schnell zu erlernen sowie einfach und äußerst effizient zu bedienen. Zudem erfreut sich die Blogosphäre einer wachsenden und sehr hilfsbereiten Entwickler-Community, in der Probleme gemeinsam und in der Regel relativ schnell gelöst werden können. Viele Entwickler helfen Ihnen gerne weiter, wenn Sie ein ehrliches Interesse an der Materie und an der Mitarbeit in der Gemeinschaft zeigen.

Hilfe zur Selbsthilfe erhalten Sie durch hervorragende Literatur wie etwa das Standardwerk *WordPress-Praxisbuch* von Vladimir Simović alias Perun und seiner Frau Thordis oder durch das umfassende *WordPress-Handbuch* von Alexander Hetzel. Daneben bieten aber auch zahlreiche Dienstleister die Erstellung oder Erweiterung von Blogs für – im Vergleich zur »normalen« Webseitenprogrammierung – wenig Geld an.

- **Die notwendigen Sachkenntnisse zur erfolgreichen Vermarktung eines Blogs.** Oder an dieser Stelle besser formuliert: die Lernbereitschaft und Offenheit gegenüber dem Thema »Blog Boosting«. Die notwendigen Sachkenntnisse vermitteln wir Ihnen in diesem Buch.

Bei privaten oder selbstständigen Blogbetreibern gehen wir davon aus, dass alle diese Faktoren und Voraussetzungen vorhanden sind. Interessanter wird es für Unternehmens- und Marketingleiter, die sich in nächster Zeit an dem Experiment eines Corporate Blogs versuchen wollen.

Meike Leopold, ihrerseits Unternehmensbloggerin und Buchautorin weiß, warum immer mehr Unternehmen diesen Schritt gehen:

> *»Häufig geht es darum, zeitgemäßer und agiler zu kommunizieren, sich für den Dialog im Netz zu öffnen, Themen zu setzen oder die Marke damit in ein besseres Licht zu rücken. Auch die informellere Art und Weise, mit der sich komplexe Sachverhalte auf einem Unternehmensblog erklären lassen – ein Beispiel wären Banken- oder Versicherungsthemen – übt sicher ihren Reiz aus. Zudem kann ein Unternehmen auf dem eigenen Blog die Spielregeln selbst bestimmen und ist nicht von den Entscheidungen von Drittanbietern wie Facebook & Co. abhängig.*
>
> *Viele Unternehmen machen mit ihrem Blog von Anfang an einen tollen Job. Allerdings gelingt das nicht allen. Der Unternehmensblog ist ein eigenständiges Medium mit eigenen redaktionellen Anforderungen, in dessen Pflege Ressourcen und damit Geld investiert werden müssen«.*

Denken Sie gut über die oben genannten Punkte nach, bevor Sie sich an die Konzeption sowie die Betreuung eines Unternehmensblogs wagen oder jemanden hiermit beauftragen. Nicht immer ist der geniale Direkt- oder gar Online-Marketing-Spezialist gefragt. Schauen Sie sich gut um: Nicht wenige der besten Blogger, die wir kennen, arbeiten hauptberuflich für ein namhaftes Unternehmen, sind dort jedoch noch nie mit der für die Blog-Kommunikation verantwortlichen Abteilung in Berührung gekommen.

Ein (guter) Corporate Blog funktioniert nicht »mal eben so nebenbei«. Diesen dem ohnehin schon sehr stark ausgelasteten Marketingmitarbeiter aufzuschwatzen, als kleines Nebenprojekt, das wird sich nicht rechnen. Schauen Sie sich besser auf dem (Blog-)Stellenmarkt nach einem echten freiberuflichen beziehungsweise auch fest angestellten Experten um. Oder aber nach einer geeigneten und auf Firmenblogs spezialisierten (!) Agentur. Ein erfolgreicher Firmenblog wird diese Investition deutlich mehr als einfach nur refinanzieren. Sie profitieren beispielsweise durch eine bessere Auffindbarkeit Ihrer Marke im Internet, durch ein höheres Maß an Vertrauen Ihrer Leser und Kunden sowie insgesamt durch eine bessere Online-Reputation. Und damit gehen wir über zu den »Verhaltensregeln« in der Blogosphäre.

Dos und Don'ts in der Blogosphäre

Die sogenannte Blogosphäre – also die Gesamtheit aller Blogs und deren Betreiber – ist in den vergangenen Jahren deutlich kommerzieller geworden. Dieser Effekt zieht sich durch fast alle Bereiche. Er wird aber vor allem bei ehemals rein privaten Web-Tagebüchern ersichtlich, in denen nach und nach erst kleinere, dann größere Anzeigenblöcke wie Google AdSense oder das Amazon-Partnerprogramm den Anfang machten, bevor die Eigenvermarktung des jeweiligen Portals folgt. Die Trennung zwischen privat und kommerziell ist mittlerweile nicht mehr so einfach. Zumindest die Steuerämter sind wahrscheinlich der Meinung, dass ein Internetportal spätestens dann nicht mehr als privat gilt, sobald der erste Werbelink darin zu sehen ist – egal ob darüber etwas verdient wird oder nicht (hier zählt im Zweifelsfall die sogenannte Gewinnabsicht).

Dieses Umdenken, weswegen sich die Szene so stark professionalisiert und damit einhergehend eben auch kommerzialisiert hat, ist womöglich (zu Recht) der Erkenntnis vieler Blogger geschuldet, dass sie sich ihre Investitionen, die sie in wertvolle und kostenlose Inhalte sowie Ratschläge stecken, durchaus über Werbung und andere Möglichkeiten refinanzieren dürfen. Denn nur so wird die Blogosphäre auf Dauer wirklich stark und vielfältig genug bleiben.

Diese Einstellung galt nicht immer, denn auch einige Jahre nach dem Entstehen der Blogosphäre war diese Art von kommerzieller Professionalität noch sehr verpönt. Was durchaus nachvollziehbar ist, denn ohne diese Unabhängigkeit vom reinen Gewinndenken wären Blogs wohl nie zu dem geachteten Medium geworden, das sie heute darstellen. Sie macht zudem den Unterschied zu normalen Content-Portalen aus. Auch das steigende Interesse an allen Methoden rund um die Suchmaschinenoptimierung (kurz SEO) für Blogs untermauert den Trend zur einnahmeorientierten Vermarktung.

Trotzdem bringt gerade die zunehmende Professionalität Weblogs auf eine neue, zusätzliche Ebene. Die meisten der wirklich erfolgreichen Blogs im deutschsprachigen Raum (und nicht nur hier) würden wohl in dieser Form längst nicht mehr existieren, wenn sich der oder die Autoren nicht zumindest in gewissen Teilen refinanzieren würden. Auch für Firmenblogs gelten hier – im Balanceakt zwischen grundsätzlich kommerziellem Interesse auf der einen sowie guten Inhalten mit Mehrwert für den Leser auf der anderen Seite – ganz besondere Regeln, auf die wir im Verlauf dieses Buches noch genauer eingehen werden.

In der Blogosphäre gelten jedoch gewisse Spielregeln. Sie äußern sich in einem regelrechten Ehrenkodex beziehungsweise »Blogger-Kodex«, der trotz zunehmender Professionalität und des wachsenden Kommerzes – um es einmal mit diesem doch ein wenig negativ besetzten Wort auszudrücken – nicht verloren gegangen ist.

Beziehungen zu Bloggern (sogenannte Blogger-Relations, in Anlehnung an Public Relations) sind nicht nur für Unternehmen und Agenturen wichtig, sondern auch für Blogger selbst. Dabei unterscheidet sich diese Disziplin in einigen Punkten stark vom klassischen PR-Konzept. Das beginnt bereits bei der Zielgruppe, die bei Blogger-Relations eben nur aus einer einzigen Person, dem Blogbetreiber, besteht. Unternehmen werden daher mit großer Wahrscheinlichkeit mehrere Blogger-Relations pflegen müssen, um über deren jeweilige Wirkungskreise die Gesamtheit ihrer Zielgruppe zu erreichen. Dafür haben Blogger sehr viel Einfluss auf ihre Community. Eine persönliche Empfehlung kann einen größeren positiven Effekt erzeugen als eine über mehrere Kanäle verbreitete Pressemitteilung.

Für Sie als Blogbetreiber gelten beim Beziehungsaufbau mit »Kollegen« jedoch dieselben Regeln, wie sie auch für Agenturen und Unternehmen gelten: Stellen Sie Kooperationsanfragen nur an thematisch passende Blogger, bahnen Sie den Kontakt schrittweise an und machen Sie Ihre Intention klar. Eine offene und ehrliche Kommunikation ist in der Blogosphäre enorm wichtig. Sie wissen selbst am besten, wie Sie behandelt werden wollen, also verhalten Sie sich gegenüber anderen Bloggern auch so.

Hinweis

Falk Hedemann kennt als Blogger und Unternehmensberater in puncto digitale Kommunikation beide Seiten der Blogger-Relations. Er gibt in seinem Beitrag unter `http://upload-magazin.de/blog/7874-blogger-relations/` hilfreiche Tipps im Umgang mit Bloggern. Auch die *Blogger-Relations-Ampel* von Christian Müller unter `http://karrierebibel.de/blogger-relations-ampel-gute-strategien-schlechte-strategien/` ist ein weiterer guter Ansatzpunkt für Ihren Beziehungsaufbau.

Im Folgenden werden wir näher auf die zugrunde liegenden Mechanismen eingehen, denn eine falsche Verhaltensweise kann zur dauerhaften Verbannung eines (Corporate) Blogs aus der Blogosphäre führen, wodurch dieser wohl zum Scheitern verurteilt wäre.

2.1 Grundregeln

Über die Verhaltensregeln von beziehungsweise für Blogger könnten wir theoretisch ein ganzes Kapitel oder sogar Buch füllen, doch wir halten es lieber kurz. Denn wenn Sie ein paar grundlegende Regeln berücksichtigen, dann werden Sie ganz automatisch hinter die Sitten und Gebräuche der Blogosphäre kommen.

In einer Vielzahl der Fälle kommunizieren Sie ohnehin mit anderen Bloggern, sodass Sie im Zweifelsfall – wenn Sie sich unsicher sind, wie Sie sich verhalten sollen – einfach höflich beim Gegenüber nachfragen können. Noch nie (zumindest nicht ohne ernsthaften Grund) hat ein Blogger einen anderen »aufgefressen«. Zu den wichtigsten Grundregeln im Umgang mit anderen Bloggern gehören:

- **Transparenz:** Nichts kann ein traditionsbewusster Blogger weniger leiden als undurchsichtiges Verhalten. Werbung, gar bezahlte Beiträge sind nicht als solche gekennzeichnet? Ein kritischer Kommentar wird ohne Rücksprache mit dem Verfasser abgeändert oder gar gelöscht? Unter einem Pseudonym loben Sie sich und Ihren eigenen Blog in den höchsten Tönen, und das selbst auf anderen Portalen? Die Folgen eines derartigen Verhaltens sind verheerend, wenn sie erst ans Licht kommen. Und glauben Sie uns, früher oder später werden sie das. Ein noch so erfolgreicher Blog kann damit schnell in der Bedeutungslosigkeit versinken, Ihr Ruf als Blogger wird dadurch nachhaltig beschädigt.

- **Fairness:** Als Blogger immer und überall verlinkt werden wollen, aber selbst mit Verweisen auf andere, vermeintlich konkurrierende Blogs geizen, ist ganz schlechter Stil. Ebenso gehört es sich nicht, über andere Blogs und deren Betreiber zu lästern. Oder Ideen, Quellcode und Artikelbestandteile eins zu eins und ohne entsprechende Kennzeichnung zu übernehmen.

- **Freundlichkeit:** Wenn Sie denken, dieser Aspekt sei selbstverständlich, dann betreiben Sie Ihren Blog (ohne dies als Vorwurf zu verstehen) wohl noch nicht lange genug. Auch die persönliche Ansprache gehört zur Etikette. Denn wie eine Umfrage unter zahlreichen Blogger-Kollegen ergeben hat, ist den allermeisten eine persönliche Ansprache nach wie vor enorm wichtig. Oder lesen Sie gerne E-Mail-Anfragen, in denen Sie mit einem »Hallo Blogger/Webmaster« begrüßt werden? Oder in der gänzlich auf solche vermeintlich unwichtigen Floskeln verzichtet wird? Wohl eher nicht.

  Bleiben Sie in solchen Fällen – wie in vielen anderen Lebens- und Geschäftssituationen auch – stets freundlich, geduldig und zuvorkommend, auch wenn Sie vielleicht anderer Meinung sind oder Ihr Gegenüber nur wenig Ahnung vom Bloggen und dessen Mechanismen zu haben scheint. Jeder von uns fängt klein an ...

- **Kein Spam:** Schreiben Sie umgekehrt bitte auch selbst keine derart unpersönlichen Massenanfragen, schon gar nicht zwecks Linktausch-Anfragen oder Ähnlichem. Solche E-Mails sind nicht nur aufdringlich und leicht zu durchschauen, sie sprechen sich in der Blogosphäre auch schnell herum, wodurch Sie als Verfasser in schlechtem Licht erscheinen.

- **Kommunikation auf Augenhöhe:** Schauen Sie niemals abschätzig auf andere Blogger und Portale herab. Es ist natürlich Ihre Entscheidung, ob Sie beispielsweise als Betreuer eines namhaften Firmenblogs die Kooperationsanfrage eines kleinen Bloggers beantworten oder nicht. Doch kommunizieren Sie dabei immer auf Augenhöhe, denn die Zahl der Twitter-Follower oder Anzahl der Blogartikel sind keine Kriterien, um die Person dahinter zu beurteilen. Und wer weiß, vielleicht wird dieser kleine Blogger in Zukunft zu einem wahren Influencer in Ihrer Branche. Ob er dann wohl Ihre Anfrage beantworten wird?

■ **Ehrlichkeit:** Manche Blogger – vor allem im Affiliate-Umfeld – behaupten, dass der (schnelle) Blog-Erfolg nur mit jenen Mitteln möglich ist, die sich in einer Grauzone oder sogar am Rande der Legalität befinden. Damit sind bezahlte Links (durch sogenannten Linkkauf), Black-Hat-SEO (Suchmaschinenoptimierung unter bewusster Missachtung entsprechender Richtlinien der Suchmaschinenbetreiber), Manipulation der Besucherzahlen etc. gemeint. Diese Aussagen entsprechen absolut nicht der Wahrheit. Der wirkliche, das heißt vor allem nachhaltige, Erfolg kommt jedoch in Wahrheit durch gute Arbeit und eben gerade den Verzicht auf diese teils extrem gefährlichen Praktiken zustande.

2.2 Wie Sie Blogger ansprechen – und wie nicht

Normalerweise sprechen sich private Blogger in der »Du«-Form an, Corporate Blogger (und auch Firmenblogbetreiber) bleiben gerne beim »Sie«. Einigen Blogbetreibern mag die formelle Anrede befremdlich erscheinen und sie würden gerne selbst von Unternehmen per »Du« angesprochen werden, doch zumindest für den Erstkontakt ist das »Sie« eine sichere Wahl. Selbst Partnerprogrammbetreiber duzen sich hin und wieder mit ihren Affiliate-Bloggern, sogar schon, bevor die eigentliche Kooperation läuft. (Corporate) Blogger müssen hier ihren eigenen Weg finden und entscheiden, wie sie nach außen kommunizieren und selbst angesprochen werden möchten. Orientierungshilfe bieten dabei zum Beispiel befreundete, erfahrenere Blogger oder Unternehmens- beziehungsweise Kooperationsvereinbarungen. Im Zweifelsfall raten wir zu etwas mehr Förmlichkeit. Umgekehrt könnten Sie, etwa auf Ihrer Kontaktseite, klar kommunizieren, wie Sie gerne angesprochen werden möchten.

Am besten lernen wir, und damit meinen wir auch Sie, aus Fehlern. Egal ob sie uns oder anderen passieren. Wir erhalten aufgrund unserer diversen Blogs regelmäßig (und unaufgefordert) E-Mail-Anfragen – ob Pressemitteilungen, Linktausch- oder sonstige Kooperationsangebote. Von daher zeigen wir Ihnen am besten anhand einiger Beispiele, wie eine Blogger-Ansprache *nicht* funktioniert. Obwohl es in den vergangenen Jahren deutlich besser geworden ist, so sind diese Beispiele dennoch typisch für eine Vielzahl von Anfragen aus Marketingagenturen, die den Umgang mit Bloggern anscheinend noch nicht beherrschen.

■ Wir werden entweder falsch oder überhaupt nicht persönlich angesprochen. Daraus schließen wir, dass sich der Verfasser quasi nicht mit uns und unserem Blog beschäftigt hat. Wieso sollten wir uns dann mit seiner Anfrage auseinandersetzen? Ganz abgesehen davon macht der Verfasser in der in Abbildung 2.1

gezeigten Anfrage zwei weitere Fehler: Zum einen spricht er von einem einwöchigen Linktausch, was für überwiegend nachhaltig agierende Blogger völlig uninteressant ist und absolut keinen Mehrwert liefert. Zum anderen bezeichnet er sich selbst als »SEO-Webseite«, womit er sich die folgenden Zeilen im Grunde schon hätte sparen können.

Lieber Webmaster,

Als Betreiber der Webseite ████████████möchte ich Sie einladen, Links mit uns auszutauschen.
Wir werden die ganze Woche lang einen einzigartigen Linktausch durchführen, der sich auf echte Links mit echtem Traffic von echten Seiten mit echten Inhalten konzentriert!
Warum sollten Sie Links mit uns tauschen?
A. Komplett kostenlos.
B. Wir haben einen extrem hohen Alexa Traffic Rank im Vergleich zu anderen online SEO-Webseiten.
C. Wir belegen für verschiedene Themen die obersten Positionen bei Google.
D. Wir verfügen über reichhaltige Inhalte und sind stolz darauf!

Abb. 2.1: Keine vernünftige Ansprache

■ Die Anfrage in Abbildung 2.2 passt thematisch überhaupt nicht zu Michaels oder Roberts Blog, oder es wird zumindest nicht ersichtlich, auf welches Thema sich die Anfrage bezieht (wie auch im ersten Beispiel). Für uns ist das ebenfalls ein Zeichen dafür, dass sich der Verfasser auch hier nicht mit unseren Blogs beschäftigt hat. Für eine ernsthafte Kooperation setzen wir dies jedoch voraus, vor allem dann, wenn wir uns auf Augenhöhe begegnen möchten. Blogger sind keine herkömmlichen Dienstleister (ohne hier jemandem zu nahe treten zu wollen), die für Aufträge engagiert und entsprechend bezahlt werden. Vielmehr sind wir offen für transparente Kooperationen, die sowohl unserem eigenen Interesse als auch unseren Lesern dienen. Beziehungen zu Bloggern sind in der Regel niemals einseitig, sondern immer Win-win-Situationen. Ist dies dem Verfasser einer Anfrage von vornherein klar, kann er direkt im Anschreiben den Nutzen für den Blogger formulieren.

Hallo,

wir suchen zur Zeit wieder verstärkt nach Linkpartnern.

Unser Fokus liegt zur Zeit auf folgenden Bereichen:
-Nahrungsergänzungsmittel / Fitnessprodukte
-Kontaktlinsen
-Reinigungsprodukte
-MPU / Idiotentest

Andere Themenbereiche sind natürlich auch möglich.

Abb. 2.2: Nichtssagende Anfragen

- Selbst wenn der Inhalt interessant ist, fehlt oft ein Angebot, für Rückfragen oder auch weiterführende Aktionen – wie etwa ein Interview – bereitzustehen. Ein solches Angebot signalisiert uns Bloggern, dass dem Verfasser etwas am persönlichen Austausch und einer intensiveren Kooperation gelegen ist. Das erhöht insgesamt die Wahrscheinlichkeit, dass wir auf die Anfrage reagieren.

- Beim Beispiel in Abbildung 2.3 ist weder ein Bezug zum Absender noch zu einem der beschrieben Onlineportale oder Produkte gegeben. Wenn Derartiges im Anschreiben suggeriert wird, so spricht das nicht gerade für Seriosität. Zumal wir als Blogger in die Defensive gedrängt werden, wenn uns das Gefühl vermittelt wird, wir hätten eine Anfrage übersehen und nicht reagiert. Keine gute Ausgangsbasis für eine Kooperation.

Hallo ▇▇▇▇▇▇▇ Ich habe Ihnen neulich bzgl. eines Linktausch geschrieben. Ich habe leider noch nicht von Ihnen gehört. Hatten Sie kein Interesse daran, oder haben Sie die Mail einfach nicht erhalten? Ihre Seite www.meinstartup.com ist für unseren Bereich sehr relevant, weswegen ich an einer Zusammenarbeit stark interessiert bin. Diese Kooperation würde unsere Seiten gegenseitig stärken, so dass diese im Internet leichter gefunden werden. Dieser Tausch würde selbstverständlich kostenlos ablaufen. Wir haben einige Webseiten zur Verfügung und mit Sicherheit auch die passende für Ihr Thema bzw. Ihre Webseite.

Abb. 2.3: Wir sollen in die Defensive gedrängt werden.

- Aus der Anfrage geht nicht hervor, warum ausgerechnet wir angesprochen werden. Und aus welchem Grund wir, ohne einen Mehrwert für uns selbst oder unsere Leser zu erhalten, kostenlos Werbung für ein anderes Unternehmen machen sollen. Wer mit Bloggern arbeiten will, sollte schon im Anschreiben auf den Nutzen für alle Beteiligten (Blogger, Leser, Unternehmen) eingehen.

- Der Schreibstil einer Pressemeldung ist so extrem werbelastig, dass wir selbst bei einem interessanten Thema den Text komplett neu schreiben (und auch recherchieren) müssten, um im Ergebnis die Erwartungen unserer Leser nicht zu enttäuschen.

- Im schlimmsten Fall erhalten wir ein »unmoralisches« Angebot für einen versteckten Linkkauf (also die verschleierte Unterbringung von bezahlten Links in unserem Blog).

Wir könnten diese Liste (leider) fast mit jeder neuen Anfrage weiterführen. Letztendlich geht es darum, Blogger auf einer persönlichen Ebene anzusprechen und nicht kommerzielle Zwecke in den Mittelpunkt zu stellen. Es sei denn, es geht um die konkrete Buchung einer Werbefläche.

In der Blogosphäre helfen sich Blogger, dennoch hat jeder seine eigenen Interessen – beziehungsweise die seiner Leser – im Kopf. Wenn Sie etwa einen anderen

Blogger nach einem Gastartikel fragen, weil dieser sich auf diesem Gebiet womöglich besser auskennt, dann seien Sie so ehrlich, diese Gründe auch zu kommunizieren. Denn nur wenn Sie seine Arbeit wertschätzen, wird er bereit sein, das Angebot – natürlich unentgeltlich – anzunehmen. Seien Sie dennoch dazu bereit, sich bei Gelegenheit zu revanchieren, ob mit einem Gastbeitrag für seinen Blog oder einem anderen Gefallen.

Dasselbe Geben und Nehmen gilt im Grunde bei jeder Form der Zusammenarbeit. Ob es um die Verlinkung von fremden Blogs innerhalb Ihrer Beiträge, die Aufnahme eines Bloggers in Ihre Linkliste oder die Empfehlung eines dienstleistenden Bloggers (dazu später in Kapitel 9) geht. Je eher Sie anderen Bloggern auf Augenhöhe begegnen und diese stets kollegial, fair, hilfsbereit und ehrlich ansprechen, desto weniger kann schiefgehen. Auch ein freundliches »Nein« sollten Sie dann einfach akzeptieren und nicht persönlich nehmen. Bittende, ja fast schon bettelnde Anfragen führen nur selten zum gewünschten Erfolg, sie wirken eher verzweifelt. Wenn Sie des Öfteren eine Absage erhalten, dann sollten Sie Ihr Verhalten hinsichtlich der oben aufgeführten Punkte nochmals genauer überprüfen – und wenn möglich einen befreundeten Blogger um Rat fragen. Nicht selten sind es Kleinigkeiten, die Ihnen eine negative Rückmeldung bescheren.

2.3 Warum Authentizität so wichtig ist

Die zuvor genannten Punkte erklären gut, warum Ehrlichkeit und Authentizität für Blogger und die Blogosphäre insgesamt so wichtig sind. Fast die gesamte Kommunikation innerhalb und außerhalb eines Blogs fußt auf Vertrauen.

Erhalten Sie neue Kommentare in Ihrem Blog, so gehen Sie davon aus, dass sich dahinter wirklich die angegebene Person verbirgt und der Kommentar selbst weder gefälscht noch beschönigt ist. Umgekehrt vertrauen Sie natürlich darauf, dass andere Blogbetreiber, deren Beiträge Sie kommentieren, Ihren Text in keiner Weise verfremden (es sei denn, Sie verstoßen bewusst gegen die geltenden Kommentarrichtlinien, aber in dem Fall müssen Sie mit einer Zensur rechnen und können eigentlich froh sein, wenn Ihr Kommentar überhaupt freigeschaltet wird). Genauso erwarten Sie in einer Partnerschaft mit Corporate Blogs, dass diese an einer langfristigen und beidseitig profitablen Zusammenarbeit interessiert sind. Und wenn Sie einen Beitrag in einem fremden Blog lesen, dann setzen Sie voraus, dass eventuell bezahlte Inhalte oder Links darin auch entsprechend gekennzeichnet sind, damit Sie nicht unwissentlich auf Werbelinks klicken.

Ohne diese Authentizität und die ungeschriebenen Regeln könnte die Blogosphäre nicht in ihrer bestehenden Form existieren. Dies vielleicht als beruhigende Botschaft an all jene, die der zunehmenden Kommerzialisierung von Blogs kritisch gegenüberstehen. Die Blogszene mag professioneller werden und sich für ihre Leistung zunehmend (aber auch transparent) belohnen lassen, doch ohne eine zugrunde liegende Ehrlichkeit geht es nicht. Für Sie als Blogger ist dieser Kodex relativ einfach mit den Worten »Tue nichts, das du nicht selbst an dir erfahren möchtest« zu beschreiben. Bloggen ist – ganz kurz und trefflich ausgedrückt – ein stets ausgeglichenes, interaktives und interdisziplinäres Nehmen und Geben.

Bekommen Sie zum Beispiel einen tollen Tipp von einem anderen Blogger, dann teilen Sie diesen höchstwahrscheinlich gerne mit Ihren Lesern (natürlich unter Nennung des Ideengebers). Umgekehrt werden sich auf diese Weise auch Ihre Inhalte – wenn sie denn gut und werthaltig sind – fast von ganz alleine ihren Weg durch die Blogosphäre bahnen. Als Link, Kommentar, Tweet, Facebook- oder Google-Plus-Erwähnung. Genau durch diesen »sozialen Mechanismus« macht Bloggen so enorm viel Spaß und führt zu einem nicht zu unterschätzenden Mehrwert für die Gesellschaft.

2.4 Die Verantwortung gegenüber Ihren Lesern

Transparenz wirkt sich auf sämtliche Bereiche Ihres Geschäftsmodells aus, ob Sie nun mit Ihrem Blog Geld verdienen, Ihre Inhalte verbreiten oder schlicht möglichst viele Leser erreichen möchten (in der Regel treffen in unterschiedlicher Gewichtung alle drei Faktoren zu). Das gilt sowohl für den Umgang mit anderen Bloggern als auch mit Ihren Lesern und womöglich künftigen Kunden.

Selbst wenn ein Thema mit unzähligen Konkurrenzblogs besetzt scheint, heißt das noch lange nicht, dass Sie mit einem gut gemachten Blog nicht trotzdem (oder genau deswegen) sehr erfolgreich sein können. Zu viele Glücks- und Raubritter haben sich nämlich in der Vergangenheit darin versucht (und versuchen es leider immer noch), in möglichst kurzer Zeit einen oder mehrere Blogs aus dem Boden zu stampfen, um dadurch das schnelle Geld zu machen. Doch wie formulierte es ein Blogleser von Michael so treffend – bitte entschuldigen Sie diese Ausdrucksweise: »Mindestens 95 Prozent der deutschsprachigen Blogs sind doch Müll.« Tatsächlich erliegen viele selbst ernannte »Blogger« der Versuchung, einen Blog ausschließlich zur Monetarisierung zu betreiben. Dabei übersehen sie den Nutzen für den »Kunden«, sprich für den Leser. Dass diese in solchen Fällen kein langfristiges Interesse zeigen, ist Ihnen hoffentlich klar.

Neben Google, das immer besser darin wird, qualitativ minderwertige Verkaufstexte von hochwertigem Content zu differenzieren, ist es vor allem das sich ändernde Nutzerverhalten, das uns Bloggern alles abverlangt. Die Zeiten der unwissenden, unmündigen Surfer sind vorbei. Die meisten Internetznutzer können heutzutage sehr wohl wertvolle Inhalte von reinem, werbemäßigen Spam unterscheiden. Wenn nicht auf den ersten Blick, dann zumindest auf den zweiten, und unabhängig davon, wie internetaffin eine Person generell ist. Und von Blogs – quasi als per se unabhängige Instanz – wird Qualität erst recht erwartet.

Die wenigsten Leser haben ein Problem damit, dass sich ein Blogger über sichtbar gekennzeichnete Werbung refinanziert, solange die Blog-Inhalte selbst gut, nützlich und informativ sind. Im Gegenteil: Viele Besucher sind froh, solche teils ausgezeichneten Inhalte kostenlos zu erhalten (im Gegensatz zu den meisten früheren Print-Magazinen). Dann dulden sie auch eher dezente, nicht aufdringliche (!) Werbung. Erst recht, wenn der Blogger darauf achtet, thematisch relevante Anzeigen zu schalten und nur jene Partnerprogramme zu bewerben, die er auch persönlich getestet hat.

Als Blogger ist es natürlich verlockend – nachdem die ersten Werbeeinnahmen tatsächlich auf dem eigenen Konto eingegangen sind – neben der weiteren Bereitstellung von gutem Content auch jegliche Werbeeinnahmen zu optimieren. Solange dies nicht zulasten der Leser geht, spricht nichts dagegen. Sie sollten als Blogbetreiber jedoch stets bedenken, dass sich diese wohlwollende Duldung auch sehr schnell umkehren kann, wenn Sie es mit der Werbung übertreiben – ob mengenmäßig (schlicht zu viele Anzeigen) oder qualitätsmäßig (unseriöse Werbung oder auch Werbeformate wie beispielsweise Pop-ups, automatische Weiterleitungen, Layer-Einblendungen und Ähnliches). Der hieraus entstehende Schaden ist oft irreversibel für Ihren Blog. Beachten Sie daher vor allem die folgenden Punkte:

- Jegliche Werbung, egal ob Advertorials (werbliche und bezahlte Blogbeiträge oder -textinhalte), Werbeanzeigen oder Affiliate-Links, sollten Sie grundsätzlich auch als solche kenntlich machen (auch Google hat hieran ein ernstes Interesse und macht eine solche Kennzeichnung über die Webmaster-Richtlinien zur Pflicht). Kennzeichnen Sie Werbung lieber überdeutlich, denn nicht jeder kann zwischen normalem Content und Anzeigenwerbung in Bannerform unterscheiden. Lediglich beim klar als Werbung erkennbaren Banner im Kopfbereich verzichten wir in der Regel (aus Platz- oder Gestaltungsgründen) auf eine entsprechende Kennzeichnung, da die meisten Leser die typischen »Fullsize-Banner« im Format 468x60 Pixel beziehungsweise »Leaderboards« im Format 728x90 Pixel bereits gewohnt sind.

- Die daraus folgende strikte Trennung von werblichen und nicht-werblichen Inhalten im gesamten Blog, etwa innerhalb von Artikeln oder in der Sidebar, aber auch in der Unterscheidung einer »Blogroll« im Vergleich zum »(Werbe-)Partner«-Bereich.

- Weisen Sie auf erhaltene Vergütungen hin (zum Beispiel die kostenlose Bereitstellung eines Produkts zur Rezension oder das Sponsoring eines Blog-Gewinnspiels durch Sach- und Geldpreise).

- Bezahlte Partnerschaften beziehungsweise Kooperationen, bei denen Sie eine Gegenleistung erhalten, sollten ebenfalls transparent kommuniziert werden.

- Jegliche Gastbeiträge – egal ob kommerzieller Natur oder nicht – sind unverkennbar und unverwechselbar unter Nennung des Autors sowie eventuell seines Unternehmens auszuzeichnen.

- Filtern beziehungsweise blockieren Sie reine Werbe-/Spam-Kommentare.

- Zusätzlich gilt bei Corporate Blogs, dass bei direkter Eigenwerbung (was nur selten funktioniert, doch dazu später mehr) unbedingt die firmeninterne oder über eine Partnerschaft zustande gekommene Urheberschaft angegeben wird.

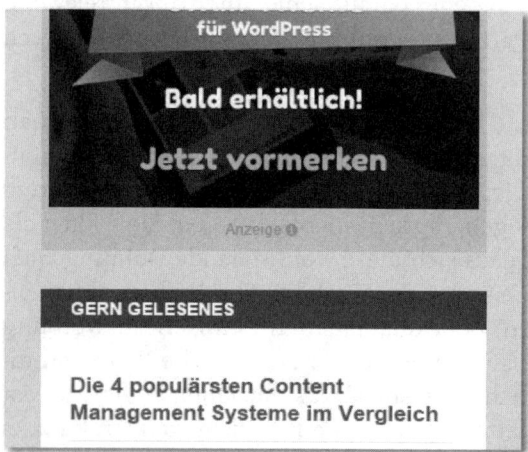

Abb. 2.4: Beispiel einer Trennung von redaktionellen und werblichen Inhalten

2.5 Der Blogger als Berater

Je nach Thema Ihres Blogs kann es über kurz oder lang durchaus passieren, dass Sie mit Leseranfragen konfrontiert werden, die deutlich über das normale Maß hinausgehen. Natürlich freuen wir uns als Blogger (und Experten für unser Fachgebiet) über Rückfragen unserer Leser, schließlich ist das ein Zeichen dafür, dass sie uns und unsere Arbeit zu schätzen wissen. Was wir hier jedoch meinen – und in unseren Blogs bereits mehrfach erlebt haben –, sind Sonderfälle, bei denen wir in großem Umfang um ganze Businessplan-Einschätzungen, Finanzierungsmodelle, Social-Media-Strategien, persönlichen Rat oder gar rechtliche Beratung gebeten werden. Und das natürlich kostenlos und unverzüglich. Oft haben Sie die Möglichkeit, solche Anfragen in Form neuer Beiträge zu beantworten (siehe Abschnitt 4.2) oder auf Ihre bezahlte Beratertätigkeit hinzuweisen. Einfach verweigern wollen Sie Ihre Antwort natürlich nicht, schließlich könnte es sich beim Verfasser möglicherweise um einen treuen Leser und aktiven Promoter Ihrer Inhalte über soziale Netzwerke handeln. Das Problem ist jedoch, dass diese in der Regel kein Interesse an bezahlten Aufträgen haben, sodass Sie an dieser Stelle grundlegend eine Grenze ziehen müssen. Ein Patentrezept gibt es dafür leider nicht. Wir handhaben es meist so, dass wir auf einige Fragen kurz und konkret mit Tipps eingehen (idealerweise mit einem Verweis auf interne Blogartikel, die das Problem ausführlicher behandeln) und bei kritischen Aspekten – das heißt vor allem rechtlichen Themen – eher weiterführende Informationen beziehungsweise Ansprechpartner anbieten (um für unsere Antworten nicht haftbar gemacht werden zu können). Wenn wir eine derartige Anfrage per E-Mail erhalten, so bitten wir den Verfasser häufig darum, seine Fragen als Kommentar in unserem Blog zu stellen, da sich auf diese Weise auch andere Leser unterstützend zu Wort melden können. Diese Bitte kombinieren wir meistens mit ersten weiterführenden Hinweisen, um dem Verfasser zumindest einen kleinen direkten Mehrwert zu bieten. Dadurch verärgern wir keine Leser, müssen aber auch keine ausführlichen E-Mails verfassen, von der die Mehrheit unserer Leser (weil nicht öffentlich) quasi keinen Nutzen hat.

Tipp

Bei beratungsintensiven Blog-Themen – oder wenn Sie im entsprechenden Umfeld sogar als Consultant tätig sind und daher mit vielen Fragen konfrontiert werden – lohnt sich gegebenenfalls der Aufbau eines eigenen bloginternen Q&A-Bereichs (Questions & Answers). Zum einen bauen Sie sich damit nach und nach eine eigene kleine Wissensdatenbank auf, zum anderen dürften Ihre Leser diesen möglicherweise exklusiven Mehrwert deutlich zu schätzen wissen – und zu regelmäßigen Besuchern werden. Auch Suchmaschinen werden sich über die zusätzlichen und mit der Zeit meist sehr umfangreichen Inhalte freuen.

Ein schönes Beispiel, wie Sie mittels eines speziellen WordPress-Themes eine solche Frage-Antwort-Sektion aufbauen können, finden Sie hier (auf Englisch): `http://wpmu.org/create-a-stunning-help-and-support-site-in-less-than-5-minutes/`.

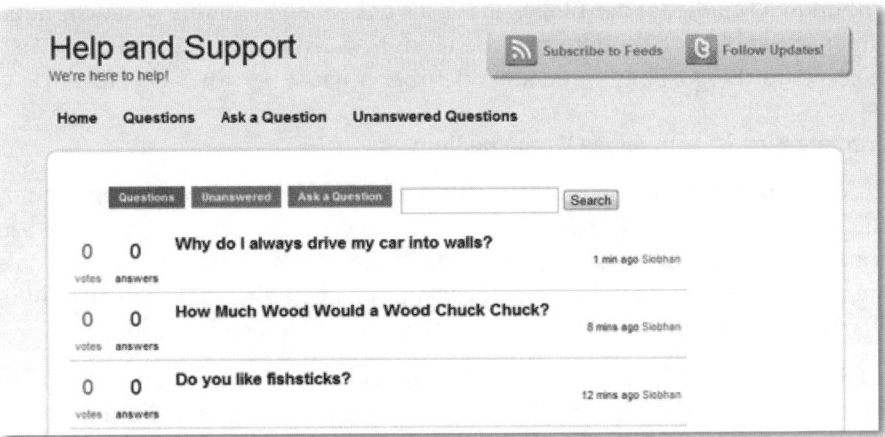

Abb. 2.5: So könnte ein mit dem »WPMU-Q&A«-Plug-in gestalteter Frage-/Antwortbereich aussehen (Quelle: `http://goo.gl/22rShs`).

2.6 Spezialfall: Corporate Blogs

Gerade bei Firmenblogs ist nachhaltige Transparenz von äußerster Wichtigkeit. Es gibt genügend Beispiele, bei denen unlautere oder zumindest zweifelhafte Praktiken in Corporate Blogs aufgedeckt wurden, etwa wenn vermeintliche Leserkommentare selbst verfasst oder Social-Network-Empfehlungen gekauft wurden. Nicht nur für den entsprechenden Blog ist ein solches Handeln fatal, auch das Außenbild des zugehörigen Unternehmens kann enorm darunter leiden.

Michael dokumentierte vor einiger Zeit (eher zufällig) das Beispiel eines Firmenblogs, in dem sein Kommentar nicht freigeschaltet wurde, weil die darin enthaltene Frage dem Unternehmen wohl zu unbequem war. Unglücklicherweise (für den Firmenblog) hatte Michael seinen Lesern zuvor innerhalb seines Beitrags versprochen, sich um eine Antwort auf diese Frage zu bemühen. Dadurch wurden weitere Blogger darauf aufmerksam und es entstand eine Art kleiner »Shitstorm« gegen das besagte Unternehmen.

Hinweis

Ein *Shitstorm* wird im Duden als »Sturm der Entrüstung in einem Kommunikationsmedium des Internets, der zum Teil mit beleidigenden Äußerungen einhergeht« definiert. Siehe auch `http://de.wikipedia.org/wiki/Shitstorm#Beispiele`.

Bei einem Corporate Blog handelt es sich quasi um die Königsdisziplin des Marketings. Sie können mit diesem Medium sehr viel erreichen, aber auch ebenso viel zerstören. Zu transparent sind die technischen Mechanismen eines Blogs gerade für fachkundige Mitglieder der Blogosphäre, als dass oben erwähnte Versuche allzu lange unentdeckt blieben. Zudem sprechen sich Negativbeispiele sicherlich schneller innerhalb der Blogosphäre (und auch darüber hinaus) herum als positive.

Ein Corporate Blog ist kein reines Werbemedium

Im Laufe unserer Arbeit haben wir mittlerweile zahlreiche Firmenblogs unterschiedlichster Größe und inhaltlicher Ausrichtung analysiert. Mit Abstand am erfolgreichsten waren dabei stets jene Portale, die sowohl von den Machern als auch dem Management eben nicht einfach nur als ein weiteres, möglichst »billiges« Werbemedium oder getarnter Verkaufsprospekt betrachtet wurden.

Ein positives Beispiel ist etwa *Das elektrische Fahrtenbuch* (erreichbar unter `http://adacemobility.wordpress.com/`) des ADAC. Dieses Blogportal ist bei seinen Lesern nicht zuletzt deswegen so beliebt, weil die Redaktion ausdrücklich Wert auf eine authentische Berichterstattung legt, in der eben die Technik und nicht das Unternehmen im Vordergrund stehen. Wäre der ADAC nicht im Claim des Blogs erwähnt, kämen Leser bei den meisten Beiträgen wohl kaum auf die Idee, dass hier keine mobilitätsbegeisterte Privatperson schreibt, sondern ein Unternehmen.

Das elektrische Fahrtenbuch

Der ADAC Blog zur Elektromobilität und alternativen Antrieben

STARTSEITE   INFO   IMPRESSUM   DISCLAIMER

Ein Reifen, der Strom erzeugt

Veröffentlicht am 5. März 2015 von Hüseyin Ince | Kommentare deaktiviert

★★★★☆ ❶ 4 Bewertungen

Es klingt eigentlich zu gut, um wahr zu sein. Goodyear stellt beim Autosalon in Genf (5. bis 15. März 2015) den neuen Reifen-Prototyp "BH-03" vor, der Reifenwärme in elektrische Energie umwandeln soll. So könnten künftig Akkus von E-Autos zusätzlich geladen werden.

Heat-gathering Goodyear BH03 concept tire charges electric cars on the move

0:00 / 1:43   You Tube

Die verwendeten Materialien seien entscheidend, um die beim Abrollen während der Fahrt entstehende Wärme als elektrische Energie zurückzugewinnen, so

DIE STORY

Dieser ADAC-Blog lädt ein, über das Auto von morgen zu diskutieren. Läuft es auf das Elektroauto hinaus? Wollen wir lieber eine Mischung aus konventionellem und elektrischem Antrieb? Gibt es bessere Alternativen? Um die Diskussion zu befruchten, berichtet der Blog vom Alltag mit alternativen Fahrzeugen, veröffentlicht Experten-Interviews und wagt den Blick auf die eine oder andere schräge technische Ideenumsetzung. Nutzen Sie die Kommentarfunktion und diskutieren Sie mit!

[   ] Suche

ADAC NEWS APP

Die News-App gibt's kostenlos für iPhone im iTunes-Store und und für Android bei Google Play

Abb. 2.6: Der ADAC-Blog »Das elektrische Fahrtenbuch«

Trotzdem werden in einem Corporate Blog natürlich auch die eigenen Dienstleistungen oder Produkte erwähnt, denn verständlicherweise verfolgen Unternehmen mit der Inbetriebnahme eines solchen Mediums ein ganz bestimmtes Ziel. Wie bereits angedeutet, ist es jedoch enorm wichtig, wie diese Ansprache erfolgt. Je nachdem ob ein Mitarbeiter oder etwa eine beauftragte Agentur einen Artikel schreibt, sollte dies entsprechend ersichtlich sein. Das gilt übrigens gerade auch für Kommentare von Mitarbeitern im eigenen Corporate Blog. Der äußerst positive Kommentar eines Blogbesuchers, der sich als Mitarbeiter entpuppt, würde der Leserschaft wohl kaum gefallen. Eine Anleitung oder entsprechende interne Vereinbarung mit der Belegschaft ist beim Betrieb eines Corporate Blogs äußerst empfehlenswert.

Auf dieselbe Weise sollten auch Gastartikel gekennzeichnet werden, die etwa ein Kooperationspartner verfasst hat (kommunizieren Sie diese transparente Kennzeichnung ihm gegenüber auch schon im Vorfeld). Äußern sich Kunden (positiv) zu Ihrem Unternehmen, etwa weil sie konkret darum gebeten wurden oder sogar eine Gegenleistung in welcher Form auch immer erhalten haben, so sollten Sie diese Gegenleistung ebenfalls erwähnen (ganz unabhängig von wettbewerbsrechtlichen Aspekten, die hierbei natürlich ebenfalls eine Rolle spielen). Gleiches gilt natürlich, wenn Sie in einem fremden Blogartikel erwähnt werden, bei dessen Erstellung Sie mitgewirkt haben. Oder wenn Sie anderen Bloggern kostenlose Rezensionsexemplare zur Verfügung stellen.

> ### Hinweis
>
> Die in den folgenden Kapiteln aufgeführten Tipps und Ratschläge gelten übrigens sowohl für private als auch Firmenblogger. Beide wollen durch einen Blog ihre Reichweite und langfristig ihre Einnahmen erhöhen.

Dass nicht nur größere Unternehmen sehr stark von einem Corporate Blog profitieren können, das zeigt das Beispiel des »BauTime Blog« (www.bautimeblog.de). Dieser wird von einem Unternehmer geführt, der mit diesem Medium seine Onlineshops für Qualitätswerkzeuge begleitet. Durch diesen Firmenblog stehen die angeschlossenen E-Shops bei einigen für das Unternehmen sehr wichtigen Keywords bei Google auf Platz eins, was nach Aussagen des Betreibers über eine entsprechende Agentur sehr viel Geld gekostet hätte (mehr zum Thema Suchmaschinenoptimierung in Kapitel 6). Weitere »kleinere«, sehr engagierte und damit auch erfolgreiche Firmenblogs sind zum Beispiel www.malerdeck.de/blog/ oder http://blog.fleischerei-freese.de. Ebenfalls ein erwähnenswertes Beispiel ist der »Shopblogger« Björn Harste (www.shopblogger.de/blog/), der seit mehreren Jahren aus seinem Einkaufsmarkt »vom Leben zwischen Kasse und Leergut« berichtet. Mit seinem Blog avancierte er zu einem der erfolgreichsten deutschsprachigen Firmenblogger überhaupt, ohne dass er es jemals auf diesen Erfolg abgesehen hatte. Er betreibt seinen Blog auch nicht zur Kundenakquise, sondern begann ihn als reines Hobby – aus purer Freude am Bloggen. Alleine durch diese Leidenschaft erreicht er manchmal täglich Leserzahlen im fünfstelligen Bereich. Sie werden später noch mehr darüber erfahren, was Authentizität und eine gelungene Kommunikation für jeden Firmenblog bedeuten.

Abb. 2.7: Der Shopblogger bloggt sehr erfolgreich über Alltägliches aus dem Supermarkt.

2.7 Spezialfall: Affiliate-Blogs

Als *Affiliate-Blog* werden Portale bezeichnet, die sich hauptsächlich über Einnahmen aus Partnerprogrammen refinanzieren (siehe Abschnitt 9.2). Um die geringeren Einnahmen aus seinen Informationsportalen auszugleichen, betrieb auch Michael mehrere solcher Blogs. Dabei hielt er sich jedoch an einige selbst auferlegte Regeln, um weder mit einem Leser, der über seinen Blog ein Produkt gekauft oder einen anderen Vertrag geschlossen hatte, noch mit den Qualitätsrichtlinien von Google (die durchaus manuell von Mitarbeitern überprüft werden) in Konflikt zu geraten. Bewährt haben sich folgende Richtlinien:

- Empfehlen Sie ausschließlich Produkte, die Sie selbst getestet haben beziehungsweise selbst nutzen (würden). Das beinhaltet auch, dass Sie negative Meldungen über ein Partnerunternehmen recherchieren und verifizieren müssen, um das zugehörige Partnerprogramm gegebenenfalls von Ihrer Seite zu nehmen.

- Kennzeichnen Sie sämtliche Partnerprogramm-Textlinks und Werbebanner in Ihrem Blog konsequent als »Werbung« oder »Anzeigen«. Dies ist – was wenigen Affiliate-Portal-Betreibern bewusst sein dürfte – gesetzlich vorgeschrieben. Die transparente Auszeichnung wirkt sich übrigens nicht negativ auf die Klickzahlen aus, wie Sie in Kapitel 9 noch erfahren werden. Genauso empfehlen wir Ihnen, Werbeaussagen der Unternehmen – wenn Sie diese überhaupt verwenden – stets in den Kontext eines Zitats zu setzen und/oder die Urheberschaft beziehungsweise die Quelle zu erwähnen.

- Betonen Sie in Erfahrungsberichten Ihre unabhängige Bewertung der beworbenen Produkte oder lassen Sie diese noch besser von einer neutralen Person (etwa von Lesern über einen entsprechenden nicht-werblichen Blog-Wettbewerb) schreiben, wobei Sie gleichzeitig zu einer neutralen Berichterstattung – positiv wie negativ – auffordern.

Dies alles ist übrigens nicht nur fair Ihren Lesern gegenüber, sondern bewahrt Ihren Blog auch davor, plötzlich aus dem Google-Index verbannt zu werden – weil Sie etwa gegen geltende Richtlinien verstoßen haben und Werbung nicht als solche gekennzeichnet haben. Ihren Blog nach einer solchen Abstrafung wieder erfolgreich in den Suchergebnissen zu platzieren, dürfte sehr schwer werden. Auch ein Mitbewerber des entsprechenden Partnerunternehmens könnte einen solchen Verstoß bemerken und melden, was unter Umständen auch juristische Konsequenzen hat.

Einige Blogger setzen in diesem Zusammenhang auf recht umstrittene Methoden. Sie geben offen zu, dass sie ihre Einnahmen über »gekaufte« Produktbewertungen etc. erzielen. Es kursieren zahlreiche dubiose und teils auch gefährliche Tipps dazu, wie ein solcher Handel möglichst anonym und maskiert vonstattengehen kann. Unserer Meinung nach sind solche Methoden überaus riskant und nicht im Sinne des Blogger-Kodex. Außerdem gibt es, wie Sie in den nächsten Kapiteln noch erfahren werden, genügend effektive und vor allem nachhaltigere Strategien, um mit Ihrem Blog erfolgreich zu werden.

Um die Entwicklung Ihres Blogs messen und dadurch steuern zu können, stellen wir Ihnen im nächsten Kapitel zunächst die wichtigsten Wachstumskennzahlen vor und zeigen Ihnen, wie Sie diese richtig interpretieren.

Kapitel 3

Erfolgsmessung und Reporting

Sie warten sicher schon begierig auf die Tipps, wie sich ein Blog erfolgreich vermarkten lässt. Sie sind auch nur noch ein Kapitel davon entfernt. Doch vorher beschäftigen wir uns mit einem anderen sehr wichtigen Thema, das im Idealfall die Grundlage Ihrer späteren Vermarktungsstrategie bildet: die Erfolgsmessung.

»Wenn ich mit meinem Blog bestimmte Dialoggruppen erreichen oder gar Geld verdienen will, gehört die Erfolgsmessung natürlich unbedingt dazu«, bestätigt uns Meike Leopold, die bereits viele Jahre als Unternehmensbloggerin tätig ist und den Wert der Erfolgsmessung kennt. »Beispielsweise, um Inhalte noch gezielter zu gestalten oder um gute Argumente in der Tasche zu haben – etwa für Werbepartner, die an einer hohen Reichweite interessiert sind. Corporate Blogs sollten das Thema Erfolgsmessung auf jeden Fall im Blick haben. Der Betrieb von Unternehmensblogs ist aufwendig – zeitlich und personell. Die Erfolgsmessung liefert gegenüber Entscheidern gute Argumente für mehr Ressourcen oder wertvolle Hinweise, wo unbedingt Verbesserungen vorgenommen werden müssen, um erfolgreicher zu sein. Vor der Erfolgsmessung müssen allerdings erst einmal die grundlegenden Hausaufgaben gemacht werden. Wenn es kein Kommunikationskonzept für das Unternehmensblog gibt, gibt es keine Ziele, die erreicht werden können – und folglich auch keine Kennzahlen, die sich auf dieser Basis messen lassen«.

Ihre Bemühungen werden nur dann fruchten, wenn Sie sich Ziele setzen (dazu gleich mehr). Und wenn Sie den Erfolg – oder auch Misserfolg – von Anfang an nach ganz bestimmten Kriterien messen. Warum? Weil nicht jeder der in diesem Buch genannten Tipps bei jedem (Corporate) Blog funktionieren wird. Die Leser von blogprofis.de und toushenne.de bekommen von uns ständig zu hören, dass sie die Ratschläge darin selbst ausprobieren sollen. Zu differenziert ist die Blogosphäre, zu unterschiedlich sind die Blogs, deren Themen und vor allem Ziele, zu variabel gestalten sich die einzelnen Lesergruppen, als dass es für jede Blog-Marketingaufgabe ein stets und ständig funktionierendes Patentrezept gäbe (dann wäre wohl auch dieses Buch nicht notwendig).

Unsere eigenen Blogs sind unter anderem deswegen so erfolgreich geworden, weil wir jegliche Designänderung, jedes neue Plug-in, jede geänderte Benutzerführung, alternative Positionen der Werbeblöcke etc. stets ausführlich messen: Welche Kennzahlen haben sich in welcher Form durch welche Maßnahme verändert? Was bedeutet diese Änderung für den Blog, die Leser, die Reichweite und die Einnahmen? Ein Blog ist einer ständigen Weiterentwicklung, aber auch stets fortlaufenden Überprüfung und Korrektur von Prozessen und Implementierungen unterworfen, sofern sich diese nicht wie gewünscht auswirken. Aber sehen Sie es doch positiv: Als Blogbetreiber wird Ihnen niemals langweilig!

Wir werden in den folgenden Abschnitten nicht allzu sehr auf die einzelnen Werkzeuge zur Erfolgsmessung eingehen, denn dafür gibt es bereits geeignete Literatur wie *Google Analytics: Das umfassende Handbuch* von Markus Vollmert und Heike Lück oder auch *Google Analytics: Implementieren. Interpretieren. Profitieren.* von Timo Aden. Vielmehr werden Sie erfahren, welche Kennzahlen für den Betrieb eines (Corporate) Blogs besonders wichtig sind und welche Rückschlüsse Sie hieraus jeweils ziehen können.

Auch im weiteren Verlauf der übrigen Kapitel werden wir immer wieder auf die eine oder andere dieser Kennzahlen zurückgreifen.

Tipp

Zur Messung relevanter Website-Daten eignet sich beispielsweise das sehr mächtige und kostenfreie »Google Analytics« (`www.google.com/intl/de/analytics/`), das hinsichtlich der Auswertungsmöglichkeiten kaum Wünsche offenlässt. Gerade in Deutschland ist jedoch Vorsicht in Bezug auf den Datenschutz geboten. Sie sollten stets beobachten, in welchem Rahmen beziehungsweise unter welchen Bedingungen der Einsatz dieses Tools jetzt und in Zukunft zulässig ist (siehe auch Abschnitt 3.4.1).

3.1 Grundlagen der Erfolgsmessung

3.1.1 Messbare Ziele definieren

Um überhaupt den Erfolg Ihrer Webseite oder Ihres Blogs messen zu können, sind vordefinierte Ziele zwingend erforderlich. Damit Sie diese quantitativ bewerten können, sollten sie nach dem bewährten *SMART-Prinzip* von George T. Goran (1981) formuliert sein:

- **Specific** (spezifisch) – Ein gut formuliertes Ziel beantwortet die sechs W-Fragen Wer? Was? Wie? Wann? Wo? Warum? und beschreibt eine Errungenschaft anstelle einer Aktivität.

- **Measurable** (messbar) – Ein Ziel ist immer dann gut messbar, wenn es einen Zahlenwert wie beispielsweise ein Datum oder eine Mengenangabe enthält. Dadurch lassen sich Fortschritte auch zwischendurch bestimmen und der Kurs zur Zielerreichung gegebenenfalls anpassen.

- **Achievable** (erreichbar) – Ein Ziel muss sowohl an die aktuellen Umstände angepasst als auch mit allen beteiligten Personen abgestimmt sein. Nur so kann direkt mit der Umsetzung zielführender Maßnahmen begonnen werden.

■ **Realistic** (realistisch) – Um ein Ziel erreichen zu können, muss es realistisch sein und die Möglichkeiten hinsichtlich Aufwand, Zeit oder Know-how möglichst präzise einschätzen. Das heißt nicht, dass ein Ziel keine Herausforderung sein soll, ganz im Gegenteil. Aber Sie dürfen auch nicht von vornherein zum Scheitern verurteilt sein.

■ **Time-bound** (zeitgebunden) – Eine zeitliche Terminierung, die berühmt-berüchtigte »Deadline«, sorgt für den nötigen Zeitdruck. Sie ermöglicht die Planung von Teilschritten. Ohne die Dringlichkeit läuft ein Ziel beziehungsweise eine Aufgabe schnell Gefahr, immer wieder aufgeschoben oder sogar komplett ignoriert zu werden. Das gilt es natürlich, unbedingt zu vermeiden!

Ein »SMART«-Beispiel:

> *Ich werde die Besucherzahlen in meinem Blog innerhalb der nächsten drei Monate durch Keyword-Optimierung um 25% steigern, damit sich die Einnahmen durch Displaywerbung um 10% erhöhen.«*

Aufgabe

Können Sie die 5 W-Fragen hierfür identifizieren?

Wer?

_____

Was?

_____

Wie?

_____

Wann?

_____

Wo?

_____

Warum?

_____

Hinweis

Als *Keyword* werden jene Begriffe bezeichnet, über die ein Besucher mithilfe von Suchmaschinen auf eine Webseite gelangt. Je relevanter eine Webseite durch die in ihren Inhalten verwendeten Keywords für eine Suchanfrage ist, desto besser wird sie in den Suchergebnissen platziert.

3.1.2 Passende Leistungsindikatoren bestimmen

Die Erfolgsmessung beginnt mit der Definition geeigneter Leistungsindikatoren, die im Marketing *Key Performance Indicators (KPI)* genannt werden. Diese KPI stehen in Verbindung mit der Strategie und den Zielen, die Sie mit Ihrer Webseite beziehungsweise Ihrem Blog verfolgen. Sie sind daher für jedes Webprojekt unterschiedlich.

Um an dieser Stelle direkt mit einem Missverständnis aufzuräumen: Viele Webmaster setzen KPI mit den Messwerten aus ihren Analyse-Tools gleich, was so nicht richtig ist. Denn ein »Performance Indicator« enthält, wie der Name bereits verrät, eine Aussage über die Leistung. Und die Leistung, wie wir sie aus der Physik kennen, ist eine Betrachtung über einen definierten Zeitraum. Dazu folgendes Beispiel:

Definieren wir die Leistung als »X Seitenaufrufe pro Monat«, so lässt sich hieraus noch kein Rückschluss auf den Erfolg unserer Webseite ziehen. Oder können Sie allein durch steigende Seitenaufrufe beziehungsweise Besucherzahlen die Investition von Zeit und Geld in Ihren Blog rechtfertigen? Wahrscheinlich nicht, also eignet sich diese Aussage auch nicht als KPI.

Die Zahl der Seitenaufrufe ist vielmehr ein Messwert, um einen Benchmark – beispielsweise den Vergleich zum Vormonat – erstellen zu können. Aus diesem können wir dann einen Leistungsindikator ableiten, der zum Beispiel heißt »Steigerung der Seitenaufrufe zum Vormonat um 10 %«.

Lautet unser Ziel »Steigerung der Einnahmen durch Displaywerbung« – der Einfachheit halber soll uns diese Formulierung hier ausreichen, das korrekte »SMART«-Ziel entnehmen Sie bitte wieder unserem Beispiel weiter vorne –, können wir nun anhand des abgeleiteten KPI eine Aussage über den Erfolg treffen. Diese Art der Einnahmen wird nämlich anhand von Bannereinblendungen in Kombination mit dem Tausenderkontaktpreis berechnet. Sie ist somit von der Zahl der Seitenaufrufe abhängig.

Hinweis

Der *Tausenderkontaktpreis* (kurz TKP, Englisch »Cost per mille« oder kurz CPM) ist eine Kennzahl aus der »klassischen« Werbung und definiert den Preis eines bestimmten Werberaums pro 1.000 erreichte Kontakte. Übertragen auf das Online-Marketing bestimmt der TKP beispielsweise die relativen Kosten für die Einblendung eines Werbebanners (sogenannte *Ad Impressions*).

Der TKP berechnet sich aus dem Preis für die Werbung multipliziert mit 1.000, dividiert durch die Bruttoreichweite des Werbemediums. Angenommen Sie buchen einen Werbeplatz für 50,00 Euro im Monat und erreichen dadurch 15.000 Personen, so beläuft sich der TKP auf 3,33 Euro.

3.2 Die wichtigsten Blog-Kennzahlen

3.2.1 Besuche(r) und Seitenaufrufe

Zu den wichtigsten Kennzahlen für Webmaster zählen:

- **Seitenaufrufe** (Englisch: »Pageviews«), geben Auskunft darüber, wie viele Einzelseiten einer Webseite oder eines Blogs im betrachteten Zeitraum aufgerufen wurden. Wiederholte Aufrufe werden mitgezählt.

- **Eindeutige Seitenaufrufe** (Englisch: »Unique Pageviews«), die im Vergleich dazu wiederholte Aufrufe ein und derselben Seite von ein und demselben Nutzer während einer Sitzung nicht berücksichtigen. Gezählt wird die Kombination aus Seiten-URL und Seitentitel.

- **Besuche** (Englisch: »Visits«, in Google Analytics als »Sitzungen« bezeichnet), die Auskunft darüber geben, wie oft Ihre Seite als Ganzes im betrachteten Zeitraum aufgerufen wurde. In Abgrenzung zu den Seitenaufrufen werden einer Sitzung alle Interaktionen wie Seitenaufrufe, Ereignisse oder E-Commerce-Daten zugeordnet. Der Wert der Besuche ist also immer kleiner als die Zahl der (eindeutigen) Seitenaufrufe.

- **Eindeutige Besucher** (Englisch: »Visitors«, im Deutschen teilweise auch »Nutzer« genannt), als die Zahl der unterschiedlichen Personen, die Ihre Webseite im betrachteten Zeitraum mindestens einmal besucht haben.

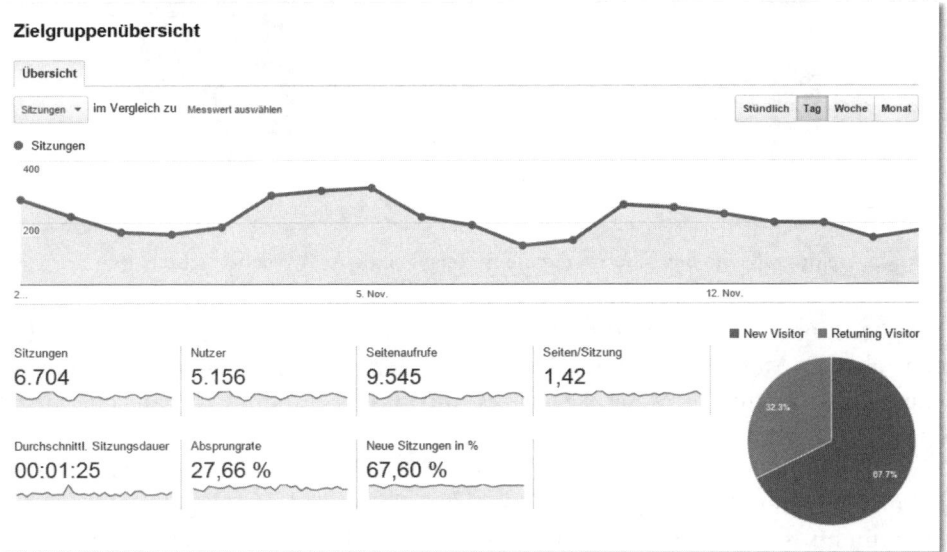

Abb. 3.1: Die Zielgruppenübersicht in Google Analytics gibt unter anderem Auskunft über Seitenaufrufe, Besuche(r) und Besuchszeit.

Jeder Blogbesitzer möchte diese Zahlen nach und nach steigern. Sei es, um mehr Leser für das eigene Anliegen zu gewinnen, mehr Einnahmen oder Leads (also Kontakte, die zu Kaufanfragen führen könnten) zu generieren oder bekannter zu werden. Oder einfach nur, weil er daran interessiert ist, dass die mühsam erstellten Inhalte auch tatsächlich gelesen werden. Auch nach außen hin sind dies wichtige Kennzahlen, denn je höher die Werte liegen, desto leichter können Sie Werbepartner und Partnerprogrammbetreiber gewinnen, Kooperationen aufbauen oder Gastautoren überzeugen, sich an Ihrem Blogprojekt zu beteiligen.

Ebenso interessant sind besucherspezifische Daten wie etwa das Alter, Geschlecht oder die Herkunft. Letzteres dürfte besonders für lokale Unternehmen von Interesse sein, da diese, trotz der potenziell größeren Reichweite des Internets, nur jene Interessenten in ihrem Einzugsgebiet (sprich lokalem Umfeld) ansprechen wollen. Mittels personenbezogener Informationen können Sie Ihren Content noch besser auf die Zielgruppe ausrichten, da Sie ihre Vorlieben und Bedürfnisse besser kennen. Beachten Sie jedoch – auch in Bezug auf einige der noch folgenden Messwerte – die gesetzlichen Vorschriften und notwendigen Nutzerhinweise (siehe Abschnitt 3.4.1).

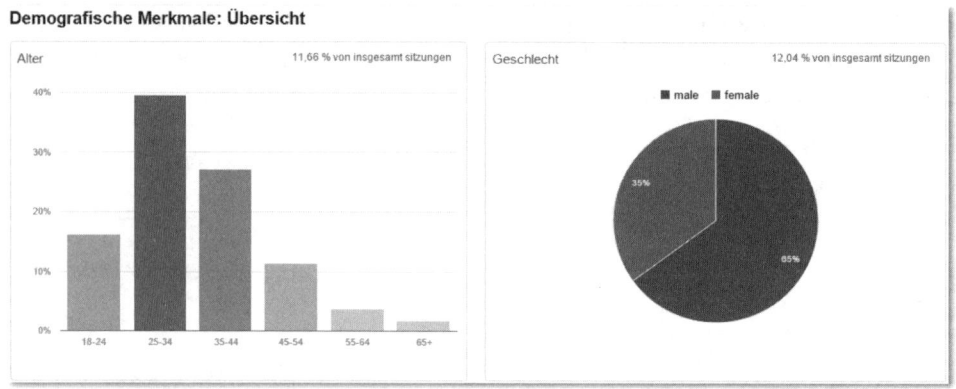

Abb. 3.2: Demografische Besuchermerkmale mittels Google Analytics betrachten

Darüber hinaus sollten Sie Ihre Akquisitionskanäle betrachten, um herauszufinden, ob Ihre Marketingstrategie Erfolg hat oder nicht: Kommen Ihre Besucher über soziale Medien, E-Mails, den Direktaufruf oder durch die organische Suche (sprich über eine Suchmaschine) auf Ihre Webseite? Falls Letzteres, über welche Suchmaschine und mit welchem Suchbegriff? Welche Ihrer Kooperationspartner vermitteln Ihnen die meisten Leser, wo haben Sie einen besonders lohnenswerten Link unterbringen können, welche eigene Werbeschaltung funktioniert am effektivsten? All dies sind wichtige Fragestellungen, deren Antworten Sie anhand der zeitlichen Entwicklung der genannten Kennzahlen beurteilen können. Es ist also nicht nur die reine Anzahl der Besucher von Interesse, sondern auch die jeweilige

Herkunft. Haben Sie ausschließlich Direktaufrufe von Stammlesern, so werden Sie Ihre Suchmaschinenstrategie noch weiter anpassen und entsprechend in SEO-Maßnahmen investieren müssen (siehe Kapitel 6). Sind die Ergebnisse aus Suchmaschinen zufriedenstellend, aber nur sehr wenige Verweise kommen von anderen Webseiten oder Blogs, so sollten Sie sich möglicherweise um neue (Link-)Kooperationen bemühen, die Ihnen zusätzliche Besucher einbringen.

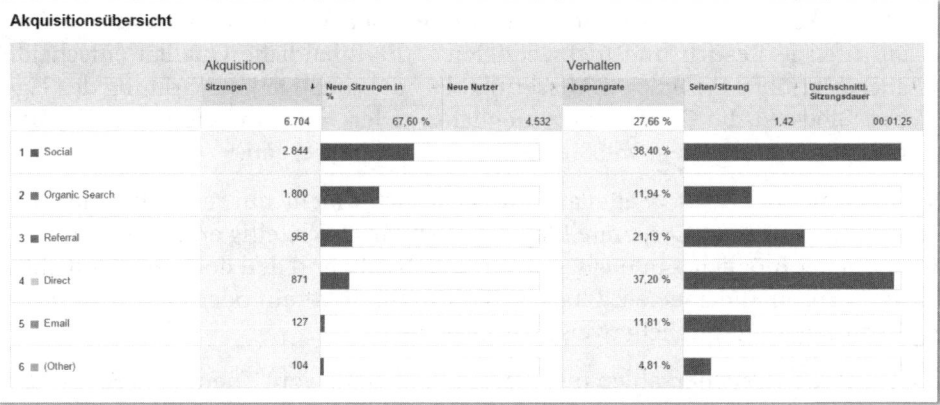

Abb. 3.3: In der Akquisitionsübersicht erfahren Sie, woher Ihre Besucher kommen und wie effektiv diese Traffic-Quellen etwa hinsichtlich der Besuchszeit und Absprungrate sind.

Das Verhältnis von Seiten pro Sitzung ist ebenfalls ein wichtiges Indiz dafür, wie spannend neue Leser Ihre Inhalte finden und ob die Gestaltung selbst zum Verweilen auf Ihrem Blog einlädt oder nicht (dazu später mehr in Abschnitt 4.2). Je mehr Blogartikel und sonstige Seiten ein Leser während seines Aufenthalts auf Ihrem Blog aufruft, umso mehr scheinen ihm dessen Inhalte zuzusagen. Angeblich beobachtet Google diese Kennzahl immer genauer, um hochwertige von weniger hochwertigen Webseiten unterscheiden zu können.

Was sind hierbei jedoch typische Werte (abhängig vom jeweiligen Blog-Thema)?

- Bei einem reinen Affiliate-Blog wären anderthalb Seiten pro Besuch schon ein recht guter Wert. Neue Besucher kommen in diesem Fall meist direkt von einer Suchmaschine und suchen ganz gezielt nach einem bestimmten Bericht beziehungsweise dem zugehörigen Anbieter. Hier ist es manchmal sogar erwünscht, dass keine weiteren Beiträge gelesen werden, die vom eigentlichen Ziel ablenken. Vielmehr sollen die Leser innerhalb des ersten gefundenen Artikels auf den dort integrierten Partnerprogramm-Link klicken und dem Betreiber damit einen entsprechenden finanziellen Gewinn einbringen. Google sieht solche Blogs – zu Recht – immer kritischer. Denn sie bieten dem Leser keinen wirklichen Mehrwert, der gebotene Content geht in vielen Fällen gegen null.

■ Verdienen Sie hingegen Ihr Blogger-Einkommen hauptsächlich mit Programmen wie Google AdSense (siehe Abschnitt 9.1), so soll der Besucher im Idealfall natürlich möglichst viele Seiten abrufen. Denn dadurch steigt die Chance, dass eine für ihn passende Werbung angezeigt wird und er diese aufruft. Gehen Sie zu kalkuliert vor – etwa indem sich der Leser durch mehrere Beitragsteile oder durch Fotostrecken klicken muss, um das gewünschte Ergebnis zu erhalten –, so wird sich dies negativ auf Ihre Reputation auswirken. Gut gestaltete Blogs mit einem für die Leser sehr spannenden und vielleicht auch neuen Thema können auf ganz natürliche Weise einen Wert von bis zu zehn Seitenaufrufen je Besuch und mehr erzielen – die inhaltliche Qualität entscheidet auch hier über Erfolg oder Misserfolg. Für die sonstige Vermarktung des eigenen Blogs ist die Generierung möglichst vieler Seitenaufrufe natürlich ebenfalls positiv zu werten, wie Sie später noch sehen werden.

Natürlich hat der Wert »Seitenaufrufe je Besuch« nicht nur eine rein monetäre Bedeutung. In einem Corporate Blog möchten Sie gleichzeitig erreichen, dass sich die Besucher möglichst intensiv mit Ihrer Webseite und den dort veröffentlichten Inhalten auseinandersetzen. Bloggen Sie für einen Verein oder eine gemeinnützige Stiftung, so gilt üblicherweise das Gleiche.

Die Höhe der Besucherzahlen insgesamt ist abhängig vom Thema des Blogs. Deswegen ist es schwierig, entsprechende Referenzwerte zu beziffern. Während manche Spezial- und Nischenthemen bereits mit mehreren Tausend Besuchen pro Monat lukrativ betrieben werden können (etwa im Finanz- oder Wirtschaftsumfeld), so benötigt ein eher allgemeines oder stark umkämpftes Thema schon einmal mehrere Zehntausend Besuche, um denselben Effekt zu erzielen. Auch lässt sich anhand der Positionierung in den Suchmaschinen erkennen, wie ausbaufähig ein bestimmtes Blog-Thema hinsichtlich der Besucherzahl noch ist. Sobald Sie mit einem Ihrer Blogs mit dem wichtigsten Keyword bei Google auf Platz eins landen, wissen Sie, dass die Anzahl der Besucher aus Suchmaschinen nicht mehr unendlich gesteigert werden kann. In diesem Fall bleibt meist nur noch die Möglichkeit, weitere Besucherquellen zu aktivieren, etwa über Besucher aus sozialen Netzwerken, Verweise aus anderen Portalen, Offline-Medien, E-Mail-Kampagnen etc. Oder Sie erweitern die Themenvielfalt, was sich wiederum negativ auf die – bisher erfolgreichen – ursprünglichen Inhalte auswirken kann: Vereinfacht formuliert passt Google seine Aufmerksamkeit der neuen Vielfalt an und misst dem bisherigen Thema weniger Bedeutung bei – der Verlust der guten Suchmaschinenplatzierung wäre wahrscheinlich. Hier sollten Sie abwägen, ob es nicht sinnvoller ist, einen weiteren Blog aufzubauen.

Platz eins bei Google zu erreichen, ist sehr schwer und gelingt oft nur mit einzelnen Beiträgen – es sei denn, Sie besetzen ein Nischenthema –, aber auch die nachfolgenden Platzierungen sind durchaus attraktiv. Entsprechende Studien zeigen, dass die Nutzer in etwa 32 Prozent der Fälle auf den ersten Eintrag klicken, 18 Prozent entfallen auf den Zweitplatzierten, etwa zwölf Prozent auf den drittplatzierten. Neun bis zwei Prozent entscheiden sich für die Plätze vier bis zehn.

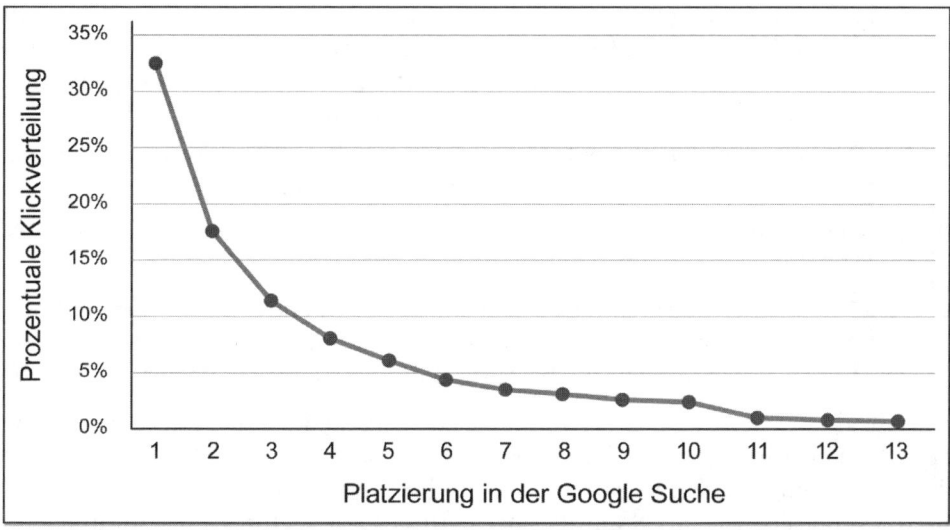

Abb. 3.4: Klickverteilung innerhalb der Google-Suchergebnisseiten (Quelle: Chitika Inc., Stand Juni 2013)

Nur wenige Suchende (etwa acht bis neun Prozent) gelangen bis auf die zweite Suchergebnisseite. Dieses in der SEO-Szene kursierende Zitat kommt also nicht von ungefähr:

> *»The best place to hide a dead body is page 2 of the Google search results.«*

Dies dient natürlich immer nur für ein bestimmtes Keyword beziehungsweise für eine bestimmte Art von Suchanfrage als Orientierungshilfe. Doch die deutliche Mehrheit der Besucher werden Sie wohl ohnehin nur über eine Handvoll zugehöriger Keywords generieren, für die sich dann das Steigerungspotenzial ermitteln lässt. Sollte Ihr Blog hingegen keine vordere Position bei Google belegen, dann bleibt Ihnen nur die Schätzung des potenziell möglichen Besucheraufkommens. Wie Sie solche und ähnliche Kennzahlen ermitteln, erfahren Sie im weiteren Verlauf.

3.2.2 Besuchszeit, Absprungrate und neue Besuche(r)

Ähnlich wie die Anzahl der angezeigten Seiten pro Besuch lässt auch die durchschnittliche Verweildauer einen Rückschluss darauf zu, wie attraktiv Ihr Blog insgesamt auf die Leser wirkt. Verlassen diese die Webseite bereits nach wenigen Sekunden wieder, so kann das unterschiedliche Gründe haben:

- Der Blog ist für die falschen Keywords optimiert. Das bedeutet, dass Ihre Besucher inhaltlich nach ganz anderen Informationen gesucht haben als nach denen, die sie auf Ihrer Webseite finden – Stichwort: Erwartungshaltung.

- Das Design schreckt ab, weil die verwendeten Farben nicht harmonieren, die Struktur nicht logisch ist, sodass sich die Besucher nicht zurechtfinden, das

Bildmaterial als langweilig oder unpassend empfunden wird, der Blog nicht mobiloptimiert ist u.v.m. Oder weil der Text, wenn überhaupt, nur unleserlich formatiert ist. Näheres zur Gestaltung lernen Sie in Kapitel 4 »Content« und Kapitel 5 »Design – Konzeption & Gestaltung« kennen.

- Die Werbung auf der Webseite ist zu aufdringlich und erschwert den Zugang zu den gesuchten Informationen (Stichwort: Pop-ups).

- Die Ladezeit der Webseite ist zu lang, sodass Besucher schon vor Beenden des Ladevorgangs abspringen.

Gleiche Rückschlüsse lässt die Kennzahl der Absprungrate zu. Diese bemisst prozentual, wie oft auf nur eine Seite Ihres Blogs zugegriffen wird beziehungsweise wie oft Ihre Besucher die Website bereits auf der Einstiegsseite wieder verlassen.

Die Anzahl der neuen Besucher (das sind all jene, die noch nie zuvor Ihren Blog besucht haben, sie werden über sogenannte Cookies ermittelt) beziehungsweise deren Verhältnis zu den Gesamtlesern gibt hingegen Aufschluss darüber, ob Ihr Erfolg hauptsächlich auf Stammlesern beruht oder ob Ihr Blog kontinuierlich wächst. Ersteres ist zwar sehr schön, gleichzeitig aber auch ein Indiz dafür, dass Sie vielleicht mehr in die Gewinnung neuer Leser – aus anderen Portalen oder über neue Keywords, Beiträge und Themen – investieren sollten.

Hinweis

Die genannten Zahlen können sich, je nach Blog-Thema, erheblich unterscheiden. Sie eignen sich daher nicht immer für den direkten Vergleich. Nehmen wir als Beispiel einen Finanzblog: Dieser kann schon ab einer durchschnittlichen Besuchszeit von einer Minute erfolgreich sein, da der Leser aus den Suchmaschinen sofort auf den ganz speziellen Beitrag gelangt, für den er sich interessiert. Andere Blogs – etwa zum Thema Existenzgründung – erreichen Werte von bis zu zehn Minuten und mehr – hier wollen die Besucher stöbern und sich möglichst ausführlich informieren. Für manche scheint selbst das kein langer Zeitraum zu sein. Doch Sie müssen bedenken, dass es sich hierbei um einen Durchschnittswert handelt – es fließen selbst jene Besuche mit ein, die den Blog sofort nach dem Aufruf wieder verlassen.

Zum Teil korreliert die durchschnittliche Besuchszeit dabei mit der zuvor genannten Kennzahl »Seitenaufrufe je Besuch«. Beide Werte sollten fortlaufend beobachtet werden – für jeden einzelnen Blog oder, sofern möglich, im Vergleich zu ähnlichen Blogs und Blog-Themen. Nur so können Sie erkennen, ob die Maßnahmen zur Erhöhung der Besuchsdauer fruchten oder nicht (dazu später mehr).

3.2.3 Aufgerufene Seiten (Content-Verteilung)

Nehmen wir an, Sie schreiben in Ihrem Blog über DSL-Techniken und -Tarife. Für 80 Prozent der Seitenaufrufe (und somit höchstwahrscheinlich auch der Werbeeinnahmen) sind jedoch ausgerechnet Beiträge zum Thema »Mobiles Internet via LTE« verantwortlich. Zudem suchen die Leser auch im Blog nach »LTE«. Bei einem solchen Szenario – das sich auf beliebige Themen hin adaptieren lässt – sollten Sie die Ausrichtung Ihres Blogs überdenken. Oder zumindest zeitnah eine neue Kategorie »LTE« beziehungsweise »mobiles Internet« einrichten und mit entsprechenden Blogbeiträgen befüllen.

Die Betrachtung, auf welche Artikel und Inhalte sich die Besucherströme verteilen, was also gern gelesene Beiträge sind und was nicht, gehört zu den wichtigsten regelmäßigen Aufgaben eines Bloggers. Denn diese Verteilung kann sich im Laufe eines Bloglebens des Öfteren verändern. Dabei sollten Sie folgende konkreten Messergebnisse in Ihre Auswertung einbeziehen:

- Über welche Themen beziehungsweise Keywords gelangen die Besucher auf den Blog, wenn sie von Suchmaschinen kommen?
- Wonach suchen Leser innerhalb des Blogs, also über die Blog-eigene Suchfunktion?
- Welche Inhalte sorgen regelmäßig für die meisten Besucher?
- Aber auch: Welche Beiträge werden besonders oft in den sozialen Netzwerken weiterempfohlen, von anderen Blogs aus verlinkt, kommentiert etc.?

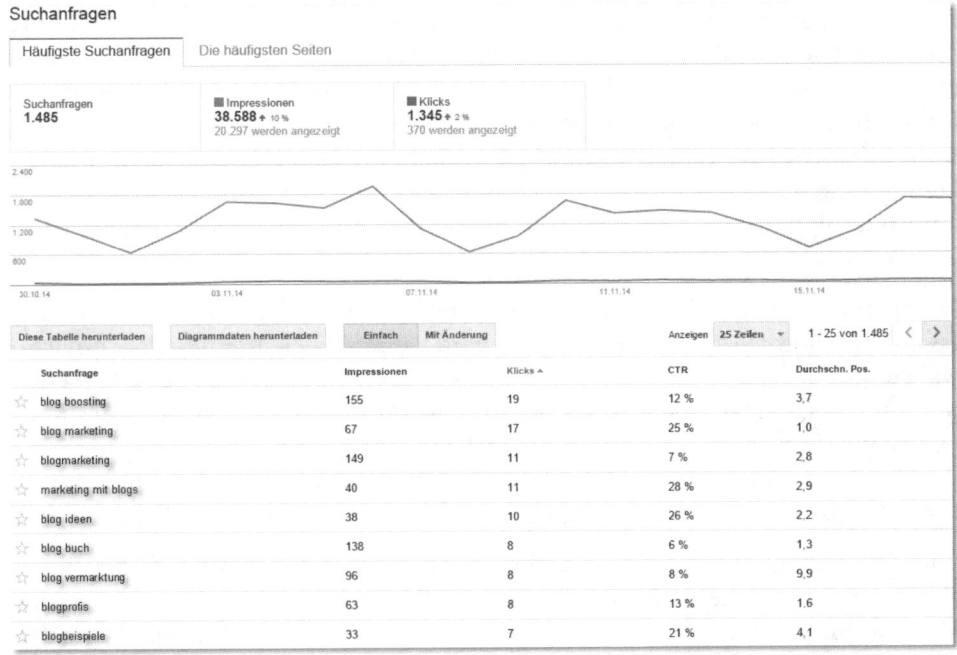

Abb. 3.5: Google-Webmaster-Tools geben Aufschluss darüber, über welche Suchbegriffe Leser Ihren Blog finden.

Sie sollten sich hierbei stets vor Augen halten: Die Themen, über die Sie am meisten schreiben, bilden die Keyword-Grundlage, unter der Google Ihren Blog sieht. Mit welchen Begriffen Ihr Blog also am ehesten bei Google & Co. gefunden wird, das bestimmen Sie selbst – über den inhaltlichen Schwerpunkt. Das mag logisch klingen, ist aber nur wenigen Bloggern wirklich bewusst. Aus diesem Grund tun sich auch Blogs so schwer, die sich nicht fokussieren – indem sie gleichzeitig über Mode, die neuesten Gadgets bis hin zu Urlaubsreisen berichten. Es gibt einen einfachen Test, wie sich die fehlende Fokussierung feststellen lässt: Kann Ihnen ein Freund oder ein Bekannter nicht sagen, wie beziehungsweise unter welchem Thema er Ihren Blog wahrnimmt, dann kann es wohl auch Google nicht. Das muss nicht schlimm sein – über die einzelnen Beiträge finden sich unter Umständen dennoch genügend Leser. Blogs mit einem eindeutigen inhaltlichen Schwerpunkt haben es jedoch um einiges leichter, Google zu überzeugen, aber auch eine Stammleserschaft aufzubauen.

3.2.4 Interaktionsrate (Kommentare & Verweise)

Nun zu einer der reinen Blog-Erfolgskennzahlen, denn die vorangegangenen Werte sind für jeden Webseitenbetreiber von Interesse, selbst wenn sich etwa die Content-Verteilung bei einem Weblog naturgemäß besonders gut steuern lässt.

Wenn wir, also Robert und Michael, ein neues Blogprojekt starten, können wir recht zuverlässig vorhersagen, wann dieses zu einem Erfolg wird oder ob es die Mühe vielleicht doch nicht wert ist. Kommentare und Verweise anderer Blogs auf Ihre Artikel gehören hierbei zu den wichtigsten Indikatoren für den Erfolg. Massenhaft Besucher zu generieren, mit welcher Methode auch immer, hilft nicht in jedem Fall weiter. Wenn diese Besucher jedoch länger bleiben, wiederkommen, irgendwann zu Stammlesern werden und sich dann sogar interaktiv an Ihrem Blog beteiligen, dann, aber auch erst dann, haben Sie Ihr eigentliches Ziel erreicht.

Dabei müssen wir differenzieren: Ein reiner Affiliate-Blog mit einem für den Leser nur punktuell spannenden Thema wird kaum so viele Kommentare erhalten wie ein gut besuchter Content-Blog zu einem Spezialthema. Hierbei gilt wieder: Stimmt die Qualität des Beitrags, dann gewinnt der Leser neue Erkenntnisse. Oder er wird so tief in die Materie eintauchen, dass er Fragen stellt und mitdiskutieren möchte. All dies wird ihn dazu bewegen, die Kommentarfunktion zu nutzen, oder aber er verlinkt die hilfreiche Quelle aus seinem eigenen Blog.

Auch die Zusammensetzung der Leserschaft spielt für die Bereitschaft zum interaktiven Handeln eine nicht unerhebliche Rolle: Ist diese eher Blog- und Social-Media-affin, ist sie es also gewohnt, zu kommentieren? Betrachten die Leser den Beitrag als Werbung oder sind sie dankbar für die exklusiven Tipps? Sind die Inhalte verständlich formuliert und dennoch fundiert genug, um den typischen

Leser bei Laune zu halten? Das alles werden Sie üblicherweise erst nach mehreren Monaten des aktiven Bloggens herausfinden.

Deswegen sollten Sie die Entwicklung dieser blogspezifischen Kennzahl stets im Auge behalten und gegebenenfalls für deren stetigen Ausbau sorgen (siehe Kapitel 7).

Die Gründe, warum sich jeder Blogger freut, wenn er regelmäßig Kommentare und Verweise in seinen Blog erhält (abgesehen von Spam natürlich), sind unter anderem folgende:

- Es ist ein Indiz dafür, dass der Blog auf dem richtigen Weg ist, mit seinen Inhalten einen »Nerv« bei den Lesern trifft beziehungsweise dass die Beiträge tatsächlich einen Mehrwert bieten.

- Er kann sehr viel aus den Kommentaren und von Kommentatoren lernen, was die weitere (vor allem inhaltliche) Ausrichtung seines Blogs angeht. Gleichzeitig lernt er auch seine Leser näher kennen und kann seine Inhalte noch zielgruppenspezifischer und persönlicher aufbereiten.

- Gerade Stammleser schätzen den Austausch mit dem Blogbetreiber und anderen Lesern. Sie fangen früher oder später an, Fragen zu stellen, die der Blogger wiederum beantworten kann – genau hierdurch entsteht eine Diskussion. Zeitgleich dienen diese Fragen als Anregung für neue Blogartikel, wobei sich der Blogger so gut wie sicher sein kann, dass die resultierenden Inhalte auf Interesse bei den Lesern stoßen. Mit der Zeit werden Kommentare zu einem wichtigen Bestandteil des gesamten Projekts.

- Im besten Fall entsteht aus diesem Verhalten sogar eine eigene Community, in der sich die Kommentatoren untereinander austauschen, ohne dass sich der Autor jedes Mal beteiligen muss.

- Nicht zu unterschätzen: Suchmaschinen mögen den zusätzlichen, regelmäßig wachsenden und inhaltlich passenden Content sehr – gerade bei aussagekräftigen und längeren Kommentaren.

Aber auch der kommentierende Leser profitiert von seiner Interaktion, denn er kann seinen Kommentar in der Regel mit einem Backlink verknüpfen und dadurch seine eigene Position in Suchmaschinen stärken. Durch zusätzliche Anreize können Sie Ihre Leser dazu motivieren, sich regelmäßig an Ihrem Blog zu beteiligen. Robert zeigt in seinem Blog www.toushenne.de zum Beispiel eine Liste der letzten fünf Kommentatoren an und verlinkt sie mit deren Webseite. Der Backlink des kommentierenden Lesers ist damit nicht nur auf der einzelnen Beitragsseite eingebunden, sondern global im Blog, wodurch sich die positiven Effekte vervielfachen – vorausgesetzt, der Leser kommentiert regelmäßig, um weiterhin in dieser Top-Liste zu erscheinen.

3.2.5 Keywords

Keywords sind ein nicht ganz einfaches, aber wichtiges Thema, wie wir bereits ange-deutet hatten. Einen Blog schreiben wir nicht deswegen, um ihn mit bestimmten Keywords besonders gut bei Google zu positionieren (es sei denn, es handelt sich um einen ausschließlich durch SEO getriebenen Affiliate-Blog, was mit Bloggen im ursprünglichen Sinn nichts mehr zu tun hat). Trotzdem kann es nicht schaden, regelmäßig zu analysieren, mit welchen Schlüsselwörtern unser Blog hauptsächlich bei der Suchmaschine gelistet ist, etwa mithilfe der kostenlos verfügbaren Webmas-ter-Tools von Google (`www.google.com/webmasters/tools/`).

Ein schönes Beispiel hierfür ist ein ehemaliger Blog von Michael: Auf `seoperlen.de` verwies er in seinen Blogbeiträgen regelmäßig auf interessante Webseiten aus dem Bereich Suchmaschinenoptimierung und -marketing. Doch der Domainname führte dazu, dass die eingebundenen Google-AdSense-Wer-beblöcke trotz einiger Kniffe und Versuche hin und wieder tatsächlich »Perlen« (die aus dem Meer) bewarben, anstatt SEO-relevante Themen zu berücksichtigen. Ein Blick in die Keyword-Struktur zeigte schnell, dass der Name des Blogs inner-halb der einzelnen Seiten zu oft zum Einsatz kam. Alleine durch den Verzicht des Begriffs »seoperlen« – sowie die Verwendung passender Keywords – gelang es ihm, Google die »richtigen« Werbeblöcke zu entlocken – was zu deutlich höheren Einnahmen führte.

Die Einnahmen seiner Affiliate-Blogs konnte Michael nicht zuletzt deswegen deutlich optimieren, weil er mit den Keywords experimentierte. Etwa indem er im Finanzbereich den Fokus auf »Festgeld« legte anstelle von »Tagesgeld« oder das weniger umkämpfte Keyword »Bankkonto« dem »Girokonto« vorzog.

Trotz dieser Möglichkeiten sollten Sie stets hinter den Themen Ihres Blogs stehen und diese nicht künstlich erweitern. Zudem gilt es, werbliche Inhalte – die auf die geschilderte Weise optimiert werden können – eindeutig zu kennzeichnen und somit von den redaktionellen Beiträgen abzugrenzen. Ihre Leser merken sehr schnell, ob Sie über die notwendige Expertise verfügen oder nicht. Michael etwa arbeitete vor seiner Zeit als Blogger als Bankkaufmann und gründete deswegen den erwähnten Blog. Er hatte also ein echtes Interesse an den Inhalten. Wir erwäh-nen dies deswegen, weil einige Blogger ihre Themen nach dem zu erwartenden Gewinn auswählen, diese Strategie auf Dauer jedoch nicht aufgehen wird. Ganz Ähnliches gilt im Übrigen auch für Corporate Blogs, doch dazu später mehr.

Wie es sich bei den Schlüsselbegriffen Ihres Blogs mit dem Suchvolumen und möglichen Konkurrenz-Keywords verhält, werden Sie für sich selbst prüfen und dann natürlich ausprobieren müssen. Und das in aller Regelmäßigkeit, zu schnell verändern sich heutzutage die Bedürfnisse der Leser. Aber auch die Regeln bei Google und anderen Suchmaschinenbetreibern sind einem ständigen Wandel unterworfen.

Webmaster-Tools

Website-Dashboard

Website-Benachrichtigungen (

▸ Darstellung der Suche ❶

▸ Suchanfragen

▾ Google-Index

    Indexierungsstatus

    Content-Keywords

    URLs entfernen

▸ Crawling

Sicherheitsprobleme

Andere Ressourcen

Content-Keywords

Keyword	Bedeutung
1. social	
2. marketing (2 Varianten)	
3. media (2 Varianten)	
4. twitter (7 Varianten)	
5. blog (5 Varianten)	
6. finde (2 Varianten)	
7. content (2 Varianten)	
8. blogger (5 Varianten)	
9. kommentare (3 Varianten)	
10. deinen (4 Varianten)	

Abb. 3.6: Übersicht der meistverwendeten Keywords innerhalb Ihrer Webseite

Doch nicht nur für Werbetreibende sind Keywords und deren Verteilung sehr wichtig. Auch mit Ihrem Corporate Blog wollen Sie möglichst über bestimmte Schlüsselwörter bei Google gefunden werden und über andere vielleicht auf keinen Fall. Stellt Ihr Unternehmen Software für Anwaltskanzleien her, so wollen Sie natürlich nicht über die Suche »Anwalt« gefunden werden, der Fokus liegt hier dann wohl eher auf »Kanzleimanagement«, »Aktenverwaltung«, »Software«, »CMS« oder ähnlich relevanten Begriffen.

Durch die Beobachtung Ihrer Keywords und entsprechender Gestaltung der Blog-Inhalte können Sie diesen Effekt aktiv beeinflussen, jedoch ohne es zu übertreiben (was Google missfallen könnte). Denn wie Sie im Kapitel »Content« noch erfahren werden, darf die Keyword-Optimierung niemals zulasten einer möglichst natürlichen Textgestaltung gehen.

3.2.6 Werbekennzahlen – CTR, TKP & Co.

Gerade wenn Sie den Blog über klassische Werbeformate refinanzieren – von Google AdSense über selbst vermarktete Werbeflächen bis hin zu Affiliate-Bannern und -Links – sollten Sie die wichtigsten Marketing-Kennzahlen Ihres Portals im Auge behalten. So können Sie Ihre Werbestrategie stets den aktuellen Bedingungen anpassen und Ihre Einnahmen maximieren.

Eine dieser Kennzahlen ist die *Klickrate* (Englisch »Click Through Rate« oder kurz CTR). Sie misst, wir oft Ihre Werbelinks oder Banner geklickt werden. Daraus lassen sich – unabhängig von der Attraktivität des jeweiligen Werbemittels und der dahinterliegenden Landingpage – Optimierungsmöglichkeiten hinsichtlich der Gestaltung und Positionierung innerhalb Ihrer Webseite ableiten.

Hinweis

Eine *Landingpage* ist eine spezielle Einzelseite innerhalb der Webseite, die darauf abzielt, den Besucher zu einer bestimmten Handlung, etwa dem Kauf eines Produkts oder die Anmeldung für einen Newsletter, zu bewegen. Wir werden im weiteren Verlauf noch genauer auf diese Möglichkeit eingehen. Blogs eignen sich sehr gut für den Einsatz von Landingpages: Während die Beiträge des Blogs selbst nicht werblich gehalten sind und dadurch viele Leser gewinnen, kann ein Blogger – etwa in der Sidebar oder unterhalb eines Beitrags – dezent auf eine oder mehrere Landingpages verweisen. Auf diesen bietet er dann seine Produkte an, bewirbt dort seine Dienstleistung oder baut seine E-Mail-Liste auf. So stören sich die Leser nicht an zu viel Werbung, und dennoch wird Interesse am Portfolio des Bloggers aufgebaut.

Der Erfolg einer Landingpage – definiert durch die Conversionrate, also dem Prozentsatz, zu dem die beworbene Handlung tatsächlich ausgeführt wird – hängt sehr von der inhaltlichen und vor allem visuellen Gestaltung ab. Deswegen werden in der Regel viele Varianten einer Landingpage gegeneinander getestet, bis die optimale Version gefunden ist. Der Fokus liegt dabei stets auf dem Wesentlichen: Es steht das Produkt beziehungsweise das Element im Mittelpunkt, das der Leser kaufen oder nutzen soll. Ursprünglich nutzten vor allem Blogger aus dem US-amerikanischen Raum dieses Mittel der Vermarktung. Doch auch hierzulande haben sich Landingpages längst durchgesetzt. »Copyblogger« Brian Clark ist bekannt für seine effektiven Landingpages. Unter `www.copyblogger.com/landing-pages/` finden Sie ein gutes Beispiel einer solchen Seite.

Aus AdSense kennen Sie vielleicht eine weiterreichende Kennzahl, den RPM (»Revenue per Thousand Impressions«, analog zum Tausenderkontaktpreis). In Ihrem Fall als Affiliate oder Publisher stellt dieser allerdings nicht die Kosten, sondern die Einnahmen pro 1.000 Impressions eines Werbelinks oder -banners in Ihrem Blog dar. In Abbildung 3.7 wurde dieser Wert für einzelne Werbeflächen ermittelt, mit jeweils großen Unterschieden, wie Sie sehen können.

Dieser Wert bindet sämtliche Faktoren (die Attraktivität der jeweiligen Werbeeinbindung für die Leser, die Höhe der Vergütung je Klick/Lead/Sale, die Anzahl der erfolgreichen Verkäufe etc.) ein und zeigt Ihnen, wie effektiv ein Werbelink in einem Artikel oder eine Bannerschaltung in der Sidebar tatsächlich ist. Bei Google AdSense werden diese Kennzahlen automatisch ermittelt, aber auch die meisten Partnerprogramme bieten eine solche oder vergleichbare Kennzahl, wobei hier eventuell noch die Stornoquote von nicht vergüteten Leads mit herausgerechnet werden muss.

Seitenaufrufe	Klicks	Seiten-CTR	CPC	Seiten-RPM	Geschätzte Einnahmen ↓
54.356	274	0,50%	0,63 €	3,17 €	172,27 €
161.467	344	0,21%	0,50 €	1,06 €	171,28 €
89.259	364	0,41%	0,42 €	1,70 €	151,37 €
33.038	178	0,54%	0,60 €	3,23 €	106,85 €
8.060	86	1,07%	0,59 €	6,30 €	50,79 €
1.616	48	2,97%	0,92 €	27,20 €	43,96 €
2.293	57	2,49%	0,49 €	12,17 €	27,90 €
4.342	48	1,11%	0,56 €	6,18 €	26,85 €
994	41	4,12%	0,54 €	22,40 €	22,27 €
2.444	65	2,66%	0,33 €	8,90 €	21,74 €

Abb. 3.7: Geschätzter Umsatz einzelner Seiten innerhalb Ihres Blogs pro tausend Seitenaufrufe

Warum Sie den durchschnittlichen TKP für Ihren Blog, Ihr Blog-Thema und sogar die einzelnen Werbeeinbindungen kennen sollten? Weil er sich positiv beeinflussen lässt. Zum einen durch die Wahl eines anderen, passenderen oder lukrativeren Werbepartners. Zum anderen, wie erwähnt, durch Umgestaltung beziehungsweise Neupositionierung der Anzeigenflächen sowie viele weiteren Möglichkeiten, die wir in den kommenden Kapiteln noch behandeln werden. Manchmal reichen schon kleine Veränderungen aus, um den Blog-Umsatz um zweistellige Prozentsätze zu verbessern. Und gerade wenn Sie mit mehreren Anzeigentechniken und -quellen arbeiten, sollten Sie stets die jeweilige Effizienz vergleichen. Denn die Werte verändern sich im Laufe der Zeit durchaus deutlich, sowohl nach oben als leider auch nach unten.

3.2.7 Social Signals

Dies mag nicht jedem traditionsbewussten Blogger gefallen: Ohne die sozialen Netzwerke haben Sie es bei den meisten Blog-Themen sehr schwer, erfolgreiches Marketing zu betreiben. Zumal die jüngere Generation der Blogbetreiber wie selbstverständlich mit den neuen Medien aufwächst und damit – ganz nebenbei – ihre Abhängigkeit von Google minimiert. Denn in Zeiten, in denen eines der vielen Ranking-Updates des Suchmaschinengiganten über Erfolg oder Misserfolg eines Blogs entscheidet, sind alternative Besucherquellen nie verkehrt.

Sie sollten sich als Blogger auf die wichtigsten, das heißt für Ihr Projekt relevanten, sozialen Netzwerke konzentrieren und dort präsent sein, wie Sie im weiteren Verlauf des Buches noch erfahren werden. Denn wurde ein Blogger früher bei anstehenden Partnerschaften, Werbebuchungen etc. eigentlich nur nach den typischen Kennzahlen der Reichweite (Besucher & Seitenaufrufe) gefragt, so zählt mittlerweile immer öfter eine ganz andere Information: Wie viele Twitter-Follower hat der Blog? Und wie sieht es mit Facebook-Fans aus? Wie hoch ist die Anzahl der

RSS- oder Newsletter-Abonnenten? Werden die Leser auch via Google Plus informiert? Wie viele Likes etc. gibt es, wie oft kommentiert und klickt welche Zielgruppe, was sich in den sozialen Netzwerken meist sehr einfach durch schlichtes Beobachten herausfinden lässt? Einigen Partnern sind diese Kennzahlen mittlerweile fast schon wichtiger als die traditionellen Besucherzahlen. Und sie haben einen weiteren, durchaus positiven Effekt: Blogger können ihre Erfolgszahlen nicht mehr so einfach beschönigen. Die tatsächlichen Besucherzahlen kennt nur der Webmaster eines Portals. Fans und Interaktionen können Werbekunden selbst begutachten. Das sorgt für Transparenz, stellt Blogger aber vor neue Herausforderungen. Ob die Inhalte beim Publikum ankommen, vor allem im Vergleich zu ähnlichen Portalen und Blogs, das ist im Social-Media-Zeitalter für jeden sichtbar.

Was ist der Grund für das deutlich gestiegene Interesse an Kennzahlen aus den sozialen Netzwerken? Blogger und ihre Beiträge sind sehr begehrt als Träger für (Werbe-)Botschaften unterschiedlichster Art. Das können wir uns als Blogger zunutze machen. Gleichzeitig müssen wir uns vor zu viel Einflussnahme schützen, denn immer mehr Blogger werden als Content-Schleuder für Schleichwerbung missbraucht. Das schadet dem Ruf der Blogosphäre sehr deutlich, doch dazu später mehr. Ein weiterer Grund für das gestiegene Interesse an Follower-Zahlen & Co.: Ihre Kooperations- und Werbepartner sind immer mehr daran interessiert, die für sie relevanten Zielgruppen über zusätzliche Kanäle wie Facebook und Twitter zu erreichen. Denn das indirekte Empfehlungsmarketing verspricht deutlich bessere Chancen auf eine positive und nachhaltige Verbreitung als die direkte Werbung auf diesen Plattformen.

Blog-Marketing ist heutzutage immer auch Social-Media-Marketing (ganz unabhängig davon, dass manche Experten Blogs oder besser die Blogosphäre zu den sozialen Netzwerken zählen). Von daher sollten Sie ein Auge auf die genannten Kennzahlen beziehungsweise deren Entwicklung werfen. Wie sich diese positiv beeinflussen lassen, das werden Sie im Verlauf dieses Buches erfahren. Die gute Nachricht: Die meisten sozialen Netzwerke stellen die Erfolgskennzahlen im entsprechenden Benutzeraccount zur Verfügung – teilweise sogar öffentlich einsehbar. Sie müssen hierfür kein aufwendiges (und gegebenenfalls kostenpflichtiges) externes Reporting nutzen. Ein simples Tool, um die Social-Media-Reichweite einzelner Seiten im Netz zu ermitteln, ist beispielsweise »ShareTally« (http://sharetally.co/).

3.3   Trends erkennen und richtig reagieren

Die meisten Analysetools für Webseiten erlauben eine ausführliche, grafisch aufbereitete Auswertung. Diverse Kurven, Charts und mehr lassen sehr schnell erkennen, in welche Richtung sich einzelne Kennzahlen bewegen. Besonders die mittel- und langfristige Betrachtung ist interessant. Aber auch auf kurzfristige

Peaks (Spitzen) – egal ob nach oben oder unten – sollten Sie sofort reagieren, wenn beispielsweise der Besucherstrom von Google durch einen Fehler in der Indexierung abreißt (dies wäre in den Webmaster-Tools von Google sichtbar). Wenn Sie beispielsweise einen Fall der Besucherzahlen gegen null erkennen, dann sollten Sie überprüfen, ob Ihr Blog zu dieser Zeit im Netz erreichbar oder etwa aufgrund eines technischen Fehlers offline war. Positive Ausschläge können durch Verweise aus prominenten Internetportalen oder Empfehlungen von Personen mit großem Netzwerk in sozialen Medien verursacht werden.

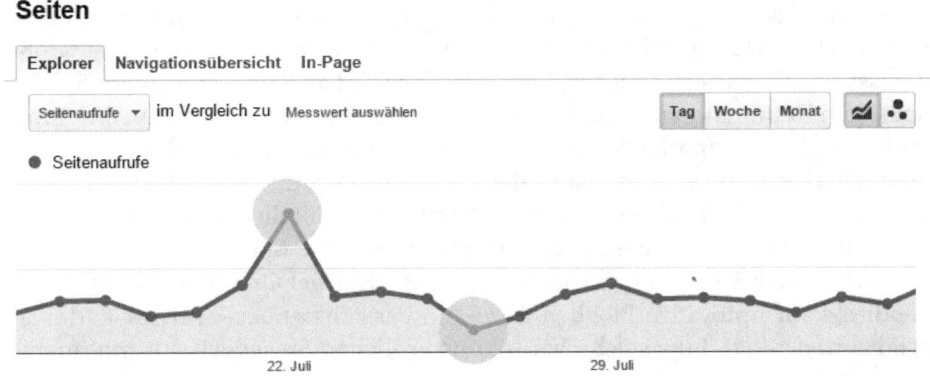

Abb. 3.8: Peaks im Besucherstrom können sowohl positiv als auch negativ sein, Sie sollten also stets die Ursache suchen.

Falls Sie kein Analysewerkzeug zur Hand haben, können Sie sich mit Microsoft Excel oder Google Documents eine einfache Verlaufstabelle zusammenstellen, in der Sie relevante Kennzahlen wie Seitenaufrufe (die Sie beispielsweise von Ihrem Webspace-Provider erhalten) sowie die dabei auftretenden Peaks mit den jeweils auslösenden Faktoren dokumentieren.

Wenn Sie mit mehreren Affiliate-Netzwerken zusammenarbeiten, so bleibt oftmals ohnehin nur die manuelle Zusammenführung der Zahlen, zu verschieden sind die einzelnen Reporting-Möglichkeiten. Es sei denn, Sie arbeiten mit einem Anbieter wie beispielsweise `www.affiliate-dashboard.de`, der die Zusammenführung der unterschiedlichen Daten unterstützt.

Egal ob Sie positive oder negative Tendenzen feststellen, beginnen Sie immer mit einer möglichst ausführlichen Analyse: Welche Faktoren beeinflussen (mutmaßlich) die entsprechende Kennzahl? Könnten kürzlich an Ihrem Blog vorgenommene Änderungen dafür verantwortlich sein? Können Sie anhand von Werkzeugen wie den Google-Webmaster-Tools technische Fehler des Blogsystems identifizieren – etwa Crawling- oder HTML-Fehler? Funktionieren alle Features und Links auf Ihrem Blog wie gewünscht? Gibt es externe Probleme, etwa bei einzelnen Affiliate-Partnern? Oder – im positiven Fall – hat ein anderes Portal oder sogar eine Offline-Medienquelle über Sie beziehungsweise Ihren Blog berichtet (Letzteres erkennen Sie beispielsweise daran, dass die Zahl der Direktzugriffe gestiegen ist)? Warum erfolgte der Verweis auf Ihr Portal beziehungsweise was an dem verlinkten Beitrag sorgte für Aufmerksamkeit, lässt sich dies mit ähnlichen Inhalten wiederholen?

Leider gibt es unzählige und sehr unterschiedliche Faktoren, die die Blogkennzahlen beeinflussen. Aber mit der Zeit werden Sie routinierter und wissen schneller, an welcher Stelle Sie suchen müssen. So verzeichnen wir regelmäßig an Feiertagen deutlich weniger Werbeklicks und E-Mail-Anfragen – gilt der Feiertag nur für andere Bundesländer als Ihr eigenes, dann wundern Sie sich beim ersten Mal vielleicht noch, wodurch wohl der »Knick« in der Statistik ausgelöst wurde. Großereignisse wie die Fußballweltmeisterschaft – speziell an Tagen mit einem Spiel der deutschen Nationalmannschaft – sind weitere typische Beispiele. Ein großes Online-Nachrichtenportal berichtet erstmals über einen neuen technischen Trend, der auch Thema Ihres Blogs ist und zu dem ansonsten kaum Inhalte existieren? Dann kann der Traffic – also der Besucherstrom – plötzlich sehr stark ansteigen, da die thematisch passenden Suchanfragen bei Google in die Höhe gehen (messbar über Google Trends). Immer öfter verlinken Spiegel Online und ähnliche Portale direkt auf innovative Blogbeiträge – ein besserer »Boost« für Ihr Portal lässt sich kaum denken. Eine solche Verlinkung erreichen Sie jedoch nur mit innovativen, ausführlichen und besonders gut recherchierten Inhalten.

Welche möglichen Einflussfaktoren auf die Erfolgskennzahlen Ihres Blogs gibt es? Hier eine Auswahl:

- Externe Faktoren wie das Wetter (im Sommer bei gutem Wetter kommen die Besucher eher abends, bei schlechtem Wetter verteilen sich die Zugriffe gleichmäßiger), Wochentage, Urlaubszeit, Feiertage und sogar die Uhrzeit

- Erreichbarkeit und gegenwärtige Performance Ihres Blogs, momentane Qualität des Webspace (Stichwort Shared Hosting, das heißt, mehrere voneinander unabhängige Internetportale teilen sich den gleichen Server oder die gleiche IP-Adresse), manchmal sogar Engpässe bei den Suchmaschinenbetreibern und Ähnliches mehr

- Änderungen am Layout oder technischen Einzelheiten des Blogs, Verfügbarkeit externer Dienste wie der Affiliate-Anbieter

- Die aktuelle Position bei Google und anderen Suchmaschinenbetreibern, neue prominente Verlinkungen, die Besucher auf einen Blogbeitrag leiten, oder ein zugehöriges Social-Media-Posting, das besonders oft geteilt wird

- Bedeutsamkeit des jeweiligen Blog- oder Artikelthemas im derzeitigen Tagesgeschehen. Ein Geschenkeblog dürfte üblicherweise vor Weihnachten einen deutlichen Trend nach oben zeigen, ein Existenzgründerblog läuft interessanterweise bei schlechten Arbeitsmarktzahlen besser als bei positiven

- Ähnlich: derzeitige Attraktivität eines für Ihren Blog wichtigen Suchbegriffs aufgrund von Medienereignissen. Schaltet etwa ein bedeutender Affiliate-Partner für einige Tage verstärkt TV-Werbespots, so spüren Sie dies unter Umständen in Ihren Einnahmen

- Momentane Keyword-Verteilung und -Dichte innerhalb Ihres Blogs

- Wichtig: Die Anzahl beziehungsweise Frequenz der veröffentlichten Beiträge. Bei vielen Stammlesern, Twitter-Abonnenten etc. korreliert die Besucheranzahl oft sehr deutlich mit der Zahl der neuen Artikel in einem bestimmten Zeitraum – die Zeit und Energie, die Sie dann in das Bloggen investieren, zahlt sich unmittelbar aus

- Die virale Verbreitung eines Themas und Beitrags in sozialen Netzwerken, Ihre potenzielle Reichweite und die momentane Anzahl Ihrer Follower

- Momentan auf Ihrem Blog durchgeführte Marketing-Aktionen wie Gewinnspiele, Wettbewerbe und Ähnliche

- Die derzeitige Positionierung sowie beitragsmäßige Aktivität der »konkurrierenden« Webseiten

Haben Sie den oder die entscheidenden Faktoren identifiziert, dann können Sie zukünftig entsprechend reagieren beziehungsweise einzelne Effekte gezielt nachahmen.

Für die Analyse positiver Ausschläge sollten Sie, wie bereits erwähnt, dieselbe Energie investieren, wie Sie es bei Einbrüchen der Kennzahlen tun. Schließlich ist dies die beste Gelegenheit, um zu erfahren, welche Faktoren Ihren Blog-Erfolg nachhaltig beeinflussen. Je nach Blog sind diese nämlich sehr unterschiedlicher Natur, wie Sie im weiteren Verlauf noch feststellen werden.

Tipp

Der Wochentag und sogar die Uhrzeit sind als Einflussfaktoren nicht zu unterschätzen. Wir würden bestimmte Kampagnen sogar nur zu speziellen Zeiten schalten und wichtige Artikel an den besten Tagen zur idealen Uhrzeit veröffentlichen. Das Gleiche gilt für das Posting der Beiträge auf sozialen Netzwerken, wobei dort – je nach Netzwerk – wiederum andere Zeitpunkte ideal sein können. Näheres hierzu erläutern wir in Abschnitt 10.14.

3.4 Hilfsmittel für das Reporting

An dieser Stelle möchten wir nur einen kurzen Einblick in die gängigsten Werkzeuge liefern und dabei auf weiterführende Seiten oder Quellen verweisen. Denn die meisten Leser werden sicherlich das eine oder andere Werkzeug bereits im Einsatz haben.

3.4.1 Die Google-Tools

Wie bereits erwähnt, arbeiten wir beide sehr gerne mit Google Analytics und den Webmaster-Tools. Zumindest im Zusammenhang mit Google Analytics kommt es immer wieder zu Diskussionen rund um das Thema Datenschutz. Auch viele Blog-leser werden zunehmend sensibler, wenn es um den Schutz ihrer Privatsphäre, aber auch ihrer Daten geht – sie möchten wissen, welche Merkmale Sie als Blog-ger sammeln, um diese auszuwerten oder um darüber Werbung zu steuern etc. Ihre Datenschutz-Pflichten als Webseitenbetreiber – die sich immer wieder ein-mal ändern – sollten Sie unbedingt im Auge behalten.

Zudem gilt es, sich so gut wie möglich über eine Datenschutzerklärung für Ihren Blog abzusichern. Das Thema wird beispielsweise hier erläutert: `http://www.google.de/analytics/terms/de.html`, dort unter dem Punkt 8, Daten-schutz. Unter `http://datenschutzgenerator.de` bietet der in Netzkreisen bekannte Rechtsanwalt Thomas Schwenke ein Werkzeug an, mit dem sich sehr einfach eine passende Datenschutzerklärung erstellen lässt.

Der Vorteil der Google-Tools ist – neben der Tatsache, dass sie kostenlos sind – die Möglichkeit, fast alle der beschriebenen Kennzahlen erfassen und grafisch aufbe-reiten zu können. Der morgendliche Blick in ein individuell konfigurierbares Dash-board zeigt Ihnen dann, ob Sie auf eine Veränderung bei einem Ihrer Blogprojekte reagieren müssen oder sich über einen neuen Rekord freuen können.

Übersicht über Radar-Ereignisse

	Kennzahl	Segment	Zeitraum	Datum	Ändern	Wichtigkeit ↓	
1.	Durchschn. Besuchszeit auf der Website	Keyword: geschäftsidee	Täglich	08.09.2011	69 %	▮▮	Details
2.	Durchschn. Besuchszeit auf der Website	Quelle: (direct)	Täglich	02.09.2011	125 %	▮▮	Details
3.	Durchschn. Besuchszeit auf der Website	Land/Gebiet: Germany, Region: Berlin	Täglich	10.09.2011	82 %	▮▮	Details
4.	Besuche	Land/Gebiet: Germany, Region: Baden-Württemberg	Wöchentlich	11.09.2011 - 17.09.2011	31 %	▮▮	Details
5.	Durchschn. Besuchszeit auf der Website	Land/Gebiet: Germany, Region: Niedersachsen	Täglich	11.09.2011	94 %	▮	Details
6.	Durchschn. Besuchszeit auf der Website	Land/Gebiet: Germany, Region: Bayern	Täglich	02.09.2011	86 %	▮	Details
7.	Absprungrate	Alle Zugriffe	Täglich	26.08.2011	15 %	▮	Details
8.	Seitenaufrufe	Keyword: geschäftsideen	Täglich	15.09.2011	61 %	▮	Details
9.	Besuche	Land/Gebiet: Germany, Region: Hessen	Wöchentlich	14.08.2011 - 20.08.2011	39 %	▮	Details
10.	Durchschn. Besuchszeit auf der Website	Land/Gebiet: Germany, Region: Bayern	Täglich	01.09.2011	70 %	▮	Details

Abb. 3.9: Mittels »Radar-Ereignisse« sehen Sie wichtige Kennzahlen auf einen Blick und können anhand der Detailinformationen entscheiden, ob eine Reaktion nötig ist.

Mit den Google-Webmaster-Tools hingegen konnten wir schon zahlreiche Fehler in der Programmierung oder Indexierung unserer Blogs feststellen, die uns ansonsten erst viel später (womöglich aufgrund der deutlich negativeren Auswir-kungen) aufgefallen wären. Details zu solchen Fehlerevaluationen erläutern wir im weiteren Verlauf.

Hinweis

Sie möchten auf den Einsatz von Google Analytics nicht verzichten, haben jedoch Bedenken aufgrund der Datenschutz-Richtlinien? Es besteht die Möglichkeit, die durch Google gespeicherten IP-Adressen zumindest teilweise zu anonymisieren. Weiterführende Ausführungen sowie eine technische Anleitung hierzu finden Sie ebenfalls bei Thomas Schwenke unter `http://rechtsanwalt-schwenke.de/google-analytics-rechtssicher-nutzen-anleitung-fuer-webmaster/`. Bitte beachten Sie hierbei auch die regelmäßig aktualisierten Updates am Ende des Beitrags.

3.4.2 Weitere Reporting-Möglichkeiten

Als Alternative zu Google Analytics dient das – ebenfalls kostenfrei verfügbare – Werkzeug Piwik (siehe `http://piwik.org`). Es wird auf dem eigenen Webserver installiert, was bestimmte datenschutzrechtliche Vorteile mit sich bringt, da die Daten nicht an ein externes Unternehmen wie Google weitergeleitet werden. Zur Integration von Piwik in einen WordPress-Blog, aber auch in Webseiten, die auf Joomla!, Drupal und TYPO3 basieren, gibt es eigene Plug-ins (eine Auflistung finden Sie unter `http://piwik.org/integrate/`).

Piwik ist nicht ganz so einfach zu installieren und zu bedienen wie Google Analytics, zudem benötigt der Aufruf tiefer gehender Analysen meist deutlich mehr Zeit. Der Funktionsumfang reicht jedoch für die meisten Zwecke aus. Enthalten sind dabei unter anderen folgenden Kennzahlen:

- Auswertung der Seitenaufrufe (Visits) und Besucher, inklusive grafischer Verlaufsstatistik pro Tag, Woche, Monat oder selbst definiertem Zeitraum
- Eine Liste der Suchbegriffe, über die Ihre Besucher von Google auf den Blog kommen. Diese Möglichkeit ist von Google mittlerweile jedoch – wie bei dem hauseigenen Analysewerkzeug auch – stark eingeschränkt worden, sodass nur noch ein kleiner Teil der tatsächlichen Werte angezeigt wird
- Die Besuche nach Uhrzeit sowie die durchschnittliche Besuchslänge
- Die regionale Herkunft sowie die eingesetzten Browser und Suchmaschinen der Besucher
- Welche Verweise von externen Seiten wie oft auf Ihren Blog führten
- Eingangs- und Ausstiegsseiten (wo beginnen die Leser am häufigsten ihren Blogbesuch, wo beenden sie ihn wieder)
- Welche Aktionen und Downloads auf Ihrem Blog ausgeführt werden (dies muss separat eingerichtet werden)

Damit bietet Piwik eine Übersicht der wichtigsten Erfolgskennzahlen und Kontrollmechanismen.

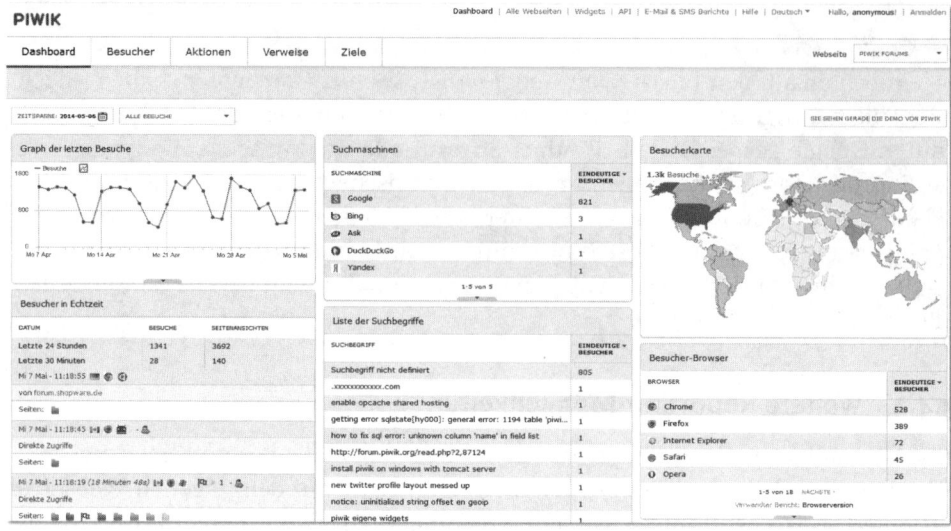

Abb. 3.10: Piwik-Dashboard (Bild © Piwik Developer Team, CC BY-SA 3.0: http://creativecommons.org/licenses/by-sa/3.0/).

Für WordPress-Nutzer ergeben sich durch hilfreiche Plug-ins wie etwa die Tool-Sammlung »Jetpack für WordPress« (http://jetpack.me/) – die aufgrund ihres Umfangs (nur die wenigsten Blogger nutzen alle enthaltenen Module) nicht ganz unumstritten ist –, weitere Reporting-Möglichkeiten. Mit »Statify« (http://playground.ebiene.de/statify-wordpress-statistik/) hat Sergej Müller ein WordPress-Plug-in für möglichst Datenschutz-konforme Statistiken programmiert. Ein Dashboard-Widget gibt dabei regelmäßig die wichtigsten Zahlen aus. Der Umfang dieser Übersicht ist bewusst klein gehalten, sodass sich der Blog-Erfolg grob abschätzen lässt. Perfekt für alle Nutzer, die eine umfangreiche Auswertung scheuen oder die ein besonderes Augenmerk auf die Performance ihrer Plug-ins legen. Möchten Sie hingegen die Effizienz eigener Anzeigenblöcke hinsichtlich Page-Impressions und Klicks auswerten, etwa weil Sie ein derartiges Reporting für Ihre Werbekunden oder für die eigene Analyse benötigen, so helfen Tools wie das WordPress-Plug-in »AdRotate« (http://wordpress.org/plugins/adrotate/) weiter. Damit lassen sich zudem sehr effizient einzelne Werbeflächen zusteuern, Banner-Rotationen erstellen, die Laufzeit der Anzeigen limitieren etc., und das bereits in der kostenlosen Basisvariante.

Nicht zu vergessen sind auch die einzelnen Analysewerkzeuge der Werbenetzwerke. Kommen Sie mit deren – zum Teil sehr guten – Zahlenwerken aus, so hat dies einen entscheidenden Vorteil: Sie benötigen keine zusätzliche Installation, die die Geschwindigkeit des Blogs beeinträchtigt. Auf die Reporting-Funktionalitäten einzelner Partnerprogramm-Netzwerke werden wir unter anderem in Kapitel 9 näher eingehen, ebenso auf Tools zur Messung von Kennzahlen aus dem Bereich der Suchmaschinenoptimierung. Diese, wie etwa die Anzahl und Art der eingehenden Links auf ein Blogprojekt, sind deswegen so wichtig, da sie unter anderem bestimmen, wie erfolgreich Ihr Blog in den Suchergebnislisten bei Google & Co. positioniert werden kann (mehr dazu in Kapitel 6). Doch bevor wir unseren Blog optimieren können, müssen Inhalte produziert und gestaltet werden. Erfahren Sie in den nachfolgenden Kapiteln, wie Sie guten Content erstellen und worauf Sie bei der Gestaltung Ihres Blogs achten müssen, um eine möglichst solide Grundlage für Ihr späteres Blog-Marketing aufzubauen.

Kapitel 4

Content

Blogs – egal welcher Art – sind vor allem aufgrund ihrer Inhalte (des sogenannten *Contents*) so erfolgreich. Die Urform des geschriebenen Web-Tagebuchs wurde jedoch unlängst durch Video- und Fotoblogs ergänzt und durch Begleittechniken dieser Kommunikationsform wie etwa Kommentare, Tags, Archive oder Trackbacks erweitert. Mittlerweile macht nicht mehr nur der eigene Content des Autors, sondern maßgeblich auch der sogenannte *User Generated Content* (UGC) den Erfolg eines Blogs aus.

Wieso kann ein kleiner Low-Budget-Finanzblog sogar den großen deutschsprachigen Portalen in diesem Segment Konkurrenz machen, obwohl diese Unsummen für ihr Marketing ausgeben? Wie kann es sein, dass Michaels ehemaliger Blog MeinStartup.com in kurzer Zeit und ohne intensive Suchmaschinenoptimierung über Monate den ersten Platz in den Google-Suchergebnissen bei der Suche nach enorm umkämpften Keywords wie »Geschäftsidee« und »Geschäftsideen« belegte? Wieso sind deswegen selbst kleine Nischenblogs für namhafte Unternehmen als Kooperations- oder Werbepartner oft so äußerst interessant? Und wieso kann ein Unternehmensblog, der das Marketingbudget in kaum relevanter Weise beansprucht, unter Umständen mehr Leads oder potenzielle Käufer generieren als riesige Callcenter-Aktionen oder teure Printwerbung?

Ganz einfach: durch den (idealerweise) einzigartigen und werthaltigen Content im Blog, der sowohl von Besuchern als auch von Suchmaschinen gleichermaßen geschätzt wird. Wenn wir nach einer möglichst umfassenden und allgemeingültigen »Erfolgsformel« zum Thema Blog-Marketing gefragt werden, geben wir gerne die folgende Antwort: »Schreibe guten, kreativen und einzigartigen Content, der deinen Lesern einen Mehrwert bietet.«

Qualitativ hochwertiger und gut gestalteter Content stellt im weiteren Verlauf dieses Buches stets die Grundlage sämtlicher Marketingaktivitäten dar, sei es mehr Besucher, zusätzliche Follower oder höhere Umsätze zu generieren.

4.1 Warum gute Inhalte so wichtig sind

Vor einiger Zeit waren auch solche Internetportale erfolgreich, die keine eigenen, werthaltigen Inhalte produzierten. Zum einen sogenannte »Content-Sammler«, die wahllos und meist automatisiert Text- und Bildinhalte – vorzugsweise von Blogs – ungefragt auf der eigenen Plattform aggregierten und unter einem eigenen Domainnamen veröffentlichten. Zum anderen reine SEO-Portale, deren

Kunst darin bestand, Inhalte nicht für Leser, sondern vor allem für Suchmaschinen zu optimieren – etwa durch den geschickten massiven Einsatz bestimmter Keyword-Kombinationen innerhalb der Texte (sogenanntes *SEO-Texten*) –, um möglichst schnell gute Platzierungen in den Suchergebnissen zu erzielen und durch die zahlreichen Anfragen die Werbeeinnahmen zu erhöhen.

Mittlerweile bekommt jedoch der »ehrliche«, auf Qualität bedachte Blogger Unterstützung von den Suchmaschinenbetreibern selbst, die – gezwungen durch die zunehmende Konkurrenz und andere Faktoren – an einer höheren Qualität ihrer Suchergebnisse interessiert sind. Dadurch verschiebt sich das Gleichgewicht allmählich zugunsten werthaltiger Internetportale, zur Freude der Leser, aber natürlich auch uns Blogger. Vor allem das gefürchtete »Panda«-Update von Google aus dem Jahr 2014 (mehr hierzu in Abschnitt 6.3) dürfte einige »Content-Farmen« das Geschäft erschwert haben, während sich so mancher Qualitätsblogger über bessere Platzierungen in den Suchergebnissen freuen durfte.

Doch nicht nur für Google & Co. sind gute Inhalte so enorm wichtig. Ein Blogger will ja immer eines: Leser anziehen und für diese schreiben. Und was will nun eben dieser Leser? Inhalte zur Verfügung gestellt bekommen, die ihn – auf welchem Gebiet auch immer – voranbringen. Übrigens haben deswegen viele (Zeitungs-)Verleger so lange verächtlich und fast schon anmaßend auf gute Blogs reagiert, weil diese schlicht einen der gefährlichsten Konkurrenten darstellen. Durch ihre geringe Auflage können sie oftmals sehr viel näher auf die individuellen Bedürfnisse ihrer Leserschaft eingehen.

Was wird also diesen Leser dazu bewegen, länger als nur ein paar Sekunden auf ein und demselben Blog zu verweilen? Ja, vielleicht sogar ein Lesezeichen zu setzen und wiederzukommen, die Seite oder einzelne Artikel in sozialen Netzwerken zu empfehlen oder sogar einen Kommentar im Blog zu hinterlassen? Oder in einem Corporate Blog womöglich auch den einen oder anderen weiterführenden Link anzuklicken? Nichts anderes als ihm hilfreiche oder ihn schlicht unterhaltende Inhalte.

Das ist auch die recht simple Antwort auf die Frage, was guter Content überhaupt ist beziehungsweise was ihn ausmacht. Es besteht hierbei eigentlich kein Unterschied zur Offline-Welt. Warum kaufen Sie sich regelmäßig eine bestimmte Zeitschrift oder Tageszeitung? Wieso empfehlen Sie allen Ihren Freunden dieses eine Buch? Welche Sachbücher stehen in dem am besten erreichbaren Regal an Ihrem Arbeitsplatz oder in Ihrem Büro zu Hause? Höchstwahrscheinlich nur diejenigen, die Sie auch wirklich fachlich oder persönlich weitergebracht haben. Und genau das muss ein erfolgreicher (Corporate) Blog ebenfalls leisten, wenn er erfolgreich am Markt bestehen soll.

Viele Onlineexperten würden Ihnen zudem raten, mit Ihrem Blog möglichst eine (lukrative) Nische zu besetzen. »Nische geht über alles«, sagen dabei manche, wobei wir das nicht ganz so drastisch formulieren würden, denn selbst in einem dicht besetzten Themengebiet wie Social Media findet sich noch der ein oder andere unbeachtete Blickwinkel. Natürlich ist es einfacher, mit einem Blog auf einem bislang kaum besetzten Themengebiet erfolgreich Fuß zu fassen, wir raten Ihnen jedoch davon ab, sich zu sehr auf dieses Dogma zu versteifen. Wie Sie an anderer Stelle noch erfahren werden, sollten Sie sich vor allem auf jene Themen konzentrieren, die Ihnen auch persönlich liegen und bei denen Sie Ihre jeweilige Expertise mit einbringen können. Michaels eigene Versuche haben gezeigt, dass der Erfolg selbst auf hart umkämpften Märkten möglich ist, indem Sie Ihren Lesern überdurchschnittlich gute, werthaltige und hilfreiche Inhalte bereitstellen.

4.2 Gute Inhalte finden und gestalten

Um gute Inhalte produzieren zu können, sind neben einer gewissen Fachexpertise die Hingabe, Leidenschaft und der Spaß am Schreiben sehr wichtig. Zudem müssen Sie wissen – und dabei hilft Ihnen das im vorangegangenen Kapitel vorgestellte Reporting –, was Ihre Leser überhaupt interessiert. Unabhängig davon finden Sie an diversen Stellen sehr wertvolle Inspiration und neue Ideen für Inhalte, wovon wir Ihnen einige, aus unserer Erfahrung heraus sehr ergiebige Quellen vorstellen möchten.

4.2.1 Ideenfindung – Inspiration für neue Inhalte

Bei der Ideenfindung kommt es natürlich ganz auf die Art und das Thema des Blogs an. Bei unseren Blogs *Blogprofis* und *toushenne* haben wir keine Probleme, neue Content-Ideen zu finden, da wir quasi begleitend zu unserem sehr vielseitigen Berufsalltag schreiben. Bei engeren oder komplexeren Themen – oder gar bei reinen Affiliate-Blogs – kann dies jedoch ganz anders aussehen. Weder der x-te Bericht über heimische Girokonto-Anbieter im Finanzblog noch ein weiterer Beitrag zum längst ausgiebig diskutierten Trend-Smartphone im Mobilfunkblog bringen dem Leser irgendeinen Mehrwert. Die folgende Liste hilft Ihnen, neue »Storys« für Ihren Blog zu finden.

- Schauen Sie in die vorher erwähnten Fachbücher auf Ihrem Regal, dort finden Sie häufig viele Anregungen zum Thema und stoßen womöglich auf unbeantwortete Fragen, die Sie in Ihrem eigenen Blog thematisieren könnten. Allein beim Schreiben dieser Neuauflage entstanden unzählige Ideen für weiterführende Blogartikel.

- Abonnieren Sie Newsletter von großen Portalen, Dienstleistern, Partnerprogrammen, Firmen und Experten zum jeweiligen Thema, natürlich auch die von konkurrierenden Webseiten. Dort finden Sie sicher neue Ansatzpunkte, für die sich ein eigener Artikel oder zumindest ein entsprechendes Beitrags-Update lohnt. Dabei können Sie sogar in zitierender Weise, zumindest teilweise, auf Bestandteile der Originalmeldung zurückgreifen und Ihren Ideengeber erwähnen und/oder verlinken, wodurch dieser wiederum auf Ihren neuen Beitrag aufmerksam wird und ihn vielleicht sogar über seine Kommunikationskanäle verbreitet. Sind die Informationen aus den Newslettern im Einzelnen zu kurz, so können Sie sie eventuell auch zu Sammel-Artikeln zusammenfassen.

> **Tipp**
>
> Unterschätzen Sie prinzipiell niemals den Wert eines einfachen Updates älterer Beiträge. Die Aktualität (in SEO-Kreisen *Freshness* genannt) Ihrer einzelnen Artikelseiten kann sich durchaus auch positiv auf das Ranking in Suchmaschinen auswirken.

- Lesen Sie andere gute Blogs zum selben Thema, dort finden Sie mit Sicherheit Anregungen für einen neuen Beitrag. Schreiben Sie jedoch nicht einfach Beiträge von dort um, sondern recherchieren Sie selbst oder betrachten Sie die Thematik aus einer anderen Perspektive heraus. Vergessen nicht, auf das Original zu verlinken, das zeigt Ihren Respekt für die Arbeit anderer Blogger und Sie erhalten womöglich sogar einen Backlink.

- Fragen Sie Ihre Leser, sie müssen es doch wissen. Welche inhaltlichen Themen gefallen ihnen in Ihrem Blog gut, welche weniger? Mit welchen konkreten Problemen setzen sie sich aktuell auseinander, wobei können Sie sie unterstützen? Wir konnten durch Leserumfragen sehr gute Erfahrungen sammeln und unsere Leser fühlen sich mit ihren ganz unterschiedlichen Bedürfnissen ernst genommen. Das erhöht nicht zuletzt auch die Chance, dass die resultierenden Beiträge auf offene Ohren treffen und in der Blogosphäre verbreitet werden. Dabei ist es prinzipiell egal, ob Sie Ihre Leser über die Kommentarfunktion, ein spezielles Blog-Widget etwa in der Sidebar oder auf sozialen Plattformen befragen, seien Sie dort, wo Ihre Leser sind.

- Nutzen Sie Blogparaden und ähnliche Blog-Marketingaktionen – entweder als Teilnehmer oder als Veranstalter (siehe Abschnitt 8.2).

- Hören Sie Ihren Leser zu und lesen Sie ihre Kommentare aufmerksam. Viele unserer Beiträge sind dadurch entstanden, dass wir im Kommentar eines Lesers die Chance gesehen haben, ein Informationsdefizit zu beseitigen. Ein Beispiel: In einem Kommentar lässt der Verfasser durchblicken, dass er für Gadget x noch nicht das richtige Zubehör gefunden hat oder dass es zu Modetrend y nur wenige gute Beispiele im Netz gibt. Schreiben Sie doch einen passenden Ratgeberartikel als Antwort, der Kommentator wird sich sehr freuen und Ihren Blog sicher weiterempfehlen. Und Sie selbst haben guten neuen Content, der wahrscheinlich auch von anderen potenziellen Lesern etwa über Google gesucht und gefunden wird.

Tipp

Speziell Corporate Blogger sollten diese Möglichkeit nutzen, denn es ist unseres Erachtens einer der wichtigsten Gründe dafür, überhaupt einen eigenen Firmenblog zu betreiben. Sofern Sie diesen nämlich offen, transparent und interessant genug gestalten, werden Ihre Leser relativ bald anfangen, ihre Meinung abzugeben – sei es über Produkte Ihres Unternehmens, über die Qualität des Kundenservice oder hinsichtlich neuer Ideen zu Ihren Dienstleistungen. Viele Unternehmen scheuen dieses unvermeidliche Feedback, dabei passiert genau hier etwas extrem Wertvolles. Denn wo sonst erhalten Sie eine so preisgünstige, ehrliche und vor allem authentische Rückmeldung zu sich und Ihren Angeboten?

Viele Firmen geben enorm viel Geld aus, um über Marktforschungsinstitute und Ähnliche zu erfahren, was die Kunden *angeblich* über ihre Produkte und Dienstleistungen denken. Mit einem Corporate Blog – der über zuvor genannte Eigenschaften verfügt – werden Sie diese Erkenntnisse über kurz oder lang »gratis« erhalten, was Sie natürlich auch selbst forcieren können, beispielsweise mithilfe der Veröffentlichung entsprechender Beiträge zu Ihren Produkten oder der konkreten Bitte um ein Feedback.

- Orientieren Sie sich an ähnlichen aktuell gesuchten Keywords, die zu Ihrem Set passen. Nutzen Sie zum Aufspüren solcher Begriffe Tools wie »Google Trends« (`https://www.google.de/trends/`). Ein Beispiel: Möchten Sie den x-ten Bericht über das Thema »Smartphone« schreiben, so schlägt Ihnen dieses Werkzeug oft von den Google-Nutzern gesuchte Wortfolgen vor, die Sie eventuell zu einem neuen Artikelschwerpunkt inspirieren. Insbesondere die über dieses Werkzeug genannten Schlüsselwortfolgen unter der Rubrik ZUNEHMENDE SUCHANFRAGEN bringen oftmals neue, aktuelle Suchbegriffe hervor, über die im besten Fall noch kein anderer Blog in dieser Form geschrieben hat, was Ihrem Blog einen deutlichen Vorteil sowie zahlreiche neue Besucher einbringen kann. So sind dort im Technikbereich kurzfristige Trends manchmal schon erkennbar, bevor die entsprechenden Geräte überhaupt in den Handel kommen (der Filter ZEITRAUM muss hierbei möglichst klein eingestellt werden, um zu vernünftigen Ergebnissen zu kommen).

Tipp

Auch die Autocomplete-Funktion beziehungsweise Vorschlagssuche von Google (»Google Suggest«) kann Ideen für einen neuen Artikel liefern. Ein unter Bloggern beliebtes Tool zur automatisierten Abfrage dieser Vorschläge ist www.ubersuggest.org.

■ Auch News- und Blog-Aggregatoren wie »rivva« (http://rivva.de) listen neben allen möglichen Newsquellen hin und wieder Nachrichten aus der deutschsprachigen Blogosphäre, die es durch ihre Popularität »ganz nach oben« geschafft haben. Hier können Sie viele Anregungen dazu sammeln, welche Arten von Beiträgen ein besonders großes Echo in den Medien, aber auch bei den jeweiligen Bloglesern auslösen. Ebenso lassen sich dort die aktuellsten Themen-Trends innerhalb der momentanen Blog-Berichterstattung ablesen.

Tipp

Was die Meinung der Leser betrifft, gibt es auch elegantere und subtilere Mittel, um herauszufinden, welche Themen bei den eigenen Kunden (den Lesern) ankommen und welche nicht, etwa über in Auftrag gegebene Blog-Reviews. Siehe hierzu www.blogprofis.de/buch/marktforschung.

Im Idealfall können Sie aus einem bestimmten Thema oder einer Idee direkt eine umfangreichere Artikelserie gestalten, so wie es Robert in seinem Blog zum Thema *Visuelle Inhalte und rechtliche Risiken bei der Verwendung von Bildern in Social Media* (siehe www.toushenne.de/buch/rechtliche-risiken-visueller-inhalte) machte. Die Idee entstand aus Leserkommentaren heraus und der Beitrag wurde innerhalb kürzester Zeit überdurchschnittlich oft in sozialen Netzwerken empfohlen.

Ist der einleitende Artikel der Serie spannend genug, so werden die Leser ihn sich gut merken und bereits auf die jeweiligen Folgeartikel warten. Gute Artikelserien haben hierbei schon so manchen Gelegenheitsblogleser dazu animiert, einen RSS-Feed oder den Twitter-Kanal zu abonnieren, um ja keinen Teil zu verpassen. Zum anderen profitiert auch die Onpage-SEO durch die vielschichtige und permanent wachsende Verlinkung solcher Serien.

Auf den *Blogprofis* hat Michael mittlerweile zahlreiche Serien angefangen, von der Vorstellung einzelner Partnerprogramme über Blog-Wettbewerbe bis hin zu Monats-Rückschauen, Linksammlungen und mehr. Und für nahezu jedes Blog-Thema lassen sich vergleichbare Aufhänger für eine Artikelreihe finden, so zum Beispiel:

■ Die Vorstellung regionaler Tierschutzorganisationen für den Heimtierblog

■ Eine Auflistung und jeweilige Erläuterung der wichtigsten Handy-Betriebssysteme im Mobilfunkblog

■ Der Fitnessblogger schreibt ein regelmäßiges Tagebuch über die persönlichen Trainingserfolge

■ Ein Kunstblog stellt befreundete Galerien vor

■ Der Akademikerblog veröffentlicht die Serie »Wie finde ich einen passenden Studentenjob« u.v.m.

Handelt es sich um eine sehr werthaltige Serie, so werden Sie nicht nur den einen oder anderen Stammleser gewinnen, Sie können sie zudem etwa als kostenfreies oder sogar kostenpflichtiges E-Book vermarkten.

Wie versprochen startet dein Training mit meinem **Content Design Guide**.

Was ist drin:

- Warum visueller Content besser funktioniert als Text
- Rechtliche Risiken bei der Verwendung von Bildern (im Blog und Social Media), inkl. Checkliste
- Passende Bilder für deinen Blog und Social Media finden
- Das ideale Bildformat für Social Media Beiträge
- (Kostenlose) Tools um Bilder online zu bearbeiten
- Bilder komprimieren und die Performance deines Blogs optimieren

JETZT DOWNLOADEN

Abb. 4.1: Die Bereitstellung gesammelter Blog-Inhalte als E-Book kann für eine erstaunlich gute Besucherresonanz sorgen.

Neue Inhalte müssen jedoch nicht zwangsläufig auf neuen Ideen basieren, denn oft lässt sich auch »alter« Content zu neuen Beiträgen aufbereiten, etwa durch die einfache Ergänzung aktueller Fakten, die Zusammenfassung mehrerer Beiträge zu einem großen oder die separate Betrachtung spezifischer, in alten Beiträgen nur angeschnittener Aspekte eines konkreten Themas. Diese Form des »Content-Recyclings« funktioniert übrigens nicht nur in Hinblick auf Blog-Inhalte, sondern auch in Bezug auf Ihr gesamtes Content-Marketing. Erfahren Sie mehr auf `www.toushenne.de/buch/content-recycling`.

4.2.2 Umsetzung

Nachdem Sie nun eine gute Idee für einen Blogbeitrag gefunden haben, sollten Sie sich folgende Fragen stellen:

- Was davon interessiert meine Leser und mit welchen Fakten könnte ich vielleicht sogar neue Lesergruppen gewinnen?
- Wen will ich mit diesem Artikel erreichen (Anfänger, Fortgeschrittene, Profis) und welche Fragen würde sich die jeweilige Gruppe stellen?
- Was an dieser Thematik ist neu, wurde so noch nicht in anderen (deutschsprachigen) Blogs behandelt oder noch nicht unter einem bestimmten Blickwinkel betrachtet?

- Wenn es schon Berichte zu einem solchen Thema gab, welcher Aspekt fehlt bislang? Welche Fragen wurden noch nicht ausführlich genug beantwortet, welcher zugehörige Produkttest noch nicht durchgeführt?

- Kann ich auf eine andere, spannende Artikelform ausweichen und das betroffene Produkt beziehungsweise die betroffene Dienstleistung vielleicht in Form eines persönlichen Erfahrungsberichts präsentieren oder eine Schritt-für-Schritt-Anleitung darüber schreiben?

- Wo innerhalb des Artikels kann ich meine Leser um Feedback bitten und somit zum Kommentieren und zum gegenseitigen Austausch anregen, woraus sich eventuell sogar neue Themenfelder für Folgeartikel ergeben?

- Ab welchem Punkt bitte ich besser einen Experten um Hilfe, der innerhalb des Artikels zu Wort kommt, diesen mit mir zusammen verfasst oder gar einen kompletten Gastartikel hieraus macht?

Hinzu kommen Fragen, die sich auf den Stil und die Struktur Ihres Artikels beziehen:

- Wie gestalte ich den Spannungsbogen?

- Mit welchen »anziehenden« Überschriften, Zwischenüberschriften und Bildern bringe ich den Leser dazu, am »Ball« zu bleiben?

- Nenne ich bereits zu Beginn des Artikels die Kerninhalte in einer Art Zusammenfassung, damit der Leser schnell erfährt, um was es in diesem Beitrag überhaupt geht, oder gehe ich besser nach und nach auf wichtige Punkte an und fasse sie zum Schluss zusammen?

- Welche für den Leser, aber auch für mich sinnvollen weiterführenden internen sowie externen Links und Informationen integriere ich im neuen Beitrag?

- An welcher Stelle verweise ich besser auf einen weiterführenden Artikel, statt zu sehr in die Tiefe zu gehen?

Letztgenannter Punkt ist sehr wichtig, um sowohl Stamm- als auch neue Leser in gebührender Weise »abzuholen«. Denn in einem Blog, gerade wenn dieser bereits seit mehreren Jahren besteht, lassen sich Wiederholungen kaum vermeiden. Und um wirklich aktuelle Aspekte zu berücksichtigen, ist ein Verweis auf ältere Artikel nicht immer sinnvoll, sodass sich hier häufig weitere Artikelideen auftun. Ihre Leser wissen eine solche teilweise Wiederholung durchaus zu schätzen, verpasst doch selbst der treueste Stammleser hin und wieder einen Beitrag. Gerade dann kann es sich jedoch lohnen, einzelne Aspekte in neue Artikel auszugliedern, sich dort intensiv damit zu beschäftigen und von anderen Artikeln darauf zu verweisen.

Gleiches gilt auch für die Erläuterung themenspezifischer Fachbegriffe. Um Ihre Leser nicht zu langweilen oder zu unterfordern, bietet es sich an, Verweise auf ein bloginternes Glossar oder externe Quellen wie Wikipedia und andere Online-Lexika zu setzen. Idealerweise können Sie auf einen detaillierten Fachartikel eines anderen Bloggers verweisen, weil Sie dadurch unter Umständen mit einem Track-back-Link (also einem automatisierten Verweis auf Ihre Webseite) belohnt werden. Diese Möglichkeit nutzen wir sehr gerne bei neuen Blogs, um einerseits erste Backlinks zu generieren und andererseits andere Blogger auf uns beziehungs-weise unser Projekt aufmerksam zu machen.

Hinweis

Gerade als Unternehmensblogger werden Sie bei der Umsetzung eines Beitrags oder einer vollständigen Serie dazu neigen, ausschließlich die Lösungen, Erfah-rungen, aber vielleicht auch Vorgaben aus dem eigenen Unternehmen zu prä-sentieren. Dies kann schnell dazu führen, dass der Artikel und die gesamte zugehörige Reihe (berechtigterweise) als »Schleichwerbung« wahrgenommen werden.

Wieso stattdessen nicht – unter Wahrung wettbewerbsrechtlicher Vorschriften natürlich – über gänzlich firmenfremde Inhalte, Produkte und Dienstleistungen berichten, die nicht in absolut direkter Konkurrenz stehen? Wieso nicht den Pro-duktmanager eines indirekten Mitbewerbers interviewen oder einen neuen Trend aus dem Ausland diskutieren? All das wird Ihre Leser sicher interessieren.

Uns ist bewusst, dass viele Marketingverantwortliche und vor allem Unterneh-mensleiter Bauchschmerzen haben bei derlei Methoden, wir schätzen jedoch erfahrungsgemäß eben jene Corporate Blogs als am erfolgreichsten ein, die mit solchen Konkurrenzängsten entspannt umgehen. Ihre Blogleser werden es sehr zu schätzen wissen, wenn die Beiträge »über den Tellerrand« hinausgehen. Außerdem werden Sie auf diese Weise neue Leserschichten hinzugewinnen, die Sie mit unternehmenszentrierten Artikeln nur schwer erreichen können.

4.2.3 Gestaltung

»Der erste Eindruck zählt«, dieser Grundsatz gilt auch für die Gestaltung von Blog-beiträgen und -seiten. Selbst das schönste Blogdesign hilft nichts, wenn die einzel-nen Beiträge unübersichtlich strukturiert und lieblos gestaltet sind. Nicht nur aus Gründen der Suchmaschinenoptimierung sollten Sie vor allem bei längeren Tex-ten konsequent auf Zwischenüberschriften, Textauszeichnungen (etwa fett, kursiv oder unterstrichen) und ähnlich hervorgehobene Elemente setzen, in einzelnen Fällen sogar auf farblich untermalte Textstellen wie beispielsweise auch unsere Hinweis-Boxen hier im Buch. Ihre Leser nutzen diese Auszeichnungen zum Überfliegen der Inhalte, um schnell nach relevanten Informationen zu suchen. Ebenfalls vorteilhaft ist in diesem Zusammenhang die Gestaltung von Links (etwa farbig oder durch ein kleines Icon gekennzeichnet), Aufzählungen, Zitaten (zum Beispiel mittels grafisch gestalteter Anführungszeichen), Bild- und Quellenver-weisen (etwa in einer kleineren Schrift) und vielem anderen mehr.

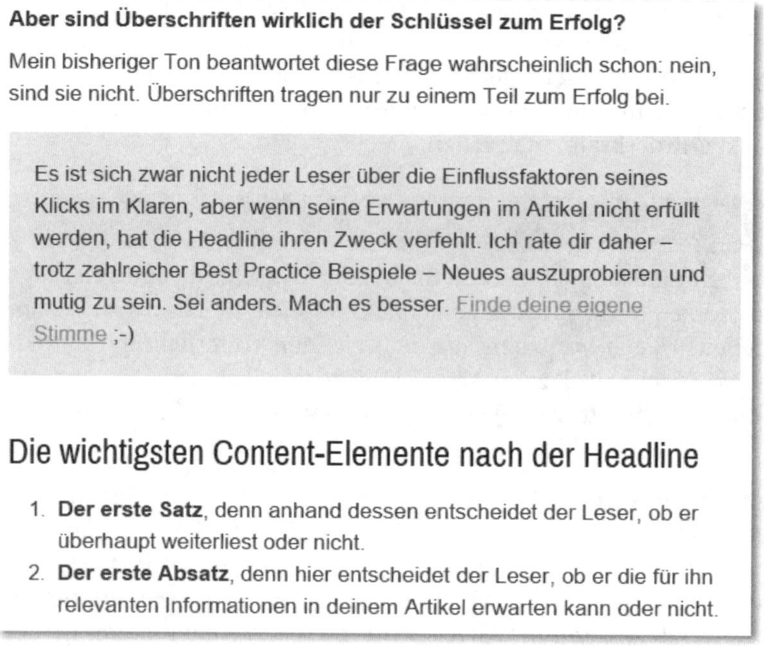

Aber sind Überschriften wirklich der Schlüssel zum Erfolg?

Mein bisheriger Ton beantwortet diese Frage wahrscheinlich schon: nein, sind sie nicht. Überschriften tragen nur zu einem Teil zum Erfolg bei.

Es ist sich zwar nicht jeder Leser über die Einflussfaktoren seines Klicks im Klaren, aber wenn seine Erwartungen im Artikel nicht erfüllt werden, hat die Headline ihren Zweck verfehlt. Ich rate dir daher – trotz zahlreicher Best Practice Beispiele – Neues auszuprobieren und mutig zu sein. Sei anders. Mach es besser. Finde deine eigene Stimme ;-)

Die wichtigsten Content-Elemente nach der Headline

1. **Der erste Satz**, denn anhand dessen entscheidet der Leser, ob er überhaupt weiterliest oder nicht.
2. **Der erste Absatz**, denn hier entscheidet der Leser, ob er die für ihn relevanten Informationen in deinem Artikel erwarten kann oder nicht.

Abb. 4.2: Alleine sinnvolle Textabsätze, Listen, Zwischenüberschriften oder hervorgehobene Hinweisboxen können den Lesefluss positiv beeinflussen.

Weiter lohnt es sich, auf eine übersichtliche, nicht zu ausschweifende Textstruktur zu achten. Im Vergleich zum Printbereich, wo längere Textgebilde die Regel sind, verwenden Blogger gerne kurze Absätze und schreiben in ähnlicher Form, wie sie auch sprechen beziehungsweise erzählen würden. Wir empfehlen Ihnen ohnehin, möglichst präzise und zielführend zu schreiben, da die Leser Ihren Blogbeiträgen meist deutlich weniger Zeit widmen werden als einem gedruckten Ratgeber. Außerdem können diese Leser im Internet schnell auf eine alternative Publikation ausweichen, sollte ihnen der Beitrag zu schwerfällig sein. Dennoch sollten Sie nicht so knapp schreiben, dass der Sinn verloren geht. Die Faustregel lautet: *So lang wie nötig, so kurz wie möglich*. Vergessen Sie zuvor gelesene Richtwerte und versuchen Sie, stattdessen die Länge Ihrer einzelnen Texte zu variieren, dadurch kommen sowohl Ihre Leser als auch Suchmaschinen auf ihre Kosten.

Genauso wichtig wie rein textliche Strukturen sind Bilder. Wir erwähnten bereits, dass ein wirklich gutes Artikelbild schon die »halbe Miete« ausmacht. Das hat mehrere Gründe: Zum einen erzeugt ein Bild Emotionen, die ein Text nur schwer vermitteln kann – was ohnehin voraussetzen würde, dass der Leser den Text vollständig liest –, und zum anderen hilft ein Bild dabei, den Kontext beziehungsweise die Thematik des Beitrags innerhalb kurzer Zeit zu erfassen. Doch es gibt noch ein weiteres Argument, das für ein Bild gerade zu Beginn eines Artikels spricht: Durch die Platzierung eines Bildes, das nur etwa halb so breit ist wie der eigentliche Textbereich, reduziert sich die Zahl der Wörter pro Zeile, wodurch der Leser die Einleitung mit »weniger Aufwand« lesen kann. Wird das Bild zudem rechtsbündig platziert, unterstützen wir damit automatisch den natürlichen Blickverlauf von links nach rechts und oben nach unten.

Doch auch innerhalb eines Beitrags ist die Verwendung von Bildern – in unterschiedlichen (standardisierten Größen und Ausrichtungen) hilfreich, um wichtige Informationen zu untermalen, aber auch um unterstützende Emotionen zu erzeugen und den Lesefluss zu intensivieren. Wobei Bilder in diesem Fall nicht nur Fotos sind, sondern auch Tabellen, Charts oder Screenshots sein können. Vergessen Sie hierbei nicht die Bildunterschriften – sie liefern zusätzliche Informationen, enthalten etwa Copyright-Hinweise und sind ebenfalls der SEO dienlich.

Wichtig

Ein guter Rat aus eigener leidvoller Erfahrung: Lassen Sie sich für alle Fotos und Bilder, die Sie von Dritten zum Zweck der Veröffentlichung erhalten, schriftlich bestätigen, dass diejenige Person oder das Unternehmen über die entsprechenden Bildrechte verfügt und Sie diese Bilder kostenfrei publizieren dürfen. Klären Sie auch ab, ob zusätzliche Copyright-Hinweise (mit welchem genauen Wortlaut) im Bild selbst, in der Bildunterschrift oder am Ende des Artikels zu nennen sind. So erhielt Michael ein Porträt seines Interviewpartners, das er im dazugehörigen Blogartikel veröffentlichte. Was er nicht wusste, war, dass eine Fotografin dieses Bild aufgenommen hatte und die Bildrechte besaß. In Folge dieser rechtswidrigen Veröffentlichung erhielt Michael eine Unterlassungserklärung der Fotografin, woraufhin er das Porträt aus seinem Artikel entfernen musste. Nicht selten geht eine solche Abmahnung mit einem Bußgeld beziehungsweise Schadensersatzanspruch einher. Auch bei so manchem Archiv für kostenfreie Bilder sind weiterführende Bedingungen zu beachten, die dort etwa in den Allgemeinen Geschäftsbedingungen aufgeführt werden. So erlauben manche Fotografen eine Veröffentlichung nur in einem sogenannten »redaktionellen Kontext«, der zwar auf die meisten Blogartikel zutrifft, nicht aber auf bezahlte Artikel und Advertorials. Andere Fotografen schränken die Veröffentlichung hingegen nicht ein, bestehen jedoch auf eine namentliche Nennung und teilweise sogar direkte Verlinkung. Fragen Sie im Zweifelsfall besser zweimal nach und verzichten Sie bei unklaren Nutzungsrechten lieber gänzlich auf die Veröffentlichung. Weitere Hilfe zum Urheberrecht und Nutzungslizenzen finden Sie in Roberts Blog unter `www.toushenne.de/buch/rechtliche-risiken-visueller-inhalte`.

Beim Einsatz all dieser zuvor erwähnten Gestaltungselemente ist Kontinuität ein wichtiger Faktor. Verwirren Sie Ihren Leser nicht durch »chaotische« Artikelstrukturen, sondern definieren Sie besser unterschiedliche Artikelformate und gestalten Sie diese immer einheitlich. Ein Interview beginnt zum Beispiel immer mit einer Vorstellung des Interviewpartners, die folgenden Fragen sind immer fett geschrieben, die Antworten immer kursiv. Genauso können Sie Gastbeiträge, Produkttests, Beitragsserien und andere Formate einheitlich strukturieren und dadurch optisch voneinander abgrenzen. Überlegen Sie sich diese Artikelstruktur möglichst zu Beginn und seien Sie konsequent in der Umsetzung.

Tipp

Das Wordpress-Plug-in »AddQuicktag« (http://wordpress.org/plugins/addquicktag/) ist prädestiniert für diese Aufgabe. Über das zugrunde liegende Template hinaus können Sie damit individuelle Formatvorlagen erstellen und über eigene Buttons innerhalb des WordPress-Texteditors abrufen.

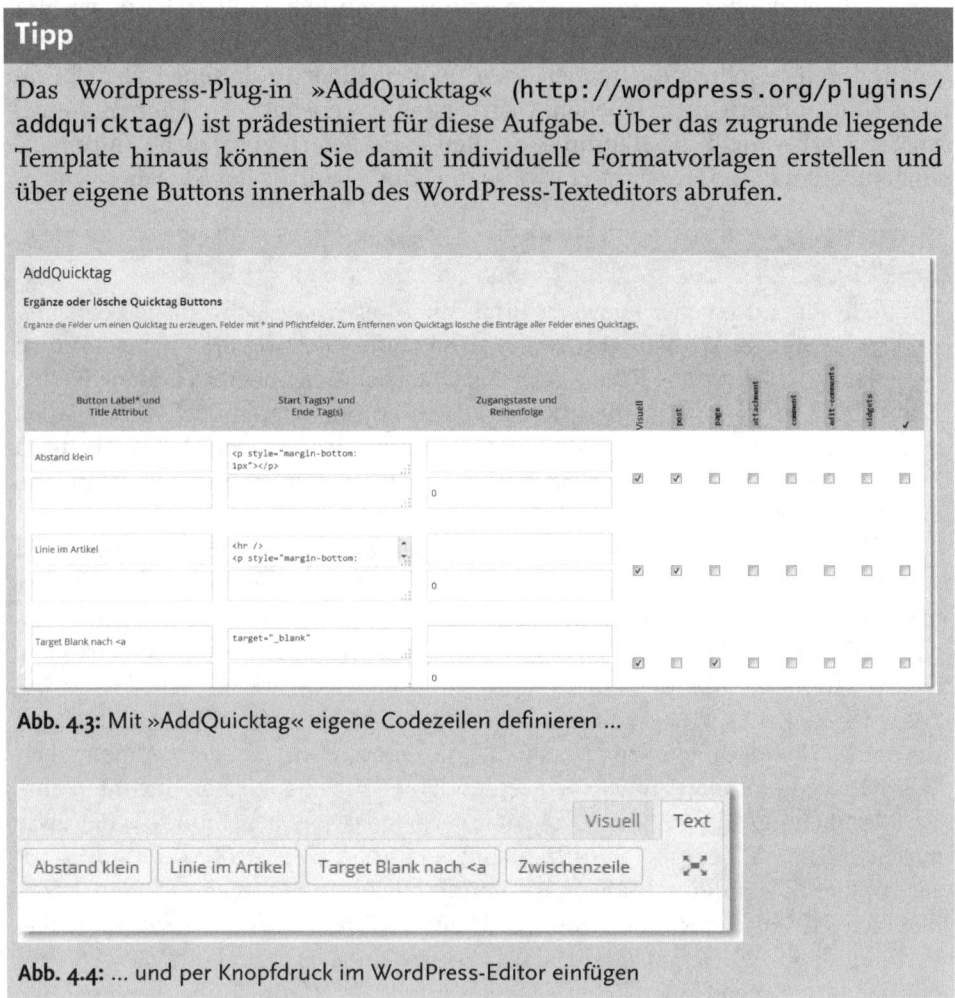

Abb. 4.3: Mit »AddQuicktag« eigene Codezeilen definieren ...

Abb. 4.4: ... und per Knopfdruck im WordPress-Editor einfügen

Ansonsten sind der Kreativität einer solchen Gestaltung fast keine Grenzen gesetzt, solange Sie es nicht übertreiben. Ein schönes, extra hierfür erstelltes Logo oder eine Grafik als Erkennungszeichen für eine umfangreichere Artikelserie wirkt zum Beispiel sehr professionell. Autorenboxen (»Mehr über den Autor«) können gerade bei umfangreichen Projekten zusätzliches Vertrauen sowie ein Mehr an Authentizität schaffen. Feedback-Buttons (deren Rückläufer und Antwort-E-Mails idealerweise direkt beim jeweiligen Autor landen), Social-Media-Elemente, strukturierte Kommentar-Threads, eigene Boxen oder Abschnitte für Artikel-Updates, Hintergrundgrafiken je nach jeweiligem Textabschnitt (etwa große »!« und »?«-Zeichen in Interviews oder ein Anführungszeichen-Symbol als Hintergrund-Wasserzeichen bei Zitaten): Es gibt hier unzählige Möglichkeiten, das Auge des Lesers neugierig zu machen und trotzdem möglichst schlank und minimalistisch sowie effizient im Gesamterscheinungsbild zu bleiben.

Dieser letzte Punkt ist besonders wichtig: Das Design eines Blogs und seiner Inhalte darf niemals überladen wirken. Wir kennen einige Blogs, die zwar inhaltlich sehr gut und zielführend sind, optisch jedoch keinen Lesespaß bereiten. Der eigentliche Inhalt mischt sich in solchen Fällen bunt mit diversen internen und externen Werbeblöcken, Zwischenzeilen und Linien, Verweisblöcken, weiterführenden Elementen, Buttons oder Videoeinbindungen und das alles mal linksbündig, mal rechtsbündig und jedes Mal in einem anderen Design. Oft ist weniger mehr, entscheiden Sie sich also für einige wenige, dafür wirkungsvolle Struktur- und Gestaltungselemente und halten Sie sich dabei farblich an Ihre Blog-Grundfarbe. Auch durch Grautöne verliert Ihr Blog seinen professionellen Eindruck nicht, denn diese wirken sehr edel und drängen die Inhalte nicht in den Hintergrund.

Tipp

Die Bedenken mancher Blogbetreiber hinsichtlich langer Ladezeiten beim Einsatz umfangreicher Bildersammlungen oder großer grafischer Elemente haben sich zwar dank VDSL und LTE deutlich verringert, doch noch immer ist die dahin gehende Optimierung von Bildern ein wichtiges Thema. Wer keine spezielle Grafiksoftware nutzt, um Bilder manuell zu komprimieren, kann hierfür auf zahlreiche und kostenlose Online-Tools zugreifen, etwa `https://tinypng.com`, `www.jpegmini.com` oder `https://compressor.io`. Dadurch lassen sich Bilddateien meist ohne erkennbare Qualitätsverluste um einen Faktor von bis zu 100 verkleinern.

Für Logos und einfache Grafiken eignen sich in der Regel die Formate .gif oder .png, bei denen der Farbumfang teilweise auf 16 Farben oder sogar weniger reduziert werden kann, wodurch sich die Dateigröße erheblich verkleinert. Bei Fotos und umfangreichen Illustrationen ist hingegen das jp(e)g-Format oft die beste Wahl, wobei auch dessen Qualität stufenlos regulierbar und speziell für die Webansicht optimierbar ist. In der Regel sollten selbst größere, zugeschnittene Bilder damit nicht über 20 Kilobyte Speicherkapazität liegen, während deren Originale durchaus mehr als ein Megabyte für sich beanspruchen können. Weitere Tipps sowie konkrete Beispiele hierfür finden Sie unter `www.toushenne.de/buch/bilder-komprimieren`.

4.2.4 Inhalt

Bleibt noch die Frage, wie ein guter Blogtext denn nun genau aussehen sollte. Was ist wichtig bei der Erstellung guter Beiträge? Welche Elemente sollten vorhanden sein? Was gefällt meinen Lesern und mit welchen stilistischen Mitteln kann ich diese an den Artikel und damit auch an meinen Blog selbst binden?

Auf die Gefahr hin, dass wir uns bei einigen der folgenden Punkte an dieser oder späterer Stelle wiederholen werden, möchten wir hier diejenigen Aspekte hervorheben, die einen gelungenen Blogtext von einem eher langweiligen oder maximal durchschnittlichen Blogbeitrag unterscheiden. Wir können sicher nicht immer perfekte Texte schreiben, aber wir sollten uns Mühe geben, immer bessere Artikel zu schreiben und sie stets zu optimieren.

Ein guter Beitrag sollte möglichst einzigartig und »neu« sein, denn mit solchen Artikeln verfügen Sie über ein weiteres Alleinstellungsmerkmal, das sich schnell herumsprechen wird. Neu muss dabei nicht immer bedeuten, dass noch kein anderer Blogger vor Ihnen über dieses Thema geschrieben hat, viel wichtiger ist eine neue, einzigartige Perspektive, ein neuer Gesichtspunkt zu einer laufenden Diskussion oder eine zündende Idee, die alle Beteiligen weiterbringt.

Genauso sollten Sie Ihre Persönlichkeit und individuelle Stimme zum Ausdruck bringen. Ein gutes Beispiel für Persönlichkeit ist der Sport-Blog `www.11freunde.de`, denn dort ist jeder »Freund« durch seinen unverwechselbaren Schreibstil erkennbar. Das erzeugt nicht nur Sympathie, sondern hilft Ihnen als Blogger gleichzeitig bei der Markenbildung. Wie wichtig die Markenbildung ist, das weiß auch unser Kollege Walter Epp, der sich als Blogger und Texter selbstständig gemacht hat. Er sagt:

> »Hinter einem starken Blog steht meist eine starke Persönlichkeit. Menschen verbinden sich nämlich nicht mit Webseiten, sondern mit Menschen. Das macht Blogs so erfolgreich«.

Sein Tipp, wie Sie Ihre Stimme finden und sich durch Ihre Persönlichkeit von der Masse abheben:

> »Die eigene Schreibstimme finden Sie am leichtesten, indem Sie schreiben, wie Sie sprechen. Dadurch kommt die Persönlichkeit am schnellsten zum Vorschein. Was besonders hilft, ist, Blogbeiträge zu schreiben, die einen selbst emotional bewegen – bei emotionalen Themen schreiben Sie automatisch leidenschaftlicher und authentischer. Um die eigene Stimme zu finden, braucht es auch Mut, weil Sie dann anders schreiben als die anderen. Sie heben sich aus der grauen Masse hervor und machen sich angreifbar. Aber das zahlt sich aus. Denn Texte, die keine persönliche Stimme haben, werden schlicht und einfach nicht gelesen oder schnell vergessen«.

Ein guter Blogartikel stellt immer einen Mehrwert für die Zielgruppe dar. Das bedeutet einerseits, dass der Artikel zielgruppengerecht geschrieben sein muss und sich inhaltlich dem Niveau des Lesers anpasst – auch hinsichtlich der Form und vor allem der (Fach-)Sprache. Genauso muss ein Artikel aber auch im Ton die Vorzüge der Leser treffen, was schon bei der Anrede per »Sie« oder »Du« beginnt. Andererseits muss ein Blogbeitrag den Leser in seiner Entwicklung voranbringen. Ob Sie hierfür Wissen vermitteln, eine konstruktive Diskussion über die Kommentarfunktion führen oder den Leser schlicht unterhalten, spielt dabei keine Rolle. Wenn Sie es schaffen, mit Ihrem Blog »hilfreich« zu sein, werden sich Leser besser an Sie erinnern und wiederkehren.

Bedienen Sie in Ihren Artikeln ein Bedürfnis, denn nur wenn überhaupt ein Markt an Interessenten existiert, besteht die Chance, dass Ihr Artikel gefunden und gelesen wird. Stellen Sie sich einfach vor jedem neuen Beitrag die Frage: »Warum sollte sich jemand ausgerechnet für diesen Beitrag interessieren?« Können Sie diese Frage nicht beantworten, sollten Sie weitere Zeit in die Recherche investieren und Ihren Text durch lesenswerte Fakten oder Einsichten ergänzen. Versuchen Sie, sich generell beim Schreiben in die Lage Ihrer Leser zu versetzen, denn dann beantworten Sie automatisch die wichtigsten Fragen, etwa: »Auf welchem Wissensstand befinden sie sich?«, »Was ist neu?« oder »Was ist interessant?«

Achten Sie in diesem Sinne auch darauf, dass Ihre Beiträge informativ sind. Auch dies klingt selbstverständlicher, als es meist ist. Natürlich gibt es Artikel, die einfach nur einen gewissen Unterhaltungswert bieten und nicht zuletzt deswegen von den Lesern geschätzt werden. Nicht vergessen darf man darüber hinaus jedoch, dass ein Blogartikel in der Regel vor allem eines vermitteln sollte, um werthaltig zu sein: Informationen. Fragen Sie sich in einem solchen Fall also stets, welche Fakten Sie Ihren Lesern noch zusätzlich vermitteln könnten, selbst wenn sie lediglich in der schlichten Benennung spannender weiterführender Verweise bestehen. Übrigens: Dieser Punkt muss nicht im Widerspruch zu den zuvor genannten offenen Fragetechniken stehen, beide sprachlichen Mittel ergänzen sich normalerweise recht gut.

Ein guter Blogartikel regt zum Nachdenken an. Nicht immer muss jeder Satz bis zum Ende ausformuliert sein, denn offene und rhetorische Fragen nach der Art »Was wäre, wenn ...?« können ein gutes Stilmittel sein, um den Leser seine eigenen Schlüsse aus Ihrem Text ziehen zu lassen, gerade wenn es um kontroverse Themen mit vielen vorhandenen Einzelmeinungen geht. Ein weiterer Vorteil: Mit solchen offenen Fragestellungen – etwa am Ende eines Beitrags – regen Sie Ihre Leser zusätzlich zum Kommentieren an.

Doch verlieren Sie dabei nicht den Fokus, insbesondere bei Nischenblogs. Fragen Sie sich stets, ob Ihre Artikel auch wirklich auf das eingehen, was Ihre Leser spannend finden. Anhand der Reaktionen auf bisherige Artikel können Sie sich ein gutes Bild davon machen, woran Ihre Besucher interessiert sind. Ein sogenannter »Off-Topic«-Beitrag zu einem themenfremden oder nur entfernt relevanten Thema lockert das stringente Bild Ihres Blogs zwar auf und kann durchaus nützlich sein für Ihre Leser, Sie sollten sich aber immer im Klaren darüber sein, was das eigentliche Ziel Ihres Blogs ist und ob die aktuellen Inhalte zielführend sind. Gerade bei älteren Blogs verschieben sich diese Ziele oft mit der Zeit, sodass eine regelmäßige inhaltliche Analyse durchaus sinnvoll erscheint.

Bleiben Sie insgesamt jedoch abwechslungsreich. Je öfter Sie Blogartikel veröffentlichen, desto mehr Besucher werden Sie damit anziehen, wenn auch nicht unbedingt in einem absolut linearen Verhältnis. Bei vielen Stammlesern wirkt sich dieser Effekt meist sehr unmittelbar aus, während Sie bei Blogs, die hauptsächlich von Suchmaschinenbesuchern profitieren, vergleichbare Auswirkungen erst mit einer gewissen Zeitverzögerung feststellen werden. Doch solche positiven Effekte ergeben sich erst dann, wenn Sie Ihre Beiträge auch abwechslungsreich genug gestalten. Die Bandbreite der Themen sollte also möglichst variabel sein. Ist Ihr Blog thematisch in mehrere Gebiete unterteilt, so empfehlen wir, hier möglichst oft zu variieren und nicht etwa zahlreiche aufeinanderfolgende Beiträge zur immer gleichen Kategorie zu veröffentlichen.

Werden Sie zu einem Geschichtenerzähler, Geschichten bleiben Ihren Lesern besser in Erinnerung. Denn Sie haben Ihr Ziel erst dann erreicht, wenn sich der Leser auch noch einen Tag später an den Beitrag in Ihrem Blog erinnert. Verpacken Sie die Informationen in Geschichten, etwa persönliche Erfahrungen aus der Praxis oder durch die übertriebene Darstellung der Sachverhalte (ohne dabei unseriös zu wirken). Dadurch entstehen Visionen beim Leser und sein Kopfkino startet. Professionelles »Storytelling« geht schließlich so weit, dass Sie beispielsweise fiktive Personen kreieren, die das Wissen in Ihren Artikeln authentischer vermitteln können als Sie. Ihrer Fantasie sind letztendlich keine Grenzen gesetzt, übertreiben Sie es nur nicht und beobachten Sie stets die Reaktionen Ihrer Leser.

Zu guter Letzt können Sie sich den Überraschungseffekt zunutze machen. Eine unerwartete Wendung im Textinhalt, selbst erlebte Anekdoten, wichtige Ankündigungen, ungewöhnliche Formulierungen, interessante Zitate, sich erst im Laufe des Artikels auflösende kreative Zwischenüberschriften, vielleicht sogar – wie bereits gesehen und selbst wenn es sich nicht direkt auf den Text bezieht – ein kleiner gezeichneter Cartoon oder Ähnliches, all das wird dazu beitragen, dass Ihre Texte gerne gelesen werden. Generell verhält es sich mit jeglichen Emotionen, die Ihre Beiträge auslösen, auch, wobei Sie insbesondere dabei vorsichtig sein sollten, mit negativen Gefühlen Ihrer Leser zu spielen.

Zusammenfassung

Fassen wir zusammen: Ein guter Blogtext ...

... ist einzigartig und neu, zumindest in seiner Perspektive.

... ist persönlich und transportiert Ihre Stimme.

... stellt einen Mehrwert dar.

... bedient ein Bedürfnis der Zielgruppe.

... ist informativ.

... regt zum Nachdenken an.

... konzentriert sich auf das Wesentliche.

... vermittelt Inhalte einprägsam.

... ist abwechslungsreich geschrieben.

... überrascht den Leser.

4.3 Alternative Content-Formen

Während einer kreativen Phase fällt das Schreiben leichter, aber nicht immer sind wir Blogger in Schreibstimmung und es gibt Zeiten, wo uns das Texten schwerfällt. Das ist an sich jedoch kein Problem, denn die Blogosphäre bietet zahlreiche bewährte Hilfsmittel, Denkanstöße und Austauschmöglichkeiten, sodass sich fast immer ein Weg findet, frische Inhalte für den eigenen Blog zu generieren. Zudem freuen sich Ihre Leser über die Abwechslung, die Sie unter anderem durch die folgenden Möglichkeiten in Ihren Blog bringen.

4.3.1 Gastartikel

Leider oft zu Unrecht als »Schleichwerbung« oder »Linkschleuder« verkannt, kann ein guter Gastartikel wahre Wunder wirken. In unseren Blogs gehören gerade Gastartikel zum Teil zu den meistgelesenen Beiträgen, weil sie sich mit einem ganz anderen Thema beschäftigen, aus einer anderen Perspektive heraus schreiben oder eine völlig andere Sprache sprechen (im Sinne der Tonalität und des Schreibstils).

Natürlich werden Sie als Blogger – mit zunehmender Popularität Ihres Blogs – viele unseriöse Angebote erhalten, meist von SEO-Agenturen, die über Gastartikel bestimmte Keyword-Verlinkungen für ihre Kundenprojekte streuen möchten. Diese Beiträge dienen jedoch ausschließlich dem Linkaufbau und sind in ihrer Qualität selten besonders hochwertig, wir warnen daher prinzipiell vor solchen Kooperationen. Zum einen merkt der Leser schnell, wenn es sich tatsächlich um Schleichwerbung handelt – was sich dann wiederum negativ auf die Reputation Ihres Blogs auswirkt – und zum anderen können solche Links auch Ihr Ranking bei Google und Co. negativ beeinflussen.

Die Qualitätsoffensiven von Google machen es den professionellen Backlink-Käufern immer schwerer, an qualitativ hochwertige bezahlte Verweise zur Suchmaschinenoptimierung für sich oder ihre Kunden zu gelangen, wodurch das Genre der Gastartikel eine deutliche Renaissance erlebt. Denn nun versuchen Dienstleister über diesen eleganten Umweg, wertvolle Backlinks zu generieren, etwa von entsprechend gut in den Suchmaschinen positionierten Blogs. Dies bedeutet für Sie als Blogbetreiber, dass Sie sich noch mehr vor Gastartikel-Angeboten in Acht nehmen sollten, die durch minderwertige Inhalte und die Unterbringung ganz spezifischer Keyword-Links verdächtig erscheinen. Denn meist wird es sich hierbei lediglich um eine neue Methode handeln, Ihre Blog-Popularität auf unlautere Weise auszunutzen.

Andererseits besteht gleichzeitig die Chance, dass auch »seriösere« Webseitenbetreiber sowie andere Blogger in stärkerem Maße auf Sie zukommen werden, um bei Ihnen einen – qualitativ hochwertigen sowie nicht werblichen – Gastartikel zu veröffentlichen. Denn natürlich wird es durch den eingangs beschriebenen Google-Qualitätseffekt auch für Blogger selbst immer interessanter, die eigene Backlink-Strategie durch gegenseitige Gastartikel zu erweitern.

> ## Tipp
>
> Um die eigentliche Intention Ihres Gastautors festzustellen, machen Sie ihm einfach von Beginn an deutlich, dass Sie – etwa bei seiner namentlichen Erwähnung als Gastautor – ausschließlich auf seine Homepage verlinken und keine sonstigen Keyword-Verweise im restlichen Fließtext wünschen. Bitten Sie ihn außerdem, ein konkretes Thema für seinen Gastartikel zu benennen, das für Ihre Leser interessant ist und ihnen einen Mehrwert bietet. An »billigen« Backlinks interessierte Personen werden sich darauf nur selten einlassen.

Je länger (und erfolgreicher) Sie bloggen, desto mehr Anfragen werden Sie von anderen Bloggern und Unternehmen erhalten, die zwar nicht als unerwünschter Spam einzustufen sind, mit denen Sie dennoch nicht direkt etwas anfangen können oder möchten. Aus eigener Erfahrung wissen wir jedoch, dass selbst aus Artikelthemen, die auf den ersten Blick uninteressant wirken, oftmals werthaltiger Content für unsere Blogs entstehen kann; etwa indem wir einfach nur unsere Perspektive ändern. Lehnen Sie daher vergleichbare Kooperations- und/oder Gastartikelwünsche nicht vorschnell ab, Sie könnten einen interessanten und wertvollen Beitrag verlieren. Sprechen Sie lieber offen mit Ihrem potenziellen Gastautor, oft ergibt sich im Gespräch eine passende Idee.

Ebenfalls gute Erfahrungen haben wir damit gemacht, andere Personen (nicht zwangsläufig Blogger, sondern auch jegliche Experten, Wissenschaftler, Buchautoren, Firmenchefs etc.) aktiv auf einen Gastartikel anzusprechen. Noch keiner unserer Gastautoren hat diese Möglichkeit im Sinne der Eigenwerbung missbraucht, vielmehr haben sie sich darum bemüht, ihr Expertenwissen bestmöglich zu präsentieren. Ohnehin ist es üblich, dass Autoren sich am Ende eines Artikels kurz vorstellen können, und es spricht nichts dagegen, im Vorfeld gewisse Spielregeln aufzustellen.

Gelegenheiten für eine solche Anfrage sowie Themen für einen Gastbeitrag gibt es genügend, etwa:

- Ein Leser stellt in einem Kommentar eine Frage, die Sie nicht vollständig beantworten können. Wieso also nicht den Autor eines thematisch passenden Blogs als echten Experten um Rat in Form eines Gastbeitrags fragen?

- Ein anderer Blogger hinterlässt bei Ihnen einen nützlichen Hinweis oder einen spannenden kleinen Erfahrungsbericht in Kommentarform. Die Bitte (schlicht als Antwort auf seinen Kommentar), ob er diesen vielleicht in einem Gastbeitrag ausführlicher darstellen möchte, wird in der Regel schnell erhört.

- Selbst initiierte oder mitgetragene Kommentardiskussionen in anderen Blogs oder sozialen Netzwerken können ebenfalls als Ausgangsbasis für vergleichbare Anfragen dienen.

- Es meldet sich ein neuer, für Ihre Leser inhaltlich relevanter Werbepartner, dem Sie zusätzlich zur Bannerbuchung einen nicht werblichen (!) beziehungsweise als solchen gekennzeichneten Gastbeitrag zu einem Expertenthema anbieten und ihn dabei gleich als neuen Werbepartner vorstellen. Dies wiederum macht Ihre eigenen Vermarktungsflächen für weitere Anzeigenpartner attraktiver.

Und als kleine »Gegenleistung« (die meist gar nicht notwendig ist beziehungsweise automatisch in Form eines Backlinks zur Webseite des Gastautors erbracht wird) können Sie Ihrem Gegenüber jederzeit anbieten, auch für seinen Blog einen entsprechenden Gegenbeitrag zu verfassen. Robert präsentiert seine Gastautoren zudem auf einer eigenen Seite im Blog und bewirbt ihre Beiträge regelmäßig (unter Namensnennung) über diverse Kommunikationskanäle.

Auf diesen, etwa Twitter, Facebook und Co., schauen wir uns auch regelmäßig unsere neuen Follower an, denn darunter finden sich sehr oft thematisch passende Kontakte und Möglichkeiten für Gastartikel-Anfragen und andere Kooperationsmöglichkeiten.

Umgekehrt können Sie natürlich auch Gastartikel für andere Blogs schreiben und damit sowohl Ihren Status als Experte festigen als auch neue Backlinks für Ihre eigene Webseite generieren (mehr über das Marketing mit Gastbeiträgen erfahren Sie in Abschnitt 8.2.6). Übertreiben Sie es jedoch nicht, denn uns sind bereits Fälle bekannt, in denen besonders aktive Gastblogger von Google abgestraft wurden – zum Großteil aufgrund der einheitlichen Linktexte und immer gleichen Verweise zur Webseite des Autors, aber es ist nicht undenkbar, dass künftig weitere Einflussfaktoren wie etwa der Autorentext oder die Frequenz der veröffentlichten Gastbeiträge eine Rolle spielen werden.

4.3.2 Mitarbeiterartikel & Co.

Ähnlich der Gastartikel bietet es sich besonders in Corporate Blogs an, Mitarbeiter und Unternehmenspartner »sprechen« zu lassen, um über das eigentliche Kerngeschäft hinaus für die Leser relevante Informationen zu kommunizieren.

Im Blog eines Onlineshops schreiben vielleicht die Mitarbeiter unterschiedlicher Abteilungen (zum Beispiel Kundenservice, Einkauf oder Logistik), aber auch die Geschäftspartner selbst (etwa Lieferanten oder Logistikpartner). Leser und Kunden lernen dadurch mehr über das Unternehmen und dessen Organisation, die Produkte und deren Hersteller sowie den Aufwand, der hinter dem für Nutzer so einfachen Einkauf steht, kennen.

Auch diese Beiträge sollten Ihren Leser jedoch stets einen Mehrwert bieten und nicht ausschließlich der Selbstdarstellung dienen. Beschreiben Sie lieber die Herausforderungen des jeweiligen Fachgebiets (möglichst unabhängig von ihren Produkten) und präsentieren Sie ihre Lösungen oder berichten Sie über neue (Service-)technische Produkttrends. Orientieren Sie sich bei diesen Ausführungen auch immer an den möglichen Fragestellungen Ihrer Leser und Kunden.

Greifen wir das Beispiel des Onlineshops wieder auf, etwa im Bereich des Elektronikhandels: Betrachten Sie die Situation aus der Perspektive Ihrer Kunden:

- Wirkt es sympathisch, wenn ein Mitarbeiter davon schwärmt, wie erfolgreich er die hervorragenden technischen Geräte privat einsetzt?

- Interessiert es Sie, wie gut doch die Zusammenarbeit einer Partneragentur mit dem Elektronikfachhandel funktioniert oder wie erfolgreich die neueste Werbekampagne war? Welchen Mehrwert haben Sie als Kunde davon?

- Glauben Sie dem Zulieferer, wenn er über die gute Qualität seiner Produkte schwärmt, dabei jedoch den Vergleich zu alternativen Produkten scheut?

- Wie authentisch wirkt auf Sie die Meinung eines »Experten«, der gerade jene technischen Geräte zum Megatrend erklärt, die momentan auch auf der Startseite des Online-Händlers zum Sonderpreis angeboten werden?

Glauben Sie uns, Ihre Leser sind nicht dumm und erkennen Schleichwerbung. Wundern Sie sich also nicht, wenn Ihre Leserzahlen stagnieren oder sogar rückläufig sind, die Abbruchquote steigt und vermehrt kritische Kommentare eingehen.

Besser wäre es – um bei den oben genannten Beispielen zu bleiben:

- Der Mitarbeiter beschreibt (gegebenenfalls sogar anhand einer Anleitung), wie er einzelne Geräte miteinander vernetzt hat und welcher Mehrwert daraus für ihn entsteht.

- Die Partneragentur beweist, dass sie mit der neuesten Werbekampagne auf die Bedürfnisse der Kunden eingegangen ist und viel Wert auf deren Meinungen legt.

- Der Zulieferer erklärt neue Technologien oder Produktionsverfahren und gibt Tipps zur Nutzung, etwa in Form einer kleinen Ratgeberserie.

- Ein Experte stellt Vor- und Nachteile der Produkte gegenüber und vergleicht mögliche Alternativen – im Idealfall natürlich mit dem Ergebnis, dass die Produkte des Elektronikhändlers am besten abschneiden.

Diese Vorschläge sind natürlich nur exemplarisch und müssen an den jeweiligen Blog und vor allem die Zielgruppe angepasst werden, aber Ihnen wird hoffentlich klar, worauf wir hinaus möchten.

4.3.3 Interviews

Eines der effizientesten, aber gleichzeitig noch immer recht selten eingesetzten Mittel der Content-Produktion sind Interviews jeglicher Art. Bei einigen von Michaels Blogs sind fast 50 Prozent der Artikel Interviews, denn sofern diese gut gestaltet sind und dem Leser einen echten Mehrwert bieten, wird es diesem zumeist egal sein, wie der Beitrag zustande kam. In erster Linie profitieren daher wir als Blogbetreiber, denn:

- (Schriftliche) Interviews sind mit relativ wenig Zeitaufwand realisierbar.

- Interviews ergeben oft äußerst interessante Einsichten, die über die übliche Kommunikation in Blogs und anderen Kanälen hinausgehen.

- Der entstehende Content ist besonders abwechslungsreich, stets individuell und textlich meist sehr umfangreich.

- Interviews sind ein guter Ausgangspunkt für neue Kooperationen oder einen regelmäßigen Content-Austausch.

- Der Interviewpartner verweist in der Regel in sozialen Netzwerken auf sein Interview in Ihrem Blog, wodurch Ihre Reichweite steigt.

Die interessante Frage, die Sie sich nun jedoch vielleicht schon stellen ist: Wie erhalte ich ein gutes Interview?

Abgesehen natürlich vom Gesprächspartner hängt dies vor allem von der Qualität der Fragen ab. Je überlegter, tiefgründiger und zielgerichteter diese gestellt werden, desto besser werden auch die Antworten ausfallen.

Michael hat mittlerweile anhand seiner meistgelesenen Interviews eigene Fragetechniken entwickelt, um für den Leser möglichst spannende Interviews zu erhalten. Dabei meidet er Fragen, die dem Gesprächspartner die Möglichkeit zur

Eigenwerbung bieten (etwa welche Erfolge er nachweisen kann oder für welche Kunden und Projekte er bereits gearbeitet hat), und erkundigt sich stattdessen nach den größten Herausforderungen seines Gegenübers sowie dessen besten Tipps und Tricks, um »erfolgreich« zu sein (zum Beispiel mit welchen Methoden er neue Kunden oder Leser erreichen oder etwa sein neues Produkt vermarkten will). Hier hat es sich auch bewährt, ganz konkret nach den »Top 3« zu fragen, die er Ihren Lesern mit auf den Weg geben würde.

Es ist dennoch eine faire Geste, dem Gesprächspartner die Chance zu geben, sich und seine Arbeit vorzustellen. Die meisten Unternehmer, Experten, Autoren etc. sind in der Regel sehr gerne dazu bereit, etwa im Gegenzug für eine namentliche Nennung und/oder einen Verweis auf ihre Webseite für ein solches kostenlose Interview zur Verfügung zu stehen. Entgegen der Norm stellen wir diese Frage jedoch erst zum Schluss, denn zum einen interessiert sich nicht jeder Leser für diesen Punkt und zum anderen erhalten wir durch einen entsprechenden Verweis zu Beginn den Spannungsbogen aufrecht.

Spannend sind auch Fragen zu aktuellen Themen, etwa wie er zu bestimmten, womöglich kritischen Anmerkungen in aktuellen Expertendiskussionen steht oder warum er seine (etwa auf seiner Webseite getätigten) Aussagen für die richtigen hält. Diese Fragen setzen natürlich ein gewisses Maß an Recherche voraus, signalisieren dem Interviewpartner jedoch gleichzeitig ein deutliches Interesse an seiner Meinung.

Beispiel

Die meisten Experten sind gerne bereit, ihr Know-how und ihre Erfahrungen zu teilen. Folgende Fragetechniken sind besonders erfolgreich, um möglichst konkrete Antworten zu erhalten:

»Stimmt es, dass ...?« oder »Wie gelingt es Ihnen, dass ...?«

»Was können Sie unseren Lesern raten ...?«

»Welches sind konkret Ihre drei wichtigsten ... um erfolgreich ...?«

»Warum haben Sie nicht ...?«

»Manche behaupten jedoch, ... Wie sehen Sie das?«

»Wie stehen Sie zu dem aktuell viel diskutierten Thema ...?«

»Was ist Ihre Meinung zu Technologie X oder Produktneuheit Y?«

Durch derlei Fragen fordern Sie Ihren Interviewpartner heraus und »provozieren« gleichzeitig – gerade bei aktuell kontrovers diskutierten Themen – Ihre Leser zum Kommentieren, sodass diese direkt für eine lebendige Diskussion sorgen.

Abb. 4.5: Gelungene Blogs sind von Beginn an spannend geschrieben und bieten dem Leser einen eindeutigen Mehrwert.

Themenfindung

Das passende Thema für ein Interview findet sich fast immer, je nach Branche könnte das sein:

- Die Einschätzung eines Technik-Experten zu den Trends des kommenden Jahres, die Frage nach den beliebtesten Gadgets zur Weihnachtszeit oder seinen persönlichen Favoriten aus dem laufenden Jahr

- Eine Interview-Serie mit Lesern eines Finanzblogs hinsichtlich ihrer Erfahrungen mit der eigenen Hausbank

- Die besten Tipps eines Fitness-Experten zur Gewichtsreduktion oder zum Muskelaufbau im Gesundheits-Blog
- Eine (nicht werbliche!) Interview-Serie im Corporate Blog mit den Erlebnissen und Erfahrungen von Kunden

Insbesondere bei Ihren ersten Interviews können Sie sich auch an Freunde und Arbeitskollegen wenden, denn bei genauerer Betrachtung finden Sie auch in diesen Kreisen für nahezu jedes Thema einen passenden Interviewpartner. Für spätere Anfragen können Sie dann auf ein bereits existierendes Interview verweisen und dadurch zusätzliche Überzeugungsarbeit leisten, denn nicht jeder Ihrer Ansprechpartner wird sich etwas unter einem Blog-Interview vorstellen können. Womöglich finden Sie passende Gesprächspartner auch unter Ihren eigenen Fans und Followern in sozialen Netzwerken oder können auf eingehende Kooperationsanfragen mit einer zusätzlichen Interview-Anfrage antworten.

So einfach wie die Content-Produktion mittels Interviews nun jedoch erscheinen mag, so warnen wir davor, es gerade in Blogs mit zahlreichen Stammlesern zu übertreiben. Gestalten Sie Ihren Blog weiterhin abwechslungsreich und veröffentlichen Sie regelmäßig werthaltige »reguläre« Inhalte. Erinnern Sie sich an die zuvor im Abschnitt 4.2.3 beschriebenen Strukturen zurück: Sie wollen doch nicht, dass Ihr Blog aufgrund eines dominanten Artikelformats langweilig wirkt, oder?

Erfahrungsgemäß empfiehlt es sich übrigens, Blog-Interviews schriftlich durchzuführen und dies dem Interviewpartner vorher zu kommunizieren. Denn gerade Gesprächspartner, die nicht wirklich internetaffin sind, gehen oft davon aus, dass ein derartiges Interview telefonisch oder gar persönlich geführt wird. Dann jedoch fällt der anfangs erwähnte Effekt der Zeitersparnis bei der Erstellung von Interviewartikeln gegenüber regulären Beiträgen – selbst unter der Prämisse einer gewissenhaften Vorbereitung – wieder weg. Eine einfache Anfrage könnte beispielsweise so aussehen (kursiv markiert sind die entsprechenden Variablen):

Beispiel: Anfrage für ein Blog-Interview

Sehr geehrte Frau Müller,

ich freue mich sehr, dass Sie meinen Beiträgen auf www.toushenne.de via *Twitter* folgen.

Ich finde Ihre Arbeit zum Thema *Video-Marketing* sehr spannend, hätten Sie vielleicht Interesse an einem (schriftlichen) Interview zu diesem Thema, das ich als Artikel in meinem Blog veröffentliche? Dies wäre gerade für meine Leser aus dem Bereich *Content-Marketing* von großem Interesse.

Für Rückfragen stehe ich Ihnen gerne zur Verfügung.

Mit freundlichen Grüßen

Kurz und knapp funktioniert häufig am besten, denn bereits in diesem einfachen Anschreiben erfährt Ihr gewünschter Gesprächspartner, wer Sie sind und woher Sie sich »kennen«, warum Sie ihn anschreiben und was Sie von ihm wünschen. Und mit dem sehr dezent untergebrachten Wort *schriftlichen* ist dem Interviewpartner sofort klar, in welcher Form dieses Interview idealerweise erfolgen sollte. Achten Sie stets darauf, die gekennzeichneten Variablen für jeden Ansprechpartner zu individualisieren beziehungsweise die Anfragen komplett neu zu schreiben. Verzichten Sie generell auf Massenanschreiben. Ein solches Vorgehen spricht sich im Zweifelsfall schnell herum. Wenn Sie Ihrem Gegenüber deutlich machen können, dass Sie sich zuvor mit ihm und seiner Arbeit auseinandergesetzt haben, so wird er Ihre Anfrage wohl kaum ablehnen. Und wenn Sie ihm dann noch deutlich machen können, warum sich der Aufwand auch für ihn lohnt, so haben Sie fast schon gewonnen. Dies ist etwa durch einen Satz möglich wie:

Gerne verweise ich hierbei auf [Ihre Webseite/Ihren Service/Ihr Buch].

Bekommen Sie eine positive Antwort, so senden Sie Ihre Fragen am besten ebenfalls per E-Mail und bitten Ihren Interviewpartner darum, seine Antworten direkt in der entsprechenden Antwort-E-Mail zu formulieren. Andernfalls kann es passieren, dass Sie Dateien erhalten, die Sie womöglich gar nicht öffnen können.

In diesem Zuge bitten wir unsere Interviewpartner auch immer um ein Porträtfoto und sonstiges Bildmaterial, womit wir den Beitrag weiter auflockern können. Sichern Sie sich hierbei jedoch hinsichtlich der entsprechenden Nutzungsrechte ab (siehe Abschnitt 4.2.3).

Tipp

Egal wie gut die gestellten Fragen sind, wenn wir die Antworten gelesen haben, gibt es oft viele Rückfragen. Im Idealfall vereinbaren Sie mit Ihrem Gegenüber daher direkt eine zweite Fragerunde, sodass Sie auf seine Antworten eingehen können. Dies erzeugt im Ergebnis den Eindruck eines tatsächlichen Gesprächs und erhöht den Mehrwert für Ihre Leser, da Sie bei besonders relevanten Aspekten nachhaken können.

Bitten Sie Ihren Gesprächspartner außerdem, auf Reaktionen Ihrer Leser (etwa in Form von Kommentaren) persönlich zu antworten, denn das signalisiert Interesse und Bereitschaft zum Dialog. Dadurch entstehen nicht selten Diskussionen, die die Reichweite des Artikels multiplizieren und somit wiederum auch den Mehrwert für Ihren Interviewpartner erhöhen.

4.3.4 Blogtennis & Blogparaden

Blogtennis ist eine kollegiale Form des Bloggens, bei der Sie sich mit einem zweiten Blogbetreiber auf ein für Ihre beiden Zielgruppen interessantes Thema einigen und dann abwechselnd darüber berichten. Sie beginnen beispielsweise damit, einen bestimmten Aspekt inhaltlich zu vertiefen, und geben dann an Ihren Kollegen weiter, der einen anderen Aspekt näher betrachtet. Dementsprechend sollte es natürlich ein Thema sein, das genug Potenzial für eine ganze Artikelserie bietet, sodass Sie sich den »Ball« möglichst oft hin- und herspielen können und es für alle Beteiligten spannend bleibt.

Einer der großen Vorteile von Blogtennis ist, neben der gegenseitigen Verlinkung der einzelnen Beiträge, die zusätzliche Aufmerksamkeit auf dem jeweils anderen Blog und die Chance, neue Leser für den eigenen Blog zu gewinnen. Dadurch, dass jeder Autor das Thema immer auf seine ganz persönliche Art und Weise und damit stets unterschiedlich beleuchten wird, erhalten sowohl Sie als auch Ihre Leser neue Ansichten und Ideen, die bei ein und demselben Urheber womöglich nicht entstanden wären. Vor allem in Corporate Blogs funktioniert Blogtennis übrigens auch zwischen den einzelnen Autoren. Probieren Sie diese fruchtbare Art der Artikelerstellung selbst aus, Sie werden schnell merken, dass sich dabei auch immer wieder neue Aspekte und damit Ansatzpunkte für weitere Beiträge ergeben.

Eine weitere Ideenquelle für Blogbeiträge sind sogenannte *Blogparaden* (auch Blog-Karneval genannt). Dabei wird in einem beliebigen Blog ein Thema vorgegeben – wobei der Autor gegebenenfalls auch konkrete Fragen stellt – und andere Blogger werden direkt dazu aufgefordert, ihre Meinung innerhalb einer festgelegten Frist (in der Regel etwa vier Wochen) im eigenen Blog zu äußern. Jeder Teilnehmer ist dazu verpflichtet, den Veranstalter zu erwähnen und zu verlinken, wobei dieser wiederum alle teilnehmenden Beiträge sammelt und spätestens in einem abschließenden Beitrag zur Blogparade mit einem entsprechenden Verweis zusammenfasst.

> **Hinweis**
>
> Eines der bekanntesten deutschsprachigen Portale für Blogparaden ist der »Webmaster Friday« (`http://webmasterfriday.de/`). Dort startet jeden Donnerstag eine Blogparade zu den unterschiedlichsten Themen.

Ein großer Vorteil von Blogparaden ist, abgesehen von der doppelten Verlinkung, die Chance, neue Leser für Ihren Blog zu gewinnen. Dennoch sollten Sie nur an jenen Paraden teilnehmen, die thematisch zu Ihrem Blog passen und wenn Ihr Beitrag Ihren Lesern einen Mehrwert bietet. Wägen Sie außerdem ab, ob der initiierende Blog beziehungsweise Autor und die potenzielle Zielgruppe der Blogparade für Sie relevant sind. Nehmen Sie auch nur dann teil, wenn Sie Zeit in einen qualitativ hochwertigen Beitrag investieren können, denn Sie werden ein hohes Maß an Aufmerksamkeit erhalten und sollten sich dementsprechend hochwertig präsentieren.

Wie Sie Blogparaden zudem für Ihre eigene Blog-Vermarktung nutzen können, erfahren Sie in Abschnitt 8.2.2.

4.3.5 Buchrezensionen

Für Blogleser und -autoren gleichermaßen interessant sind zum Blog-Thema passende Buchrezensionen. Dabei stellen Sie beispielsweise ein Fachbuch, eine Zeitschrift oder einen darin enthaltenen Artikel oder ein E-Book vor. Diesen werthaltigen Content können Sie, etwa durch die Einbindung eines Amazon-Einzeltitellinks oder anderer Werbemittel, sogar noch zusätzlich monetarisieren. Falls Sie im Rahmen Ihrer Rezension jedoch den Autor des Werks vorstellen oder gar interviewen, sollten Sie höflicherweise auf diese Form der Vermarktung verzichten, denn viele Autoren sind über ihre Webseite selbst in diesem Bereich aktiv.

> **Tipp**
>
> Viele Verlage stellen für Interviews beziehungsweise die Buchvorstellung – insbesondere bei Neuerscheinungen – gerne den Kontakt zum Autor des Buches her. Nicht selten kommen solche, teilweise exklusiven Beiträge sehr gut bei den eigenen Bloglesern an, gerade wenn Sie zusammen mit den Autoren »hinter die Kulissen« des jeweiligen Themas schauen. Die meisten Buchautoren sind zudem sehr dankbar für diese kostenlose Art der Werbung für ihr Werk, erst recht, wenn Sie in Ihrem Beitrag auf eine eventuell vorhandene Internetseite zum Buch oder auf die E-Book-Ausgabe des entsprechenden Ratgebers verlinken. Seien Sie jedoch stets ehrlich in Ihrer Kritik und loben Sie nicht nur, um es den Autoren recht zu machen. Das könnte sich nämlich langfristig negativ auf Ihre Reputation auswirken.

Verfügen Sie über einen interessanten Nischenblog oder zahlreiche Leser, so erhalten Sie womöglich kostenlos sogenannte Rezensionsexemplare direkt vom Verlag, denn für ihn sind Blog-Rezensionen eine sehr authentische Form der Werbung. Für unsere diversen Blogs haben wir auf Anfrage (und auch teilweise unaufgefordert) bereits einige Fachbücher zur Rezension erhalten, in manchen Fällen sogar zusätzliche Exemplare, die wir etwa in Form eines Gewinnspiels an unsere Leser verteilen konnten – ein schöner zusätzlicher Marketingeffekt für beide Seiten. Auf Roberts Blog www.toushenne.de machen Buchrezensionen auf ein Jahr gesehen etwa zehn Prozent der veröffentlichten Beiträge aus.

04.08.2014 von Robert Weller • Kommentare: 10

Buchrezension & Verlosung: "Social Media und Recht" von Dr. Carsten Ulbricht

🐦 17

f 125

g⁺ 29

♪ 268

Social Media und Recht
Buchrezension & Verlosung

Wer sich – vor allem aus beruflichen Gründen – in sozialen Medien bewegt muss sich über die **rechtlichen Risiken der verschiedenen Kommunikationskanäle** bewusst sein.

Zwar sind die wenigstens von uns Juristen und guter Rat ist hier oft besonders teuer, jedoch geben einige Experten, die sich selbst im Social Web zuhause fühlen, ihr Wissen und ihre Erfahrung bereitwillig weiter. Und zwar in Form von Blogs und Fachbüchern.

Ein solches Buch und einen solchen Experten möchte ich heute vorstellen, nämlich „Social Media und Recht" von Rechtsanwalt Dr. Carsten Ulbricht.

Gleichzeitig hast du **die Chance, das Buch „Social Media und Recht" zu gewinnen**, denn ich verlose ein Exemplar im Rahmen meiner Rezension!

Abb. 4.6: Buchrezensionen in Verbindung mit Gewinnspielen kommen immer gut an.

Wer sich nicht selbst um entsprechende Verlagsanfragen kümmern möchte, für den gibt es mit dem Internetportal www.bloggdeinbuch.de eine schöne Alternative. Sie können sich dort mit Ihren Blogs und deren grundlegenden Daten, wie etwa der erzielten Reichweite, anmelden und sich um passende Buchrezensionen »bewerben«. Wird Ihre Bewerbung angenommen, sendet Ihnen der Verlag das gewünschte Buch zur Rezension, das Sie dann in der Regel behalten dürfen. Aktuell beteiligen sich bereits über 100 Verlage an dieser Plattform, die thematische Auswahl an Büchern erstreckt sich von der Belletristik bis hin zu Sachbüchern der unterschiedlichsten Kategorien. Nahezu jeder Blogger dürfte hier ein passendes Werk zur Rezension finden. Zudem werden bereits künftige Erscheinungen beworben, was für Sie als Blogger die Chance auf exklusiven Content bedeutet.

4.3.6 Expertenfragen

Um herauszufinden, welche von den Lesern gewünschten Themen unsere Blogs bisher noch nicht abdecken, haben wir bereits unterschiedliche Aktionen ausprobiert. So hat Robert beispielsweise im Rahmen einer Buchverlosung zum Thema *Recht im Internet* seine Leser nach ihren größten »rechtlichen Herausforderungen« gefragt und aus den Antworten eine aufklärende Artikelserie geschrieben. Michael hat über seinen Blog die Aktion *Blogger fragen Blogger* ins Leben gerufen, bei der ihm andere Blogger – egal ob Neulinge oder Fortgeschrittene – jegliche Fragen zum Thema Bloggen stellen, die er dann in Form eines Artikels beantwortet. Falls eine Frage aufkam, die er nicht in vollem Umfang beantworten konnte, so rief er sich einen entsprechenden Experten und Blogger-Kollegen zu Hilfe, der die Frage in Form eines Gastartikels beantwortete. Diese Aktion verband Michael ebenfalls mit einem kleinen Gewinnspiel, um die Zahl der Einsendungen zu erhöhen, denn der Input durch seine Leser war die Investition definitiv wert. Zum einen gewann er dadurch wertvollen Content, an dem seine Leser sehr interessiert waren, und zum anderen konnte er sie auf diese Weise so »glücklich« machen, dass sie seinen Blog vielleicht nicht mehr so schnell vergaßen. Ganz nebenbei hatte Michael durch diese Aktion ein neues Alleinstellungsmerkmal und ganz besonderes »Serviceangebot« kreiert, wodurch er den Ruf seinen Blogs als Expertenplattform stärken konnte.

Übrigens zählt es zu einem der angenehmsten Nebeneffekte des Bloggens, dass wir uns alleine durch diese Tätigkeit sehr schnell einen Namen in dem entsprechenden Fachgebiet unseres Blogs machen können. Das ist auch gleichzeitig ein Grund dafür, dass Selbstständige, Ärzte, Handwerker etc. durch einen eigenen kleinen Firmenblog den oftmals entscheidenden Wettbewerbsvorteil erzielen können. Einige Blogger schaffen es sogar, andere Modelle der Neukundenakquise durch ihren Blog abzulösen. Sie glauben uns nicht? Wir kennen viele (Klein-)Unternehmer, die nach erfolgreicher Etablierung ihres Blogs beispielsweise gänzlich auf Kaltakquise-Maßnahmen verzichten können und einen Großteil ihrer Neukunden über ihren Blog generieren. Ein gutes Beispiel hierfür ist die Social-Media-Beraterin Sandra Holze, die nach eigenen Aussagen mit ihrem Blog drei wichtige Dinge erreicht:

> *»Zum Ersten werde ich durch meinen Blog über Google besser gefunden. Ich blogge zu ganz bestimmten Suchbegriffen, die von meinen Wunschkunden eingetippt werden. Die Suchbegriffe haben kein riesiges Suchvolumen, ich dafür aber die Chance, auf Seite 1 damit zu erscheinen. So werde ich online als Social-Media-Beraterin sichtbar, ohne Google-Anzeigen schalten zu müssen.*

> *Zum Zweiten baue ich mit meinen Blog-Inhalten Vertrauen auf. Neue Besucher, die über eine Google-Suche das erste Mal auf meiner Seite landen, können sich ein Bild von mir und meiner Arbeitsweise machen. Über meine Texte, die Tipps und die Schreibweise vermittle ich meine Expertise und auch meine Persönlichkeit. Beides ist wichtig. Denn die Entscheidung für einen Dienstleister hängt nicht nur vom Fachlichen sondern auch von der Sympathie ab.*

> *Zum Dritten erhöhe ich meine Chance, dass er oder sie sich für meinen E-Mail-Newsletter anmeldet, je länger ich einen neuen Blogleser auf meiner Seite halte. Über E-Mail bleibe ich mit meinen Lesern in Kontakt und baue eine langfristige Beziehung auf, bis diese so weit sind, zu kaufen.*

> *Das Gewinnen neuer Kunden ist ein langfristiger Prozess. Viele meiner neuen Kunden erzählen mir, dass sie mir schon zwei bis drei Monate auf meinem Blog folgen und meinen Newsletter lesen, bevor sie sich zu einer Zusammenarbeit mit mir entscheiden. Das Wunderbare ist jedoch: All das passiert im Hintergrund. Wenn ich von Interessenten kontaktiert werde, werden zu 80 Prozent daraus Kunden. Weil sie mich schon kennen und meiner Arbeit vertrauen, muss ich in den Erstgesprächen nicht mehr verkaufen.*
>
> *Viele Unternehmer sind vom Aufwand des Bloggens erst einmal abschreckt. Diese kurzfristige Denke, vor allem bei Dienstleistern, wird jedoch dazu führen, dass sie mittelfristig immer mehr Kunden an bloggende Kollegen verlieren werden.«*

Eine vergleichbare »Experten fragen Experten«-Aktion ist natürlich für alle möglichen Blog-Themen denkbar. Der Modellbaublog kann auf diese Weise Fragen zum Umgang mit Bausätzen behandeln, der Technikblog beschäftigt sich mit Fragen zu den neuesten Gadgets und der Gärtnerblog bietet individuelle Tipps zur richtigen Pflanzenpflege in der jeweiligen Jahreszeit. Diese ganz persönliche Note des Blogs kann Ihnen sogar entscheidende Wettbewerbsvorteile gegenüber konventionellen Internet- und Wissensportalen aus Ihrem thematischen Umfeld einbringen, da Sie auf Themen eingehen, die vielleicht noch in keinem Portal auf diese Weise berücksichtigt wurden. Und nicht zuletzt werden Sie mit einer solchen Maßnahme fast »automatisch« und im Idealfall kontinuierlich mit neuen Themen versorgt.

4.4   Externe Content-Erstellung

Blogartikel persönlich zu schreiben, beziehungsweise Content im Allgemeinen selbst zu produzieren, ist in der Regel die beste Wahl, denn nur so können Sie die Nähe zu Ihren Lesern aufbauen und aufrechterhalten und ein wirkliches Gespür für ihre Bedürfnisse entwickeln.

Gerade wenn Sie jedoch zum Berufsblogger tendieren, werden Sie – um das Geschäftsrisiko zu minimieren – wahrscheinlich diverse Blogs zu unterschiedlichen Themen führen. Mit der Zeit werden Sie sich auf einige wenige Hauptblogs konzentrieren, die Sie selbst gestalten und betreuen. Für die weiteren Projekte fehlt dann oft die Zeit, unabhängig davon, ob Ihnen die Blogs oder Themen besonders am Herzen liegen. Selbst als Corporate Blogger werden Sie nicht Ihre gesamte Zeit damit verbringen können, möglichst kreative und werthaltige Beiträge zu verfassen, sondern sind wahrscheinlich gleichzeitig für weitere Aufgabenbereiche wie etwa die Redaktionsplanung (Näheres unter www.toushenne.de/buch/themenplanung), die Verbreitung der Beiträge und deren Erfolgsmessung verantwortlich.

Diese Erfahrung musste Michael machen, als er vor der Wahl stand, einige ihm lieb gewordene (und finanziell gut laufende) Blogs entweder einzustellen oder zu verkaufen, anstatt sie völlig zu vernachlässigen und sie damit auf lange Sicht doch zu »verlieren«. Denn nur alle Schaltjahre einen neuen und dann möglichst schnell verfassten Artikel zu veröffentlichen und nicht mehr auf Kooperationsanfragen zu reagieren, bereitet wenig Freude und entspricht in keiner Weise dem Stil eines professionellen Bloggers.

Möchten Sie sich in einem solchen Fall nicht von Ihren Projekten trennen, so bietet Ihnen die Inhaltserstellung durch Dritte einen attraktiven Ausweg, wobei andere Autoren entweder namentlich oder unter dem Sammelbegriff »Redaktion« für Sie schreiben. Die Investition in freie Autoren rechnet sich im Grunde schon dann, wenn Sie durch den zusätzlichen Content Ihre Einnahmen steigern oder zumindest in naher Zukunft einen Gewinn erzielen können. Besonders Blogger, die sich durch Affiliate-Programme refinanzieren, nutzen diese zeitsparende Form der Inhaltserstellung, aber auch für andere Blogprojekte ist ein solches Outsourcing – bei entsprechend hoher Qualität der gelieferten Texte – durchaus denkbar.

Wer von seiner Geschäfts- beziehungsweise Blog-Idee überzeugt ist, kann natürlich auch gleich von Beginn an externe Autoren schreiben lassen. Michael tat dies beispielsweise bei einem Blog zum Thema Haustiere, für das er lediglich die zugrunde liegende technische Infrastruktur lieferte und die eingereichten Blogartikel publizierte. Dank der hochwertigen Inhalte konnte er in relativ kurzer Zeit die Besucherzahl und folglich seine Einnahmen steigern. Arbeiten Sie bereits mit einem »Auftragsautor Ihres Vertrauens« zusammen, so können Sie ihm die Aufgabe der Artikelpflege in WordPress und Co. ebenfalls übergeben und selbst wertvolle Zeit sparen. Andernfalls haben sich die folgenden Methoden zum Auffinden freier Autoren bewährt.

4.4.1 Freie Autoren

Freie Mitarbeiter und Autoren sind besonders dann eine große Unterstützung, wenn Sie regelmäßig auf die Lieferung von qualitativ hochwertigem Content aus einer oder mehreren Quellen angewiesen sind, etwa wenn Ihr Blogprojekt vorwiegend von neu veröffentlichten Inhalten lebt.

Eine für uns bisher sehr erfolgreiche Methode zur Autorensuche war die, im jeweiligen Blog selbst eine Anzeige oder Ausschreibung zu veröffentlichen. Diese ist aus folgenden Gründen vorteilhaft:

- Die Leser des Portals interessieren sich selbstverständlich für das jeweilige Thema. Bei externen Ausschreibungen, auf die sich teilweise Autoren und Texter ohne spezielle thematische Schwerpunkte bewerben, ist dies eben nur bedingt der Fall.

- Die Leser sind bereits mit dem Schreibstil vertraut (und mögen ihn wohl auch), kennen die Inhalte und befinden sich auf einem ähnlichen Wissenslevel. Dadurch verfolgen sie ähnliche Fragestellungen und haben selbst gute Ideen für neue Blogbeiträge, was einerseits die Einarbeitungsphase verkürzt und andererseits frischen Wind in den vorhandenen Content-Mix bläst.

- Ein Bewerber aus dem Leserkreis ist selbst am Blog interessiert, sodass seine Motivation zur Mitarbeit nicht ausschließlich materieller Natur ist, sondern ihm der langfristige Erfolg des Blogs auch persönlich wichtig ist.

Je nach Thema ist es erstaunlich, wie schnell sich eine solche Ausschreibung herumspricht, selbst bei einer noch relativ geringen Leserzahl. Beim erwähnten Finanzblog gingen bereits innerhalb weniger Tage mehrere qualifizierte Anfragen ein, was uns gerade im Bereich Finanzen überrascht hat. Denn die Mehrheit der Blogleser dürften keine Finanzexperten sein, sondern Endkunden, die nicht über das für eine Mitarbeit erforderliche Know-how verfügen. Überzeugen Sie sich bei Ihrer Suche unbedingt von den Qualitäten und Motivationen interessierter Mit-Autoren, zum Beispiel anhand eines Testartikels. Sie werden feststellen, dass es zahlreiche begabte Texter und fachlich geeignete Personen gibt, die gerne und für einen bezahlbaren Preis Artikel zu Ihrem Blog beisteuern.

> ## Hinweis
>
> Die Vergütung freier Autoren kann auf Stundenbasis oder pauschal pro Artikel erfolgen, wobei die Höhe je nach Thema, Artikel und Branche variieren kann. Wir möchten an dieser Stelle keine Preisvorschläge machen, Sie jedoch daran erinnern, dass ein qualitativ hochwertiger Artikel durchaus mehrere Stunden Zeit in Anspruch nehmen kann. Über Content-Börsen erhalten Sie Texte ab zehn Euro, selbstständige Autoren verlangen jedoch auch gut und gerne das Achtfache – pro Stunde. Die Entscheidung, wie viel Ihnen ein Artikel und vor allem die langfristige Zusammenarbeit mit einem festen Co-Autor wert sind, können letztendlich nur Sie treffen. Entscheidend ist ohnehin der Mehrwert für beide Seiten.

Wenn Sie nun denken: »Mein Blog soll auch mein Blog bleiben«, dann müssen Sie sich zu gegebener Zeit womöglich fragen, ob Sie mit dieser Einstellung noch einen rentablen Blog führen können. Oft bringt nämlich nur die Unterstützung durch weitere Autoren den entscheidenden Mehrwert für Ihre Leser und damit den Erfolg Ihres Blogprojekts. Warum sollten Sie also darauf verzichten wollen? Die Alternative ist, dass Sie selbst wieder öfter zur Tastatur greifen und regelmäßig neue Beiträge schreiben. Das ersetzt jedoch nicht den anderen Vorteil einer Kollaboration, nämlich dass der Content-Mix Ihres Blogs durch neue Autoren Abwechslung erfährt und dadurch insgesamt attraktiver wird für Ihre Leser.

Für Unternehmen besteht eine weitere Möglichkeit, die Texterstellung für ihre Unternehmensblogs externen Personen anzuvertrauen, insbesondere dann, wenn innerhalb des Unternehmens keine passenden oder freien Kapazitäten zur redaktionellen Gestaltung verfügbar sind. Es handelt sich um die Zusammenarbeit mit fest engagierten, freien Journalisten, die die komplette inhaltliche Pflege sowie Artikelerstellung übernehmen. Stimmt die »Chemie« zwischen dem beauftragenden Unternehmen, dem Autor und den jeweiligen Bloglesern, so kann eine derartige Zusammenarbeit folgende wertvolle Vorteile mit sich bringen:

- Eine einheitlich qualitativ hochwertige Berichterstattung ohne erkennbare Schwankungen in der Art sowie Eignung der Texte
- Die sich hierdurch mit der Zeit entwickelnde eigene »Persönlichkeit« des Firmenblogs, die für die eigene Blog-Identity enorm wichtig ist (siehe Kapitel 5)
- Der Blog erhält durch den festen Autor ein »Gesicht«, das – sofern vom Unternehmen gewünscht – nach außen hin präsentiert werden kann und dadurch die Bindung zu den Lesern erleichtert
- Eine im Idealfall kontinuierliche und sehr zuverlässige Form der Zusammenarbeit, die gegebenenfalls auch in eine Festanstellung des Autors übergehen kann

Tipp

Egal für welche Form der Zusammenarbeit mit externen Autoren Sie sich entscheiden, Sie sollten diese unbedingt vertraglich regeln, etwa mittels einer Autorenvereinbarung. Diese enthält genauere Angaben zu der generellen Form der Zusammenarbeit, der Vergütung, gegebenenfalls der Anzahl der in einem bestimmten Zeitraum zu liefernden Artikel, einer Verpflichtung des Autors auf rein selbst erstellte Texte und vielem mehr.

Wichtig für Sie als auftraggebender Blogger ist die Festlegung von »zeitlich, räumlich und inhaltlich unbeschränkten, unwiderruflichen und ausschließlichen Nutzungsrechten« an den erstellten Inhalten, sodass Sie diese zum einen überhaupt in Ihrem Blog nutzen dürfen und zum anderen über die alleinigen Veröffentlichungsrechte verfügen. Dadurch vermeiden Sie eine Abstrafung durch Google aufgrund von »Duplicate Content« (siehe Kapitel 6), sollte der Autor dieselben Inhalte auch an anderer Stelle publizieren.

Martin Schirmbacher, Fachanwalt für IT-Recht und Autor des ebenfalls im mitp-Verlag erschienenen Buches *Online-Marketing und Recht* bietet auf der Webseite www.vertragstexte.de eine entsprechende Mustervereinbarung (sowie weitere Vertragstexte) zum kostenlosen Download an. Bitte beachten Sie, dass es sich hierbei lediglich um ein Basisdokument handelt, das Sie gerne verwenden können, gegebenenfalls aber noch auf Ihre persönliche Situation hin anpassen sollten.

4.4.2 Content-Dienstleister

Zum Auffinden freier Autoren können Sie alternativ den Weg über Dienstleistungsplattformen wählen, deren Prinzip unabhängig vom Anbieter dasselbe ist: Zahlreiche freie Texter sind auf diesen Plattformen angemeldet und bieten ihre

Dienste in den Bereichen Texterstellung, Übersetzung oder Content-Pflege an. Sie können dort als Auftraggeber einen Artikel zu einem bestimmten Thema ausschreiben und inhaltliche Wünsche äußern (etwa »Nicht werblicher Erfahrungsbericht zum neuen Produkt XY«). Zudem legen Sie die Zielgruppe und die Kategorie fest, also ob es sich beim Artikel um einen Produkttest, einen Ratgeber, eine Anleitung, eine Pressemitteilung oder Ähnliches handeln soll.

Viele Content-Dienstleister führen außerdem ausführliche Erfolgsstatistiken für die einzelnen Autoren, stufen diese hinsichtlich der Qualität ihrer Arbeit ein (basierend auf den Bewertungen durch vorherige Arbeitgeber) und bestimmen dadurch unter anderem den zu bezahlenden Preis pro Wort. Für Sie bedeutet dieses System mehr Kontrolle über die entstehenden Kosten und vor allem die Qualität der eingereichten Beiträge, etwa indem Sie Ihre Ausschreibung nur für Autoren mit einer bestimmten Mindestwertung freigeben. Je nach Blog und Thema werden Ihnen unterschiedliche textliche Qualitätsstufen ausreichen, ein Affiliate-Blog bedarf beispielsweise keiner so hochwertigen Texte wie ein Content-Blog im Bereich der Literatur. Weiter ist es in der Regel möglich, die Länge des Textes, die Verwendung bestimmter Keywords und ein Lieferdatum festzulegen. Zudem sind oftmals Textvorlagen vorhanden, die bei Bedarf ein spezifisches Briefing des Auftragnehmers ersetzen können, beispielsweise Templates für Ratgeberartikel (beziehungsweise was in diesem Fall inhaltlich berücksichtigt werden sollte), Produkttests, SEO-Texte und vieles mehr. Erfahrungsgemäß funktionieren diese Vorlagen erstaunlich gut, wodurch Sie die wenigen wirklich notwendigen Informationen meist schon im Auftragstitel unterbringen können und viel Zeit sparen. Lediglich bei den ersten Aufträgen und »exotischeren« Textwünschen sollten Sie die ausführliche Auftragsbeschreibung ergänzen, um später auch wirklich das gewünschte Ergebnis zu erhalten.

Nach der Einstellung Ihres Auftrags können sich dann passende Autoren mit einem Text »bewerben«, aus denen Sie dann Ihren Favoriten auswählen. Um administrative Aufgaben oder die Rechnungslegung brauchen Sie sich nicht weiter zu kümmern, Sie bezahlen lediglich den bestellten und abgenommenen Text oder können bei Nicht-Gefallen um Korrekturen durch den Autor bitten. Hat dieser Rückfragen, gibt es in der Regel auch hierfür eine entsprechende direkte Kontaktmöglichkeit.

Einige Content-Dienstleister wie etwa www.content.de oder www.textbroker.de konnte Michael bereits mehrfach erfolgreich testen. Die zugehörigen Erfahrungsberichte sowie einige Beispiele für über diese Anbieter gelieferte Texte finden Sie unter www.blogprofis.de/buch/contentde und www.blogprofis.de/buch/textbroker. Prinzipiell sind beide Dienstleister hinsichtlich der gelieferten Qualität zu empfehlen, Sie müssen jedoch prüfen, auf welcher Plattform Sie die zu Ihrer Blog-Thematik passenden Autoren finden.

Tipp

Content.de bietet ein spezielles WordPress-Plug-in (zu finden unter `https://wordpress.org/plugins/contentde/`), Textbroker ein spezielles Joomla-Plug-in, mit deren Hilfe Sie direkt von der Administrationsoberfläche Ihres Blogs oder Ihrer Webseite mit den Plattformen interagieren können. Theoretisch können Sie hierdurch komplette Prozesse bis hin zur Veröffentlichung eines Beitrags automatisieren, etwa dann, wenn Sie einen zuverlässigen Autor gefunden haben, dessen Texte Sie nicht im Einzelnen prüfen oder redigieren müssen.

Ein weiterer Vorteil auf Dienstleistungsplattformen ist der, dass Sie bestimmte Autoren – gegebenenfalls für einen etwas höheren Preis – auch direkt beauftragen können. Dies dürfte insbesondere dann von Interesse sein, wenn ein Autor bereits mehrfach sehr gute Texte zu einem bestimmten Thema geliefert hat. Zu manchen Autoren bauen Sie auf diese Weise – ohne jegliches Risiko sowie mit größtmöglicher Flexibilität – fast schon eine Art Dauerpartnerschaft auf, was gerade bei einem geringen Volumen an Texten eine gute Alternative zur Suche nach einem festen freien Autor sein kann. Ein weiterer Vorteil: Die rechtlichen Rahmenbedingungen sind über die Allgemeinen Geschäftsbedingungen des jeweiligen Content-Dienstleisters bereits vordefiniert und wichtige Punkte, wie etwa der Nutzungsumfang der Texte, stehen somit schon von vornherein fest.

Vorsicht

Zumindest manche der unbekannten Dienstleister in diesem Bereich suggerieren lediglich, dass es sich bei den verkauften Texten um exklusive Inhalte handelt. So existieren ganze Textdatenbanken, aus denen Sie passend zum jeweiligen Thema diverse Beiträge erwerben können. Nach dem Kauf verbleiben diese Inhalte jedoch weiterhin im Angebot und werden anderen Blogbetreibern erneut angeboten. Bei der Eingabe eines zufällig gewählten Ausschnitts der erworbenen Texte in die Suchmaschine erhielten wir zahlreiche Treffer mit Blogs und sonstigen Webseiten, auf denen exakt derselbe Text veröffentlicht wurde.

Nicht nur, dass Google identische Inhalte auf unterschiedlichen Webseiten abstraft und Ihnen dadurch ein Mehrwert des Artikels verloren geht, in unserem Fall waren diese Texte nicht einmal günstiger als vergleichbare, individuell in Auftrag gegebene Inhalte. Fragen Sie im Zweifel den Plattformbetreiber, ob die angebotenen Texte tatsächlich exklusiv vertrieben werden oder nicht. In manchen Fällen ist uns schließlich bereits durch eine gute Artikelgrundlage geholfen, die wir mit wenig Aufwand in einen einzigartigen Artikel umschreiben können; wir benötigen nur die entsprechende Information.

4.5 Was tun bei Content-Diebstahl?

Da einzigartige Inhalte für Blogs (und auch andere Webseiten) immer wichtiger werden, nimmt die Zahl der Content-Diebstähle stetig zu. Aufspüren lassen sich Content-Diebstähle im Grunde nur durch manuelle Kontrollen. Das einfachste Mittel ist die Google-Suche, in der Sie möglichst spezifische Sätze eigener Artikel in Anführungszeichen eingeben, woraufhin diese exakt nach demselben Inhalt im Netz sucht. Einfachen Eins-zu-eins-Plagiaten kommen Sie so relativ schnell auf die Schliche. Nach demselben Prinzip, aber für Ihre gesamte Webseite, funktioniert auch das Tool www.copyscape.com, wo Sie schlicht Ihre Webadresse eingeben, um nach Plagiaten zu fahnden. Ein weiteres Mittel, das sich für uns ebenfalls bewährt hat, ist die Verwendung von internen Links (also die Integration von Verweisen auf andere Beiträge im eigenen Blog). Oft wird nämlich der gesamte Beitrag inklusive der darin enthaltenen Links kopiert. Durch ein entsprechendes Backlink-Monitoring erhalten Sie dann eine Meldung, sobald ein neuer Beitrag im Netz auf Ihre Webseite verlinkt. Auf diese Weise werden Sie gegebenenfalls auf geklaute Inhalte aufmerksam.

> **Tipp**
>
> Ein einfaches (und in seinen Grundfunktionen kostenloses) Tool zur Beobachtung von Backlinks ist www.seoprofiler.com, das Sie per E-Mail über neue externe Verweise informiert.

Dank der internen Verlinkung wurde auch Michael in einem Fall auf einen Content-Diebstahl aufmerksam, da der geklaute und an anderer Stelle unverändert veröffentlichte Beitrag bei ihm im Blog als »Trackback« aufschlug. Der Dieb kopierte bereits seit Längerem sämtliche Inhalte von Michaels Blog und veröffentlichte diese im eigenen Blog unter eigenem Namen. Technisch gelang ihm dieser Diebstahl wohl mithilfe des RSS-Feeds, sodass wir folglich jedem Blogger empfehlen, dort nur gekürzte Artikel auszuspielen. Im WordPress-Administrationsbereich finden Sie die entsprechenden Einstellungen unter EINSTELLUNGEN|LESEN|ZEIGE IM NEWSFEED|KURZFASSUNG.

Der erste Schritt, um gegen einen solchen Diebstahl vorzugehen, ist – sofern überhaupt möglich – der direkte Kontakt zum »Übeltäter« mit der Aufforderung, die nicht autorisierten Kopien schnellstmöglich zu entfernen. Sollte dieser dem nicht nachkommen, so können Sie Google unter www.google.de/dmca.html sowie bei einer unrechtmäßigen Nutzung etwa in Zusammenhang mit Google AdSense auch unter www.google.com/webmasters/tools/spamreport eine Urheberrechtsverletzung melden (wobei Michael in einem Fall auf diese Weise bereits Erfolg hatte). Das kann dazu führen, dass dieses illegale Angebot aus dem Google-Index entfernt wird oder dem Content-Dieb zumindest die Refinanzierung durch AdSense-Werbung verwehrt wird. Sollte all dies wider Erwarten nicht helfen, bleibt Ihnen wohl nur noch der Rechtsweg, insbesondere über eine

Unterlassungserklärung. Hierdurch dürften sich zwar vor allem ausländische Seitenbetreiber kaum beeindrucken lassen, Sie haben hiermit aber eventuell einen weiteren Nachweis für diverse Suchmaschinen in der Hand, damit diese die kopierten Seiten aus ihrem Angebot entfernen.

Als Urheber haben Sie generell einen Rechtsanspruch auf Ihre selbst erstellen Inhalte. Zitate sind in begrenztem Umfang und unter bestimmten Voraussetzungen erlaubt, ebenso das Verlinken auf andere Beiträge, aber eben nicht mehr, schon gar nicht die Übernahme kompletter Artikel, ohne zuvor Ihre Erlaubnis einzuholen.

Im Beispiel von Michael lenkte der Dieb nach längerer Diskussion ein und entfernte die kopierten Inhalte von seiner Webseite. Dass er durch die Content-Duplizierung nicht nur Michaels Blog in den Ruin hätte treiben können, sondern auch selbst kaum davon profitierte, wollte er nicht einsehen und zeigte sich wenig schuldbewusst.

Eine solche Geschichte kann jedoch auch weniger glimpflich ausgehen, denn Ihren Rechtsanspruch müssten Sie zunächst mit anwaltlicher Unterstützung durchsetzen, was nicht nur zeitaufwendig ist, sondern auch teuer werden kann. Oftmals sitzen entsprechende Datendiebe dann auch noch anonymisiert und sicher vor dem Zugriff im außereuropäischen Ausland. Warum Ihre Beiträge überhaupt gestohlen werden, fragen Sie sich? Nun, mithilfe einiger Werkzeuge lässt sich herausfinden, ob sich Ihr Blog und die darauf geschaltete Werbung finanziell lohnen. Durch das Kopieren Ihrer Webseite (was mittlerweile vollautomatisiert und dadurch kostengünstig möglich ist) und die Integration von Werbeprogrammen wie etwa Google AdSense greifen Diebe »verirrte« Besucher ab und verdienen über eingebundene Anzeigenflächen Geld, das eigentlich Ihnen zustünde. Im schlimmsten Fall verwenden sie die kopierten Inhalte, um obskure Viren und Schadprogramme zu verbreiten, was Ihnen neben dem finanziellen Verlust auch hinsichtlich Ihrer Reputation schadet.

Übrigens gibt es immer mehr selbst ernannte »Newsportale«, die kleine Teile des Blogs, etwa die Überschrift und die ersten zwei bis drei Sätze, kopieren und darüber auf den Originalartikel verweisen. Über die Vorteile beziehungsweise Nachteile wird in der Blogosphäre aktuell noch eifrig diskutiert. Die einen sind dankbar für die zusätzlichen Links und Besucher, die anderen betrachten es als Link-Spam und fürchten eine Abstrafung durch Google. Sofern Sie nicht in diesen Portalen gelistet werden möchten, reicht in der Regel eine entsprechende Unterlassungsanfrage beim Betreiber. Blockieren Sie in diesem Fall auch die durch diese Portale aufkommenden Trackbacks in Ihrem Blog beziehungsweise schalten Sie diese nicht frei, denn dadurch verwehren Sie den Betreibern die angestrebten Backlinks, wodurch sie langfristig ohnehin das Interesse an Ihrem Blog verlieren werden.

4.6   Inhalte mit Mehrwert

Egal ob Sie Ihre Artikel selbst schreiben, eine Agentur oder einen freien Texter damit beauftragen, Gastbeiträge veröffentlichen oder eine der anderen alternativen Content-Formen nutzen: Achten Sie stets – und daran werden wir Sie an vielen Stellen in diesem Buch erinnern – auf den Mehrwert für Ihre Leser.

Doch was bedeutet *Mehrwert* eigentlich? Was unterscheidet den normalen – und damit weniger erfolgreichen – Blogartikel von einem werthaltigen und für den Leser besonders relevanten Beitrag? Am besten erklären wir diesen Unterschied anhand konkreter Beispiele, von denen Sie sicherlich das eine oder andere für Ihren Blog hin adaptieren können. Erkennen Sie jeweils den Mehrwert für den Leser? Machen Sie den Test:

- Im Corporate Blog einer Grafikagentur geben Sie in einem umfassenden Beitrag kostenlos und nicht werblich (!) die wichtigsten Hinweise, auf was der Kunde bei der Auswahl eines passenden Logos zur Stärkung seiner Corporate Identity achten sollte. Haben Sie dabei keine Angst, zu viel von Ihrem Expertenwissen publik zu machen, Ihre Mitbewerber werden ohnehin über ein ähnliches Wissen verfügen, der potenzielle Kunde jedoch wird es Ihnen danken und Ihren Unternehmensnamen positiv im Gedächtnis behalten.

- Als erfahrener Finanzblogger verraten Sie Lesern wertvolle Tipps und Tricks, wie sie sich am besten in Gesprächen mit ihrem Bankberater verhalten sollten, etwa: »Wie erkenne ich, ob ich wirklich gut beraten werde oder ob mir mein Gegenüber nur etwas verkaufen möchte?«, »Welche Fragen sollte ich in einem Autofinanzierungsgespräch stellen?« oder »Wie kann ich herausfinden, ob sich eine bestimmte Rentenform auch tatsächlich für mich eignet?« Je konkreter und spezieller die einzelne Fragestellung ausfällt, umso werthaltiger wird der hieraus resultierende Beitrag und umso größer ist gleichzeitig die Chance, mittels spezieller Fragen und Keywords bei Google gefunden zu werden.

- In einem Reiseblog beschreiben Sie Ihre Lieblingsreiseziele inklusive einer Empfehlung konkreter Unterkünfte, Tagesausflüge, Restaurants etc. und binden am besten noch selbst erstellte Urlaubsfotos ein. Aus jedem eigenen Urlaub wird somit automatisch ein schöner Blogbeitrag oder gar eine kleine Serie. Je spezieller und vor allem individueller diese Berichte ausfallen, desto besser (zum Beispiel: »Die kleine Geheimtipp-Finca X in der bislang wenig bekannten Dorfperle Y in Südwest-Andalusien und warum sie unbedingt geheim bleiben muss«), denn nur so können Sie sich erfolgreich von der unüberschaubaren Masse an vergleichbaren Reiseinformationsportalen im Internet abheben.

- Als Elektronikblogger geben Sie konkrete, mit (idealerweise visuellen) Basteltipps unterlegte Hinweise zu Gadgets und Geräten, die Sie selbst ausprobiert und erarbeitet haben und mit denen sich die jeweiligen Elektronikgeräte noch besser bedienen und nutzen lassen. Achten Sie darauf, dass diese Tipps noch an keiner anderen Stelle im (deutschsprachigen) Internet beschrieben wurden.

- Für Ihren Reitsportblog entlocken Sie einigen lokal bekannten Größen in einem Interview ganz persönliche Trainingstipps und schildern diese im Detail mit Illustrationen und Fotos.

- In Ihrem Ernährungsblog erläutern Sie in einer Art »Home-Story«, durch welche konkreten Maßnahmen es einer bekannten oder verwandten Person (oder auch Ihnen selbst) gelungen ist, eine Allergie oder Nahrungsmittelunverträglichkeit in den Griff zu bekommen.

- Als Anwalt »verschenken« Sie in Ihrem Blog kostenlose Mustervorlagen zu bestimmten rechtlichen Themen. Von den meisten Lesern, die diese Vorlagen herunterladen, werden Sie womöglich nie wieder etwas hören, andere wiederum benötigen vielleicht doch einen speziellen Rat oder einen auf ihre jeweiligen Bedürfnisse zugeschnittenen Text und wenden sich mit einem entsprechenden Auftrag an Sie.

Forschen Sie einmal in Ihrem ganz persönlichen Berufs-, aber auch Privatalltag und notieren Sie stichpunktartig Ihre Erlebnisse. Viele selbst erlebte Situationen und Geschichten eignen sich hervorragend für einen Blogbeitrag, denn nicht selten kommt es vor, dass Ihre Leser eines Tages vor exakt denselben Herausforderungen stehen und sich dann mit Freude an Ihren Blog und Ihren persönlichen Umgang mit der Situation erinnern.

Ebenfalls als »Mehrwert« zu betrachten sind die in Ihren Artikeln verwendeten Keywords, anhand derer Ihre Beiträge sowohl von Suchmaschinen, aber auch und vor allem von Ihren Lesern gefunden werden können (mehr zum Thema Suchmaschinenoptimierung erfahren Sie in Kapitel 6). Übertreiben Sie es jedoch nicht mit dieser Keyword-Optimierung und verändern Sie deswegen schon gar nicht Ihren natürlichen Schreibstil. Zum einen werden Ihre Blogleser den Mehrwert Ihres Beitrags nur dann unmittelbar als solchen wahrnehmen, wenn die Textsprache natürlich wirkt, und zum anderen werden Suchmaschinen, allen voran Google, ihre Algorithmen künftig weiter anpassen, um einen künstlich wirkenden Sprachstil erkennen zu können und entsprechend abzuwerten. Verfassen Sie Ihre Artikel stets in der Form, in der Ihre Leser sie möglichst einfach konsumieren und verstehen können, und bleiben Sie Ihrer eigenen Persönlichkeit treu (siehe auch Abschnitt 4.2.4). Wichtige Schlüsselwörter und alternative Begriffe werden Sie mit Sicherheit auch dann noch in Ihrem Text integrieren können. Denken Sie immer daran: Die ganz individuelle Persönlichkeit eines Blogbeitrags trägt nicht unerheblich zum angestrebten Mehrwert bei.

Wenn Sie sich nun fragen, woher eine Maschine weiß, was gut und was schlecht ist, dann denken Sie zunächst an die in Kapitel 3 vorgestellten Kennzahlen »Besuchszeit« beziehungsweise »Sitzungsdauer« zurück. Suchmaschinen begründen ihre Bewertungen auf den Verhaltensmustern Ihrer Besucher, denn diese geben letztendlich Aufschluss über die Werthaltigkeit Ihrer Inhalte. Jegliche Versuche, Ihre Leser oder Suchmaschinen von Ihren Inhalten zu überzeugen, werden also nur dann fruchten, wenn die Qualität stimmt, egal wie einzigartig oder reich an Keywords Ihre Inhalte auch sein mögen, getreu dem Motto:

»Für Leser schreiben, für Suchmaschinen optimieren.«

Kapitel 5

Design – Konzeption & Gestaltung

Mit dem Begriff *Design* ist in diesem Kapitel jegliche Gestaltung eines Weblogs gemeint, von den einzelnen grafischen Elementen (Logos, Symbolen, Hintergründen etc.) bis hin zur Struktur und dem Aufbau, vom Einsatz und der Häufigkeit von Bildern über eine einheitliche Bildsprache insgesamt bis hin zu effizient gestalteten Blog-Landingpages, Handlungsaufforderungen (sogenannten »Calls to Action«) und einem möglichst performanten Aufbau.

Sie fragen sich vielleicht, warum das Design Ihres Blogs so wichtig ist, wo er doch seit Jahren gut funktioniert, auch ohne dass Sie je Wert auf ein optimiertes Erscheinungsbild gelegt haben?

Es gibt darauf eine einfache und überzeugende Antwort: Die Neugestaltung oder zumindest die Detailoptimierung Ihres Blogs verbessert den Eindruck, den Sie bei Ihren Lesern hinterlassen. Der erste Eindruck entscheidet, vor allem bei neuen Blogs, darüber, ob ein Besucher wiederkehren wird oder nicht. Michael unterzog beispielsweise Anfang 2011 seinen ältesten Blog, das Existenzgründerportal www.meinstartup.com, trotz bereits ansprechender Gestaltung und zufriedenstellender Besucherentwicklung einem kompletten Redesign und erzielte dadurch sowohl ein Leser- als auch ein Umsatzplus von bis zu 50 Prozent. Ähnliche Steigerungsraten erzielte kurze Zeit später die Umgestaltung seiner Finanz- und Affiliate-Blogs. Dieselben Tendenzen hat auch Robert bei seinem Blog www.toushenne.de nach der Neugestaltung im Jahr 2013 sowie bei Kundenprojekten, die er als Webdesigner betreute, erkennen können.

Ein professionelles Blogdesign bewirkt unter anderem folgende positive Effekte:

- Einen guten ersten Eindruck, unabhängig vom Informationsgehalt der Webseite. Wie heißt es so schön:

  »Für den ersten Eindruck gibt es keine zweite Chance.«

- Eine längere Verweildauer sowie mehr Seitenaufrufe der Besucher (und damit indirekt einen potenziell höheren möglichen Umsatz)

- Eine geringere Absprungrate, weil sich Besucher einfacher zurechtfinden und schneller zu den gesuchten Inhalten navigieren können

- Mehr Empfehlungen, Follower, Kommentare etc. und somit insgesamt mehr, vor allem neue, Besucher

- Ein besseres Suchmaschinenranking, das aus den vorausgehenden Effekten und sogar aus dem optimierten Layout selbst resultieren kann

- Eine höhere Werbewirksamkeit und mehr Zusagen für eigene ausgehende Kooperationsanfragen sowie ein Anstieg von eingehenden (qualitativ hochwertigen) Kooperationsangeboten aufgrund der optisch ansprechenden Präsentation

- Mehr Werbebuchungen bei selbst vermarkteten Flächen und die Möglichkeit, gegebenenfalls sogar höhere Preise für die einzelnen Werbeflächen durchsetzen

Eine Steigerung des Umsatzes wie im Beispiel zuvor werden Sie natürlich nicht bei jedem Projekt erzielen, aber sie beweist, wie groß das Potenzial eines designtechnisch optimierten Blogs ist. Lassen Sie Ihren Blick über die Blogosphäre schweifen und Sie werden erkennen, dass meist jene Blogs zu den führenden im Markt gehören, die ihr Design regelmäßig an die Bedürfnisse und Ansprüche ihrer Besucher anpassen. Dadurch nehmen sie oft auch eine Vorreiterrolle hinsichtlich eines gelungenen Webdesigns ein.

Seien Sie ehrlich: Auch Ihnen macht es mehr Spaß, Zeit auf einer ansprechend gestalteten Webseite zu verbringen, als auf einer Seite, die unstrukturiert, langweilig, unausgereift und in manchen Fällen hierdurch sogar unseriös auf Sie wirkt, oder?

Gerade im Bereich kleiner Firmenblogs – von Handwerkern, kleineren (Online-)Shops, Anwälten, Personalvermittlern bis hin zu Musikern oder Künstlern – begegnen uns in aller Regelmäßigkeit Beispiele von Webseiten und Blogs mit hervorragenden Inhalten. Doch oft fällt es uns schwer, die unvorteilhafte Gestaltung zu ignorieren und die dadurch geweckten Vorurteile abzulegen. Im Nachhinein erweisen sie sich nämlich meist als unbegründet.

Ein Corporate Blog ist stets ein Aushängeschild Ihres Unternehmens, darüber sollten Sie sich jederzeit bewusst sein. Es ist schade, wenn Sie trotz guter und hilfreicher Inhalte Ihre Leser nicht davon überzeugen können, regelmäßig in Ihrem Blog mitzulesen oder sogar für Ihre Dienstleistungen oder Produkte zu bezahlen, weil das Design nicht optimiert ist. Investieren Sie daher zunächst in die Konzeption und Optimierung Ihrer Webseite und Ihres Blogs.

5.1 Vorbereitung

Zum eigentlichen grafischen Design eines Blogs gehören neben dem Gesamterscheinungsbild auch einige wichtige technische und inhaltliche Faktoren, die Sie bereits in der Konzeptionsphase berücksichtigen sollten.

Corporate Blogger (überwiegend Marketingabteilungen zugeordnet) werden sich womöglich leichter tun, wenn wir zunächst den unternehmerischen Begriff der *Corporate Identity* (kurz CI) ins Spiel bringen. Sie beschreibt die Persönlichkeit eines Unternehmens, die durch Faktoren wie etwa die Unternehmenskultur und -philosophie, Leitlinien oder dem gesamten Erscheinungsbild geprägt wird.

Genauso gibt es unseres Erachtens eine »Blog-Identity«, die maßgeblich zum Erfolg eines Blogprojekts beiträgt.

Für alle, die mit diesem Begriff bislang nur wenig anfangen können: Es geht im Grunde darum, aus dem eigenen Blog – und im Falle eines Einzelunternehmers langfristig auch aus der eigenen Person – eine »Marke« zu machen. Warum sind die erfolgreichsten Blogs im deutschsprachigen Raum so populär, ja fast berühmt? Weil jeder Blogger und selbst Außenstehende sofort etwas mit der jeweiligen Domain, dem Blog, dessen Autor oder Autoren sowie den zugehörigen Themen anfangen können. Das geht so weit, dass einzelne der bekanntesten Blogger bereits mit ihrem Blog-Synonym bezeichnet und angesprochen werden (man denke hier zum Beispiel an Vladimir Simović alias »Perun« oder Carsten Knobloch alias »Caschy«).

Machen Sie den Test: Können Sie folgenden Autoren einen Blog, ein Thema oder gar die Internetadresse zuordnen?

Aufgabe
Peer Wandiger
Markus Beckedahl
Jochen Mai
Stefan Sichermann
Kai Thrun

Gelingt Ihnen der Aufbau einer solchen Marke – was übrigens durchaus auch im Corporate-Blog-Bereich unabhängig vom Namen des dahinterstehenden Unternehmens gelingen kann –, so müssen Sie sich um den Erfolg Ihres Blogprojekts wohl kaum mehr Sorgen machen. Auch wenn der Erhalt einer solchen Marke natürlich ständiger Aufmerksamkeit und stetiger Arbeit bedarf, aber das tut ein Blog ohnehin, wie Sie bereits aus dem vorherigen Kapitel wissen. Je mehr Gedanken Sie sich von Beginn an über ein möglichst professionelles und einheitliches Erscheinungsbild sowie Ihren Gesamtauftritt machen, desto besser.

Eine gelungene Blog-Identity fängt beim jeweils gewählten Blog- und damit einhergehenden Domainnamen an, sprich bei der Internetadresse. Für die meisten kommt dieser Tipp womöglich zu spät, doch für neue Webprojekte ist er unersetzlich.

Ein Beispiel: Ein guter Freund von Michael hatte die (geniale) Idee, einen Corporate Blog zum damals sehr angesagten Thema Cloud-Computing »Wolkenplausch« zu nennen. Und er fragte sich, ob das nicht etwas zu gewagt oder gar »unseriös« für einen Firmenblog sei. Michael war sich absolut sicher, dass der Blog mit diesem Namen und dieser Domain um einiges erfolgreicher werden würde, als wenn er etwa `www.cloud-computing-blog.de` oder ähnlich hieße (leider wurde das Projekt aufgrund eines Wechsels in der Firmenstrategie nicht weiter verfolgt).

Wir halten auch Domainnamen, die allzu offensichtlich auf Keywords hin optimiert sind (beispielsweise `www.reich-werden-ohne-zu-arbeiten-in-zwei-stunden.de`) für kritisch und rechnen ihnen nur selten langfristige Erfolgschancen aus. All dies ist natürlich auch eine Frage des persönlichen Geschmacks, doch wirklich kreative Domainnamen lassen die meisten Internetnutzer innerhalb der Suchmaschinenergebnisse neugierig aufhorchen und dann auch »klicken«. Diese Erfahrung macht Robert regelmäßig mit seinem Blog *toushenne*, über den ihn viele Besucher allein mit der Frage nach der Bedeutung dieses Namens kontaktieren.

Gerade bei erfolgreichen, prominenten oder umfangreich geplanten Blogprojekten sollten Sie zudem darauf achten, nicht nur eine Top-Level-Domain (TLD) wie .de oder .com zu sichern, sondern auch möglichst viele weitere wichtige Endungen (beispielsweise .ch, .at, .eu, .net, .info, .biz und Ähnliche). Dieser Faktor wird von sehr vielen Blogbetreibern bewusst vernachlässigt, vor allem aufgrund der Kosten. Doch diese zusätzlichen Domains müssen Sie nicht zwangsläufig bei Ihrem Webspace-Provider registrieren, sondern Sie können einen womöglich günstigeren Anbieter wählen. Die jährlichen Kosten sind ohnehin kaum noch nennenswert – zumindest, wenn durch das Blogprojekt eine gewisse Gewinnabsicht verfolgt wird, wovon wir an dieser Stelle ausgehen. Haben Sie sich hingegen für einen wirklich guten Blog- und dazugehörigen Domainnamen entschieden, ist es äußerst ärgerlich, wenn aufgrund der allgemeinen Namensknappheit eine gleichnamige (und vielleicht sogar inhaltlich verwandte) Webseite von einem anderen – über Ihr Projekt unwissenden – Betreiber mittels einer alternativen TLD ins Leben gerufen wird.

Hinweis

Unternehmen, die ihren Blog nicht über eine eigene Domain vermarkten, sollten dies wegen der Suchmaschinenoptimierung über ein Verzeichnis (etwa *www.firmenwebseite.de/blog/*) lösen. Denn im Unterschied dazu wird eine eigene Subdomain (etwa *blog.firmenwebseite.de*) unabhängig von der Firmenwebseite in den Suchergebnissen platziert und kann dadurch nicht von deren Rankings zu wichtigen Keywords profitieren.

Mit wachsendem Erfolg können zudem auch Trittbrettfahrer auf den Plan kommen, die entweder über die leicht zu verwechselnde Domain auf einfach abzugreifende Besucher hoffen oder aber darauf spekulieren, dass der Besitzer der »Original«-Domain diese Neben-TLD vielleicht sogar eines Tages für teures Geld aufkauft. In unserem Blog-Bekanntenkreis haben wir all dies bereits erlebt. Ist der eigene Blog derart erfolgreich, lohnt sich unter Umständen die Eintragung der eigenen »Marke« beim Deutsche Patent- und Markenamt. Schließlich könnte es sogar passieren, dass ein Unternehmen sich genau diese oder eine sehr ähnliche Blog-Bezeichnung für ein neues Produkt oder ein bestimmtes Projekt auswählt und markenschutzrechtlich sichern lässt, was Sie selbst unter Umständen sogar dazu zwingen könnte, Ihren dann ja gleichlautenden Blog-Domainnamen freizugeben.

5.1.1 Technische Voraussetzungen

Ein weiterer, technischer Aspekt, den Sie in Ihre Vorüberlegungen einbeziehen sollten, ist ein performantes Webhosting. Sparen Sie niemals an dieser Stelle, wenn Sie es mit Ihrem Blog ernst meinen. Denn was nutzen Ihnen das schönste und durchdachteste Webdesign und der beste Domainname, wenn Ihre Besucher nach einigen Sekunden Ladezeit genervt abbrechen und stattdessen lieber die nächstbeste Seite aus der Google-Suchergebnisliste aufrufen? Informieren Sie sich daher am besten schon vorab über die technischen Anforderungen Ihres künftigen Blogsystems.

Hinweis

Die Systemanforderungen finden Sie in der Regel auf den jeweiligen Hersteller-seiten:

WordPress: `http://wpde.org/voraussetzungen/`

Drupal: `https://www.drupal.org/requirements`

Joomla: `http://www.joomla.org/technical-requirements.html`

Contao: `http://www.contao.org/den-live-server-konfigurieren.html #requirements`

Wir empfehlen Ihnen auch, sich vorab bei Ihrem Webhoster zu informieren, ob das gewünschte Blogsystem unterstützt wird und ob die weiteren Hosting-Spezifikationen wie Traffic-Volumen und Anzahl der Datenbanken (auch in Hinblick auf zukünftige Updates) ausreichend sind.

Zu Beginn möchte jeder die Ausgaben für ein neues Blogprojekt verständlicherweise so gering wie möglich halten, doch gute, performante Webspace- und Serverangebote mit eigener IP-Adresse (die sehr wichtig ist zur Vermeidung der sogenannten *Bad Neighbourhood*, siehe Abschnitt 6.2.6) sind auch hierzulande bereits ab etwa 15 Euro im Monat erhältlich. Falls Sie ein Blog-Thema erst austesten möchten, können Sie sicherlich auch ein kleineres und preisgünstigeres Paket wählen, dennoch sollten Sie auf Qualität und Serviceleistungen des Providers achten. Denn der Gedanke, »Ich kann ja später immer noch den Provider und/oder das Paket wechseln«, könnte sich als äußerst kurzsichtig erweisen. Solch ein Umzug ist oft sehr nervenaufreibend sowie im schlimmsten Fall mit sogenannten Downtimes verbunden (*Downtimes* sind Zeiten, in denen Ihr Blog vorübergehend nicht erreichbar ist). Selbst der Paketwechsel bei ein und demselben Hostinganbieter läuft nicht immer reibungslos ab.

Wir geben an dieser Stelle keine allgemeine Empfehlung für den einen oder anderen Webhoster, wenngleich wir einige bereits in unseren Blogs diskutiert haben. Dennoch finden Sie im Folgenden einige Ratschläge, die Ihnen die Auswahl des passenden Anbieters hoffentlich erleichtern:

Versuchen Sie, sich vor Vertragsabschluss ein Bild über die allgemeine Zufriedenheit der Kunden des jeweiligen Anbieters zu machen, speziell in Bezug auf das Thema Blog-Hosting. Plattformen wie `ciao.de`, `dooyoo.de` oder auch Foren wie `forum.chip.de` eignen sich hierfür sehr gut. Genießen Sie diese Informationen jedoch mit Vorsicht, denn in solchen Portalen tauchen oft extreme, sowohl positive als auch negative, Berichte auf, deren Urheberschaft nicht immer authentisch ist. Verfügen Sie über mehrere Blogs, sollten Sie diese vielleicht unter mehreren Anbietern streuen, um das Risiko eines Komplettausfalls zu verringern, auch wenn die Kosten dadurch etwas steigen.

Fragen Sie außerdem auch andere Blogger, mit welchen Anbietern sie gute Erfahrungen gemacht haben. Wegen so mancher blogtechnischer Besonderheiten, etwa des »Rewrite-Moduls«, das zur Gestaltung suchmaschinenfreundlicher URLs zur Verfügung stehen sollte, oder gewisser Caching-Technologien ist ein guter Hoster nämlich nicht immer auch gleichzeitig ein empfehlenswerter Blog-Hoster.

Testen Sie ganz einfach vorab den Service des Anbieters und stellen Sie per Telefon oder E-Mail ein/zwei blogtechnische Fragen. Hierfür eignen sich Caching-Module sehr gut, da Sie hierbei kaum mit vorgefertigten E-Mail-Antworten zufriedengestellt werden können. An der Schnelligkeit und vor allem der Qualität der Antworten werden Sie einschätzen können, ob das Angebot Ihren Anforderungen entspricht.

Sind Sie sich nicht sicher, ob Ihr jetziger Provider gut und performant arbeitet, so können Sie mithilfe der Google-Webmaster-Tools (`www.google.com/webmasters/tools/`) eine erste Einschätzung treffen. Unter CRAWLING|CRAWLING STATISTIKEN können Sie dort zum einen anhand der Grafik DAUER DES HERUNTERLADENS EINER SEITE recht gut erkennen, ob auf dem Webspace des eigenen Blogs bestimmte Peaks auftauchen, die auf eine mäßige Leistung oder gar einen zeitweisen Ausfall hindeuten.

Auch Server-Monitoring-Dienste können manchmal weiterhelfen, insbesondere wenn Sie mit mehr oder weniger regelmäßigen Komplettausfällen Ihres Hosting-Providers zu kämpfen haben. Solche Tools messen nicht nur die Anzahl dieser Ausfälle, sondern gleichzeitig auch deren jeweilige Dauer. Ausgerüstet mit diesen Zahlen können Sie entweder Ihren bisherigen Webhoster zur Besserung oder den

Wechsel auf eine andere Server-Instanz auffordern (was in einigen Fällen das Problem der Performance-Engpässe bereits lösen kann) oder eben notfalls auf einen anderen Anbieter ausweichen.

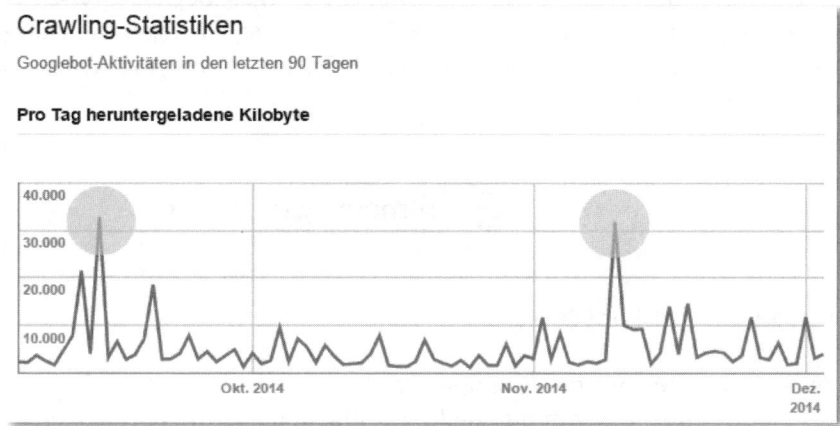

Abb. 5.1: Crawling-Statistiken der pro Tag heruntergeladenen Kilobytes

Doch nicht immer trägt ausschließlich der Provider die Schuld an einem langsamen Blog-Aufbau. Auch einzelne Grafik- und Quellcode-Elemente sowie Aufrufe externer Elemente von anderen Plattformen (etwa bei eingebundener Werbung, Widgets, Social-Media-Skripten oder Google-Web-Fonts) können für eine deutliche Verschlechterung der Ladezeiten sorgen. In diesem Fall leisten Gratis-Online-Tools wie Google Pagespeed (erreichbar unter `https://developers.google.com/speed/pagespeed/insights/`), Pingdom (`http://tools.pingdom.com/`) oder GTmetrix (`http://gtmetrix.com`) sehr wertvolle Dienste. Diese messen nach Eingabe der zu beurteilenden URL die Ladezeiten aller internen, aber auch externen Elemente eines Internetportals und geben Ihnen detaillierte Informationen über einzelne Verbesserungspotenziale, etwa hinsichtlich der Optimierung von Dateigrößen oder der Zusammenfassung einzelner Skripte.

Tipp

Sie können einen Blog auch bei kostenlosen Blog-Anbietern wie `blogger.com` von Google oder `wordpress.com` (in Abgrenzung zu `wordpress.org`, das die Variante zum Eigenhosting ist) erstellen und sich den eigenen Webhoster sparen. Blogger.com- und Wordpress.com-Blogs sind in vielen Designvarianten erhältlich, die sich sogar frei anpassen lassen. Auch unter einer eigenen Domain kann der Betrieb erfolgen, diese ist dann jedoch kostenpflichtig. Für einen größeren, vollkommen »unabhängigen« Blogbetrieb eignen sich diese Dienste jedoch nicht. Wenn Sie aber zunächst mit einem Weblog experimentieren möchten, ist diese kostenlose Alternative durchaus eine Überlegung wert.

5.1.2 Sonstige Vorüberlegungen

Einige weitere Vorkehrungen, die unmittelbar mit dem Design zusammenhängen, können Sie bereits vor der Einrichtung Ihres Blogs treffen. Eine davon ist Ihr Blog-Logo. Durch die Einführung eines professionellen Logos, beispielsweise für seinen Blog `MeinStartup.com`, konnte Michael einen Anstieg wichtiger Kennzahlen – wie etwa den Seitenaufrufen je Besuch oder der Verminderung der Abbruchquote – von zehn Prozent und mehr erreichen.

Abb. 5.2: Links das alte, rechts das neue Logo

Auch hier wirkt sich eine vom fachkundigen Designer erstellte Grafik – im Vergleich zu dem bei WordPress voreingestellten schlichten Schriftzug oder einer selbst gebastelten Vorlage – meist unmittelbar auf die wahrgenommene Seriosität und Professionalität aus.

Ein Erkennungszeichen wie das Blog-Logo gleich von Anfang an zu verwenden, ergibt durchaus Sinn, wirkt es sich doch zum einen positiv auf den Wiedererkennungswert des jeweiligen Blogs aus, zum anderen können Sie ein Logo auch für diverse andere Vermarktungszwecke sehr gut nutzen. Sie könnten es etwa bei Gastartikeln und Interviews als Grafikmaterial mitliefern und natürlich auf Ihre Visitenkarten und Rechnungen drucken. Holen Sie sich für dieses kleine, aber wichtige Detail daher professionelle Unterstützung, sofern Sie selbst kein erfahrener Designer sind.

Tipp

Ein professionelles Logo muss keine Unsummen kosten. Bereits für kleines Geld liefern Online-Plattformen für Designwettbewerbe tolle Ergebnisse. Zwar nicht immer marktreife Reinzeichnungen, dafür jedoch viele kreative Ideen. Michael hat in dieser Hinsicht bereits als Auftraggeber positive Erfahrungen mit `www.designenlassen.de` und `www.99designs.com` (ehemals 12designer.com) sammeln können, während Robert auf Erstgenannter schon einige Ausschreibungen als Designer gewinnen konnte. Auf beiden Plattformen findet sich preiswerte Unterstützung für jegliche Gestaltung sowohl von Logos als auch Visitenkarten, Flyern und ganzen Webseiten.

Falls Sie sich für ein Blogsystem wie WordPress entschieden haben, sollten Sie in der Zwischenzeit zumindest das übliche Standard-Textlogo durch ein individuelleres ersetzen, etwa indem Sie den Blognamen sowie den Untertitel in einer zu Ihrer Marke beziehungsweise Ihrem Thema passenden Schriftart gestalten. Eine große Auswahl kostenloser Schriften finden Sie beispielsweise auf `www.fonts-quirrel.com` oder im Google-Fonts-Archiv (`www.google.com/fonts`). Achten Sie vor der Verwendung immer auf die gültigen Lizenzbestimmungen, denn nicht jede im Internet frei verfügbare Schrift ist auch für den kommerziellen Gebrauch zugelassen. Zusätzliche Aussagekraft kann Ihnen der Einsatz von Google-Webfonts auch für Fließtexte oder Überschriften verleihen, wobei hier oftmals die Kompatibilität zu älteren Browsern oder mobilen Betriebssystemen fehlt und die Verwendung vieler verschiedener Webschriften die Ladezeit Ihres Blogs negativ beeinflussen kann. Geben Sie daher immer eine »Fallback«-Variante an, also eine (Standard-)Schriftart, die verwendet wird, wenn Ihr Webfont vom System des Benutzers nicht unterstützt wird. Arial oder Times New Roman sind die gängigsten Alternativen, Sie können aber auch lediglich eine Schriftfamilie mit oder ohne Serifen wählen.

Weitere Tipps zur typografischen Gestaltung Ihrer Blogtexte liefert der finnische Webdesigner Tommi Kaikkonen in seinem englischsprachigen *Interactive Guide to Blog Typography* (erreichbar unter `http://www.kaikkonendesign.fi/typography/`).

Tipp

Recht einfach lassen sich diese zahlreichen kostenlosen Webschriften mittels Systemerweiterungen installieren. Für WordPress etwa mittels »WP Google Fonts für WordPress«-Plug-in (`http://wordpress.org/extend/plugins/wp-google-fonts/`), für Drupal beispielsweise über das Modul »@font-your-face« (`https://www.drupal.org/project/fontyourface`) oder für Joomla mit der Extension »Web Fonts« (`http://extensions.joomla.org/extensions/extension/style-a-design/typography/web-fonts`).

Zur weiteren Individualisierung Ihres Blogdesigns bieten sich außerdem Icons an. Robert nutzt sie in seinem Blog `www.toushenne.de` beispielsweise regelmäßig in seinen Blogbeiträgen. In entsprechenden Online-Datenbanken wie etwa `www.iconfinder.com` oder `www.flaticon.com` finden Sie – über entsprechende Suchfilter – frei verfügbare Icons oder können für Kleinstbeträge (meist unter einem Euro) hochwertige »Premium«-Icons erwerben.

Neben dem Logo gehört eine insgesamt durchgängige sowie gut gestaltete Bildsprache zum Rüstwerk eines überzeugenden Blogauftritts. Viele Blogger legen gerade am Anfang wenig Wert auf die Auflockerung ihrer Textinhalte durch professionelle, aussagekräftige Bilder, Grafiken, Abbildungen, Charts oder anderen Visualisierungen. Natürlich ist abseits von reinen Video- und Fotoblogs der werthaltige Content für den Leser das wichtigste Kriterium, doch auch hier konnten wir bereits mehrfach an eigenen Blogs erleben, wie die Akzeptanz unserer Beiträge durch eine entsprechende grafische Auflockerung stieg. Ein professionelles Blog- und Artikeldesign mit einigen wenigen, dafür aber Aufmerksamkeit erregenden und farblich abgesetzten Fotos kann wahre Wunder wirken. Nach der Artikelüberschrift – die den Leser etwa in der Google-Ergebnisliste überzeugen muss – ist das zentrale Artikelbild am Anfang des Beitrags unserer Ansicht nach sogar das zweitwichtigste Merkmal, um Leser auch nach ihrem Klick zum Lesen zu animieren. Gerade bei langen Blogartikeln erhöhen eingebundene Bilder – neben einer sinnvollen Struktur und Gliederung des Artikels durch Zwischenüberschriften – die Chance, den einmal gestarteten Lesefluss aufrechtzuerhalten (mehr über die richtige Blogartikel-Struktur erfahren Sie im Blog von Robert unter `http://www.toushenne.de/buch/schreiben-mit-system`).

Tipp

Machen Sie sich von Anfang an Gedanken darüber, in welchem konkreten Format Sie Ihre Haupt-Artikelbilder (sogenannte *Teaser* am Anfang eines jeden Beitrags) abbilden möchten. Diese Standardgröße sollten Sie stringent einhalten und bei wirklich jedem Beitrag dafür sorgen, dass ein solches Bild vorhanden ist. Notfalls können Sie sich mit einer allgemeinen Grafik oder einem neutralen Bild helfen. Der Hintergrund dieses Tipps: Möchten Sie Ihren Lesern später bestimmte Galerieansichten der Beiträge (etwa in der sehr beliebten »Kachel-Optik«), bebilderte Archive oder eine mit Grafiken angereicherte Vorschau ähnlicher Beiträge anbieten, werden Sie sehr dankbar für die zuvor gezeigte Disziplin sein. Bei dieser Anpassung helfen Ihnen andernfalls Tools wie etwa das WordPress-Plug-in »Regenerate Thumbnails« (zu finden unter `https://wordpress.org/plugins/regenerate-thumbnails/`).

Ein weiterer Tipp, der sich in der Praxis bereits bewährt hat, ist die Verwendung von Bildformaten, die sich auch beim Teilen Ihrer Blog-Inhalte über soziale Netzwerke ideal an die Plattformen-eigenen Gegebenheiten anpassen. Näheres hierzu erfahren Sie unter `www.toushenne.de/buch/social-media-bildformat`.

Auch dieser Aspekt der Bildsprache ist nicht teuer, meist sogar kostenlos verfügbar. Plattformen wie etwa `www.freeimages.com` oder das deutschsprachige `www.pixelio.de` liefern teilweise erstaunlich gute Fotografien und Bilder für die Ausschmückung von Blogartikeln. In Roberts Artikelserie zu visuellem Content-Marketing auf `www.toushenne.de/visuelles-content-marketing/` finden Sie eine Liste mit weiteren kostenlosen Bilddatenbanken sowie Informationen zu Lizenzrechten. Letztere sind insofern wichtig, als dass nicht jedes Bild aus diesen Datenbanken frei verwendet werden kann, sondern, je nach Lizenzmodell, einen entsprechenden Hinweis auf den Urheber und gegebenenfalls auch die Lizenzbedingungen erfordert. Dass dieser Hinweis übrigens besser innerhalb der Grafik und nicht nur am Ende des Blogbeitrags platziert wird, zeigen entsprechende Abmahnverfahren aus der Vergangenheit, denen eine Urheberrechtsverletzung durch die fehlende Kennzeichnung auf Artikelübersichtsseiten zugrunde lag. Dasselbe Problem tritt übrigens auch dann auf, wenn Ihre Blogartikel mittels des Beitragsbildes in sozialen Netzwerken geteilt werden.

Da die Abmahn-Problematik selbst bei bekannten Plattformen ständig zunimmt, versuchen wir mittlerweile, unsere Bilder selbst zu machen – stets ausgerüstet mit einer (Smartphone-)Kamera und mit abstrakten Motiven. Oder wir bedienen uns bei Plattformen wie `https://unsplash.com/` oder `http://deathtothestock-photo.com/`, wobei selbst dort noch ein bestimmtes Restrisiko besteht (dazu gleich mehr). Bei der Auswahl ist erneut Kreativität gefragt, um den Leser zu »locken«. Die Nahaufnahme eines alten Türschlosses oder ein Stopp-Straßenschild für einen Sicherheitsartikel, die Billardkugel zur Thematik Zielerreichung, das Sparschwein für einen Finanzartikel, die Lego-Steine zum Thema Existenzgründung oder die Würfel in Nahaufnahme zum Blog-Gewinnspiel: Der Fantasie sind hier kaum Grenzen gesetzt.

Gerade bei den größeren Bilddatenbanken ist es jedoch oftmals gar nicht so einfach, aus der schier unendlich scheinenden Menge zu einem Suchbegriff das passende Bild herauszusuchen. Zudem lagern in diesen freien Datenbanken viele minderwertige Bilder, die sich für anspruchsvolle Webprojekte nicht eignen. In solchen Fällen hilft die absteigende Sortierung der Ergebnisliste entweder nach Anzahl der Downloads oder nach den Bewertungen der User (sofern vorhanden). Dadurch findet sich meist auf den ersten drei bis vier Ergebnisseiten ein brauchbares Foto, ohne allzu viel Zeit in die Recherche investiert zu haben. Und gerade bei den englischsprachigen Bilddatenbanken besteht selbst dann nicht die Gefahr, dass das entsprechende Bild auf jedem zweiten deutschsprachigen Weblog zu sehen ist.

Für qualitativ hochwertige Blogs – oder solche, die Sie etwa im Kundenauftrag erstellen – lohnt sich zudem auch ein Blick in Datenbanken für kostenpflichtige Lizenzbilder wie etwa `www.istockphoto.com` oder `www.fotolia.com`, bei denen professionelle Aufnahmen auch keine Unsummen kosten müssen. Nicht nur, dass die Bilder dort oft deutlich hochwertiger sind, auch seltenere und exklusive Aufnahmen für alle möglichen Zwecke sind dort zu finden. Mit dem Erwerb einer solchen Fotolizenz erübrigt sich in der Regel auch die Frage, ob Sie das entsprechende Werk für kommerzielle Zwecke einsetzen dürfen oder nicht. Dennoch sollten Sie sich bei der Verwendung von Bildern aus diesen Datenbanken im Klaren darüber sein, dass die Bildrechte nicht exklusiv vergeben werden. Es besteht also die Möglichkeit, dass Ihre Leser einer dort erworbenen Illustration auch auf weiteren Internetportalen begegnen.

Vorsicht

Vorsicht ist bei der Übernahme von Bildern und Grafiken aus sonstigen Quellen im Internet geboten, bei denen unklar ist, ob Sie diese übernehmen dürfen (was meistens nämlich nicht der Fall ist). Einige Blogger gehen recht »locker« mit dieser Thematik um, allerdings werden die entsprechenden Bilderkennungsalgorithmen immer ausgefeilter und es ist nur noch eine Frage der Zeit, bis wir selbst etwa mit Google nach verfremdeten beziehungsweise bearbeiteten Kopien (Zuschnitten, Größenänderungen etc.) bestimmter urheberrechtlich geschützter Aufnahmen und Designs suchen können. Dies könnte so manchen findigen Anwalt auf die Idee bringen, eine neue Abmahnwelle zu initiieren, was für die Bildkopierer teuer werden dürfte. Und dann den gesamten Blog nach solchen Illustrationen zu durchsuchen sowie diese durch andere Fotos zu ersetzen, könnte zur unschönen Sisyphusarbeit ausarten.

Auch bei der Übernahme von Bildern aus »kostenlosen« Bilddatenbanken ist nicht in jedem Fall gewährleistet, dass die dort enthaltenen Werke wirklich frei verwendet werden dürfen. Schließlich kann jeder User auf diesen Plattformen beliebige Fotografien und Grafiken hochladen, von denen er nicht unbedingt der Autor oder Rechteinhaber sein muss. Hierbei gilt es also, Arbeitserleichterung und mögliche Risiken beim Einsatz vergleichbarer Bilder gegeneinander abzuwägen. Die sicherste Alternative – neben der eigenen Anfertigung passender Bilder und Grafiken – ist der Erwerb entsprechender Bildlizenzen. Bereits für unter einem Euro können auf den oben erwähnten Plattformen Bilder mit ausreichenden Nutzungsrechten erworben und rechtssicher für Webprojekte verwendet werden.

Zu guter Letzt gehören zu einer durchgängigen Blog-Identity unter anderem noch folgende, überwiegend inhaltliche Elemente, über die Sie sich bei der Planung ausführlich Gedanken machen sollten:

- Die persönliche Vorstellung – das heißt vor allem mit einem professionellen Foto –, um einen guten (und vor allem sympathischen) ersten Eindruck zu machen. Nutzen Sie die Sidebar oder eine Autorenbox unterhalb Ihrer Beiträge, um sich in einer Kurzbiografie vorzustellen.

- Eine ausführliche »Über uns«-Seite, auf der Sie private Details (im Sinne Ihres Werdegangs und eigener Interessen), Ihre Leistungen oder Ihre besten Artikel beschreiben. Weitere Tipps sowie Beispiele gelungener »Über uns«-Seiten finden Sie in Roberts Blog unter `www.toushenne.de/buch/ueber-mich-seite/`. Diese Seite gehört häufig zu den meistbesuchten und kann durch die Verwendung konkreter »Calls to Action« ein guter Ausgangspunkt für Kooperationsanfragen und die Generierung von Leads sein.

- Eine aussagekräftige »Hier werben«-Seite, auf der Sie das Thema Ihrer Blog-Inhalte sowie die Intention Ihres Blogs beschreiben. Sofern Ihr Blog bereits eine bestimmte Größenordnung erreicht hat, können Sie auf dieser Seite auch wichtige Erfolgskennzahlen wie etwa monatliche Seitenaufrufe oder die Zahl der Besucher aufführen. Weiterhin können hier oder auf einer separaten Seite Pressemeldungen (»Was berichten andere über uns«), Bild- sowie Textmaterial bereitgestellt werden. Viele Autoren und Kollegen, die über Ihren Blog schreiben wollen und hierfür noch auf der Suche nach weiterführenden Informationen sind, werden es Ihnen danken.

- Verweise auf eigene Publikationen (wie wir es in unseren Blogs unter anderem in Hinblick auf dieses Buch tun), Referenzen und externe Bereiche des Blogs wie etwa Social-Media-Profile, um den Blog als Marke weiter auszubauen.

Gerade für den eigenen Pressebereich spricht ein Vorteil, der nur selten genannt wird: Sie können darin auf alle Berichte verweisen, die im Netz über Sie beziehungsweise Ihren Blog veröffentlicht werden, egal ob Interviews, Erfahrungsberichte oder einfache Erwähnungen. Für manche Webmaster und Redakteure ist diese Verlinkung Anreiz genug, um einen entsprechenden Bericht zu verfassen.

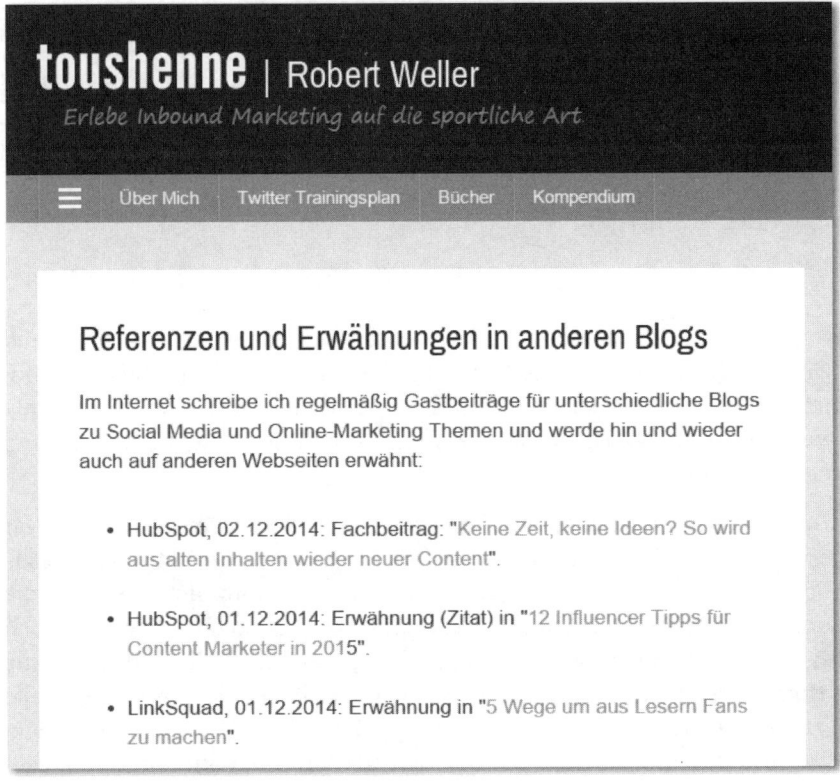

Abb. 5.3: Referenzseite im Blog von Robert mit Links zu Berichten und Erwähnungen auf externen Webseiten

5.2 Grundlagen eines erfolgreichen Blogdesigns

Das Design entscheidet zu einem Großteil über den Erfolg eines Blogprojekts. Nicht von ungefähr kommen die unzähligen, teilweise sehr professionell gestalteten Templates für Blogsysteme wie WordPress und Co. Bevor wir uns jedoch näher mit Blog-Themes beschäftigen und einige Beispiele aus der Praxis näher betrachten, möchten wir zunächst die wichtigsten Grundregeln eines gelungenen Blogdesigns erläutern, die sich im Wesentlichen mit den allgemeinen Webdesign-Standards decken.

5.2.1 Zielführendes und nutzerfreundliches Design

Sie verfolgen mit Ihrem Blog hoffentlich ein bestimmtes Ziel, sei es die Akquisition neuer Kunden oder die Steigerung Ihrer Bekanntheit. Daraus folgt, dass Ihr Blogdesign dieses Ziel unterstützen muss. Grundlegend wichtige Elemente wie etwa die Navigation sollten daher gängigen Web-Standards folgen und – sowohl am Computer als auch auf mobilen Geräten – leicht zu bedienen sein. Die Struktur sollte schnell erkennbar und leicht zu verstehen sein.

> **Tipp**
>
> Um der steigenden Zahl mobiler Besucher gerecht zu werden, gibt es Lösungen wie das »WPtouch Mobile Plugin« (https://wordpress.org/plugins/wptouch/), das Ihren Blog um ein Template für mobile Aufrufe erweitert – sofern Sie nicht ohnehin schon, etwa aufgrund der Verwendung eines Premium-Templates, über eine Smartphone- und Tablet-optimierte Version Ihres Blogdesigns verfügen.

Abgesehen von diesen Standards steht jedoch der eigentliche Inhalt im Mittelpunkt der Gestaltung. Sie kennen vielleicht den Slogan »Content first«? Letztendlich bedeutet das, dass der Leser nicht durch zu viele andere (visuelle) Elemente abgelenkt werden darf, sondern das definierte Ziel – zum Beispiel die Anmeldung zum Newsletter – erreicht.

Inhalte beispielsweise durch Werbeeinblendungen zu »zerschneiden« ist zwar monetär gesehen durchaus zielführend, jedoch sowohl aus Gestaltungssicht als auch aus Sicht des Nutzers eher kritisch zu sehen. So erhöht sich vielleicht die Konvertierungsrate einzelner Beiträge, insgesamt können solche Brüche jedoch dazu führen, dass der Besucher sich nicht allzu lange auf dem Blog aufhält, keine weiteren Artikel aufruft und möglicherweise nicht zurückkehrt. An dieser Stelle sei daher auch erwähnt, dass sowohl die Besuchsdauer als auch die Click-Through-Rate und die Absprungrate von Google als Rankingfaktoren herangezogen werden.

Darüber hinaus kommt es bei der Benutzerfreundlichkeit vor allem auf die Klei-nigkeiten an. Michael ist beispielsweise schon einem Blog begegnet, bei dem es ihm nicht gelang, die Startseite aufzurufen, da ein entsprechender »Home«-But-ton oder eine Verlinkung des Blog-Logos gefehlt haben. Ein frustrierter Leser wird hier schnell abbrechen und die nächste Webseite ansteuern.

Abb. 5.4: Klar zu erkennen: der Kopfbereich, die rechte Seitenleiste und der Inhaltsbereich links daneben

Traditionelle Blog-Templates sind durch ihre klassische Struktur und Aufteilung in Header, Content, Sidebar und Footer bereits optimal auf die üblichen Lesegewohnheiten der unterschiedlichsten Besucher ausgerichtet. Dieser typische Onlinemagazin-Stil mag zwar nicht besonders originell und kreativ erscheinen, dennoch findet sich fast jeder Leser schnell darin zurecht und kann die gesuchten Informationen ohne Umwege ansteuern. Fast alle großen Portale wie etwa Spiegel Online (www.spiegel.de) oder die Web-Ausgabe der Süddeutschen Zeitung (www.sueddeutsche.de) arbeiten nach diesem bewährten Muster, weswegen es vielen Besuchern auch so vertraut vorkommt. Kein Wunder also, dass die meisten erfolgreichen Blogger konsequent auf die eher klassisch gehaltenen Templates und Designvorlagen setzen.

Sehr ausgefallene Blog-Templates bringen Ihnen vielleicht einen Preis bei einem Designwettbewerb ein, wirklich zielführend und nutzerfreundlich müssen sie deswegen jedoch noch lange nicht sein. Wobei Sie das nicht davon abhalten soll, Ihre eigene Zielgruppe zu analysieren und auf Basis möglicher Tests die für sie optimale Struktur zu finden. Dazu ein Beispiel:

Per Zufall besuchte Michael einen Blog mit der Zielgruppe Senioren, der inhaltlich wirklich gut und ansprechend gestaltet war und normalerweise auf großes Interesse stoßen würde. Normalerweise, denn die grafische Gestaltung war durch die viel zu kleine Schrift, eine verwirrende und umständlich zu bedienende Navigation, unnötige Frames und ständige Pop-ups alles andere als zielgruppengerecht. In diesem speziellen Fall wäre es durchaus sinnvoll gewesen, das Blogdesign durch die Zielgruppe testen zu lassen.

Weiter ist grundsätzlich nichts gegen Himmelblau, Rosa und andere Pastellfarben einzuwenden, ein Lifestyle- oder Babymodenblog kann damit toll aussehen, doch das Design sollte stets zum Thema passen. Für einen »seriösen« Finanzblog wäre eine solche Farbgebung sicherlich nicht die beste Wahl. Und so schön großflächige Grafiken im Header oder als Hintergrund eines Blogs auch wirken mögen, sie sollten nie so dominant sein, dass sie von den eigentlich wichtigen Inhalten ablenken. Zudem wirken sich solch aufwendige Grafiken meist negativ auf die Ladezeiten aus, die trotz DSL und LTE nach wie vor eine wichtige Rolle spielen.

Viele Blog-Templates sind außerdem in sehr dunklen Farben gehalten, denn durch die typische Assoziation der Farbe Schwarz mit Luxus wirken diese sehr edel, was beispielsweise für Künstler-, Musik- oder Fotoblogs durchaus zielführend sein kann. Reine Content-Blogs sollten jedoch zugunsten einer besseren Lesbarkeit eher auf eine klare, helle, sachliche und nicht zu »verschnörkelte« Designsprache achten. Die Verwendung serifenloser Schriften – insbesondere bei klein gedruckten Texten – sowie ein guter Kontrast zwischen Schrift- und Hintergrundfarbe sind hierbei weitere Details, die unbedingt Beachtung finden sollten. Hier eignen sich Schriftarten wie etwa Verdana oder Arial. Robert hat diesbezüglich mit seinem Blog bereits viele Erfahrungen sammeln können und mit jeder

Veränderung (sei es die Hauptfarbe seines Blogs oder die Helligkeit des Hintergrunds) eine Verbesserung seiner Erfolgskennzahlen festgestellt.

Nicht zuletzt sollten Sie auf die Nutzung einer möglichst weit verbreiteten Terminologie achten, um dem Nutzer die Orientierung zu erleichtern. Die Startseite sollte auch so heißen, denn nicht jeder Besucher – gerade auf weniger internetaffinen Blogs – kann mit der Bezeichnung »Home« etwas anfangen. Genauso sollten Sie die allseits bekannten »Kategorien«, je nach Blogschwerpunkt, höchstens »Themen« oder »Inhalte« nennen, auf Experimente wie etwa »Abteilungen« oder »Bereiche« hingegen eher verzichten. Große und bekannte Webseiten sind hierfür gute Orientierungshilfen, denn sie investieren üblicherweise sehr viel Zeit und Energie in derartige Details. Denken Sie dennoch immer an Ihre eigene Zielgruppe.

Damit einher geht auch die offensichtliche, thematische Einordnung des Blogs. Der Besucher muss auf den ersten Blick erkennen können, mit welchem Thema sich ein Blog befasst. Und zwar nicht erst anhand der Menüpunkte oder Kategorien, sondern idealerweise durch einen diesbezüglich eindeutigen Namen, eine passende Hintergrund- oder Header-Grafik oder, so wie es Robert in seinem Blog handhabt, einen entsprechenden Slogan. Die vielen negativen Erfahrungen mit irrelevanten Suchergebnissen haben uns Internetnutzer nämlich dahin gehend geprägt, dass wir Webseiten nur wenige Sekunden Zeit geben, um uns von ihren Qualitäten zu überzeugen. Ist der »Zweck« Ihres Blogs also nicht auf Anhieb erkennbar, laufen Sie Gefahr, suchende Besucher schnell wieder zu verlieren, obwohl sie bei Ihnen vielleicht genau richtig wären.

5.2.2 Professionell gestaltete grafische Elemente

Laienhaft gestaltete Logos, Grafiken, Navigationsleisten und andere Bestandteile Ihres Blogs können den ersten Eindruck des Besuchers negativ beeinflussen, sparen Sie hier also nicht am falschen Ende. Lassen Sie Ihr Blogdesign von Freunden und Bekannten, anderen Bloggern oder am besten durch einen Grafik-Experten analysieren. Gut gestaltete Templates, egal ob aus Galerien oder von einem Designer speziell angefertigt, müssen – wie bereits im Hinblick auf das Blog-Logo erläutert – nicht unbedingt teuer sein. Wichtig dabei ist die einheitliche Gestaltung aller grafischen Elemente, um das Gesamterscheinungsbild des Blogs positiv zu beeinflussen. Die Kombination unterschiedlicher Stile, etwa ein Twitter-Button im Vintage-Look mit einem selbst gemalten RSS-Icon und einer Navigationsleiste im Flat-Design sind absolut tabu, doch leider begegnen wir solchen »Designsünden« immer wieder. Gut gemeint ist nicht immer gut gemacht.

Auch schlechte und unscharfe Fotos gehören zu den häufigsten Modesünden von Blogs. In solchen Fällen ist ein passendes abstraktes Motiv oder der Verzicht auf ein Bild die bessere Wahl. Vor allem unschöne und verpixelte Bilder des Autors auf der »Über uns«-Seite oder aber auch veraltete und völlig unpassende Bewerbungsfotos hinterlassen keinen guten Eindruck. Investieren Sie lieber in einen guten Fotografen, den Sie über das Ziel und den Zweck der Aufnahmen aufklären können.

Abb. 5.5: Hochwertige, zum Blogartikel passende Bilder erhöhen die Chance, dass ein Beitrag gelesen wird (wie hier im Beispiel von `www.mrporter.com/journal`).

5.2.3 Aktive Lenkung der Besucherströme

Die aktive Lenkung der Besucherströme ist ein wichtiger Aspekt zur Zielerreichung, auf den wir auch im Zusammenhang mit den sogenannten Landingpages noch weiter eingehen werden. Es geht im Grunde darum, dass dem Betrachter jene Elemente Ihrer Webseite ins Auge fallen, die für Ihre Ziele ausschlaggebend sind.

Für derartige Betrachtungen ist es wichtig, die typische Leserichtung der Benutzer zu kennen, um dann entsprechende »Call to Action«-Elemente am Ende der Leserichtung zu platzieren (ein konkretes Fallbeispiel finden Sie in Roberts Blog unter `www.toushenne.de/buch/cta-position/`). Zwar hängt diese im Einzelfall von der Gestaltung einer Webseite ab, generell bewegt sich die Aufmerksamkeitskurve jedoch von oben links nach unten rechts. Der Bereich »above the fold«, also der sichtbare Bereich beim Aufruf einer Webseite, erhält die größte Aufmerksamkeit und sollte die wichtigsten Elemente beinhalten. Bilder und Grafiken werden dabei meist zuerst wahrgenommen und sollten daher schon die ersten wichtigen Informationen und Verweise enthalten.

Die Webseite von Evernote ist ein Paradebeispiel für diese Gestaltungsprinzipien. Machen Sie den Test: Welche Elemente fallen Ihnen zuerst auf und in welcher Reihenfolge nehmen Sie die anderen wahr? Worauf ruht Ihr Blick am längsten und welche Aktion würden Sie zuerst ausführen?

Abb. 5.6: Bilder und die Position einzelner Elemente beeinflussen die Interaktion.

Was für Sie als Blogbetreiber von Relevanz ist und an möglichst prominenter Stelle in einem Aufmerksamkeit erregenden Format dargestellt werden sollte, hängt von Ihrer jeweiligen Zielstellung ab. Im Affiliate-Blog-Bereich wird dies unter Umständen der Verweis auf ein zentrales Werbemittel sein, bei einem Corporate Blog vielleicht der Link zum eigenen Onlineshop, für den Blog des Buchautors der Amazon-Bestellbutton, bei einem werthaltigen Blog, der besonderen Wert auf User Generated Content legt, die Kommentarfunktion oder der Verweis dorthin.

5.2.4 Optimierung der Verweildauer

Dieser sehr wichtige Punkt bei der Vermarktung eines Blogs bedeutet nichts anderes als die Steigerung Ihrer Seitenaufrufe (Visits) und damit die Einnahmen. Je ausführlicher sich ein Besucher mit Ihrem Blog auseinandersetzt, desto höher ist auch die Chance, dass es zu einer entsprechenden Interaktion kommt. Und egal ob es sich bei dieser Interaktion um einen Klick auf ein Werbemittel, die Abgabe eines Kommentars, die Betätigung des Facebook-Like-Buttons oder den Aufruf

Ihres Kontaktformulars handelt, je mehr solcher Handlungen erfolgen, desto besser für Sie. Außerdem steigt durch den möglichst langen Aufenthalt die Wahrscheinlichkeit, dass sich dieser Besucher Ihre Blog-Domain für einen späteren Besuch merkt oder gar ein Lesezeichen in seinem Webbrowser setzt. Im Sinne der Gestaltung können Sie durch die geschickte Positionierung wichtiger Elemente (etwa Leseempfehlungen am Ende eines Blogartikels) den Verhaltensfluss Ihrer Leser lenken und damit ihre Aufenthaltsdauer verlängern. Auf diesen Aspekt gehen wir in Kapitel 7 noch näher ein.

5.2.5 »Call to Action«-Elemente und Landingpages

Eine besondere designtechnische Herausforderung stellen Landingpages dar. Das sind zentrale (Marketing-)Seiten für spezielle Angebote, auf denen ein konkreter »Call to Action« im Vordergrund steht. Noch strikter als für den eigentlichen Blog selbst gelten die Gestaltungsregeln für all jene Elemente, die den Besucher zur Zielaktion leiten. Je nach unternehmerischem Ziel des Blogs könnte dieser unter anderem sein:

- Der Verweis auf einen wichtigen Affiliate-Partner
- Die Bestellung des eigenen E-Books
- Die Kontaktaufnahme bei angebotenen Dienstleistungen
- Die Werbebuchung im Blog
- Die Anmeldung zum Newsletter

Bei reinen Affiliate-Blogs haben wir beispielsweise die Erfahrung gemacht, dass es sinnvoller ist, von einzelnen Artikeln auf eigene Landingpages für das jeweilige Partnerprogramm zu verweisen, anstatt in jedem Beitrag einen Affiliate-Textlink oder gar ein Werbebanner einzubinden. Denn zu massive Werbung wirkt auf den Leser schnell ermüdend und wird auch einigen Suchmaschinenalgorithmen zur Bewertung Ihres Blogs nicht gefallen.

Die für die Konvertierungsrate und damit eigene Zielerreichung so wichtigen Elemente dürfen nicht im Allerlei einer schlecht gestalteten Webseite untergehen, sondern müssen durch aussagekräftige Fotos, prominent platzierte und optisch hervorgehobene Texte und Links im Fokus stehen. Auch an dieser Stelle sei wieder auf das Evernote-Beispiel verwiesen, wo selbst die Blickrichtung der Person auf dem Foto in die Richtung des Download-Buttons geht und dessen Bedeutung dadurch unterstreicht.

Besonders Landingpages sollten diesem Prinzip folgen und von allem unnötigen »Ballast« wie etwa den Sidebars, der umfangreichen Navigation oder gegebenenfalls auch dem Footer, die alle nicht zur Konvertierung eines Besuchers beitragen, befreit werden, damit für den Besucher nur noch wenige, aber zielführende Auswahlmöglichkeiten übrig bleiben. Dasselbe gilt für Textelemente, die so kurz wie möglich sein sollten (aber so lang wie nötig, damit sich dem Besucher der Kontext erschließt) und dem zentralen Element nicht im Wege stehen. So reichen beispielsweise ein prägnanter Titel und ein kurzer Text, um den eigentlich wichtigen »Call to Action« einzuleiten, während weiterführende Informationen wie thematisch passende Blogartikel oder das Kleingedruckte mit etwas Abstand folgen.

Hier einige Beispiele gut gestalteter Landingpages, auch für mobile Endgeräte:

Unbounce Ebook Landingpage

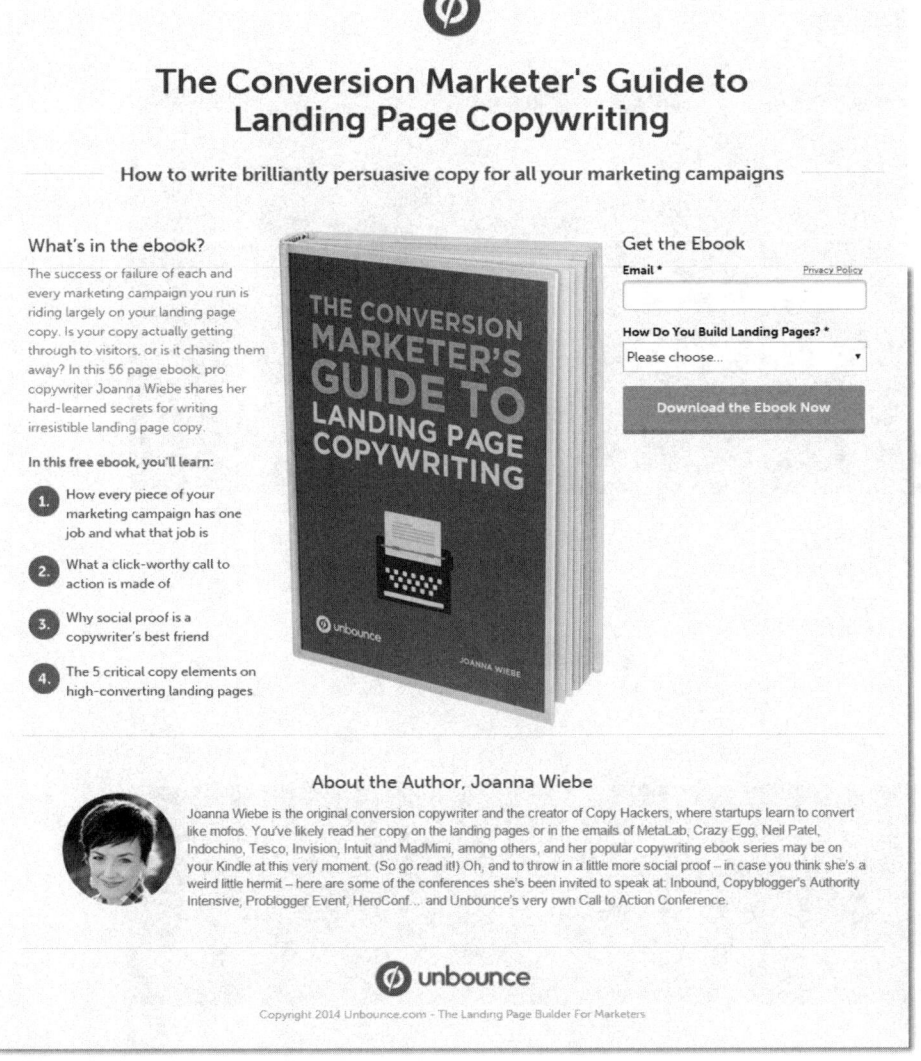

Abb. 5.7: Keine Navigation, keine Sidebar: Diese Landingpage konzentriert sich auf den farblich hervorgehobenen »Call to Action«.

Zugegeben, Unbounce (`http://unbounce.com/`) ist ein Spezialist für Landingpages, aber genau aus diesem Grund möchten wir als erstes Beispiel eine ihrer eigenen Seiten zeigen. Sie sehen in Abbildung 5.7 ein zentrales Bild des beworbenen Produkts, darum schlicht auf weißem Hintergrund platziert zusätzliche Informationen wie den Titel, einen inhaltlichen Auszug sowie eine Leserstimme. Das auffallendste Element ist, vor allem aufgrund der Kontrastfarbe, der Download-Button. Das ist gut so, denn genau diesen soll ein Besucher – nach der Eingabe seiner persönlichen Daten – anklicken. Keine weiteren Elemente lenken von diesem Ziel ab: keine Navigation, kein Header oder Footer.

Hello Simfy

Abb. 5.8: »Call to Action«-Buttons werden an unterschiedlichen Stellen, aber stets farblich hervorgehoben integriert.

Weniger schlicht, aber ebenfalls auf eine bestimmte Aktion konzentriert ist die Landingpage von Simfy (`https://hello.simfy.de/`). Durch die farbliche Abgrenzung stechen die pinkfarbenen »Call to Action«-Buttons zum Testen des Dienstes ins Auge, während unterstützende Informationen und Gestaltungselemente einheitlich blau/grau gehalten werden.

Ist Ihnen, nachdem Sie mittlerweile um die Lenkung der Besucherströme wissen, aufgefallen, welche Wirkung das Bild im Kopfbereich der Seite erzeugt? Wie wirkt die Frau auf Sie und wohin führt ihre Blickrichtung?

Squarespace

Squarespace (`http://www.squarespace.com/`) reduziert die Seite auf das Wesentliche. Auf einem Hintergrundbild in voller Bildschirmhöhe und -breite platzieren sie nur einen zentralen »Call to Action«-Button direkt unterhalb des Mission-Statements sowie einen sekundären Button am unteren Ende der Seite. Viel Auswahl bleibt dem Besucher hier nicht, sodass die Chance relativ hoch ist, dass er die gewünschte Aktion – den Klick auf den Button – tatsächlich ausführt.

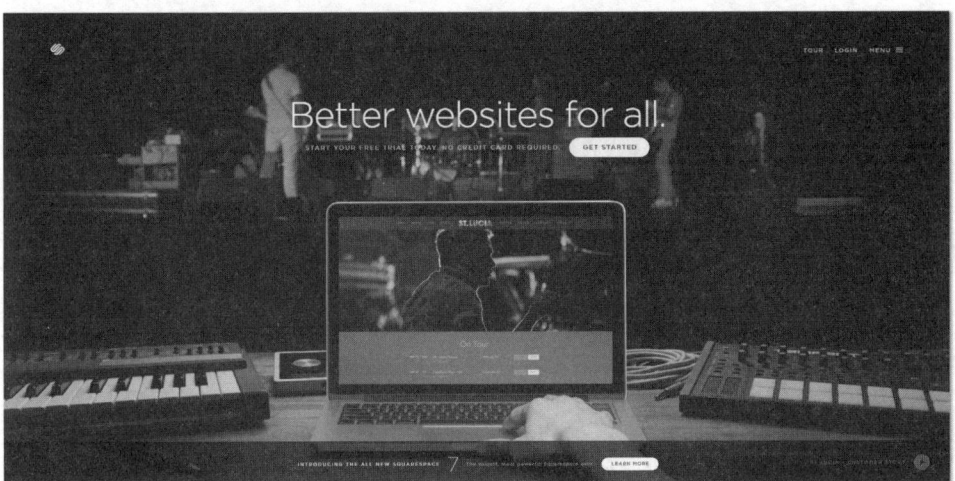

Abb. 5.9: Ein Bild, ein klares Statement und ein einziger Button – die Handlungsalternativen zu reduzieren ist absolut zielführend.

HubSpot Ebooks

Über eine ähnlich gestaltete Landingpage wie Unbounce bietet der Softwarehersteller HubSpot seinen Lesern kostenlose Ressourcen (zum Beispiel unter `http://offers.hubspot.com/how-to-use-pinterest-for-business`).

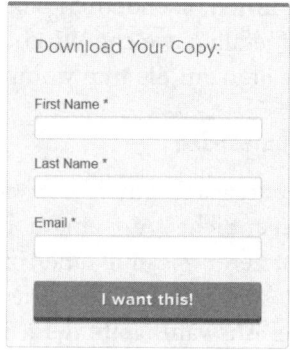

Free Ebook: An Introduction to Pinterest for Business

Learn how you can use Pinterest to generate traffic and leads.

Pinterest isn't just another social media network. What appears to be the fastest-growing social media site ever has become a **huge traffic referral for all businesses.**

An increasing number of companies are leveraging the platform to **reach a new audience, increase visits to their websites, and generate leads or retail sales.** And guess what? It's working.

Download this free ebook and you can learn:

✓ How Pinterest works and top reasons you should be using it

✓ How to create a Pinterest business account

✓ 15 Pinterest for business best practices

Just fill out the form on this page to grab your free copy!

Download Your Copy:

First Name *

Last Name *

Email *

I want this!

Abb. 5.10: Es gilt die Faustregel: Je simpler, desto zielführender ist eine Landingpage.

Aufgabe

Machen Sie den Test: Welche Optimierungen können Sie in diesem Beispiel erkennen?*

_____

_____

_____

_____

_____

_____

_____

_____

_____

_____

*Eine Liste der möglichen Antworten finden Sie unter `www.toushenne.de/blog-boosting-links.html`.

Übrigens basieren alle diese Landingpages mit großer Wahrscheinlichkeit auf den Ergebnissen zahlreicher Tests zur Identifizierung der besten Varianten hinsichtlich Position und Gestaltung der einzelnen Elemente. Diese Tests – bei denen meistens zwei Varianten in sogenannten A/B-Tests (siehe Abschnitt 10.4) verglichen werden – sind ein fester Bestandteil der Landingpage-Optimierung. Denn bestimmte Grundsätze mögen zwar auf allen Webseiten Anwendungen finden, die jeweilige Zielgruppe ist jedoch individuell und bedarf einer gesonderten Analyse. Folglich ist die Schritt-für-Schritt-Optimierung unter genauer Beobachtung der jeweiligen Auswirkungen auf die Erfolgskennzahlen der einzig sinnvolle Weg in Richtung konversionsstarker Gestaltung.

Wenn Sie wissen möchten, wie eine optimale Landingpage aussehen sollte, so können Sie sich zudem an den eigens hierfür eingerichteten Zielseiten der großen Partnerprogrammbetreiber orientieren. Denn obwohl auch dort längst nicht immer die Regeln effizienter Gestaltung berücksichtigt werden, wird dort meist sehr viel Energie in die Ausgestaltung vergleichbarer Elemente gesteckt, handelt es sich dabei doch um die absolut zentralen Bausteine für den (Online-)Unternehmenserfolg. Interessierte Leser finden in Roberts Blog unter `www.toushenne.de/buch/landingpage-anatomie/` weitere Tipps zur Gestaltung von Landingpages, und auch den sehr ausführlichen Ratgeber *Landing Pages optimieren & testen* von Tim Ash können wir Ihnen an dieser Stelle nahelegen.

Tipp

Zur einfachen Erstellung von Landingpages sowie zugehöriger Response-Elemente bieten sich auch spezielle, meist kostenpflichtige Tools an, die sich über ein entsprechendes Plug-in sehr leicht in den (WordPress-)Blog integrieren lassen, etwa `www.optimizepress.com`. Vor dem Einsatz müssen die mitgelieferten (grafischen) Elemente jedoch noch angepasst werden, da sie meist auf den englischsprachigen Markt ausgerichtet sind.

5.2.6 Effiziente Einbindung von Werbeflächen

Die effiziente Einbindung von Werbung betrifft sowohl »normale« Blogs – nämlich bei der Einbindung externer Werbung – als auch Corporate Blogs, bei denen weiterführende Elemente zu den eigenen Produkten und Dienstleistungen im Vordergrund stehen sollen. Solche Anzeigenflächen werden natürlich bevorzugt an attraktiven und viel beachteten Stellen des Blogs eingebunden. Dennoch sollten sie das Gesamterscheinungsbild eines werthaltigen Blogs nicht dominieren, denn ein mit Werbebannern plakatierter Blog wird viele Besucher schnell wieder verlieren.

Interessant ist hierbei die Definition dessen, was der Blogbetreiber als Anzeige betrachtet und was durch den Leser als Werbung wahrgenommen wird. So wurde

Michael beispielsweise von einem anderen Blogger gefragt, wie dessen Webseite denn auf ihn wirke, da er insbesondere mit der hohen Abbruchquote der Besucher nicht zufrieden sei. Vorsichtig merkte Michael an, dass der einzelne Betrachter womöglich von den vielen Werbeblöcken überfordert sein könnte und alleine deswegen schnell wieder das Weite suche. Die Reaktion des anderen Bloggers hierauf: *»Wieso, bei den meisten handelt es sich doch gar nicht um Werbung, sondern um Verweise auf den Newsletter und andere Publikationen von mir.«* Als Blogbetreiber wissen Sie natürlich genau, was Werbung ist und was nicht, dem Besucher fällt diese Unterscheidung jedoch je nach Gestaltung schwerer, sodass er bestimmte Elemente womöglich pauschal als Reklame einordnet. Besorgen Sie sich in solchen Fällen daher möglichst immer eine Meinung von Dritten.

5.3 Blog-Templates nutzen und individualisieren

Durch Blog-Templates – also Designvorlagen des jeweiligen Blogsystems – können Sie bereits mit extrem wenig Aufwand und ohne umfangreiche Programmierkenntnisse erstaunlich gute Ergebnisse erzielen, wenngleich entsprechende Kenntnisse in HTML, CSS und PHP die Optimierung und Anpassung dieser Templates erleichtern. Bei den meisten Blogsystemen reicht bereits ein Eingriff in die zentrale CSS-Datei, um dem gesamten Template durch die Anpassung von Farben, Schriften und einzelner Gestaltungselemente eine individuelle Note zu verleihen. Bloggern, die über wenig Erfahrung mit der Gestaltungssprache CSS (Cascading Stylesheets) verfügen, empfehlen wir an dieser Stelle einen Blick in die Anleitungen von selfhtml.org unter der Adresse `http://wiki.selfhtml.org/wiki/Startseite` oder die *Little Boxes*-Buchreihe von Peter Müller.

Tipp

Auch durch relativ einfache Erweiterungen der Datei `functions.php` in Zusammenhang mit der sogenannten Hooks-Funktion, die von vielen WordPress-Themes unterstützt wird, kann das Erscheinungsbild eines Weblogs nahezu komplett verändert werden (siehe hierzu `https://marketpress.de/2014/hooks-funktionen-wordpress/`). Da hierfür jedoch zumindest erweiterte Programmierkenntnisse erforderlich sind, empfehlen wir Ihnen, die Datei vor der Modifikation zu sichern, denn schon ein kleines falsch geschriebenes Zeichen im Quellcode kann ausreichen, um den kompletten Weblog lahmzulegen. Haben Sie kein Testsystem, können Sie zumindest schnell reagieren und das Original wieder herstellen. Dies gilt übrigens auch für Änderungen in den CSS-Files, wenngleich sich diese »nur« auf die Optik des Blogs auswirken.

5.3.1 Kostenfreie versus kostenpflichtige Themes

Wer Michaels Blog regelmäßig liest, weiß, dass er gerne auf kostenpflichtige professionelle Blog-Themes setzt. Zwar gibt es auch gute Gratis-Angebote auf dem Markt, doch was ihn mittlerweile von »Pro-Themes« überzeugt hat – egal ob im Kundenauftrag oder für eigene Projekte –, sind folgende Faktoren:

- Diese Themes sind ausführlich und unter verschiedensten Bedingungen (etwa unterschiedlichen Browsern und ihren Versionen) getestet, werden ständig weiterentwickelt und sind auf aktuelle WordPress-Versionen ausgerichtet und optimiert.

- Die individuelle Anpassung solcher Themes geht dank ausgeklügelter Administrationsbereiche, strukturierter und offener Quellcodes um einiges schneller als bei kostenlosen Templates (das spart nicht nur Zeit, sondern auch Geld).

- Durch den konsequenten Einsatz von Widgets und anderen Techniken können auch im Nachhinein sowie mit oft nur wenigen Klicks umfangreiche Änderungen am Erscheinungsbild des Blogs vorgenommen werden, etwa der Farbgestaltung, Art und Reihenfolge der Menüs oder des Aufbaus beziehungsweise der Struktur der Seiten sowie der Ausrichtung der Sidebars und der darin enthaltenen Elemente.

- Es ist erstaunlich, zu welch günstigen Preisen (gerade im Verhältnis zur Leistung) zumindest die meisten Pro-Themes auf dem Markt angeboten werden, wobei die meist in US-Dollar gehandelten Layouts bei günstigem Wechselkurs sogar einen zusätzlichen Preisvorteil bieten.

- Manche Anbieter bieten eine Art Design-Flatrate an, die mit der Einmalzahlung einer etwas teureren Lizenz Zugriff auf alle existierenden sowie sogar zukünftigen Templates und Themes des Anbieters gewährt.

- Die meisten Anbieter leisten kostenlosen und unbegrenzten Support für die Anpassung ihrer Themes.

- Es sind keine (teils ominösen) Links oder anderen Verweise im Quellcode der Templates versteckt und Sie können eher darauf vertrauen, dass keine schädlichen beziehungsweise sicherheitskritischen Elemente enthalten sind.

- Ab einem gewissen Preisniveau sinkt die Chance, dass das Theme auch in zahlreichen anderen Blogs verwendet wird (Stichwort »unverwechselbares Design«).

- Einige Anbieter erlauben durch den Erwerb eines entsprechenden Lizenzmoduls sogar die kommerzielle Weiterverwendung der Templates für Projekte im Kundenauftrag.

- Der Quellcode ist zumeist sehr effizient, schlank, schnell und bereits von sich aus SEO-optimiert.

Tipp

Wirklich professionell gestaltete und technisch ausgereifte Blog-Themes sind bereits ab 20 Euro erhältlich, nur wenig teurer sind etwa mehrsprachige oder auf diversen Endgeräten funktionsfähige Varianten. Manche Anbieter verkaufen sogar ihr gesamtes (und zukünftiges) Theme-Portfolio für einen sehr günstigen Pauschalpreis ab etwa 100 Euro, was insbesondere für Betreiber mehrerer Blogs lohnenswert und im wahrsten Sinne des Wortes preiswert sein kann. Auch lohnt es sich, Themes von deutschsprachigen Anbietern zu betrachten. Hier fällt keine Übersetzungsarbeit an und Sie haben (sprachliche) Vorteile beim Support.

5.3.2 Blogdesign individualisieren

Egal ob freies oder kommerzielles Template, Sie sollten es zumindest in den Grundzügen für Ihren eigenen Blog anpassen. Pro-Theme-Anbieter stellen hierfür oft ausführliche Anleitungen und Ratgeber bereit, mit deren Hilfe Sie Individualisierungen selbst ohne umfangreiche Programmier-Kenntnisse Schritt für Schritt vornehmen können.

Warum eine solche Individualität wichtig ist, können Sie inzwischen selbst beantworten, wenn Sie an den Abschnitt über die Blog-Identity zurückdenken. Einzigartige und aufeinander abgestimmte Gestaltungselemente – etwa eine Menüleiste im exakten Farbton wie das Unternehmens- beziehungsweise Blog-Logo oder die farblich darauf abgestimmte Linkfarbe – verbessern das Gesamterscheinungsbild Ihres Blogs erheblich.

Während Robert in seinem Blog komplett ohne Templates arbeitet, nutzt Michael in verschiedenen Blogs teilweise dasselbe Template als Grundlage, wobei Außenstehende (ohne geschultes Auge) jedoch kaum eine Übereinstimmung finden würden, so sehr beeinflussen eine unterschiedliche Farbgestaltung oder die individuelle Anordnung der einzelnen Widgets die Wahrnehmung. Dabei sind diese Änderungen nicht zwingend (zeit-)aufwendig, bereits durch folgende Anpassungen verleihen Sie Ihrem Blog eine gewisse Individualität:

- Anpassung der Größe, Art und Farbe der Schrift insgesamt, aber auch für einzelne Textstellen und Links
- Anpassung der Hintergrundfarbe oder -bilder des gesamten Blogs
- Anpassung der Linienfarbe, -dicke und Hintergrundschattierung von Boxen und Tabellen
- Anpassung der technischen und optischen Ausprägung der Navigationsleiste (Anordnung, Effekte, Drop-downs etc.)
- Positionierung einzelner Elemente (Artikelüberschrift oberhalb oder unterhalb des Teaser-Bildes, Ausrichtung von Beitragsbildern in der Archivansicht, Elemente und Anordnung in der Sidebar etc.)

- Einbinden zusätzlicher Elemente zum Beispiel in der Sidebar oder auf der Artikelseite (Autorenbox, Newsletter-Anmeldung, Kalender, Wetter, neueste Kommentare, Umfragen, Bewertungen etc.)
- Anpassung der Social-Media-Icons und Verweise auf externe Seiten

Mit der Zeit lernen Sie diese und ähnliche Elemente bei jedem Blogprojekt so sinnvoll einzusetzen, dass Sie zum Schluss tatsächlich über mehrere designtechnisch eigenständige Webseiten verfügen, obwohl sie auf derselben technischen Basis beruhen. Das erleichtert Ihnen auch langfristig die Wartung und Weiterentwicklung der einzelnen Projekte, da Sie sich nicht jedes Mal erst in eine andere Template-Technik einarbeiten müssen.

Und wo wir schon bei der Technik sind: Ungeübte beziehungsweise technisch weniger versierte Blogger können sich in den meisten Fällen mittels unzähliger Plug-ins und Widgets behelfen, wobei dazu erwähnt sei, dass sich eine hohe Zahl solcher Erweiterungen negativ auf die Performance einer Webseite auswirken kann und sie daher eher sparsam eingesetzt werden sollten.

Diesbezüglich kann übrigens das Plug-in »Theme Test Drive« (`https://wordpress.org/plugins/theme-test-drive/`) hilfreich sein, um etwa neue Themes vor der endgültigen Umstellung zu testen. Vor einer solchen Veränderung, aber auch vor der Aktualisierung von Plug-ins oder Ihres Systems, empfehlen wir immer das Anlegen einer Sicherheitskopie Ihres aktuellen Systemabbilds, das Sie beispielsweise mittels »BackWPup« (`https://wordpress.org/plugins/backwpup/`) erstellen und im Falle von Komplikationen wiederherstellen können. Eine Schritt-für-Schritt-Anleitung, wie Sie Backups in WordPress zurückspielen, hat Michael unter `https://marketpress.de/2014/wordpress-backup-wiederherstellen/` erstellt.

> **Hinweis**
>
> Speziell für Social-Sharing-Buttons wie etwa Facebook-Likes oder Tweets stehen Ihnen zahlreiche und vor allem sehr unterschiedlich gestaltete Plug-ins zur Verfügung. Seien Sie hierbei jedoch besonders vorsichtig, denn sobald Ihre Besucher diese Buttons nicht mehr als solche wahrnehmen, werden sie sie auch nicht mehr nutzen. Nicht immer ist kreatives Design förderlich für Ihre Zwecke, halten Sie sich in diesem Fall lieber an die bekannte Standard-Optik.

5.4 Beispiele für ein gelungenes Blogdesign

Um die Thematik zu veranschaulichen, möchten wir abschließend einige Blogs vorstellen, die unserer Ansicht nach besonders gut und zielführend gestaltet sind. Zwar ist dies oft auch eine Frage des jeweiligen Geschmacks, trotzdem folgen alle diese Beispiele den meisten oder gar allen der zuvor genannten Grundregeln eines erfolgreichen und optimierten Erscheinungsbilds.

Sweden.se

Die Webseite Schwedens ist ein Informationsportal und Blog zugleich. Die moderne Gestaltung in Kachel-Optik weist typische Blog-Elemente auf, etwa eine Seitenleiste mit Kategorie-Navigation, Tag-Liste und Verweisen auf Social-Media-Profile sowie eine Übersicht diverser Beiträge zu Themen des Landes. Dazwischen werden Fakten gestreut, etwa das Wetter, die durchschnittliche Arbeitszeit schwedischer Einwohner oder die Zahl der durch Schweden gewonnenen olympischen Medaillen. Eben alles, was Besucher interessieren könnte.

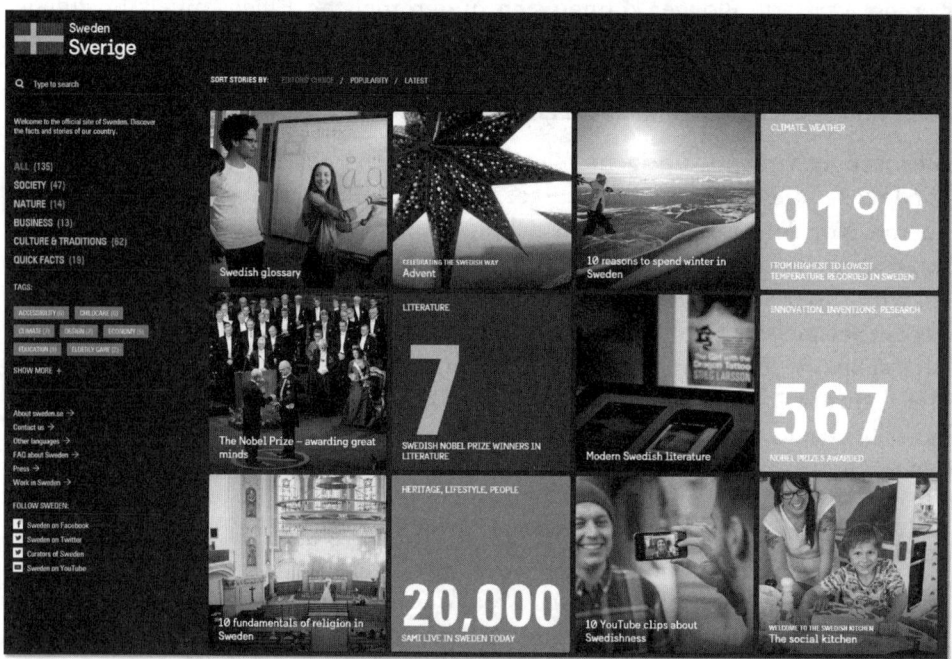

Abb. 5.11: Kacheloptik mit vielen Bildern und den Landesfarben

Rdio.com

Der Musikservice rdio besticht durch große Farbflächen und Fotos, die auch auf mobilen Endgeräten sehr gut funktionieren. Einzelne Seitenbereiche werden auf dieser Übersichtsseite nur kurz vorgestellt und verlinkt.

Der eigentliche Blog des Radiosenders ist hingegen eher klassisch gestaltet: ein flacher Seitenkopf, eine Content-Spalte sowie zwei schmale Seitenleisten mit Navigation und externen Verweisen.

Abb. 5.12: Große, einheitliche Farbflächen und ein deutliches Raster geben den Ton an.

99designs.com

Die Design-Plattform 99designs legt im direkt sichtbaren Bereich der Webseite viel Wert auf ein deutliches Mission-Statement und die Präsentation des Portfolios. Ein striktes Farbschema definiert und dominiert das Gesamtbild.

Abb. 5.13: Ein klares Statement mit dem passenden »Call to Action«, darunter Beispiele und eine Erklärung

Kriscarr.com

Kris Carrs Webseite ist ein hervorragendes Beispiel für Personal Branding. Sowohl im Header als auch mehrfach im Content- und Fußbereich ihrer Webseite zeigt sie sich auf unterschiedlichen Bildern und Videos. Dadurch gewinnt sie an Authentizität und Sympathie.

Abb. 5.14: Durch Porträtfotos und persönliche Texte das Vertrauen der Besucher gewinnen

Keksblog.com

Der Corporate Blog der Keks- und Waffelfabrik Hans Freitag (deren Firmenwebseite an dieser Stelle auch als Vorbild hätte dienen können) ist, neben der Blog-typischen Struktur, sehr schlicht, modern, aber dennoch zielgruppengerecht gestaltet und farblich an das Corporate Design des Betreibers angepasst. Speziell das Bild im Kopfbereich ist gelungen, da es die Thematik auf den ersten Blick kommuniziert.

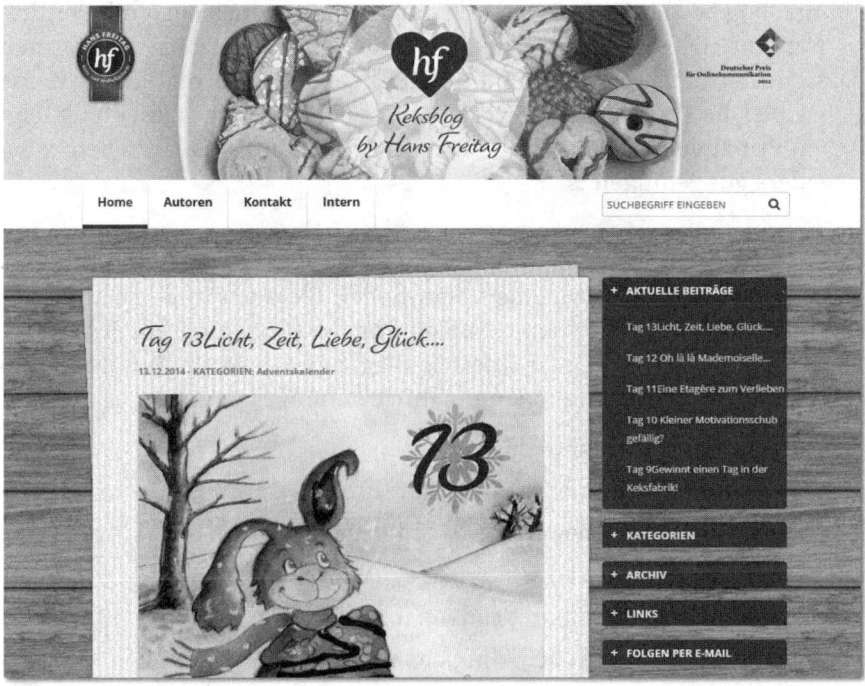

Abb. 5.15: Durch das Bild im Kopfbereich wird das Thema des Blogs klar, durch den Titelzusatz »by Hans Freitag« auch der Betreiber.

Reiseland Brandenburg

Abb. 5.16: Farblich gekennzeichnete Kategorien erleichtern die Navigation durch die Blogbeiträge.

Brandenburgs Blog besticht an erster Stelle durch ein filigranes Logo mit den Initialen des Namens. Dieses treffen wir unter anderem auf sozialen Plattformen wieder. Das großformatige Bild dominiert den oberen Bereich und lässt wie das vorherige Beispiel die Thematik der Webseite erahnen. Die übrige Gestaltung folgt den typischen Prinzipien, wobei die farbliche Unterscheidung der vier Themenbereiche besonders gut gelungen ist.

Showcases als Inspirationsquellen

Sehr schöne Anregungen für Ihr Blogdesign finden Sie auch in den Showcases der jeweiligen Plattformen und Theme-Anbieter. Egal ob Content-Blog, Shop-Blog, Firmenblog, Freizeit-, Technik- oder Lifestyle-Blog, auf diesen Präsentationsbühnen finden Sie zahlreiche Inspirationen für Ihre eigene Webseite:

- `https://wordpress.org/showcase/`
- `http://themeshift.com/showcase/` (WordPress)
- `http://themefuse.com/showcase/` (WordPress)
- `http://www.studiopress.com/showcase/` (WordPress)
- `https://contao.org/de/case-studies.html`
- `http://community.joomla.org/showcase/`
- `https://www.drupal.org/case-studies`

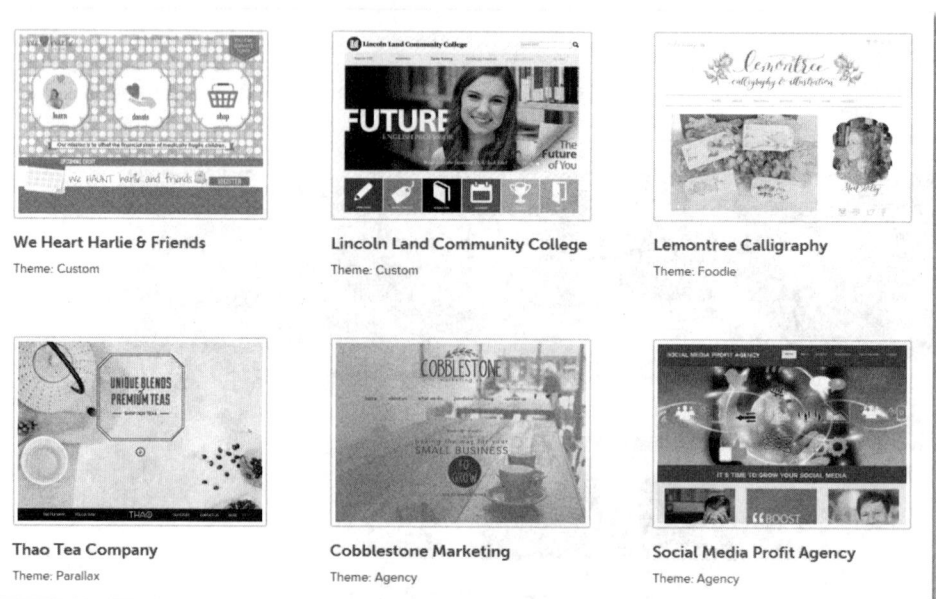

We Heart Harlie & Friends
Theme: Custom

Lincoln Land Community College
Theme: Custom

Lemontree Calligraphy
Theme: Foodie

Thao Tea Company
Theme: Parallax

Cobblestone Marketing
Theme: Agency

Social Media Profit Agency
Theme: Agency

Abb. 5.17: Showcases sind eine hervorragende Inspirationsquelle für neue Gestaltungsideen.

5.5   Checkliste Blog-Identity & -Design

Das Erscheinungsbild ist ausschlaggebend für den Erfolg Ihres Blogs, investieren Sie daher, vor allem im Vorfeld, ausreichend Arbeit in Ihre Blog-Identity. Wenn Sie die nachfolgenden Fragen durchgehend mit »Ja« beantworten können, sind Sie definitiv bereit, um mit der Vermarktung Ihres Blogs zu beginnen. Lernen Sie im nächsten Kapitel die Grundlagen des Blog-Marketings kennen und erfahren Sie mehr über Marketing-Kooperationen und die Pressearbeit für Blogger.

1. Sind der Name und die Domain Ihres Blogs kreativ und vor allem einzigartig?

2. Hat Ihr Blog ein wiedererkennbares Logo?

3. Haben Sie Ihr Blogdesign individuell gestaltet oder Templates zumindest grundlegend angepasst?

4. Ist die eingesetzte Typografie hinsichtlich der Schriftart, der Farbe und vor allem der Größe zielgruppengerecht?

5. Passen die verwendeten Farben zum Thema?

6. Ist Ihr Blog nutzerfreundlich und zielführend gestaltet?

7. Erkennt der Besucher sofort das Thema Ihres Blogs, etwa durch passende Bilder oder einen Slogan?

8. Stellen Sie sich, zum Beispiel auf einer »Über uns«-Seite, persönlich vor?

9. Verweisen Sie, etwa auf einer Referenz- oder Presseseite, auf externe Publikationen?

10. Nutzen Sie Landingpages zur Bewerbung konkreter Interaktionselemente?

11. Haben Sie auf allen Landingpages wichtige Elemente im sichtbaren Bereich platziert?

12. Sind Ihre Landingpages frei von unnötigem Ballast?

13. Lenken Sie aktiv die Besucherströme?

14. Betreiben Sie Ihren Blog auf einem performanten Webhost, sodass Ihnen steigende Besucherströme keine Sorgen bereiten?

Kapitel 6

SEO für Blogs

Die Suchmaschinenoptimierung (kurz SEO) von Webseiten jeglicher Art ist eine Wissenschaft für sich. Ebenso »bunt« gestaltet sich die SEO-Szene selbst. *»Frage zehn SEO-Experten nach einem Rat und du wirst zehn verschiedene Antworten erhalten«*, so heißt es. Google tut alles dafür, um sich nicht in die Karten schauen zu lassen, was die Ranking-Faktoren betrifft – also jene Kriterien, die die Position einer Webseite in den Suchergebnissen (den sogenannten *Search Rank*) beeinflussen, wodurch diese Disziplin immer komplexer wird. Zudem werden immer öfter Webseiten und Blogs bestraft, die es mit der Optimierung übertreiben.

Nach wie vor gibt es SEO-Dienstleister, die versprechen, sie könnten eine Webseite in kürzester Zeit bei Google nach oben »wandern« lassen. In den allermeisten Fällen sind diese Offerten unseriös. Die verschiedensten Filter, Faktoren und Kennzahlen, die das Google-Ranking einer Webseite beeinflussen, sind mittlerweile so vielfältig, dass SEO-Experten ihre Wirkung meist nur ansatzweise herausfinden können – etwa über vergleichende Praxistests. Hinzu kommt: Der Branchenprimus ändert seine Kriterien immer öfter. So kann es passieren, dass Ihr Blog von heute auf morgen in der Gunst der Suchmaschine gewinnt oder auch verliert, ohne dass die Gründe dafür ersichtlich sind.

Hinweis

Als Reaktion auf die Allmacht Googles versuchen immer mehr Blogger, so unabhängig wie möglich von den Suchmaschinen zu sein. Eine stabile Follower- beziehungsweise Fan-Gemeinde bei Facebook, Twitter, Google Plus etc. sorgt dafür, dass immer mehr Besucher über die sozialen Netzwerke auf ihre Blogbeiträge gelangen. Das minimiert die Abhängigkeit von guten Search-Rankings. Auch Blog-Partnerschaften mit gegenseitiger Verlinkung, die Erwähnung des Blogs auf anderen Webseiten, der Aufbau einer Stammleserschaft (durch besonders hochwertige und hilfreiche Inhalte) und Ähnliches mehr sind sehr hilfreich, um langfristig für stabile Leserzahlen zu sorgen. Generell sollten Sie vermeiden, den Großteil Ihres Traffics durch eine einzige Besucherquelle zu gewinnen. Das gilt übrigens auch für die sozialen Netzwerke selbst. Wer beispielsweise nur bei Facebook aktiv ist, den können Änderungen im Algorithmus des Nachrichtenstroms des Netzwerks empfindlich treffen. Die Vergangenheit lehrt uns, dass selbst beliebte Plattformen schnell in der Bedeutungslosigkeit versinken können. Dann ist es gut, wenn Sie rechtzeitig auf zusätzliche Plattformen gesetzt haben.

Das alles bedeutet nicht, dass die Disziplin der Suchmaschinenoptimierung reine Kaffeesatzleserei ist. Es gibt gute und erfahrene Dienstleister und Experten auf diesem Gebiet. Leider aber auch umso mehr »schwarze Schafe«. Blogbetreiber, die bereits seit Längerem online sind, werden ein Lied von den unzähligen Spam-E-Mails singen können, in denen Versprechen wie »Platz eins bei Google innerhalb weniger Wochen für 99,99 Euro« gemacht werden. Dennoch fallen unerfahrene Blog-Einsteiger immer wieder auf solch verführerisch klingenden Angebote herein, mit sehr unschönen Konsequenzen: Die Techniken dieser Schnäppchen-Anbieter können zwar kurzfristig wirksam sein, sorgen dann jedoch nicht selten für den dauerhaften Absturz des Blogs.

Dieses Kapitel zeigt Ihnen, was Suchmaschinenoptimierung speziell für Weblogs bedeutet. Wir zeigen Ihnen die wichtigsten Basismaßnahmen, mit denen Sie Ihren Blog für Suchmaschinen optimieren. Zudem gehen wir auf die Frage ein, wie Sie eine gute externe Unterstützung in diesem Bereich finden, denn bei den wirklichen SEO-Feinheiten werden Sie kaum um die Einbeziehung eines entsprechenden Experten herumkommen. Das Interesse an Blog-SEO, oder gar auf einzelne Blog-Plattformen ausgerichtete Optimierungs-Dienstleistungen, ist in den vergangenen Jahren deutlich angewachsen – ein weiterer Beleg dafür, dass sich die Blogosphäre professionalisiert.

> **Hinweis**
>
> Insbesondere in diesem Kapitel werden einige SEO-spezifische Begriffe und Methoden vorkommen, die wir nicht in jedem Fall näher erläutern, sondern nur andeuten möchten. Alles andere würde den Rahmen dieses Buches sprengen. Für Anfänger im Bereich Suchmaschinenoptimierung und Online-Marketing gibt es gute Ratgeber wie etwa *Suchmaschinen-Optimierung: das umfassende Handbuch* von Sebastian Erlhofer oder *Erfolgreiche Websites: SEO, SEM, Online-Marketing, Usability* von Esther Düweke und Stefan Rabsch. Bei Büchern zu diesem Thema sollten Sie auf eine möglichst aktuelle Auflage achten, da sich die Disziplin so schnell weiterentwickelt. Fortgeschrittenen empfehlen wir die Zeitschrift *Website Boosting*. Darin gibt das Team rund um den SEO-Experten Mario Fischer tolle Ratschläge, die auch für kleinere bis mittelgroße Internetportale geeignet sind (siehe `www.websiteboosting.com`). Und noch ein Blog-Tipp: Die SEO-Trainees (`www.seo-trainee.de`) erklären aktuelle Neuerungen der Disziplin so, dass sie auch Anfänger verstehen.

6.1 Was ist der Unterschied zwischen Blog- und »normaler« SEO?

Die Blogtechnologie bringt an sich schon zahlreiche Mechanismen mit, die sich positiv auf die Bewertung des eigenen Blogs durch Suchmaschinen auswirken.

Dies führt immer mehr dazu, dass Onlineshops, umfangreiche eigenprogrammierte Webseiten oder gar auf konventionellen CMS basierende Portale extra einen eigenen Blog in ihren Internetauftritt einbauen, um gleichfalls von diesen durchaus begehrten Mechanismen zu profitieren (CMS = Content Management System, auch Redaktions- beziehungsweise Inhaltsverwaltungssystem genannt).

Wir gehen sogar noch einen Schritt weiter: Die meisten Internetportale, die weder spezielle Datenbankstrukturen noch ausgefeilte dynamische Multimediainhalte benötigen, sind wohl leichter mit einem Blogsystem umgesetzt als über einfaches HTML oder ein (meist teures) proprietäres CMS. Denn hinter vielen größeren und auch bekannten Internetportalen steckt reine Blogtechnologie, beispielsweise ein WordPress-System, ohne dass der Besucher es merkt. Selbst kleinere bis mittelgroße Onlineshops lassen sich mittlerweile auf diese Weise umsetzen, etwa mittels der freien WordPress-Erweiterung »WooCommerce« (`https://wordpress.org/plugins/woocommerce/`). Zum einen ist die Umsetzung mit Open-Source-Mitteln meist günstiger, zum anderen lässt sich hierdurch die Abhängigkeit von teuren Dienstleistern und Herstellerfirmen minimieren, selbst wenn es gar nicht mehr so einfach ist, gute technische Blog-Unterstützung zu finden. Der Markt wird enger, was am steigenden Interesse von Unternehmen, Selbstständigen und Privatpersonen an (Corporate) Blogs liegt.

Es gibt Besonderheiten und Features, die einen Blog per se mit zahlreichen suchmaschinenoptimierenden Faktoren ausstatten. Zum einen natürlich die stetig wachsende und sich mehr oder weniger automatisch vernetzende Struktur eines Weblogs, wenn dieser regelmäßig gepflegt und um Inhalte erweitert wird. Ein guter Blog kann schnell auf Hunderte von Unterseiten kommen, die – im Gegensatz zu reinen Shop-Portalen – jeweils über umfangreiche und einzigartige Inhalte verfügen, in der Fachsprache *Unique Content* genannt.

Weitere Bestandteile der SEO-Kompatibilität sind:

- Das natürliche Wachstum der Inhalte durch Kommentare, Follow-up-Artikel, Beitragsaktualisierungen etc.
- Die optimale interne Linkstruktur mit Kategorien, Archiven, Tags, Autorenseiten, Suchseiten etc.
- Trackbacks und Pingbacks (also die automatische Benachrichtigung und Verlinkung von Verweisen zwischen zwei Blogs)
- Suchmaschinenoptimierte Gestaltungselemente der Blog-Themes (etwa unterschiedliche Überschriftenauszeichnungen, hervorgehobene Texte, Link- und Bildbeschreibungen, die teils automatisch unterstützt und generiert werden)
- Die schnelle Aufnahme entsprechender Blog-»News«-Quellen in die Ergebnisse der Suchmaschinen (in welchem Umfang dies geschieht, ist unter Experten umstritten)

- Eine ideale Anbindung an soziale Netzwerke via RSS, Twitter, Google Plus, Facebook und mehr

- Und natürlich nicht zuletzt die Blogosphäre, die bei guten Inhalten sehr offen mit Verlinkungen, Verweisen und Empfehlungen untereinander umgeht

Was bedeutet diese Tatsache nun für die Blog-SEO? Wird diese damit weniger wichtig oder gar obsolet? Mitnichten, doch dies hängt sehr von der Zielstellung eines Weblogs ab. Wir sind nach wie vor der Meinung (und seit Googles Qualitäts-offensiven zur »Abstrafung« qualitativ minderwertiger Seiteninhalte noch mehr), dass ein guter, inhaltsreicher und Mehrwert bietender Blog fast »von alleine« Erfolg haben wird. Denn tolle Inhalte werden von der Leserschaft weiterempfohlen und das wirkt sich indirekt darauf aus, für wie relevant Google Ihren Blog hält. Ein kleines Beispiel:

Michael begann sein Hobby 2007 mit einem Portal namens MeinStartup.com, das sich mit Themen rund um die Existenzgründung, Geschäftsideen, Selbstständig-keit und mehr beschäftigte. Er bewegte sich damit auf einem hart umkämpften Markt, der sich fest in der Hand diverser Verlage, Franchise-Anbieter, aber auch Finanzdienstleister und Versicherungen befand. Lange Zeit war der Blog mit den beiden wichtigsten Keywords »Geschäftsidee« und »Geschäftsideen« auf Platz eins bei Google gelistet. Und das bei rund 1,6 Millionen konkurrierenden Such-maschinen-Treffern, die es zum Thema gab. Das sorgte zeitweise für fast zwei Mil-lionen Seitenaufrufe im Jahr.

Damals hatte Michael noch keine Erfahrung in der Suchmaschinenoptimierung. Doch wie konnte er dann den ersten Platz bei Google erobern, von dem doch so viele Webmaster »träumen«? Ganz einfach: indem er – im Vergleich zu seiner Konkurrenz – als einer der wenigen in diesem Themenumfeld mit einem Blog arbeitete und kontinuierlich qualitativ hochwertige sowie für die Leser spannende Geschichten lieferte. Mittlerweile ist die Blog-Konkurrenz in diesem Umfeld jedoch größer geworden. Das gilt für viele andere Themen auch.

»Ein guter Verkäufer muss gute Geschichten erzählen können«, so lautete der Leitspruch eines früheren Kollegen von Michael. Er gilt auch für die Blog-SEO. Was nicht bedeutet, dass irgendwelche Inhalte geschönt oder gar erfunden werden sollen. Doch die »Storytelling«-Komponente von Weblogs – sowie deren persönli-cher Charakter – lässt engagierte Blogger fast schon von alleine erfolgreich wer-den. Die Artikel-»Geschichten« bilden die Grundlage für eine gute Positionierung in den Suchmaschinen.

Blog-Erfolg ist jedoch kein Automatismus. Den Verzicht auf reine SEO-Maßnah-men bezahlte Michael mit einem ganz anderen Preis. Schließlich dauerte es bei-nahe vier Jahre, bis er seinen Blog so überaus erfolgreich machen konnte. Hinzu kommt: Als er durch diverse andere Projekte keine Zeit mehr hatte, sich um sei-nen Existenzgründerblog zu kümmern, gingen die Besucherzahlen deutlich zurück. Wer seinen Lesern nicht ständig neue Inhalte liefert (abhängig vom Thema mindestens zwei bis drei Mal pro Woche), der wird es schwer haben. Mittlerweile hat Michael seinen ersten Blog verkauft, damit der neue Besitzer – mit mehr Elan und Zeit – wieder durchstarten kann. Auch das ist ein Vorteil von Blogs. Einmal erfolgreiche Portale lassen sich relativ schnell wieder aus der Versenkung holen, sie profitieren dann von der Basis alter Beiträge.

Wenn wir heutzutage mit einem neuen Blog starten, so geben wir ihm sechs bis maximal 18 Monate Zeit, da wir den Neustart mittlerweile mit entsprechenden Marketing- und SEO-Maßnahmen flankieren. Woraus diese zusätzlichen Blog-SEO-Maßnahmen nun hauptsächlich bestehen, zeigen die nachfolgenden Abschnitte.

6.2 SEO-Grundlagen für Blogs

Wer als Blogger noch nicht über ein bestimmtes Marketing- und eben auch SEO-Budget verfügt, der kann sich zahlreicher kostenfreier Plug-ins und anderer Tools bedienen, um die standardmäßig vorhandenen SEO-Eigenschaften seiner Webseite zu verbessern. Oder um zumindest analysieren zu können, an welchen Stellen zusätzlicher Optimierungsbedarf besteht.

Einige davon möchten wir hier vorstellen, sowohl Blog-Erweiterungen als auch Online-Tools. Die meisten dieser Werkzeuge haben den Vorteil, dass sie bereits mit ihren Standardeinstellungen sehr gute Ergebnisse liefern. Das ist gerade für Einsteiger wichtig, da viele SEO-Plug-ins unzählige Optionen bieten, mit deren Steuerung und Justierung SEO-Anfänger schnell an ihre Grenzen stoßen.

6.2.1 Suchmaschinenoptimierte Themes

Viele – hauptsächlich kostenpflichtige – Blogdesigns werben damit, von sich aus bereits suchmaschinenoptimiert zu sein. Dies kann durch eine für Suchmaschinen ideale Quellcode-Anordnung, eine möglichst schlanke Programmierung, wenige ausgelagerte und daher ladezeitfreundliche Objekte und vieles Weitere mehr erreicht werden.

Es ist durchaus sinnvoll, bereits bei der Auswahl der Design-Basis eines Blogs auf ein entsprechendes Theme zu achten. Das ist gar nicht mehr so einfach, da sich gerade im WordPress-Umfeld unzählige Anbieter tummeln. Im Folgenden einige generelle Hinweise, was ein sauber entwickeltes und damit suchmaschinenfreundliches Blog-Template ausmacht:

■ Je schlanker ein Theme ist, je weniger Zusatzkomponenten also eingebaut sind (Image-Slider, »per Klick« anpassbare Designs, Integration zahlreicher Social-Media-Schnittstellen, JavaScript- oder gar Flash-basierte Komponenten etc.), umso performanter ist es in der Regel. Die größtmögliche Flexibilität eines vielfältig einzusetzenden Templates bezahlen wir unter Umständen also mit einem leichten Minus, was die Suchmaschinentauglichkeit anbelangt.

■ Die Inhalte sollten im Mittelpunkt stehen. Als Faustregel gilt: Ist ein Scrollen erforderlich, um den eigentlichen Inhalt zu sehen oder geht dieser in den sonstigen Designelementen unter, dann ist das schlecht für den Nutzer. Vermeintliche Kleinigkeiten wie eine zu geringe Schriftgröße gehören ebenfalls in diese Kategorie. Indirekt oder auch direkt wirkt sich eine schlechte Benutzerfreundlichkeit (Usability) auch auf die Einstufung durch Google und andere Suchmaschinen aus.

■ Manche Templates unterstützen die Beitragsgestaltung mit unterschiedlichen Hinweisboxen, Tabs, durch die sich der Leser durchklicken kann, automatisch nachladenden Komponenten beim Scrollen, Bildeffekten und mehr. Es gibt Technologien (zum Beispiel HTML5), mit denen dies recht effizient umgesetzt werden kann. Dennoch sollte sich jedes zielführende Design auf möglichst wenige unterschiedliche Komponenten fokussieren. Alles andere lenkt den Leser, aber auch Suchmaschinen ab.

■ Ein Anbieter rühmt sich, dass sich mit seiner Lösung vom Blog über den Shop bis hin zum Forum sämtliche Anwendungsfälle gleichberechtigt abdecken lassen? Das mag zwar sein, doch effizienter sind meist zielgerichtete Ansätze. Soll also der (Corporate) Blog eindeutig im Vordergrund stehen, dann lohnt sich ein Blog-Theme, das gegebenenfalls um zusätzliche Shop-Komponenten erweitert wird. Möchten Sie hingegen einen Shop etwa auf WordPress-Basis umsetzen und nur begleitend bloggen, dann halten Sie in erster Linie Ausschau nach einem Shop-Theme.

■ Es gibt bei der Entwicklung eines suchmaschinenoptimierten Designs eine Vielzahl von vermeintlich vernachlässigbaren Aspekten, die jedoch eine große Auswirkung haben. Etwa, welche Beitragsbestandteile ein Theme mit der für Google so wichtigen h1-Überschrift auszeichnet (siehe zur Erläuterung den Beitrag `http://mizine.de/html/wordpress-theme-tip/`). Zumal sich die jeweils beste Vorgehensweise im Lauf der Zeit durchaus ändern kann. Dies zu bewerten gelingt meist nur mit fundierten SEO-Kenntnissen. Hier sind Sie bei den sehr großen Anbietern (kostenpflichtiger) Themes meist auf der sicheren Seite, da diese eher in eine entsprechende Analyse investieren können. Aber selbst das ist keinesfalls garantiert. Fragen Sie beim jeweiligen Theme-Anbieter nach, wie und mit wem (beziehungsweise welchen Tools) er die Suchmaschinenoptimierung seiner Produkte überprüft. Er sollte diesbezüglich eine klare Aussage treffen können. Auch SEO-Blogger geben immer wieder einmal Hinweise dazu, welche Produkte sich eher eignen und welche nicht.

■ Ein suchmaschinenoptimiertes Design ist immer auch für mobile Endgeräte optimiert. Das Template sollte daher aktuell sein und alle gängigen Ausgabeformate unterstützen (Smartphones, Tablets, gegebenenfalls sogar E-Book-Reader etc.). Das klingt selbstverständlich, und nahezu alle Anbieter werben damit, ausschließlich mobiloptimierte (»responsive«) Themes anzubieten. Das sollten Sie jedoch ausgiebig selbst testen. Beim Aufruf mancher Theme-Demos mit dem Smartphone oder dem Tablet zeigen sich nicht selten teils unschöne Fehler. Es gibt kaum ein Template, das wirklich sämtliche mobilen Anwendungsfälle und (auch ältere) Geräte abdeckt. Dennoch muss die saubere Darstellung auf den gängigsten Endgeräten gewährleistet sein, um die Leser nicht dauerhaft zu verprellen.

Es gibt Themes mit eingebauten SEO-Funktionalitäten, die normalerweise von Plug-ins übernommen werden, etwa die teilautomatisierte Pflege von Meta-Informationen. Das klingt gut und günstig, weil Sie sich damit die Einrichtung von Zusatzkomponenten sparen, erfahrungsgemäß sind diese Funktionalitäten jedoch nur selten auf einem so aktuellen Stand wie die marktführenden SEO-Plug-ins. Hinzu kommt, dass Themes mit eingebauten SEO-Komponenten und entsprechende Plug-ins oftmals nicht kompatibel sind. Der meist geringere Funktionsumfang des Themes kann dann nicht erweitert werden. Oder er geht gänzlich verloren, wenn Sie auf ein neues Design umsteigen möchten. Wir empfehlen, nach Möglichkeit immer auf die Plug-in-basierte Lösung zurückzugreifen.

Ob der Quellcode sauber programmiert ist und damit die Suchmaschinenoptimierung unterstützt, kann in der Regel nur ein erfahrener Entwickler beurteilen. Selbst so mancher große Anbieter »schludert« in dieser Hinsicht. Fragen Sie falls möglich einen WordPress- oder sonstigen Entwickler um Rat oder beauftragen Sie ihn mit der Suche eines passenden Themes. Das ist keineswegs übertrieben, denn ein Theme-Design legt möglicherweise über Jahre hinweg die Grundlage dafür fest, wie erfolgreich Ihr Blog ist.

Gerade größere Unternehmen werden meist auf ein individuell entwickeltes Design zurückgreifen, um einen unverwechselbaren Blog aufzubauen. Umso wichtiger ist es dabei, auf einen versierten Entwickler beziehungsweise eine sachkundige Agentur zurückzugreifen. Viele Dienstleister rühmen sich damit, über Erfahrung mit WordPress, Joomla! etc. zu verfügen, das sollten Sie jedoch anhand von Referenzen genau prüfen. Uns sind Fälle bekannt, in denen ein Corporate Blog alles andere als zielführend umgesetzt wurde – und dann ist guter Rat teuer, wenn die Fehler überhaupt entdeckt werden. Wichtig dabei ist zu wissen, dass kaum ein Dienstleister sämtliche Disziplinen abdecken kann, die für den Erfolg eines Corporate Blogs wichtig sind (blogspezifisches Design, Programmierung, SEO, Content-Marketing, Blog-Vermarktung etc.). Zumal die Erstellung und der Betrieb von Blogs immer noch einiges an Spezialwissen verlangt, das rar gesät ist. Wenn Ihnen ein Anbieter also vorschlägt, weitere Experten mit ins Boot zu holen, dann ist dies ein Zeichen von Stärke, nicht von Schwäche. Umgekehrt sollten Sie aufhorchen, wenn ein Dienstleister vorgibt, all diese Fertigkeiten aus dem eigenen Team heraus bereitstellen zu können.

Deutschsprachige Themes

Die meisten Blog-Templates werden im englischsprachigen Raum oder zumindest in englischer Sprache entwickelt. Kommt eine solche Designvorlage zum Einsatz, so sollten Sie unbedingt darauf achten, dass eine sogenannte *Deutsche Sprachdatei* vorhanden ist. Mit dieser Datei – bei kostenlosen Themes von einzelnen Übersetzern frei entwickelt auf dem Markt verfügbar, bei kostenpflichtigen Themes hingegen meist mit im Angebot – werden die in das Theme eingearbeiteten englischen Begriffe und Formulierungen übersetzt, etwa für die Kategorien (»Kategorien« oder »Themen« statt »categories«), die Suchfunktion (»Webseite durchsuchen« statt »Search«) oder auch die Kommentarfunktion.

Dies ist nun nicht nur für das Auge des (deutschsprachigen) Lesers wichtig, es dient gleichzeitig der Suchmaschinenoptimierung: Ihre Nutzer suchen bei Google – um ein Beispiel zu nennen – eher nach »Thema Bloggen« anstatt nach »Category Bloggen«. Wird die Sprache durchgängig korrekt verwendet, so stufen Suchmaschinen Ihre Inhalte zudem der richtigen Region zu – das sorgt für zusätzlichen Traffic bei lokalen Suchanfragen. Existiert für Ihr Wunsch-Theme keine vorgefertigte Übersetzungsdatei, so können Sie meist auch selbst übersetzen. Das setzt jedoch gewisse Grundkenntnisse im Aufbau von Template-Strukturen und -Dateien voraus. Für WordPress ist das Hilfsprogramm »Poedit« zu empfehlen (`http://poedit.net`), eine Anleitung finden Sie unter `www.gutestun.org/wordpress/so-ubersetzt-man-wordpress-themes-1033/`. Alternativ gibt es die Plug-in-Lösung »Codestyling Localization« (`http://code-styling.de/deutsch/entwicklungen/wordpress-plugin-codestyling-localization`), falls lediglich einzelne Begriffe übersetzt oder verändert werden sollen.

Bei Anbietern von kostenpflichtigen Themes sollten Sie sich indessen stets im Voraus erkundigen, ob auch wirklich aktuelle Sprachdateien in der jeweiligen Landessprache zur Verfügung stehen. Denn die Übersetzung in Eigenregie ist – je nach Ausgestaltung des Themes – sehr zeitaufwendig.

6.2.2 WordPress SEO by Yoast

Der SEO-Experte Joost de Valk aka Yoast hat sich mit zahlreichen Publikationen und Tools einen Namen gemacht, insbesondere im WordPress-Umfeld. Er bietet mehrere kostenpflichtige SEO-Plug-ins für das beliebte Blogsystem an, die es jedoch auch in einer kostenfreien Basis-Version gibt – gut, um das Werkzeug auszuprobieren. »WordPress SEO by Yoast« ist unter `https://wordpress.org/plugins/wordpress-seo/` verfügbar. Zwar gibt es zahlreiche ähnliche Gratis-Werkzeuge für WordPress, doch nur wenige werden so aktuell gehalten wie dieses. Zudem existieren gute Tutorials für diese Erweiterung, wenngleich häufig nur in englischer Sprache.

Das Plug-in unterstützt unter anderem:

- Die (teil-)automatisierte Pflege von Blog-Metadaten, also von teils im Quellcode verborgenen Informationen, die Google ausliest und gewichtet. Dazu gehören auch die Informationen des Open Graph, wodurch geteilte Links Ihres Blogs in sozialen Netzwerken wie Facebook, Twitter oder Google Plus in der Darstellung um ein Vorschaubild und einen kurzen Text ergänzt werden und dadurch mehr Aufmerksamkeit erregen
- Das Vermeiden von Duplicate Content innerhalb eines Blogs
- Eine bessere Indexierung der Blogbeiträge durch Google (mittels einer sogenannten XML-Sitemap)
- Die Echtzeit-Analyse einzelner Beiträge: Welche SEO-relevanten Elemente wurden beim Schreiben vergessen, wo besteht schon vor der Veröffentlichung eines neuen Artikels Optimierungspotenzial?
- Das Verschlanken des Quellcodes, um die Ladezeit Ihrer Seite zu verbessern und Google einen besseren Zugriff zu gewähren

Bereits die kostenfreie Variante unterstützt die wichtigsten Optimierungsschritte, was jedoch zulasten der einfachen Bedienung geht. Diese ist aufgrund der vielfältigen Einstellungsmöglichkeiten und Schnittstellen innerhalb Ihrer Administrationsoberfläche teilweise etwas gewöhnungsbedürftig, gerade für Einsteiger. Einige Optionen werden neuen Bloggern inhaltlich nur wenig sagen, weswegen Sie sich ein gutes Grundverständnis der SEO-Methoden aneignen sollten, bevor Sie mit ihnen experimentieren. Schlecht justierte SEO-Tools können nämlich auch genau das Gegenteil dessen bewirken, was sich der Blogger davon erhofft.

6.2.3 wpSEO (für WordPress)

Legen Sie Wert auf ein deutschsprachiges SEO-Plug-in, für das Sie zudem Support erhalten, dann empfehlen wir Ihnen das (kostenpflichtige) »wpSEO«-Plug-in von Sergej Müller (siehe `www.wpseo.de`). Michael setzt es selbst auf einigen seiner Blogs ein und es leistet doch deutlich mehr als die gängigsten Gratis-Plug-ins. Die Bedienung ist – nach kurzer Einarbeitung – sehr einfach. Auch die Dokumentation ist vorbildlich, was es zu einem guten Werkzeug für Neulinge macht. Bereits die Grundeinstellungen leisten gute Dienste, sodass die Einarbeitung in das Tool mit allen seinen Möglichkeiten nicht zwingend erforderlich ist.

Michael hat mit dem Wechsel auf »wpSEO« in einigen Bereichen – etwa bei der Suchmaschinen-Positionierung einzelner Seiten – deutlich zulegen können. Und dies, ohne bedeutend in die Standardeinstellungen des Plug-ins einzugreifen.

Somit ist das in Plug-in auch seinen mehr als fairen Lizenzpreis wert, wobei es hierbei verschiedene Modelle gibt, je nach Umfang der Nutzung und Anzahl der eingesetzten Blogs. Der generelle Vorteil kostenpflichtiger SEO-Tools: Deren Autoren gewährleisten, dass sie auch nach einem Update des Blogsystems und Algorithmus-Anpassungen der Suchmaschinen weiterhin funktionieren. Gute Erweiterungen können Sie prinzipiell daran erkennen, dass neue Techniken der Suchmaschinenoptimierung regelmäßig integriert werden.

6.2.4 Caching-Tools und beschleunigter Seitenaufbau

Ein performanter Blog sorgt nicht nur für mehr Zufriedenheit bei den Lesern und damit für weniger Besuchsabbrüche, auch Suchmaschinen honorieren den möglichst schnellen Seitenaufbau. Jedes Plug-in, jedes Analysetool oder auch jede Social-Media-Integration macht Ihren Blog langsamer. Insbesondere dann, wenn hierdurch externe Skripte eingebunden werden, was leider immer mehr Anbieter voraussetzen. Möglichst sparsam mit derlei Erweiterungen umzugehen ist also die beste Möglichkeit, für eine höhere Geschwindigkeit zu sorgen. Dazu zählt auch ein gut programmiertes Design-Template.

Über die verschiedenen Varianten zur Beschleunigung von Blogs könnten wir fast ein eigenes Buch schreiben, so vielfältig sind die einzelnen Möglichkeiten hierfür. Wir selbst haben mit zahlreichen Varianten experimentiert, sowohl was den möglichst performanten Webspace-Anbieter als auch die sogenannte Onpage-Optimierung anbelangt (damit ist die Verbesserung in der Datenstruktur des Blogsystems gemeint). In der Regel braucht es ein ganzes Maßnahmenbündel, um ans Ziel zu gelangen. Das bedeutet in erster Linie, dass Sie einen geeigneten und möglichst performanten Webhost benötigen. Gerade bei umfangreichen Blogs mit zahlreichen Artikeln, Kommentaren etc. werden Sie auf Dauer jedoch nicht um eine zusätzliche Optimierung des Quellcodes herumkommen.

Sind all diese Möglichkeiten ausgereizt, dann helfen nur noch andere Mittel wie Caching-Plug-ins und -Einstellungen, etwa

- »WP Super Cache« (`http://wordpress.org/plugins/wp-super-cache/`), »Cachify« (`http://cachify.de/`) oder »W3 Total Cache« (`http://wordpress.org/plugins/w3-total-cache/`). Zum einen werden durch diese Plug-ins die Seiten Ihres Blogs in einem Cache gespeichert und sind dadurch schneller abrufbar, zum anderen wird die Zahl der Client-Anfragen an den Server durch die Zusammenfassung einzelner CSS- oder JavaScript-Dateien minimiert
- »JotCache für Joomla!« (`www.jotcomponents.net/web-programming/jotcache`)
- Diverse systemeigene und externe Lösungen für Drupal (siehe `www.arocom.de/de/blog/drupal-caching-teil-1`) und Contao (`http://rocksolid-themes.com/de/contao/blog/contao-ladezeit-optimieren`)

Viele der Komponenten sorgen dafür, dass einzelne Teile der Blogseiten im Voraus zusammengestellt beziehungsweise berechnet werden. Damit lassen sie sich – etwa über einen internen Speicher – deutlich schneller an den Blogbesucher ausliefern. Die Einrichtung und der Betrieb der Werkzeuge sind jedoch erfahrungsgemäß nicht immer ganz unproblematisch. So können unschöne Nebenwirkungen wie etwa nicht mehr funktionierende Plug-ins, verzögert dargestellte Kommentare oder sonstige Fehlfunktionen und Fehlermeldungen auftreten. Zudem sind einige der Tools von speziellen Server-Einstellungen abhängig, die gerade bei einfachen, günstigen Webspace-Angeboten nicht immer vorhanden oder administrierbar sind. Ziehen Sie zur Einrichtung von Caching-Lösungen – sofern Sie selbst kein Technik-Experte sind – daher besser eine technisch versierte Person hinzu. Da eine fehlgeschlagene Installation der Plug-ins immer auch für einen Totalausfall des Blogs sorgen kann, ist eine umfassende Datensicherung vorab Pflicht (Backup der Dateien und der Datenbank).

Neben den genannten Erweiterungen gibt es weitere Möglichkeiten, die Ladezeiten eines Weblogs auf individuelle Weise zu minimieren. Viele davon sind auf WordPress ausgerichtet, da die sehr große Community regelmäßig eine Vielzahl von Lösungen ausprobiert und erarbeitet.

Tipp

Zum Messen der Geschwindigkeit Ihrer Webseite stehen Ihnen diverse kostenlose Tools zur Verfügung, die Aufschluss über die einzelnen Verbindungen und angefragten Dateien sowie deren jeweilige Ladezeit geben. Gute Erfahrungen haben wir unter anderen mit »Google Page Speed« (https://developers. google.com/speed/pagespeed/insights/), »GTmetrix« (http://gtmetrix. com/) oder »WebPagetext« (http://www.webpagetest.org/) gemacht, über die Sie Näheres auf http://www.toushenne.de/newsreader/page-speed-testen-und-optimieren.html erfahren.

Serverseitige Komprimierung von Dateien

Die serverseitige Komprimierung von CSS-, JavaScript- und sonstigen Dateien mittels »gzip« kann eine erhebliche Performance-Steigerung bewirken, ohne allzu tief in das Blogsystem selbst einzugreifen. Gute Anleitungen hierzu finden Sie unter

- http://mo.phlow.de/wordpress-gzip-mod-deflate/ (WordPress)
- www.perun.net/2012/03/19/5-einfache-massnahmen-um-die-performance-von-wordpress-websites-zu-verbessern/ (auf WordPress ausgerichtet)
- www.jugfulda.de/performance/128-ladezeiten-verbessern-teil-6-serverseitige-komprimierung-mit-gzip.html (für Joomla!, inklusive weiterer Link-Tipps)
- www.hosteurope.de/blog/serverseitige-komprimierung-von-website-inhalten/ mit der Vorstellung von System-unabhängigen Werkzeugen, für deren Nutzung jedoch erweitertes technisches Wissen notwendig ist

Generelle Hinweise zur Optimierung von Quellcode und Dateien – egal welches Blogsystem zum Einsatz kommt – können Sie hier nachlesen:

- `http://www.toushenne.de/newsreader/page-speed-testen-und-optimieren.html` (Vorstellung von kostenlosen Tools zur Messung der Seitenladegeschwindigkeit inklusive Performance-Optimierungsvorschläge)

- `http://de.onpage.org/blog/tipps-fur-bessere-website-performance` (Tipps zur Optimierung von CSS, JavaScript, HTTP-Requests und der Bildkompression)

- `www.conversionmedia.de/online-marketing/ladezeit-von-webseiten-testen-und-optimieren/` (unter anderem mit einer Einführung in CSS-Sprites)

- `www.sistrix.de/frag-sistrix/onpage-optimierung/pagespeed-ladezeit/`

Die letztgenannte Quelle erläutert, wie Google generell mit dem Faktor »Geschwindigkeit« einer Webseite umgeht. Aber auch wichtige Hinweise zur Umsetzung sind darin verlinkt.

Diese und auch alle weiteren im Buch erwähnten Online-Quellen finden Sie in Roberts Blog unter `www.toushenne.de/blog-boosting-links.html`. Um direkt dorthin zu gelangen, können Sie den folgenden QR-Code mit Ihrem Smartphone scannen.

»XCache« und »eAccelerator«

Manche Hostingprovider bieten ihren Kunden den Einsatz vorinstallierter Script-Optimierer wie das Modul »XCache« oder auch »eAccelerator« an, die beispielsweise PHP-Abfragen oft deutlich beschleunigen können. So bieten einige der zuvor genannten WordPress-Caching-Plug-ins die Möglichkeit, speziell auf dieses Modul hin optimierte Einstellungen zu verwenden. Mit der Kombination von »XCache« und »WP Super Cache« berichten einige Blogbetreiber von erstaunlichen Performancesteigerungen, die wir selbst noch nicht bestätigen konnten. Die damit erzielbare Beschleunigung hängt von zahlreichen Faktoren ab, wie etwa der grundlegenden Serverkonfiguration, den eingesetzten Plug-ins oder der Gestaltung des Weblogs selbst.

Dennoch kann es sinnvoll sein, bei Einsatz eines Caching-Plug-ins den Webspace-Provider zu fragen, welche solcher Module er jeweils unterstützt. In einem Test lassen sich dann die konkreten Auswirkungen und Beschleunigungspotenziale ausprobieren. Da es dabei zu diversen Wechselwirkungen kommen kann, schalten die meisten Provider solche Beschleunigungswerkzeuge erst auf Wunsch der Kunden ein. Gerade bei einem *Managed Server* (dessen Betriebssystem und Software vom Provider überwacht und aktualisiert wird, bei dem sich der Kunde demnach nicht um die Administration kümmern muss) sind Sie auf eine gute Zusammenarbeit mit dem Support des jeweiligen Hosting-Unternehmens angewiesen. Generell ist eine gute Beratung wichtig, was die Vor-, aber auch Nachteile der einzelnen Methoden betrifft. Kleinere Webhoster sind dabei oftmals hilfsbereiter, wohingegen die großen schlicht den Faktor »Zukunftssicherheit« genießen.

> **Hinweis**
>
> Für technisch versierte Blogbetreiber gibt Google selbst eine Anleitung mit zahlreichen wertvollen Hinweisen heraus, wie der Seitenaufbau jeglicher Webseiten zusätzlich beschleunigt werden kann. Diese Tipps sind – teilweise leider nur auf Englisch – unter `https://developers.google.com/speed/` beziehungsweise `https://developers.google.com/speed/docs/insights/rules` abrufbar.

6.2.5 Optimierte Linkstrukturen

Verbesserung der Seitennavigation

Selbst bekanntere Blog-Themes sind mit einer Seiten- oder Archivnavigation inklusive »zurück«- und »weiter«-Links ausgestattet, um zwischen neueren und älteren Beiträgen hin und her zu blättern. Doch für die Indexierung bei Google ist eine Struktur in Form von Seitennummerierungen oft sehr viel sinnvoller.

Abb. 6.1: Eine einfache Seitennummerierung

Wenn Ihr Template diese Form der Navigation nicht unterstützt und Sie den Quellcode nicht selbst anpassen möchten, so gibt es auch hierfür ein praktisches WordPress-Plug-in namens »WP-PageNavi« (`http://wordpress.org/plugins/wp-pagenavi/`). Mit wenig Aufwand lässt sich damit die »weiter«-Navigation durch numerische Verweise ersetzen. Das freut nicht nur die Suchmaschinen, auch Ihre Nutzer profitieren von einer besseren Bedienbarkeit.

Bei anderen Blogsystemen ist es teilweise nur eine Frage des Design-Templates, ob und in welcher Form die numerische Seitennavigation unterstützt wird. Hier lohnt es sich, bereits bei der Theme-Auswahl auf eine entsprechende Funktionalität zu achten. Abbildung 6.1 zeigt beispielsweise Roberts Blog, dessen System

»contao« unabhängig vom gewählten Theme ein entsprechendes Modul zur Paginierung zur Verfügung stellt.

Optimierte Permalink-Struktur

Den nachfolgenden Tipp sollten Sie wenn möglich berücksichtigen, bevor Sie mit einem neuen Blog starten. WordPress und andere Blogsysteme legen neue Beiträge und Seiten teilweise in einer ungünstigen URL-Struktur an. Diese sind dann beispielsweise unter *www.blogdomain.xy/?p=1* für den ersten Beitrag oder die erste Seite erreichbar. Suchmaschinen – aber auch Blogleser – können hingegen mit einer »sprechenden« URL wie etwa *www.blogdomain.xy/dies-ist-die-ueberschrift-meines-beitrags/* deutlich mehr anfangen als mit einer kryptischen Ziffernfolge, die auf »?p=« folgt. Die spätere Anpassung einer solchen Struktur ist nicht nur mit einigem Aufwand verbunden, sondern kann unter Umständen auch zum Verlust wertvoller interner sowie externer Verlinkungen führen.

In WordPress lassen sich optimierte »Permalinks« sehr einfach konfigurieren, indem Sie in der Administrations-Oberfläche unter EINSTELLUNGEN und PERMALINKS den Eintrag wie in Abbildung 6.2 vornehmen.

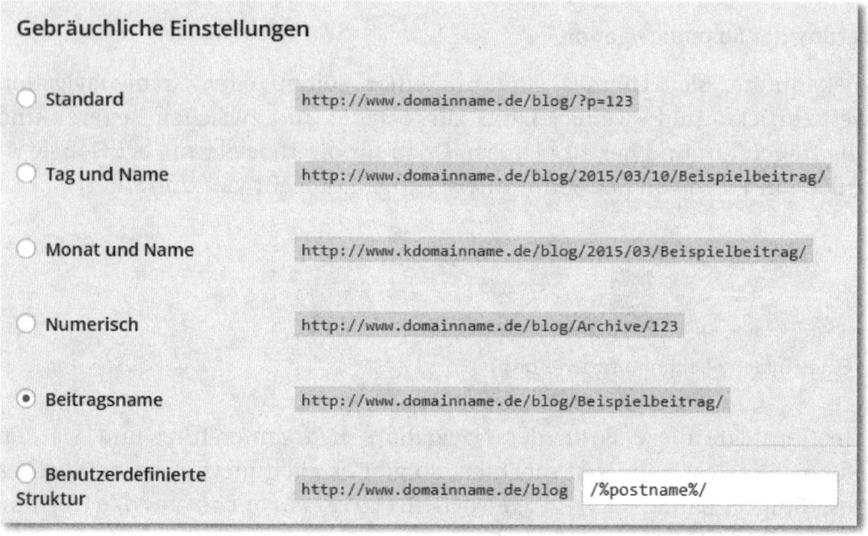

Gebräuchliche Einstellungen

○ Standard	`http://www.domainname.de/blog/?p=123`
○ Tag und Name	`http://www.domainname.de/blog/2015/03/10/Beispielbeitrag/`
○ Monat und Name	`http://www.kdomainname.de/blog/2015/03/Beispielbeitrag/`
○ Numerisch	`http://www.domainname.de/blog/Archive/123`
⊙ Beitragsname	`http://www.domainname.de/blog/Beispielbeitrag/`
○ Benutzerdefinierte Struktur	`http://www.domainname.de/blog` `/%postname%/`

Abb. 6.2: Die Permalink-Struktur in WordPress ändern

WordPress bietet dabei gleich mehrere Varianten an, etwa Kombinationen aus Tag oder Monat und dem Beitragsnamen. Um den Beitragsnamen zusammen mit einer fortlaufenden Zahl zu verwenden, geben Sie unter BENUTZERDEFINIERTE STRUKTUR die Variable `/%postname%/%post_id%/` an (ebenfalls zu sehen in Abbildung 6.2). Dann können sich die URLs gleichlautender Beiträge oder Seiten nicht durch einen

Fehler überschneiden, etwa beim Zusammenführen von Blogs – was jedoch nur sehr selten vorkommt. Aus SEO-Sicht ist die schlichte Variante *Beitragsname* vorzuziehen – URLs werden hierdurch möglichst kurz und prägnant.

Für andere Blogsysteme existieren ähnliche Möglichkeiten. Eine Google-Suche etwa nach *CMS-Name* `Permalink` hilft hier weiter.

Tipp

Die meisten Blogsysteme wandeln die Beitragsüberschrift automatisch in eine entsprechende URL um. Bei einigen Systemen lassen sich diese URLs individuell anpassen. In WordPress gibt es hierzu in der Beitragsbearbeitungsansicht die Möglichkeit PERMALINK BEARBEITEN (direkt unterhalb des Felds für den Beitragstitel). Wenn die Überschrift Ihres Beitrags möglichst sprechend gehalten ist, aber nur wenige Suchbegriffe und Keywords enthält, nach denen bei Google & Co. gesucht wird, dann lohnt sich die manuelle Anpassung definitiv. Die sichtbare Überschrift wird dann wie gewohnt ausformuliert, die URL hingegen mit wenigen, aber dafür wichtigen Begriffen für Suchmaschinen optimiert. Diese Vorgehensweise sorgt gleichzeitig für möglichst kurz gehaltene URLs, die keine Füllwörter aus der eigentlichen Überschrift enthalten. Somit sind sie für Suchmaschinen besonders einfach zu verarbeiten.

Sie dürfen Ihre Leser allerdings nicht in die Irre führen: Weichen die URL-Keywords zu stark vom eigentlichen Inhalt des Blogbeitrags ab, so passt die Suchanfrage womöglich nicht zum gebotenen Inhalt und Ihre Leser werden den Blog schnell wieder verlassen. Das werten auch Suchmaschinen, wie Sie wissen, als negatives Signal (Stichwort »Absprungrate«, siehe Abschnitt 3.2.2). Zudem sollten Sie es – speziell in den Beitrags-URLs – vermeiden, mit den immer gleichen Keywords zu arbeiten, denn dann machen sich die Beiträge schnell gegenseitig Konkurrenz. Oder aber Suchmaschinen gewinnen ein sehr einseitiges Bild von Ihrem Blog, was sogar als unlautere Überoptimierung gedeutet werden und zu einer Abstrafung führen könnte.

Blogs mit DoFollow-Links finden

In der ersten Ausgabe von *Blog Boosting* nahmen die Hinweise zu diesem Thema einigen Raum ein. Mittlerweile hat sich die Meinung von Michael deutlich gedreht. Was ist der Hintergrund? In den Anfangszeiten des professionellen Bloggens machten sich manche Blogger gezielt auf die Suche nach Blogs, die Link-Erwähnungen in den Kommentaren, ob nun bewusst oder unbewusst, auf »DoFollow« gesetzt haben (wir nennen diese im Folgenden DoFollow-Blogs). Der Standard – zumindest in den WordPress-Blog-Kommentaren – ist mittlerweile »NoFollow« und zur Änderung sind spezielle Plug-ins erforderlich.

Hinweis

Backlinks dienen im Allgemeinen zur Verknüpfung zweier Webseiten. Im ursprünglichen Sinne sollen sowohl Besucher als auch Suchmaschinen-Crawler ihnen folgen. Diese Links werden als *DoFollow-Links* bezeichnet. Um Crawler jedoch – aus Gründen der Suchmaschinenoptimierung – daran zu hindern, können ausgehende Links bewusst mit dem *NoFollow*-Attribut gekennzeichnet werden. Dadurch erhält die verlinkte Seite keinen Ranking-Bonus.

Zum einen sorgen DoFollow-Backlinks für einen Ranking-Vorteil bei Google, während sich hingegen NoFollow-Verweise nur indirekt auswirken. Das Kalkül hinter der Recherche von DoFollow-Blogs: Bringen Sie in möglichst vielen dieser Blogs einen Kommentar unter, bei dem die eigene Webseite verlinkt wird (etwa über das Kommentarfeld »Webseite«), so steigt Ihr Blog in der Gunst der Suchmaschinen. DoFollow-Blogger selbst spekulieren hingegen darauf, über ihre Großzügigkeit möglichst viele Kommentare zu erzeugen – was wertvollen User Generated Content bedeutet. Auch *Blog Boosting* gab diesen Tipp in der Erstausgabe, um insbesondere in der Anfangsphase für neue Besucher und Interaktionen zu sorgen.

Einige Blogger berichten nun, dass DoFollow-Blogs mittlerweile von Google abgestraft werden. Zu viele minderwertige SEO-gesteuerte Kommentare und Backlinks sorgen dann dafür, dass aus dem ehemaligen Vorteil ein Nachteil wird. Michael hat jedoch einige seiner Blogs ohne eine spürbare Auswirkung auf die Rankings von DoFollow auf NoFollow umgestellt. Wir würden mittlerweile dennoch von DoFollow-Links in den Blog-Kommentaren abraten. Zum einen steigt das Volumen an Spam-Kommentaren deutlich an, zum anderen sind Kommentar-Links auf minderwertige Portale Gift für die eigene SEO – wenn Sie eingehende Kommentare nicht sorgfältig und Link für Link überprüfen, schleichen sich schnell solche Verweis-Sünden ein. Ganz abgesehen davon, dass die Moderation reiner SEO-Kommentare nicht gerade Spaß macht.

Finden Sie allerdings einen thematisch passenden (!) Blog, der nach wie vor DoFollow-Kommentare anbietet, so ist nichts gegen einen sinnvollen und ehrlichen Eintrag dort einzuwenden. Ein Backlink sollte jedoch nie der Haupt-Beweggrund des Kommentierens sein. Blogger sind mittlerweile sehr sensibel, was unnütze Kommentare anbelangt. Werden Sie aufgrund eines Werbe- oder SEO-motivierten Eintrags in Anti-Kommentarspam-Tools gesperrt, so können Sie sich dauerhaft aus dieser wichtigen Form der Interaktion aussperren.

Kommentare bedienen mittlerweile einen gänzlich anderen Marketing-Aspekt, abgesehen davon, dass sie in erster Linie das Netz um hilfreiche und neue Ansichten bereichern sollen: Die fundierte Diskussion – gerne auch mit kontroversen Ansichten, sofern diese konstruktiv sind – ist echtes Content-Marketing. Wenn wir auf anderen Blogs ausführlich unser Wissen und unsere Ansichten teilen, so steigen danach regelmäßig unsere Besucher- und Follower-Zahlen. Bei einem wirklich hilfreichen Kommentar möchten Leser wissen, wer dahintersteckt. Dann ist der Klick auf den Kommentar-Link wichtiger als die Suchmaschinenoptimierung – er schafft (möglicherweise dauerhafte) Fan-Beziehungen, sofern der gute Eindruck, den Ihr Kommentar hinterlassen hat, durch Ihren Blog-Content bestätigt wird.

Hinweis

Weitere Ausführungen hierzu finden Sie im Blog von Anne Mühlbauer unter `http://neontrauma.de/bloggen/dofollow-oder-nofollow-links-blogs.php`. Ihr Fazit lautet sehr treffend: »Jeder Blogger sollte sich mit dem Thema NoFollow beschäftigen, um nicht von Google abgestraft zu werden. Relevant ist das vor allem bei Kommentaren und bei gekauften Verlinkungen im Rahmen von Kooperationen«.

6.2.6 Backlinks analysieren

Die Onlinedienste »OpenLinkprofiler« (erreichbar unter `www.openlinkprofiler.org`) beziehungsweise der noch umfangreichere »SEOprofiler« (erreichbar unter `www.seoprofiler.com`) ermöglichen Ihnen eine ausführliche und in der Grundfunktion kostenlose Analyse der Links, die auf Ihren Blog verweisen (eben die sogenannten Backlinks). Dabei fallen teilweise sehr wertvolle Zusatzinformationen an. Das Tool gibt nach Eingabe Ihrer oder einer fremden Internetadresse nicht nur die einzelnen Verweise aus, sondern auch weiterführende Informationen wie die Verweisart des eingehenden Links (DoFollow oder NoFollow, Index oder NoIndex), den Linktext, das Erscheinungsdatum, ein Hinweis zur thematischen Einordnung der verlinkenden Webseite sowie eine Einstufung der Linkqualität. Diese Informationen lassen Rückschlüsse auf die Quantität und vor allem die Qualität einzelner Backlinks zu und dienen Ihnen als Grundlage, um die stärksten Backlinks beziehungsweise Verweisseiten zu identifizieren und sie gezielt zu erweitern oder für andere Blogprojekte zu nutzen. Ebenso können Sie anschließend inhaltliche und qualitativ ähnlich nützliche Verlinkungsziele recherchieren. Das hilft bei der Entscheidungsfindung, mit welchen Blogs eine Kooperation infrage kommt, die beiden Seiten nutzt.

Da sich jede beliebige Domain untersuchen lässt, eignen sich Backlink-Checker auch zur Analyse von Mitbewerbern. Eine Zusammenfassung der Backlinksuche mittels »SEOprofiler« gibt einen Überblick über:

■ Die häufigsten Linkziele sowie verlinkte Keywords (sogenannte Ankertexte), die der Optimierung der eigenen Keyword-Strategie dienen. Analysieren Sie hier, ob zu einseitig auf ein bestimmtes Keyword verlinkt wird und ob dies zu einer Abstrafung durch Google führen könnte.

- Aussagen zur Qualität der Links über einen eigens kalkulierten Index (den »Link Influencer Score«, kurz LIS). Nach Aussagen des Betreibers wird er »*auf Basis der Qualität und der Menge der Websites ermittelt, die zu einer Website verlinken. Der LIS reicht von 0% (geringer Einfluss auf Platzierungen) bis 100% (sehr hoher Einfluss auf die Platzierungen der verlinkten Seite)*«. Er soll insbesondere einer schnelleren Orientierung hinsichtlich der Backlinkqualität dienen.

- Eine Analyse der *Homelinks* (also Verweise, die auf Ihre Startseite zeigen) im Vergleich zu »Deeplinks« auf bestimmte Unterseiten. Auch hier sollten Sie SEO-technisch auf ein ausgewogenes Verhältnis achten. Mithilfe dieser Informationen können Sie besonders stark verlinkte Seiten in Ihrem Blog identifizieren und Ihre Content-Strategie dahin gehend optimieren.

- Den Kontext der Webseiten beziehungsweise der Artikel, aus denen heraus Ihr Blog verlinkt wird. Dadurch können Sie sowohl Ihre Zielgruppe definieren als auch bisher ungenutztes (Interaktions-)Potenzial etwa in Foren entdecken.

- Weiterführende Informationen etwa zum Herkunftsland, dem Link-Alter oder eine Aufschlüsselung verlinkter Subdomains. Zudem generiert Ihnen das Tool eine Liste verdächtiger Backlinks, die womöglich einen negativen Einfluss auf Ihre Google-Platzierung haben. Diese sollten Sie überprüfen und gegebenenfalls entfernen lassen.

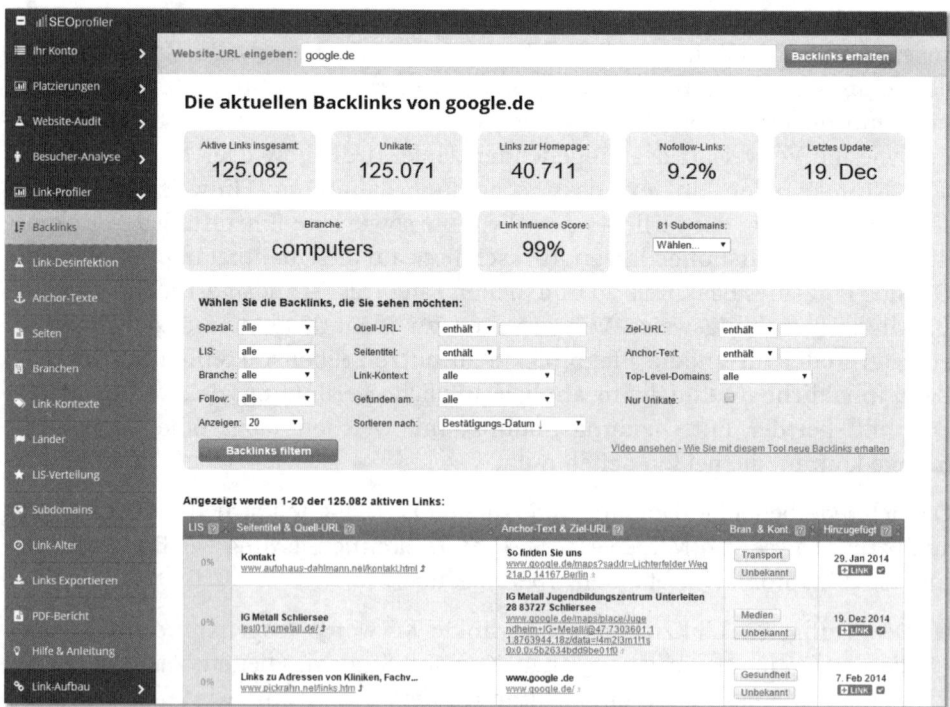

Abb. 6.3: Backlink-Übersicht inklusive Filteroptionen zur Detailanalyse

Eine Zusammenfassung der Analyse lässt sich in einer PDF-Version herunterladen. Mit diesen oder ähnlichen Werkzeugen können Sie nicht nur die jeweilige Blog-Linkentwicklung genau beobachten, sondern auch Link-Kooperationen beobachten. Übrigens können Sie sich über alle neuen eingehenden Backlinks per E-Mail informieren lassen, was Ihnen auch Echtzeit-Einsichten in die Aktivitäten Ihrer Mitbewerber ermöglicht und vielleicht die eine oder andere Chance aufzeigt, selbst einen neuen Backlink zu generieren.

Unter `www.seo-united.de/links-tools/backlink.html` sind weitere Alternativen aufgelistet, um Blog-Backlinks zu ermitteln. Wichtig dabei: Solche Werkzeuge finden nicht immer sämtliche vorhandenen Backlinks. Von daher lohnen sich die Nutzung sowie der Vergleich mehrerer Dienste. Informieren Sie sich dabei vorab gut über die einzelnen Tools. Einige unseriöse Anbieter verstecken Malware darin oder lassen unschöne Browser-Erweiterungen installieren.

6.2.7 Sonstige Optimierungstipps

Eine eigene IP-Adresse pro Blog

Wiederum ein indirekter Faktor, der nichts mit speziellen Werkzeugen oder Ähnlichem zu tun hat und trotzdem einen wichtigen Baustein des Erfolgs ausmacht, ist eine eigene IP-Adresse pro Blog.

> **Hinweis**
>
> Bei einer *IP-Adresse* (das IP steht für »Internet Protocol«) handelt es sich – vereinfacht dargestellt – um eine Art Anlaufstelle im Internet, unter der auch Ihr Weblog erreichbar ist. Diese erlaubt eine logische Adressierung innerhalb des Internets (über eine definierte Ziffernfolge, etwa in der Form 12.345.678.9) im Gegensatz zur reinen Domain. World-Wide-Web-intern wird also unter anderem diese IP-Adresse angesprochen, wenn sich jemand von einem Computer oder sonstigen externen Gerät Ihren Blog anschauen möchte. Gerade bei sehr günstigen Webspace-Angeboten laufen jedoch oft mehrere Dutzend oder gar Hunderte von Domains – und damit einzelne Internetportale – über ein und dasselbe Protokoll.

Es gibt schon seit Langem Anzeichen dafür, dass Google Blogportale mit eigener IP-Adresse – über das ansonsten kein weiteres Portal erreichbar ist – bevorzugt. Noch schlimmer kann der Effekt der sogenannten *Bad Neighbourhood* sein. Er tritt dann zutage, wenn eine der Webseiten auf einem Massen-Speicherplatz von Google abgestraft wurde, etwa weil sie unseriöse Inhalte enthält oder sich sonstiger unfairer Methoden im SEO-Bereich bediente. Liegt Ihr Blog nun auf der gleichen IP-Adresse wie die besagte abgestrafte Domain, so kann dies unschöne Nebeneffekte mit sich bringen, wenngleich die genauen Auswirkungen des Effekts umstritten sind. In der Summe ergibt sich jedoch ein positiver Effekt durch die exklusive Anlaufstelle für Suchmaschinen und eine höhere Qualität und Performance, die Webserver-Dienstleistungen mit eigener IP-Adresse in der Regel anbieten.

Michael ist bereits mehrfach von einem Massenprovider zu einem Paket mit einer eigenen, unabhängigen IP-Adresse gewechselt. Alleine diese Wechsel brachten ihm deutliche Vorteile ein, jeweils sichtbar im entsprechenden Ranking des Weblogs bei Google. Sie können beispielsweise alle Ihre Blogs auf einem Server mit einer eigenen IP-Adresse unterbringen und damit von fremden Domains und Webseiten abschirmen. Manche Blogger gehen sogar so weit, für jeden ihrer Blogs eine eigene IP-Adresse oder gar einen eigenen Server zu verwenden. Für sehr umfangreiche Blogs mit hohen Zugriffszahlen mag dies Sinn machen, bei kleineren Projekten reicht jedoch in der Regel ein einzelner, dafür aber gut ausgestatteter Webserver. Webhosting-Angebote mit eigener IP-Adresse sind zwar oft deutlich teurer als günstige Massenspeicher, doch durch die angesprochenen positiven Effekte kann sich dieser Schritt durchaus lohnen. Vor allem dann, wenn sich mehrere Blogs diese Kosten teilen oder wenn sich die Einnahmen eines Blogs bereits so positiv entwickelt haben, dass sie die Ausgaben weit übersteigen.

Diesen Effekt könnten wir sogar noch auf die Spitze treiben, indem wir jeden Blog bei einem anderen Provider beziehungsweise auf Servern unterschiedlicher Besitzer hinterlegen. Dahinter steckt folgendes Kalkül: Google soll übersehen, dass es sich um ein und denselben Domaininhaber beziehungsweise Blogbetreiber handelt. Dadurch – so die Theorie – werden Links von einem Blog auf den anderen besser gewichtet. Mittlerweile ist jedoch davon auszugehen, dass Google über zahlreiche Datenwege verfügt, um dennoch eine Verbindung herzustellen.

Hinweis

Wenn Sie Ihren Blog auf einem Massenhosting-Paket betreiben und wissen wollen, welche Portale und Domains sich hinter der gleichen IP-Adresse verbergen, so gibt es hierfür zahlreiche Online-Tools.

Mit einem Dienst wie www.heise.de/netze/tools/dns/ können Sie zunächst herausfinden, auf welcher IP-Adresse Ihr Blog liegt. Wählen Sie dazu die Abfrageart HOSTNAME TO ADDRESS LOOKUP und geben Sie in das Feld ADRESSE die Domain Ihres Blogs ein. Danach lässt sich – anhand der IP-Adresse – mit einer sogenannten *Reverse IP Lookup*-Suche ermitteln, welche anderen Projekte auf demselben Speicherplatz Ihres Hosting-Providers liegen. Beispielsweise über den Anbieter www.yougetsignal.com/tools/web-sites-on-web-server/.

In einem Fall fanden wir neben durchaus seriösen Seiten wie »elektrotechnik-xyz.de« oder »optik-xy.de« auch einige weniger schöne. Zum Beispiel – durch den eben genannten Dienst gleich treffend als »explicit content« hervorgehoben – eine Domain der Art »xyzsex.de«. Dies mitsamt dem Vermerk: »*The web sites in question are highlighted in red below. There is a possibility that all of the web sites on this web server may be blocked by web filtering software. Search engine rankings for these web sites may be affected as well*«. Das war Grund genug, die dortigen Blogprojekte nach und nach auf einen eigenen Server mit eigener IP-Adresse zu ziehen.

Die richtige Pflege von Links und Bildern

Alle wichtigen Blogsysteme unterstützen die korrekte Pflege von Links und Bildern im Rahmen der Beitragserstellung. Das umfasst Meta-Informationen wie das »ALT-Tag«, das »Title-Tag« sowie die Beschriftung von Bildern und Fotos (zur SEO-technischen Bedeutung siehe www.searchmetrics.com/de/services/ seo-glossar/alt-attribut/), aber auch den Titel von Verweisen (erläutert unter www.searchenginejournal.com/how-to-use-link-title-attribute-correctly/). Je vielfältiger und intensiver Sie diese Informationen pflegen, umso größer ist die Wahrscheinlichkeit, dass bei Google durchgeführte Suchen eine dieser Informationen als Treffer erkennen – und der zugehörige Beitrag somit in den Suchergebnislisten auftaucht.

Bei einem Bild könnte das Titel-Tag beispielsweise »SEO Plug-in Beispiel-Screenshot Administration« lauten, das Alt-Tag »So richten Sie SEO-Plug-in xy ein« und die Bildunterschrift »Die Administrationsoberfläche von xy«. Der Vorteil liegt auf der Hand: Sie haben viel mehr Möglichkeiten, über unterschiedliche Suchanfragen-Formulierungen gefunden zu werden, als wenn Sie diese Informationen vernachlässigen. In den Metadaten sollten Sie möglichst sinnvolle, kompakte, aber dennoch Keyword-relevante Inhalte unterbringen. Zudem lässt sich hierbei Text unterbringen, den Sie im reinen Fließtext oder in der Bildbeschreibung nicht unbedingt nennen möchten. Etwa dann, wenn sich dieser SEO-technisch eignet, aber den Leser im inhaltlichen Kontext eher verwirren könnte.

Bei jeglichen Linkverweisen gehört außerdem ein konstruktiver, ebenfalls möglichst für sich sprechender Linkname (auch Ankertext oder Linktext genannt) dazu. Das erzeugt einen Mehrwert für den Leser, der idealerweise sofort weiß, was sich hinter dem Verweis verbirgt und was nicht. Den Suchmaschinen geht es ähnlich. Dennoch wird dieser Faktor gerne vernachlässigt. Ein externer oder interner Link mit dem Namen »hier« ist längst nicht so effektiv wie eine Bezeichnung der Art »Praxisbeispiele zur Nutzung von Plug-in xy«. Intelligent in den eigentlichen Satz eingebunden erhöhen sprechende Linktexte die Klickrate erheblich – sofern dies im jeweiligen Kontext gewünscht ist.

Tipp

Erfolgreiche Blogger testen regelmäßig, welche Wirkung die Gestaltung ihrer wichtigsten externen und internen Links hat. Führt Bezeichnung A zu mehr Besuchen auf einer wichtigen Blogseite oder doch Bezeichnung B? Welche Link-Hinweise werden von den Lesern besonders gerne genutzt und welche Verweise erhöhen die Besuchsdauer auf dem Blog? Wie muss ein Link auf einem externen Portal – etwa innerhalb eines Gastbeitrags – aussehen, damit möglichst viele Leser zu mir finden? Diese und mehr Fragen spielen dabei eine Rolle.

Die technische Überwachung von Links – wie oft wird welcher externe beziehungsweise interne Link geklickt – ist eine kleine Wissenschaft für sich. Sie wird jedoch unabdingbar, wenn Sie mehr als nur einzelne Links beobachten möchten. Eine kleine Anleitung in das generelle Webseiten-Tracking von Google Analytics bietet der Beitrag unter `www.winlocal.de/blog/2014/09/die-google-analytics-anleitung-fuer-fortgeschrittene/`, insbesondere da Googles eigene Anleitungen teilweise sehr unverständlich geschrieben sind. Wenn Sie die Beobachtung jeglicher Interaktionen auf Ihrem Blog perfektionieren möchten, so empfehlen wir Ihnen ein gutes Fachbuch zum Thema Google Analytics, denn das Thema kann kaum in einzelnen Blogbeiträgen abgehandelt werden.

Zwar gibt es für einige Blogsysteme auch Plug-ins, die ein Link-Tracking unabhängig von Google Analytics ermöglichen, in den meisten Fällen sorgen sie jedoch für eine spürbare Verlangsamung des Blogs oder füllen Ihre Datenbank mit unnötigem Ballast.

Weitere SEO-Quick-Wins

Das Thema SEO bietet wie bereits erwähnt genug Material für mehr als ein Buch, dennoch möchten wir noch einige, relativ einfach umsetzbare Punkte erwähnen, die sich positiv auf das Blog-SEO auswirken können. Für eine Vertiefung sei auf entsprechende Fachliteratur verwiesen, wie wir sie zu Beginn dieses Kapitels vorgestellt haben:

■ Einzelne Blogseiten, die über nur sehr wenige oder keine für Suchmaschinen relevante Inhalte verfügen – wie beispielsweise die Linkliste zu diesem Buch im Blog von Robert –, können mit dem *NoIndex*-Tag versehen und somit von der Listung bei Google ausgeschlossen werden (siehe `http://de.onpage.org/wiki/Noindex`). Vereinfacht formuliert verwässern sie damit nicht die Qualität der restlichen Blog-Inhalte. Über SEO-Plug-ins lässt sich diese Einstellung recht bequem direkt als Option bei der Beitrags- beziehungsweise Seitenerstellung vornehmen. Im Zweifelsfall sollten Sie sich mit einer SEO-versierten Person abstimmen, welche Einstellungen für welche Blogbereiche am meisten Sinn ergeben, denn das »NoIndex«-Tag lässt sich nicht nur auf Beitragsebene vergeben, sondern auch für ganze Blogbereiche wie beispielsweise die Nachrichten-Archive. Das »richtige« Vorgehen hängt dabei von vielen Faktoren wie etwa der Gestaltung der Blog-Templates oder den Zielen, die Sie mit Ihrem Blog SEO-technisch erreichen möchten, ab.

■ Bei den eingesetzten Blog-Themes sollten Sie darauf achten, dass die Überschriften und sonstige hervorgehobenen Elemente sinnvoll mit entsprechenden HTML-Auszeichnungen (h1, h2, h3 etc.) versehen werden. Diese steuern die Gewichtung einzelner Textbestandteile durch Suchmaschinen. Google & Co. können dadurch in der Regel besser erkennen, welche Abschnitte den zugehörigen Text besonders relevant umschreiben. Auch sollten diese Auszeichnungen in einer sinnvollen semantischen Reihenfolge vergeben werden, also etwa nach der in Abbildung 6.4 gezeigten Struktur.

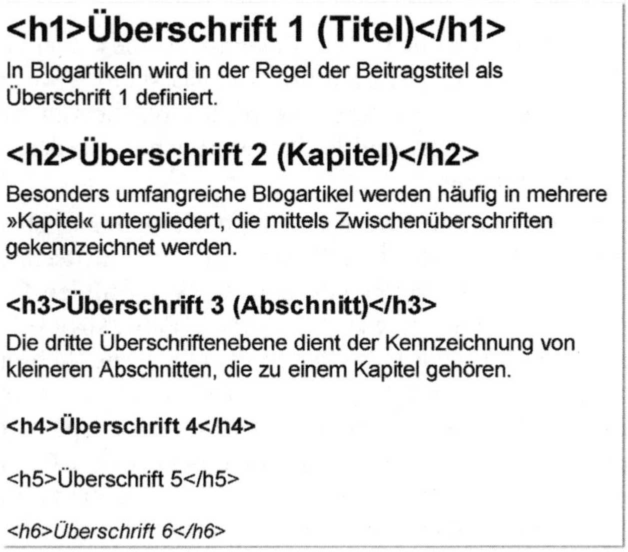

\<h1\>Überschrift 1 (Titel)\</h1\>

In Blogartikeln wird in der Regel der Beitragstitel als Überschrift 1 definiert.

\<h2\>Überschrift 2 (Kapitel)\</h2\>

Besonders umfangreiche Blogartikel werden häufig in mehrere »Kapitel« untergliedert, die mittels Zwischenüberschriften gekennzeichnet werden.

\<h3\>Überschrift 3 (Abschnitt)\</h3\>

Die dritte Überschriftenebene dient der Kennzeichnung von kleineren Abschnitten, die zu einem Kapitel gehören.

\<h4\>Überschrift 4\</h4\>

\<h5\>Überschrift 5\</h5\>

\<h6\>Überschrift 6\</h6\>

Abb. 6.4: Hierarchische Anordnung von h-Tags zur Kennzeichnung von Titel und Überschriften

Die Ordnung sollte dabei dem logischen Textaufbau entsprechen. Optimierte Themes berücksichtigen diesen Umstand in zentralen Elementen wie den Seiten- oder Beitragstiteln, über die Auszeichnung innerhalb eines Beitrags müssen Sie sich jedoch selbst kümmern. WordPress bietet dafür die Auszeichnungsformate ÜBERSCHRIFT 1, ÜBERSCHRIFT 2 etc. an und auch andere Blogsysteme handhaben dies ähnlich.

- Die in Abschnitt 4.3.2 beschriebenen Elemente zur leserfreundlichen Strukturierung eines Beitrags (fett und kursiv geschriebene Texte, Aufzählungen, Zwischenüberschriften etc.) machen es nicht nur dem menschlichen Betrachter um einiges leichter, den Inhalt möglichst schnell und leicht zu erfassen, sondern auch Suchmaschinen werten diese Informationen entsprechend aus und gewichten sie teils höher als normalen Fließtext. Machen Sie sich über Formatierungen Gedanken, die den Lesefluss unterstützen und zentrale Botschaften hervorheben. Dann gelingt die SEO von ganz alleine und vor allem auf natürliche Weise. Übertreiben Sie es nicht: Unstrukturierten Fließtext mag niemand lesen. Zu viele unterschiedliche Hervorhebungen schrecken jedoch ebenfalls ab.

- Sie sollten doppelte Seiteninhalte in Form gleichlautender Blog-Strukturelemente vermeiden. Ein Beispiel: In einem Mobilfunkblog existiert eine Kategorie namens »UMTS«. Gleichzeitig gibt es noch ein Tag-Archiv, das mit der exakt gleichen Bezeichnung versehen ist. Verweisen diese teilweise oder komplett auf dieselben Inhalte, so kann sich dies unter Umständen negativ auswirken. Diese Regel gilt gleichfalls für Seiten- und Beitragstitel sowie Linktexte und Meta-Informationen.

■ Seiten und Beiträge, die sich als inhaltlich oder SEO-technisch besonders relevant herausstellen, sollten von der Startseite aus über möglichst kurze Wege erreichbar sein, also über maximal zwei Klicks. Die recht einfache Faustregel hierbei ist: Was für den Leser bequem und leicht zu erreichen ist, das wird auch dem Google-Robot eher auffallen.

■ Beheben Sie Crawling-Fehler (interne Verweise) und defekte ausgehende Links. Dadurch signalisieren Sie Google, dass Sie sich auch um eine technisch saubere Blog-Struktur bemühen. Informationen zum Crawling finden Sie in den Google-Webmaster-Tools unter Crawling|Crawling-Fehler|Nicht gefunden. Ein hilfreiches Tool, um fehlerhafte Verweise auf externe Webseiten aufzuspüren, ist der »Broken Link Checker« (erreichbar unter http://www.brokenlinkcheck.com/). Eine systeminterne Lösung ist beispielsweise das gleichnamige WordPress-Plug-in (https://wordpress.org/plugins/broken-link-checker/). Anhand der Ergebnisliste können Sie die betroffenen Links in den entsprechenden Blogseiten korrigieren und die Anzahl der Crawling-Fehler minimieren.

■ Mit *Rich Snippets* und sogenannten *Micro Formats* können Sie spezielle Blogdaten wie Bewertungen, Erfahrungsberichte, Veranstaltungshinweise oder auch Rezepte so strukturieren, dass Google sie in einem gesonderten Format innerhalb der Suchergebnislisten anzeigt. Das sorgt für zusätzliche Aufmerksamkeit, was sich indirekt (oder direkt durch steigende Besucherzahlen) auf das Ranking bei Google auswirkt. Google selbst gibt Hinweise zum Einbau in andere Blogsysteme unter http://developers.google.com/structured-data. Dort werden auch alle aktuell verfügbaren Formate vorgestellt.

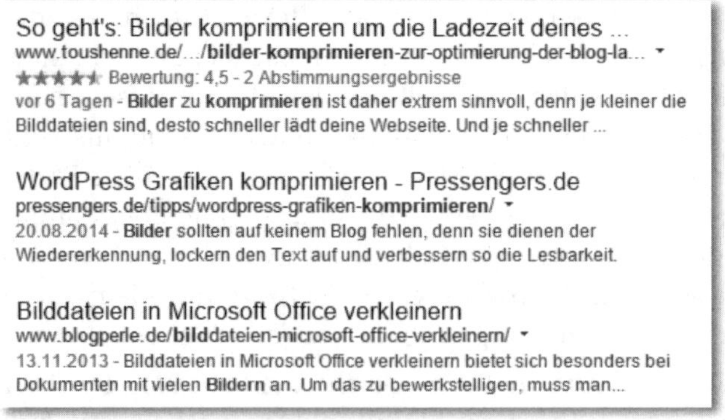

So geht's: Bilder komprimieren um die Ladezeit deines ...
www.toushenne.de/.../**bilder-komprimieren**-zur-optimierung-der-blog-la... ▾
★★★★☆ Bewertung: 4,5 - 2 Abstimmungsergebnisse
vor 6 Tagen - **Bilder** zu **komprimieren** ist daher extrem sinnvoll, denn je kleiner die Bilddateien sind, desto schneller lädt deine Webseite. Und je schneller ...

WordPress Grafiken komprimieren - Pressengers.de
pressengers.de/tipps/wordpress-grafiken-**komprimieren**/ ▾
20.08.2014 - **Bilder** sollten auf keinem Blog fehlen, denn sie dienen der Wiedererkennung, lockern den Text auf und verbessern so die Lesbarkeit.

Bilddateien in Microsoft Office verkleinern
www.blogperle.de/**bild**dateien-microsoft-office-verkleinern/ ▾
13.11.2013 - Bilddateien in Microsoft Office verkleinern bietet sich besonders bei Dokumenten mit vielen **Bildern** an. Um das zu bewerkstelligen, muss man...

Abb. 6.5: Durch das korrekte HTML-Markup einer Bewertungsfunktion heben Sie Ihre Inhalte auf Suchergebnisseiten hervor.

Die meisten dieser Tipps haben eines gemeinsam: Gestalten Sie Ihren Blog in all seinen Facetten möglichst benutzerfreundlich, denn dann hat dies in der Regel, egal ob auf direkte oder indirekte Weise, auch einen positiven SEO-Effekt.

6.3 Google-Ranking-Updates und ihre Auswirkungen auf die Blog-SEO

In den letzten Jahren hat Google regelmäßig Änderungen seiner Ranking-Kriterien veröffentlicht, die nicht nur in Blogger-Kreisen, sondern generell bei Webseitenbetreibern für einigen Wirbel sorgten. Mittlerweile werden diese Updates – mit Namen wie »Panda« oder »Penguin« – fast schon im Wochenrhythmus verfeinert. Sie sorgen dabei regelmäßig für Unsicherheit in der Blogosphäre: Schließlich sind sie es, die darüber entscheiden, ob ein Blog starke und nachhaltige Besucher-Einbußen hinnehmen muss oder umgekehrt in der Gunst des Suchmaschinenanbieters steigt. Einen Überblick über die wichtigsten Updates und ihre Auswirkungen finden Sie unter www.sistrix.de/frag-sistrix/google-algorithmus-aenderungen/.

Google ist angesichts der steigenden Konkurrenz durch andere Suchmaschinen – aber auch durch Facebook & Co. – darum bemüht, die eigenen Suchergebnisse qualitativ hochwertig zu gestalten. Schließlich werden die Nutzer in Zukunft vor allem jene Suchdienste nutzen, die möglichst genau das liefern, was man sich von ihnen erwartet, nämlich die passenden Suchergebnisse. Nicht zuletzt aufgrund der Disziplin, um die es in diesem Kapitel geht, wurden Suchergebnisse immer mehr verwässert. Über grenzwertige oder gar verbotene Praktiken lassen sich Suchmaschinenplatzierungen kaufen. Nicht mehr das wirklich passendste Angebot oder der beste Blogbeitrag zu einer spezifischen Suchanfrage wird dann ganz oben in den Suchmaschinenergebnissen (auch Search Engine Result Pages, kurz SERP, genannt) gelistet, sondern mehr und mehr die Seiten jener Anbieter, die am meisten Geld in das Online-Marketing investieren. Dabei spielte es bislang keine Rolle, ob die SEO mit redlichen oder eher zweifelhaften Methoden betrieben wurde.

Dem möchte Google nun über seine Ranking-Updates entgegenwirken. Dabei handelt es sich – sehr vereinfacht dargestellt – um eine Ansammlung von Algorithmen, die Suchmaschineneinträge herausfiltern, die ausschließlich auf bestimmten SEO-Techniken basieren. Vor allem liegen hierbei künstlich generierte Inhalte im Visier der Google-Bemühungen, aber auch manipulierte und gekaufte Backlinks. Gute, einzigartige und regelmäßig erneuerte Inhalte sind die beste Garantie dafür, von Google »gemocht« zu werden. Genau dies haben sich unzählige Webseitenbetreiber zunutze gemacht und mit günstig erstandenen Inhalten möglichst viele Leser auf die eigenen Seiten gebracht, um dann mittels eingebundener Werbung nicht gerade wenig Geld zu verdienen. Oftmals wurden diese Inhalte teilautomatisiert erstellt oder rein durch die Nutzer generiert, etwa bei Frage-Antwort-Portalen. Auch die übermäßige Verwendung lukrativer Keywords sorgte für die größtmöglichen Leserströme. Nicht der Nutzen für den Leser, der Nachrichtenwert, die Expertise oder die Themen-Vorliebe der Autoren standen im Vordergrund, sondern die Gewinn-Maximierung.

Google gelingt es inzwischen immer besser, die Spreu vom Weizen zu trennen und »echte« Inhalte von künstlichen zu trennen. Profi-Blogger, die ihren Lebensunterhalt mit der Vermarktung von Blogs verdienen und nicht selten ebenfalls auf billigen Content setzten, sehen dies als Gefahr für ihr Geschäftsmodell. Dabei ist es eine Chance für die Blogosphäre. Denn im Gegensatz zu so manchen »normalen« Webseitenbetreibern haben Blogger einen großen Vorteil: Sie wissen zum einen aus ihrer Erfahrung heraus und zum anderen durch das Feedback ihrer Leser, wie sie hochwertige Inhalte erstellen können, die einen Mehrwert bieten. Der Reichweitenverlust traditioneller Nachrichtenportale stützt diese Chance noch zusätzlich. Bestimmte Nischenthemen werden von den großen Onlineportalen immer weniger besetzt. Das rückt die Beiträge guter Blogger ins Rampenlicht – bei Google, aber auch in den sozialen Netzwerken.

Selbst bislang sehr prominente deutschsprachige Portale, die hauptsächlich oder teilweise mit den schnellen Methoden der Content-Generierung arbeiteten, bekamen die Google-Updates deutlich zu spüren. Sie mussten nicht unerhebliche Besuchereinbußen durch gesunkene Suchmaschinenrankings hinnehmen. Auch das ist ein Ansporn für Sie als Blogger, hochwertige Texte und andere Inhalte zu erstellen, die den Leser von ganz alleine überzeugen. Denn Blogs sind, trotz ihrer Content-Ausrichtung, längst nicht per se ein Garant für einzigartige und nachhaltig wirkende Inhalte. Das wird schnell deutlich, wenn wir beispielsweise reine Affiliate-Blogs betrachten. Diese leben nach wie vor von künstlich getriebenem Content. Und selbst qualitativ hochwertige Blogportale, die sich nur vereinzelt durch Partnerprogramm-Artikel oder bezahlte Blogbeiträge refinanzieren, laufen schnell Gefahr, von Google ausgesiebt zu werden. Etwa dann, wenn sie durch die einseitige Verwendung lukrativer und damit prinzipiell »verdächtiger« Keywords in das Raster der neuen Google-Filter geraten. Umfragen unter befreundeten Bloggern sowie die Analyse einzelner Blogs – auch unserer eigenen – bestätigen, dass Google mit seinen Updates für ein stetiges Auf und Ab der Besucherzahlen sorgt. Anfangs traf es dabei hauptsächlich die üblichen Verdächtigen: Affiliate-Blogs, Blogs mit kurzen und mehr oder weniger sinnfreien Inhalten sowie Blogger, die hauptsächlich auf das Zusammentragen von Inhalten aus anderen Webseiten setzten, anstatt selbst zu schreiben. Vereinzelt traf es jedoch auch qualitativ sehr hochwertige Blogs, die nicht auf verbotene Praktiken wie etwa Link(ver)käufe setzten. Niemand weiß, welcher spezielle Filter bei Google für eine Fehleinschätzung sorgt, sodass kaum Gegenmaßnahmen ergriffen werden können. In der Regel gewinnt jedoch ganz klar die inhaltliche Qualität – nicht umsonst beauftragen immer mehr Unternehmen teure Spezialisten, um über eine Content-Marketing-Strategie das nachzuholen, was über Jahre versäumt wurde.

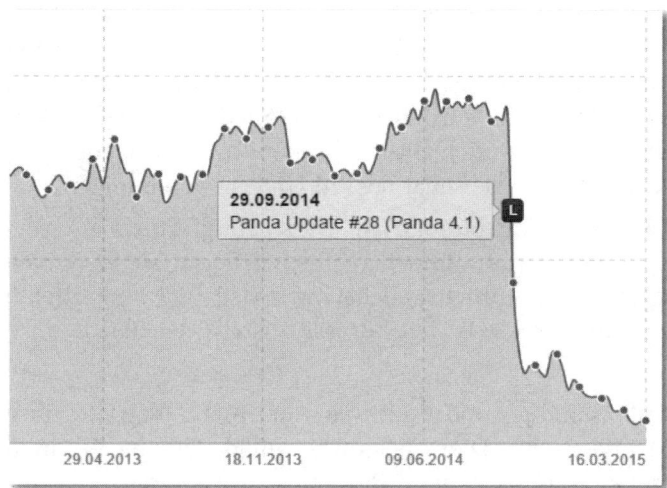

29.09.2014
Panda Update #28 (Panda 4.1)

29.04.2013   18.11.2013   09.06.2014   16.03.2015

Abb. 6.6: Die Auswirkungen des Panda-Updates waren je nach Blog deutlich zu spüren (hier gemessen mit dem SEO-Tool »Sistrix«).

Blogs können also nach wie vor an den ganz großen Webseiten vorbeiziehen. Sie sind nach wie vor auf den vordersten Rängen der Suchmaschinenergebnisse zu finden, wenn sie konsequent auf Inhalte mit Mehrwert setzen, die den Leser zufriedenstellen. Denn Faktoren wie die Verweildauer auf Ihrem Blog, geringe Besuchsabbrüche, zahlreiche Social-Media-Weiterempfehlungen etc. spielen eine immer wichtigere Rolle in Googles Algorithmen. Damit nutzt der Anbieter die Macht seiner Nutzer. Schließlich können diese intuitiv am besten einschätzen, welche Inhalte nützlich sind und welche nicht.

All dies ist nicht nur für private und professionelle Blogger eine große Chance. Auch Corporate Blogs profitieren von Googles Offensive. Nicht wenige Unternehmen haben das Problem, dass ihre statische Webseite kaum für das immer wichtiger werdende Content-Marketing taugt – es fehlen schlicht regelmäßig aktualisierte Inhalte, die über reine Pressemitteilungen hinausgehen. Zudem ist die Firmenwebsite meist die offiziell gehaltene Anlaufstelle im Netz. Sie unterliegt damit Konventionen, die den lockeren Austausch mit (potenziellen) Kunden fast unmöglich macht. Genau da setzt der Corporate Blog an: Indem das Unternehmen darin durch die bloggenden Mitarbeiter spricht, entwickelt es Persönlichkeit – ein wichtiger Faktor. Gibt ein Unternehmen seinen Corporate Bloggern genügend inhaltliche Freiheit, so bauen diese – durch ihre werthaltigen Beiträge – nach und nach einen Expertenstatus auf. Das passiert vor allem dann, wenn

- die Beiträge nicht werblicher Natur sind, also nicht rein die eigenen Produkte und Dienstleistungen in den Vordergrund stellen.

- die Inhalte dementsprechend einen deutlichen Mehrwert für den Leser bringen. Hierfür eignen sich beispielsweise konkrete Anleitungen, die auch Teile des Wissens enthalten sollten, das die Firmen normalerweise nur zahlenden Kunden gewähren. Ganz »mutige« Firmenblogger verweisen gar auf passende Lösungen und Ansichten außerhalb des Unternehmens – besser können sie sich kaum als Experte positionieren. Je exklusiver, umfangreicher und offener die Texte sind, umso eher werden sie sich viral verbreiten. Und umso eher werden Leser dem Autor und idealerweise sogar dessen Unternehmen folgen.

- der Firmenblogger prominent eingebunden ist. Dies gelingt durch ein ausführliches Profil mit Foto, die Einbindung persönlicher Social-Media-Kanäle (sofern deren Inhalt zum Unternehmensgegenstand passt) und eine direkte Kontaktmöglichkeit (etwa die direkte E-Mail-Adresse anstelle der üblichen info@-Adresse).

Noch mehr profitieren Selbstständige und Start-ups von einem Blog, der ihre Expertise verdeutlicht, besonders im Dienstleistungsumfeld (Berater, Trainer, Handwerker etc.). Nicht selten sind dabei jene Blogger sehr erfolgreich, die ihr Know-how komplett öffentlich machen – über entsprechende Blogbeiträge. Michael etwa wird des Öfteren gefragt, warum er in internen und externen Blogbeiträgen so viel Wissen aus seinen Corporate-Blog-Beratungen und -Seminaren »verrät«. Zum einen geht er – ganz in der Tradition der ursprünglichen Blogosphäre – generell offen mit seinen Inhalten um. Zum anderen sorgt es dafür, dass er keinerlei Werbung schalten musste, denn die Kunden kamen dadurch von alleine zu ihm. Sie vertrauten seiner Expertise, nachdem sie einen weiterhelfenden Blogbeitrag gelesen hatten. Wir kennen viele Beispiele von Selbstständigen und Freiberuflern, die einen Großteil der Kunden über ihren Blog gewinnen. Das ist gleichzeitig ein echter Wettbewerbsvorteil. Vor allem in Branchen, in denen sich die meisten Experten deutlich zugeknöpfter geben, in denen also nur wenig oder auf niedrigem inhaltlichen Niveau gebloggt wird. Auf diese Weise schaffen Sie sich eine thematische beziehungsweise regionale Blog-Nische, die gleichzeitig schnell zu Ihrem wichtigsten Akquise-Instrument werden kann. Und das rein durch die regelmäßige Veröffentlichung guter Inhalte.

Ein weiterer SEO-Trend, dem nach Meinung vieler Experten die Zukunft gehört, ist die zunehmende Personalisierung von Content. Immer mehr rücken Autoren in den Blickpunkt der Suchmaschinen und der Leser, nicht mehr nur einzelne Webseiten. Wer einer Person auf Twitter, Google Plus oder Facebook folgt, weil sie regelmäßig Nachrichten liefert, die zum Hobby, zum Interesse oder zum Beruf passen, dem ist es letztendlich egal, wo der Autor schreibt. So schreiben erfolgreiche Blogger nicht selten für mehrere Webseiten und/oder sie arbeiten regelmäßig mit Gastbeiträgen. Ob es sich um eigene oder fremde Inhalte handelt, die in den Social-Media-Kanälen der Autoren geteilt werden, gerät ebenfalls in den Hintergrund. Sie schaffen sich eine eigene kleine Marke – als Experte auf dem jeweiligen Fachgebiet, flankiert von einem oder mehreren Blogs. Es ist indirektes Marketing, das in diesem Zusammenhang wirkt. Die Blogbeiträge des Autors werden durch den Mix relevanter Inhalte aufgewertet. Schließlich macht gerade der Blick über den Tellerrand eine echte Expertise aus. Der große Vorteil dieses persönlichen Ansatzes ist die zunehmende Unabhängigkeit von Google. Treue Leser folgen einem Blogger überall hin, solange er gute Arbeit leistet. Und sie folgen ihm direkt – ohne den Umweg über die Suchmaschinen.

Von Googles Updates werden also vor allem jene Blogger profitieren, die

- Inhalte bereitstellen, die den Leser so gut wie möglich »fesseln«. Sei es durch besonders hilfreiche oder aber auch unterhaltsame Beiträge.

- all jene Mechanismen nutzen, die die eigenen Besucher möglichst lange auf dem Blogportal halten (siehe unter anderem Kapitel 7).

Schauen Sie sich Blogs aus Ihrem Umfeld an, denen diese Leserbindung besonders gut gelingt. Hohe Social-Media-Weiterempfehlungsraten (Anzahl der Tweets, Likes etc.), aber auch die Menge und Art der Kommentare verraten, welche Inhalte warum bei welchen Lesern ankommen. Wenn Sie die Erkenntnisse hieraus nutzen und auf hochwertigen Content setzen, der den Lesern gefällt, sind Sie bestens auf die kommenden Google-Updates vorbereitet. Gleichzeit minimieren Sie durch den Aufbau einer Stammleserschaft Ihr Risiko, von der Laune und den Traffic-Schwankungen der Suchmaschinen abhängig zu sein.

6.4 Organischer Linkaufbau

Wir halten die »organische« Gewinnung von Backlinks für wichtig, das konnten Sie sicherlich aus den bisherigen Kapiteln und Abschnitten herauslesen. Organisch ist in diesem Fall gleichbedeutend mit »natürlich«. Es geht dabei um jene Verweise zu Ihrem Blog, die von ganz alleine entstehen, also »freiwillig« abgegeben werden. Wir wissen, dass es sich dabei um die schwierigste und oftmals langwierigste Variante handelt, um den eigenen Blog entsprechend zu stärken. Doch sie ist gleichzeitig besonders nachhaltig und wird Sie immer wieder dazu zwingen, mit »guten« Inhalten zu arbeiten. Alternativen zum organischen Linkaufbau sind hingegen mit sehr großen Risiken verbunden, gerade wenn es um Schleichwerbung, Linkkauf und Linkmiete geht. Entweder wird sich Google darüber ärgern oder der Leser. Im Firmenumfeld kommt die Gefahr hinzu, von einem Mitbewerber etwa bei Google angeschwärzt zu werden – derartige Meldungen nehmen durchaus zu.

»Wozu benötige ich dann überhaupt noch einen Spezialisten für den Bereich Suchmaschinenoptimierung?«, wird sich nun vielleicht so mancher Leser zu Recht fragen. Zum einen kann Ihnen ein solcher sehr wertvolle Hinweise und Tipps zur Onpage-Optimierung geben, also hinsichtlich der optimalen Platzierung und Gestaltung der Inhalte Ihres Blogs. Und selbst im Offpage-Bereich, also unter anderem bei Linkbuilding-Strategien, wird er Ihnen einige Aspekte und Möglichkeiten nennen, die möglichst konform zu einer rein organischen Linkstrategie sind. In diesem Zusammenhang ist mehr und mehr Content-Marketing-Expertise gefragt, statt rein technischem Wissen. Welche Inhalte ziehen den Leser an und dienen dennoch den unternehmerischen Zielen? Genau diese Frage beantwortet eine fundierte Content-Marketing-Beratung. Sie können sich dieses Wissen durch gute Literatur aneignen, entsprechende Seminare besuchen oder ganz einfach regelmäßig bloggen. Die Rückschlüsse, die Sie aus der Wirkung Ihrer Beiträge ziehen können, sind der beste Ideengeber.

Freiwillige und von selbst wachsende Verlinkungen auf Ihren Blog lassen sich mit folgenden Methoden anregen und unterstützen:

- Wir wiederholen uns, doch wir können es erfahrungsgemäß nicht oft genug betonen: Werthaltige und gute textliche Inhalte sind die wesentlichen Elemente, um Leser und andere Webseitenbetreiber dazu zu ermutigen, auf Ihre Beiträge zu verweisen. Ein wirklich gut gemachter, praxisnaher und ausführlicher Beitrag zu einem Thema, das Ihre Leser auch tatsächlich beschäftigt, wird sich um Backlinks wohl kaum Sorgen machen müssen. Hilfreich ist es zudem, wenn der Beitrag in dieser Form und mit diesen Inhalten kein zweites Mal existiert.

- Wir sind immer wieder selbst erstaunt darüber, zu wie vielen sehr unterschiedlichen Themen kaum vernünftige Ratgeber- und Blogbeiträge existieren, die über die üblichen Allgemeinplätze hinausgehen. Und selbst wenn bereits guter Content vorhanden ist: Gehen Sie in die Nische. Schreiben Sie nicht über die zehn besten Möglichkeiten, ein Smartphone mit sinnvollen Apps auszustatten, sondern über die zehn besten dieser Möglichkeiten für Smartphone x beziehungsweise den konkreten Anwendungsfall y. Solche Beiträge ziehen eine kleinere Zielgruppe an, verbreiten sich dafür aber entsprechend gut. Und Sie machen sich damit einen Blogger-Namen. Darauf lässt sich aufbauen.

- Leser werden dann über Ihre Artikel sprechen (und sie auch verlinken), wenn Sie überraschen, für eine kontroverse Auseinandersetzung sorgen, provozieren (aber bitte nicht übertrieben und niemals persönlich/unsachlich), eine Aktion auslösen (Gewinnspiele, Blogparaden etc.), zum Nachdenken anregen, Ihr Gegenüber fröhlich oder auch weniger fröhlich stimmen. Sie sollten in Ihren Beiträgen also – wenn thematisch möglich – Ihre eigene Persönlichkeit sowie eigene Meinung darstellen. Das gilt gerade auch für Corporate Blogs, wenn sich diese aus der Masse abheben sollen, wobei hier viel Gespür für die Erwartungshaltung des Zielpublikums gefragt ist. Im Firmenumfeld müssen Sie mit dem Faktor Persönlichkeit sicherlich vorsichtiger experimentieren – Firmen werden vermeintliche Fehltritte seltener beziehungsweise langsamer verziehen als Privatpersonen. Aus unseren Erfahrungen heraus gehen Unternehmen bei der Blog-Kommunikation bisher jedoch eher zu vorsichtig vor als zu forsch.

- Je neutraler (in Bezug auf die Eigenwerbung) ein Beitrag gestaltet ist, desto höher ist die Chance einer aktiven Verlinkung. Unter anderem deswegen ist es so wichtig, eine gute Balance zwischen kommerziellen und nicht-kommerziellen Inhalten zu finden. Firmenblogs »misstraut« der Leser in diesem Zusammenhang leider eher – ihnen werden generell rein werbliche Absichten unterstellt. Dennoch lässt sich immer wieder beobachten, dass Unternehmen, die viel Zeit und Mühe in die Content-Erstellung und in den Corporate Blog investieren, irgendwann auch mit den ersten Backlinks belohnt werden. Wenn auch meist deutlich später als im privaten Blogger-Umfeld. So kann es passieren, dass ein externer Blogger zwei bis drei Mal über einen fundierten Bericht auf Ihrem Corporate Blog stolpern muss, bevor er die Inhalte erwähnt, teilt oder verlinkt.

- Arbeiten Sie in Ihren Texten mit einem Spannungsbogen, dann müssen Sie auch keine »Romane« schreiben, um verlinkt zu werden. Weniger ist hier manchmal mehr. Wenn Sie die Kernaussagen des Beitrags innerhalb der ersten Zeilen (etwa im Teaser) prominent und deutlich herausstellen, so steigt die Chance, dass die Inhalte geteilt werden. Bei Fachbeiträgen (im Gegensatz zu humorvollen oder unterhaltenden Texten) wird ausführlicher Content nach wie vor honoriert. Ein Tutorial, das möglichst viele Aspekte einer Fragestellung berücksichtigt, wird gerne geteilt und verlinkt – Sie kennen dies vielleicht schon aus eigener Erfahrung. Ein anschauliches Beispiel ist etwa Michaels Anleitung zur Einrichtung von »wooCommerce« unter `https://marketpress.de/2014/woocommerce-einrichten-grundeinstellungen-produkte/`.

- Das für den Leser Wesentliche muss erfasst sein. Der »Trick« bei der Sache, der dennoch nur selten berücksichtigt wird, ist der, dass Sie sich – gerade als fachlich versierte Person – in Ihre Leser hineinversetzen müssen. Wir denken oftmals, die typischen Fragen unserer Leser und Kunden zu kennen. Gehen wir an die Basis, werden wir jedoch nicht selten eines Besseren belehrt. Hören Sie bei jeglicher Kommunikation mit Ihrer Zielgruppe ganz genau hin. Notieren Sie sich jede Frage, auch wenn sie zunächst irrelevant erscheint. Es gibt kaum besseren Input für erfolgreiche Blogbeiträge.

- Sehr umfassende Texte lassen sich in eine Beitragsserie aufteilen. Dadurch erhalten Sie möglicherweise sogar mehrere Backlinks von ein und derselben Quelle.

- Das oberflächliche Lesen und Scannen innerhalb der sozialen Netzwerke begünstigt den Effekt, dass Überschriften und Teaser darüber entscheiden, wie oft ein Beitrag geteilt wird. Nicht wenige Leser empfehlen, was spannend aussieht, ohne es immer komplett gelesen zu haben (ob dies nun gut ist oder nicht, ist eine andere Frage). Dennoch muss der nachfolgende Inhalt genauso gut sein und die Erwartungshaltung der Leser erfüllen! Wenn ein Blogger oder ein Unternehmen auf schnelle Klicks setzt, spricht sich das rasch herum. Umgekehrt sorgen regelmäßig veröffentlichte und stets hochwertige Inhalte dafür, dass Ihnen Ihre Follower irgendwann vertrauen und Ihre Beiträge teilen oder verlinken, selbst wenn sie nicht viel mehr als die Überschrift kennen.

- Verknappung und Exklusivität machen einen gelungenen Beitrag aus. Dies bedeutet zum Beispiel: Der Inhalt gilt nur heute oder für wenige Tage, das Blog-Interview ist nur bei Ihnen zu lesen, ein neues Tool oder Produkt wird zum ersten Mal bei Ihnen mit einigen wirklich neuen Details vorgestellt. In diesem Zusammenhang können Sie übrigens als Branchenkenner auch dadurch Backlinks erwerben, dass Sie über aktuelle Entwicklungen berichten und »klassischen« Onlinemedien wie Nachrichtenportalen dadurch Informationen liefern. Journalisten auf der Suche danach werden Sie nicht selten (etwa in Form einer Quellenangabe) in ihren eigenen Berichten verlinken. Kommunizieren Sie daher die entsprechenden Verwendungsmöglichkeiten und Nutzungsrechte Ihrer Inhalte, etwa auf einer Presseseite (siehe Abschnitt 5.1.2), um ihnen die Arbeit zu erleichtern.

- Machen Sie den Selbsttest: Welche Beiträge empfehlen und verlinken Sie selbst? Warum und an wen? Was unterscheidet die Inhalte von anderen? Die Antworten helfen enorm, um den Blick für das eigene Schreiben zu schärfen.

6.4.1 SEO und SEM auslagern

Sie erzielen mit Ihrem Blog die ersten nennenswerten Einnahmen oder sind überzeugt davon, dass Ihr neues Projekt ein Erfolg wird? Dann lohnt es sich, über die Investition in einen SEO-Spezialisten nachzudenken. Gleiches gilt natürlich auch für einen Corporate Blog. Doch Vorsicht: SEO ist nicht gleich SEO. Um Blogs in den Suchmaschinen und den sozialen Netzwerken nach vorne zu bringen, sind fundierte Kenntnisse von Blogtechnik, aber auch Kontakte in die Blogosphäre hinein unabdingbar. Die zuvor vorgestellten Werkzeuge und Tipps sind zwar effektiv, um jedoch wirklich in die SEO-Untiefen absteigen und dadurch noch mehr Umsatz mit dem Blog generieren zu können, bedarf es fundierter Kenntnisse. Diese werden Sie sich nur sehr selten selbst aneignen können. Die Techniken und Hintergründe im SEO-Umfeld unterliegen einem ständigen Wandel, sodass Sie es nicht einfach nebenbei machen können – zumindest nicht effektiv und effizient.

Das Outsourcing dieser beiden Disziplinen kann einen enormen Hebel bedeuten, wenn das Ziel der Suchmaschinenoptimierung aufgeht und der eigene Blog durch den Einsatz dieser Techniken in den Suchergebnissen von Google deutlich prominenter platziert wird. Wir selbst haben die Erfahrung gemacht, dass sich Investitionen in einen externen SEO- oder auch SEM-Dienstleister schnell amortisieren können. Doch das Geschäft ist riskant geworden. Viele der großen Blogs und Internetportale, die im Rahmen der Google-Updates Federn lassen mussten, arbeiteten mit SEO-Dienstleistern zusammen. Und dennoch – oder gerade deswegen – kam es zum Absturz. Vor allem dann, wenn die Dienstleister auf verbotene (das heißt zumindest von Google nur ungern gesehene) Praktiken wie Linkkauf und Ähnliches mehr setzten.

Einen wirklich guten SEO-Experten zu finden, mit dem sich eine vertrauensvolle und längerfristige Zusammenarbeit ergibt, ist keine leichte Aufgabe. Für viele

SEO- und SEM-Berater, die auf Provisionsbasis des durch die umgesetzten Maßnahmen generierten Umsatzes honoriert werden, erscheinen Blogs oft nicht lukrativ genug. Das bekommen selbst Corporate Blogger zu spüren, die für ein kleineres Unternehmen arbeiten.

Eine gute Möglichkeit kann es dann sein, sich einmal unter den bekannten SEO-Bloggern in Deutschland, Österreich oder auch der Schweiz umzuschauen. Diese bieten oftmals selbst entsprechende Dienstleistungen an oder können einen passenden Kontakt vermitteln. Das hat gleich mehrere Vorteile:

- Online-Marketing-erfahrene Blogger verstehen etwas von der Materie »Blog«, der dahinterliegenden Technik und den hieraus resultierenden spezifischen SEO-Voraussetzungen.

- Dementsprechend geben sie konkrete Tipps zur Verbesserung eines Blogprojekts (etwa: Nutze Plug-in x, stelle auf den Blog-Archivseiten dieses um, gestalte die Sidebar auf jene Weise etc.).

- Meist verfügen sie über ein recht gutes Netzwerk an befreundeten Bloggern. Hierdurch ergeben sich gute Kooperationsmöglichkeiten.

- Andere Blogger werden keine Vorbehalte haben, für ein vermeintlich zu kleines Projekt zu arbeiten.

- Die Kompetenz dieser SEO-Experten lässt sich leicht anhand der Inhalte ihrer eigenen Blogs, der Leserreaktionen darauf sowie der Verbreitung ihrer Beiträge innerhalb der Blogosphäre überprüfen.

Doch selbst hierbei gilt es, die Spreu vom Weizen zu trennen. Viele selbst ernannte »Experten« rechnen sich der SEO- oder Social-Media-Szene zu, ohne über fundierte Kenntnisse zu verfügen. Sie sollten ganz genau überprüfen, mit welchen Methoden (und Tools) Ihr Partner in spe arbeitet. Wirkliche SEO-Profis distanzieren sich sehr deutlich von jeglichen Methoden, die eine Webseite in den Suchergebnissen schnell nach oben bringen (um danach nicht selten einen umso tieferen Absturz zur Folge zu haben).

Tipp

Lassen Sie sich im Detail erläutern, auf welche Weise der SEO-Dienstleister natürliche (!) Backlinks generieren möchte. Oder wie der Social-Media-Berater für ehrliche Viralität sorgt. Denn beides erfordert deutlich mehr Marketing-Know-how und Kreativität, als einfach Geld für Backlinks oder künstlich generierte Follower auszugeben. Gleichzeitig merken Sie bei dieser Gelegenheit schneller, wie es wirklich um die Expertise des Dienstleisters bestellt ist. Dabei ist übrigens Ihr eigenes Wissen von großem Wert, denn merkt Ihr Gegenüber, dass Sie sich mit den Grundzügen der Suchmaschinenoptimierung beschäftigt haben und seriöse von unseriösen Methoden trennen können, dann wird er Ihnen deutlich ehrlicher begegnen.

Im Folgenden noch einige weitere Tipps, worauf Sie bei der Auswahl eines SEO-Dienstleisters oder -Bloggers achten können:

- Dieser sollte auch im Onpage-Bereich transparent und ausführlich darlegen, mit welchen konkreten Methoden er den Blog besser in den Suchmaschinen positionieren möchte. Welche Werkzeuge kommen dabei zum Einsatz? Mit welchen Maßnahmen konnte er anderen Bloggern bereits helfen? Wie gut kann er die einzelnen Methoden erklären? Lassen Sie sich die wichtigsten Details einer Zusammenarbeit schriftlich bestätigen.

- Der konkrete Leistungsumfang und die Kosten hierfür müssen ebenfalls festgehalten werden. Zudem sollten Sie klären, in welchem Umfang Ihre eigene Mitarbeit gefragt ist – schließlich müssen Sie dem Dienstleister zuarbeiten, wenn er seine Aufgabe ernst nimmt. Generell raten wir Ihnen, mehrere Angebote unterschiedlicher SEO-Dienstleister miteinander zu vergleichen.

- Referenzen sind in diesem Bereich extrem wichtig. Am besten kontaktieren Sie mehrere (!) Kunden des SEO-Dienstleisters persönlich, um sie nach der Qualität und den Resultaten der Zusammenarbeit zu befragen. Dabei sollten Sie darauf achten, dass die Referenz und der Dienstleister nicht seit jeher eng miteinander »verbandelt« sind, denn nur dann können Sie seinen Aussagen voll und ganz vertrauen.

- Gerade ein SEO-Blogger muss nicht immer die »großen« Kunden als Referenz haben. Trotzdem lässt sich aus der Kundenstruktur einiges herauslesen. Arbeitet ein Dienstleister hauptsächlich für Webseiten im schnelllebigen Affiliate-, Gutschein- oder Vergleichsrechner-Umfeld, dann ist er möglicherweise nicht der beste Partner für langfristig wirkende Maßnahmen. Generell ist es auch von Vorteil, wenn sich der Dienstleister innerhalb Ihrer Sub-Blogosphäre auskennt und weiß, wie etwa Reiseblogger im Vergleich zu Lifestyle-Blogger angesprochen werden müssen. Was im Corporate-Umfeld gängige PR-Maßnahme ist, kann bei privaten Bloggern tabu sein.

- Weniger gute SEO-Dienstleister verraten sich interessanterweise dadurch, dass ihre eigenen Webseiten nicht sonderlich gut bei Google positioniert sind. Da Google seinen *PageRank* – eine Messzahl für den SEO-Erfolg eines Portals – nicht mehr pflegt, lässt sich dies für Laien leider nur noch schwer herausfinden. Die Analyse des Rankings bei Google ist ebenfalls wenig zuverlässig, da sie schnell falsch interpretiert werden kann beziehungsweise von der Wahl der Keywords abhängt.

Wenn möglich, fragen Sie einen SEO-erfahrene Blogger-Kollegen um Rat, wenn darum geht, einen Dienstleister oder sein Angebot richtig einzuschätzen. Vielleicht hat dieser sogar eine gute Empfehlung für Sie.

Hinweis

Vergleichbare Dienstleistungen gibt es auch im Suchmaschinenmarketing (kurz SEM). In bestimmten Fällen kann es sich durchaus lohnen, aktiv Geld für die Bewerbung eines Blogs innerhalb von Suchmaschinen auszugeben. Ein kleines Beispiel: Sie sind in der glücklichen Lage, dass Ihnen ein Webseitenbesucher – der über ein bestimmtes Keyword auf Ihren Blog kommt – durchschnittlich zwei Euro an Affiliate- oder sonstigen Werbeeinnahmen einbringt. Gleichzeitig kostet die Buchung eben dieses Keywords über Google AdWords (google.com/adwords) aktuell nur 1,50 Euro je Klick. In diesem Fall lohnt sich das Investment, denn Ihnen bleibt eine Marge von 50 Cent pro Besucher, der über Google AdWords zu Ihrem Blog gelangt.

Insbesondere bei Blogs mit hohen Besucherzahlen sollten Sie das SEM schnell auslagern – es gerät ansonsten zu einem Fulltime-Job. Je höher die Expertise der SEM-Agentur ausfällt, umso größer ist der finanzielle Hebel. Allerdings müssen Sie natürlich die Kosten für den Dienstleister gegenrechnen.

6.5   SEO durch Social Signals

Über Social-Media-Plattformen wie Facebook, Twitter etc. können Sie neue Blogleser gewinnen und durch die Verbreitung Ihrer Blogartikel Backlinks generieren. Ob Letztere Ihre Positionierung in den Suchergebnissen direkt beeinflussen, ist fraglich, doch als *Social Signals* zusammengefasst spielt Ihre Präsenz in sozialen Medien definitiv eine Rolle für die Suchmaschinenoptimierung. Botschaften und Verweise auf Blogbeiträge, die bei den Nutzern besonders gut ankommen, werden dann prominenter eingebunden beziehungsweise für noch mehr Personen sichtbar – das sorgt für den sich selbst verstärkenden viralen Effekt. Durch die aktive Beteiligung in (Fach-)Communitys vergrößern Sie zudem Ihre Reichweite und bauen Ihr Netzwerk aus – auch außerhalb der eigenen Webseite. Je nach Thema oder Branche gelingt es dabei mal mehr, mal weniger gut, die Leser zurück auf den eigenen Blog zu bringen.

Folgende Möglichkeiten haben sich bewährt, um einen Expertenstatus innerhalb von sozialen Netzwerken aufzubauen:

- Das Teilen guter und für Ihr Thema relevanter Beiträge anderer Blogger und Autoren. Bei vielen besonders erfolgreichen Blogbetreibern besteht die Timeline – der Nachrichtenstrom ihres Social-Media-Accounts – nur zu einem kleinen Teil aus eigenen Blogbeiträgen.

Tipp

In Zusammenhang mit den geteilten Inhalten in sozialen Netzwerken hat sich vor allem die 80/20-Regel durchgesetzt (mit einer Tendenz in Richtung 90/10). Nach ihr ist es empfehlenswert, zu etwa 80 Prozent informative und für Ihre Follower relevante Inhalte zu teilen und nur zu 20 Prozent werbliche. Für private Blogger, Selbstständige etc. hat sich unserer Erfahrung nach jedoch auch ein 70/20/10-Ansatz bewährt. Hierbei sind 70 Prozent informative und relevante Inhalte, 20 Prozent werbliche (was übrigens nicht heißt, dass sie weder informativ noch relevant sind) und zehn Prozent persönliche Informationen. Denn Ihre Fans folgen Ihnen nicht nur aufgrund Ihrer nützlichen Beiträge, sondern über kurz oder lang auch, weil sie Sie näher kennenlernen wollen.

- Die eigenen Beiträge, die geteilt werden, sollten besonders hochwertig im Sinne von nicht-werblich sein. Je nach Netzwerk wird mal ein höherer Grad an Eigenwerbung akzeptiert (XING, LinkedIn), mal weniger (Facebook, Twitter, Google Plus). Das sollten Sie gut beobachten und rein verkaufsorientierte Beiträge im Zweifelsfall besser nicht in bestimmten Netzwerken teilen. Oder aber Sie markieren diese durch die Beigabe eines kurzen Hinweises wie »In eigener Sache:«. Social-Media-Marketing wirkt meist – wie das Blog-Marketing auch – auf indirekte Weise. Interessieren sich andere für Ihre hochwertigen Inhalte, dann folgt der Rest meist von alleine. Gilt Ihre Marke als sehr attraktiv oder Sie möchten (im Corporate-Blog-Bereich) hauptsächlich Ihre Stammkunden mit Zusatzinformationen und Produkt-Updates versorgen, kann auch eine werblichere Strategie aufgehen.

- Diskutieren Sie aktiv mit anderen Nutzern und geben Sie Tipps, gerade auch außerhalb Ihres eigenen Accounts. Wenn Sie innerhalb einer Diskussion eine sehr hilfreiche Antwort liefern, dann steigen die Chancen, zusätzliche Follower zu gewinnen. Gerade bei Selbstständigen, Freiberuflern und im Dienstleistungsumfeld lässt sich das gut beobachten. Doch Vorsicht: Hier sind Tipps gefragt, die nicht Ihre eigenen Produkte in den Vordergrund rücken. Das plumpe Teilen von Botschaften, wie »schau dir mal mein Produkt an, das hilft dir bestimmt weiter«, kommt meist gar nicht gut an. Im Gegenteil: Es kann dafür sorgen, dass Sie als »Spammer« aussortiert oder gar an den Netzwerkbetreiber gemeldet werden. Gerade bei Google Plus kann dies fatale Konsequenzen haben, die bis zur (temporären) Sperre Ihres Accounts führen.

Damit Ihre Blog-Inhalte über Facebook & Co. geteilt werden, sollten Sie entsprechende Social-Sharing-Buttons einbinden (siehe Abbildung 6.7). Konzentrieren Sie sich dabei jedoch auf jene Netzwerke, die tatsächlich von Ihren Lesern genutzt werden. Jeder zusätzliche Button bremst Ihren Blog aus. Zudem nimmt der Leser einzelne Weiterempfehlungsmöglichkeiten eher wahr, wenn sie nicht in einer Unzahl von Möglichkeiten und Buttons »verschwinden«. Sie erinnern sich an das

Prinzip der maximalen Reduktion zur Zielerreichung in Zusammenhang mit der Gestaltung von Landingpages (siehe Abschnitt 5.2.5)? Hier gilt dasselbe Prinzip!

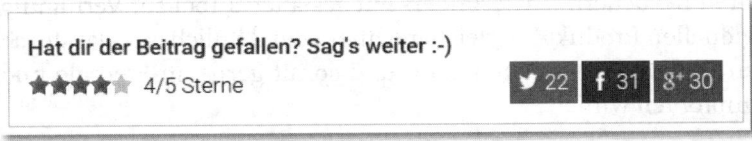

Abb. 6.7: Die Integration von drei ausgewählten Social-Media-Share-Buttons auf toushenne.de inklusive Call-to-Action

Ein in Deutschland weit verbreitetes (plattformunabhängiges) Plug-in ist »Shariff« (https://wordpress.org/plugins/shariff-sharing/), das eine rechtskonforme Integration von Sharing-Buttons gewährleistet. Im Netz finden Sie zahlreiche weitere Plug-ins, etwa zur Integration einer Facebook- oder Google-Plus-Box oder eines Twitter-Feeds. Wir raten jedoch – zumindest im Falle einer umfangreichen und tiefgreifenden Integration – zur Nutzung multifunktionaler Lösungen wie etwa dem Tool »AddThis« (https://www.addthis.com/). Denn je mehr Plug-ins und je mehr Schnittstellen zu externen Plattformen Sie integrieren, desto stärker wird die Performance Ihres Blogs beansprucht. »AddThis« bündelt diese Anfragen und minimiert JavaScript-Anfragen, wodurch die Ladezeit Ihrer Webseite weniger beansprucht wird. Außerdem bietet es neben Share-Buttons auch sogenannte Recommendation-Widgets, worüber Sie Ihren Besuchern passende Leseempfehlungen anzeigen können und dadurch die Chance erhöhen, dass sie weiterlesen und sich dadurch länger auf Ihrem Blog aufhalten.

Eine weitere Empfehlung, mit der vor allem Robert gute Erfahrungen gemacht hat, ist die Einbindung von »Twitter Cards« (https://dev.twitter.com/cards/). Mithilfe dieses Markups werden über Twitter geteilte Links Ihres Blogs durch vordefinierte *Rich Media* (das heißt ein Bild, eine Kursbeschreibung und gegebenenfalls einen *Call-to-Action*) ergänzt und erzeugen dadurch mehr Aufmerksamkeit. Auf weitere Möglichkeiten zur Interaktion mit Ihren Lesern gehen wir auch im nächsten Kapitel ein.

Damit die eigenen Blogleser diese Schaltflächen nun möglichst bereitwillig nutzen, gelten im Prinzip die gleichen Mechanismen, die Sie zuvor schon bei der Sammlung möglichst vieler Kommentare oder bei der Gestaltung viraler Inhalte kennengelernt haben. Auch das folgende Kapitel wird sich noch einmal mit den wichtigsten Strategien für eine erfolgreiche Social-Media-Vermarktung beschäftigen. An dieser Stelle wollen wir jedoch nicht verheimlichen, dass es für einige Blogtypen sehr schwer werden dürfte, die Besucher zur Abgabe von »Gefällt mir«-Statements zu bewegen. Sei es nun über Google Plus, Facebook oder andere Netzwerke. Das gilt beispielsweise für »träge« oder sehr werbliche Themen, die kaum zum öffentlichen Weitersagen verleiten. Zudem gibt es im Corporate-Blogging-

Umfeld Branchen, deren Leser sich nach wie vor schwer tun, wenn es um die aktive Nutzung sozialer Medien geht. Abhilfe kann dabei das Einstreuen qualitativ besonders hochwertiger Beiträge schaffen, die keinem werblichen Zweck dienen. Oder Sie stellen Ihren Besuchern ein besonders gut gestaltetes Tool zur Verfügung – etwa einen individuellen Produkt-Vergleichsrechner oder Ähnliches –, das durch seine einzigartigen Features überzeugen kann und somit gerne an Freunde und Bekannte weiterempfohlen wird.

Abb. 6.8: Erweiterung einfacher Tweet-Nachrichten um eine Vorschau des geteilten Links

Zu guter Letzt gibt es noch einen weiteren, sehr wichtigen Baustein für die Entwicklung Ihrer Sichtbarkeit in Suchmaschinen: Ihre eigene Verlinkungs-Aktivität.

Sie selbst »geizen« mit Empfehlungen und Verweisen auf andere Web-Inhalte? Dann dürfen Sie sich auch nicht wundern, wenn Ihre Beiträge und Inhalte kaum ein Echo innerhalb der Blogosphäre und darüber hinaus finden. Ein kleiner Tipp gleich hierzu: Viele Blogs unterstützen sogenannte *Pingbacks* und *Trackbacks*, wodurch die in Ihren eigenen Beiträgen verlinkten Webseiten informiert werden und Ihre Verlinkung gegebenenfalls sogar mit einem automatisierten Verweis auf der entsprechenden Seite anerkennen. Sie generieren also durch den Verweis auf Seiten Dritter selbst neue Backlinks.

Bevor Sie sich nun also der konkreten Vermarktung Ihres Blogs widmen, finden Sie in Ergänzung zum einführenden Kapitel im Folgenden weitere Empfehlungen, wie Sie Leser zu Freunden machen und langfristig binden.

Kapitel 7

Blogleser zu Freunden machen

Mit den ersten Blog-Erfolgen setzt eine Dynamik ein, die in Teilen automatisch für stetiges Fortkommen sorgt – solange Sie offen gegenüber der Blogosphäre sind. Die zunehmende Vernetzung mit anderen Bloggern, eine steigende Anzahl an potenziellen und tatsächlichen Kooperationspartnern und nachhaltige Content- oder Linkpartnerschaften sorgen dafür, dass Ihr Blog stärker wahrgenommen wird. Dabei sind die Leser Ihr »Kapital«: Selbst wenn Sie noch so engagiert und diszipliniert vorgehen, ohne den Rückhalt einer oder mehrerer Leserschaft(en) kann sich kein Blogger dauerhaft etablieren. Was liegt demnach näher, als sich einen dauerhaften Leser- und langfristig natürlich auch Kundenstamm aufzubauen?

Um eines vorwegzunehmen: Nicht jede Art von Blog ist hierfür gleichermaßen geeignet. Ein reiner Affiliate-Blog – auf dem ein Leser vielleicht nur ein einziges Mal vorbeischaut, weil er sich just in diesem Moment für Produkt x oder Dienstleistung y interessiert – gewinnt deutlich weniger »Fans« als der Gadget-Blog mit einer Technik-begeisterten Community. Letzterer wird im Laufe der Zeit vielleicht sogar zu einer Art Institution für die Leser, wie es beispielsweise dem in Deutschland produzierten, inzwischen aber auch international bekannten Designer- und Entwicklerblog *Smashing Magazine* gelang (`www.smashingmagazine.com`). Insbesondere Corporate Blogs müssen ihre Leser immer wieder aufs Neue davon überzeugen, dass sie qualitativ hochwertige und produktunabhängige Inhalte bieten, statt der ansonsten üblichen reinen Selbstdarstellung. Im Folgenden stellen wir Ihnen einige Methoden und Ansätze vor, mit denen Sie nachhaltig eine treue Lesergemeinde aufbauen werden.

7.1 Die Mitwirkung am Blog stärken

Je interaktiver Sie Ihren Blog gestalten, desto attraktiver ist er für alle Beteiligten – für Ihre Leser, Kooperationspartner, Multiplikatoren und für Sie selbst als Blogger. Wird ein Blog auf diese Weise – wie eben bereits erwähnt – zur Community, so geht dies unweigerlich einher mit

- einer Zunahme an Stammlesern
- der verstärkten Weiterempfehlung von Blog-Inhalten
- (im besten Fall) gelegentlichen viralen Marketingeffekten
- einer steigenden Bekanntheit des Blogs innerhalb der Blogosphäre und darüber hinaus

Doch wie motivieren Sie eine langsam wachsende und eher zufällig über Ihren Blog stolpernde Leserschaft dazu, sich aktiv zu beteiligen oder die Blog-Inhalte weiterzuverbreiten? Unseres Erachtens gibt es hierfür – neben qualitativ hochwertigem Content – folgende Erfolgsbausteine:

7.1.1 Die Persönlichkeit eines Blogs oder Bloggers

Dieses Phänomen hat wohl jeder Blogger beziehungsweise Blogleser schon einmal beobachtet: Es gibt Blogs, auf denen Sie sich wohler fühlen als auf anderen – ohne eigentlich genau benennen zu können, warum. Und dies völlig unabhängig vom Thema und äußerlichen Merkmalen wie der Gestaltung der Webseite.

Bei derartigen Blogs »spüren« Sie fast schon beim ersten Besuch, dass hier nicht werbliche Aspekte oder die Selbstdarstellung im Vordergrund stehen. Meist färbt die Persönlichkeit des Bloggers oder seiner Autoren auf den Blog selbst ab. Ein unterbewusster Prozess, der von kleinen Elementen wie einer sympathisch gestalteten Autorenbox, eingebundenen Social-Media-Profilen und Ähnlichem mehr gesteuert wird. Bei Firmenblogs lässt sich dieser Effekt sehr gut beobachten: Besonders erfolgreiche Vertreter der Corporate Blogosphäre gehen stets sehr offen mit den Autoren und deren Hintergrund um. Diese können beispielsweise direkt kontaktiert werden, lassen in ihren Artikeln auch einmal eine persönliche Note durchblitzen, nehmen sich selbst und ihre Aufgabe nicht zu ernst, lassen andere (Leser-)Meinungen unvoreingenommen zu, gestehen sogar schon einmal Lücken in ihrem jeweiligen Expertenwissen ein etc.

Meist kommen jene Beiträge am besten bei Ihren Lesern an, in denen Sie Ihre eigenen Erfahrungen und Expertentipps teilen. Egal ob es dabei um Technik, Versicherungen, Kochrezepte, Politik, Gesundheit, Mode oder das örtliche Nachtleben geht: Vertrauen und Authentizität baut ein Blog nur dann auf, wenn die Inhalte die Persönlichkeit seiner Macher widerspiegeln. Auch hier sollten Sie sich an die ursprüngliche Aufgabe und Begrifflichkeit eines Blogs zurückerinnern. Bei diesem handelt es sich in letzter Konsequenz um nichts anderes als um ein profanes und dennoch hilfreiches oder unterhaltsames Web-Tagebuch. Ein solches kann nur dann Spannung erzeugen, wenn die Geschichten darin mit einer Person verknüpft sind.

Ein kleines Beispiel ist der Orangenmond-Blog (siehe www.orangenmond.at). Die Gestaltung der Webseite ist vielleicht nicht immer perfekt, nicht jeder Beitrag ein absoluter Erfolg. Doch der Blog wird mit viel Liebe zum Detail geschrieben – und das merken wir den Inhalten an. Seine Ausstrahlung ist eng mit der Persönlichkeit der Autorin verknüpft, die bei Gelegenheit schon einmal aus dem eigenen Urlaub bloggt.

Abb. 7.1: Im Blog Orangenmond treffen sich laut der Autorin guter Geschmack und schönes Design – eine Aussage, der wir allein durch die Betrachtung der einzelnen Beiträge Glauben schenken.

Wir sind der Meinung, dass gerade auch kommerzielle Blogprojekte beziehungsweise Corporate Blogs eine Menge von solchen Beispielen lernen können. Bei uns selbst war es übrigens nicht anders: Es liefen genau jene Projekte von Anfang an am erfolgreichsten, bei denen wir besonders offen mit unserer Person und unserem Hintergrund für das Blog-Thema umgegangen sind. Im Corporate- oder Profi-Blogger-Umfeld werden Sie meist nur jene Details von Ihrer Persönlichkeit preisgeben, die inhaltlich passen. Aber dennoch sollten Ihre Leser stets erkennen, dass hier eben nicht nur eine Firma oder ein sich refinanzierender Blogger schreibt, sondern eine Persönlichkeit mit ihren ganz individuellen Eigenschaften. Das Gleiche gilt für alle Autoren, die regelmäßig auf einem Blog schreiben.

7.1.2 Interaktive Blogelemente

Warum verbringen wir so viel Zeit im Netz? Hauptsächlich zur Unterhaltung, in welcher Form auch immer. Interaktive oder spielerische Elemente werden von den Bloglesern gerne genutzt. Egal ob es sich um das »Sternchen«-Bewertungstool für einzelne Beiträge, den Leserwettbewerb, ein Gewinnspiel, die Blogger-Umfrage, Erfahrungsberichte oder Fotos von Lesern, Blogparaden, Flash-animierte Spielchen,

Facebook-like-Daumen, Blog-Statistiken, Rabattaktionen, Gutscheine, Videos oder Podcasts handelt: All dies belohnt den Leser für seinen Besuch, lässt die Blog-Inhalte abwechslungsreicher erscheinen und regt zum Mitmachen an. Zudem steigt die Verweildauer auf dem Blog – wichtig für die Leserbindung und die SEO.

Auch hier gilt wieder, dass der angesagte Coupon-Blog von derlei Modulen möglicherweise eher profitieren wird als der Bausparblog, trotzdem können die in diesem Buch vorgestellten interaktiven Elemente und Tools – leicht abgewandelt vielleicht – in nahezu jedem Blog und auch Corporate Blog eingesetzt werden. Ein weiterer Vorteil der gesteigerten Interaktion: Handelt es sich um eine wirklich schöne Aktion, die nicht allzu offensichtlich einfach nur der Eigenvermarktung dient, so wird die Netzgemeinschaft über Sie – und damit über Ihren Blog selbst – sprechen. Es wäre nicht das erste Mal, dass sich ein Blog etwa mittels einer gut durchdachten Blogparade dauerhaft etabliert und viele neue Stammleser gewinnt.

7.1.3 Belohnung der (Stamm-)Leser

In eine ähnliche Kategorie gehört die Belohnung der eigenen Blogleser, insbesondere jener, die regelmäßig mitlesen. Natürlich werden diese in erster Linie durch hochwertige und Mehrwert bringende Beiträge entlohnt. Doch auch darüber hinaus gibt es zahlreiche Elemente, die Ihren Lesern als zusätzliche Anreize dienen, um Ihren Blog per RSS-Feed zu abonnieren, Ihnen bei Twitter zu folgen oder einfach nur regelmäßig vorbeizuschauen. Als Blogger sind Sie immer auch Mittler zwischen Dienstleistern unterschiedlichster Art und Ihren Lesern. Daraus ergeben sich zahlreiche Möglichkeiten des gegenseitigen Austauschs, die Sie nur erkennen und nutzen müssen. So könnten Sie beispielsweise mit einem Interviewpartner Sonderkonditionen aushandeln, die Sie an die Blogbesucher weiterreichen. Derlei Effekte lassen sich perfektionieren, indem Sie Ihren Stammlesern ab und an ein besonderes »Schmankerl« bieten, beispielsweise in Form eines exklusiven Angebots im RSS-Feed, als Empfehlung auf Twitter oder innerhalb des eigenen Newsletters. Und selbst das eigentliche Kapital eines jeden Weblogs – nämlich den Content – können Sie auf diese Weise noch besser nutzen. Wieso nicht einmal einen besonders schönen Premium-Beitrag ausschließlich für alle regelmäßigen Leser bereitstellen, indem Sie diesen als »versteckten« Blogpost publizieren, den entsprechenden Link per E-Mail verschicken beziehungsweise ihn mit einem Passwort schützen, das exklusiv den Stammlesern bekannt gegeben wird? Oder ganz altmodisch: Wieso nicht den treuesten Folgern und Kommentatoren einen persönlichen Weihnachtsgruß oder Ähnliches mit einem kleinen formulierten Dankeschön zukommen lassen? Sie werden erstaunt sein, welche Wirkung derartige Aktionen teilweise entfalten.

Je nach Blog-Thema werden Sie ohnehin nach und nach in den direkten Kontakt mit Ihren wichtigsten Stammlesern treten, sei es über gegenseitige E-Mail-Rückfragen zu einem Beitrag oder über Kooperationen, die sich aus Kommentardiskussionen heraus ergeben. Solche Kontakte – die teils zu regelrechten Freundschaften werden können – sind extrem wertvoll. Sie sollten sie auch dementsprechend gut pflegen, denn die Beteiligten können sich gegenseitig helfen – der eine mit seinem Expertenwissen, der andere mit Verbesserungstipps aus Lesersicht. Wenn beide Seiten bloggen, so ist der Austausch die ideale Möglichkeit, um ungeschminktes Feedback zur eigenen Webseite einzuholen. Blogger-Freundschaften sind die besten Ideengeber, aber auch die besten konstruktiven Kritiker, wenn es um die manchmal doch recht eigenen Belange der Weblog-Gestaltung geht.

7.1.4 Präsenz innerhalb der Blogosphäre

Dieser spezielle Punkt ist nicht zu unterschätzen, wird sich jedoch nicht einfach so und von heute auf morgen umsetzen lassen. Gute und erfolgreiche Blogger sind immer auch präsent. Sei es in anderen Blogs, auf Veranstaltungen des jeweiligen Blog-CMS, bei Barcamps zum Thema Online-Marketing, in Foren, wichtigen Kommentardiskussionen oder selbst als Gastautoren in so manchen Online- und auch Offline-Medien. Sie verkörpern genau das, was die Blogosphäre schließlich auch ausmacht: den Willen, etwas mitzugestalten und zu bewegen, auf welchem Sach- und Fachgebiet auch immer. Wer nicht nur stets und ständig um das eigene Blogprojekt bemüht ist, sondern seine Erfahrungen gerne und bereitwillig weitergibt, der wird sich von ganz alleine einen gewissen Stellenwert und auch eine Expertise innerhalb der so vielschichtigen Blogosphäre erarbeiten. Die meisten – eher locker gehaltenen – Blogger-Treffen suchen regelmäßig nach Helfern, die sich durch ihr Fachwissen einbringen. Vom Vortrag oder dem Kurz-Workshop innerhalb der Sub-Blogosphäre bis hin zum kostenlosen Austausch von Tutorials und Materialien auf SlideShare (http://de.slideshare.net) sind die Möglichkeiten hierzu sehr vielfältig. Wer davon profitiert, wird es Ihnen danken und Ihren Blog dauerhaft in Erinnerung behalten.

Präsenz innerhalb dieser Blogosphäre heißt natürlich auch gleichzeitig Präsenz in der Zielgruppe des eigenen Blogs. Wollen Sie Ihren Weblog zum Thema Amateurfunk bekannter machen, so schadet es sicherlich nicht, wenn Sie die Zielgruppe auch außerhalb des Internets als Experte auf diesem Gebiet wahrnimmt – egal ob über den persönlichen Austausch oder etwa einen entsprechenden Verein oder Verband, bei dem Sie mitwirken. Präsenz zeigen Sie übrigens auch dadurch, dass Sie sich für die Belange Ihrer (Fach-)Kollegen einsetzen. Von einem führenden Amateurfunker und Blogger könnten wir sicher erwarten, dass er sich Diskussionen rund um seine Disziplin in Internetforen stellt, wertvolle Anleitungen und Tipps für Anfänger bereithält oder auf die Regulierungswut von Behörden hinweist, um ein beliebiges Beispiel zu nennen. Er tritt generell für die von ihm vertretene Sache ein und verkörpert diese. Ebenso geht ein Fachexperte mit gutem Beispiel voran und entwickelt die jeweilige Szene weiter. Sei es nun als Mobilfunker, Modeschaffender, Existenzgründer, Handwerker oder Blog-Marketing-Experte.

Eine positive Wahrnehmung erreichen Sie nicht zuletzt durch eine proaktive Vernetzung mit ähnlichen Blogs und Bloggern, ohne immer gleich auf eine Gegenleistung zu hoffen. Warten Sie nicht, bis andere auf Sie zukommen. Selbst die »Großen« der Blogszene freuen sich nach wie vor, wenn Sie in Kontakt mit ihnen treten – solange der Dialog nicht zu einseitig ausfällt, indem Sie lediglich Expertenwissen »abgreifen« möchten. All das sind übrigens auch Faktoren, die die zuvor erwähnte Blogger-Persönlichkeit ausmachen.

7.2   Leser dauerhaft einbeziehen

Doch wie können Sie Ihre Leser nun ganz konkret beteiligen, zur Interaktion anregen und gleichzeitig dafür belohnen? Wie sorgen Sie für mehr Präsenz aller Beteiligten, wodurch sich am Ende gar die Persönlichkeit des eigenen Blogportals ausbauen lässt?

Wir möchten dies anhand einiger konkreter Beispiele erläutern. Diese stehen stellvertretend für die unzähligen Möglichkeiten, die eigene Leserschaft zu stärken und sich eine eigene kleine Mikro-Blogosphäre aufzubauen:

■ Innerhalb einer Kommentardiskussion wird – offen oder eher versteckt formuliert – die Lösung zu einem bestimmten Problem gesucht. Daraufhin bieten Sie Ihre Unterstützung an, etwa indem Sie zu dieser Problematik recherchieren und aus den Ergebnissen einen Ratgeberbeitrag verfassen, den Sie dann natürlich auch innerhalb der Kommentare verlinken.

Tipp

Zur Verbesserung der Interaktionsrate durch Kommentare bietet sich beispielsweise das »Jetpack by WordPress.com«-Plug-in (`https://wordpress.org/plugins/jetpack/`) an, das – neben Performance-Upgrades, Sicherheitschecks und Content-Tools – Ihre Kommentarfunktion um einen »Social Login« ergänzt und die Usability verbessert. Systemunabhängig sind hingegen die Kommentarplattformen »Disqus« (`https://disqus.com/`), »livefyre« (`http://web.livefyre.com/`) oder »intensedebate« (`http://intensedebate.com/`), die Sie ebenfalls durch entsprechende Plug-ins relativ leicht installieren können. Durch sie lassen sich Kommentare von Ihrem Blog lösen und extern verwalten. Beachten Sie jedoch, dass Sie sich hierdurch von einem externen Anbieter abhängig machen, dessen zukünftige Entwicklung sich nur schwer einschätzen lässt.

■ Sie bieten eine direkte Kontaktmöglichkeit an – für Fragen, die über den Inhalt des Blogs hinausgehen, oder solche, die Leser nicht unbedingt öffentlich besprechen wollen. Das wiederum dient dann ebenfalls als Grundlage für einen (anonymisierten) Hilfebeitrag in Ihrem Blog.

- Sie befragen Ihre Leser, welche zukünftigen Berichte und Themen sie sich in Ihrem Blog wünschen. Dazu brauchen Sie natürlich erste Stammleser. Eine solche Aktion lässt sich offen als Kommentardiskussion gestalten oder Sie loben für alle Teilnehmer zudem noch ein kleines Gewinnspiel aus.

Tipp

Für regelmäßige Leseraktionen bieten sich auch Umfrage- und Voting-Plug-ins an, zum Beispiel »WP-Pools« (https://wordpress.org/plugins/wp-polls/), »YOP Poll« (https://wordpress.org/plugins/yop-poll/) oder »WP Survey And Quiz Tool« (https://wordpress.org/plugins/wp-survey-and-quiz-tool/), wodurch Sie Ihre Leser bitten können, eine oder mehrere Fragen zu beantworten – beispielsweise anhand einer einfachen Multiple-Choice-Vorgabe, um den Aufwand möglichst gering zu halten. Durch diese Tools lernen Sie zum einen Ihre Leser näher kennen (wenn es etwa Fragen nach persönlichen Interessen sind) und können gleichzeitig gezielt Ihre Content-Strategie an die Bedürfnisse Ihrer Zielgruppe anpassen.

- In Interviews mit Dienstleistern oder anderen Bloggern gehen Sie ganz konkret auf Fragestellungen ein, die jüngst eine Rolle bei Ihren Bloglesern oder in zugehörigen Social-Media-Diskussionen spielten. Dadurch zeigen Sie, dass Sie Ihrem Blogpublikum aufmerksam zuhören und stets an einer Lösung für alle Beteiligten arbeiten. Dies kann sogar so weit gehen, dass Sie Ihren Lesern die Möglichkeit geben, eigene Fragen für das Interview einzureichen. Gerade bei bekannten Interviewpartnern sorgen derartige Aktionen schnell für genügend Aufmerksamkeit, wovon letztendlich auch das Interview selbst profitiert – es wird spannender und abwechslungsreicher. Kommen dabei sehr viele Fragen zusammen, so lassen sich selbst diese zur Abstimmung unter den Bloglesern freigeben (kalkulieren Sie hierfür lediglich genug Vorlaufzeit ein und informieren Sie Ihren Interviewpartner vorab über diese Aktion).

- Wenn Sie bei einem bestimmten Problem nicht selbst weiterhelfen können, so suchen oder engagieren Sie einen geeigneten Gastautor. Dieser liefert seine Lösung über einen eigenen Beitrag, ein Zitat oder einen ausführlichen Kommentar.

- Sie verraten kleine Tipps außerhalb des eigentlichen Blog-Themas, etwa wie Sie den bekannten Experten x für ein Interview gewinnen konnten, was Ihre Quellen für die beliebtesten Fachbeiträge sind, von welchen Personen Sie die ganzen Neuigkeiten für Ihren Blog beziehen etc.

- Umfassende Inhalte teilen Sie in sinnvolle Einheiten und gestalten hieraus eine Beitragsserie. Für Stammleser oder zur zusätzlichen Monetarisierung wird hieraus am Ende ein kleines E-Book.

- Ein Unternehmen will, dass Sie über seine Produkte berichten? Nur wenn ein paar Ihrer Leser diese auch gratis ausprobieren dürfen und auf dem eigenen oder Ihrem Blog über die Erfahrungen hieraus berichten (Ersteres käme dem Linkaufbau des Unternehmens zugute, was Sie durchaus als Verhandlungsargument nutzen können), der Hersteller Gratisexemplare für ein Gewinnspiel bereitstellt, Ihre Besucher eine kostenfreie Dienstleistung erhalten etc. Bei einer solchen Aktion sollten Sie unbedingt transparent vorgehen und die »Spende« beziehungsweise die Zusammenarbeit mit dem Unternehmen klar als solche kommunizieren.

- Sie können Stammleser fragen, ob Sie sie und ihre Arbeit als »Best Practice«-Beispiele in Ihrem Blog vorstellen dürfen, etwa im Rahmen einer Serie der erfolgreichsten Amateurfunker, Designer, Gründer etc. (um bei oben genannten Beispielen zu bleiben). Das schmeichelt nicht nur den auf diese Weise Angesprochenen, es ist gleichzeitig für die anderen Leser interessant – aufgemacht als eine Art »Home-Story«.

Wie Sie erkennen, sind der Kreativität kaum Grenzen gesetzt, solange Sie authentisch bleiben und keine Aktionen ins Leben rufen, die aufgesetzt wirken. Wenn Sie mit viel Spaß an die Sache herangehen, zahlen sich vergleichbare Angebote aus. Sicherlich bedarf es dazu etwas Mut, denn nicht jede neue Maßnahme wird gleich ein voller Erfolg und nicht jedes Beispiel eignet sich für jede Zielgruppe, doch wie heißt es so schön: *Probieren geht über Studieren*. Nach und nach werden Sie Ihr ganz eigenes Repertoire an erfolgreichen (Werbe-)Maßnahmen entwickeln, um Stammleser zu gewinnen und zu halten. Beobachten Sie aufmerksam, mit welchen Aktionen andere Blogger Erfolg haben: Was hat für die Verbreitung innerhalb der Zielgruppe gesorgt? Was ist besonders innovativ und außergewöhnlich und lässt sich für virale Aktionen wiederverwenden?

Tipp

Eine einfache Möglichkeit, wie Sie Ihre Besucher individuell ansprechen können (Stichwort: Personalisierung), ist die »AddThis Welcome Bar« (`https://wordpress.org/plugins/addthis-welcome/`), über die Sie, je nach Herkunft Ihrer Besucher, unterschiedliche Willkommensmeldungen ausspielen können. Ein ähnliches Prinzip verfolgt auch die »Hello Bar« (`https://www.hello-bar.com/`), mit der Sie Ihre Besucher über eine Nachricht am oberen oder unteren Bildschirmrand auf spezielle Inhalte Ihres Blogs aufmerksam machen können. Beachten Sie jedoch, dass derlei Funktionen auf Datenschutz-sensible Leser abschreckend wirken können.

Abb. 7.2: Robert belohnt auch die Leser seiner Gastbeiträge in fremden Blogs, wenn diese den dortigen Links zu seinem Blog folgen – mit einer persönlichen Ansprache und thematisch passenden Leseempfehlungen.

7.3 Blog-Empfehlungsmarketing

Blogs mit werthaltigen Informationen gewinnen über kurz oder lang zahlreiche dankbare und treue Leser. Insbesondere dann, wenn die Hinweise der vorangegangenen Kapitel und Abschnitte berücksichtigt werden. Dankbar sind Ihre Besucher für jeden exklusiven Tipp, für jeden beantworteten Kommentar, für die Hilfeleistung per E-Mail, für den ausführlichen Beitrag, der endlich Antwort auf lange gestellte Fragen gibt, oder auch für den Gutschein aus dem Blog-Gewinnspiel. Diese Hilfe sollten Sie zwar selbstlos geben, doch die Dankbarkeit hierfür können und dürfen Sie durchaus nutzen. Die einfachste Form: Bitten Sie den Empfänger schlicht und einfach darum, Ihren Blog weiterzuempfehlen, falls ihm ein Ratschlag zugutekam oder ihm ein Beitrag weitergeholfen hat. Das mag altmodisch klingen, verfehlt jedoch nur selten das Ziel. Ein solches Entgegenkommen kann auch konkretere Formen annehmen, beispielsweise indem Sie Ihr Gegenüber um einen Kommentar zu seinen Erfahrungen mit dem von Ihnen erhaltenen Hinweis bitten oder ihn nach einem Gastbeitrag, einer Verlinkung etc. fragen. Sofern Sie nicht rein kalkuliert vorgehen, haben die meisten Leser ein offenes Ohr hierfür.

Es geht beim Bloggen nicht darum, ständig eine Gegenleistung haben zu wollen – dies würde (zum Glück) nicht funktionieren. Doch »tue Gutes und rede darüber« beziehungsweise »lasse andere darüber reden« kann auch im Bereich des Bloggens gut funktionieren. Schließlich schreibt niemand aus reinem Selbstzweck. Jeder möchte, dass sich die hilfreichen Inhalte des eigenen Blogs herumsprechen, und das geht immer noch am besten in Form von Empfehlungen. Ansätze zum Empfehlungsmarketing ergeben sich oftmals von alleine. So haben wir es bereits des Öfteren erlebt, dass andere Blogger – denen wir in besonderer Weise weiterhelfen konnten – den erhaltenen Tipp an die eigene Leserschaft weitergaben. Geschieht dies in Form eines Beitrags oder einer Social-Media-Weiterempfehlung, so resultieren hieraus wichtige Backlinks oder neue Follower und Leser.

Blogs mit ihren Trackback- und Kommentarfunktionen sind für diese Art des gegenseitigen Austauschs geradezu prädestiniert. Doch vor allem soziale Netzwerke bieten sich hierbei als weitere Möglichkeit an. »Konnte ich dir helfen? Hat dir mein Beitrag gefallen? Dann würde ich mich freuen, wenn du ihn oder meinen Blog weiterempfiehlst, mir bei Twitter folgst, *Gefällt mir* auf Facebook oder den Google-Plus-Button klickst ...«. Dies und mehr lässt sich nicht nur in Blogbeiträge einbinden, sondern auch in die reguläre E-Mail-Kommunikation, den Newsletter und andere Kommunikationskanäle. Sie kennen solche Angebote sicherlich selbst. Wenn die Gegenleistung stimmt, in diesem Fall der Blog-Content, dann kommen Sie der Aufforderung gerne nach – verknüpft mit der Aussicht, auch zukünftig über spannende Inhalte informiert zu werden.

Dir hat der Artikel **Die perfekte E-Mail: So schreibst du sie!** gefallen?

Dann verpass auch in Zukunft keine Neuigkeiten und folge mir jetzt bei Twitter, Google+ oder klick hier und werde mein Fan bei Facebook.

 Du bist neu hier? Dann abonnier am besten den RSS Feed und verpass keine Updates. **Nur als RSS Abonnent bekommst du jeden neuen Artikel sofort und in Echtzeit!**

Abb. 7.3: Schon kleine Aufforderungstexte wie dieser von Bjoern Tantau (`http://bjoerntantau.com/`) können ausreichen, um eine Interaktion wie die Nutzung der Social-Buttons zu forcieren.

Die neue Währung des Social Webs sind nicht mehr nur »Flattr«-Spendenaufrufe (siehe hierzu `https://flattr.com/`) oder Backlinks, sondern ebenso ein Google-Plus, ein Facebook-Like oder ein Retweet. Plus-, Like- und Follow-Möglichkeiten sollten Sie deswegen an jenen Stellen innerhalb und außerhalb Ihres Blogs zur

Verfügung stellen, an denen die Blogleser am ehesten von Ihren Inhalten, Ratschlägen und sonstigen Feedbacks profitieren. Sei es über einen passenden Infokasten innerhalb Ihrer Beiträge, auf Ihrer FAQ-Seite, innerhalb eines kostenlosen E-Books, in Ihrer E-Mail-Signatur oder über Hinweise im Feed.

Hinweis

Achten Sie darauf, dass der zu teilende Link den Inhalten entspricht, die weiterempfohlen werden sollen. Nicht alle Social-Sharing-Plug-ins kommen mit Sonderplatzierungen außerhalb der Standardbeiträge zurecht, sodass ein Verweis schnell ins Leere laufen kann; oder er verweist auf die Hauptseite des Blogs statt auf die passende Unterseite. Das wäre schade, da die Besucher das Linkziel somit gleich wieder verlassen – und den Social-Media-Beitrag ihrerseits nicht weiterempfehlen. Selbst prominente Blogs verschenken immer wieder viel Potenzial durch falsch eingebundene Social-Media-Buttons, die nicht ausreichend getestet wurden.

Aber auch im Bereich der rein seiteninternen Empfehlungen lässt sich das Blog-Empfehlungsmarketing nutzen. Berühmt geworden ist dieses Prinzip durch den Onlinehändler Amazon. Keine Suche wird dort ausgeführt, kein Produkt angeschaut und keine Bestellung aufgegeben, ohne dass dem Besucher passende Kaufvorschläge für ähnliche oder ergänzende Produkte gemacht werden. Nun hat Amazon dieses Verfahren über viele Jahre hinweg immer weiter verfeinert. Doch auch ganz normale Content-Portale wie eben Weblogs können von diesem Verfahren profitieren. Wie mächtig die Anzeige ähnlicher und thematisch passender Beiträge zu einem Blogartikel sein kann, was die längere Verweildauer im Blog anbelangt, erklären wir in Abschnitt 10.2. Hinsichtlich der Integration von Werbemitteln lassen sich mit einer ausgeklügelten Programmierung sogar folgende Szenarien abbilden:

- Passend zur Kategorie, zu den verwendeten Tags, zu Keywords in Beitragsüberschriften etc. wird ein jeweils inhaltlich passender Werbeblock automatisch zugesteuert.

- Sprechen Ihre Blog-Inhalte verschiedene Zielgruppen an (etwa B2C für Endverbraucher und B2B für Geschäftskunden), so lassen sich auch hier je Beitrag unterschiedliche Elemente beisteuern. Am Beispiel unserer eigenen Blogs verdeutlicht: Hier könnten wir bei Beiträgen, die sich an Firmenblogbetreuer richten, einen anderen Newsletter bewerben als bei Inhalten für »normale« Blogger. Das ließe sich anhand der Kategorien oder der verwendeten Schlagwörter beziehungsweise Tags steuern, selbst wenn diese für den Leser gar nicht sichtbar eingebunden sind und somit rein der logischen Zusteuerung dienen.

- Landet der Blogbesucher auf einem Beitrag mit integrierten Affiliate-Links, so könnten Sie die Sidebar mit AdSense-Werbung ausblenden, um nicht vom deutlich lukrativeren Partnerprogramm-Link abzulenken. Ein weiteres Szenario: Für Besucher aus Suchmaschinen werden passende AdSense-Blöcke zugesteuert, während Stammbesucher beim Direktaufruf des Blogs die Werbung für Ihr neues E-Book zu sehen bekommen.

- In einem Bereich des Blogs erfolgt die Anzeige ähnlicher Beiträge nach Logik A, in einem anderen nach Logik B. Etwa was den jeweiligen Anteil werblicher Beiträge anbelangt.

- Sogar das Prinzip von Amazon selbst lässt sich übernehmen, zumindest teilweise. Denn im dortigen Partnerprogramm gibt es Widgets, mit denen Sie Ihre eigenen Produktempfehlungen bewerben können. Manche der Widgets sind gar Kontext-sensitiv. Das bedeutet: Amazon versucht Angebote und Affiliate-Links anzuzeigen, die zu den Beitrags- und Seitentexten Ihres Blogs passen.

Diese Liste ist nur ein kleiner Auszug möglicher Umsetzungen, vergleichbare Ansätze lassen viel Spielraum für äußerst kreative Vermarktungsideen. Der zu empfehlende Content wird in all den Fällen nicht einfach nur breit an alle Blogbesucher gestreut, sondern er bedient möglichst zielgerichtet die individuellen Bedürfnisse einzelner Lesergruppen.

Es gibt noch eine weitere Variante, die sich der Rubrik »Empfehlungsmarketing« zuordnen lässt, Sie können sich nämlich auch selbst empfehlen. Wie das konkret funktioniert? Wenn wir in unseren Blogbeiträgen oder an sonstiger Stelle einen Verweis auf eine andere Webseite setzen – egal ob es sich dabei um einen Blog handelt oder nicht –, so informieren wir ab und zu deren Autor oder Webmaster. Ganz nach dem Motto: »Vielen Dank für deinen interessanten Beitrag, den ich übrigens hier an meine Leser weiterempfohlen habe«. Eine kleine E-Mail mit einem Hinweis auf die verlinkende Seite reicht dazu völlig aus, sodass sich Ihr Gegenüber die Empfehlung selbst anschauen kann. Schon oft sind aus solchen E-Mails heraus neue Blog-Partnerschaften oder sonstige Kooperationen entstanden. Zumindest wird man Sie und Ihren Blog in positiver Erinnerung behalten.

Tipp

Der dezente E-Mail-Hinweis macht übrigens auch bei Verweisen von einem Blog zum anderen Sinn, da nicht jeder Blogger über eingehende Pingbacks informiert wird. Pingbacks sind automatisierte Benachrichtigungen, die an einen Blog gesendet werden, wenn ein anderer Blog dorthin verlinkt. Blogsysteme wie WordPress haben eine solche Funktionalität standardmäßig integriert. Blogger, deren System diese Kommunikation nicht unterstützt, übersehen neue Verweise häufig, weshalb sie für einen E-Mail-Hinweis oft sehr dankbar sind. Alternativ machen Sie den externen Autor beziehungsweise Blogger durch einen Tweet oder einen Beitrag in anderen sozialen Netzwerken auf die Verlinkung aufmerksam, dann erfahren auch andere Nutzer von der guten Tat. Allerdings kommt es hierbei sehr auf den Tonfall der Nachricht an, damit diese nicht zu selbstverliebt oder werblich klingt. Hier sollten Sie von Fall zu Fall entscheiden, ob eine persönliche Nachricht nicht doch geeigneter ist.

Was auf jeden Fall gut funktioniert (solange Sie es nicht übertreiben), ist Ihr öffentlicher Dank auf Twitter, Facebook etc. dafür, dass ein anderer Blog auf einen Ihrer Beiträge verlinkt. Das ist nicht nur schneller geschehen, als eine E-Mail zu schreiben, es regt möglicherweise auch andere zur Verlinkung an. Zumindest rückt es Ihren Blog und seine Inhalte in den Vordergrund.

7.4 Testimonials nutzen

Sogenannte *Testimonials* sind ein mächtiges Marketinginstrument. Es handelt sich dabei um empfehlende Aussagen zu Ihrem Produkt, Ihren Dienstleistungen oder eben auch zu Ihren Inhalten, die von Kunden oder Lesern stammen (in manchen Fällen auch Kollegen, sofern sie den Wert Ihres Produkts durch ihre positive Meinung erhöhen). Mit solchen Aussagen lassen sich nicht nur neue Leser gewinnen, sondern auch potenzielle Werbe- und Kooperationspartner dürften es gerne lesen, wenn Ihr Blog von anderen empfohlen wird. Ebenso hilfreich sind Testimonials bei der Vermarktung von Premiuminhalten beziehungsweise E-Books zum Blog, oder wenn Sie sonstige Produkte und Dienstleistungen anbieten.

Abb. 7.4: Vladislav Melnik von `affenblog.de` setzt zur Vermarktung seiner Produkte auf Testimonials. Mit Fotos der Empfehlenden versehen wirken diese besonders authentisch.

Testimonials lassen sich von besonders zufriedenen Kunden oder Lesern gewinnen. Falls Sie vorhandene Kundenstimmen verwenden wollen, so müssen Sie die

Zitierten stets um Erlaubnis fragen. Es sei denn, Sie veröffentlichen die Aussagen in anonymisierter Form, wodurch sie jedoch ihre Wirkung verlieren – wer vertraut schon einer »Anna B. aus Z.«?

Im Folgenden einige beispielhafte Anwendungsfälle und Hinweise für Testimonials im Blog-Umfeld:

- Mit Namen versehene Kundenmeinungen auf der »Hier werben«-Seite helfen dabei, mehr Anfragen potenzieller Werbekunden und -agenturen zu erhalten. Dies nach der Art »Mit dem Werbebanner auf *blogdomainxy.de* konnten wir unsere Zielgruppe um einiges effizienter erreichen als über vergleichbare Formate – Thomas T., Leiter Marketing Firma y«

- Wenn Sie – begleitend zum Blog – Dienstleistungen anbieten, dann sind griffige Kundenaussagen fast schon ein Muss. Das Gleiche gilt bei der Vermarktung von Newslettern oder Onlinekursen. Wer Ihnen online vertrauen oder gar gleich ein Produkt kaufen soll, der möchte vorab eine Erfolgsgeschichte lesen – mitsamt zugehörigem Gesicht.

- Gerade zu Beginn einer Blogger- oder Berater-Karriere ist es mühsam, passende Testimonials zu finden. Gewähren Sie Ihren ersten Kunden einen kleinen Nachlass. Dafür lassen Sie sich zusichern, dass Sie das Projekt als Referenz benennen dürfen.

Wir müssen wohl nicht erwähnen, dass jegliche Kundenmeinungen stets ehrlich verfasst sein müssen. Wenn Sie Ihre Leser mit guten Inhalten begeistern, dann werden Sie von ganz alleine genügend Testimonials sammeln. Rein künstlich zusammengetragene oder gar selbst getextete Aussagen werden jedoch früher oder später als solche erkannt – ein Schaden, der sich nicht wiedergutmachen lässt.

Abb. 7.5: Eine weitere Form von Testimonials: Auf welchen bekannten Portalen wurde der Blog bereits erwähnt? Auch hierfür sollten Sie sich auf jeden Fall die Genehmigung der Gegenseite einholen, vor allem wenn Logos zum Einsatz kommen.

7.5   Social Media als Blog-Marketinginstrumente

Das Marketing über soziale Netzwerke wie Twitter, Facebook, Google Plus etc. ist eine »Wissenschaft« für sich. Im nachfolgenden Abschnitt geben wir einige Hinweise, die speziell die Social-Media-Vermarktung von Blogs betreffen. Da die sozialen Netzwerke jedoch immer wichtiger werden, wenn es um die Gewinnung neuer

Leser geht, sollten Sie sich auch darüber hinaus weiterbilden – über gute Fachbücher, passende Seminare oder das Mitlesen in guten Blogs zum Thema. Auch der mitp-Verlag bietet gute Lektüre zum Thema, etwa *Die kleinen Schwarzen* für Instagram, XING, Pinterest oder YouTube (`http://www.mitp.de/Business-Marketing/Die-Kleinen-Schwarzen/`). Idealerweise vertiefen Sie Ihr Wissen bei jeder einzelnen Plattform separat – zu sehr unterscheidet sich die Marketing-Ansprache beispielsweise auf Twitter von der auf Facebook. Und zu schnell ändern sich die Voraussetzungen und Werkzeuge des Web 2.0. Behalten Sie dabei auch neue Anbieter im Auge. Die noch junge Geschichte der Netzwerke zeigt: Was heute Facebook ist, das kann morgen schon ein ganz anderer Player sein. Davon profitieren stets jene Blogger, die sich möglichst frühzeitig eine eigene Follower-Basis aufbauen.

Gleichzeitig sollten Sie auf Portalen aktiv sein, die für Ihre Zielgruppe besonders wichtig sind. Das kann YouTube für Videoblogger sein, XING und LinkedIn im Business-Umfeld oder Instagram beziehungsweise Pinterest für Designer und Künstler. Ihre Social-Media-Kanäle sind jedoch nur dann attraktiv, wenn sie die inhaltliche Qualität des Blogs widerspiegeln. Zwar können Sie dabei auch mit hochwertigen Inhalten anderer Blogs und Webseiten arbeiten, die Sie Ihren Lesern empfehlen. Dennoch bedarf es einer individuellen Ansprache der Follower, um einen Kanal spannend zu gestalten – ein nicht zu unterschätzender Zeitfaktor. In der Regel ist es zielführender, sich auf zwei bis drei Netzwerke zu konzentrieren. Diese können Sie fortlaufend ausbauen, statt zahlreiche Plattformen nur halbherzig mit Inhalten zu versorgen.

Tipp

Sie können recht einfach über die jeweilige Anzahl der Weiterempfehlungen, also der Tweets, Facebook-Likes und Google-Plusse für Ihre Beiträge ermitteln, welches Netzwerk von Ihrer Blog-Zielgruppe bevorzugt wird. Vorausgesetzt, Sie bieten gerade zu Beginn Ihres Blogs unterschiedliche Social-Sharing-Buttons an, deren Anzahl Sie dann mit der Zeit auf die meistgenutzten reduzieren. Oder Sie beobachten das Verhalten der Leser auf thematisch ähnlichen Blogs, was jedoch nicht zwangsläufig die Vorlieben Ihrer eigenen Besucher widerspiegelt. Wenn Sie sich für einige wenige Plattformen entschieden haben, geht die Beobachtung der Zahlen ständig weiter. Nur so finden Sie heraus, für welche Inhalte sich die jeweilige Leserschaft interessiert. Das weicht je nach Netzwerk durchaus deutlich voneinander ab. Erfolgreiche Blogger überlegen bei jedem Beitrag von Neuem, wo und in welcher Form sie diesen teilen beziehungsweise für welche Zielgruppensegmente sie einen Beitrag speziell schreiben.

Soziale Netzwerke bringen nicht nur neue und bereits bekannte Leser auf Ihren Blog. Social-Media-Interaktionen können gleichzeitig Ihr Search-Ranking stärken, zumindest auf indirekte Weise. Wir sprechen in diesem Zusammenhang von *Social Signals*: Jede Erwähnung der Social-Media-Kanäle zum Blog beziehungsweise jegliches Teilen Ihrer Blogbeiträge stärkt dessen Bekanntheit und Sichtbarkeit im Netz. Wenn Ihre Person bei der Blog-Kommunikation im Vordergrund steht, dann profitieren Sie auch persönlich von diesem Effekt. Das geht so weit, dass viele Blogger als Social-Media-Experten zu ihrem jeweiligen Blog-Thema wahrgenommen werden. Gerade für selbstständige und Corporate Blogger bieten sich damit völlig neue Möglichkeiten der Akquise. Beispielsweise gibt es einige bloggende Handwerker, die sich über ihre Blog- und Social-Media-Beiträge einen echten Namen in der Szene aufbauen konnten. Und das in einer Branche, die nicht unbedingt sehr onlineaffin ist. Manche Handwerker bauen sich so ein zweites Standbein auf, indem sie ihre Kollegen zu Online-Marketing-Themen beraten. Andere wiederum berichten, dass sie bis zu 100 Prozent ihrer Handwerkeraufträge über den Blog gewinnen. Das beweist, wie mächtig ein Expertenstatus sein kann, der rein auf einer qualitativ hochwertigen Blog- und Social-Media-Kommunikation basiert. Davon profitieren alle Blogger, egal mit welchem Thema sie sich beschäftigen.

Abb. 7.6: Ein Malerbetrieb erreicht über 214.000 Leser monatlich mit seinem Blog? Werner Deck von `malerdeck.de` macht es vor, und gibt sein Wissen an andere Handwerker weiter.

Wie sollten Sie nun die Präsenz Ihres Blogs auf Facebook, Twitter, Google Plus etc. gestalten? Zunächst einmal ist es äußerst ratsam, auf all diesen Portalen einen eigenen Bereich zu reservieren – für den Namen des Blogs, sofern dieser noch verfügbar ist. Dies lohnt sich selbst dann, wenn Sie mit einem der Anbieter erst in Zukunft zusammenarbeiten wollen, gerade bei umkämpften beziehungsweise bekannten Begrifflichkeiten und Blog-Branchen.

Innerhalb dieser Accounts sollten Besucher Ihre Blog-Identity sofort wiedererkennen, anhand desselben Logos, der gleichen Farbgebung, Fotos von Ihnen beziehungsweise Ihrer Autoren. Ein weiterer Vorteil: Gelangen die Leser zunächst auf Ihr Social-Media-Profil anstatt auf Ihren Blog, so werden sie diesen Besuch dennoch mit Ihrem Blog verknüpfen, da sie das Design dann wiedererkennen und sich schneller orientieren können. Das ist wichtig für den Aufbau einer eigenen Marke.

Wirklich professionell wirkende Social-Media-Auftritte sind nicht immer einfach zu realisieren. Jedes Netzwerk hat seine eigenen Designvorgaben oder spezielle grafische Elemente, die es anzupassen gilt. Ein selbst zusammengebastelter Auftritt wird schnell als solcher erkannt – je nach Zielgruppe wird Ihnen dies mal mehr, mal weniger verziehen. Gerade Selbstständige und Unternehmen sollten darauf achten, ihre Profile von einem Profi gestalten zu lassen. Vor allem dann, wenn die Kunden bei der angebotenen Dienstleistung grafisches Basiswissen voraussetzen. Wie auf dem Blog selbst gilt auch hier: Der erste Eindruck zählt. Für schmale Blogger-Budgets vermitteln Plattformen wie `99designs.de` oder `designenlassen.de` Dienstleistungen zur Gestaltung der Social-Media-Kanäle.

Abb. 7.7: Magazine wie t3n machen es vor. Der Twitter-Account richtet sich nicht nur nach dem Design der Marke, er bewirbt zudem die aktuelle Ausgabe. Auch Blogger können so auf wichtige Inhalte und Aktionen aufmerksam machen.

Welche Inhalte sollten Sie nun auf den Social-Media-Profilen Ihres Blogs teilen? In erster Linie natürlich Ihre eigenen Blogbeiträge, denn für diese interessieren sich

Ihre Blog-Fans. Sie werden mit einem kurzen Textauszug und/oder dem Beitrags-bild auf der Fanpage von Facebook beziehungsweise Twitter- und Google-Plus-Pro-filen veröffentlicht, mitsamt Verlinkung zum eigentlichen Beitrag. Dieser Textauszug sollte je Netzwerk individuell gestaltet werden (bei Twitter natürlich auf circa 100 Zeichen gekürzt, bei Google Plus gerne etwas ausführlicher). Experi-mentieren Sie dabei mit verschiedenen Ansprachen. Folgendes hat sich – ähnlich wie beim Texten von Beitragsüberschriften – bewährt:

- Greifen Sie in kompakter Form einige wenige spannende Aspekte aus dem Blogbeitrag auf. Oder stellen Sie Fragen, deren Beantwortung für den Beitrag angekündigt wird. Je mehr Sie sich dabei an den Bedürfnissen und Problem-stellungen Ihrer Leser orientieren, umso neugieriger werden diese sein.

- Analysieren Sie genau, wenn sich eine Nachricht besonders gut verbreitet. Lag dies nur am spannenden Thema oder doch eher am besonders kreativen Tea-ser-Text? Mit der Zeit werden Sie herausfinden, auf welche Formulierungen und Keywords Ihre Follower besonders gut reagieren. Doch selbst dann dürfen Ihre Texte nie zu einseitig werden.

- Halten Sie kurz inne, wenn Sie auf Social-Media-Posts von erfolgreichen Blog-ger-Kollegen stoßen, die Sie selbst gerne teilen. Werten Sie diese auf die gleiche Weise aus wie Ihre eigenen Formulierungen.

- Vergessen Sie bei aller Optimierung nicht, dass der Bezug zum tatsächlichen Inhalt des Blogbeitrags gegeben sein muss. Effektheischende Ankündigun-gen, die ihr Versprechen nicht einlösen können, führen schnell zu Frust bei den Lesern.

- Achten Sie in diesem Zusammenhang darauf, wie die Leser den Beitrag im So-cial-Media-Profil oder auf Ihrem Blog kommentieren. Seien Sie nicht ungehal-ten, wenn Sie jemand darauf hinweist, dass er sich eigentlich mehr vom Bei-trag versprochen hat. Ist die Kritik vielleicht begründet? Dann lernen Sie für Ihren Blog mehr daraus als aus unzähligen Lobeshymnen.

- Erwähnen Sie Personen oder Blogs, die im Beitrag vorgestellt werden oder zu Wort kommen. Verlinken Sie dabei das jeweilige Social-Media-Profil, etwa über die @mention-Funktion (diese funktioniert auf den gängigsten Plattformen). Damit erhöhen Sie die Chance, dass Ihr Beitrag von den genannten Personen weiterverbreitet wird.

Wenn Sie diese Hinweise berücksichtigen, wird die Zahl Ihrer Follower kontinu-ierlich steigen. Verteilen sich Ihre Fans zudem auf mehrere Plattformen, dann machen Sie sich unabhängiger von einem einzigen Dienst – und von den Such-maschinen wie Google.

Tipp

Das Veröffentlichen von Blogbeiträgen über die wichtigsten Social-Media-Kanäle lässt sich auch automatisieren. Werkzeuge wie `www.twitterfeed.com`, »Buffer« (`http://bufferapp.com`) oder das »Jetpack für WordPress«-Plug-in (siehe Abschnitt 7.2) sorgen dafür, dass Beitragstitel, Beitragsbild und Beitrags-URL automatisch in Social-Media-Posts umgewandelt werden. Wie bereits erwähnt, sind individuelle Texte jedoch meist deutlich erfolgreicher (wobei das natürlich auch stark von Ihrer Beitragsüberschrift und visuellen Gestaltung abhängt). Zudem erhöhen verschiedene Teaser die Chance, dass einer davon »zündet«. Das vollautomatisierte Streuen von Blog-Inhalten ist nur eine Teillösung, die die manuelle Betreuung einzelner Kanäle niemals vollends ersetzen sollte. Sofern Sie hierfür nur wenig Zeit investieren können oder wollen, empfehlen wir Ihnen, zumindest ein Netzwerk manuell zu betreuen – jenes, in dem Ihre Zielgruppe am aktivsten ist und Sie den größtmöglichen Return on Investment erzielen können – und lediglich die weiteren teilautomatisiert zu steuern.

Tipp

Stammleser Ihres Blogs abonnieren nicht selten gleich mehrere der zugehörigen Social-Media-Kanäle. Es ergibt daher durchaus Sinn, die Veröffentlichung eines neuen Beitrags zeitlich zu streuen. Ein Beispiel: Der Tweet zum Beitrag erfolgt am Vormittag, abends bei Google Plus und erst am nächsten Tag bei Facebook. Damit wird es wahrscheinlicher, dass Ihre Follower zumindest einen der Posts entdecken und auch lesen beziehungsweise anklicken. Manche der eben erwähnten Tools erlauben das zeitlich versetzte Posten, sodass Sie nicht immer selbst online sein müssen und Ihre Statusmeldungen vorausplanen können. Evaluieren Sie je Netzwerk, wann der jeweils günstigste Zeitpunkt zum Teilen der Nachrichten ist. Denn dies gestaltet sich – genau wie beim Bloggen selbst – von Zielgruppe zu Zielgruppe unterschiedlich. Hilfreiche Tools hierfür sind etwa »Followerwonk« für Twitter (`https://followerwonk.com/`), »Timing+« für Google Plus (`http://timing.minimali.se/`) oder die Facebook-eigene Statistikfunktion.

Idealerweise belassen Sie es nicht einfach nur dabei, Ihre neuesten Blogbeiträge zu veröffentlichen. Ein Social-Media-Profil – das die Interaktion auf dem Blog unterstützen soll – wird erst dann zur lebendigen Community, wenn Sie den jeweiligen Abonnenten exklusive Inhalte bieten. Möglichkeiten dazu gibt es viele:

- Sie teilen Links und Verweise zu thematisch passenden Beiträgen anderer Webseiten und Blogs. Diese sollten ebenfalls möglichst einzigartig und neu sein. Forschen Sie nach spannenden Inhalten. Etwa auf Blogs aus dem Ausland, die sonst niemand im deutschsprachigen Raum teilt (die wichtigsten Erkenntnisse könnten Sie dann auch direkt übersetzen). Wenn Ihr Profil regelmäßig werthaltige und außergewöhnliche Texte verlinkt, färbt dies auch auf Ihren eigenen Expertenstatus ab.

- Ergänzen Sie individuelle Kommentare zu den geposteten Beiträgen. Darin können Sie neue Entwicklungen und Updates aufgreifen, die sich in der Zwischenzeit ergeben haben.

- Veröffentlichen Sie Leserkommentare aus Ihrem Blog (gegebenenfalls anonym oder nach vorherigem Einverständnis der zitierten Person) samt Ihrer Antwort über Social Media. Dadurch zeigen Sie zum einen, dass Ihr Blog über eine aktive Leserschaft verfügt, und zum anderen, dass Sie sich für Ihre Leser interessieren und sie bei ihren Problemen unterstützen. Das wird im Idealfall auch neue Follower dazu animieren, entweder direkt auf sozialen Plattformen oder in Ihrem Blog Fragen zu stellen und mit Ihnen und anderen Lesern zu interagieren.

- Diskussionsrunden außerhalb der »offiziellen« Beiträge: Manchmal eignen sich Social Media, um Blog-Themen aus einem anderen Blickwinkel heraus zu betrachten oder um einzelne Inhalte zu vertiefen. Insbesondere dann, wenn die Zielgruppe einzelner Plattformen leicht von der Leserschaft Ihres Blogs abweicht.

- Experimentieren Sie mit exklusiven Beiträgen beziehungsweise Inhalten und Angeboten, die nur über Facebook, Twitter oder Google Plus aufrufbar sind. Das sorgt für eine engere Bindung und bestenfalls ein Wachstum Ihrer Follower.

- In eine ähnliche Richtung gehen Aktionen, die nicht auf dem Blog, sondern in einem Social-Media-Profil durchgeführt werden. Etwa Gewinnspiele, Leserbefragungen oder Rabattaktionen. Damit sollten Sie jedoch vorsichtig sein, je nachdem welches Ziel Sie mit Ihrem Blog beziehungsweise Ihren Social-Media-Aktivitäten verfolgen. Denn ein Kanal innerhalb der sozialen Netzwerke kann schnell zur »Konkurrenz« für den Blog werden.

- Wenn Sie möchten, können Sie es anderen Lesern gestatten, auf Ihrem Profil Nachrichten zu veröffentlichen. So wie wir unsere Follower dazu aufrufen, unter dem Hashtag `#BlogBoosting` Fragen an uns zu richten. Derlei Aktivitäten müssen Sie jedoch regelmäßig beobachten, damit Ihr Profil nicht für Schleichwerbung oder diffamierende Postings missbraucht wird.

- Prüfen Sie, ob Sie Nachrichten aus einem sozialen Netzwerk in ein anderes übertragen können. Sie stolpern über einen Blogbeitrag, der auf Twitter fleißig geteilt wird, jedoch (noch) nicht auf Google Plus? Dann seien Sie der oder die Erste, um diesen Beitrag auch dort zu teilen. Verweisen Sie jedoch auch hier auf die ursprüngliche Quelle, geben Sie niemals fremde Inhalte als Ihre eigenen aus. Wenn es sich um persönliche Zitate handelt, die Sie gerne weitergeben würden, dann sollten Sie die betreffende Person vorab um Erlaubnis bitten.

- Generell gilt: Vorsicht mit der 1:1-Übernahme längerer Textpassagen, aber auch von Screenshots, Grafiken und Fotografien, deren Herkunft nicht klar ist. Dies kann schnell mit dem Urheberrecht kollidieren. Fragen kostet nichts. Wir selbst machen dies ab und an sogar dann, wenn wir eigentlich keine Erlaubnis einholen müssten. Das sorgt für Vorab-Marketing und damit für so manchen zusätzlichen Retweet, Facebook-Like etc.

Wenn Sie einem neuen Netzwerk beitreten, dann verfolgen Sie zunächst die Kommunikation anderer Nutzer und Blogger, bevor Sie selbst zur Tastatur greifen. Facebook hat andere interne »Benimmregeln« als Twitter, auf Google Plus wird deutlich anders kommuniziert als auf XING oder LinkedIn. Bei Twitter haben Tweets ihren ganz eigenen Stil, schon alleine aufgrund der Zeichenbegrenzung. Und während bei Facebook oftmals kleinste »Nichtigkeiten« gepostet werden, ohne dass sich die Nutzer daran stören, so sind Google-Plus-Fans nicht selten kritischer. Achten Sie also darauf, welcher Tonfall und welcher Grad an Werbefreiheit wo vorherrscht. Denn eine unbedachte Nachricht kann schnell dafür sorgen, dass sich Ihre Follower-Anzahl deutlich reduziert.

Abschließend noch ein kleiner Hinweis: Soziale Netzwerke eignen sich hauptsächlich zur indirekten Vermarktung von Blogbeiträgen, indem Sie die eigenen Texte sowie zugehörige Themen veröffentlichen und auch spannende externe Quellen einstreuen. Die direkte Verbreitung von Werbebotschaften gilt hingegen zu Recht als Tabu. Posts nach dem Motto »Heute bei uns 33 Prozent sparen« oder »Wir sind der beste Dienstleister zum Thema xy« funktionieren nur in den seltensten Fällen – etwa bei Social-Media-Kanälen eines Onlineshops, dessen Follower sich hauptsächlich regelmäßige »Schnäppchen« oder Produkt-Updates versprechen. Wenn die Inhalte Ihres Blogs stimmen, dann haben Sie reine Eigenwerbung gar nicht nötig. Follower werden Ihnen auch so oder gerade deswegen vertrauen.

Tipp

Es gibt einige interessante Blog-Tools, die Einträge zwischen den einzelnen Netzwerken miteinander verknüpfen. Etwa indem sie passende Facebook-Posts etc. in die Blog-Kommentare einbinden. Andere ermöglichen es dem Nutzer, über seinen Twitter- oder Facebook-Account auf Ihrem Weblog zu kommentieren. Mit derlei Automatismen sollten Sie jedoch vorsichtig umgehen. Nicht alle Leser haben Verständnis dafür, wenn ihr (persönlich gehaltener) Facebook-Kommentar plötzlich öffentlich in einem Blog zu lesen ist. Auch Werkzeuge wie »Disqus« (siehe Abschnitt 7.2) anstelle der Standard-Kommentarfunktion einzusetzen, gefällt nicht jedem Leser, gerade angesichts der aktuellen Datenschutz-Diskussionen. Sie sollten die Tools zumindest so einstellen, dass das Kommentieren als Gast möglich ist, also ohne ein Social-Media-Login. Prüfen Sie zudem, ob die Kommentare tatsächlich in Ihrem Blog und in Ihrer Datenbank eingebunden werden: »Verschwinden« diese, wenn der Dienst eines Tages nicht mehr existiert oder kostenpflichtig wird? Das könnte sich sehr nachteilig auswirken – für Ihre Leser, aber auch hinsichtlich der Blog-SEO.

Hin und wieder werden wir im Zusammenhang mit unserer Bloggertätigkeit nach der Effizienz von Business-Netzwerken wie XING oder LinkedIn als Vermarktungskanal gefragt. Was die Leserakquise angeht, so sind diese Werkzeuge naturgemäß eher weniger geeignet. Gerade im B2B- oder Kooperationsbereich kann sich jedoch durchaus die ein oder andere interessante Kontaktmöglichkeit ergeben. Denn als Blogbetreiber sind Sie nicht nur für andere Blogger interessant, sondern auch für die Marketing-Ansprechpartner ganz »normaler« Internetportale. Von daher sollten Sie durchaus ausprobieren, ob die genannten Dienste dazu geeignet sind, Kunden für Werbeflächen, Partner für Content-Kooperationen oder spannende Affiliate-Programme zu finden. Zumindest stellen wir in letzter Zeit fest, dass auf Webseiten wie XING verstärkt nach Stichworten wie »Blogger« oder »Blogger-Relations« gesucht wird.

Generell hängt die Nutzung der einzelnen sozialen Netzwerke stark von den Interessen Ihrer Leser ab. Während diese bei manchen Themengebieten sehr Facebook-affin sind (etwa im Lifestyle-, Mode- oder Haustier-Umfeld), so wird im Technik-Bereich eher Twitter oder Google Plus bevorzugt. Aber auch das variiert, je nach besetzter Nische. Bei Businessthemen können es dann auch spezialisierte Netzwerke wie eben XING & Co. sein, die für regelmäßige Besucher sorgen, denn auch dort lassen sich Ihre Blog-Nachrichten teilen. Wobei erfahrungsgemäß nicht alle XING-Mitglieder Verständnis für regelmäßig geteilte Blogposts haben, da sich die Kommunikation dort in vielen Fällen auf die Gruppen beziehungsweise Foren konzentriert.

Bei Facebook und Google Plus sollten Sie ebenso ausprobieren, für welche Nachrichten aus Ihrem Blog sich das eigene Profil, das heißt die dortige Fangemeinde, eignet und welche auch in den weniger werblichen Diskussionsrunden akzeptiert werden. Doch Vorsicht: Viele Nutzer reagieren verärgert auf die Bewerbung eigener Beiträge in den Nutzergruppen, selbst wenn diese nicht werblicher Natur sind. Das erfahren Sie unter Umständen erst, wenn Ihr Profil von den Moderatoren gesperrt wird – dann jedoch ist es zu spät. Schauen Sie sich die Diskussionen ganz genau an oder fragen Sie wenn möglich ein aktives Mitglied, welche Inhalte wo gewünscht sind und welche nicht.

Umgekehrt können Sie natürlich auch die Interaktion über soziale Netzwerke forcieren, indem Sie beispielsweise die übliche Blog-Kommentarfunktion durch ein entsprechendes Plug-in für Facebook- oder Google-Plus-Kommentare ersetzen beziehungsweise ergänzen. Nicht alle Leser werden diese Form des Kommentierens nutzen, schätzen einige doch gerade die »anonyme« Meinungsäußerung, doch andererseits erleichtern sie jenen Nutzern das Kommentieren, die ohnehin zu jeder Zeit bei Facebook oder Google Plus eingeloggt sind und sich somit die Eingabe ihres Namens und der E-Mail-Adresse sparen können. Wägen Sie die Vor- und Nachteile stets in Hinblick auf Ihre Zielgruppe ab und wagen Sie im Zweifelsfall einen zeitlich begrenzten Test.

7.5.1 Neue Blog-Fans gewinnen

Die Anzahl Ihrer Social-Media-Follower trägt mittlerweile erheblich zum Erfolg Ihres Blogs bei. Denn ob Sie nun hauptsächlich eigene oder fremde Beiträge teilen: Hinter diesen Followern verbergen sich natürlich immer auch potenzielle Leser. Zudem steigt mit der Zahl Ihrer Fans das Renommee des Blogs. Ob Journalisten, Kooperationspartner, Multiplikatoren oder Blogger auf der Suche nach Gastautoren oder Werbekunden: Alle messen die Qualität sowie die Reichweite eines Blogs verstärkt anhand der Zahl der Follower – ein Problem für neue Webseiten oder bei wenig populären Themen.

Für die Gewinnung möglichst vieler Blog-Fans gelten im Grunde die gleichen Prinzipien wie bei der Vermarktung des Blogs selbst: Je werthaltiger und allgemein interessanter Ihre Beiträge ausfallen, die Sie an Ihr Netzwerk streuen, und je mehr Arbeit Sie in ansprechende Überschriften, Teaser und Bilder für die Posts stecken, umso erfolgreicher sind Sie. Mit jedem Netzwerk bietet sich Ihnen ein eigener Kanal und damit im Prinzip ein eigener kleiner Blog. Wenn Sie dies als Chance, und nicht als Bürde begreifen, dann wird Ihnen der Umgang im Web 2.0 deutlich leichter fallen. Denn innerhalb der sozialen Netzwerke können Sie noch schneller reagieren und noch besser experimentieren als auf Ihrer Webseite.

Sie können das Wachsen der unterschiedlichen Fangruppen deutlich beschleunigen:

- Wirken Sie möglichst aktiv und individuell in den einzelnen Kanälen mit. Abonnieren Sie passende Diskussionsstränge und Communitys. Beobachten Sie jeweils gut, in welchen Fällen Ihre Expertise gefragt sein könnte – vielleicht lässt sich die Antwort gar in Form eines Blogbeitrags gestalten. Achten Sie darauf, ob Sie beziehungsweise Ihr Blog von anderen erwähnt werden. Dann sollten Sie schnell und umfassend reagieren – und sei es nur mit einem kleinen »Dankeschön«.

- Geizen Sie nicht mit dem Teilen von Beiträgen anderer, selbst wenn diese ein ähnliches Ziel verfolgen. Auch beim Teilen fremder Inhalte fällt ein Teil der Reputation auf Sie zurück.

- Gehen Sie auf die Bedürfnisse Ihrer Follower ein. Das funktioniert auch plattformübergreifend: Die Frage aus einer Diskussion in den Blog-Kommentaren können Sie gleichzeitig auch innerhalb der sozialen Netzwerke beantworten, wenn sie von allgemeinem Interesse ist.

- Schauen Sie sich Ihre Follower ganz genau an. Bloggen sie selbst? Was machen sie beruflich? Welche Hobbys haben sie? Befinden sich wichtige Multiplikatoren darunter? Worüber schreiben sie und worüber nicht? Aus all dem können Sie sogenannte »Personas« erstellen und ableiten, welche Themen gefragt sind.

> **Hinweis**
>
> *Personas* sind per Definition von HubSpot (www.hubspot.com) semi-fiktive Vorstellungen Ihrer idealen Kunden. Sie basieren auf Daten und werden mit wohlbegründeten Vermutungen zu Demografie, Verhaltensmustern, Motivationen und Zielen kombiniert.

- Bewerben Sie die Social-Media-Profile aktiv und möglichst prominent platziert auf Ihrem Blog. Testen Sie die unterschiedlichsten Formen wie Buttons und Widgets gegeneinander, die beinahe jedes Netzwerk anbietet. Zum Teil weicht die Conversion– also die Anzahl an neuen Fans, die darüber gewonnen wird – erheblich voneinander ab. Und bei jedem Blog funktioniert eine andere Form besser. Wichtig: Binden Sie die Verweise auf Ihre Social-Media-Profile auf allen Unterseiten Ihres Blogs ein, nicht nur auf der Startseite oder im Bereich »Über uns«.

> **Hinweis**
>
> Bei den meisten Follow-Buttons und ähnlichen Möglichkeiten gibt es die Option, die Anzahl der bereits existierenden Fans anzuzeigen. Dies stellt für manche Leser einen zusätzlichen Anreiz dar, ebenfalls auf »Gefällt mir« etc. zu klicken – eine entsprechend hohe Zahl bereits vorhandener Kontakte vorausgesetzt. Verfügen Sie jedoch erst über eine Handvoll an Followern, so kann die Anzeige auch kontraproduktiv wirken, gerade im Rahmen der Kooperations- oder Werbekundenakquise. In diesem Fall sollten Sie vorerst darauf verzichten.

Blogger, die seit jeher in den sozialen Netzwerken beheimatet sind, haben hierbei natürlich große Vorteile. Sie wissen intuitiv, wie die Social-Media-Dos und -Don'ts aussehen. Doch haben Sie keine Angst, all das werden Sie – mit Zeit und im Austausch mit erfahrenen Bloggern und Social-Media-Marketern – lernen. Damit wissen Sie nun um die (theoretischen) Grundlagen des »Blog Boostings« Bescheid und sind bereit, in die Vermarktung von und mit Blogs einzusteigen.

Vermarktung von Blogs

Kapitel 8 und 9 widmen sich unterschiedlichen Aspekten des Marketings. Während die folgenden Maßnahmen durch die Verbreitung des Blognamens hauptsächlich der Eigenwerbungen dienen, stellen wir Ihnen in Kapitel 9 – etwa durch die Vermarktung Ihrer Inhalte, Produkte und Dienstleistungen – Möglichkeiten der Monetarisierung Ihres Blogs vor.

Wie bereits erwähnt, ist »normales« Internetmarketing nicht gleichzusetzen mit der Vermarktung von Blogs. Für Weblogs gibt es glücklicherweise eine ganze Menge an speziellen Instrumenten und Möglichkeiten, sie zu bewerben, die anderen Webseiten oftmals vorenthalten bleiben. Die in den folgenden Abschnitten genannten Formen stehen in der Regel zwar auch Webseiten außerhalb der Blogosphäre offen, entfalten ihre volle Wirkung jedoch erst mit den Techniken (etwa Trackbacks oder einer Kommentarfunktion) eines echten Blogsystems – egal ob unter WordPress, Joomla! oder über ein anderes bekanntes Blognetzwerk. Die Vielzahl weiterer Blogger spielt innerhalb Ihres Netzwerks und Ihrer Branche (und im Idealfall sogar darüber hinaus) ebenfalls eine wichtige Rolle.

Gerade beim Start von weiteren Blogs werden Sie sich mit der Zeit und zunehmender Erfahrung einen ganz persönlichen »Maßnahmenkatalog« zusammenstellen, der die bei den bisherigen Projekten erfolgreichsten Aktionen, Verlinkungen und Kooperationen umfasst. Solch ein Maßnahmenkatalog besteht in der Regel aus folgenden Bausteinen (die nicht zwangsläufig in dieser Reihenfolge und auch nicht dauerhaft durchgeführt werden müssen):

8.1 Grundlegende Maßnahmen

Die Blogosphäre ist durch zahlreiche Mechanismen an sich schon so gut untereinander vernetzt, dass einem die Basisarbeiten der erfolgreichen Blogvermarktung meist sehr einfach gemacht werden. Denn selbst wenn sich zwei Blogs mit ein und demselben Thema befassen, so entwickeln wir Blogger kein Konkurrenzdenken, sondern denken gemeinsam über Kooperationsmöglichkeiten nach, durch die beide Blogs profitieren.

8.1.1 Blognetzwerke

Blognetzwerke sind spezialisierte Web-Verzeichnisse, die Weblogs der unterschiedlichsten Kategorien und Arten listen und – so meist der Hauptvorteil – oft auch deren jeweils aktuellste Artikel oder zumindest Startseite verlinken.

Die Qualitäten sowie der positive Effekt dieser Netzwerke sind innerhalb der Blogosphäre umstritten, denn es gibt mittlerweile einfach zu viele dieser schnell aufgesetzten und teilweise nur zur Umsatzgenerierung durch Werbeanzeigen aufgesetzten Portale. Michael stellte bei der Einbindung der Netzwerke des Öfteren eine positive Wirkung – etwa hinsichtlich des gewonnenen Traffics – fest, jedoch mit abnehmender Tendenz. Robert konnte nur bei wenigen einen spürbaren positiven Effekt feststellen.

Hinweis

Die bei einigen dieser Portale einzubindenden Werbe- beziehungsweise Partnerbuttons (oft bei eben jenen Portalen, die dieses System zum eigenen Backlinkaufbau ausnutzen, um dadurch Traffic und Werbeeinnahmen zu generieren) können teilweise zu einer deutlichen Verschlechterung der eigenen Blog-Performance führen, selbst wenn hierfür nur ein kleines Bild vom jeweiligen Portalbetreiber heruntergeladen wird. Aufgrund mangelnder Hosting-Qualität kann es des Öfteren zu Langläufern oder gar Ausfallzeiten kommen. Beobachten können Sie diese Performance mit Website-Monitoring-Tools wie etwa »Pingdom« (`https://www.pingdom.com/free/`).

In einigen Fällen können Sie diese Bilder zwar auf Ihrem eigenen Webspace lagern und in die entsprechenden Werbecode-Schnipsel der Blogkataloge integrieren, dadurch deaktivieren Sie jedoch meist das Tracking beziehungsweise die Besucherzählung. Kommt es bei einem eingebundenen Partnerbutton mehrfach zu längeren Ladezeiten, so sollten Sie besser auf eine Aufnahme in den entsprechenden Blogkatalog verzichten, denn eine schlechte Blog-Performance wiegt schwerer, als es der zusätzliche Besucherstrom wiedergutmachen kann.

Die – gemessen am »Google-Effekt« und/oder an den tatsächlich vermittelten Neu-Lesern – wichtigsten dieser Blognetzwerke möchten wir kurz vorstellen, stets mit dem Rat, sie selbst auszuprobieren und kritisch hinsichtlich ihres Nutzens zu bewerten.

dmoz.de/dmoz.org

Für Webseiten allgemein kommt eine Aufnahme in diesen sehr exklusiven Webkatalog fast schon einer Art »Ritterschlag« gleich. Wir wollen ehrlich sein: Mit keinem unserer Projekte haben wir bislang einen Eintrag erreichen können.

»Kommerzielle« Webseiten, insbesondere mit Werbeflächen, haben in diesem durch freiwillige Mitglieder moderierten Verzeichnis unseres Erachtens kaum eine Chance (so wie es übrigens auch bei Wikipedia der Fall ist).

Einen Versuch sollte es jedem Blogger jedoch allemal wert sein, da ein dmoz-Eintrag gerüchteweise immer noch als Faktor für das eigene Google-Ranking gehandelt wird. Jede Kategorie wird zudem von einem anderen Moderator moderiert, wodurch in einzelnen Bereichen die Chancen einer Aufnahme also durchaus unterschiedlich sein können.

Bloggerei.de

Nicht für alle unsere Blogs, aber doch zumindest für die meisten, brachte bloggerei.de sowohl einen spürbaren Ranking- als auch besuchersteigernden Effekt. Zur Einschätzung: Bei einem Projekt konnte Michael zeitweise bis zu fünf Prozent aller Besucher alleine aus diesem Netzwerk beziehen, wobei die Tendenz seit einigen Monaten eher rückläufig ist. Dennoch sollten Sie eine Teilnahme an diesem Netzwerk prüfen, denn es wartet mit diversen Rankings und weiteren Zusatzleistungen auf.

Bloggeramt.de

Bloggeramt.de ist ein klassisches und sehr gutes Blognetzwerk, das bereits seit 2007 online ist. Über 27.000 angemeldete Blogs im deutschsprachigen Raum sprechen für sich, obwohl – oder gerade weil – Wert auf qualitativ möglichst hochwertige Weblogs gelegt wird. Für teilnehmende Blogportale gibt es unter anderem ein eigenes Ranking, Bewertungsfunktionalitäten sowie eine »Favoritenfunktion« für Leser.

blogcatalog.com

Bei blogcatalog.com handelt es sich um einen kleinen »Geheimtipp«, da nur wenige Blogger dieses rein englischsprachige Blogverzeichnis kennen. Es nimmt nämlich in Ausnahmefällen auch deutschsprachige Weblogs an, sofern Sie über einen guten Blog ohne übermäßig viel Werbung und mit einem spannenden Thema verfügen (reine Affiliate-Blogs dürften hier in der Regel keine Chance haben), Ihr Blog bereits seit mehr als einem halben Jahr existiert und sich (geschätzt) mindestens 100 Artikel in der Datenbank befinden. Zudem sollten Sie auf eine aussagekräftige und qualitativ hochwertige sowie englischsprachige Beschreibung des eigenen Projekts achten.

Haben Sie die Aufnahme trotz dieser Hürden geschafft (im Notfall können Sie übrigens nachbessern und Ihren Blog nach einer Ablehnung ein zweites Mal einreichen), so winkt hier ein guter Backlink.

Abb. 8.1: Featured Articles auf blogcatalog.com

Weitere Blognetzwerke

Zumindest in manchen Fällen half auch die Aufnahme in die Verzeichnisse www.blogeintrag.de sowie www.topblogs.de und www.blogverzeichnis.eu (blogverzeichnis.ch beziehungsweise blogverzeichnis.at desselben Anbieters).

Die Anmeldung innerhalb solcher Netzwerke ist recht einfach: Über ein Anmeldeformular werden Sie um einige Angaben zu Ihrem Blog gebeten, die danach redaktionell geprüft und freigegeben werden. Manche der genannten Verzeichnisse setzen für die Aufnahme, wie bereits angedeutet, die Einbindung eines Links oder eines kleinen Werbebuttons auf der Startseite Ihres Blogs voraus. Oft dienen diese Codeschnipsel auch dazu, im jeweiligen Blogkatalog an bestimmten Rankings teilnehmen zu können und Besucherstatistiken zu führen, wodurch Sie wiederum selbst die Wirkung der Eintragung beurteilen können.

Tipp

Die Anmeldung für die genannten Portale sollten Sie erst dann vornehmen, wenn der entsprechende Blog keine »Baustelle« mehr ist und auch bereits über etwa 20 bis 30 Artikel verfügt, sonst ist die Gefahr einer Ablehnung relativ groß.

Auch sollte aus SEO-Gründen die dort angegebene Beschreibung stets umfangreich und vor allem einzigartig sein. Es ist also nicht anzuraten, in allen Netzwerken dieselben beschreibenden Angaben zu Ihrem Blog zu machen.

8.1.2 Sonstige Webverzeichnisse

Außerhalb der Blogosphäre gibt es unzählige weitere Webkataloge und -verzeichnisse, die manchmal auch mit mehr oder weniger aggressiven Methoden um neue Einträge werben. Hier ist jedoch Vorsicht geboten: Neben einigen wenigen wirklich seriösen Anbietern gibt es auch zahlreiche »schwarze Schafe«, insbesondere jene, die selbst nicht allzu gut in den Suchmaschinen platziert sind, zur Aufnahme aber einen Backlink voraussetzen. Solche Portale zielen lediglich darauf ab, möglichst viele dieser Backlinks zu erhalten, um ihr eigenes Ranking in den Suchmaschinen zu verbessern – die eigentliche Funktion eines Webkatalogs steht dabei im Hintergrund. Vielmehr dienen sie entweder als günstige Linkquelle für weitere Webprojekte der Betreiber oder sie refinanzieren sich durch Werbeeinblendungen, die durch das gute Google-Ranking durchaus lukrativ sein können.

Bei einigen dieser Portale – die etwa wegen unlauterer Praktiken von Google abgestraft worden sind – kann ein Eintrag auch negative Auswirkungen auf teilnehmende Webseiten haben. Zudem konnten wir anderen als den zuvor vorgestellten Katalogen bisher noch keine positiven Effekte nachweisen.

Besondere Vorsicht sollten Sie bei sämtlichen Angeboten walten lassen, die Ihnen – kostenlos oder sogar gegen Gebühr – den »schnellen und sofortigen« Eintrag in »Hunderte hochwertige« Webkataloge ermöglichen. In den allermeisten Fällen sind diese und vergleichbare Offerten unseriös und können durch minderwertige Verlinkungen ebenfalls mehr Schaden verursachen, als dass sie von Nutzen sind.

8.1.3 Befreundete Blogs

In diesem Zusammenhang mag es ein wenig seltsam klingen, von einer »Marketingmaßnahme« zu sprechen, und wir möchten hier nicht falsch verstanden werden. Die zahlreichen sehr guten Bloggerfreundschaften, die wir pflegen und ohne die auch große Teile dieses Buches nicht möglich gewesen wären, sind natürlich nicht kalkulierter Natur. Es ist einfach toll, mit anzusehen, wie bestimmte Kreise der Blogosphäre zusammenhalten, sich gegenseitig unterstützen und immer – ohne irgendein Entgelt zu erwarten – mit Rat und Tat zur Seite stehen, gerade noch unerfahrenen Bloggern gegenüber.

Trotzdem möchten wir natürlich nicht verschweigen, dass gerade dieses Netzwerk, das wir uns als aufgeschlossene Blogger nach und nach schaffen, mit zu den wertvollsten Unterstützern bei der alltäglichen Marketingarbeit gehört.

Egal ob im Falle von

- gegenseitiger Verlinkung und Quellenbenennung (etwa innerhalb von einzelnen Beiträgen oder in sogenannten »Blogrolls«),

- der Bereitschaft zu Gastartikeln, Interviews etc.,

- der stetigen Bereitschaft, den anderen Kollegen mit Tipps und Tricks zu helfen, selbst wenn deren Blog eine »Konkurrenz« darstellen könnte,

- mittels der teilweise unglaublich motivierenden Unterstützung in Form von Kommentaren und sonstigen Feedbacks oder

- der gegenseitigen Hilfe bei Problemen etwa mit Spam-Kommentatoren, Warnungen innerhalb des Netzwerks bei undurchsichtigen Werbemethoden, der Bereitstellung von hilfreichen Code-Schnipseln, Plug-ins und vielem anderen mehr.

Einer solchen Solidarität im privaten, aber eben auch im geschäftlichen Bereich sind wir andernorts noch nicht begegnet. Wo sonst wäre es möglich, dass zwei konkurrierende Portale beziehungsweise Unternehmen sich gegenseitig empfehlen und gegenseitig verlinken? Und in welcher anderen Disziplin würden sich – wie etwa beim Austausch auf den *Blogprofis* – Experten in ihrem jeweiligen Fachbereich (sei es SEO, Marketing, Technik, Texten etc.) so offenherzig gegenseitig die besten Hilfsmittel verraten?

Ohne dass wir neuen Bloggern dazu raten wollen, nur aus diesem Grund ein eigenes Blogger-Netzwerk aufbauen, so dürfte doch schnell klar werden, dass Sie zusammen mit anderen befreundeten Bloggern weit mehr und vor allem auch schnelleren Erfolg haben werden. Oder um es anders auszudrücken: Reine Einzelgänger, die immer nur Neid, Ideenklau, Konkurrenz oder irgendwelche Nachahmer fürchten, werden es in diesem »Beruf« sehr schwer haben, sich zu etablieren. Und – vielleicht neu für einige Marketingverantwortliche – auch zwischen Corporate- und Nicht-Firmenblogs sowie sogar zwischen einzelnen Firmenblogs können vergleichbare Netzwerke entstehen. Die meisten Einzelblogger werden sehr froh sein, wenn sich ein Corporate-Blog-Betreiber zwecks einer sinnvollen und überlegten Partnerschaft bei ihnen meldet, und vielleicht sogar umgekehrt. Dieses Potenzial wird unseres Erachtens noch viel zu selten genutzt, sodass zumindest hierzulande beinahe zwei Blogosphären co-existieren – eine im Corporate-Blog-Umfeld, die andere bestehend aus überwiegend privaten Blogs. Es wäre schön, wenn sich diese zunehmend verschmelzen. Denn die Angst, im jeweils anderen Umfeld Fuß zu fassen, ist unserer Meinung nach unbegründet.

Wir halten es allerdings auch nicht für völlig abwegig, dass sich zwei Corporate Blogs – deren Unternehmen sich eigentlich als Wettbewerber gegenüberstehen – gegenseitig verlinken oder beispielsweise ein Interview geben. In dieser Hinsicht ist uns die US-amerikanische Bloggerszene etwa zwei bis drei Jahre voraus, weil dort nicht nur weniger solcher Unterschiede existieren, sondern sie dort generell kaum Ressentiments dieser oder vergleichbarer Art kennen. Wenn wir bei der Vorbereitung einer solchen Kooperation die bereits beschriebenen Grundregeln der fairen Bloggeransprache berücksichtigen und natürlich nicht nur unseren eigenen

Vorteil im Hinterkopf haben, dann wird solchen äußerst fruchtbaren Partnerschaften in den unterschiedlichsten Ausprägungen meist nichts mehr im Wege stehen. Probieren Sie es aus!

8.1.4 Metablogs

Auch ein Metablog kann gerade bei selbstständigen Bloggern eine sehr gute Möglichkeit sein, alle anderen Blogprojekte voranzubringen. Die *Blogprofis* von Michael selbst etwa wurden – ohne dass dies seine ursprüngliche Intention war – zu solch einem Metablog, eben einem Blog für Blogger. Genauso könnten Sie einen Blog für Corporate Blogger, Affiliate-Blogger, Lifestyle-Blogger, Technikblogredakteure, Handwerkerblogger, Finanzblogger etc. ins Leben rufen.

Denn nicht nur, dass es sich dabei – um am konkreten Beispiel der *Blogprofis* zu bleiben – um eine Plattform und ein Austauschforum von Bloggern für Blogger handelt, Michael berichtet dort auch regelmäßig über seine anderen Projekte, etwa wie er diese vermarktet, welche neuen blogtechnischen oder -organisatorischen Maßnahmen er dabei jeweils ausprobiert hat, welche Kontakte er dort zu anderen Bloggern knüpfen konnte, welche neuen Techniken und Produkte es im jeweiligen Bereich gibt und vieles andere mehr.

Weniger wichtig ist hierbei, dass Sie hierdurch Besucherströme auch auf Ihre anderen Portale lenken – denn meist handelt es sich bei Profi-Bloggern nicht um die wirkliche Zielgruppe Ihres jeweiligen anderen Blogs (wobei Michael auch hier schon die ersten Leser gewinnen konnte, die neben den *Blogprofis* weitere seiner Blogs regelmäßig lesen, abonniert haben und dort auch kommentieren). Auch aus Sicht der Suchmaschinenoptimierung bringt eine solche Verlinkung der eigenen Portale untereinander kaum Vorteile. Vielmehr sind hierdurch schon unzählige Kooperationen, gemeinsame Marketingaktionen, Werbebuchungen, Empfehlungen, Gastartikel und Ähnliches mehr entstanden, die sich ansonsten wohl nie in dieser Form entwickelt hätten. Einen Blog über seine Blogs zu führen, kann – sofern Sie denn Inhalte mit entsprechendem Mehrwert darin preisgeben können und möchten – sich also durchaus zu einem echten Hebel für das Gesamtnetzwerk herauskristallisieren und zudem eine gute potenzielle Kundenreferenz sein.

8.2 Blog-Marketingaktionen

In diesem Abschnitt möchten wir einige Methoden (in keiner bestimmten Reihenfolge) auflisten und näher erläutern, die uns bei dem einen oder anderen Weblog schon zum »Durchbruch« verhelfen konnten. Dank unseres Netzwerks unterschiedlichster Blogs aus den verschiedensten thematischen Gebieten hatten wir hierbei natürlich den Vorteil, sehr viel experimentieren zu können. Sie sollten dabei jedoch stets überlegen, ob die jeweiligen Methoden auch wirklich zu Ihrem eigenen Blog (vor allem hinsichtlich der Zielstellungen) sowie der entsprechenden

Leserschaft passen oder in welcher Form Sie sie eventuell anpassen und adaptieren können.

Die meisten dieser Marketingaktionen können ohne viel Risiko und ohne hohe Kosten im kleinen Rahmen ausprobiert werden.

8.2.1 Virale Inhalte

Blogs eignen sich sehr gut zur Verbreitung sogenannter viraler Inhalte, die sich quasi von selbst immer weitertragen, über soziale Netzwerke multipliziert werden etc. und damit zu einer Art Selbstläufer werden. Natürlich können Sie solche viralen Inhalte im Idealfall auch dazu nutzen, den eigenen Blog oder ein Thema hieraus bekannter zu machen.

Der »Haken« an dieser Sache ist, dass sich die »Viralität« kaum vorhersagen lässt, geschweige denn ernsthaft planen. Zu viele misslungene Marketingaktionen teils namhafter Unternehmen schwirren nach wie vor als mehr oder weniger stumme Zeitzeugen dieser Tatsache durch das World Wide Web. So etwa Botschaften, deren (kommerzieller) Urheber ganz bewusst verschleiert wurde und die dann aber doch als versteckte Werbeversuche enttarnt wurden.

Die wirklich berühmten Beispiele (etwa zahlreiche allseits bekannte YouTube-Filmchen) dieser Gattung sind hingegen in den allermeisten Fällen ohne jegliches Bewusstsein dafür entstanden, wie sich ausgerechnet diese Botschaft so rasant verteilen würde. Ganz im Gegenteil sogar, denn einige der bekanntesten viralen Effekte sind zustande gekommen und haben ihre ganze Macht entwickelt, weil die zugehörigen Protagonisten ebenso absolut unbedarft und »unschuldig« vorgegangen sind. Fast jeder Leser dürfte hierfür bereits ein Beispiel wie etwa das berühmte »Star Wars Kid« oder »Numa Numa« gesehen haben (wenn nicht, wird eine entsprechende Google- oder YouTube-Suche genügen). Oder – um einmal ein Beispiel dieser Kategorie zu nennen, das vielleicht noch nicht jeder Leser kennt – schauen Sie sich einmal die *Stewardess auf Schwäbisch* an (`www.youtube.com/watch?v=sh17ORqbkOw`).

In Marketingkreisen entsteht recht oft die Diskussion, ob virale (Werbe-)Botschaften geplant initiiert werden können, was sich natürlich höchst lukrativ für das jeweilige Unternehmen auswirken könnte. Doch zum Glück erweist sich die »sichere« Gestaltung eines unternehmerisch inszenierten viralen Hypes als fast unmöglich, denn schnell hätten diese ja eher zufällig und vor allem unabhängig sowie nicht geplant entstehenden Botschaften ihren ganz eigenen Charme verloren.

Auch innerhalb der Blogosphäre gibt es immer wieder Nachrichten und Aktionen, die sich wie ein Lauffeuer verbreiten, wir denken nur an das Beispiel eines sehr prominenten und bis dahin gefeierten Blogs, der dann plötzlich zum Verkauf stand, Meldungen über Unternehmen oder Einzelpersonen, die versuchten, einzelne Blogs abzumahnen oder auf sonstige Art unter Druck zu setzen, Sicherheitslücken etwa bei WordPress und vieles Ähnliche mehr. Ganz zu schweigen natürlich von den diversen Enthüllungen und Skandalen, die wir jüngst aus Politikblogs und ähnlichen Institutionen erfahren durften.

Im »kommerziellen« Bereich hingegen könnten solche sich viral verbreitenden Beispiele etwa sein:

- Ein Technikblog berichtet als Erster im deutschsprachigen Raum über die Ankündigung eines neuen angesagten Gadgets und liefert hierzu die ersten Produktbilder.

- Der Lifestyle-Blog streut als erste Quelle die Gerüchte vom Comeback einer bekannten Musikband oder aber auch Insidernews aus der jeweiligen Stadtszene.

- Dem Finanzblog gelingt es, ein exklusives und für die Kunden wirklich attraktives Prämienangebot mit einem Kreditinstitut anzubieten, der Schnäppchenblog veröffentlicht einen ebenso tollen, selbst ausgehandelten »Deal« zu einem aktuell sehr populären Produkt.

- Der Businessblog stellt exklusiv ein neues Start-up beziehungsweise eine neue Geschäftsidee vor, die schnell und heiß an verschiedenen Stellen diskutiert wird (wie seinerseits etwa der Start von Zalando).

- Ein Blog für Blogger bringt ein innerhalb der Blogosphäre äußerst umstrittenes Thema zur Sprache und stellt es in einer bisher ungewohnten Form zur Diskussion.

Gerade bei letzterem Punkt haben wir persönlich sehr oft die Erfahrung gemacht, dass vergleichbare Kontroversen, aber auch gewisse »Aufregerthemen« schnell für eine große Verbreitung des entsprechenden Beitrags sorgen können. Diskussionen etwa über eine neue Spammer-Methode, Änderungen der Webseitenbewertung durch Google, nach einem WordPress-Update nicht mehr funktionierende populäre Plug-ins oder unlautere Affiliate-Marketing-Methoden können einen solchen Effekt auslösen.

Und auch hier sind wieder für jeden beliebigen Fachbereich entsprechend heiß diskutierte Beitragsthemen denkbar, egal ob nun der Mobilfunkblogger die Vorherrschaft eines Technik-Marktführers infrage stellt oder auf dem Heimtierblog über unlautere Tierschutzmethoden berichtet wird. Sie sollten es mit solchen Themen jedoch niemals übertreiben, denn sonst werden sich die meisten Leser irgendwann zu Recht gelangweilt oder genervt ob der stets negativen Stimmung von Ihrem Blog abwenden. Außerdem sollten Sie niemals mit Gerüchten arbeiten, sondern fundiert recherchieren. Ein Blog darf kein moderner Onlinepranger sein, nur um eine möglichst hohe Reichweite zu erzielen. Fairness geht stets vor – gegenüber allen Beteiligten. Dazu gehört es ebenfalls, jene Partei zu Wort kommen zu lassen, über die Sie kritisch berichten.

Manchmal kann sich übrigens sogar ein neues Blog-Thema selbst fast schon viral verbreiten. Als Beispiel dient hier der sehr plötzlich auftretende Hype, der sich im Sommer 2011 rund um die Beta-Phase des zu diesem Zeitpunkt neuen Facebook-

Konkurrenten Google Plus entwickelte. Sicherlich hatten damals sehr viele Profi-Blogger die Idee, einen Blog speziell zu diesem neuen sozialen Netzwerk aufzumachen, wurden doch einige der ersten Blogs über Facebook später durch lukrative Übernahmeangebote berühmt. Mit am schnellsten hierzulande war damals der Blog www.gpluseins.de. Dessen massive Berichterstattung in den ersten Tagen sorgte innerhalb von einer Woche (!) für mehr als 5.000 Follower bei Facebook und Twitter, Nachrichtenmagazine wie der *Spiegel* berichteten über das Portal und seine Macher. Hier zählte – neben viel Fleiß und guten Inhalten – vor allem die Geschwindigkeit der Umsetzung, um dieses Blog-Thema zum viralen Erfolg werden zu lassen. Ein anderes Beispiel ist sicherlich auch Philipp Steuer, der aufgrund seines erfolgreichen Google-Plus-Blogs von Google rekrutiert wurde und im Vorfeld sogar ein Buch mittels Crowdfunding veröffentlichen konnte – was wiederum den Hype des Themas zu diesem Zeitpunkt bestätigt.

Wie gestalte ich virale Inhalte?

Es gibt leider (oder eben zum Glück) kein Patentrezept zur Erstellung viraler Blog-Inhalte, außer, dass Schnelligkeit und Exklusivität im Aufgreifen eines bestimmten Artikel- oder Blog-Themas sehr häufig belohnt werden. Dennoch wird jeder Blogger im Verlauf seiner Arbeit mehr und mehr Erfahrungen damit sammeln, welche Inhaltsarten und -formen besonders gut und intensiv bei den jeweiligen Lesern ankommen und welche eben nicht. Zumindest bei einigen unserer Blogs können wir mittlerweile fast schon voraussagen, ob und wie sich ein bestimmter Beitrag herumsprechen wird.

Wir empfehlen Ihnen, nicht zu viele Gedanken an mögliche virale Themen zu verschwenden. Erstens macht das Bloggen dadurch nicht mehr Spaß und zum Zweiten haben wir oft genug erlebt, dass ausgerechnet jene Artikel am meisten gelesen wurden oder aber auch für das meiste Feedback sorgten, bei denen wir es am wenigsten erwartet hätten. Von solchen »Überraschungserfolgen« kann fast jeder etablierte Blogbetreiber ein Lied singen – ohne sie wäre das Bloggerdasein wohl auch nur halb so spannend. Dennoch können wir einige Faktoren identifizieren, die eine virale oder annähernd virale Verbreitung im Weblogbereich begünstigen:

- Die Exklusivität einer Nachricht in dem jeweiligen Zielmarkt, also wie im Falle dieses Buches im deutschsprachigen Raum. Aus diesem Grund kann es sich auch lohnen, ein paar wirklich gute englischsprachige oder andere ausländische Blogs in Ihrem Feed-Reader zu haben.

- Persönliche Erfahrungsberichte zu bereits viel diskutierten, aber eben bislang nicht oder kaum getesteten Produkten und Dienstleistungen. Vor allem im Technikbereich können beispielsweise exakte Produktbezeichnungen (»Firma xy DVD Player rs400-V«) in Zusammenhang mit Wörtern wie etwa »Erfahrungen«, »Erfahrungsbericht« oder auch »Test« viele neue Besucher anziehen, wenn es noch keinen konkurrierenden Blogartikel hierzu gibt. Auch auf Finanz- und Energieblogs konnten wir mit einem ähnlich methodischen Vorgehen sehr gute Erfahrungen sammeln.

- Die Verteilung/Verlosung von »Goodies« jeglicher Art über Gewinnspiele, Gratis-Downloads, lediglich für einen kurzen Zeitraum zur Verfügung stehende Bonus- und Gutscheinaktionen, freie Templates, temporär kostenlose E-Books etc.

- Besonders aussagekräftige und vor allem Neugier weckende Artikelüberschriften (gerade wenn Sie viele Stammleser und Abonnenten haben), wobei Sie diese Trumpfkarte nicht allzu oft spielen sollten und natürlich nur dann, wenn der Beitrag selbst die Neugier auch wirklich befriedigt und rechtfertigt.

- In Form einer Infografik aufbereitete Themen, die sowohl optisch ansprechend als auch inhaltlich wertvoll und möglichst einzigartig sind. Robert konnte beispielsweise schon eine einfache Gegenüberstellung der Unterschiede zwischen klassischem und digitalem Marketing nicht nur im deutschsprachigen Raum, sondern auch in englischsprachigen Blogs viral verbreiten, wodurch seine Infografik sogar in einem thematisch relevanten Fachbuch abgedruckt wurde.

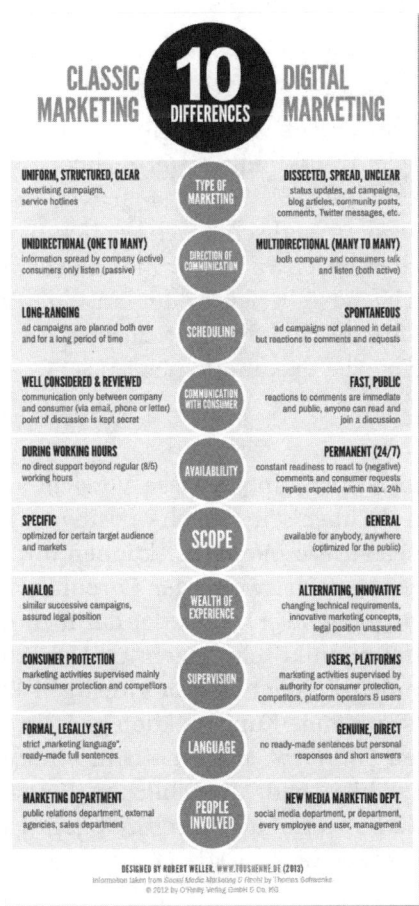

Abb. 8.2: Infografiken wie diese verbreiten sich bei entsprechender optischer Aufmachung und interessanten Inhalten schnell viral im Netz.

Einen ähnlichen Erfolg konnte Robert auch mit einem Blogartikel erzielen, der durch eine passende Infografik angereichert wurde und mittlerweile für das entsprechende Keyword weit oben in den Google-Suchergebnissen rangiert.

- Für eine bessere Auffindbarkeit in Suchmaschinen lohnt sich bei hart umkämpften Keywords gegebenenfalls eine Kombination mit Jahreszahlen (Michaels Artikel »Die besten Geschäftsideen 20xx« sind stets der Renner seines Existenzgründerportals gewesen). Kombinationen, nach denen zwar in den Suchmaschinen recherchiert wird, zu denen jedoch noch kein gleich benannter Artikel vorhanden ist.

- Absolute Nischenthemen – Michaels Beitrag zu »Pheromonhalsbändern für Hunde und Katzen« gehört in seinem Haustierportal von Anfang an zu den meistgelesenen, da wohl viele Tierhalter mehr über dieses Thema erfahren wollen – außerhalb der üblichen Werbebeiträge diverser E-Shops gab es hierzu noch keinen richtigen sowie weiterführenden Blogbeitrag.

Tipp

Um – gerade im Lifestyle-Blog-Bereich – an derzeit »angesagte« Themen zu gelangen, können Sie beispielsweise Google Trends nutzen (erreichbar unter `www.google.de/trends`). Die dortige Sektion HOT SEARCHES stellt zwar leider nur die aktuell gefragtesten Suchbegriffe aus dem englischsprachigen Raum vor, gerade diese »Hypethemen« können jedoch in vielen Fällen für hiesige Blogbeiträge als Grundlage dienen, da die meisten Trends über kurz oder lang auch auf dieser Seite des Ozeans ankommen. Im Idealfall sind Sie dann sogar der erste deutschsprachige Blogger, der etwa über eine viel diskutierte neue US-TV-Serie oder Ähnliches berichtet.

Bei einigen viralen Blogbotschaften ist jedoch auch eine gewisse Vorsicht angesagt, zumindest sollten Sie sich im Klaren darüber sein, welche positiven, aber auch negativen Auswirkungen solche sich selbst verbreitenden Aktionen mit sich bringen können. Im Sommer 2011 berichtete beispielsweise der Corporate Blog von Notebooksbilliger.de (`http://blog.notebooksbilliger.de`) darüber, dass sie eine größere Menge der zum damaligen Zeitpunkt sehr begehrten HP-Touchpads haben aufkaufen können und diese nun zu einem extrem günstigen Preis anbieten wollen. Was einfach als nette und spannende Kundenaktion gedacht war, führte jedoch schnell zu einem sogenannten *Shitstorm*, also zu einem »Internet-Phänomen, bei dem sachliche Kritik von zahlreichen, unsachlichen Beiträgen übertönt wird und sich zumeist gegen große Konzerne und vereinzelt gegen Einzelpersonen richtet« (Quelle: `http://de.wikipedia.org/wiki/Shitstorm`).

Folgendes war passiert: Diese äußerst begehrte Aktion sprach sich nun tatsächlich so rasant innerhalb der Netzgemeinde herum, dass schnell die Server des Notebooksbilliger-Shops überlastet waren und das entsprechende Angebot lange Zeit nicht erreichbar war. Zudem musste sich das Verkaufsteam eine Lösung einfallen lassen, um die gut 1.300 HP-Exemplare unter der weitaus größeren Masse an Interessenten zu verteilen.

Der zugehörige Blogbeitrag sammelte nun innerhalb kürzester Zeit Hunderte von Kommentaren enttäuschter Blogleser an, die – um es freundlich auszudrücken – meist nicht gerade zu jener Art an Leserbeiträgen gehörten, die einem Blogbetreiber die Arbeit zur Freude machen. Schließlich kündigte das Blogteam sogar an, die zugehörige Kommentarfunktion für den besagten Artikel zu sperren, was aufgrund der teilweise wirklich unsäglichen verbalen Angriffe durchaus verständlich war.

Das Unternehmen wollte seinen Lesern also einfach nur einen Gefallen mit dieser schönen Marketingaktion tun, die im Ergebnis jedoch eher das Gegenteil bewirkte. Als kleines Trostpflaster konnte die Notebooksbilliger-Redaktion immerhin mehrere Zehntausend neue Facebook-Fans gewinnen. Auf solche viralen Botschaften (wenn diese sich denn überhaupt voraussehen lassen) sollten Sie also möglichst in beide Richtungen vorbereitet sein und sei es nur dadurch, dass Sie als Blogbetreiber nicht zufällig am Tag der Bekanntgabe einer entsprechenden Meldung im Kurzurlaub weilen und nicht angemessen reagieren können.

8.2.2 Blogparaden

Bei einer Blogparade, auch Blog-Karneval genannt, schlägt ein Blogger öffentlich ein bestimmtes Thema vor, zu dem andere Blogger wiederum ihre Meinung in Form von Artikeln in ihrem eigenen Blog abgeben können. So entstehen zum einen oft sehr interessante Diskussionen und Meinungsbilder, zum anderen sorgt dies auch für eine recht werthaltige Verlinkung der teilnehmenden Blogs untereinander, da sowohl der Veranstalter die teilnehmenden Blogs verlinkend auflistet als auch die Teilnehmer in ihren Beiträgen auf den ursprünglichen Aufruf verweisen.

Natürlich handelt es sich bei dem entstehenden Linkbuilding um einen untergeordneten Nebeneffekt. Vielmehr geht es den einzelnen Teilnehmern darum, sich innerhalb der Blogosphäre auszutauschen, bestimmte Themen tiefgründig zu diskutieren und neue Netzwerke entstehen zu lassen. Gerade durch den Networking-Charakter sind Blogparaden deswegen immer auch ein recht gutes Instrument, um den eigenen Blog oder bestimmte Themen darin allgemein bekannter zu machen, wobei das sicherlich mehr auf die Teilnehmer als den Veranstalter zutrifft.

Starten Sie Ihre eigene Blogparade jedoch erst dann, wenn

- Sie bereits genügend Erfahrungen mit der Teilnahme an anderen Paraden gesammelt haben.
- Sie ein wirklich substanzielles, interessantes und vor allem neues (!) Thema für eine Blogparade gefunden haben.

- Sie genug Zeit haben, um diese Blogparade gebührend vorzubereiten, zu begleiten (etwa über entsprechendes Feedback an die Teilnehmer) und auch abzuschließen, beispielsweise in Form einer Artikelzusammenfassung mit Nennung und Verlinkung der besten und interessantesten Beiträge.

- Sie sich bereits einen gewissen Bekanntheitsgrad beziehungsweise eine bestimmte Stammleserschaft aufgebaut haben, um genügend Teilnehmer akquirieren zu können.

Eine Blogparade zu initiieren, die am Ende keine oder nur wenige Teilnehmer findet oder deren Thema bereits zu oft innerhalb der Blogosphäre diskutiert wurde, kann auch negative Publicity erzeugen. Zudem darf eine Blogparade natürlich niemals ein Mittel sein, um irgendwelche eigenen Produkte oder Dienstleistungen zu bewerben, aber das versteht sich in diesem Zusammenhang hoffentlich von selbst. Es ist hingegen völlig legitim, durch eine solche Aktion neue Leser auf den eigenen Blog aufmerksam zu machen. Häufig kann der Wirkungskreis auch durch eine kombinierte Verlosung erweitert werden, um den Teilnehmern neben einem Backlink noch die Chance auf einen Gewinn (etwa ein Buch oder Gutschein) einzuräumen.

Interaktive Beiträge

Eine ähnliche Wirkung erzeugen auch Beiträge, die den Leser aktiv zur Teilnahme auffordern (dann aber auch dafür belohnen). Mehr aus einer Laune und dem zum damaligen Zeitpunkt gerade herrschenden Blog-Sommerloch heraus rief Michael beispielsweise seine Leser der *Blogprofis* dazu auf, ihm Bilder ihres »Lieblings-Bloggerarbeitsplatzes« zu schicken. Im Gegenzug veröffentlichte er diese inklusive einem Link zum jeweiligen Blog (siehe `www.blogprofis.de/buch/bloggerplatz`). Heraus kamen nicht nur interessante Einblicke in das Leben der Blogger sowie einige neue Kontakte, sondern zudem eine recht rege Diskussion innerhalb und außerhalb des Blogs.

Eine solche Aktion können Sie natürlich wieder auf unzählige Blog-Themen adaptieren und daraus auch spannende und »ernsthafte« Foto-, Video- oder Beitragswettbewerbe machen, die sowohl dem Blogbetreiber als auch den Teilnehmern einen Mehrwert bringen. Bei einer größeren Blogleserschaft eignen sich übrigens auch Themen wie »Entscheidet mit, welches neues Logo unser Blog erhalten soll« oder »Ihr dürft wählen: Welche Artikelserie wollt ihr demnächst hier auf unserem Blog lesen«, um eine vergleichbare Mitmach-Atmosphäre zu schaffen, die zudem für Gesprächsstoff sorgt.

Interaktive Beiträge sind ein hervorragendes Mittel, um nachhaltige Beziehungen zu Ihren Lesern aufzubauen. Denn das Gefühl der Mitbestimmung erzeugt Vertrauen und vergrößert den Einfluss, den Sie auf Ihre Leser nehmen können.

Erfahren Sie mehr hierzu in Roberts Beitrag zur *Rentabilität im Marketing* unter `http://www.toushenne.de/buch/beziehungen-und-einfluss`.

Bei Jörg vom blog-rundum.de weiß ich nun, warum sein Blog "rundum" heißt, bei der Aussicht :-)

*Urlaub findet bei mir in diesem Jahr nur als Hintergrundbild auf dem Desktop statt.
Also sitze ich in meinem „Lieblings-Büro", arbeite an meinem „Lieblings-Rechner" und
sehe mir durchs Fenster den verregneten Sommer in Deutschland an.*

Der erste "Mac" im Rennen: Danke an Hennii von abnehmen-ganz-leicht.de

*Ja, auch kein Urlaub, da selbstständig. Hier sitze ich und gucke manchmal aus dem
Fenster, ansonsten Arbeit und ab und zu mal ein Blogpost.*

Abb. 8.3: Die Blogger-Arbeitsplatz-Aktion brachte interessante Einblicke zutage.

Tipp

Damit sich möglichst viele Leser an vergleichbaren Aktionen beteiligen, sollten Sie ihnen stets mit einer kleinen »Belohnung« entgegenkommen. Dabei kann es sich im einfachsten, aber sehr effektiven Fall um einen Backlink handeln, den Sie bei den jeweiligen Beiträgen auf die Webseite des Teilnehmers setzen. Eine weitere Möglichkeit besteht darin, solche Mitmach-Events mit einem kleinen Gewinnspiel zu verknüpfen. Aber auch die namentliche Nennung der Mitwirkenden kann in den meisten Fällen schon ausreichen, was bei vielen vergleichbaren Blogaktionen leider ab und an vergessen wird. Außerdem ist es immer eine nette Geste, auf die Einsendung eines Fotos oder Textes mit einer kleinen Danke-E-Mail zu antworten, die auch gleich den Direktlink zum eingesandten und veröffentlichten Content beinhaltet.

8.2.3 Gewinnspiele

Ausgeklügelte Gewinnspiele können eine sehr wirksame Blog-Marketing-Maßnahme darstellen. Dabei können Sie gleich mehrere sinnvolle Techniken miteinander kombinieren:

- Zusätzlich zu einem – sehr attraktiven – Geldgewinn verlosen Sie zahlreiche Sachprodukte, die genau auf die Zielgruppe Ihres Blogs ausgerichtet sind und daher wohl für besonderes Interesse sorgen werden.

- Die Teilnahme wird daran geknüpft, dass Teilnehmer die Aktion an Freunde und Bekannte weiterempfehlen sollen, wodurch sich insgesamt die Reichweite vergrößert.

- Eine vergleichbare Empfehlung ist zusätzlich über diverse Kanäle möglich, etwa indem Teilnehmer einen vorgegebenen Twitter-Beitrag beisteuern, das Gewinnspiel auf Google Plus erwähnen oder aber auch einen Blogartikel mit einem Link zur Webseite des Veranstalters verfassen. Somit sorgt diese Marketingaktion für zahlreiche werthaltige Backlinks aus unterschiedlichsten Medien.

- Weitere nette Details wie eine klare Deadline, zusätzliche noch nicht näher bezeichnete »Überraschungspreise« sowie eine öffentliche Auslosung der Gewinner per Google-Videochat tragen ebenfalls zum Erfolg eines solchen Gewinnspiels bei.

Wichtig

Als Veranstalter eines Gewinnspiels sind Sie an zahlreiche rechtliche Bedingungen gebunden. So müssen beispielsweise die Beschreibung und Durchführung vorgegebenen Kriterien entsprechen, um etwa unlauteren Wettbewerb zu vermeiden ((§ 4 Nr. 5 UWG). Näheres zu den Teilnahmebedingungen, den notwendigen Angaben innerhalb eines Gewinnspiels, aber auch zu generellen Fallstricken in diesem Bereich können Sie unter `http://www.haerting.de/de/haerting-papers/gewinnspiele-deutschland-und-der-schweiz-ein-rechtlicher-leitfaden` oder den Webseiten der IHK nachlesen.

Eine weitere innovative Idee für ein Gewinnspiel lernte Michael kennen, als ihn ein ihm bis dahin unbekannter Blogger per Postkarte zu einem Blogwettbewerb einlud. Diese Postkarte diente als Interesse weckender Teaser, der seine Wirkung definitiv nicht verfehlte. Michael sollte eine unabhängige Rezension über den Blog des Veranstalters schreiben (der thematisch natürlich gut zu Michaels Portfolio passte) und als Ausgleich für die Teilnahme die Chance auf hochwertige Preise erhalten. Eine klassische Win-win-Situation, denn Michael hatte einen neuen Aufhänger für einen Artikel in seinem Affiliate-Blog und konnte auch noch die Hoffnung auf einen wirklich schönen Preis haben, während der ausführende Weblog sich über sehr viel qualitativ hochwertige (Link-)Werbung mehr als freuen dürfte, wo er sich doch zuvor die potenziellen Teilnehmer sicherlich sehr genau ausgesucht hat.

Um diese Erfahrung auch als Veranstalter zu erleben, startete Michael für seinen Finanzblog daraufhin eine ähnliche Aktion. Er erstellte eine Landingpage, auf der er die Aktion erklärte, ließ sich über eine Online-Druckerei ein paar Dutzend hübsche Postkarten mit der URL dieser Aktionsseite drucken und verschickte sie an passende, ebenfalls speziell hierfür ausgewählte Blogger und stieß damit die gesamte Aktion an. Der Erfolg war so vielversprechend, dass dies sicherlich nicht die letzte Offline-Kampagne zur Vermarktung unserer Blogs gewesen ist.

Blog-Gewinnspiele in ihren unterschiedlichsten Ausprägungen werden in diesem Buch bei mehreren Gelegenheiten als Vermarktungsmöglichkeit vorgestellt. Obwohl viele Blogger unken, dass diese ehemals sehr beliebte Form der Leseraktion sich nicht mehr wirklich lohnen würde, so haben wir bislang genau gegenteilige, eben positive Erfahrung gemacht. Voraussetzung ist natürlich, dass

- die Preise attraktiv genug sind sowie möglichst themen- beziehungsweise leserbezogen ausgewählt werden.
- eine möglichst intelligente Fragestellung als Teilnahmebedingung zum Einsatz kommt, die am besten einen Mehrwert für Blogbetreiber und Leser gleichermaßen bietet (etwa: Welche Blog-Themen wünschen sich die Leser künftig im veranstaltenden Blog, für welches Produkt wünschen sie sich eine Rezension etc.) und auf die die Teilnehmer etwa per Kommentar zum Gewinnspielbeitrag antworten können.
- die Teilnahme zeitnah befristet wird (das »Prinzip der Dringlichkeit« kennen wir bereits aus anderen Bereichen des Marketings).
- Sie die Meldungen über dieses Gewinnspiel möglichst weit streuen.

Selbst zum Backlinkaufbau lassen sich manche Gewinnspiele nutzen, indem Sie diesen statt einer zu beantwortenden Frage als Voraussetzung für eine Teilnahme nennen. Gleichermaßen könnten Sie auch einen neuen Blog beziehungsweise dessen ebenfalls neuen Twitter-Kanal bewerben, indem sich die Verlosung an einen Teil der ersten 50 oder 100 Follower richtet und unter diesen die Preise ausgelost werden. Achten Sie hierbei jedoch auf die Bedingungen, die die einzelnen sozialen Netzwerke für die Durchführung von Gewinnspielen stellen.

Die Preise selbst müssen dabei übrigens nicht immer besonders wertvoll sein und sind häufig sogar kostenlos über Gewinnspiel-Sponsoren erhältlich. Sie könnten etwa auf dem Blog für Blogger ein kommerzielles Plug-in vorstellen, für das der Entwickler im Austausch für die Werbung zwei oder drei Lizenzen zur Verfügung stellt. Oder ein Gadget-Blog fragt bei einem entsprechenden Händler nach kleineren Zubehörartikeln oder Geschenkartikeln und erwähnt diesen dafür als Sponsor. Je besser die Anreize auf die jeweilige Leserschaft (und deren Interessen) ausgerichtet sind, umso größer fällt in der Regel auch die Beteiligung an einer entsprechenden Aktion aus. Sie sollten hierbei jedoch stets transparent arbeiten und die Sponsoren von Produkten klar als solche benennen, um Schleichwerbung zu vermeiden.

Wer des Öfteren vor der Aufgabe steht, einen Gewinner für das eigene Gewinnspiel ermitteln zu müssen, dem empfehlen wir das kleine Onlinetool `www.random.org/integers/` zur Generierung von Zufallszahlen. Aus einer vordefinierten Zahlenreihe ermittelt dieses Tool eine – ebenfalls zuvor festgelegte – Anzahl an zufällig generierten Werten beziehungsweise Gewinnern.

Tipp

Umgekehrt könnten Sie natürlich auch mit Ihrem Blog als Sponsor auftreten. Als Technikblogger könnten Sie etwa für andere Blogbetreiber aus diesem Bereich mehrere Gutscheine für einen Elektronikversandhändler spendieren, wenn diese hieraus ein Gewinnspiel für die eigenen Leser machen und zudem in prominenter Weise auf Sie als Sponsor verlinken. Neben Backlinks dürfte Ihnen das vor allem einen sehr positiven Reputationsschub einbringen und für neue Leser sorgen.

8.2.4 Gutschein-Aktionen

Für seinen Finanzblog sucht Michael regelmäßig neue, vor allem aber für den Leser interessante und möglichst authentische Inhalte, da gerade in dieser Branche fast ausschließlich mehr oder weniger geschickt kaschierte Werbebotschaften zum Einsatz kommen. Er wollte ein Gegengewicht mittels wirklich unabhängig recherchierter sowie deutlich Mehrwert-behafteter Beiträge schaffen. Dazu startete er eine Ausschreibung in Form eines Artikels und suchte darin Leser, die bereit waren, über ihre Erfahrungen mit ihrer Bank sowie dem Girokonto zu berichten. Den Teilnehmern, die sich quasi erst bei Michael bewerben mussten, schickte er einen entsprechenden Fragebogen, um das daraus resultierende Interview zu strukturieren und mit Inhalten zu füllen, aber auch, um die Antworten in eine bestimmte Bahn zu lenken. Denn natürlich wollte er zwar ein jeweils unabhängiges Meinungsbild erhalten, genauso aber auch Verbesserungswünsche zur jeweiligen Bank. Gewisse Regeln, etwa des Wettbewerbsrechts, mussten dabei natürlich eingehalten werden (keine vergleichende Nennung konkurrierender

Kreditinstitute, keine »Schmähkritik« oder etwa persönliche Nennung von Bank-mitarbeitern etc.). Genauso weitere Bedingungen wie etwa eine festgeschriebene neutrale Berichterstattung oder der Ausschluss von Bankmitarbeitern und ande-ren mit der entsprechenden Bank verbundenen Personen. Als Ausgleich erhielten alle Teilnehmer einen Zehn-Euro-Amazon-Gutschein.

Erfahrungsbericht zum Girokonto schreiben und 10 Euro Amazon Gutschein als Prämie erhalten

25. NOVEMBER 2010 VON REDAKTION   21 KOMMENTARE

Update am 04.02.2011: Wir waren sehr erfreut über die zahlreichen Anfragen. Von den meisten Banken bzw. Bankengruppen haben wir jetzt schon gleich mehrere Berichte vorliegen. **Von daher suchen wir leider momentan nur noch für Girokonten folgender Institute:**

- ~~Sparda Banken~~ (bereits erhalten)
- Volkswagen Bank
- ~~DAB~~ (bereits erhalten)

Ihr schreibt für uns einen Erfahrungsbericht, wie sehr ihr mit dem Girokonto bei eurem Keditinstitut zufrieden seid, und wir belohnen jeden bei uns veröffentlichten Beitrag mit einem **10 Euro Gutschein von Amazon.**

Jeder Leser kann sich zunächst über *girokontotest @ topkonto.de* oder über unser

Abb. 8.4: Durch diese Marketingaktion konnten sehr werthaltige Inhalte gewonnen werden.

Die Aktion wurde – unabhängig von der weiteren Vermarktung –schnell erfolg-reich und sprach sich trotz des eher »langweiligen« Finanzthemas so schnell herum, dass Michael die Teilnahme schon nach wenigen Tagen auf Berichte zu einigen eher unbekannteren Banken eingrenzen musste.

Mittlerweile arbeiten wir bei mehreren Blogs mit vergleichbaren Aktionen, meist mit überraschend positivem Erfolg. Vor allem für Affiliate-Blogs – bei denen es meist ohne relativ schwierig ist, wirklich einzigartige und inhaltsreiche Artikelthe-men zu finden – ist diese Maßnahme sehr gut geeignet. So können Sie Ihre Leser – je nach Thema des Blogs – dazu animieren, über ihren Energieversorger zu schreiben oder den bevorzugten DSL-Anbieter, den aktuellen Mobilfunk-Provider, das Fitnessstudio, die Lieblings-Modemarke und vieles weitere mehr. Wobei Sie klar machen sollten, dass ausschließlich authentische Testberichte gewünscht sind und keinerlei geschönte oder gar gefälschte Meinung.

Als Betreiber einer solchen Marketingaktion profitieren Sie – um im Folgenden bei Michaels Beispiel zu bleiben, wobei Sie die Effekte unabhängig vom Thema Ihres Blogs spüren sollten – gleich mehrfach:

- Andere Finanzblogs berichteten von sich aus über die Aktion oder verlinkten gar darauf, was gerade unter Affiliate-Bloggern äußerst selten der Fall ist.

- Mit jedem Teilnehmer gewinnt der Blog natürlich auch einen neuen Leser, der wiederum seine Teilnahme und die Veröffentlichung seines Beitrags im eigenen privaten Netzwerk teilt.

- Ihr Blog gewinnt deutlich an Mehrwert, was den Content betrifft, denn die Erfahrungsberichte wurden – da Michael den jeweiligen Leser beziehungsweise Verfasser anonymisiert benannte – als sehr authentisch wahrgenommen.

- Sämtliche zu Anfang dieses Buches genannten Blog-Erfolgsfaktoren entwickelten sich nach dieser Marketingaktion sehr positiv, vor allem die Anzahl neuer Besucher aus Suchmaschinen.

- Mit wenig Arbeit – und zu einem vergleichsweise sehr günstigen Preis – konnte Michael seinen Finanzblog regelmäßig mit neuem, umfangreichem »Lesestoff« füttern.

- Durch die sehr unterschiedlichen Finanzinstitute verzeichnete Michael zudem einen positiven Effekt im (teilweise erstmaligen) Aus- beziehungsweise Aufbau der zugehörigen Keywords, sodass teilweise ganze neue Besuchergruppen mit neuen inhaltlichen Interessen auf seinen Blog aufmerksam wurden.

Tipp

Als Prämie recht gut bewährt haben sich bei vergleichbaren Aktionen Gutscheine, etwa von Amazon. Diese sind einfach zu handhaben und eigentlich jeder Leser kann damit etwas anfangen, sodass die gefühlte Attraktivität dieser Bonus-Gaben recht hoch ist. Bei Amazon können Sie solche Gutscheine kostenlos und direkt durch den Anbieter per Post zustellen lassen und dabei sogar mit einem kleinen individuellen »Dankeschön«-Text versehen, was die Wertigkeit dieses kleinen Geschenks zusätzlich erhöht.

Dazu auch noch ein kleiner Tipp für alle selbstständigen Blogger: Amazon verschickt – auch postalisch – Rechnungen für Gutscheinbestellungen, wenngleich Sie sich dafür etwa per E-Mail an den Kundendienst wenden und formlos unter Angabe der jeweiligen Bestellnummern um eine derartige Ausstellung bitten müssen. Diese Rechnungen können Sie dann steuerlich geltend machen.

8.2.5 Wettbewerbe

Bei Wettbewerben wird im Vergleich zu Gewinnspielen nicht zwangsläufig ein Sach- oder Geldpreis ausgelost, sondern eher eine Leistung prämiert.

Zum Beispiel der Wettbewerb »Corporate Blogger des Jahres« auf den *Blogprofis* brachte nicht nur eine Menge neuer Besucher ein, sondern machte auch mehrere Kooperationspartner oder gar Kunden auf Michael und seinen Blog aufmerksam.

Wichtig bei der Durchführung eines solchen Wettbewerbs ist, dass der Veranstalter (ob Blog oder Blogger) über ein gewisses Alleinstellungsmerkmal verfügt, um sowohl bei den Lesern als auch potenziellen Teilnehmern sowie innerhalb der Berichterstattung anderer Medien genügend Beachtung zu finden. Michaels Versuch, ein Ranking der besten »normalen« Blogs zu etablieren, scheiterte, da ein solches auch von anderen Bloggern durchgeführt wird und die Aktion damit längst nicht so attraktiv war wie der vielleicht sogar erste größere Firmenblog-Wettbewerb im deutschsprachigen Web. Am Ende war die zugehörige Auslosung sogar so bekannt geworden, dass Michael die potenziellen Teilnehmer gar nicht mehr selbst aussuchen musste, sondern zahlreiche Vorschläge von Lesern oder auch Corporate-Blog-Betreibern selbst erhielt. Insgesamt kamen Tausende von Leserbewertungen für die teilnehmenden Firmenblogs zusammen.

Auch anhand seines Twitter-Accounts konnte Michael verfolgen, dass sein Wettbewerb neue, teils namhafte Stammleser aus dem Firmenblog-Umfeld anzog. Gleichzeitig erhielt er durch die neuen Kontakte zahlreiche interessante Blog-Interviews, die er als weitere Abstimmungsgrundlage mit in den Wettbewerb einfließen ließ. Nicht zu vergessen sind auch die zahlreichen Verlinkungen und Erwähnungen des Wettbewerbs innerhalb und auch außerhalb der Blogosphäre.

Abb. 8.5: Abstimmung zum Corporate Blog des Jahres

Im Prinzip können Sie zu nahezu jedem Blog-Thema eine vergleichbare Aktion durchführen, ob nun der Orchideenblog den »Züchter des Jahres« sucht, der Tuning-Blogger sein »Auto des Jahres« oder der Corporate Blog das am schönsten durch Kundenhand verschönerte Produkt. Die Chance auf eine virale Verbreitung ist stets vorhanden.

8.2.6 Gastartikel

Gastartikel haben wir Ihnen bereits in Abschnitt 4.3.1 als alternatives Content-Format in Ihrem eigenen Blog vorgestellt. Wir möchten sie an dieser Stelle erneut aufgreifen und von der anderen Seite aus betrachten. Denn selbst Gastartikel für andere – thematisch relevante – Blogs zu schreiben hat durchaus Vorteile. Zwar wurden diese zum Teil massiv für den Linkaufbau missbraucht (und inzwischen wie zu erwarten durch Google abgestraft), doch trotz der strengeren Kontrollen durch Google können wir noch immer von Beiträgen in fremden Blogs profitieren. Um erfolgreiches Gastartikel-Marketing zu betreiben, haben sich folgende Vorgehensweisen und »Verhaltensregeln« bewährt:

■ Recherchieren Sie zunächst für einen Gastbeitrag infrage kommende Blogs. Diese sollten natürlich vor allem thematisch zu Ihrem eigenen Blog passen oder zumindest offensichtlich in Relation stehen. Ein Orchideenzüchterblog könnte beispielsweise auf einem allgemeinen Pflanzenzüchterblog gastieren.

Ob der jeweilige Blog offen ist für Gastbeiträge können Sie vorab zum Beispiel durch eine entsprechende Google-Suche ermitteln. Kombinieren Sie dafür Ihr Suchwort mit einem passenden Begriff wie etwa »Gastautor« oder »Gastartikel«. Auf diese Weise erhalten Sie mit großer Wahrscheinlichkeit Suchtreffer zu Blogs, die bereits Gastbeiträge veröffentlicht haben und weiteren nicht abgeneigt sein dürften.

■ Finden Sie im nächsten Schritt heraus, welche Themen oder Beiträge in diesen Blogs bisher am erfolgreichsten waren. Nutzen Sie für eine grobe Einschätzung die Anzahl der Social Shares oder kostenfreie Online-Tools.

■ Wählen Sie im Anschluss ein Beitragsthema, das die beste Überschneidung zwischen Ihrem Themenbereich und dem des Gastblogs darstellt. Dadurch stellen Sie zum einen sicher, dass Sie Ihren eigenen Kompetenzbereich nicht verlassen und authentisch bleiben, zum anderen erkennt der Blogbetreiber direkt den Mehrwert für sich und seine Leser.

■ Nun haben Sie zwei Möglichkeiten: Kontaktieren Sie entweder den Blogbetreiber und schildern Sie Ihr Vorhaben, wobei Sie sich zunächst nach Richtlinien erkundigen und gegebenenfalls das Thema grob absprechen sollten. Alternativ schreiben Sie Ihren Artikel und reichen ihn zusammen mit der Anfrage beim Blogbetreiber ein. Unabhängig davon kann eine kurze Begründung, warum Sie sich als Experte für das jeweilige Thema eignen und als Gastautor einen Mehrwert beisteuern können, Ihre Chance auf eine Zusage erhöhen.

■ Sorgen Sie dafür, dass der Blogbetreiber möglichst wenig zusätzlichen Aufwand mit Ihrem Artikel hat. Lesen Sie sich dazu im Vorfeld Beiträge aus dem Gastblog durch und passen Sie Ihren Schreibstil sowie die Ansprache, Struktur und Formatierung den Gegebenheiten an. Wenn möglich können Sie auch auf passende Artikel innerhalb des Gastblogs verweisen.

- Vermeiden Sie Verweise innerhalb Ihres Artikels auf Ihren eigenen Blog. Dieses Verfahren macht aufgrund des Missbrauchs im SEO-Umfeld einen schlechten Eindruck und bringt Ihnen im schlimmsten Fall eine Absage ein. Nutzen Sie lieber – im Zweifel auch erst nach Rücksprache – Ihre Autorenbiografie am Ende des Beitrags für einen solchen Verweis.

- Wichtig ist in Bezug auf die Biografie auch, dass Sie Ihren Blog über Ihren Namen oder den des Blogs verlinken, nicht etwa anhand von Keywords. Sorgen Sie außerdem dafür, dass jede Biografie innerhalb eines Gastartikels einzigartig ist, sonst könnte auch dies künftig von Googles Bewertungsalgorithmen negativ gewertet werden.

Wenn Sie diese Aspekte berücksichtigen, können Sie durch Gastbeiträge nicht nur Ihre Reichweite vergrößern, sondern gleichzeitig neue Leser in Ihrem eigenen Blog gewinnen und Ihre Reputation verbessern. Nicht zu vergessen die wertvolle Partnerschaft zu anderen Bloggern, die sich möglicherweise auf dieselbe Art bei Ihnen revanchieren werden.

Zwei weitere unterstützende Marketing-Ideen, die wir Ihnen an dieser Stelle nicht verheimlichen wollen, sind folgende:

- Verweisen Sie in Ihrer Autorenbiografie nicht auf die Startseite Ihres Blogs, sondern auf eine speziell auf die Leser des Gastblogs zugeschnittene Landingpage. Achten Sie dort auf eine personalisierte Ansprache und ideal zur Zielgruppe passende Inhalte. Ein einfaches Beispiel haben wir Ihnen bereits aus Roberts Blog vorgestellt, Sie finden es unter `www.toushenne.de/blogprofis-gastautor.html`.

- Bieten Sie den Lesern des Gastartikels relevante Zusatzinformationen, beispielsweise in Form von passenden Whitepapers – um beim Beispiel zu bleiben etwa »10 Tipps, um die Lebensdauer von Orchideen zu verlängern«. Dadurch leiten Sie sie nicht nur auf Ihre Webseite (nutzen Sie auch hierfür wiederum eine eigens gestaltete Landingpage), sondern können direkt weitere Informationen – etwa E-Mail-Adressen – sammeln und so diese neu gewonnenen Leser nachhaltig an Sie und Ihren Blog binden. Für eine solche Aktion bedarf es aber bereits einer gewissen Reputation Ihres Blogs.

Zur Perfektion bringen Sie diese Form des Blog-Marketings, wenn Sie sich bereits vor dem Pitch aktiv in der Community des ausgewählten Blogs einbringen, sodass sowohl der Blogbetreiber als auch dessen Leser Sie bereits kennen und möglichst mit wertvollen Diskussionsbeiträgen in Verbindung bringen.

8.2.7 Diskussionen

Offene Diskussionen sind eine gute Möglichkeit, um sich ins Gespräch zu bringen – natürlich persönlich, nicht direkt mit Ihren Produkten oder Dienstleistungen.

Solche Diskussionen finden Sie am einfachsten in den Kommentaren anderer, thematisch ähnlicher oder verwandter Blogs. Beteiligen Sie sich an diesen Diskussionsrunden, indem Sie zunächst auf den eigentlichen Beitrag des Autors selbst eingehen und dann auf Kommentare anderer Leser reagieren. Achten Sie stets auf nicht-werbliche Aussagen, bleiben Sie im Kontext und bemühen Sie sich um werthaltige Antworten, von denen die Leserschaft profitiert. Sofern Sie sich auf diese Weise gut »verkaufen«, werden sich früher oder später sowohl der Blogbetreiber als auch seine Leser für Sie interessieren und Ihren Blog besuchen. Da sie wissen, dass Sie proaktiv den Dialog suchen, stehen die Chancen zudem nicht schlecht, dass sie auch in Ihrem Blog einen Kommentar hinterlassen werden. Mit der Zeit entstehen auch bei Ihnen neue Diskussionen, die wiederum weitere Leser anlocken. Erhalten Sie diese Dynamik, indem Sie Rückfragen stellen oder selbst neue Aspekte ansprechen.

Schaffen Sie in diesem Zusammenhang auch die Möglichkeit für Ihre Nutzer, Kommentardiskussionen per E-Mail zu abonnieren, sodass sie direkt über neue Kommentare informiert werden. Das hält nicht nur den Dialog am Leben, sondern sorgt gleichzeitig für konstanten Traffic. Nutzen Sie diese Funktion auch selbst und schreiben Sie in regelmäßigen Abständen (etwa alle drei bis vier Monate) einen eigenen neuen Kommentar, sodass Ihre Abonnenten erneut auf die Diskussion aufmerksam werden.

Hinweis

Testen Sie diese wichtige Funktion Ihres Blogs regelmäßig, denn nicht immer geben Ihre Leser Feedback zu technischen Problemen. Abonnieren Sie nach Möglichkeit jeden Kommentar-Feed selbst, sodass Ihnen – neben neuen Kommentaren – Probleme etwa beim E-Mail-Versand direkt auffallen.

Dieselbe Taktik können Sie auch in Foren oder Frage-und-Antwort-Portalen wie etwa www.gutefrage.net oder www.helpster.de anwenden. Wenn Sie sich dort mit werthaltigen Kommentaren einbringen und ein aktives Profil vorweisen können, werden Sie sich langfristig einen Expertenstatus erarbeiten und einige Nutzer auf sich aufmerksam machen.

Diese Plattformen sind nebenbei sehr hilfreiche Ressourcen zur Ideenfindung für neue Blogbeiträge. Aus den Fragen der Nutzer können Sie allgemeine Interessen ableiten und anhand der Zahl beziehungsweise der Qualität der Antworten sehen, inwieweit sich andere bereits mit diesem Thema befasst haben. Sofern Sie eine Frage in Form eines Blogartikels – oder in Anbetracht aktueller Trends auch als Video – beantwortet haben, so sollten Sie nicht einfach nur den Link posten, sondern Ihre Antwort in Kurzform direkt auf der Plattform formulieren und dezent auf die ausführlichere Version in Ihrem Blog verweisen. Je aktiver Sie auf einer

Plattform sind, desto eher werden Nutzer diesen Links folgen und womöglich auch in Zukunft direkt Ihren Blog bei ähnlichen Problemen und Fragestellungen aufsuchen.

8.2.8 E-Books

Zum Teil sind sich Blogger nicht bewusst, welche große Menge an wirklich werthaltigen Informationen sie im Laufe eines Bloglebens produzieren. In einigen Fällen – und da schließen wir unsere eigenen Blogs nicht aus – reichen diese sogar für ein ganzes Buch aus.

Michaels Existenzgründerblog kam nur deswegen ohne viel Zutun auf Platz eins bei Google, weil die Leser dort wertvolle Informationen kostenfrei und geordnet vorfanden, die sie sich andernfalls mühsam auf unterschiedlichsten nationalen und internationalen Portalen hätten zusammensuchen müssen. Was liegt in solch einem Fall näher, als all diese Inhalte eben nicht »nur« auf dem eigenen Blog, sondern zusätzlich über weitere Publikationen zu vermarkten? Wenn es sich um wirklich einzigartige oder besonders begehrte Inhalte handelt, können Sie unter Umständen sogar ein kostenpflichtiges E-Book daraus erstellen und vermarkten. Self-Publishing-Plattformen wie etwa das Amazon-Kindle-Programm (`http://kdp.amazon.com/self-publishing/signin`) werden hier in Zukunft wohl noch zahlreiche weitere effiziente und vor allem kostengünstige Ansätze für Blogautoren bieten.

Es muss jedoch nicht immer ein kommerzielles E-Book sein. Ein kostenlos zur Verfügung gestelltes E-Book (etwa als PDF-Datei) mit Inhalten aus dem Blog, ob spezielle Whitepapers wie zuvor erwähnt oder die Zusammenfassung thematisch ähnlicher Beiträge, kann ebenfalls eine sehr erfolgreiche Marketingmaßnahme darstellen.

So schrieb Michael auf besagtem Existenzgründerblog eine kleine Artikelserie zum Thema *Wie finde ich neue und ausgefallene Geschäftsideen*, die von den Lesern so gut angenommen wurde, dass er daraus ohne viel Aufwand mittels PowerPoint – unter Verwendung des eigenen Logos, Namens und der Blog-URL – ein kleines E-Book erstellte. Innerhalb weniger Wochen wurde die Datei über 3.000 Mal heruntergeladen. Auch andere Businessportale berichteten darüber und sorgten durch eine entsprechende Verlinkung für neue Besucher. Für etwa einen halben Tag Mehrarbeit ein durchaus attraktives Ergebnis.

Tipp

Noch schneller funktioniert die Erstellung eines E-Books mit Onlinediensten wie beispielsweise `www.zinepal.com`, die Ihren Blog-RSS-Feed fast voll automatisiert in ein PDF umwandeln.

Diese E-Books können Sie außerdem auch als Incentive für Newsletter-Abonnenten nutzen, denn es hat sich für viele Blogger bewährt, Lesern »im Austausch« für Ihre E-Mail-Adresse etwas Nützliches zu geben.

8.2.9 Content-Marketing

Sie kennen Content-Marketing-Plattformen wie »rankseller«, »RankSider« oder »Hallimash« vielleicht bereits aus der Sicht des Auftragnehmers als Quelle für bezahlte Blogartikel (über diese Möglichkeit werden wir später in Kapitel 9 berichten), aber haben Sie auch schon darüber nachgedacht, diese Einnahmen direkt in eben jene Form des Marketings zu reinvestieren?

Zur Erklärung: Content-Marketing-Plattformen dienen prinzipiell der Vermittlung bezahlter Blogartikel zwischen Unternehmen und Bloggern. Während Unternehmen sogenannte »Advertorials«, also als Blogbeitrag gestaltete Werbebotschaften, in thematisch relevanten Blogs streuen und dadurch gezielt ihre Reichweite erhöhen können, veröffentlichen Blogger diese (unter Kennzeichnung!) gegen eine vereinbarte Vergütung in ihren Blogs. Ob der Beitrag dabei vom Blogger selbst verfasst oder vom Auftraggeber geliefert wird, ist im Rahmen der Ausschreibung Verhandlungssache.

Abb. 8.6: Das Prinzip von Content-Marketing-Plattformen

Michael testete eine solche Plattform als Auftraggeber für zwei seiner Projekte und startete jeweils eine Ausschreibung zur Rezension seiner Blogs. Sowohl die Auswahl der passendsten Blogger/Auftragnehmer sowie die finanzielle Abwicklung übernahm der Plattformbetreiber. Im Ergebnis entdeckte Michael neue Blogs und Blogger, die sich thematisch in einem ähnlichen Umfeld aufhielten wie er selbst, und erhielt über die gesponserten Beiträge Backlinks zu seinen eigenen Webseiten. Eine entsprechende Kennzeichnung garantiert Rechtskonformität und die Einhaltung der Google-Richtlinien zum Linkaufbau. Insgesamt halfen die Ausschreibungen enorm bei der Bekanntmachung seiner neuen Blogprojekte, von denen eines die *Blogprofis* waren. Natürlich half auch die dadurch entstandene Diskussion, denn zuvor hatte noch kein Blogger als Auftraggeber eine solche Content-Marketing-Plattform genutzt und folglich auch nicht darüber berichtet.

Obwohl beide teilnehmenden Blogprojekte durch diese Kampagnen ausschließlich NoFollow-Links erhielten (siehe Abschnitt 6.2.5), war selbst vier Monate später noch ein erheblich positiver Effekt auf die jeweilige Suchmaschinenplatzierung spürbar. Dadurch wurden auch weitere Portale und Blogbetreiber auf Michaels Experiment aufmerksam, vermittelten ihm über entsprechende Berichterstattung neue Leser oder boten ihm eine Kooperation an.

Wenn Sie also ein neues, vielversprechendes Blogprojekt möglichst schnell und dauerhaft am Markt platzieren wollen, stellt Content-Marketing eine gute Möglichkeit dar. Nichtsdestotrotz sollten Sie die Kosten – ein gesponserter Blogbeitrag kostet Sie in der Regel zwischen 30 und 150 Euro – sorgfältig kalkulieren. Machen Sie sich zudem Gedanken über einen passenden Aufhänger, um teilnehmende Blogger inhaltlich zu unterstützen und ein qualitativ hochwertiges Ergebnis zu gewährleisten. Im Falle der *Blogprofis* war es die damals neu aufgenommene Rubrik »Tipps & Tricks« sowie ein gleichzeitig gestarteter Corporate-Blog-Wettbewerb. Bei Michaels zweitem Blog (zum Thema Finanzen) bewarb er indirekt eine spannende Gutscheinaktion für Leser, die an vergleichbaren Themen interessiert sind.

Zu den bekanntesten Content-Marketing-Plattformen, mit denen wir bereits ebenfalls erste Erfahrungen machen konnten, zählen SeedingUp (`www.seedingup.de`), ehemals bekannt unter dem Namen »Teliad«, rankseller (`www.rankseller.de`), RankSider (`www.ranksider.de`) und Hallimash (`www.hallimash.com`). Als vermittelnder Dienstleister unterstützen sie die Content-Vermarktung und funktionieren nach dem zuvor dargestellten Schema. Als Auftraggeber – sogenannter Advertiser – können Sie Advertorials, Infografiken, Videos, Pressemitteilungen und weitere Content-Formate über die registrierten Blogportale streuen. Achten Sie dabei jedoch stets auf größtmögliche Transparenz.

> **Hinweis**
>
> Sie können diese Plattformen natürlich auch als Auftragnehmer zur Monetarisierung Ihres Blogs nutzen. Schauen Sie sich dazu einfach die entsprechende Sektion für Publisher an, wir werden im Folgenden nicht weiter auf diese Anbieter eingehen. Achten Sie auch hierbei auf größtmögliche Transparenz, kennzeichnen Sie bezahlte Beiträge als solche und nehmen Sie Abstand von Ausschreibungen, in denen der Auftraggeber diese Kennzeichnung ausdrücklich untersagt!

8.2.10 Veranstaltungen

Im oft unterschätzten Offlinebereich gibt es zahlreiche vielversprechende Werbemöglichkeiten. Bei bestimmten Blog-Themen kann es hilfreich sein, kleinere Werbemittel wie etwa eine schön gestaltete Postkarte oder alternativ auch einen Flyer oder eine Visitenkarte zu gestalten, auf der prominent die eigene Webadresse genannt wird, und diese im Rahmen passender Fachmessen und ähnlichen Veranstaltungen zu verteilen (gegebenenfalls brauchen Sie hierfür eine Erlaubnis des Veranstalters).

Sowohl für seinen Haustier- als auch seinen Existenzgründerblog konnte Michael eine solche Aktion bereits initiieren und mit großem Erfolg Postkarten und Flyer auf ausgewählten Messen verteilen. Manch einem Blogger mag dieses »altmodische« Werbemittel zwar etwas suspekt vorkommen, doch nicht bei jedem Blog-Thema sind die Leser auch zu 100 Prozent internetaffin. Bei beiden Aktionen konnte Michael nicht nur einen kurzfristigen, sondern sogar einen nachhaltigen Anstieg der Besucherzahlen feststellen. Ganz nebenbei durfte er zudem zahlreiche Stammleser sowie vor allem einige neue Kooperationspartner verzeichnen, die auf sein Print-Werbemittel reagierten und Kontakt mit ihm aufnahmen. Viele dieser neu gewonnenen Leser und Partner konzentrierten sich zuvor hauptsächlich auf gedruckte Fachzeitschriften, sodass er diese über reine Online-Marketing-Maßnahmen niemals erreicht hätte.

Bei der Gestaltung ist ein Aufmerksamkeit erregendes, thematisch passendes Foto empfehlenswert. Eine Postkarte sollte dabei werbefrei gehalten werden, sodass sie auch gerne einmal weiterverschenkt oder zumindest aufgehoben wird. Auf der Rückseite haben Sie dann die freie Hand und können die Webadresse Ihres Blogs abdrucken und eventuell weiterführende Informationen. Für das Foto kontaktieren Sie am besten direkt einen thematisch versierten Fotografen, aus dessen Galerie Sie sich idealerweise bereits ein Foto ausgesucht haben und um die Nutzungserlaubnis bitten.

Michael erhielt das Foto für seine Postkarte von einer bekannten Tierfotografin aus seiner Region, wofür er sie im Gegenzug namentlich inklusive ihrer Internetadresse auf der Rückseite des Werbemittels erwähnte. Der Druck einer solchen

Karte fällt finanziell, gerade bei einer der zahlreichen Onlinedruckereien, kaum noch ins Gewicht.

8.2.11 Eigene Blog-Widgets

Haben Sie in Ihrem Blog Inhalte, die besonders werthaltig und exklusiv sind, so bietet sich eine weitere Möglichkeit an, die nicht nur im Bereich Marketing, sondern gleichzeitig auch bei der Erhöhung der Reichweite enorm hilfreich sein kann. Die Rede ist davon, ein eigenes kleines Widget zu programmieren (oder programmieren zu lassen), über das andere Webseitenbetreiber Ihre Blog-Inhalte einfach in ihre eigene Webseite integrieren und ihren Lesern zur Verfügung stellen können.

Ein Beispiel hierfür ist etwa das Bloggerjobs.de-Widget (erreichbar unter `www.bloggerjobs.de/widgets/`), mit dem sich die Inhalte dieses Portals in beliebige andere Internetseiten einbinden lassen. Für die jeweiligen Nutzer bedeutet dies eine zusätzliche Funktionalität sowie hochwertigen Content für den eigenen Blog, der Betreiber hingegen freut sich nicht nur über diese kostenlose Werbung, sondern zusätzlich auch noch über Backlinks auf sein Portal. Um Google nicht zu verprellen, achten Sie jedoch darauf, dass die Links als »NoFollow«-Variante eingebunden werden.

> **Hinweis**
>
> Können Sie diese und ähnliche technische Marketingbausteine und vergleichbare Elemente mangels des entsprechenden Fachwissens nicht selbst realisieren, so finden sich in der Blogosphäre fast immer kundige Programmierer, die eine solche Aufgabe (für eine entsprechende Aufwandsentschädigung) gerne übernehmen. Handelt es sich um ein Tool im allgemeinen Interesse, so können Sie es im Anschluss unter Umständen sogar gemeinsam an andere Blogbetreiber vermarkten. Zur Akquise von WordPress- oder sonstigen Programmierern eignet sich die *Bloggerjobs*-Kategorie »Blog-Development« unter `www.bloggerjobs.de/jobs/development/` übrigens sehr gut.

8.2.12 Soziales Marketing

Wie in vielen Bereichen kann der Grundsatz »Tue Gutes und rede darüber« selbst bei der Vermarktung von Blogs sehr gut funktionieren.

Michael hat bereits mehrere solcher Aktionen über seine Blogs initiiert (siehe hierzu `www.blogprofis.de/buch/afrika`), und ein ebenfalls schönes Beispiel hierfür war die »Blogger helfen Japan«-Initiative des Netz-Universums. Starten Sie gerne Ihren eigenen Aufruf und engagieren Sie sich mithilfe Ihres Blogs für einen guten Zweck. Erfahrungsgemäß wird Ihnen eine solche Aktion durchaus den einen oder anderen werthaltigen Backlink einbringen, etwa wenn andere Blogs über Ihre Hilfsaktion berichten oder sie via Twitter & Co. weiterempfehlen.

Blogger für Ostafrika – Ihr könnt mithelfen!

👤 Von Michael Firnkes 🏷 Sonstiges 💬 17 Kommentare

Blogprofis-Leser spenden für Ostafrika, und ihr könnt mithelfen. Mit dieser Aktion möchte ich zumindest ein kleines Zeichen der Unterstützung für die derzeit extrem notleidenden Staaten in Afrika geben.

Wie funktioniert das Ganze?

Ich plane gegen Ende des Jahres eine Art Blogprofis-eBook herauszubringen, quasi eine Zusammenfassung der besten Tipps für neue und auch fortgeschrittene Blogger die hier auf dem Portal genannt wurden.

Abb. 8.7: Eine Blog-Spendenaktion für Afrika

Nahezu perfektionieren können Sie eine solche Spendeninitiative über Portale wie `betterplace.org`, über die Sie Ihr eigenes kleines Charity-Programm aufbauen und bewerben können. Der bekannte SEO-Blogger Soeren Eisenschmidt aka »eisy« (`www.eisy.eu`) hat auf diese Weise eine schöne und hilfreiche Werbeplatz-Sponsoring-Aktion ins Leben gerufen (siehe `www.betterplace.org/de/groups/seosforcharity/`). Nicht nur, dass er damit einen guten Zweck verfolgt, gleichzeitig steigt die Bekanntheit seines Blogs. So können Spender ein eigenes Banner auf ihrem Blog einbinden, mit dem sie anzeigen, dass sie eine Hilfsaktion unterstützen.

Eine weitere Überlegung ist vielleicht auch das Partnerprogramm-Netzwerk SuperClix (siehe Abschnitt 9.2.3) wert, über das Sie einige Benefiz-Partnerprogramme in Ihrem Blog einbinden können, die zwar nicht vergütet werden, dafür aber einem guten Zweck dienen.

8.3 Marketingkooperationen

Wie bereits erwähnt, wird uns das Blog-Marketing durch den Zusammenhalt innerhalb der Blogosphäre zum Teil sehr einfach gemacht. Wenn Sie nett anfragen und stets das Wohl beider Seiten im Auge haben, so wird kaum ein Blogger eine zuvor gut überlegte Kooperationsanfrage ablehnen. Es gibt zahlreiche Möglichkeiten der Zusammenarbeit abseits der üblichen und teilweise deutlich überstrapazierten Linktausch- und Blogrolltausch-Anfragen.

8.3.1 Werbeplatztausch

Längst sind nicht immer sämtliche selbst vermarkteten Werbeflächen im eigenen Blog ausgebucht. Doch nicht immer lohnt in diesem Fall die – sich ansonsten durchaus als Alternative anbietende – Einbindung von Google AdSense oder anderen Programmen. Wir haben dann schon oft sehr gute Erfahrungen mit einem so »Werbeplatztausch« mit anderen Bloggern gemacht. Bei dieser Form des Marketings tauschen zwei Blogger Werbebanner zu ihrem eigenen Blog unentgeltlich aus. Es muss dabei nicht immer ein befreundeter Blog sein, auch entsprechende Kooperationsanfragen an bislang unbekannte Blogger-Kollegen führen hier sehr oft zum Ziel, sofern die Zielgruppe sowie die ungefähr erzielte Reichweite der beiden Portale übereinstimmen.

Mit einer solchen Zusammenarbeit können Sie sich gleich mehrere Vorteile sichern: Sie generieren zum einen – durch die prominente Bannerwerbung sowie durch das ähnliche Blog-Thema – erstaunlich viele gegenseitige und trotzdem oftmals neue Besucher, zum anderen bleibt die entsprechende Werbefläche nicht ungenutzt und Sie können auch prominente, aber für Google & Co. eher ungeeignete Flächen des eigenen Blogs »vermarkten«. Zudem sind Sie – in gegenseitiger Absprache mit dem Tauschpartner – jederzeit flexibel, falls sich doch noch ein zahlender Kunde für exakt diese Fläche meldet.

Je mehr prominente selbst vermarktete (also nicht mit AdSense-Anzeigen besetzte) Werbeflächen Sie einbinden, umso interessanter werden diese für neue potenzielle Werbekunden, schließlich gehen Sie selbst wahrscheinlich auch lieber in ein Restaurant, das gut besucht ist, da das Essen dort anscheinend gut schmeckt. Nicht selten haben wir es erlebt, dass sich – nach der Einbindung eines solchen Werbeplatztauschs – plötzlich die Buchungsanfragen von interessierten Werbekunden für den jeweiligen Blog beinahe verdoppelten.

Um die beschriebenen Effekte weiter zu verstärken, nutzen wir zudem gerne zwei weitere Tricks:

- Den für die Kooperation gewonnenen oder befreundeten Blog stellen wir als neuen »Anzeigenpartner« in einem kleinen, nicht werblichen Artikel vor, etwa in einem Interview mit Fragen zu seinem Blog oder seinen Dienstleistungen. Diese kalkulierte »Werbung für Ihre Werbeflächen« soll natürlich primär potenzielle Werbekunden auf Ihr Angebot aufmerksam machen. Sofern Sie die Vorstellungsartikel jedoch nicht allzu oft veröffentlichen und inhaltlich spannend für Ihre Leser gestalten, werden diese Ihnen die Aktion gerne verzeihen.

- Wir verlinken in der Nähe der Tausch-Werbeflächen immer auch eine Landingpage, auf der wir etwa unsere Reichweite und Mediadaten bereitstellen. Über das dort integrierte Kontaktformular erhalten wir dabei deutlich mehr Anfragen als über die normale Kontaktseite (siehe auch Abschnitt 7.3).

8.3.2 Werbung in Beiträgen & Kommentaren

Hierbei handelt es sich um ein etwas heikles Thema. Wie Sie bereits erfahren haben, lebt die Blogosphäre von Authentizität und Offenheit, gleichzeitig profitiert sie jedoch immer auch von gegenseitigen Empfehlungen. Dabei bleibt es natürlich nicht aus, dass Sie in einem eigenen oder in einem Gastbeitrag lobend auf ein Produkt oder einen Dienstleister eingehen und gegebenenfalls verweisen. Solange es sich dabei um eine echte, nicht vergütete Empfehlung handelt, hat dabei alles seine Ordnung.

Alleine auf den *Blogprofis* macht Michael quasi täglich und eher ungewollt Werbung für andere Webseiten und Dienstleister, indem er – positiv oder neutral – über diese berichtet. Ebenso unverblümt äußern wir jedoch auch – in einem möglichst fairen und nachweisbaren Rahmen – Kritik, wenn uns etwas nicht gefällt. Die meisten »Werbeempfänger« bemerken ohnehin nur selten, dass sie erwähnt wurden.

Wenn Sie schon längere Zeit bloggen, kennen Sie vielleicht die Situation, dass Sie in einem anderen Blog erwähnt oder gar empfohlen wurden oder einen sehr positiven Kommentar zu Ihrem eigenen Beitrag erhielten. Schnell kommt das Gefühl auf, dass Sie sich für dieses positive Feedback revanchieren müssen, etwa über eine ähnliche Erwähnung. Die Gefahr beim Austausch von Gefälligkeiten ist jedoch der schmale Grat zwischen einer Empfehlung und Werbung.

Unterschätzen Sie als etablierter Blogger niemals Ihre Marktmacht, nehmen Sie sich jedoch auch davor in Acht, diese zu missbrauchen. Ein von uns als Autoren gesetzter Link in einem Artikel oder in einem unserer Kommentare kann beispielsweise zu Recht als (Kauf-)Empfehlung betrachtet werden. Erst recht dann, wenn wir das Vertrauen unserer Leser genießen und einen gewissen Einfluss auf sie haben. Vertrauen ist das höchste Gut eines jeden Bloggers, setzen Sie es niemals aufs Spiel, um irgendwelche Werbepartnerschaften bewusst zu verschleiern.

Durch eine transparente Kommunikation können Sie diese Grenzfälle umgehen. Bedanken Sie sich beispielsweise innerhalb Ihrer Buchrezension ganz offen beim Autor oder dem Verlag für das kostenlose Rezensionsexemplar oder schreiben Sie einen entsprechenden Disclaimer, so wie es Robert auch in seinen Rezensionen handhabt (ein Beispiel finden Sie unter `http://www.toushenne.de/newsreader/online-marketing-fuer-selbstaendige.html`). Falls Sie innerhalb eines Beitrags einen anderen Blog verlinken, könnten Sie auch erwähnen, dass Sie mit dem Blogger befreundet sind. Unsere Erfahrung hat gezeigt, dass diese Form der transparenten Kommunikation keine negativen Auswirkungen auf unser »Marketing« hat – auch nicht die Kennzeichnung von Affiliate-Textlinks als Werbung, wie es viele Affiliate-Blogger befürchteten. Im Gegenteil, es sind eher die Unternehmen, die solche Kennzeichnungen vermeiden möchten, um als Werbetreibende unerkannt zu bleiben. Wir raten Ihnen dazu, von solchen Angeboten/Forderungen Abstand zu nehmen und Ihren Lesern gegenüber stets offen und ehrlich zu sein. Im schlimmsten Fall werden sich diese in einem Kommentar oder einer persönlichen Nachricht über die Menge an Empfehlungen und Werbung beschweren, was Sie jedoch als Feedback ernst nehmen und auf das Sie entsprechend reagieren sollten.

Heikel können in diesem Zusammenhang kritische Leserkommentare zu Produktrezensionen in Ihrem Blog sein, in denen Sie ein Produkt mittels Affiliate-Links empfehlen. Auch wenn dies möglicherweise ein Umsatz treibender Artikel ist, sollten Sie solche Kommentare nicht übergehen oder gar löschen, denn dadurch riskieren Sie Ihre Glaubwürdigkeit. Eine solche Reaktion kann sich in der Blogosphäre schnell herumsprechen. Besser ist, Sie hinterfragen diese Kommentare und klären den Sachverhalt – gegebenenfalls durch eine E-Mail an den Anbieter. Wir haben es durchaus schon erlebt, dass ein Mitbewerber hinter einem extrem kritischen Kommentar steckte.

Bei unsachlicher oder beleidigender Kritik dürfen und sollten Sie solche Kommentare vor der Veröffentlichung aber anpassen (unterrichten Sie den Urheber in solchen Fällen über diese Änderungen), denn unter Umständen können Sie als Blogbetreiber für derartige geschäftsschädigende Äußerungen haftbar gemacht werden. Außerdem sollten alle Blogbesucher gerade beim Kommentieren auf gewisse Standards beziehungsweise eine Blog-Netiquette hingewiesen und verpflichtet werden, unabhängig davon, um welchen Kommentarinhalt es sich handelt oder gegen wen sich diese Inhalte richten mögen. Ein Beispiel für derartige Kommentarrichtlinien finden Sie in Roberts Blog unter `http://www.toushenne.de/kommentarrichtlinien.html`.

Beispiel

An dieser Stelle möchten wir Ihnen zwei Beispiele für einen möglichst sensiblen und allen beteiligten Seiten gerecht werdenden Umgang mit Kommentaren geben. Natürlich möchten wir als Blogbetreiber stets neutral bleiben und auch kritische Kommentare zulassen, doch speziell bei der namentlichen Nennung konkurrierender Unternehmen im negativen Kontext müssen wir zur Wahrung rechtlicher Vorschriften moderierend eingreifend.

Beispiel 1: In seinem Energieblog erhält Michael regelmäßig Kommentare von wütenden Lesern, die mit ihrem Stromanbieter höchst unzufrieden sind und sich zum Teil seitenweise in einem Kommentar darüber auslassen. Das Problem beziehungsweise die Schwierigkeit für Blogbetreiber ist hierbei die Einschätzung, ob diese Kommentare tatsächlich von einem Kunden oder etwa von einem missliebigen Konkurrenten stammen. Außerdem könnte eine Veröffentlichung zu einer Abmahnung beziehungsweise Unterlassungserklärung des in dieser Weise kritisierten Unternehmens führen, vor allem dann, wenn sich der Kommentarbeitrag als unecht herausstellt, die Wortwahl beleidigend ist oder Vergleiche zu anderen Mitbewerbern angestellt werden.

In solchen Grenzfällen schreiben wir die Kommentatoren immer über die angegebene E-Mail-Adresse an, um zum einen die Echtheit zu prüfen und zum anderen um eine mildere, nicht beleidigende Formulierung zu bitten. Können wir weder die Authentizität gewährleisten noch eine Umformulierung erwirken, verzichten wir gegebenenfalls ganz auf die Veröffentlichung.

Beispiel 2: Bei den *Blogprofis* äußerte sich ein Leser anonym über die schlechte Qualität zweier konkret benannter Affiliate-Anbieter, die Michael selbst nicht kannte und diese Kritik somit weder bestätigen noch negieren konnte. Er strich daraufhin die Namen der beiden Firmen aus dem Kommentar und wies an gleicher Stelle im freigeschalteten Kommentar auf eben diese Änderung hin. In einem neuen, eigenen Kommentar erläuterte er dann dem anonymen Verfasser sowie den übrigen Lesern sein Vorgehen:

Wie ihr seht, habe ich diesen Kommentar an der markierten Stelle »zensiert«, da er zum einen anonym gepostet wurde, aber auch, weil ich mit den genannten Anbietern keine persönliche Erfahrung habe und daher die Vorwürfe nicht prüfen kann. Zum anderen wäre ich als Blogbetreiber natürlich auch haftbar für die hier genannten Informationen.

Dieses Vorgehen wurde von seinen Lesern akzeptiert. Wenn man also aus irgendwelchen Gründen einen Kommentar anpassen möchte oder auch auf eine Freischaltung gänzlich verzichtet, so sollte man dies transparent und ausführlich unter Angabe der jeweiligen Gründe erläutern.

8.3.3 Cross-Marketing

Neben unseren Blogs bieten wir auch Blog-Consulting als Dienstleistung an, das heißt, wir beraten Privatpersonen und Unternehmen jeglicher Art hinsichtlich der optischen und inhaltlichen Gestaltung sowie der Vermarktung ihrer (Corporate) Blogs. Michael wurde im Rahmen einer Kooperation eine Zeit lang unter anderen von einem deutschsprachigen Hersteller professioneller WordPress-Themes im Partnerbereich namentlich empfohlen, da dieser immer wieder Anfragen nach einem entsprechenden Dienstleister erhielt.

Derartige Kooperationsmöglichkeiten gibt es reichlich. Sie alle verbindet die Tatsache, dass sie nicht der sonst üblichen Verlinkung untereinander dienen, sondern sich durch gegenseitige Empfehlung bei der Vermarktung von Produkten und Dienstleistungen positiv auf den Umsatz auswirken. Dabei müssen die jeweiligen Produkte, Angebote oder Dienstleistungen der Blogger auch nicht direkt in Verbindung miteinander stehen, so wie es das Beispiel von Michael als Blog-Consultant und dem Template-Anbieter sehr schön demonstriert. Weitere solche Möglichkeiten wären beispielsweise:

- Sie testen als Blogger ein Tool, verfassen darüber einen Erfahrungsbericht auf unserem Blog und erhalten dafür eine dauerhaft kostenlose Version als Gegenleistung (was Sie Ihren Lesern gegenüber jedoch auch transparent kommunizieren sollten). Ein Paradebeispiel für eine derartige Marketingkooperation ist Brandwatch, ein Anbieter für Social-Media-Monitoring-Software, der eigens für die Zusammenarbeit mit Bloggern ein Bloggerprogramm ins Leben gerufen hat und im Austausch für einen Erfahrungsbericht einen kostenlosen Account spendiert (siehe http://www.brandwatch.com/de/2014/11/brandwatch-fuer-blogger/).

- Für die Erwähnung als Referenz von einem professionellen Theme-Anbieter (inklusive einer entsprechenden Verlinkung) binden Sie ein kleines Werbe-Icon im Footer Ihres Blogs ein und bekennen sich dadurch als Nutzer dessen Tools und Templates.

- Ein Software- oder sonstiger Anbieter stellt den Lesern Ihres Blogs ein attraktives Rabattangebot zur Verfügung, das sie nur dann exklusiv buchen können, wenn sie Ihren Blog als Quelle benennen. Sie bekommen hierdurch unter Umständen einen sich viral verbreitenden Blogbeitrag und der Name Ihres Blogs spricht sich herum. Im Gegenzug machen Sie Werbung für die Produkte oder Angebote des Herstellers.

Um nicht mit irgendwelchen Gesetzen – etwa zum unlauteren Wettbewerb – in Konflikt zu geraten, sollten Sie derartige Verknüpfungen und Kooperationen Ihren Lesern gegenüber stets transparent kommunizieren, etwa indem Sie das Angebot des Gegenübers deutlich als »Werbung« oder »Partneranzeige« deklarieren. Bietet dieses Angebot einen Mehrwert für Ihre Leserschaft, so wird eine solche kommerzielle Zusammenarbeit erfahrungsgemäß durchaus positiv aufgenommen.

8.3.4 Print-Kooperationen

Eher selten wird wohl eine Print-Kooperation, beispielsweise mit einer Fachzeitschrift oder einem Magazin, zustande kommen. Doch die Auswirkungen einer solchen Zusammenarbeit können enorm positiv sein.

Michael traf eine solche Vereinbarung mit einem Magazin aus der Start-up-Branche (wenn auch mit einer reinen PDF-Ausgabe). Im Gegenzug für die Erwähnung schrieb er auf seinem Blog einen Beitrag über das Magazin. Hieraus kann sowohl ein deutlicher und nachhaltiger Zuwachs an Blog-Traffic resultieren, zudem machen Sie zahlreiche neue Leser auf Ihren Blog aufmerksam, die sich mit großer Wahrscheinlichkeit für Ihr Thema interessieren. Manchen namhaften Bloggern gelingt es sogar, sich regelmäßig in einer zu ihrem Blog passenden Fachzeitschrift mit Gastartikeln oder einer eigenen Kolumne einzubringen, was sich natürlich sehr positiv auf ihre Marketingbilanz auswirkt. Ein reichweitenstarker Blog könnte zusammen mit einem Nischen-Printmagazin sicherlich auch eine Art gegenseitige Werbeplatzierung vereinbaren, sofern keine direkte Konkurrenz besteht.

Nicht zuletzt sorgen sicherlich auch die Erwähnungen unserer Blogger-Kollegen in diesem Buch für den einen oder anderen zusätzlichen »Klick« auf ihre Webseite. Horchen Sie also auf, wenn ein befreundeter Blogger ein eigenes E-Book oder sonstige Publikationen herausbringen möchte, und erkundigen Sie sich, ob Sie wertvolle Inhalte beisteuern können.

8.3.5 Vorsicht vor unseriösen Kooperationsanfragen

Wie Sie lukrative Kooperationen initiieren und ausbauen können, erläutern wir Ihnen gleich. Wir möchten Sie zuvor jedoch über die »verlockende Gefahr« unseriöser Anfragen aufklären.

Sie werden sich wundern, wie schnell Sie auch als Blog-Neuling Kooperationsanfragen erhalten, erst recht jedoch dann, wenn Ihr Blog erfolgreich im Google-Index eingetragen ist, die Blog-Kennzahlen einen Sprung machen oder Sie eine neue Pressemitteilung veröffentlichen.

Unwissende Anfänger freuen sich über die ersten eingehenden E-Mails mit Linktausch-Angeboten, völlig unbeeindruckt davon, dass die Absender meist anonyme Accounts und austauschbare Namen wie »Hans Meier« verwenden. Wer dafür auch noch Geld geboten bekommt, ist schnell überzeugt.

Sie wissen es nun besser. Riskieren Sie keine Abstrafung durch Google aufgrund derartiger Links in Ihrem Blog (siehe Kapitel 6), sondern ignorieren Sie derartige Anfragen lieber. Wir schätzen mittlerweile zwischen 95 und 100 Prozent solcher Anfragen als Spam ein, besonders im Bereich der telefonischen Kaltakquise.

Die folgenden Aspekte sind typische Merkmale unseriöser Kooperationsanfragen:

- Sie erhalten vor der eigentlichen Anfrage überschwängliches Lob für Ihr einzigartiges Blogdesign, den unverkennbaren Schreibstil oder die hervorragenden Inhalte.

- Es werden Versprechungen gemacht, die bei näherer Betrachtung absolut unglaubwürdig erscheinen. Typisch sind Sprüche wie: »Mit meinem Link wird Ihre Webseite für Google deutlich interessanter«, »Ich habe jahrzehntelange Erfahrung im Aufbau entsprechender Partnerschaften« oder »Wir setzen im Gegensatz zu anderen Portalen nur Links auf thematisch passenden Seiten.«

- Es wird teilweise fast schon kriminell, etwa bei Anmerkungen wie »Wir tauschen zu Ihrem und unserem Schutz nicht reziprok« oder »Google bekommt von dieser (bezahlten) Verlinkung nichts mit«, wobei Letzteres in keiner Weise gewährleistet werden kann.

- Der Verfasser hat sich nicht mit Ihrem Blog auseinandergesetzt (Sie betreiben beispielsweise einen Technikblog und werden um einen Link zu einem Kosmetikportal gebeten) oder schreibt Sie mit »Lieber Webmaster« nur unpersönlich an, was auf eine automatisierte (Massen-)Anfrage hindeutet.

- Es wird von einer anonymen – im Vergleich zu einer eindeutig zu einem Unternehmen zuordenbaren – E-Mail-Adresse verschickt (gmail.com, web.de, gmx.de etc. anstelle von blogprofis.de oder toushenne.de).

- Die Webseite des Anfragenden verfügt über kein Impressum, der Firmensitz befindet sich im Ausland, die Präsenz befindet sich noch im Aufbau oder besteht erst seit wenigen Wochen.

- Die vorgeschlagenen Tauschdomains sind vollgespickt mit Werbelinks und Anzeigen zu unseriösen Inhalten (Glücksspiel, Erotik etc.).

- Es wird in der ersten E-Mail zunächst nicht verraten, für welches Portal überhaupt eine Kooperation gesucht wird.

Besonders dreist war ein Telefonanruf eines professionellen Linkhändlers, der auf Michaels Bitte hin, relevante Informationen zu seinem Anliegen per E-Mail zu schreiben, sagte: »Dieses Angebot, das ich für Sie habe, sollten wir nur anonym und nur am Telefon besprechen.« Das Telefonat war daraufhin sehr schnell beendet.

Mittlerweile hat sich dieses Vorgehen herumgesprochen und es mehren sich seriöse Anfragen. Wir beide erhalten immer mehr persönliche und sehr charmante Anfragen von SEO-Dienstleistern, die sich beispielsweise mit folgender E-Mail an uns wenden:

»Ich möchte Sie gerne fragen, ob es möglich wäre, bei Ihnen einen Gastartikel oder Ähnliches zu veröffentlichen [...]

Ich war mir zuerst nicht sicher, ob ich diese Mail überhaupt schreiben soll, da ich nach dem Lesen Ihres Artikels über SEO-Spam mit einer gewissen Voreingenommenheit Ihrerseits gegenüber allen Mails dieser Art rechne. Aber ich dachte mir, ich versuche es einfach mal :)«.

Diese sehr persönliche Ansprache zeigt, dass sich der Verfasser intensiv mit dem Blog und dessen Inhalten auseinandergesetzt hatte. Michael sagte (in diesem konkreten Fall) – nach Klärung einiger Rahmenbedingungen bezüglich der Werbe-Kennzeichnung des Textes – dem entsprechenden Gastartikel zu. Heraus kam ein schöner Beitrag mit deutlichem Mehrwert für seine Leser. Der Ton macht eben die Musik.

8.3.6 Geeignete Kooperationspartner finden

Seriöse Kooperationen sind definitiv möglich, unsere Erfahrung zeigt jedoch, dass diese meist nur dann zustande kommen, wenn wir aktiv auf andere Blogger oder Unternehmen zugehen.

Die meisten geeigneten Partner finden wir mittlerweile wie bereits erwähnt über indirekte Kanäle. So schauen wir uns etwa jeden neuen, uns bislang unbekannten Autor von Blog-Kommentaren, neue Twitter-Follower, Facebook-Fans oder Google-Plus-Kontakte ganz genau an. Damit haben wir für unsere Kontaktaufnahme auch direkt einen Aufhänger und können ein grundsätzliches Interesse beim Gegenüber voraussetzen.

Zudem hilft es, bestehende Kooperationen transparent zu kommunizieren. Zum Beispiel können Sie Ihren Partner in einem Interview vorstellen, wobei Sie für Ihre Zielgruppe möglichst interessante Fragen stellen. Diese Offenheit ruft in der Regel auch weitere Blogger und Unternehmen auf den Plan, die ihrerseits nach einer Möglichkeit der Zusammenarbeit fragen. Auf diese Weise können Sie nach und nach ein ganzes Netzwerk an tatsächlichen und potenziellen Partnern aufbauen, auf die Sie – etwa beim Start eines neuen Blogs – sogar regelmäßig zurückgreifen können.

Auch diverse Veranstaltungen eignen sich gut für die Anbahnung neuer Kooperationen. In ganz Deutschland gibt es regelmäßige Treffen für Blogger, Affiliates, Webseitenbetreiber, Programmierer etc. und auch die »WordCamp«-Veranstaltungen der WordPress-Gemeinde (www.wordcamp.de und http://wpmeetups.de/) sind tolle Möglichkeiten, um mit Gleichgesinnten ins Gespräch zu kommen. In lockerer Runde können Sie dort über die besten Tipps und Tricks fachsimpeln sowie gegenseitig Blog-Erfahrungen austauschen, aber eben auch so manche sehr fruchtbare und vor allem dauerhafte Zusammenarbeit entsteht dort in der Regel recht schnell. Blogs jeglicher Art leben nun einmal von der Blogosphäre und reine Einzelkämpfer unter den Bloggern werden es ungleich schwerer haben, sich nachhaltig mit ihrem Blog zu etablieren.

Haben Sie dabei keine Angst, zu viel von sich oder Ihrer eigenen Arbeit zu verraten. Reines Konkurrenzdenken schadet innerhalb der Blogosphäre mehr, als dass es Ihnen einen Vorteil bringt. Die meisten Blogger gehen sehr offen mit den eigenen Tipps und Tricks um, verraten diese gerne und schreiben ohne Bedenken umfangreiche Artikel über ihre eigenen Business- oder Marketingstrategien. Umso skeptischer stehen sie natürlich Kollegen gegenüber, die sich sichtbar abkapseln, die sonst üblichen Verknüpfungen zwischen Blogs und Bloggern nicht akzeptieren und bei jeder Anfrage gleich Geheimnisverrat oder Konkurrenzsituationen befürchten.

Wie Sie im bisherigen Verlauf dieses Buches hoffentlich schon gemerkt haben, gehen wir sehr offen mit unseren Blog-Erfolgen (aber auch -Misserfolgen) um und haben diese Vorgehensweise bisher noch nicht bereut. Ganz im Gegenteil: Je mehr wir von uns und unserer Arbeit preisgeben, desto mehr können wir auch im Austausch mit und von anderen Blogprofis lernen.

Tipp

Denken Sie bei Ihren Anfragen nicht nach dem klassischen Auftraggeber-Auftragnehmer-Prinzip, sondern kommunizieren Sie stets auf Augenhöhe. Selbst (und erst recht) wenn Sie der Meinung sind, dass die Gegenseite dankbar für Ihr Angebot sein müsste, etwa weil Ihr Blog bereits eine große Leserschaft beherbergt oder Ihr soziales Netzwerk weitreichend ist. Jeglicher herablassende oder fordernde Tonfall wird genau das Gegenteil von dem bewirken, was Sie sich von Ihrer Anfrage erhoffen.

Zum Beispiel erhalten wir häufig seriöse und ernst gemeinte Anfragen von anderen Webseitenbetreibern, die jedoch direkt mit Anweisungen und Bedingungen gekoppelt sind, etwa »Wir können gerne kooperieren, wenn Sie a) folgenden Link mit jenem Keyword und an dieser oder jener Stelle bei sich in den Templates einbauen, b) ich einen Gastartikel mit mindestens 500 Wörtern und drei DoFollow-Links in Ihrem Blog veröffentlichen darf und Sie c) zudem auf meinen Newsletter verweisen.«

Ihnen leuchtet hoffentlich ein, dass es sich hierbei nicht um die eleganteste und diplomatischste Art handelt, einen bis dahin unbekannten Blogger-Kollegen von einer für beide Seiten fruchtbaren Kooperation zu überzeugen. Derartige Anfragen landen zumindest bei uns meistens direkt im virtuellen Papierkorb.

Ein weiterer Fehler in vielen durchaus ernst gemeinten Anfragen ist der, dass oftmals nicht direkt ersichtlich ist, worum es dem Absender geht, wie beispielsweise in dieser Anfrage:

»*Sehr geehrte Damen und Herren,*

beim Surfen durch das Web ist mir Ihre Seite www.xyz.de aufgefallen. Ihre Seite gefällt mir sehr gut. Aus diesem Grund schreibe ich Sie an.

Eine gegenseitige Verlinkung mit einer unserer Seiten ist ein Gewinn für uns beide. Sollten Sie hieran Interesse haben, so freue ich mich über Ihr Feedback«.

Weder aus dem Text noch aus der E-Mail-Adresse oder der Signatur des Absenders wurde ersichtlich, welchen Blog er betreibt und weshalb er ausgerechnet mit uns eine Link-Kooperation anstrebt. Ergänzen sich unsere Blog-Inhalte oder sprechen wir eine ähnliche Zielgruppe an?

Was in der Form auf den ersten Blick wie eine reine Spam-E-Mail aussah, entpuppte sich schließlich als sehr interessante und vor allem thematisch passende Anfrage. Dies alles erfuhren wir allerdings erst nach einer Antwort-E-Mail, die nur wenige Blogbetreiber schreiben würden, gerade wenn täglich gleich Dutzende solcher und ähnlicher Anfragen im Posteingang landen.

Nicht zuletzt kann es bei der Suche nach geeigneten Kooperationspartnern hilfreich sein, Ihre Mitbewerber zu analysieren. Suchen Sie hierfür einfach die entsprechenden Webseiten nach Beiträgen oder Hinweisen in der Sidebar oder im Footer ab. Alternativ können Sie die Internetadresse des Mitbewerbers in die Google-Suche eingeben und schauen, ob andere Unternehmen in diesem Zusammenhang auftauchen, weil sie in irgendeiner Beziehung zum Mitbewerber stehen und sich diese Kooperation bereits positiv auf ihr Ranking auswirkt.

Solche Partnerschaften dienen Ihnen als gute Anhaltspunkte, um in derselben Branche nach ähnlichen potenziellen Kooperationspartnern Ausschau zu halten. In Einzelfällen kann es sogar sinnvoll sein, genau dieselben Unternehmen zu kontaktieren, da die Zusammenarbeit mit Ihrem Mitbewerber zu fruchten scheint und Sie beim Gegenüber zumindest ein grundsätzliches Interesse an vergleichbaren weiteren Partnerschaften voraussetzen können.

8.4 Vermarktung mehrerer Blogs & Blognetzwerke

Falls Sie bereits mehrere Blogs betreiben, können Sie die vorgestellten Methoden natürlich weiter optimieren, da die unterschiedlichen Blog-Themen viel mehr Möglichkeiten zum »Ausprobieren« und zur Verfeinerung bieten. Ohnehin bestehen zahlreiche Synergieeffekte, denn wenn sich beispielsweise bei Blog x eine Kooperation ergibt, so können Sie gleichzeitig auf Ihre anderen Portale verweisen. Selbst wenn die Themen und Zielgruppen unterschiedlicher Natur sind, ergibt sich manchmal eine Zusammenarbeit, etwa im SEO-Bereich oder für Gastbeiträge. Agenturen, die potenzielle Werbekunden vermitteln, werden ebenfalls mehr Interesse an einzelnen Blogs haben, wenn die Reichweite des Netzwerks zusätzliche Vermarktungschancen verspricht.

> **Hinweis**
>
> Seien Sie vorsichtig mit unnatürlichen Keyword- beziehungsweise DoFollow-Verlinkungen zwischen Ihren Blogs (etwa Blog A verweist auf B, B auf C, C auf A und so weiter). Google kann solche vorgetäuschten Manöver durchaus erkennen. Wenn sie häufiger zum Einsatz kommen, könnte dies als unlautere SEO-Methode eingestuft und entsprechend abgestraft werden.

Wenn Sie zusätzlich über eine Art Metablog verfügen, so wie wir bei `blogprofis.de` und `toushenne.de` rund um das Thema Bloggen oder Inbound-Marketing schreiben, wird der Aufbau von Kooperationen noch einfacher. Kommentiert ein Leser in einem Blog, der sich rund um das Thema Blog- oder Online-Marketing dreht, so ist er höchstwahrscheinlich auch an einer entsprechenden Zusammenarbeit interessiert – und umso leichter lässt sich ein Kontakt aufbauen. Das Gleiche gilt für Unternehmen, die Beiträge oder Social-Media-Posts Ihres Metablogs kommentieren beziehungsweise teilen. Auch ansonsten ergeben sich zahlreiche weitere Möglichkeiten der interdisziplinären Zusammenarbeit:

- Beim Austausch mit anderen Bloggern kommen fast zwangsläufig mehrere Ihrer Blogs zur Sprache. Das erhöht deutlich die Chance für einen inhaltlich passenden Austausch.

- Wenn der vorgeschlagene Gastbeitrag, die Produktvorstellung, Rezension oder Interviewanfrage nicht wirklich in Ihr Blogkonzept passt, dann eignet es sich möglicherweise (leicht abgewandelt) für eines Ihrer anderen Portale. Ähnliches gilt, wenn Sie selbst auf Content-Akquise gehen und ein prominenter Gastblogger lieber für Ihren Blog B schreiben möchte statt für Blog A.

- Potenzielle Werbekunden lassen sich manchmal von einem zweiten Blog aus Ihrem Netzwerk überzeugen, wenn der ursprünglich angefragte Blog nicht in das Konzept passt, zu wenig Reichweite bietet oder nicht über die richtigen Werbeformate verfügt.

- »Ungleiche« Kooperationsanfragen an weit stärkere Blogs oder Portale können Sie aufwerten, indem Sie zwei oder mehr Ihrer eigenen Blogs ins Spiel bringen und dadurch Ihre Reichweite insgesamt erhöhen.

- Bei der Vermarktung von Blog-Werbeflächen können Sie ebenfalls »Bundles« anbieten und beispielsweise zur Buchung auf Blog A ein Sonderangebot für eine weitere Buchung auf Blog B machen.

- Beim Neustart eines Blogs können Sie auf einen immer größer werdenden Pool an möglichen Kooperationspartnern und Autoren zurückgreifen. Wenn wir selbst einen neuen Blog starten, dann profitieren wir in der Regel von der Hilfestellung befreundeter Blogger, die wir von einem früheren Projekt her kennen. Das senkt das Risiko eines Fehlstarts deutlich.

Wenn Sie über mehrere Blogportale verfügen, steigt die »Manövriermasse« – Sie haben anderen gegenüber deutlich mehr zu bieten. Das geht so weit, dass es sich sogar lohnen kann, nicht mehr rentable oder nicht mehr fortlaufend gepflegte Weblogs aufrechtzuerhalten, um sie in Kooperationsverhandlung als Joker hervorzuholen.

8.5   Pressearbeit für Blogger

Vielen Blogger-Kollegen ist die Pressearbeit leider immer noch ein Fremdwort. Wir begleiten mittlerweile jeden Blog-Start, aber auch jede größere Veränderung oder Neuerung in einem unserer Blogs mit einer entsprechenden Pressemeldung, die wir an die wichtigsten kostenlosen News- und Presseportale verteilen.

Für unsere wichtigsten Projekte versuchen wir (wenn die Zeit es zulässt), monatlich mindestens eine oder zwei relevante Mitteilungen pro Blog zu streuen. Wir tun dies mit nachhaltigem Erfolg, denn nicht nur, dass diese Maßnahmen unsere Linkstruktur nachhaltig verbessern dürften, sondern auch hier können wir zumindest bei einigen Meldungen quasi darauf warten, bis die ersten Reaktionen in Form von qualitativ hochwertigen Kooperations- oder Werbebuchungsanfragen eingehen. Dies ist ein wichtiges Merkmal der Pressearbeit insgesamt, denn zumindest unserer Erfahrung nach funktionieren Pressemitteilungen im Business-to-Consumer-Bereich (B2C) nur schlecht, um neue Kunden (Leser) zu gewinnen. Für Business-to-Business-Zwecke (B2B) wie beispielsweise Kooperationen oder Presseanfragen und für die externe Verlinkung sind sie jedoch oft enorm hilfreich. Denn die meisten Presseportale dulden ein oder zwei Links oder gar Deeplinks (Verweise auf einen bestimmten Unterbereich Ihres Blogs, etwa zu einer speziellen Landingpage) innerhalb der Mitteilung, sofern diese inhaltlich relevant und qualitativ hochwertig sowie nicht rein werblich sind.

> **Tipp**
>
> Einige der wichtigsten kostenlosen Presseportale für Blogger stellt Michael in seinem Blog unter `www.blogprofis.de/buch/presseportale` vor, darunter die bekannten Anbieter »OpenPR« (`www.openpr.de`) sowie »PRCenter« (`www.prcenter.de`).

Wenn Sie sich nun die Frage stellen, worüber Sie eine Pressemitteilung schreiben könnten und wie eine solche idealerweise strukturiert ist, so können Sie sich sowohl an den Vorgaben und Tipps der jeweiligen Portale orientieren als auch Inspiration in der folgenden Liste finden.

- Sie starten einen neuen Blog, beschreiben dessen Ziele, stellen die Autoren oder Urheber vor, benennen den Mehrwert für Leser und umschreiben derzeitige und zukünftige Inhalte.

- Ihr Portal hat einen neuen Leserrekord erreicht, wurde einem umfangreichen (inhaltlichen oder visuellen) Relaunch unterzogen oder auf einem prominenten Portal erwähnt.

- Sie führen eine neue Themen-Kategorie oder eine neue umfangreiche Artikelserie ein.

- Sie starten eine neue Aktion, etwa ein Gewinnspiel oder eine Leserumfrage oder – im Falle der Umfrage oft noch interessanter – Sie berichten über das jeweilige Ergebnis.

- Sie können eine Statistik zu einem bestimmten Thema veröffentlichen (23 Prozent Ihrer Technikblogleser interessieren sich für das neue Gadget x, während 77 Prozent nach wie vor auf y vertrauen), deren Basis die Suchanfragen in Ihrem Blog bilden.

- Ein sehr werthaltiger oder prominenter Gastartikel erscheint.

- Ein kostenloses E-Book, Whitepaper, Tool, Blog-Theme etc. wird veröffentlicht.

- Sie konnten einen neuen, wichtigen Kunden, Kooperations- oder auch Anzeigenpartner gewinnen (stimmen Sie Ihre Pressemitteilungen in diesem Fall jedoch mit Ihrem Partner ab).

- Die bei Google meistgesuchten Themen oder die meistgelesenen, -geteilten beziehungsweise am besten bewerteten Artikel Ihrer Blogleser werden inhaltlich vorgestellt.

Wir behaupten nicht, dass der Inhalt einer Pressemeldung selbst irrelevant ist, natürlich sollte das Thema interessant und gut aufbereitet sein, doch vorrangig geht es darum, mit dem eigenen Blog dauerhaft in den (Online-)Medien präsent zu sein. Eine gute, aktive Pressearbeit wirkt professionell auf existierende und potenzielle Partner und vergrößert die Reichweite Ihres Blogs über die Grenzen der Blogosphäre hinaus.

Tipp

Michael bedient sich für die effiziente Verteilung von Pressemeldungen mittlerweile professionellen Dienstleistern wie etwa »PR-Gateway« (www.pr-gateway.de), der gegen eine monatliche Gebühr selbst verfasste Pressemitteilungen an zahlreiche entsprechende Dienste weiterleitet und für eine Veröffentlichung sorgt. Der Vorteil ist eine deutliche Zeitersparnis, da jedes der Portale unterschiedlich aufgebaut ist und verschiedene Angaben zu einem Presseartikel voraussetzt. Zudem erreichen Sie dadurch auch weitere Presseportale, über die Sie ansonsten nur schwer vergleichbare Texte streuen können. Michaels Erfahrungsbericht zu PR-Gateway finden Sie unter www.blogprofis.de/buch/onlinepr.

Sie sollten bei der Erstellung einer Pressemitteilung dennoch einige Punkte berücksichtigen, damit sie überhaupt von den Presseportalen akzeptiert wird (denn jeder Bericht wird dort in der Regel redaktionell geprüft und manche der größeren Dienste legen großen Wert auf Qualität) und dann möglichst viele Leser auf diese aufmerksam werden:

- Die Meldung sollte möglichst umfangreich (mindestens 300 Wörter) und gut strukturiert sein, etwa durch Zwischenüberschriften, thematisch sinnvolle Absätze und dergleichen mehr – ähnlich wie die Artikel in Ihrem Blog (siehe Abschnitt 4.2).

- Verwenden Sie einen aussagekräftigen, aber seriösen Titel – gegebenenfalls unter Berücksichtigung der für den Blog wichtigen Keywords (siehe auch Abschnitt 10.15).

- Vergewissern Sie sich einer absolut fehlerfreien Rechtschreibung und Grammatik. Lassen Sie die Meldung gegebenenfalls vor der Veröffentlichung von einem Unbeteiligten überprüfen.

- Der Inhalt sollte nach journalistischen Gesichtspunkten gestaltet werden (nicht-werblich und unter besonderer Berücksichtigung der W-Fragen), nicht zu ausschweifend und vor allem informativ und aussagekräftig sein (etwa indem konkrete Beispiele aus der Praxis in den Text integriert werden).

- Machen Sie nur wirklich beweisfähige und wahrheitsmäßige Aussagen und auf keinen Fall negativ zu verstehende Beschreibungen unbeteiligter Parteien, ansonsten könnte das Ihre Mitbewerber auf den Plan rufen und für eine unangenehme Unterlassungserklärung sorgen.

- Beachten Sie die Schutzrechte Dritter. Schreiben Sie nicht über fremde Marken oder Inhalte und verweisen Sie nicht auf diese, ansonsten laufen Sie ebenfalls Gefahr, eine Abmahnung oder Ähnliches zu erhalten.

- Integrieren Sie Kontaktmöglichkeiten (etwa am Ende der Mitteilung) sowie eine Kurzbeschreibung Ihres »Unternehmens« (also des Blogs), die meisten Presseportale setzen eine solche Beschreibung ohnehin zwingend voraus. Falls also eine Ihrer Pressemeldungen abgelehnt wird, obwohl Sie sich große Mühe mit den Inhalten gegeben haben, kann dies erfahrungsgemäß auch an einem schwachen »Unternehmens«-Profil liegen.

- Wenn möglich, integrieren Sie eigene Bilder, etwa Ihr eigenes Blog-Logo, um für mehr Aufmerksamkeit zu sorgen. Achten Sie dabei jedoch auf etwaige Urheberrechtsbestimmungen.

Möchten Sie Ihre Pressemitteilung lieber nicht selbst erstellen, so bieten einige der größeren Presseportale auch an, dies gegen eine Gebühr für Sie zu tun. Auch einige der bereits genannten Content-Dienstleister verfügen für diesen Zweck über eine eigene Kategorie »Pressemeldungen«. Achten Sie hierbei jedoch darauf, dass der Auftragnehmer Erfahrung in der doch etwas speziellen Gestaltung von Presseartikeln hat (etwa als Journalist, PR- und Marketingmitarbeiter).

Hinweis

Sollten Sie Ihren Blog (automatisiert) in weitere Sprachen übersetzen lassen, so können Sie auch Ihre Pressemitteilungen – idealerweise von einem professionellen Übersetzer oder »native speaker« übersetzen lassen und bei kostenlosen ausländischen Portalen veröffentlichen. Der genannte Dienst PR-Gateway bietet eine vergleichbare Option in Kooperation mit einigen überregionalen Pressediensten. Hieraus entstehende Links von fremdsprachigen beziehungsweise internationalen Onlineportalen können durchaus hilfreich bei der Gestaltung Ihrer Backlink-Struktur sein. Bei Diensten wie etwa dem bereits vorgestellten Portal `www.content.de` erhalten Sie solche Übersetzungen bereits ab 20 Euro je Text (400 bis 500 Wörter), wobei Sie auch hier darauf achten sollten, diesen Direktauftrag möglichst an einen echten Muttersprachler zu vergeben.

Tipp

Ihnen sind sicherlich die Linkverweise in diesem Buch der Art www.blogprofis.de/buch/keyword aufgefallen, die jeweils zu der – meist deutlich längeren – Original-URL weitergeleitet werden. Um auf die gleiche Art Verweise auf Ihre Webseite – etwa www.meinblog.xy/dies-ist-ein-beitrag-den-ich-gerne-verlinken-moechte/ oder Linktexte, die Sie aus anderen Gründen nicht anzeigen wollen – »eleganter« und vor allem kürzer in Ihrer Pressemitteilung unterzubringen, empfehlen wir Ihnen das Tool »YOURLS« (http://yourls.org). Dieses lässt sich sehr leicht auf nahezu jedem Server mit einer eigenen Datenbank installieren. Soll für die Kürzung der Links eine Basisdomain verwendet werden, auf der gleichzeitig etwa eine Blog-Instanz (beispielsweise WordPress) installiert ist, so müssen Sie »YOURLS« zur korrekten Funktionsweise in einem Unterverzeichnis anlegen (deswegen auch das Verzeichnis /buch/ in den hier abgedruckten Kurzlinks der *Blogprofis*). Auch zwei Datenbanken werden in diesem Fall notwendig, eine bestehende für den Blog sowie eine weitere für »YOURLS«.

Nach der recht einfachen Installation können Sie über eine mitgelieferte Web-Oberfläche gekürzte Links aus einzelnen Beiträgen oder Seiten anlegen und verwenden. Mit einem eigenen WordPress-Plug-in (suchen Sie dafür einfach das Plug-in-Directory nach »YOURLS« ab) lassen sich diese Aufgaben sogar automatisieren, sodass jeder neue Blogartikel mit einer gekürzten URL ausgestattet wird.

Veröffentlichen Sie einen (positiven) Blogbeitrag über ein Unternehmen, ein Produkt oder eine Dienstleistung, so kann es sich durchaus lohnen, der Presseabteilung eben jener Firma einen Beleglink zu diesem Artikel per E-Mail zukommen zu lassen. Nicht nur, dass Sie dadurch auf sich aufmerksam machen (was in unserem Fall auch schon zu einer späteren Werbebuchung führte), möglicherweise wird Ihr Beitrag auch innerhalb des dortigen Pressebereichs verlinkt. Es ist nämlich nicht in allen Fällen davon auszugehen, dass diese Erwähnungen stets von den Begünstigten wahrgenommen werden, denn dafür bedarf zumindest eines grundlegenden Blog- und Medien-Monitorings.

8.6 Blog- & Medien-Monitoring

Genau wie die Pressearbeit ist auch das sogenannte Medien-Monitoring für jeden größeren Blog anzuraten. Hierbei handelt es sich um die regelmäßige Analyse dessen, was andere Blogs und gegebenenfalls sogar Offline-Medien über Sie und Ihren Blog berichten. Dies ist wichtig, um bei der Berichterstattung über den eigenen Blog – egal ob im positiven oder negativen Kontext – jederzeit schnell reagieren zu können. Schreibt ein anderes Portal etwas über Sie oder verlinkt gar zu Ihnen, so kann darüber beziehungsweise über die dazugehörigen Inhalte eine Kommentardiskussion entstehen. Es sieht dann nicht nur professionell aus, wenn Sie sich an dieser Diskussion beteiligen, sondern Sie können diese zudem in eine möglichst positive Richtung steuern, indirekt Ihre Kompetenz bewerben oder einfach nur auf sich aufmerksam machen sowie neue Leser generieren.

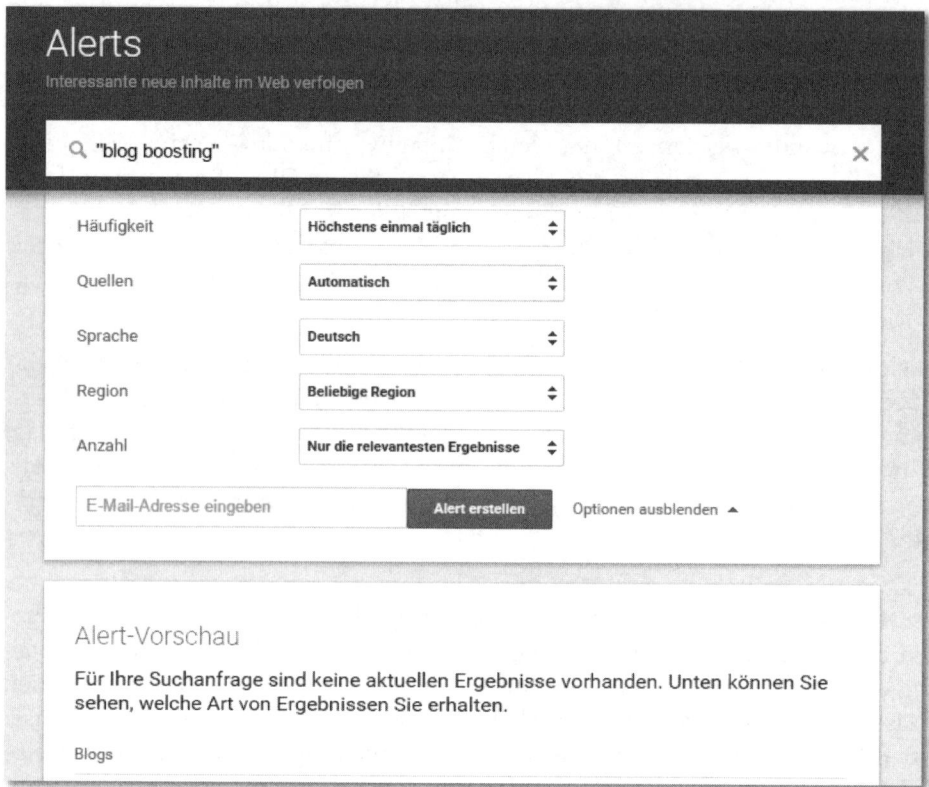

Abb. 8.8: Google Alerts informiert jederzeit über News zu einem bestimmten Stichwort.

Noch wichtiger kann eine solche Reaktion natürlich dann werden, wenn über eine Ihrer Webseiten kritisch berichtet oder kommentiert wird. Hierzu ist es jedoch erst einmal wichtig, möglichst schnell darüber informiert zu werden, sobald Sie beziehungsweise Ihr Blog auf einem anderen Medium Erwähnung finden. Für den Onlinebereich gibt es hier (neben dem in Abschnitt 8.3.3 vorgestellten Tool von Brandwatch) weitere Hilfsmittel:

- Erfahren Sie über einen Trackback von der Erwähnung des eigenen Blogs auf einem anderen Portal, so können Sie sich dort zunächst einmal für diesen Beitrag bedanken und gleichzeitig – sofern vorhanden – Benachrichtigungen per E-Mail abonnieren. Somit erfahren Sie direkt, wenn andere Leser ihre Meinung ebenfalls kundtun, worauf Sie wiederum erneut reagieren und eventuelle Fragen beantworten können.

- Da Sie nicht nur aus Weblogs verlinkt werden (und die Trackback-Funktionalität auch nicht in allen Fällen funktioniert), sollten Sie sich zusätzlich regelmäßig darüber informieren, was etwa eine Abfrage bei Google zu Ihrer eigenen Domain oder Ihrem Blognamen an Ergebnissen liefert.

- Entsprechende Suchbegriffe – wie etwa die eigene Blog-Domain – können Sie zudem über die Google-Suche recherchieren. Über kostenlose Monitoring-Tools wie »Netvibes« (www.netvibes.com/de) lassen sich die Resultate solcher Suchabfragen organisieren und optimiert darstellen. Dadurch haben Sie einen ständigen Echtzeit-Überblick nicht nur über die Medienstimmen zum eigenen Blog, sondern bei Bedarf auch noch zu relevanten Keywords, Mitbewerbern etc.

- Interessant ist in diesem Zusammenhang wohl auch Googles eigenes Monitoring-Tool »Alerts« (www.google.de/alerts, siehe Abbildung 8.8), das Ihnen nach Einrichtung der gewünschten Suchbegriffe automatisch Benachrichtigungen bei neuen Erwähnungen per E-Mail sendet. Eine ähnliche kostenlose Alternative sind die »Talkwalker Alerts« (erreichbar unter http://www.talkwalker.com/de/alerts).

8.7   Fazit

Um erste Leser zu gewinnen, sind Eintragungen in Blog-Netzwerken gut geeignet. Mit der Zeit finden Besucher jedoch auch aus anderen Quellen zu Ihnen, sodass Sie verstärkt in Blog-Marketing investieren sollten. Erweitern Sie Ihr Netzwerk, konzentrieren Sie sich auf die Erstellung und Verbreitung hochwertiger Inhalte und nutzen Sie beispielsweise Gewinnspiele, um Ihre Reichweite zu vergrößern. Durch Medien-Monitoring und nachhaltige Pressearbeit finden Sie geeignete Kooperationspartner und können Ihr Geschäftsmodell sukzessive ausweiten. Wie Sie Ihren Blog beziehungsweise Ihre Inhalte schließlich monetarisieren können, erklären wir im folgenden Kapitel.

Kapitel 9

Möglichkeiten der Monetarisierung

Die jeweilige Form der Blogvermarktung richtet sich immer danach, in welcher Form Sie mit Ihrem Blog Geld verdienen können oder wie Sie ihn auf andere Weise voranbringen möchten. Dies kann sehr unterschiedliche Formen annehmen. Im vorangegangenen Kapitel haben Sie Methoden zur Selbstvermarktung kennengelernt. Im Folgenden zeigen wir Ihnen die Möglichkeiten der Monetarisierung.

Während der Betreiber eines Corporate Blogs auf mögliche qualifizierte Leads (Verkaufsmöglichkeiten) zielt, so wird der Musiker sein neuestes Album, der Handwerker seine Dienstleistungen und der gewöhnliche Blogger seine Inhalte und/oder darin eingebundene Werbemittel möglichst prominent platzieren wollen. Selbst für Corporate Blogs kann eine Art der Monetarisierung gelten, wenn die entsprechenden Redakteure oder Abteilungsleiter daran gemessen werden, wie viel Umsatz des Hauptportals aus direkten oder indirekten Quellen des Blogs beziehungsweise über die Blogbesucher zustande kommt.

Wie viel Sie prinzipiell mit Content-Blogs verdienen können, hängt von mehreren Faktoren ab, auf die wir im Laufe dieses Kapitels eingehen werden. Dennoch gibt es gewisse Durchschnittswerte, an denen Sie sich orientieren können, sobald Ihr Blog wirklich etabliert ist und entsprechende Besucherzahlen generiert. Die Gewinnschwelle erreichen Sie je nach Refinanzierungsmodell bereits ab etwa 100 Besuchern pro Tag. Idealerweise erhöhen Sie diesen Wert mit der Zeit um das Zehnfache oder mehr.

In den USA generieren einige Blogs gut und gerne fünf- bis sogar sechsstellige Summen im Monat – passiv wohl gemerkt, die aktive Arbeit der Blogger ist darin noch nicht berücksichtigt. Das dürften allerdings, selbst in einem so fortschrittlichen Blog-Markt, noch eher die Ausnahmen sein. Hierzulande sprechen wir von einem erfolgreichen Blog, wenn er zu Beginn etwa 100 Euro monatlich generiert, die sich mit einem geeigneten Thema – und etwa der Finanzierung über Partnerprogramme und eigener Werbeflächen-Vermarktung – innerhalb von ein/zwei Jahren durchaus zu 1.000 bis 2.000 Euro monatlicher Einnahmen und mehr ausbauen lassen.

Natürlich gibt es auch hierzulande besonders erfolgreiche Exemplare, die meisten Berufsblogger dürften jedoch auf mehrere Weblogs beziehungsweise deren Einnahmen angewiesen sein, um davon leben zu können. Dies ist nicht zuletzt deswegen der Fall, da wir in einer (meist notwendigen) Selbstständigkeit gut die

Hälfte aller Einnahmen wieder in Form von Steuern, Versicherungen, Sozialausgaben und Ähnlichem mehr ausgeben müssen. In Kapitel 11 werden wir näher auf die Chancen, aber auch Risiken eingehen, die sich einem Blogger im deutschsprachigen Raum derzeit bieten.

Nicht jeder Blog ist dabei für jede Form der Monetarisierung geeignet. Wir haben es bereits oft genug erlebt, dass sich durch eine Erweiterung oder gar völlige Veränderung des Refinanzierungsmodells eines unserer Blogportale gleichzeitig auch die Einnahmen in nicht unerheblichem Maße positiv (oder aber auch negativ) verändert haben.

Die wichtigsten Formen der Monetarisierung, inklusive weiterer Formen der Selbstvermarktung, stellen wir Ihnen in den folgenden Abschnitten vor. Dabei werden Sie nur in den seltensten Fällen das »schnelle Geld« machen, vor dieser falschen Hoffnung sei bereits jetzt gewarnt.

9.1   Google AdSense, Amazon & Co.

Die Einbindung von extern zugesteuerten Pay-per-Click-(PPC-) oder Pay-per-Sales/Lead-Programmen wie Google AdSense, dem Amazon-Partnerprogramm, InText-Werbung (siehe beispielsweise www.vibrantmedia.de oder www.adiro.de) und ähnlichen Maßnahmen ist üblicherweise der klassische Beginn einer Blogger-»Karriere«. Dabei handelt es sich um Werbeformen externer Anbieter, die meist dann vergütet werden, wenn ein Leser auf solch eine Werbeanzeige klickt und hierdurch zu der Homepage des werbenden Unternehmens weitergeleitet wird.

Gerade Google AdSense (siehe Abbildung 9.1) ist bei vielen Bloggern ein beliebtes Werbeformat, da es sich dabei bislang mit großem Abstand um den Marktführer in seinem Bereich handelt. Es verfügt über unzählige angeschlossene werbende Unternehmen aus allen möglichen inhaltlichen Bereichen (über das Google-eigene Werbenetzwerk AdWords) und kann daher selbst für Nischenblogs recht lukrativ sein kann. Vor allem bei freien Werbeflächen, die nicht durch umsatzträchtige Affiliate-Banner oder eigene Werbepartner belegt sind, kann die Schaltung entsprechender Text- oder auch Bannerwerbung einen regelmäßigen sowie relativ konstanten Zuverdienst ausmachen.

Vergleichbare PPC-Programme laufen nicht auf allen Blogs gleichermaßen gut. Michael verfügt sowohl über Weblogs, bei denen Google AdSense 50 Prozent und mehr der gesamten Einnahmen ausmacht, bei anderen hingegen verzichtet er gänzlich auf diese Form der Werbeeinbindung, da die Einnahmen trotz unterschiedlichster Optimierungsmaßnahmen gleich null waren. Allgemeingültige Regeln, wann sich Google-AdSense-Werbung rentiert, gibt es unserer Erfahrung nach nicht, hier hilft nur Ausprobieren.

Content Marketing wirkt

Wir stellen Ihnen unser Netzwerk zu Verfügung und bringen Sie ganz hoch

● ○

Google-Anzeigen

Wie Wearables Webdesign verändern werden

🕐 21. November 2014   🏴 Webdesign   👤 Von Tim Lenzmeier   💬 3 Kommentare

Durch die stark steigenden Smartphone-Nutzer sind die Webmaster gezwungen, ihre Webseiten neu zu gestalten und für alle Bildschirmgrößen zugänglich zu machen. Das war bis jetzt auch noch nicht sonderlich schwer, da die kleinsten…

Abb. 9.1: Eine typische (farblich dem Blogdesign angepasste) AdSense-Anzeige

Viele Blogger-Kollegen bestätigen uns auch immer wieder, dass – bis auf einige Ausnahmethemen – spezielle Partnerprogramme (auf die wir später eingehen werden) meist lukrativer sind als AdSense-Anzeigen.

Wir haben in der Vergangenheit in unterschiedlichen Blogs zahlreiche AdSense-Konkurrenten ausprobiert, etwa ähnlich automatisierte Werbenetzwerke oder InText-Werbeprogramme. Dabei werden automatisch und kontextsensitiv bestimmte Keywords im Fließtext der Blog-Inhalte mit Werbeanzeigen verknüpft. Diese Werbeform war jedoch nicht annähernd so lukrativ wie der Marktführer Google. Dies mag aber auch daran liegen, dass wir diese Werbeform als sehr »aufdringlich« empfinden (selbst in einem Affiliate-Blog). Deswegen haben wir ihr nur sehr selten eine wirkliche Chance eingeräumt und sie über einen längeren Zeitraum getestet. Disruptive Werbung hat, zumindest in Hinblick auf Blogs, in den wenigsten Fällen Erfolg, wohingegen kontextuelle Werbeformen immer lukrativer werden, da sie den Leser nicht stören und ihm bestenfalls sogar einen Mehrwert in Form von relevanten und vielleicht sogar gesuchten Informationen bieten.

Hinweis

Disruptive Werbeformen unterbrechen den Leser in seinem Konsum von Inhalten und beeinflussen seine Wahrnehmung einer Webseite dadurch negativ. Sie werden als störend empfunden. Im Gegensatz dazu steht *native Werbung*. Sie wird weniger aufdringlich gestaltet und so platziert, dass sie zunächst nicht als Werbung wahrgenommen wird. Da sie den Konsum der eigentlichen Inhalte nicht unterbricht, wird diese Werbeform von einem Großteil der Leser eher akzeptiert und ist damit für Webseitenbetreiber oft lukrativer.

Wenn sich Ihr Weblog jedoch mit keiner der im Laufe dieses Kapitels vorgestellten Werbeformen monetarisieren lässt, ist die Integration von InText-Formaten sicherlich einen Versuch wert. Vor allem dann, wenn sich durch einen Blick auf die Werbepartnerliste herausstellt, dass dort ein zu Ihrem Blog-Thema passender Werbetreibender aktiv ist, den Sie über andere Partnerprogramme und Google AdSense nicht erreichen.

Laut Vibrant, einem der größten Anbieter auf diesem Gebiet, lohnen sich entsprechende Werbeformate in der Regel erst ab etwa 100.000 monatlichen Seitenaufrufen, was schon ein recht großes Blogportal voraussetzt. Aus diesem Grund scheint AdSense hierzulande nach wie vor die erste Wahl zu sein, abgesehen von speziellen zusätzlichen Werbeformaten wie der Werbeschaltung innerhalb von RSS-Feeds (obwohl sich selbst dort AdSense integrieren lässt) oder der Nutzung von Empfehlungsdiensten wie www.tellja.de und Ähnlichem. Nicht wenige Blogger konnten uns diesen Trend bislang bestätigen, auch wenn es immer wieder mehr oder weniger erfolgreiche Versuche von weiteren Netzwerken und neuen Dienstleistern gibt, diese »Monopolstellung« zu durchbrechen. Entsprechende Experimente zur Einbindung alternativer PPC-Werbeformate sollte jeder Blogger selbst unternehmen, da zumindest einige andere über recht gute Erfahrungen mit vergleichbaren AdSense-Alternativen berichten und auch immer wieder neue Anbieter den deutschsprachigen Markt betreten.

Da die Einbindung von Google AdSense eine »verlockend einfache« und eben lukrative Werbeform darstellt, sollten Sie stets auch auf die Risiken achten, die die Abhängigkeit von einem einzigen Werbenetzwerk mit sich trägt. Es ist gut, dass Google konsequent gegen all jene Portalbetreiber vorgeht, die unter absichtlicher Missachtung der Google-AdSense-Richtlinien versuchen, ihre Einnahmen aus dem Programm künstlich in die Höhe zu treiben – sei es durch Klickbetrug (also den eigenen Klick auf Werbeanzeigen), unerlaubte Aufforderung zum Anklicken der Werbung oder die technische beziehungsweise optische Verschleierung der Anzeigen. Die Duldung solcher Versuche würde das gesamte Programm schließlich sowohl für Werbekunden als auch für Publisher deutlich unattraktiver machen. Uns sind allerdings auch Fälle bekannt, in denen Blogbetreiber von einem Tag auf den anderen vom gesamten AdSense-Programm und damit der kompletten Refinanzierungsmöglichkeit ausgeschlossen wurden, ohne vorsätzlich oder wissentlich solche unredlichen Versuche unternommen zu haben. In einem Fall wurde dem Blogger nicht einmal mitgeteilt, weswegen er vom Werbeprogramm ausgeschlossen wurde beziehungsweise gegen welche Bestimmung er denn aufgrund welcher Handlung verstoßen haben soll. Auch der Einspruch zur Wiederaufnahme in das Werbeprogramm von Google wurde bei diesem Blogger ohne Begründung abgelehnt, und danach gibt es keine weitere Chance mehr, da eine Neuanmeldung unter gleichem Namen sowie für dieselben Portale nicht mehr möglich ist. Wer sich also nicht ausreichend mit den Richtlinien des Google-Anzeigenprogramms (https://support.google.com/adsense/answer/48182)

auseinandersetzt, kann schnell in diese Falle tappen und dauerhaft von der Nutzung ausgeschlossen werden. Haben Sie in einem solchen Fall einzig und allein auf AdSense-Anzeigen zur Monetarisierung Ihres Blogs gesetzt oder erzielen Sie über diese Werbeform existenzielle Teile Ihres Einkommens, so kann dies durchaus zum Scheitern Ihrer Blogger-Existenz führen, da alternative Werbeprogramme oft nicht kurzfristig in gleichem Maße etabliert werden können. Wie im klassischen Marketing auch empfehlen wir daher stets einen gesunden Mix aus unterschiedlichen Werbeformen und -programmen sowie natürlich die Einhaltung sämtlicher Partnerprogrammrichtlinien.

Tipp

Haben Sie Probleme dieser oder anderer Art mit Googles Werbeprogramm oder bestehen Fragen hinsichtlich der korrekten Auslegung der jeweiligen Richtlinien, so finden Sie womöglich Hilfe im zugehörigen Forum unter `www.google.com/support/forum/p/adsense`.

Wenn Sie beispielsweise ungewöhnliche Klickaktivitäten im Google-AdSense-Reporting feststellen – etwa zahlreiche nicht vergütete Klicks, die auf eine Entwertung durch Google aufgrund einer Nichtvereinbarkeit mit den Richtlinien hindeuten können –, so können Sie dort andere AdSense-Nutzer und manchmal auch Experten von Google selbst um Rat fragen, wie Sie in diesem Fall am besten vorgehen.

Im genannten Fall kann die proaktive Thematisierung dieser ungewöhnlichen Aktivitäten – die vielleicht vorsätzlich durch einen konkurrierenden Webseitenbetreiber verursacht wurden – hilfreich sein, um einer eventuellen Abmahnung zuvorzukommen. Und sei es nur, um seinen guten Willen als Webseitenbetreiber bei der Aufklärung vergleichbarer Fälle zu zeigen. Auch versehentliche Klicks auf Werbeflächen der eigenen Blogs können Sie hierüber gegebenenfalls melden.

Trotz der automatisierten Steuerung der AdSense-Anzeigen innerhalb der einzelnen Werbeblöcke gibt es grundlegende Möglichkeiten, um die Einnahmen hieraus auf dem eigenen Blog nachhaltig zu optimieren:

- Zum einen sollten Sie so lange mit der Positionierung und Gestaltung der einzelnen AdSense-Werbeblöcke experimentieren, bis Sie die für den jeweiligen Blog lukrativste Form gefunden haben. Entgegen zahlreicher kursierender Tipps (etwa der generellen Einbindung innerhalb eines Artikels direkt unter der Überschrift) gibt es unserer Erfahrung nach nämlich kein für alle Blogs gültiges Patenrezept.

- Zum anderen – auch entgegen der »offiziellen« Google-Empfehlung – generieren zumindest bei uns reine Textwerbeblöcke deutlich mehr Einnahmen als gemischte Text/Grafikblöcke beziehungsweise reine Grafikbanner. Testen Sie jedoch beide Werbeformen selbst in Ihren Blogs und stellen Sie die resultierenden Einnahmen gegenüber.

Über den Bereich MEINE ANZEIGEN|ANZEIGENBLÖCKE|ANZEIGENTYP BEARBEITEN innerhalb von Google AdSense können Sie für jeden Anzeigenblock auch im Nachhinein festlegen, welche Anzeigenformate eingebunden werden sollen. Falls AdSense-Grafikformate bessere Ergebnisse erzielen als die reine Textversion, kann es sich zudem lohnen, mit den unterschiedlichen zur Verfügung stehenden Formatgrößen zu experimentieren. Ein 300x250 Pixel großes Grafikbanner könnte beispielsweise eine deutlich höhere Klickrate erzielen als das beliebte Standardformat mit 250x250 Pixeln.

Eine Schritt-für-Schritt-Anleitung zur AdSense-Integration sowie weitere Optimierungshinweise finden Sie unter `https://support.google.com/adsense/` und `http://www.selbstaendig-im-netz.de/adsense-einnahmen-optimieren/`.

Amazon als Alternative zu Google

In einigen Fällen stellt unserem Erachten nach das Amazon-Partnerprogramm (`http://partnernet.amazon.de`) eine gute Ergänzung oder gar einen Ersatz für AdSense dar. Denn damit lassen sich bei Weitem nicht nur Bücher vermarkten, wobei selbst dies – etwa innerhalb einer zum Blog passenden Buchrezension – teils erstaunlich gute Einnahmen bringen kann. Michael hatte beispielsweise einige seiner Blogs im Bereich Elektronik und Medien mit Werbe-Verweisen zu (hochpreisigen) Produkten bei Amazon ausgestattet und konnte sich zum Teil über erstaunliche Umsätze hieraus erfreuen.

Auf einige Besuchergruppen kann ein Amazon-Werbeblock zudem »seriöser« wirken als die Werbung vergleichbarer Programme, was sicherlich an der recht hohen Reputation liegt, die dieses Unternehmen nach wie vor bei seinen Kunden genießt. Amazon bietet zudem zahlreiche unterschiedliche und teils sehr innovative Werbeformate, mit denen sich die verschiedensten Produkte und Produktgruppen sehr schnell oder gar vollkommen automatisiert zusteuern und einbinden lassen. Neben den Einzeltitellinks und Bannern zu bestimmten Büchern und anderen Produkten sind dies etwa:

- Einfache Widgets wie die »Product Cloud« oder der persönliche »Wunschzettel«, die durch den Anbieter zur Verfügung gestellt werden und sich in Form und Farbe (mit ein paar kleinen CSS-Tricks quasi vollständig) an das eigene Webdesign anpassen lassen. In diesen Programmbausteinen können Sie – je nach Blog-Inhalt automatisiert – passende Produkte anzeigen lassen.

- Spezielle Schnäppchen-, Favoriten- und Slideshow-Widgets zur Bewerbung eines eigenen Produktportfolios, das Sie passend zum Blog-Thema zusammengestellt haben

- Ein interaktives Karussell-Widget, mit dem selbst zusammengestellte Produktbilder in einer eleganten Animation beziehungsweise Rotation auf der eigenen Webseite angezeigt werden, sodass kaum ersichtlich ist, dass es sich hierbei tatsächlich um eine der üblichen Werbeformen handelt. Dennoch sollten Sie immer darauf achten, solche Blöcke korrekt als »Anzeige« auszuweisen.

- Einen sogenannter *aStore*, quasi ein nach persönlichen Vorgaben zusammengestellter Amazon-Shop, den Sie als eigene Blog-Unterseite einbinden können. Im Mobilfunkblog etwa einen Handy-Shop oder eine Auswahl an Büchern passend zu Ihrem Blog-Thema. Bei sämtlichen hierüber bestellten Produkten verdienen Sie eine entsprechende Provision.

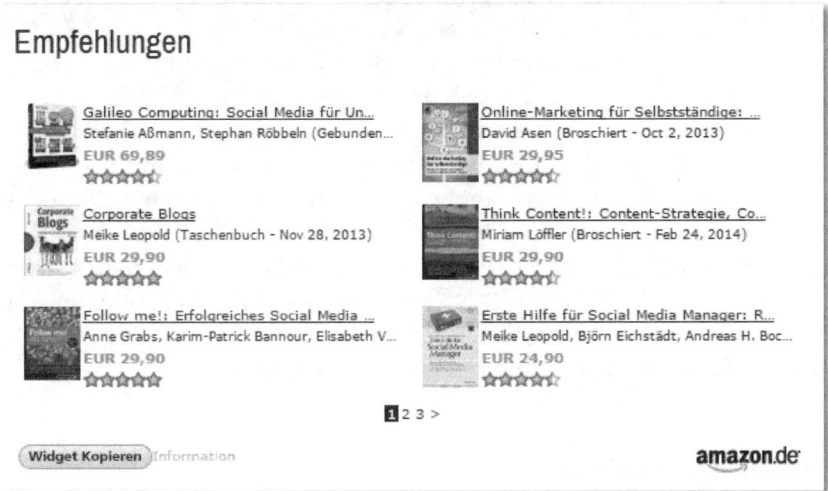

Abb. 9.2: Der Bereich BÜCHER bei toushenne.de, gestaltet mithilfe eines Empfehlungs-widgets von Amazon

Alle diese Werbeformen sind sehr einfach und mit wenigen Mausklicks zu gestalten und können anhand eines individuellen Quellcodes relativ leicht als Widget oder PHP-Code in den eigenen Blog integriert werden. Für unterschiedliche Blogs – oder sogar einzelne Blogbereiche – können Sie dabei auch verschiedene Tracking-Tags in die Amazon-Werbemittel integrieren, um erkennen zu können, über welches Blogportal Sie die meisten Umsätze generieren.

Tipp

Besonders Videoblogger und Podcaster könnten für diese Werbeform eine spezielle Seite in ihrem Blog einrichten, auf der sie etwa ihr technisches Equipment vorstellen und über einen entsprechenden Amazon- oder anderweitigen Affiliate-Link entsprechende Provisionen generieren. In Kombination mit einem persönlichen Erfahrungsbericht und dem Beweis, die beworbenen Produkte auch selbst zu nutzen, gewinnt eine Empfehlung an Bedeutung und sorgt dadurch im Idealfall für mehr Umsatz. Auch hier sollten Sie absolut transparent und ehrlich arbeiten, indem Sie nur jene Produkte – als Werbung gekennzeichnet – empfehlen, die Ihnen wirklich etwas bedeuten.

Weitere Tipps zur Umsatzmaximierung aus dem Amazon-Partnerprogramm beschreibt Peer Wandiger unter `http://www.affiliate-marketing-tipps.de/tipps/die-besten-tipps-fuer-mehr-amazon-einnahmen-amazon-partnerprogramm-guide/100606/`.

Hinweis

Auf einem Blog, der hauptsächlich von Stammlesern konsumiert wird, lohnen sich inhaltlich ständig wechselnde Werbeblöcke – wie es bei Google AdSense der Fall ist – eher, im Vergleich zu eher statischen Anzeigenformaten. Denn diese statische Werbung wird gerade dem Stammleser sehr schnell vertraut werden, sodass er sie womöglich gar nicht mehr als solche wahrnimmt und nicht anklickt. Bei dynamisch wechselnden Vermarktungsinhalten besteht dementgegen immer die Chance, dass selbst regelmäßig wiederkehrende Blogbesucher dort noch etwas Neues für sich entdecken, was interessant genug erscheint, um zu einem entsprechenden Klick zu führen. In den meisten Fällen ist es daher ratsam, beide Werbeformate zu kombinieren (siehe Abschnitt 9.9).

9.2 Affiliate-Marketing

Eine der umfangreichsten, aber auch mit Abstand lukrativsten Möglichkeiten im Bereich »Geld verdienen mit Blogs« ist das sogenannte Affiliate-Marketing über Partnerprogramme. Hierbei bindet der Blogbetreiber (*Affiliate* oder auch *Publisher* genannt) über ein zugrunde liegendes Affiliate-Netzwerk oder in direkter Zusammenarbeit mit einem werbenden Unternehmen (bezeichnet als *Advertiser* oder auch *Merchant*) spezielle Werbemittel ein, etwa in Werbebanner- oder auch Textlinkform.

Abb. 9.3: Ein Beispiel für ein Affiliate-Banner innerhalb eines Beitrags

Klickt ein Leser auf dieses Werbemittel, so gelangt er auf das beworbene Portal oder eine speziell hierfür bereitgestellte Landingpage des Advertisers. Wird dort ein Kauf getätigt, so erhält der Blogbetreiber – als Belohnung für die Werbung des

Kunden – eine anteilige oder auch fixe Provision. Reine Pay-per-Click-Modelle – in denen also bereits der initiale Klick vergütet wird, ohne dass der weitergereichte Kaufinteressent tatsächlich etwas beim Advertiser erwerben muss – gibt es in diesem Bereich hingegen kaum mehr. Die korrekte Zuordnung der ausgeführten Bestellungen und Verkäufe (genannt *Lead/Verkaufschance* oder auch *Sale/tatsächlicher Verkauf*) zu der werbenden Plattform wird dabei über einen speziellen Tracking-Link ermöglicht.

Affiliate-Marketing ist trotz der geringeren Konvertierungsraten (also dem tatsächlichen Kauf nach dem Klick auf einen Werbelink) lukrativer als reine PPC-Modelle, da die Provision deutlich höher ausfällt. So gibt es beispielsweise in den Bereichen Finanzen/Versicherungen, Telekommunikation, Technik/IT/Webhosting, Energie, Reisen sowie Verlagswesen/Abonnements nicht selten Provisionsauszahlungen in Höhe von 100 Euro und mehr pro Lead oder Sale.

Im Gegensatz zu schnell eingebundenen und funktionierenden PPC-Programmen, wie sie etwa Google AdSense anbietet, dauert es beim Affiliate-Marketing allerdings meist ungleich länger, bis solche mit Programmen ausgestattete Blogs »funktionieren«. Bei einigen Blogs dauert es bis zu einem Jahr oder länger, bis sich nennenswerte und stetig steigende Affiliate-Einnahmen erzielen lassen. Andere sind für diese Vermarktungsform wiederum gänzlich ungeeignet oder aber die Provisionen der jeweiligen Branche fallen so niedrig aus, dass sich eine Einbindung nur für extrem Traffic-starke Internetportale lohnt.

In den folgenden Abschnitten zeigen wir Ihnen, worauf es bei der Einbindung von Partnerprogrammen ankommt und anhand welcher Kriterien Sie Ihre Advertiser auswählen sollten.

9.2.1 Qualität und Menge der Inhalte

Ein relativ neuer Blog mit nur wenigen Artikeln wird es kaum schaffen, nennenswerte Partnerprogramm-Einnahmen zu generieren. Entsprechende Beiträge sollten mit möglichst viel inhaltlichem Mehrwert für den Leser ausgestattet werden, dementsprechend einen gewissen Mindestumfang haben (500 Wörter und mehr) und möglichst »einzigartig« sein, um die notwendigen Leserzahlen beziehungsweise Leseraktionen (Klicks) über zugehörige Suchmaschinenaufrufe zu erreichen.

Der x-te fast wortgleiche Artikel zu einem neuen Elektronik-Gadget wird es ungleich schwerer haben als der Beitrag zu einem seltener zitierten Thema. Grenzen Sie sich nach Möglichkeit durch eine besondere inhaltliche Form von konkurrierenden Artikeln ab, indem Sie spezielle Details erwähnen, das Produkt selbst testen oder auf andere Erfahrungsberichte verweisen. Oder dadurch, dass Sie anstelle eines Berichts zur »Heckenschere 2000 XLS« besser einen Bericht über den richtigen Heckenschnitt schreiben und darin einen passenden Affiliate-Link unterbringen. Getreu dem englischsprachigen Motto »Talk in benefits, not features« (was frei übersetzt so viel bedeutet wie »Beschreiben Sie den Nutzen für den Leser, nicht die Merkmale des Produkts«) ist dies in der Regel die erfolgversprechendste Methode zur effizienten Bewerbung von Partnerprogrammen.

Hinweis

Beiträge, die der Gewinnung von Affiliate-Einnahmen dienen, können immer nur einen kleinen Teil Ihrer Inhalte ausmachen. Sie sollten zudem – durch eine entsprechende Kennzeichnung der Werbemittel oder des Beitrags – strikt von den rein redaktionellen Bereichen getrennt sein. Hat der Leser das Gefühl, dass ein Blog nur dem Produktabsatz dient, statt gute Inhalte zu liefern, dann wird er verständlicherweise schnell das Weite suchen.

In diesem Zusammenhang sollten Sie darauf achten, dass die Refinanzierung nicht Ihre sonstigen Inhalte beeinflusst. Die Texte müssen Ihnen und den Lesern Spaß machen. Die Monetarisierung kommt an zweiter und an davon losgelöster Stelle, etwa auf speziellen werblichen Landingpages oder in fest definierten Anzeigenblöcken. Dann dürfen diese auch – wie eben beschrieben – strategisch geplant und optimiert werden.

9.2.2 Den richtigen Partner auswählen

Dieser Punkt hört sich selbstverständlich an, wird aber – wenn wir uns diverse Blogportale anschauen – oft genug vernachlässigt. Ein Handy-Affiliate-Banner auf einem Blog für Kaninchenzüchter? Ein Weihnachtsshop im Portal für Sommermode? Und der Games-Blogger wirbt für (wenn auch an sich sehr lukrative) Aktiendepot-Partnerprogramme? In solchen Fällen ist es nicht verwunderlich, wenn die hieraus resultierenden Einnahmen eher gegen null tendieren.

Der Austausch eines passenden Produkts oder Anbieters durch einen Mitbewerber kann Umsatzsprünge (oder eben auch Einbußen) in beträchtlichem Umfang auslösen. In manchen Fällen kann auch das sogenannte Cross-Marketing über artverwandte Affiliate-Programme gut funktionieren, dies wäre zum Beispiel der Fall, wenn

- der Maklerblog das Partnerprogramm einer Umzugs- oder Mietwagenfirma in seinen Auftritt integriert.
- der Ausbildungsblog ein Studenten-Girokonto bewirbt.
- das Fashion-Portal auf entsprechende Anzeigen einer neuen, angesagten Musik-Downloadbörse setzt.
- der lokale Blog auf einen Dienstleister wie Groupon (www.groupon.de) als Partnerprogramm setzt, um regionale Angebote zu verbreiten.

Sie ahnen es vielleicht schon, auch hier heißt es: Ausprobieren! Nur durch den Vergleich unterschiedlicher Programme können Sie das passendste und langfristig lohnenswerteste Affiliate-Programm identifizieren.

Partnerprogramme

Partnerprogramm ist leider nicht gleich Partnerprogramm. Zwar gibt es für nahezu jedes Blog-Thema sehr viele gute Advertiser auf dem deutschsprachigen Markt, doch immer wieder mischen sich leider auch einige »schwarze Schafe« darunter, die den Einstieg in das Affiliate-Marketing deutlich erschweren können.

Die zu Beginn dieses Buches vorgestellte Erfolgsmessung ist hier von enormer Bedeutung. Sie sollten regelmäßig die Statistiken der einzelnen Partnerprogramme oder auch der Netzwerke analysieren, um den konkreten Beitrag eines jeden einzelnen Advertisers zu den Blog-Umsätzen zu ermitteln:

- Welche Partnerprogramme beziehungsweise welche ihrer Werbemittel werden von Ihren Lesern überhaupt wahrgenommen (messbar anhand der »Views« innerhalb des Affiliate-Reportings)?

- Selbst wenn sie wahrgenommen werden, wie ist die Qualität und Attraktivität des Banners oder Textlinks, sprich, wie oft klicken diese Leser auf diese Werbung?

- Wenn sie klicken, in welchem Verhältnis findet tatsächlich ein registrierter Verkauf (Reporting: Lead/Sale beziehungsweise Konvertierungsrate) statt?

- Wie hoch ist die Stornoquote, also wie oft wird die Provision der tatsächlich getrackten Leads/Sales aus irgendwelchen Gründen im Nachhinein gestrichen (etwa weil doch kein Kaufvertrag zustande gekommen ist, das Produkt nicht bezahlt oder wieder zurückgeschickt wurde etc.)?

- Wie hoch fällt die Provision bei den tatsächlich vergüteten Verkäufen im Vergleich zu Partnerprogrammen von Mitbewerbern aus? Gibt es vielleicht sogar eine sich steigernde Staffelung für besonders erfolgreiche Publisher oder haben Sie (wie leider nur selten der Fall) die freie Wahl zwischen Lead- oder Sales-Vergütung?

Weiterhin sollten Sie sich stets ganz genau die jeweiligen Bedingungen und Allgemeinen Geschäftsbedingungen (AGB) der einzelnen Partnerprogramme durchlesen, bevor Sie sich dort bewerben. Das ist keine besonders angenehme Aufgabe, insbesondere da viele dieser Bedingungen furchtbar ausführlich und vor allem in feinstem Juristendeutsch abgefasst sind. Doch manche sehr attraktiv klingenden Affiliate-Programme drohen unter anderem mit hohen Vertragsstrafen, falls Sie – bewusst oder (schlimmer noch) unbewusst – bei der Einbindung der Werbemittel gegen diese Bedingungen verstoßen. Nicht selten verzichten wir alleine aus diesem Grund auf ein möglicherweise gewinnbringendes Partnerprogramm, da wir das – leider immer vorhandene – Risiko einer Abmahnung oder Vertragsstrafe minimieren möchten.

So sprechen manche Unternehmen über ihre zusätzlichen Partnerprogramm-AGB – die jeweils bei der Anmeldung zu einem solchen Programm in den einzelnen Netzwerken eingesehen werden können – relativ umfassend, aber vage formuliert alle möglichen Verbote bei der Einbindung ihrer Anzeigenlinks aus. Dies können beispielsweise sein:

- Bestimmte Marken- und Schutzbegriffe des Unternehmens und seiner Tochterunternehmen dürfen im entsprechenden Kontext – also im zugehörigen Blogartikel, aber auch darüber hinaus – nicht verwendet und auch nicht (absichtlich) falsch geschrieben werden.

- Jegliche Mitbewerber dürfen nicht genannt werden.

- Der Eindruck muss vermieden werden, dass der Blogbetreiber mit dem Anbieter selbst verwechselt werden könnte (wer bereits mit Affiliate-Marketing arbeitet, der weiß über die ab und an eingehenden Kundenanfragen, die fälschlicherweise an den Blogbetreiber anstatt an das darin beworbene Unternehmen geschickt werden, wie schwierig das sein kann).

- Bei vielen Angeboten sind die sogenannten erläuternden »Sternchentexte« direkt in den Blog(beitrag) zu integrieren – individuell zu den einzelnen Produkten und Dienstleistungen des werbenden Unternehmens, versteht sich.

- Etwa im Finanzbereich dürfen einige Konditionen der Anbieter nur unter bestimmten Bedingungen genannt werden (so muss bei einem Kreditangebot ein vordefiniertes Muster-Rechenbeispiel in einer ganz bestimmten Form mit veröffentlicht werden) und etwaige genannte Zinssätze sind in einem Blogbeitrag stets aktuell zu halten. Sie können sich vorstellen, wie viel Aufwand solche Angebote mit der Zeit und zunehmender Anzahl verursachen können.

- Manche Aussagen und Werbemittel dürfen mittlerweile sogar nur von Personen getätigt beziehungsweise eingebunden werden, die über eine fachliche Ausbildung im jeweiligen Bereich verfügen. Beispielsweise im Finanz- oder Maklerumfeld. Informieren Sie sich im Zweifelsfall vorab bei einem Rechtsanwalt oder bei den Partnerprogrammen.

Wird diesbezüglich ein Fehlverhalten des Blogbetreibers – egal ob dieser vorsätzlich oder nur versehentlich gehandelt hat – festgestellt, sind oft sehr hohe Vertragsstrafen fällig. Theoretisch kann ein Partnerprogrammbetreiber, dessen Allgemeine Geschäftsbedingungen weit weniger streng ausgelegt sind, im Zweifelsfall sogar Regress für einen entstandenen Schadensfall von einem Blogger einfordern, wenn er aufgrund eines irreführenden Blogartikels eine Unterlassungserklärung eines Mitbewerbers erhält. Sie können sich als Blogbetreiber im Grunde also nie wirklich auf der absolut »sicheren Seite« wähnen. Doch wenn bereits vor Abschluss einer Partnerschaft mit solchen oft drakonischen Strafen gedroht wird, sollten Sie sich besser erkundigen, ob es keine Alternativen zu diesem Anbieter gibt.

Partnerprogramm-Netzwerke

Auch Partnerprogramm-Netzwerke – also die Ebene über den Partnerprogrammen selbst (siehe Abschnitt 9.2.3) – unterscheiden sich stark voneinander. Uns sind Fälle bekannt, in denen ein und dasselbe Werbemittel desselben Partnerprogramms, jedoch über unterschiedliche Netzwerke eingebunden, in der Umsatzgenerierung um bis zu 500 Prozent voneinander abweichen, da entweder das

Tracking technisch anders organisiert wurde oder die Stornoquote – trotz gleichem Advertiser – unterschiedlich hoch ausfielen. Michael konnte allein durch den Wechsel des Netzwerks die Einnahmen aus einem lukrativen Partnerprogramm um mehr als 40 Prozent steigern.

Aber auch weitere Faktoren sind zu berücksichtigen, die sich je nach Netzwerk manchmal deutlich unterscheiden. So können in einem Netzwerk die Leads für ein bestimmtes Partnerprogramm bereits nach wenigen Tagen bestätigt oder auch abgelehnt werden, während Sie hierauf bei anderen womöglich mehrere Wochen warten müssen (wohlgemerkt bei wiederum ein und demselben Partnerprogramm). Oder das eine Netzwerk bietet mehr und attraktivere Werbemittel als das andere, die Bedingungen für die Einbindung unterscheiden sich, bei dem einen muss die Partnerschaft erst noch bestätigt werden (was sich teilweise mehrere Wochen hinziehen kann), bei dem anderen werden Sie hingegen sofort akzeptiert, in einem Fall erhalten Sie als Publisher einen persönlichen Kundensupport mit Tipps zur Optimierung, im anderen nicht ...

Ein ebenfalls oft unterschätzter Faktor ist die sogenannte *Cookie-Lifetime* oder auch Dauer der Vergütung. Meist wird mithilfe von Cookies – kleiner temporärer Dateien auf dem Rechner des Besuchers einer Werbeanzeige – gemessen, ob ein Verkauf zustande kam oder nicht. Somit auch, ob der Blogbetreiber eine Provision erhält oder nicht. Je länger diese Laufzeit bei dem jeweiligen Netzwerk und Partnerprogramm ist, umso größer ist natürlich die Chance, dass es auch zu einem positiven Abschluss und der Auszahlung einer Provision kommt. Und – Sie ahnen es schon – auch diese kann für dasselbe Partnerprogramm je nach Netzwerk unterschiedlich ausfallen. Bietet ein Portal beispielsweise eine sogenannte *Lifetime-Provision*, bei der Sie als Publisher selbst bei allen zukünftigen Umsätzen des über Sie gewonnenen Neukunden mitverdienen, so können die möglichen Auszahlungen extrem voneinander abweichen.

Gerade bei Ihren lukrativsten Partnerprogrammen sollten Sie immer auch alternative Netzwerke ausprobieren, beispielsweise mithilfe eines entsprechenden mehrwöchigen A/B-Tests (siehe dazu Kapitel 10), um den maximal möglichen Umsatz zu bestimmen und somit Ihre Affiliate-Einnahmen langfristig zu optimieren.

Hinweis

Läuft ein eingebundenes Partnerprogramm nicht so erfolgreich wie ursprünglich gedacht, gibt es Probleme mit hohen Stornoquoten oder gar im Umgang mit einem kompletten Affiliate-Netzwerk, so sollten Sie sich zunächst direkt mit den Verantwortlichen in Verbindung setzen – dem Partnerprogramm-Manager oder der betreuenden Agentur. Nicht selten können Sie hierdurch Missverständnisse klären, erhalten eine detaillierte Erläuterung für den Grund der Stornierungen oder bekommen möglicherweise sogar sehr gute Tipps zur Steigerung der Erfolgsquote.

Der telefonische Weg eignet sich hierfür erfahrungsgemäß um einiges besser als E-Mail-Anfragen, da diese bei den meisten Programmbetreuern eher zweitrangig behandelt werden oder schlimmstenfalls im Nirwana landen. Sollte das auf diese Weise geführte Gespräch dennoch nicht fruchten, so können Sie das jeweilige Partnerprogramm immer noch kündigen und auf ein anderes Netzwerk ausweichen.

Portale wie beispielsweise www.100partnerprogramme.de sowie zugehörige Blogs und Foren können als gute Anhaltspunkte dienen, um die Qualität eines Partnerprogramms im Voraus einzuschätzen.

Eine »Masche« unseriöser Partnerprogrammbetreiber ist es, in ihren Werbemitteln – wie Vergleichsrechnern oder auch Informationsbannern – zusätzliche DoFollow-Links (siehe Kapitel 6) zu integrieren, was den Google-Richtlinien widersprechen und schlimmstenfalls zu einer Abstrafung Ihres Blogs führen könnte. Diese dienen somit nicht primär der Partnervergütung, sondern eher dem zusätzlichen Linkaufbau als SEO-Maßnahme des werbenden Unternehmens. Solche Werbemittel sollten Sie unbedingt vermeiden.

Ein Nachteil der hier vorgestellten Affiliate-Werbeeinbindungen – etwa im Vergleich zu Google AdSense oder anderen automatisch zugesteuerten Inhalten – stellt jedoch die fortlaufend notwendige Pflege der eingebundenen Werbelinks dar, die für eine korrekte Verbuchung eventuell anfallender Verkäufe und Leads notwendig ist. Leider ist die Aktualisierung entsprechender Text- und Grafikwerbemittel relativ häufig erforderlich. Die Gründe hierfür könnten sein:

- Ein Partnerprogrammbetreiber beziehungsweise das dahintersteckende werbende Unternehmen unterzieht seine Webseite einer umfangreichen Neugestaltung, wodurch die alten Werbelinks nicht mehr auf das richtige Ziel verweisen.

- Es werden neue Produktgruppen und Landingpages etabliert, die einen Austausch der kompletten Linkstruktur erfordern.

- Das Affiliate-Programm oder die zugehörige Agentur wechselt den Trackingcode-Anbieter.

- Ein werbendes Unternehmen wechselt seine kompletten Affiliate-Links aus, um sich auf diese recht unsanfte Weise von Seitenbetreibern zu trennen, die ihren Quellcode nicht mehr pflegen oder zu wenig Umsatz einbringen.

- Einige Partnerprogramm-Links gelten zudem auch nur aktionsbezogen und müssen nach dieser Aktion (etwa zu Sonderpreisen, besonderen Inklusivprämien, temporären Produkten sowie Dienstleistungen und mehr) wieder durch einen Standardverweis ausgetauscht werden.

Gerade wenn Sie zahlreiche Blogartikel mit möglichst unterschiedlichen Affiliate-Links ausgestattet haben, kann ein derartiger Austausch extrem ärgerlich sein, da Sie an jeden einzelnen Beitrag »Hand anlegen« müssen, um den Quellcode zu ändern oder das korrekte Tracking und die richtige Zielseite etc. zu überprüfen.

Eine Möglichkeit besteht in diesem Fall darin, von allen Affiliate-Beiträgen zunächst auf eine zentrale bloginterne Landingpage zu verweisen, die dann wiederum den jeweils gültigen Tracking-Link enthält. Bedarf es nun einer Änderung, so müssen Sie nur diese eine Blogseite pflegen. Durch dieses Vorgehen entsteht dem Leser/Interessenten ein Mehraufwand, da er mehrere Klicks und damit mehrere Aktionen durchführen muss, um an sein Ziel zu kommen. Dies kann die Konvertierungsrate deutlich schmälern, weswegen einem Plus an Komfort hier in der Regel ein Minus an Einnahmen gegenübersteht. Andererseits ist eine zwischengeschaltete Landingpage eine weitere Chance, um alle Vorteile des Partners und vor allem dessen Nutzen für den Interessenten darzustellen und dadurch die Konvertierungsrate sogar zu erhöhen. Beide Abweichungsrichtungen haben wir bereits erlebt, einen Versuch ist es daher definitiv wert.

Einige Affiliate-Netzwerke sind aus diesem Grund mittlerweile dazu übergegangen, einen nicht mehr korrekt funktionierenden Werbemittel-Link auf eine alternative Anzeige weiterzuleiten, in diesem Fall auf einen allgemein gehaltenen Finanz-Vergleichsrechner. Dieser wird zwar längst nicht so zielführend sein wie die ursprünglich verlinkte spezifische Werbemitteleinbindung, ist aber gerade für den Übergang bis zur manuellen Aktualisierung der Links eine sinnvolle Alternative. Denn zum einen ärgert sich der Blogbesucher nicht über einen ins Leere führenden Verweis und zum anderen besteht immer noch die Möglichkeit, dass hierüber ein Lead oder Sale zustande kommt.

Tipp

Sollten Sie eine Nachricht von einem Affiliate-Netzwerk oder von einer Agentur erhalten, dass eines der von Ihnen eingesetzten Partnerprogramme pausiert oder gar komplett ausgesetzt wird, so muss dies nicht in jedem Fall bedeuten, dass auch andere Netzwerke diese Zusammenarbeit beenden. Gerade bei Partnerschaften, die Ihnen viele/hohe Provisionen eingebracht haben, sollten Sie sich in diesem Fall bei weiteren Betreibern umschauen, ob das entsprechende Unternehmen dort noch beworben wird. Im Zweifelsfall können Sie auch bei der werbenden Firma direkt anfragen, beispielsweise indem Sie einen Ansprechpartner im dortigen (Online-)Marketingbereich kontaktieren. Viele größere Unternehmen bieten zudem auf ihrem Onlineportal einen Bereich »Partnerprogramm« oder Ähnliches an, auf dem entsprechende Kontaktadressen genannt werden.

Regelmäßige Spezialangebote zu einzelnen Affiliate-Programmen – wie Sonderkonditionen, Sales Rallyes, Verlosungen oder Begrüßungsaktionen für neue Publisher – stellt das Portal www.affiliate-deals.de vor. Auch einige eher unbekannte oder neu gestartete Partnerprogramme lernen Sie hierüber kennen.

Wie Sie aus den oben genannten Tipps bereits herauslesen können, eignen sich gerade bei der Vermarktung von Partnerprogrammen »natürliche«, das heißt direkt in einen Artikel eingebundene Textanzeigen oft sehr viel besser als reine Grafikbanner. Der Grund liegt darin, dass sich viele Nutzer mittlerweile an die unterschiedlichsten grafischen Anzeigeblöcke gewöhnt haben, da sie ihnen auf fast jedem Internetportal entgegenblicken. Das geht so weit, dass diese Werbung oftmals gar nicht mehr bewusst wahrgenommen wird.

Die Online-Werbeindustrie lässt sich deshalb regelmäßig neue und noch größere Bannerformate einfallen, etwa sogenannte »Superbanner« und »Wallpaper«-Formate, die oftmals das gesamte Portal mit Werbung umgeben. Aber machen Sie selbst den Test: An welches werbende Unternehmen beziehungsweise welches Banner können Sie sich auf der zuletzt besuchten Webseite noch erinnern? In dem meisten Fällen werden Sie wahrscheinlich keine Antwort darauf geben können. In einen thematisch passenden Text eingebundene Text-Werbelinks hingegen haben eine weit größere Chance, bewusst wahrgenommen und auch geklickt zu werden, da

- die entsprechende Werbeeinbindung meist genau zu der Suchanfrage oder dem momentanen Informations-/Produktbedürfnis des Lesers passt.

- mit diesen Linkeinbindungen ein gewisser Mehrwert für den Besucher verknüpft wird, obwohl es sich um Werbung handelt.

- Textlinks selbst bei expliziter Benennung als Werbelinks eine weit höhere Akzeptanz bei Besuchern genießen und trotz dieser Kennzeichnung – und womöglich aufgrund ihrer Unauffälligkeit im Vergleich zu bunten Werbebannern – seltener als (negativ behaftete) »Werbung« wahrgenommen werden.

- diese mittels sogenannter Deeplinks direkt auf einzelne Produkte oder Zielseiten verlinkt werden können, die unmittelbar zum jeweiligen Blogbericht passen. Wenn Sie etwa auf Ihrem Elektronikblog ein ganz bestimmtes Gerät vorstellen, so gelangt der Besucher mit einem Klick zur passenden Produktseite oder einfach nur auf die Startseite des Anbieters. Auch dies erhöht die Chance auf einen positiven Verkaufsabschluss deutlich.

- Textlinks im Vergleich zu Werbebannern nicht von AdBlockern entfernt werden und dadurch jederzeit sichtbar sind.

Wir erreichen auf diese Weise zum Teil eine Klickrate (das heißt ein Verhältnis der tatsächlichen Klicks auf ein Werbemittel zu den Besuchern des jeweiligen Artikels) von bis zu 30 Prozent und mehr, während wir bei vielen Bildanzeigen bereits mit einem niedrigen einstelligen Prozentbereich zufrieden sein können. Hinzu kommt die Erkenntnis, dass Textlinks meist auch zu einer höheren Konvertierungsrate führen als reine Banneranzeigen. Wirklich erfolgreich mit Affiliate-Marketing werden Sie also in den meisten Fällen über direkt in die Inhalte integrierte Textanzeigen.

Wozu gibt es dann überhaupt noch die zahlreichen Grafikbanner-Formate, werden Sie sich nun zu Recht fragen. In sehr seltenen Fällen können wirklich gut gestaltete Werbebanner auch gute Klick- und Konvertierungsraten erreichen, etwa wenn darin ein kompletter kleiner Vergleichsrechner für Endkunden oder ähnlich raffinierte Werkzeuge enthalten sind. Nicht zuletzt werden Affiliate-Banner jedoch oft auch dann eingebunden, wenn sich aktuell für den entsprechenden Werbe-platz – typischerweise das 468x60 »Full Size Banner« im Header eines Blogs – kein passenderes Format findet und diese Anzeigenfläche nicht direkt an ein Unternehmen als Werbeträger vermietet werden kann.

Eine Alternative zu Textlinks – vor allem auf Landingpages – kann übrigens ein selbst gestaltetes »Call to Action«-Element sein (siehe Abschnitt 5.2.5), das direkt auf die jeweilige Partnerseite verweist. In Abbildung 9.4 steht ein kleines Beispiel.

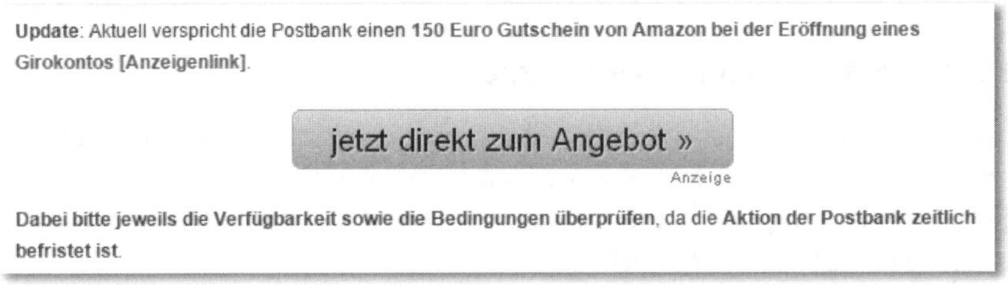

Update: Aktuell verspricht die Postbank einen 150 Euro Gutschein von Amazon bei der Eröffnung eines Girokontos [Anzeigenlink].

jetzt direkt zum Angebot »

Anzeige

Dabei bitte jeweils die Verfügbarkeit sowie die Bedingungen überprüfen, da die Aktion der Postbank zeitlich befristet ist.

Abb. 9.4: Ein wirksamer Call-to-Action-Button muss nicht aufwendig gestaltet sein.

Die Zulässigkeit der Verwendung solcher selbst gestalteter Elemente sollten Sie jedoch sicherheitshalber mit dem jeweiligen Partnerprogrammbetreiber abklären, da einige werbende Unternehmen diese Form der Einbindung – aus Gründen eines einheitlichen Werbebildes oder aber aus wettbewerbsrechtlichen Haftungs-gründen – nicht sehr gerne sehen.

Tipp

Wenn Sie regelmäßig mit solchen grafischen Text-Buttons arbeiten, bieten sich – speziell im Falle von WordPress als Blogsystem – Plug-ins an, um Ihnen die Arbeit zu erleichtern. Besonders hilfreich ist beispielsweise das Plug-in »Word-Press Calls to Action« (https://wordpress.org/plugins/cta/), womit Sie Textlinks automatisch zu Buttons transformieren und mit Google-Tracking-Para-metern zur späteren Analyse versehen können. Dieses Plug-in funktioniert auch gut in Kombination mit »WordPress Landing Pages« (https://wordpress.org/plugins/landing-pages/) zur einfachen Gestaltung von Landingpages innerhalb Ihres WordPress-Administrationsbereichs oder »WordPress Leads« (https://wordpress.org/plugins/leads/) zum Sammeln von Kundendaten (etwa durch die Anmeldung zu Ihrem Newsletter), falls Sie dies auch abseits des Affiliate-Marketings nutzen möchten.

Neben der Bevorzugung von Affiliate-Textlinks und der Verwendung von eigenen Call-to-Action-Elementen haben Sie noch eine weitere elegante Möglichkeit, um das Vertrauen Ihrer Blogleser in die eingebundenen Werbepartner zu erhöhen beziehungsweise gleichzeitig für eine generell höhere Akzeptanz solcher Anzeigeneinblendungen zu sorgen: Bezeichnen Sie die wichtigsten Affiliate-Programme als »Partner« oder sogar »Premium-Partner« Ihres eigenen Portals, entweder über einen entsprechenden Hinweis (beispielsweise innerhalb der Sidebar oder in der Nähe des dazugehörigen Werbemittels) und/oder innerhalb eines eigenen und prominent eingebundenen Partnerbereichs (dies kann eine eigene Seite des Blogs sein oder aber ein spezieller Abschnitt im Footer). Dadurch können Sie die »Vertrautheit« zwischen Ihren Lesern und dem jeweiligen Partnerprogramm erhöhen und langfristig die Wirksamkeit der Werbung verbessern. Derartige Bezeichnungen sollten Sie vorab jedoch stets mit dem werbenden Unternehmen abstimmen.

9.2.3 Die wichtigsten Affiliate-Netzwerke

Einige der von uns getesteten sowie regelmäßig eingesetzten Partnerprogramm-Netzwerke möchten wir an dieser Stelle mitsamt ihren jeweiligen Eigenschaften kurz vorstellen. Wir weisen jedoch zugleich darauf hin, dass dies bei Weitem keine vollständige Liste verfügbarer Netzwerke ist.

Zanox

Zanox (`www.zanox.com`) ist eines der größten und bekanntesten Netzwerke im deutschsprachigen sowie europäischen Raum mit Sitz in Berlin. Entsprechend umfangreich ist das Portfolio angebotener Partnerprogramme: Von Lifestyle über Elektronik, Telekommunikation, Finanzen, Gesundheit, Dienstleistungen jeglicher Art, Sport, Mode und vielem mehr gibt es kaum einen Bereich, den dieses Netzwerk nicht abdeckt. Zudem sind hier prominente Unternehmen aus der D-A-CH-Region sowie anderen Ländern vertreten, sodass Sie größtenteils qualitativ sehr hochwertige Partnerprogramme und entsprechende Werbemittel in Ihren Blog integrieren können. Besonders erwähnenswert ist außerdem die äußerst umfangreiche Reportingfunktionalität, die für das korrekte Monitoring der erzielten Umsätze kaum einen Wunsch offen lässt. Selbst individuell gestaltete Reportings lassen sich damit erstellen und für den nächsten Aufruf speichern. Gute Tipps zu einzelnen Programmen und Sparten gibt Zanox im eigenen Weblog für Publisher übrigens selbst (`http://blog.zanox.com/de/zanox/`), wenngleich der Support verbesserungswürdig ist.

Affilinet

Das zweite der großen Netzwerke bietet eine fast ebenso umfangreiche Auswahl an diversen Partnerprogrammen. Interessanterweise sind so manche wirklich guten Programme bei affilinet (`www.affili.net`) vertreten, die Zanox wiederum nicht anbietet, und umgekehrt. Gerade durch diese exklusiven Partnerschaften zu einzelnen Unternehmen lohnt sich also eine Mitgliedschaft in beiden Netzwerken, zumal die einzelnen Konditionen unterschiedlich ausfallen und Sie somit gleichzeitig das Einnahmen-Risiko auf zwei unterschiedliche Plattformen und Anbieter verteilen können.

Die Gutschrift der Leads funktioniert einwandfrei und Auszahlungen werden – im Gegensatz zu Zanox, wo Sie diese manuell anfordern müssen – jeden Monat automatisch ab einem bestimmten erreichten Betrag getätigt.

Webgains

Bei Webgains (`www.webgains.de`) handelt es sich um ein ursprünglich in Großbritannien etabliertes Unternehmen, das einige spannende Partnerprogramme für Blogger und Nischenportale bereitstellt, beispielsweise in den Bereichen Gaming, Online, Mode, Sport, diversen spezialisierten E-Shops, aber auch Bilddatenbanken, IT-Zubehör und anderen. Hervorzuheben ist der hervorragende Kundenservice, der kleineren wie auch größeren Publishern in gleicher Form zur Verfügung steht, falls es Fragen zu einzelnen Affiliate-Programmen und deren optimaler Einbindung geben sollte.

Teils wöchentliche Auszahlung, ein Gutschein-Manager für die effiziente Einbindung von Sonderwerbemitteln, automatisierte Reportings und mehr gehören mit zu den Hauptmerkmalen von Webgains. Der zugehörige Blog (`http://blog.webgains.de/`) gibt zudem wertvolle Tipps zu neuen, aber auch bereits bestehenden Partnerprogrammen.

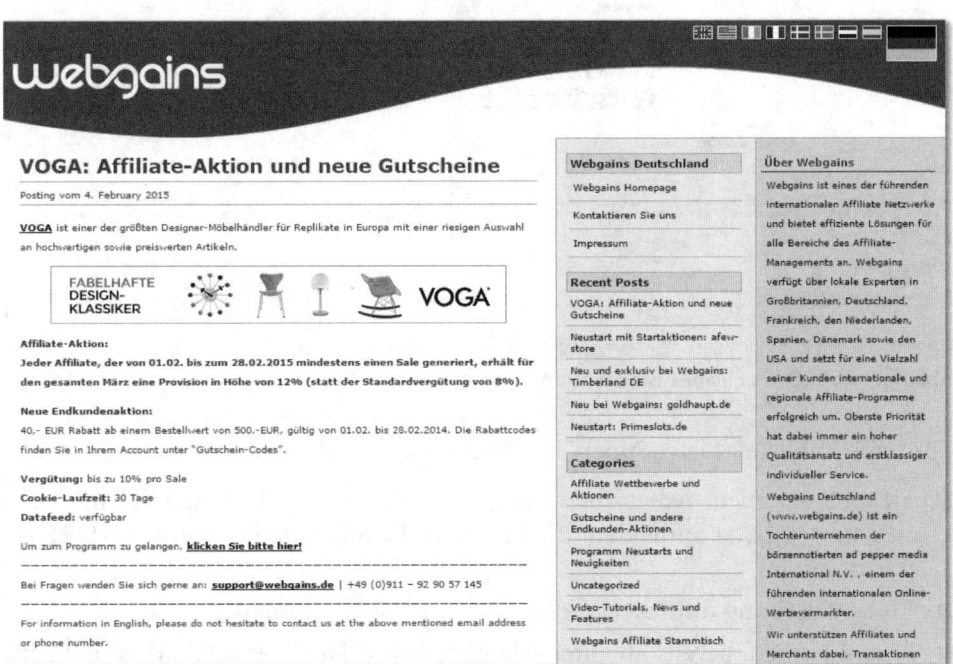

Abb. 9.5: Der webgains-Block gibt regelmäßig Tipps zu einzelnen Partnerprogrammen.

SuperClix

Bei SuperClix (`www.superclix.de`) finden Sie ebenfalls viele Nischenbetreiber. Selbst einige bekannte Blogger-Kollegen haben dort ein eigenes Partnerprogramm eingerichtet, etwa das in Abschnitt 6.2.3 erwähnte »wpSEO«-Plug-in. SuperClix könnte sich von daher sogar für einige Leser als Vertriebskanal eignen, die ihre Tools oder auch Consulting-Leistungen mit einem eigenen Partnerprogramm bewerben wollen.

Abb. 9.6: wpSEO als eigenes Blogger-Partnerprogramm bei SuperClix

Für reine Publisher bietet SuperClix ebenfalls einige Vorteile:

- Sie müssen nicht jeden Ihrer Blogs, auf denen Sie Werbemittel einbinden möchten, separat anmelden, da diese unabhängig von der Ausgangs-URL getrackt werden.
- Eine Bewerbung um Partnerprogramme ist nicht erforderlich.
- Auszahlungen, bereits ab einer relativ geringen Summe, werden schnell getätigt und der Kundenservice ist vorbildlich.

■ Ein weiteres schönes Feature: SuperClix erlaubt es bei Bedarf, Teile der Tracking-Links wie zum Beispiel die eigene Affiliate-ID mittels einer integrierten Technologie verschlüsselt beziehungsweise maskiert ausgeben zu lassen. Somit können diese nicht mehr – etwa durch einen Wettbewerber – mittels diverser SEO-Tools analysiert und ausgewertet werden.

Gerade Blogbetreiber in Nischenthemen sollten in diesem Netzwerk fündig werden.

DigiStore24

DigiStore24 (www.digistore24.com) mit Sitz in Hildesheim ist ein auf digitale Produkte spezialisiertes Netzwerk, wenngleich Sie dort auch Events und Seminare finden. Auch hierüber vermarkten einige Blogger-Kollegen wie Soeren Eisenschmidt aka »eisy« oder Vladislav Melnik ihre Produkte.

Affiliando

Affiliando (www.affiliando.de) bietet eine kleine, aber feine Auswahl an Partnerprogrammen zu meist sehr guten Konditionen. Insbesondere namhafte Unternehmen aus der Finanz- und Versicherungsbranche sind hier vertreten und auch sonstige zum Teil exklusiv eingebundene Firmen mit teilweise erfreulich hohen Provisionszahlungen aus dem Industrie-, Medizin-, Recht- oder auch Energieumfeld. Der Bewerbungsprozess ist bei diesem Netzwerk vorbildlich schlank gehalten. Zudem werden zahlreiche (exklusive White-Label-)Vergleichsrechner zur Einbindung in das eigene Blogportal angeboten.

FinanceAds

Auch dieses kleinere Nischennetzwerk eignet sich, wie der Name schon vermuten lässt, vor allem für Blogs und Werbeeinbindungen im Finanzumfeld. Das Portal ist vor allem deswegen so interessant, da sich einige »Big Player« aus diesem Sektor exklusiv bei FinanceAds (www.financeads.net) präsentieren. Ein großer Vorteil dieses Netzwerks sind die teilweise extrem niedrigen Stornoraten der dort eingebundenen Partner. Dafür behält sich FinanceAds aber auch vor, nur inhaltlich hochwertige Blogportale aufzunehmen beziehungsweise diese vor der Freischaltung ausführlich zu prüfen. Dennoch ist eine Bewerbung gerade für Portale mit Berührungspunkten zum Finanz- oder auch Versicherungsbereich sehr empfehlenswert.

Der Anbieter hat zudem ein spezielles Plug-in sowohl für WordPress als auch für Joomla entwickelt (siehe http://www.financeads.net/tools/rechner/einbindungsmoeglichkeiten/), womit sich diverse Finanz-Vergleichsrechner zu Konten, Finanzierung und Anlagemodellen in das eigene Portal integrieren und sich dann per CSS weiter ausbauen und nahtlos dem Design des Blogs anpassen lassen. Selbst diverse Anbieter lassen sich dabei integrieren oder eben auch ausschließen. Für die Standard-Einbindung stehen mehrere vorgefertigte Designvarianten der Rechner zur Verfügung.

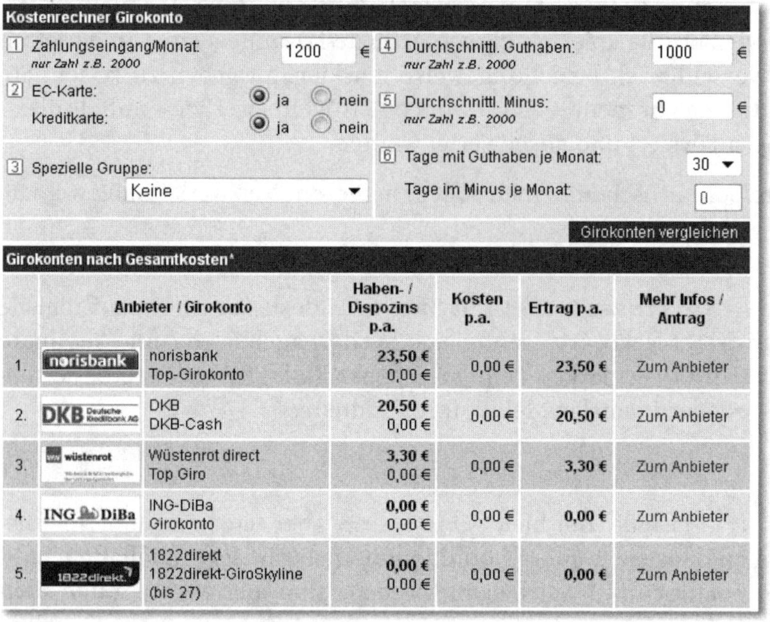

	Anbieter / Girokonto		Haben- / Dispozins p.a.	Kosten p.a.	Ertrag p.a.	Mehr Infos / Antrag
1.	norisbank	norisbank Top-Girokonto	23,50 € 0,00 €	0,00 €	23,50 €	Zum Anbieter
2.	DKB Deutsche Kreditbank AG	DKB DKB-Cash	20,50 € 0,00 €	0,00 €	20,50 €	Zum Anbieter
3.	wüstenrot	Wüstenrot direct Top Giro	3,30 € 0,00 €	0,00 €	3,30 €	Zum Anbieter
4.	ING DiBa	ING-DiBa Girokonto	0,00 € 0,00 €	0,00 €	0,00 €	Zum Anbieter
5.	1822direkt	1822direkt 1822direkt-GiroSkyline (bis 27)	0,00 € 0,00 €	0,00 €	0,00 €	Zum Anbieter

Abb. 9.7: Ein Beispiel für einen Vergleichsrechner von FinanceAds, der sich auf dem eigenen Blog einbinden lässt

Hinweis

Weitere Affiliate-Netzwerke werden auch auf der Seite von `100partnerprogramme.de` vorstellt, etwa in einem Top-10-Ranking wie auf `http://www.100partnerprogramme.de/affiliate-netzwerke/top-10-netzwerke.html`.

Mit wachsender Erfahrung im Bereich des Affiliate-Marketings werden Sie ein Gefühl dafür bekommen, an welchen Produkten Ihre Leser interessiert sind, und Ihren Umsatz durch kontinuierliche Werbeoptimierung steigern. Gleichzeitig werden Sie dadurch lernen, den Wert Ihres Blogs einzuschätzen.

9.3 Direktmarketing

Viele Blogger unterschätzen das Direktmarketing (oder auch Direktvermarktung genannt), also die direkte Vermietung von Werbeflächen oder Advertorials im Blog, ohne den Weg über eine Affiliate-Plattform zu gehen. Werbekunden können Sie dafür etwa über zuvor genutzte Partnerprogramme oder durch Eigenwerbung im Blog akquirieren. Die komplette Abrechnung übernehmen in diesem Fall Sie als Blogbetreiber selbst, das heißt, Sie stellen dem Werbekunden für die geleisteten Dienste eine Rechnung aus.

Hinweis

Auch kleinere Blogbetreiber, die sich erst an eine eigene Selbstständigkeit herantasten wollen beziehungsweise ihre Portale im Nebenerwerb betreiben, können übrigens eine Rechnung ausstellen. Eine solche wird in der Regel sowohl von werbetreibenden Unternehmen als auch deren Agenturen für eine Werbeschaltung verlangt. Ohne zu sehr in die Details gehen zu wollen, ist dies beispielsweise im Rahmen der sogenannten Kleinunternehmerregelung möglich, durch die Sie auf die Ausweisung und Erhebung der Umsatzsteuer verzichten können. Als Kleinunternehmer gelten etwa Selbstständige, deren Umsatz (nicht Gewinn!) im Jahr eine gesetzlich festgelegte Summe nicht übersteigt. Der Gebrauch dieser Regelung muss jedoch auf den entsprechenden Rechnungen durch einen Hinweis wie den folgenden vermerkt werden:

Diese Rechnung enthält gemäß § 19 UStG keine Umsatzsteuer.

Zusätzlich sollten Sie sich in einem solchen Fall – und eigentlich generell, sobald Sie auch nur geringe Einnahmen aus Ihren Blogs erzielen – an einen Steuerberater wenden, der Ihnen weitere Tipps hinsichtlich der ab diesem Zeitpunkt notwendigen Versteuerung geben kann. Denn diese, sowie die zu beachtenden Regelwerke können sich je nach Ihrer persönlichen Situation doch sehr unterschiedlich gestalten.

Direktmarketing an sich hat zahlreiche Vorteile. Einerseits können Sie bei entsprechender Ausbuchung von Werbeflächen eine regelmäßige, verlässliche Einnahme generieren, zum anderen erzielen Sie bei entsprechender Attraktivität des Blogportals (Reichweite, Leserschaft, Zielgruppe) oftmals deutlich höhere Einnahmen je Seitenaufruf (CPM, Cost per 1000 Impressions) als etwa über Google AdSense. Und mit der Zeit können Sie sich gegebenenfalls sogar einen kompletten Pool aus Stamm-Werbekunden je Blog aufbauen.

Trotz vieler Vorteile setzen nur wenige Blogger auf diese Refinanzierungsmöglichkeit des eigenen Portals. Wahrscheinlich sind sich viele Weblogbetreiber nicht bewusst darüber, wie wertvoll ihr vermeintlich kleines Portal für so manche Nischen- oder Spezialwerbekunden sein kann. Außerdem scheuen viele die damit verbundene Mehrarbeit wie beispielsweise die Erstellung einer entsprechenden Landingpage, auf der sie diese Werbemöglichkeit vorstellen, die Gestaltung notwendiger Unterlagen wie Preis- und Werbe-Informationen (sogenannte Mediadaten) oder eine unter Umständen sogar anfallende proaktive Neukundenakquise.

Natürlich werden Sie mit einem drei Monate alten Blog und 20 Beiträgen sowie zehn Besuchern täglich kein attraktives Vermarktungsprogramm aufbauen können. Wir haben es jedoch schon des Öfteren selbst erlebt, dass in manchen Bereichen bereits ab etwa 5.000 Besuchern oder 10.000 Seitenaufrufen im Monat eine direkte Buchung für zum Thema passende Unternehmen äußerst interessant sein kann, in diesem Fall bereits immerhin ab um die 50 Euro netto monatlich an fixen Werbegebühren, in Einzelfällen auch deutlich mehr. Und je enger die Nische, desto weniger Besucher sind hierfür notwendig beziehungsweise umso höhere Preise lassen sich erzielen. Denn die Unternehmen finden oftmals schlicht und einfach keine spezielle Werbeplattform für ihren Markt, Streuwerbung innerhalb allgemeiner Magazine und Portale erweist sich hingegen als viel zu teuer und wenig zielgerichtet.

Um Ihnen zu demonstrieren, wie eine direkte Werbevereinbarung zustande kommen kann, sei Michaels ehemaliger Existenzgründerblog als Beispiel aufgeführt: Auf diesem Portal für Existenzgründer und Selbstständige in spe hatte Michael ein sehr kleines, aber feines Partnerprogramm eines Franchise-Dienstleisters mit erstaunlich gutem Erfolg eingebunden. Bei einem späteren Telefonat mit dem zuständigen Marketingleiter dieses Unternehmens stellte sich heraus, dass zeitweise fast 80 Prozent aller Partnerprogramm-Leads alleine über seinen Blog zustande kamen, aufgrund der passenden Zielgruppe, aber auch der zum damaligen Zeitpunkt geringen Konkurrenz. Die Firma buchte daraufhin direkt einen Werbeplatz auf Michaels Blog zum monatlichen Festpreis, was sich für beide Seiten als um einiges lukrativer erwies.

Bei unseren ersten direkten Blog-Werbebuchungen kamen damals die entsprechenden Advertiser sogar auf uns zu und nicht umgekehrt. Sie fragten an, ob sie denn bei uns auch »Werbung schalten können«. Seitdem verfügen zumindest Michaels wichtigsten Blogs (Robert kommuniziert derartige Anfragen vorrangig per E-Mail) stets über ein eigenes Werbeprogramm, eine prominent platzierte »Hier werben«-Landingpage mit eigener Kontaktmöglichkeit sowie eigenen Mediadaten (Zusammenfassung der Werbekonditionen und Reichweite, etwa als PDF), die Werbeinteressierte bei Interesse jederzeit anfragen können. Mittlerweile stammen bei einigen Blogs teilweise bis zur Hälfte der Einnahmen aus diesen Direktbuchungen, selbst wenn natürlich nicht immer alle Werbeflächen ausgebucht sind. Doch dann bleibt Ihnen immer noch die Möglichkeit, Google AdSense oder Affiliate-Banner einzubinden.

Preiskalkulation für Werbeflächen

Zur Berechnung eines realistischen Preises für eine solche Werbebuchung bietet sich etwa der kostenlose Google AdWords Keyword-Planner an (`https://adwords.google.com/KeywordPlanner`), wo Sie nach der Eingabe eines zum Blog- beziehungsweise Werbethema passenden Keywords unter dem Menüpunkt SPALTEN den durchschnittlichen CPC (Cost-per-Click) für dieses Wort oder die Wortgruppe anzeigen lassen können. Dabei handelt es sich um einen durchschnittlichen Wert, den AdWords-Werbekunden im jeweiligen Bereich für neu generierte Besucher ausgeben. Er zeigt jedoch gleichzeitig, wie viel den Unternehmen Onlinewerbung generell wert ist – auch außerhalb von Google.

Haben Sie also beispielsweise einen Werbepartner im Bereich »Handy«, so erfahren Sie durch die Eingabe dieses Begriffs, dass hierfür ein Preis von um die 3,90 Euro pro Werbemittel-Klick bezahlt wird. Über die Einbindung von Google AdSense auf dem zu vermietenden Werbeplatz erfahren Sie gleichzeitig, wie oft im Durchschnitt auf diese Werbefläche geklickt wird. Sind dies zum Beispiel 100 Klicks pro Monat, so könnten Sie bis zu 100*3,9 = 390 Euro monatlich für einen solchen Werbeplatz verlangen. Natürlich ist dies nur ein Näherungswert, denn der tatsächliche Preis hängt von den Erfolgszahlen des Blogs, der thematischen Nähe zum Werbethema und vielen weiteren Faktoren mehr ab. Trotzdem ist diese Rechnung ein guter erster Ansatzpunkt für die Preisermittlung, von dem Sie sich dann versuchsweise nach oben oder auch nach unten bewegen können.

Tipp

Michael wählt oft einen anderen, wenn auch recht ähnlichen Berechnungsansatz: Er betrachtet die Höhe der monatlichen Einnahmen einer Werbefläche durch Google-AdSense-Anzeigen und verlangt für eine direkte Werbebuchung mindestens das Anderthalbfache. Auf diese Weise stellt er sicher, dass die Direktvermarktung auf jeden Fall lukrativer ist.

Anzeigengruppen-Ideen	**Keyword-Ideen**					
Suchbegriffe		Durchschnittl. Suchanfragen pro Monat ?	Wettbewerb ?	Vorgeschlagenes Gebot ?	Anteil an mögl. Anz.impr. ?	Zu Plan hinzufügen
handy	~	90.500	Hoch	3,94 €	–	»

1 - 1 von 1 Keywords ▾   < >

▼ Keyword (nach Relevanz)		Durchschnittl. Suchanfragen pro Monat ?	Wettbewerb ?	Vorgeschlagenes Gebot ?	Anteil an mögl. Anz.impr. ?	Zu Plan hinzufügen
handy ohne vertrag	~	27.100	Hoch	1,81 €	–	»
handy vergleich	~	33.100	Mittel	1,46 €	–	»
samsung handy	~	22.200	Hoch	0,84 €	–	»
handy shop	~	2.400	Hoch	4,91 €	–	»
handy kaufen	~	14.800	Hoch	2,56 €	–	»
handy test	~	22.200	Mittel	1,18 €	–	»
dual sim handy	~	14.800	Hoch	0,66 €	–	»
handy mit vertrag	~	22.200	Hoch	5,27 €	–	»

Abb. 9.8: Eine Keyword-Wettbewerbsanalyse mit dem AdWords-Keyword-Planner

Gestaltung der Werbeseite

Für ein eigenes Vermarktungsprogramm brauchen Sie zunächst eine Blog-Unterseite oder Landingpage. Über kurze, beispielsweise unter jedem Werbebanner innerhalb Ihres Blogs eingefügte Texte wie »Werben auf www.blogdomain.xy« oder einfach »Hier werben« verweisen Sie dann auf diese Seite. Dort beschreiben Sie die notwendigsten Details zu Ihrem Blog, die für Werbeinteressenten relevant sind. Michael hält es in einem seiner Blogs relativ kurz, wie Abbildung 9.9 zeigt.

Abb. 9.9: Kleiner, aber feiner Werbebereich

Bennen Sie auf dieser Seite den wichtigsten Grund – gegebenenfalls auch mehrere –, warum ein Interessent ausgerechnet in Ihrem Blog werben sollte (etwa »Nur sehr wenige Portale im deutschsprachigen Raum erreichen pro Jahr im Bereich xy so zielgerichtet xyz Leser im Monat«). Geben Sie zudem die momentane Reichweite (Besucherzahlen, Seitenaufrufe und gegebenenfalls auch Social-Media-Follower) an, aber vergessen Sie nicht, diese Kennzahlen regelmäßig zu aktualisieren. Gleichzeitig können Sie hier auch schon einen ungefähren Preis (als Verhandlungsbasis) nennen, ab dem eine Werbebuchung generell möglich ist, sowie die verfügbaren Werbeformen, beispielsweise:

- Grafikbanner in unterschiedlichen Formaten, die etwa im Header, der Sidebar oder auch innerhalb des Artikeltextes eingebunden werden
- Einfache Textlinks, die zumeist in den Sidebars, teilweise aber auch im Kontext passender Blogartikel eingebunden werden

- Gesponserte und als solche auch gekennzeichnete bezahlte Advertorial-Artikel, wobei das werbende Unternehmen einen werbenden Beitrag (inklusive enthaltener Links zum Onlineangebot der Firma) selbst verfasst oder diesen vom Blogbetreiber verfassen lässt. Kennzeichnen Sie derartige bezahlte Beiträge etwa zu Beginn zum Beispiel als »Advertorial«, »bezahlter Beitrag« oder »Werbeartikel«, da ein Advertorial – unter anderem nach den Richtlinien des Deutschen Presserats – klar als solches gekennzeichnet sein muss

- Gegen Bezahlung eingebundene Produktvideos (wiederum mit entsprechender Kennzeichnung)

All diese Einzelformate können Sie natürlich beliebig kombinieren und unter Umständen als komplettes Werbebundle an interessierte Unternehmen vermarkten.

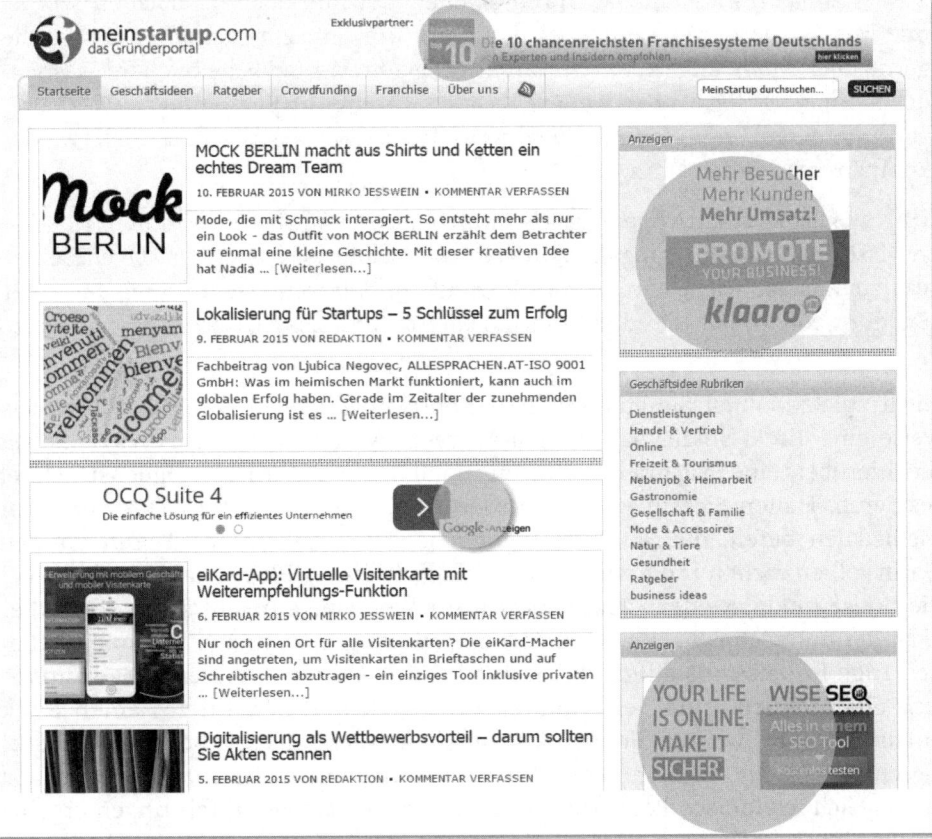

Abb. 9.10: So könnten einige unterschiedliche Werbeplatzierungen erfolgen.

Die von vornherein offene Nennung der Preise für diese einzelnen Formate kann zwar die Zahl der sich tatsächlich meldenden potenziellen Werbekunden deutlich senken, dafür sind die entsprechenden Anfragen jedoch qualifizierter beziehungsweise die Interessenten prinzipiell bereit, einen solchen Preis zu zahlen. In diesem Fall ist es also eher eine persönliche Frage, welche Methode Sie vorziehen.

Tipp

Falls Sie eine Werbeanfrage von einer Agentur und nicht dem potenziellen Kunden direkt erhalten (viele Unternehmen lassen Agenturen nach geeigneten Online-Werbemedien suchen), so können Sie die Attraktivität Ihres Angebots oft durch einen sogenannten Agenturrabatt (auch Vermittlungsrabatt genannt) erhöhen. Dabei handelt es sich um eine auf der entsprechenden Rechnung ausgewiesene Vergünstigung, die meist bei 15 Prozent des Nettopreises liegt und diesen Agenturen als zusätzliche Einnahmequelle dient.

Zwar schmälert dieser Rabatt Ihren eigenen Gewinn, doch bei solchen Werbe- und Medienagenturen handelt es sich meist um sehr zuverlässige Kunden, die gerne über einen längeren Zeitraum hinweg eine Werbefläche buchen. Womöglich kennen sie sogar noch weitere Kunden, für die Ihr Blogportal als Werbeträger interessant sein könnte, wodurch der gewährte Rabatt schnell wieder kompensiert werden kann.

Um möglichst langfristige Werbebuchungen zu akquirieren (wodurch Sie eine gewisse finanzielle Planungssicherheit erhalten), lohnt sich auch das Angebot eines Laufzeitrabatts, beispielsweise fünf Prozent auf den Netto-Gesamtpreis bei einer Buchung von mindestens drei Monaten oder zehn Prozent bei sechs Monaten etc.

Nicht zuletzt sollten Sie eine einfache Kontaktmöglichkeit einbinden, beispielsweise eine direkt anklickbare E-Mail-Adresse »werben@blogdomain.xy«. Sobald Sie hierüber eine Nachricht erhalten, sollten Sie natürlich möglichst schnell reagieren. Halten Sie ein gut strukturiertes PDF oder ähnliches Dokument mit Mediadaten bereit, die Sie Interessenten jederzeit zukommen lassen können. Darin sollten nicht nur die wichtigsten Erfolgsdaten des Blogportals, sondern auch die Preise (inklusive der Rabattoptionen für Werbebuchungen) sowie eine Übersicht der unterschiedlichen Werbeformate zusammen mit ungefähr zu erwartenden Page Impressions aufgeführt werden. Nach Absenden dieser E-Mail kann es sich auch lohnen, zum Telefonhörer zu greifen und den Interessenten direkt anzurufen, um weitere Fragen klären zu können. Dieser Schritt ist jedoch Geschmackssache, da nicht jeder, der eine Anfrage über das Internet verschickt, auch gleich telefonisch kontaktiert werden möchte. Unsere Erfahrungen ergeben diesbezüglich leider kein klares Bild über das ideale Vorgehen, Sie werden jedoch schnell ein Gefühl dafür entwickeln, wann Sie »gefahrlos« zum Hörer greifen können. Sollten Sie auf den Versand der Mediadaten hin jedoch nichts mehr hören, kann ein Anruf sicherlich nicht schaden. Vielleicht sind noch Fragen offen oder Sie können über den Preis beziehungsweise kostenfreie Zusatzleistungen die Attraktivität der Werbebuchung für den potenziellen Neukunden noch einmal erhöhen. Gerade bei vielversprechenden Buchungsanfragen konnten wir mit dieser proaktiven Methode so manchen Interessenten davon überzeugen, eine Werbeschaltung zumindest für einen kurzen Zeitraum auszuprobieren. Einige davon gehören mittlerweile mit zu den besten Anzeigenkunden.

Ein schönes Beispiel, wie Sie eine Werbeseite sowohl inhaltlich als auch optisch gestalten können, zeigt Ralf Bohnert in seinem bohncore-Blog (erreichbar unter `www.bohncore.de/hier-werben/`). Ob Sie nun eine minimalistische Werbeseite wie nach dem Beispiel von Michael oder eine zum restlichen Blog passende, aber dennoch schlanke Variante wie in Abbildung 9.11 nutzen, bleibt Ihnen überlassen. Im Idealfall probieren Sie beide Modelle aus und vergleichen die Wirksamkeit.

Abb. 9.11: Ein Auszug der »Hier werben«-Seite von bohncore.de

> ## Tipp
>
> Wir haben festgestellt, dass ein Großteil der Werbeanfragen von der »Über uns«-Seite ausgeht, die nicht selten auch eine der meistbesuchten Seiten des gesamten Blogs ist. Sie sollten daher auch auf dieser Seite einen Verweis auf Ihre Werbeseite setzen – neben einer direkten Kontaktmöglichkeit natürlich. Außerdem können Sie recht einfach messen, welcher Bereich Ihres Blogs die meisten Anfragen generiert, indem Sie auf jeder Seite eine unterschiedliche Kontakt-E-Mail-Adresse angeben.

Das eigene Werbeprogramm promoten

Gerade für die Selbstvermarktung von Werbeflächen, aber auch für andere Refinanzierungsmodelle, die auf einer Kooperation beziehungsweise Zusammenarbeit mit einem externen Unternehmen beruhen, kann es hilfreich sein, hin und wieder etwas zu »verschenken«. So konnte oder wollte sich beispielsweise ein neues Start-up – das gut zu Michaels Existenzgründerblog passte – keine der doch nicht ganz günstigen Werbemittelplatzierungen dort leisten. Michael nahm dennoch für eine gewisse Zeit kostenlos ein entsprechendes Werbebanner im Blog auf. Der Erfolg für den Interessenten war aus diesem Banner heraus so groß, dass sich hieraus später eine regelmäßige und in diesem Fall kostenpflichtige Buchung entwickelte.

Natürlich sollten Sie Ihren Blog niemals unter Wert verkaufen. Doch wenn Ihr Blog viele Besucher hat – oder mancher Anzeigenkunde aus Nischenbereichen damit sehr gute Erfolge vermelden kann –, können diese und ähnliche Methoden ein probates Mittel sein, um potenzielle Werbekunden zu »ködern«.

Von sich aus wird ein Werbekunde nur sehr selten zugeben, dass eine Werbeschaltung auf Ihrem Blogportal – was die Klicks oder resultierenden Leads angeht – erfolgreich für ihn verlaufen ist, schließlich würde dies eventuell den Folgepreis erhöhen. Deswegen ist es wichtig, bei eingebundenen Werbemitteln Dritter die wichtigsten Erfolgskennzahlen – wie die Seitenimpressions oder die Klicks auf die Werbung – mittels eigener Reporting-Werkzeuge selbst zu messen (wie in Kapitel 3 beschrieben).

Bei potenziellen Werbekunden, die sich nur schwer vom möglichen Erfolg einer Buchung auf Ihrem Blog überzeugen lassen, gibt es übrigens eine ganz ähnliche Methode: Bieten Sie ihnen an, eine Vermarktungsfläche durch die kurzzeitige Schaltung eines Banners zu testen oder über die Veröffentlichung eines nichtwerblichen Interviews herauszufinden, ob sie damit auch wirklich die richtige Zielgruppe erreichen. Ist der Blog in der jeweiligen Nische attraktiv genug, so lassen sich die meisten Interessenten im Anschluss von einer kostenpflichtigen Folgebuchung überzeugen – zumal sich viele Werbetreibende nicht darüber im

Klaren sind, wie effektiv insbesondere eine Werbeschaltung auf einem kleineren, aber möglicherweise ideal zur Zielgruppe passenden Blogportal sein kann. Manche von ihnen haben bislang nur wenig Berührung mit eigener Onlinewerbung gehabt oder dies lediglich bei einem der größeren Internetportale für viel Geld und wenig Resultate durch entsprechende Streuverluste ausprobiert, sodass Sie ihnen die generelle Skepsis gegenüber dieser Form der Vermarktung im Internet nicht übel nehmen dürfen.

Wenn Sie Ihr neu gestartetes Selbstvermarktungsprogramm übrigens noch bekannter machen möchten, so lohnt es sich, die ersten Werbekunden zu fragen, ob Sie sie in einem Blogartikel als solche vorstellen und benennen dürfen. Nutzen Sie als Aufhänger hierfür beispielsweise ein Artikelinterview, in dem Sie Ihrem Werbepartner für Ihre Leser relevante Fragen stellen. Zum einen wird kaum ein werbendes Unternehmen diese zusätzliche und kostenfreie Werbung ablehnen, zum anderen werden viele weitere potenzielle Werbekunden (Wettbewerber oder auch Partner des ursprünglichen Kunden) erst über diese Artikel auf Ihr Vermarktungsprogramm aufmerksam und buchen im Anschluss ebenfalls eine Werbefläche in Ihrem Blog.

Auch die künstliche Verknappung solcher Werberessourcen im eigenen Blog kann dazu beitragen, die restlichen Flächen noch interessanter für potenzielle Anzeigenkunden werden zu lassen. Im zuvor erwähnten Beispiel von bohncore.de sehen Sie, dass neben den einzelnen Platzierungen und Preisen auch eine Auskunft darüber gegeben wird, ob die jeweilige Anzeigenfläche noch verfügbar ist. Dadurch zeigen Sie zu jeder Zeit die volle Bandbreite Ihres Werbeangebots, geben potenziellen Kunden jedoch gleichzeitig zu verstehen, dass bereits weitere Interessenten vorhanden sind und die Nachfrage größer ist als das Angebot. Dadurch »beeilt« sich so mancher mögliche Kunde mit einer alternativen Bestellung oder der Reservierung der gewünschten Anzeigenfläche, sobald diese wieder verfügbar ist.

9.4 Bezahlte Blogbeiträge

Eine weitere Möglichkeit ist die Vermarktung von Blogbeitragen. Bereits seit Längerem gibt es einige Dienstleister, die zwischen Werbekunden und Bloggern sogenannte bezahlte »Artikel-Reviews« vermitteln. Diese haben Sie in Abschnitt 8.2.9 schon als Marketingkanal kennengelernt, doch aus Sicht eines Bloggers sind diese Plattformen wohl eher als Einnahmequelle interessant.

Der Ansatz ist dabei stets der gleiche: Ein Unternehmen möchte seine Produkte oder Dienstleistungen prominent oder gar viral bewerben und hierzu mehrere Blogger dazu veranlassen, darüber zu berichten, dies zu testen etc. Da sich die direkte Suche passender Blogs oft als recht schwierig und vor allem langwierig erweist (viele Blogger betrachten derartige gesponserte Beiträge selbst bei entsprechender Kennzeichnung als unlautere Schleichwerbung), vermitteln hier Netzwerke wie SeedingUp. Dort melden sich explizit Blogger mit passenden Portalen sowie der Bereitschaft zur (gelegentlichen) Schaltung von Advertorials an.

Seriöse Netzwerke gehen dabei stets konform mit den Google-Richtlinien für Webmaster vor. Das bedeutet, dass ein bezahlter Beitrag – selbst wenn es sich um einen neutralen Testbericht handelt – als solcher gekennzeichnet wird (wofür die meisten Netzwerke über ein vorgegebenes Text-Template oder auch ein einzubindendes Banner verfügen) und alle enthaltenen Links auf NoFollow (Abschnitt 6.2.5) gesetzt sind. Die Kampagnenaufträge können dabei höchst unterschiedlich ausfallen, sowohl in der Art als auch der jeweiligen Bezahlung. Die Bandbreite reicht vom (gewollt neutralen) Test neuer Produkte über zu erstellende Videobotschaften bis hin zu Twitter- oder Facebook-Kampagnen.

Wenn Sie es als Blogger nicht »übertreiben« – also nicht etwa jeden zweiten Beitrag mit solch einem bezahlten Review füllen, was Ihre Stammleser wohl kaum tolerieren werden –, so kann dies durchaus ein adäquates und einträgliches Mittel zur zumindest teilweisen Refinanzierung sein. Das Ganze hängt zum einen jedoch sehr vom Blog-Thema und dem jeweiligen Qualitätsanspruch an dessen Inhalte ab, zum anderen sollten Sie auch über genügend Reichweite (Besucher) verfügen, um mit dem jeweiligen Blog für wirklich interessante und gut bezahlte Kampagnen ausgewählt zu werden. Üblicherweise haben Blogs im Bereich Lifestyle, Gesellschaft und Technik die besten Chancen auf zutreffende Kampagnen. Aber auch für alle anderen Portale, etwa im Online-Marketing, ist ab und an ein Thema dabei, das im besten Fall sogar einen echten Mehrwert für die Blogleser bietet. Neben den Einnahmen gewinnen Sie dann sogar gleichzeitig noch einen qualifizierten Beitrag hinzu.

> **Tipp**
>
> Von kleineren, unbekannten Portalen dieser Art sollten Sie in der Regel Abstand nehmen beziehungsweise diese zunächst sehr gut prüfen oder Referenzen einholen, da sie erfahrungsgemäß nicht immer seriös arbeiten. Generell kann es – je nach Blog-Thema – der Fall sein, dass sich Ihre Leser an solchen bezahlten Inhalten zu sehr stören, selbst wenn sie als solche gekennzeichnet sind. Hier sollten Sie das jeweilige Nutzerverhalten sehr intensiv beobachten oder gegebenenfalls einige Ihnen nahestehende Blogleser befragen, wie diese zu Advertorials & Co. als gelegentliche Inhalte Ihres Weblogs stehen.

9.5 Kostenpflichtige Publikationen

Es muss nicht immer nur Werbung sein, mit der Sie Ihren Blog refinanzieren. Schreiben Sie einen reinen »Qualitätsblog« ohne Werbung oder betreiben Sie einen Firmen- oder Freiberuflerblog, in dem Sie aus verständlichen Gründen auf jeglichen werbenden Eindruck verzichten wollen, bieten sich dennoch zahlreiche Refinanzierungsmöglichkeiten. Die folgenden und bewährten Varianten eignen sich – eine entsprechende Qualität vorausgesetzt – natürlich auch für »normale« Blogger als zusätzliche Werbung. Zudem stellen sie in der Regel auch eine gelungene Referenz für den eigentlichen Blog selbst dar.

9.5.1   E-Books, PDFs und andere digitale Produkte

Gerade wenn Sie einen Blog mit sehr werthaltigen Inhalten betreiben oder über ein bestimmtes Alleinstellungsmerkmal verfügen, so kann sich durchaus der Versuch lohnen, Teile dieser Inhalte zusammengefasst als kostenpflichtiges E-Book oder in ähnlichem Format zu vermarkten.

Vor allem Blogger, die gerne und viel gelesene Tipps und Tricks für ihre Leser bereitstellen, sind hierfür prädestiniert. Denn egal ob es sich dabei um die 100 besten Tipps zur Bildbearbeitung des Designbloggers, die begehrte Anleitung zum Smartphone-Tuning, den besten (seriösen!) Quellen zum Thema »Geld verdienen im Web«, um eine Anleitung zum Eigenbau eines Aquariums des Zierfischblogs handelt oder gar der Firmenblog exklusives und sehr hochwertiges Wissen für seine Kunden weitergibt; der Kreativität sind hierbei kaum Grenzen gesetzt.

Es gibt dabei einige recht erfolgreiche Beispiele dieser Art, bei denen Blogger ihren Content zumindest teilweise kostenpflichtig anbieten. Günstige Voraussetzungen sowie Indizien hierfür könnten sein:

- Die im Blog dargebotenen Informationen sind besonders begehrt, umfangreich, exklusiv oder haben einen sonstigen Vorteil beziehungsweise ein Alleinstellungsmerkmal im Vergleich zu ähnlichen Portalen.

- Es sind keine oder nur sehr wenige (Print-)Publikationen im entsprechenden Bereich verfügbar.

- Sie verfügen über sehr spezielles Wissen und/oder sind ein ausgesprochener Fachmann auf Ihrem Gebiet.

- Die Blogleser fragen regelmäßig direkt oder auch indirekt nach einer Zusammenfassung der publizierten Inhalte.

- Eine zugrunde liegende Leserschaft wächst auffallend schnell beziehungsweise die Weiterverbreitungsrate der veröffentlichten Beiträge ist überdurchschnittlich hoch.

- Sie tun sich vielleicht sogar mit einem weiteren Blogger, Spezialisten oder Autor zusammen, um den Mehrwert der gebotenen Informationen mit zusätzlichen Inhalten zu erhöhen.

Die exakte technische Gestaltung dieser elektronischen Publikation – ob nun als E-Book, einfaches PDF, Video, On- und Offline-Präsentation etc. – spielt hierbei eine eher untergeordnete Rolle, solange die Inhalte hochwertig, strukturiert sowie der Zielgruppe entsprechend präsentiert werden. So wird die Zielgruppe der Blogger mit einem Lern-Video oder Podcast (vielleicht) eher etwas anfangen können als der angesprochene Zierfischzüchter, der möglicherweise ein einfaches PDF bevorzugt. Insgesamt sollten Sie jedoch darauf achten, möglichst weit verbreitete und leicht zugängliche Formate für die jeweiligen Publikationen zu verwenden, deren Inhalte idealerweise auch von Google und anderen Suchmaschinen indexiert werden können.

Tipp

Sandra Holze, die wir Ihnen in Kapitel 4 bereits vorgestellt haben, arbeitet viel mit Webinaren:

»Webinare sind ein großartiger Weg, um Interessenten von Ihrer Arbeitsweise und Ihrem Wissen zu überzeugen und Ihre Produkte zu verkaufen. Außerdem können Sie mit Webinaren relativ schnell Ihren E-Mail-Verteiler aufbauen. Besonders gut eignen sie sich für »informationslastige« Dienstleistungen und Produkte. Wenn Sie etwa ein Coach sind und Ihr Beratungsangebot oder Ihren Onlinekurs verkaufen wollen, dann sollten Sie unbedingt mit Webinaren arbeiten. Ich verkaufe zwei Drittel meiner Kurse über Webinare. Die Leute, die nicht sofort im Webinar kaufen, haben mich zumindest schon kennengelernt und kaufen eventuell später.«

9.5.2 Veröffentlichungen über einen Verlag oder in Eigenregie

Dieses Werk, das Sie gerade in Ihren Händen halten, ist das beste Beispiel dafür, dass Blogger manchmal sogar noch einen Schritt weitergehen und durchaus auch ein Buch zum Blog in Erwägung ziehen können. Nicht nur, dass zahlreiche Blogger auch hier wieder den Mehrwert ihrer kostenfrei zur Verfügung gestellten Informationen sowie ihr oft sehr fundiertes Wissen auf ihrem Gebiet unterschätzen. Gleichzeitig können Sie mit solch einer Veröffentlichung gleich mehrere Vorteile für sich nutzen:

■ Das Buch macht Werbung für den Blog, der Blog wiederum Werbung für das Buch.

■ Sie haben – auch wenn Sie mit einem Fachbuch nur selten »reich« werden – zumindest einen weiteren kleinen Nebenverdienst.

■ Die Reputation als Experte auf dem jeweiligen Themengebiet kann teils enorm steigen.

- Bieten Sie neben Ihrem Blogs auch noch Beratungs- oder Consultingdienstleistungen an (dazu in Abschnitt 9.7 mehr), kann eine eigene Printpublikation eines der mit Abstand effektivsten Akquisemittel darstellen.

- Sie können die im Blog gegebenen Informationen noch weiter streuen und deutlich mehr Leser erreichen.

Möchten Sie dabei nicht gleich auf einen Verlag zugehen – oder handelt es sich zunächst um eine kleinere Veröffentlichung zwischen einem einfachen, selbst gestalteten E-Book und einem umfangreichen Buch, so bieten etwa Amazon Kindle (`http://kdp.amazon.com`) und ähnliche Netzwerke eine weitere spannende Möglichkeit der Selbstvermarktung. Wer sich rechtzeitig einen Platz in diesem wachsenden Markt sichert, der dürfte am meisten davon profitieren. Zumal Sie als Blogger womöglich über sehr viele Informationen verfügen, die bereits aufbereitet und vorformuliert sind, also nur noch der Überarbeitung gemäß des jeweiligen Zielformats bedürfen. Die Erstellung eines solchen speziellen E-Books ist dabei relativ einfach und wer bloggen kann, sollte damit eigentlich keine Probleme haben. Für führende Anbieter wie Amazon Kindle gibt es spezielle, frei verfügbare Werkzeuge, um bestehende Texte in dieses Format zu konvertieren oder eben das E-Book komplett neu darin zu verfassen.

Wenn Sie sich nicht alleine an ein so umfangreiches Projekt – das ein nicht unerhebliches Zeitpensum erfordert – wagen wollen, können Sie sich immer noch mit anderen befreundeten Bloggern oder Experten zusammentun. Jeder Autor kann so sein ganz bestimmtes Know-how einfließen lassen und vergrößert gleichzeitig die potenzielle Leserschaft um das eigene Blogleser-Netzwerk. Nicht ohne Grund haben auch wir dieses Buch zusammen überarbeitet.

9.5.3 Tools, Plug-ins, Add-ons

Viele Blogger verfügen über sehr breite und fundierte technische Kenntnisse. Sie entwickeln gerade in der WordPress-, aber auch Joomla-Szene tolle Werkzeuge und Erweiterungen für befreundete Blogger, die sie kostenfrei zur Verfügung stellen. Auch Michael hat früher selbst Share- und Freeware-Produkte für den PC entwickelt und vertrieben. Er weiß, wie schwierig es ist, über derartige Gratis-Programme Geld zu verdienen. Trotzdem ist es einen Versuch wert, solche selbst programmierten Werkzeuge und Templates zu vermarkten. Und wenn es nur bedeutet, dass die Nutzer freiwillig einen kleinen Obolus entrichten.

Einige Kollegen aus dem deutschsprachigen Raum sind gute Beispiele dafür, wie sich Blogger auf diese Art refinanzieren können, auch wenn es nur ein weiteres Standbein neben dem eigentlichen Blogbetrieb ist. Auch in diesem Buch werden Sie zahlreichen Tools begegnen, die innerhalb der deutschen Blogosphäre entwickelt wurden. Mit etwas Kreativität bei der Vermarktung können die Einnahmen hieraus durchaus noch gesteigert werden. Gleichzeitig steigt Ihre Reputation als Entwickler und auch Blogger. Typische Möglichkeiten der Vermarktung wären in diesem Fall:

- Ein generell kostenpflichtiger Download, wofür das Tool jedoch bereits recht bekannt sein müsste oder zumindest positiv getestet/bewertet und einen deutlichen Mehrwert beziehungsweise ein für alle Nutzer erkennbares Alleinstellungsmerkmal bieten müsste

- Die Bereitstellung einer kostenlosen Basis- oder auch Light-Version, wobei interessante Zusatzfeatures nur in einer Bezahlversion verfügbar sind (siehe beispielsweise das Plug-in »GTranslate« (`http://gtranslate.net/`) für WordPress, Joomla!, Drupal und Magento)

- Bei Bezahlung der eigentlich kostenfreien Version erhält der Nutzer ein zusätzliches Tool als kleines Dankeschön/Extra

- Support wird nur für zahlende Kunden geleistet

- Der Einbau eines freiwilligen Spenden-Buttons (beispielsweise über den Dienst »Flattr« (`https://flattr.com/`), mit Bezahl-Möglichkeiten etwa über PayPal

- Neuere Möglichkeiten wie zum Beispiel `www.paywithatweet.com` zum »Bezahlen« via Twitter oder Facebook, LaterPay (dazu später mehr) oder einem Empfehlungsprogramm wie »ReferralSnip« (`http://app.referralsnip.com/`)

- Nicht materielle Vergütungen, etwa indem Sie Nutzer bitten, einen Erfahrungsbericht in ihrem Blog zu veröffentlichen, oder in Form von (direkt in Ihr Tool integrierten) Links zum eigenen Blog. Dies sollten Sie jedoch stets offen kommunizieren oder diese Möglichkeit per Checkbox zur optionalen Auswahl stellen

Gerade die Option eines Spenden-Buttons nutzen viele Entwickler unseres Erachtens nicht in vollem Umfang aus. Natürlich werden dadurch keine großen Summen zustande kommen, doch es bedarf nur wenig Aufwand, dankbaren Nutzern diese Möglichkeit einzuräumen. Zudem erwarten diese dabei sicherlich keinen persönlichen Dank von Ihnen, eine kleine formlose Meldung, dass Sie die Spende erhalten haben, reicht völlig aus.

Oft ist diese Spendenmöglichkeit auch extrem gut »versteckt« und wird von daher kaum genutzt beziehungsweise der Ablauf der Bezahlmöglichkeit ist so kompliziert, dass die meisten Besucher dann doch lieber abbrechen. Hier sollten Sie also unbedingt messen, wie oft auf einen entsprechenden Spenden-Button geklickt wird und wie viele Zahlungen tatsächlich aus diesen Klicks resultieren. Sind die Abbruchzahlen sehr hoch, hilft es möglicherweise, eine andere Form der freiwilligen Bezahlung anzubieten.

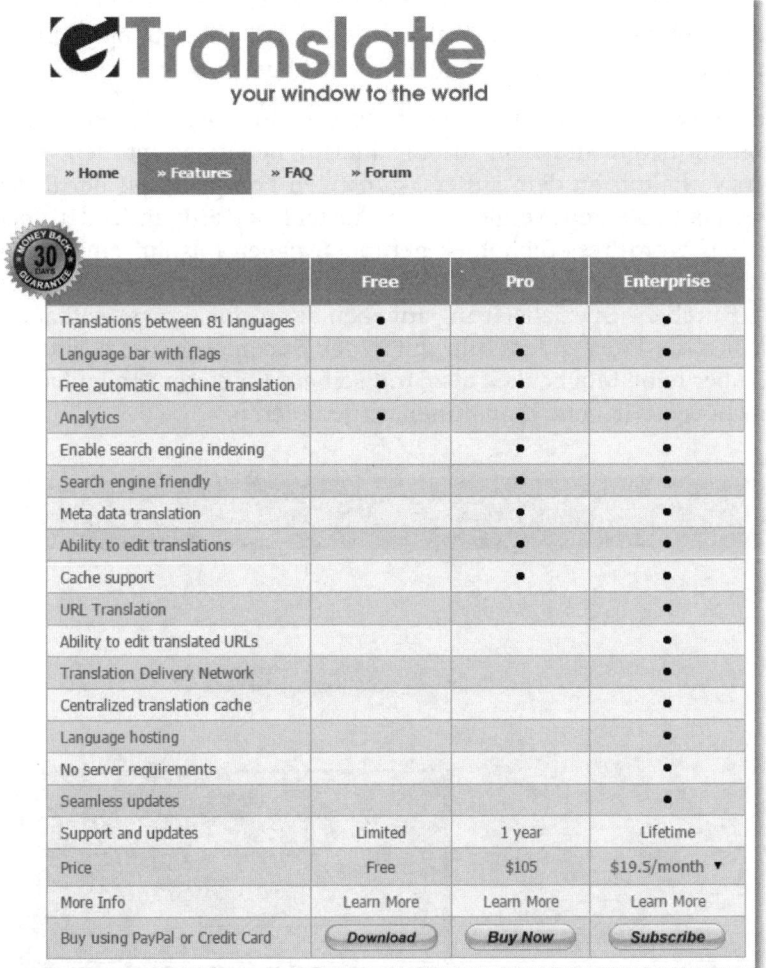

	Free	Pro	Enterprise
Translations between 81 languages	●	●	●
Language bar with flags	●	●	●
Free automatic machine translation	●	●	●
Analytics	●	●	●
Enable search engine indexing		●	●
Search engine friendly		●	●
Meta data translation		●	●
Ability to edit translations		●	●
Cache support		●	●
URL Translation			●
Ability to edit translated URLs			●
Translation Delivery Network			●
Centralized translation cache			●
Language hosting			●
No server requirements			●
Seamless updates			●
Support and updates	Limited	1 year	Lifetime
Price	Free	$105	$19.5/month ▼
More Info	Learn More	Learn More	Learn More
Buy using PayPal or Credit Card	Download	Buy Now	Subscribe

Abb. 9.12: »GTranslate« wird mit einer kostenlosen, einer einmalig kostenpflichtigen Pro- sowie einer monatlich zu bezahlenden Enterprise-Version angeboten.

Die direkte Vermarktung von Web-Tools

Ein schönes Beispiel im Bereich der direkten Vermarktung von Tools ist die Plattform http://slidervilla.com, die von WordPress-Entwicklern aus Indien betrieben wird. Dort werden mehrere Erweiterungen für WordPress-Blogs vertrieben, die ausschließlich dem Zweck dienen, eine äußerst professionell wirkende »Slider«-Funktionalität (eine Art animierte Bildershow) in den eigenen Blog einzubauen. Mit dieser Funktion lassen sich Showcases für die eigenen Referenzen, Projekte oder auch Produkte aufbauen. Die angebotenen Tools kosten dabei jeweils unter zehn Dollar, sind voll konfigurier- und anpassbar, werden durch einen Support unterstützt und lassen jedes Blogportal gleich deutlich werthaltiger wirken.

Natürlich können Sie mit dem entsprechenden Wissen eine solche Funktionalität auch selbst programmieren, die Zeit, die Sie hierfür benötigen würden, steht jedoch in keinem Verhältnis zu dem äußerst günstigen Komplettpreis der *Slider-Villa* – zumal wir bis heute kein vergleichbares kostenloses Plug-in in der doch sehr umfangreichen WordPress-Bibliothek gefunden haben (bis auf ein kostenfreies Modell eben jener Entwickler, das als Werbemittel für die kostenpflichtigen Varianten dient). Durch die Spezialisierung auf eben diese eine Funktionalität der »Slider« dürften sich die Tools zudem sehr gut in den Suchmaschinen positionieren. Eine kleine, aber feine Möglichkeit also, mit seinem (in diesem Falle) technischen Blog-Know-how zusätzliche Einnahmen zu generieren.

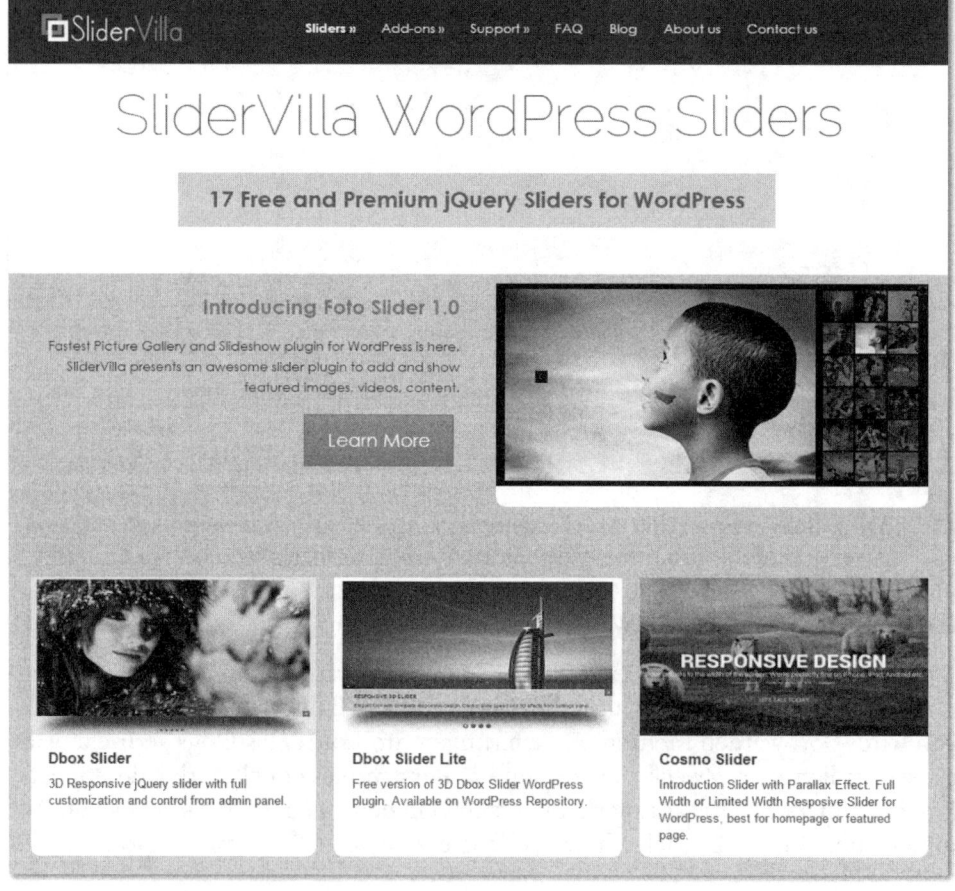

Abb. 9.13: SliderVilla ist spezialisiert auf professionelle Design-Plug-ins zu einem günstigen Preis.

9.5.4 Webdesign

Nicht nur technisches Wissen ist bei vielen Blogbetreibern vorhanden, auch ein ausgeprägtes Verständnis von Design lässt sich sehr oft beobachten. Dies können Sie natürlich prima für die (virale) Bewerbung des eigenen Blogs nutzen, etwa indem Sie gratis Templates, Bannermuster, Social-Media-Buttons, Grafiken, Web-Schriftarten und Weiteres anbieten.

Ist diese Bewerbung erfolgreich, so können Sie dieses Marketingkonzept ausbauen. Entweder, indem Sie erweiterte oder personalisierte Editionen der Buttons etc. kostenpflichtig auf dem eigenen Portal anbieten, diese in einem Grafikshop wie beispielsweise unter `www.designenlassen.de/logoshop/` verkaufen oder aber generell Ihre individuellen Webdesign-Leistungen anbieten.

Zwar ist dieser Markt recht umkämpft, doch gerade ein designtechnisch sehr gut gestalteter Blog kann eine tolle Referenz zur Bewerbung der eigenen Grafikprojekte und -dienstleistungen sein. Es kam durchaus schon vor, dass wir in Bezug auf unser Blogdesign nach dem Designer gefragt wurden.

> **Tipp**
>
> Mit dem WordPress-Toolkit »WooCommerce« (verfügbar unter `http://www.woothemes.com/woocommerce/`) können Sie Ihren Blog sehr einfach um einen Onlineshop erweitern. Beachten Sie bei der Verwendung dieses englischsprachigen Plug-ins jedoch die deutschen Rechtsgrundlagen und verwenden Sie entsprechende (teilweise kostenpflichtige, aber eben notwendige) Erweiterungen wie »WooCommerce Germanized« (`http://vendidero.de/woocommerce-germanized`) oder »WooCommerce German Market« (`https://marketpress.de/product/woocommerce-german-market/`). Michael hat im Rahmen seiner Corporate-Blogger-Tätigkeit einige Tutorials dazu erstellt, wie sich WooCommerce einrichten und nutzen lässt. Siehe beispielsweise `http://mp.gl/wooserie`.

9.6 Blogs oder Blog-Inhalte verkaufen

Wenn Sie mehrere Blogs betreiben, werden Sie irgendwann vor dem »Problem« stehen, dass Sie nicht mehr alle Portale in derselben Form und Qualität pflegen und weiterentwickeln können oder möchten. Sei es aus zeitlichen Gründen, mangelhafterer Umsatzgenerierung einzelner Blogs oder einfach aus der schwindenden Lust heraus, sich mit bestimmten Themen zu befassen. Gute Erfahrungen haben wir in diesem Zusammenhang mit der Weitergabe/Beteiligung oder gar dem Verkauf eines kompletten Blogs machen können, wobei es hierfür unterschiedliche Modelle gibt:

1. Sie verkaufen den gesamten Blog inklusive Domain und der gesamten Technik (Templates, Datenbank etc.) sowie der zugehörigen Inhalte zu einem einmaligen Festpreis.

2. Statt des Festpreises zahlt der neue Inhaber einen bestimmten Anteil der zukünftigen Werbeeinnahmen an den Vorbesitzer, quasi als regelmäßig fällig werdende Provision.

3. Nur einzelne Blog-Inhalte und -Themen werden – ohne die Domain mit zu übertragen – an eines oder mehrere passende Portale abgegeben.

Für alle Beteiligten ist ein vergleichbares Vorgehen ideal, wenn der entsprechende Übernahmevertrag fair und transparent ausgehandelt wird (derartige Details sollten Sie stets schriftlich fixieren und sich bei größeren Summen am besten auch anwaltlich beraten lassen). Denn zum einen bleiben dadurch wertvolle Blog-Inhalte nicht nur erhalten, sie werden sogar weiterentwickelt und erleben vielleicht gerade hierdurch einen völlig neuen Aufschwung. Zudem kann der Verdienst eines solchen kompletten oder teilweisen Verkaufs nicht unerheblich sein. Und nicht zuletzt werden Sie sich nach solch einer Veräußerung noch stärker auf die Vermarktung der übrigen Kernblogs konzentrieren können.

Tipp

Auch hierfür möchten wir Ihnen einen vorbereiteten Mustervertrag des Rechtsanwalts Martin Schirmbachers empfehlen, den Sie (neben weiteren nützlichen Vertragstexten) unter `http://www.haerting.de/de/downloads/vertrags-texte/blogkaufvertrag` abrufen können. Dieser sollte aufgrund der Komplexität der Thematik sowie aufgrund Ihrer ganz persönlichen Situation ebenfalls individuell angepasst werden und ersetzt keine Rechtsberatung.

Der Blog-Käufer (der bereits über einige Erfahrung im Umgang und in der Vermarktung mit Blogs haben sollte, um den tatsächlichen Wert eines Portals einschätzen zu können) profitiert ebenfalls gleich mehrfach durch die Übernahme eines bestehenden Portals: Zum einen startet er mit einem vielleicht schon seit Längerem geplanten Blog-Thema nicht gleich bei null, da bereits bestimmte Einnahmen und/oder regelmäßiger Besuchertraffic vorliegen (beides sollten Sie sich stets vom Verkäufer bestätigen lassen). Zum anderen verfügt er danach gegebenenfalls über eine wertvolle Domain sowie eine zusätzliche Linkquelle. Letzteres sollte bei einem fairen Handel jedoch nie im Vordergrund stehen, es sei denn, beiden beteiligten Parteien ist bewusst, dass nicht die Inhalte des Blogs, sondern der Wert der Domain im Vordergrund stehen.

Interessant ist nun jedoch die Frage, welche Möglichkeiten es gibt, um die Veräußerung Ihres Blogs zu bewerben und einen geeigneten Käufer oder Betreiber für ein nicht mehr gepflegtes Blogprojekt zu finden.

9.6.1 Bekanntgabe im eigenen Blog

Unseres Erachtens ist die beste und zugleich einfachste Möglichkeit, den Verkauf des Blogs bekannt zu geben, eine Verkaufsannonce im betreffenden Blog und gegebenenfalls auf weiteren Portalen des eigenen Blognetzwerks. Zum einen sprechen Sie damit potenzielle Käufer oder Betreiber an, die am Blog-Thema interessiert sind und sich darin auch auskennen – was schließlich eine der wichtigsten Voraussetzungen für eine erfolgreiche Übernahme darstellt – und zum anderen können Sie die Beschreibung des Blogs sowie die Beweggründe für den Verkauf desselben ganz nach Ihren eigenen Vorstellungen gestalten. In einem solchen Aufruf sollten folgende Informationen enthalten sein:

- Die wichtigsten Kennzahlen wie das Alter des Blogs und/oder der Domain, die Anzahl der Beiträge, die Zahl der momentanen monatlichen Besucher/Seitenaufrufe sowie die Besucherentwicklung in der Vergangenheit
- Eine grobe Übersicht der Einnahmen und deren Quellen (welcher Anteil stammt aus reinen Klick-Programmen, welcher aus Affiliate-Einnahmen, der Eigenvermarktung etc.)
- Die genauen Gründe für den Verkauf, beispielsweise Zeitmangel, zu wenig Wissen auf dem jeweiligen Fachgebiet oder aber auch, dass die Einnahmen hinter den Erwartungen zurückgeblieben sind. Um späteren Ärger vermeiden zu können, sollten Sie diese transparent und ehrlich kommunizieren
- Etwaige Bedingungen beim Verkauf (was wird alles übergeben und was nicht, welche Rechte Dritter bestehen unter Umständen in Teilen des Blogs wie etwa beim Design, soll es sich um einen Komplettverkauf oder eine Veräußerung gegen Provision handeln etc.)
- Gegebenenfalls auch schon eine erste preisliche Vorstellung

Auf keinen Fall verschweigen sollten Sie dabei eventuelle Probleme mit dem Blog, die vielleicht mitentscheidend für dessen Verkauf sind. Solange Sie stets mit legalen Mitteln bei der Suchmaschinenoptimierung gearbeitet haben, wird dies einen vernünftigen Käufer auch nicht abschrecken, im Gegenteil sorgt es eher für ein Mehr an Vertrauen und Authentizität. So können Sie beispielsweise durchaus erwähnen, dass der Blog aufgrund zu vieler Affiliate-Einbindungen beim Panda-Update von Google »abgestürzt« ist (siehe Abschnitt 6.3). Der (erfahrene) Käufer kann sich in einem solchen Fall ein Bild davon machen, welche Arbeiten für einen erfolgreichen Neustart notwendig sind, aber auch davon, welches Potenzial in dem jeweiligen Blog steckt.

9.6.2 Verkaufsbörsen

Möchten Sie indessen eher etwas »anonymer« vorgehen oder sich speziell an andere Blog- und Portalbetreiber wenden, so gibt es mehrere Plattformen und Dienstleister im deutschsprachigen Raum, die einen solchen Verkauf unterstützen. Einige seien hier kurz vorgestellt:

bloggerjobs.de

Unter der Rubrik BLOGMARKT finden sich bei »Bloggerjobs« http://www.bloggerjobs.de/jobs/blogmarkt/) sowohl interessante Angebote als auch Gesuche zum Thema Blogverkauf. Eine Anzeige können Sie kostenlos einstellen und die erste Kontaktaufnahme erfolgt zunächst anonym über ein Kontaktformular. Dies ist insbesondere dann wichtig, wenn nicht unbedingt publik werden soll, dass ein bestimmtes Blogportal zum Verkauf steht.

Mabya

Als »Marktplatz für den Kauf und Verkauf von Onlineprojekten« ist dieses Portal hauptsächlich im Bereich Blogs und Onlineshops aktiv, wobei das Angebot dort noch relativ überschaubar ist. Erwähnenswert ist hingegen, dass eine anteilige Provision erst nach dem tatsächlich erfolgten Verkauf – und dies auch nur ab einem bestimmten erzielten Endpreis – fällig wird.

Sedo

Der wohl bekannteste Anbieter seiner Art; »Sedo« (www.sedo.de) ist eine Handelsplattform für Domains, aber auch komplette Webprojekte, egal ob Blogs oder sonstige Portale. Nach Angaben der Anbieter handelt es sich um den »weltweit größten Handelsplatz für Internetadressen«, was darauf schließen lässt, dass der Schwerpunkt eher auf reinen Domains als auf kompletten Projekten liegt. Nicht selten scheitert der reine Domainverkauf auf solchen Plattformen jedoch an den relativ stolzen Preisvorstellungen der bisherigen Inhaber. Falls Sie es als Verkäufer nicht eilig haben, können Sie es durchaus auf einen entsprechenden Versuch ankommen lassen.

eBay

Nach wie vor können Sie bei eBay unter dem Punkt GESCHÄFTSVERKÄUFE & DOMAINS Web- und eben auch Blogprojekte zur Auktion freigeben oder auch zum Festpreis verkaufen. Kritisch betrachten sollten Sie dabei die Qualität der »Mitbewerber«, da sich dort auch zahlreiche mehr oder weniger unseriöse Angebote tummeln, etwa zum Thema Pagerank- und Backlink-Verkauf. Zudem sorgt das vorhandene Angebot von Internetpräsenzen zum Schnäppchen-Fixpreis von »24,99 Euro« nicht gerade für Vertrauen. Dennoch gab es dort in der Vergangenheit bereits sehr prominente und positive Beispiele für Blog-Verkäufe, die dann sogar auf ein entsprechendes Medieninteresse stoßen können.

Sonstige Dienstleister

Geben Sie bei Google etwa Blog verkaufen ein, stoßen Sie auf mehrere Dienstleister, die versprechen, Blogs im Kundenauftrag zu veräußern. Die meisten dieser Angebote wirken jedoch unprofessionell und vor allem unseriös, hier ist also Vorsicht geboten. Vor allem wenn Ihnen daran liegt, dass Ihr Blogportal inhaltlich weiterbetrieben wird.

9.6.3 Verkauf an/über befreundete Blogs und Blogger

Bei interessanten und für die Leser relevanten Projekten, bei denen es nicht ausschließlich um den Wert der Domain geht, hat Michael auch auf einen zum Verkauf stehenden Blog Dritter geboten. Auch anderweitig lässt sich die Blogosphäre für ein fundiertes Verkaufsvorhaben prima nutzen. Zum einen können Sie, wenn es mehr um den Fortbestand des Blogs geht, durchaus Blogger mit ähnlichen Themengebieten aktiv ansprechen. Vielleicht sind diese an einer Übernahme interessiert oder kennen eine geeignete Person? Auch entsprechende Kommentare in thematisch passenden Blogbeiträgen – in denen Sie Ihre Verkaufsabsichten darlegen und vielleicht sogar erst einmal diskutieren lassen – können hierbei sehr hilfreich sein.

Auch Veranstaltungen und Events für Blogger bieten sich als Plattform an, genauso wie eine höflich formulierte Rundmail an wirklich gut befreundete Blogger. Der Vorteil dabei ist, dass Sie gleichzeitig wichtige Details erfahren, etwa wie diese Freunde zum Verkauf des Blogs stehen, welche Chancen diesem eingeräumt werden oder für wie wertvoll das Blogportal überhaupt geschätzt wird. Nicht selten ergeben sich dabei auch ganz andere Möglichkeiten und Kooperationen zur Weiterführung eines eigentlich bereits aufgegebenen Blogs, an die Sie ursprünglich gar nicht gedacht hatten.

9.6.4 Den Blogwert ermitteln

Bei dem ganzen Thema Blogverkauf sollten Sie sich nicht der Illusion hingeben, darüber möglichst schnell und bequem »das große Geld« machen zu können. Natürlich gibt es einige prominente Beispiele von Blogveräußerungen in Deutschland, Österreich oder der Schweiz, die weit mehr als ein »Taschengeld« einbrachten. Bis in den fünfstelligen Bereich und mehr kann dies bei einem etablierten Weblog gehen, wie die viel diskutierte Veräußerung des deutschsprachigen Blogs *Basic Thinking* Anfang 2009, der für die damals stolze Summe von beinahe 50.000 Euro seine Besitzer wechselte (siehe www.basicthinking.de/blog/2009/01/06/basic-thinking-verkaufen/). Dies wird aber wohl eher die Ausnahme bleiben, zumal es bei einem derart gut funktionierenden Projekt nur selten Gründe geben dürfte, warum der Betreiber es nicht mehr selbst weiterführen möchte.

Dennoch müssen Sie sich auch bei kleineren zu erwartenden Summen die Frage stellen, was Sie überhaupt verlangen können. Natürlich hängt dies stark von den jeweiligen Randbedingungen ab, doch für einen kleinen Blog, der in einem lukrativen Nischenthema liegt und kontinuierlich starke Steigerungsraten aufweisen kann, werden Sie mehr verlangen können als für ein ähnlich besucherstarkes Portal, dessen Traffic-Entwicklung seit Monaten stagniert. Und ein ertragreicher sowie mit guten Backlinks ausgestatteter Finanzblog kann gut und gerne das Zehnfache eines vergleichbaren Lifestyle-Blogs einbringen.

Als Ausgangsbasis der Kalkulation sind etwa die bisherigen jährlichen Gesamteinnahmen eines Blogs hilfreich, deren zwei- bis dreifacher Wert ein realistisches Verkaufsangebot darstellt. In begründeten Ausnahmefällen auch deutlich mehr.

Beispiel

Verdienen Sie mit Ihrem zum Verkauf stehenden Elektronikblog etwa 900 Euro im Jahr durch AdSense-, Affiliate- und sonstige Einnahmen und legen den Faktor drei zugrunde, so würden Sie auf einen durchaus realistischen Verkaufspreis von bis zu 2.700 Euro kommen (eine entsprechende qualitative und quantitative Inhaltsmenge des Weblogs natürlich vorausgesetzt). Der Käufer weiß dann, dass sich diese Investition nach etwa drei Jahren amortisiert haben kann, angenommen die Einnahmen bleiben gleich (was bei einem Blog, der gut weiterpflegt und nicht in irgendeiner Form von Google abgestraft wird oder wurde, durchaus vorausgesetzt werden kann). Steigert der neue Besitzer hingegen die Produktivität dieses vielleicht schon seit Längerem brachliegenden Portals durch zusätzliche Marketinginvestitionen und die regelmäßige Veröffentlichung neuer Beiträge, so kann sich solch ein Angebot natürlich auch deutlich früher rechnen.

Falls Sie sich nun fragen, was eigentlich mit einem Blog passiert, den Sie zwar nicht verkaufen, aber auch nicht weiter pflegen, so hat uns unsere eigene Erfahrung Folgendes gelehrt:

- Zunächst einmal passiert in den ersten Wochen und Monaten erstaunlich wenig, selbst die Besucherzahlen können sogar nahezu konstant bleiben – je nachdem, ob Sie diese zuvor hauptsächlich über Suchmaschinen oder als Stammleser über neue Beiträge generieren konnten.

- Im Affiliate-Bereich werden dann jedoch die Einnahmen zunehmend weniger oder können nach drei bis sechs Monaten sogar gänzlich ausfallen, weil Werbemittel nicht mehr gepflegt werden, veraltete Informationen enthalten oder weil aufgrund von Produktänderungen und Innovationen inzwischen nicht mehr danach gesucht wird. Gerade im Elektronik- oder IT-Zubehörbereich kann ein solcher Effekt bereits nach kurzer Zeit eintreten.

- Google-AdSense-Einnahmen und ähnliche Werbeprogramme werden meist nicht im gleichen Maßstab zurückgehen, dennoch steigt mit jedem neuen Monat ohne Veränderung die Gefahr, dass Google und andere Suchmaschinen den entsprechenden Blog in seiner Wertigkeit herabstufen und dann natürlich auch die Besucherzahlen wegbrechen. Spätestens dann – solange eben dieses Portal noch attraktiv genug ist und entsprechende Besucherzahlen generiert – sollten Sie überlegen, ob der Verkauf des Portals nicht doch die lohnenswertere Alternative für Sie ist.

9.7 Blog-Consulting

Der Begriff des Blog-Consultings klingt für einige vielleicht ein wenig überzogen, trifft den Sinn im Grunde aber ganz gut. Mit zunehmender Verbreitung und Professionalisierung von Weblogs jeglicher Art – egal ob im privaten, halbprivaten oder Firmenumfeld – sind Blog-Spezialisten gefragter denn je. Ob als Entwickler, Designer, Vermarktungsberater oder Corporate-Blog-Redakteur – es gibt unzählige Möglichkeiten, wie Sie von diesem immer weiter wachsenden Markt profitieren können. Selbst die ersten spezialisierten Headhunter und Personalvermittlungen – meist aus dem Bereich Marketing – sind für diverse Klienten mittlerweile auf der Suche nach vergleichbaren Spezialisten, wenngleich ein solcher Job dann nicht schlicht »Blogger«, sondern »Social-Media-Experte« oder Ähnliches genannt wird.

Bei uns war es übrigens nicht anders: Robert begann – aus reiner Neugier und Interesse am Thema – zu bloggen und wurde nach weniger als zwei Jahren von einem mittelständischen Unternehmen als »Social-Media-Experte« und Corporate Blogger rekrutiert.

Michael hat ursprünglich einfach nur mehrere Blogs betrieben. Blog-Dienstleister ist Michael erst dadurch geworden, dass ihn ein Leser fragte, wer denn »diesen Internetauftritt« programmiert habe, da er nach einer ähnlichen Lösung suche. Er meinte damit das von Michael selbst erstellte Blogportal auf WordPress-Basis. Zunächst bot er die komplette Erstellung von Blogs und »regulären« Webseiten (denn dem Außenstehenden ist dieser Unterschied nicht immer explizit zu vermitteln, was jedoch bei den meisten Projekten auch nicht kritisch ist) an. Etwa für Unternehmen, Selbstständige, Freiberufler oder andere eher redaktionell orientierte Blogger mit wenig Zeit oder Wissen für die eigenständige Programmierung und Anpassung von WordPress-basierten Blogsystemen.

Heute konzentrieren wir uns beide auf die inhaltliche Beratung und entsprechende Schulungen, Robert beschäftigt sich zudem intensiv mit der Design-Optimierung von Blogs (in Hinblick auf den Marketing-Erfolg).

Sollten Sie auf ein ähnliches zweites Standbein setzen wollen, werden Ihnen entsprechende Aufträge natürlich nicht immer »zufliegen«, sodass eine gewisse Akquisetätigkeit durchaus notwendig ist. Doch auch hierfür können Sie Ihre eigenen Blogs nutzen, sie stellen eine ideale Referenz dar (wir erinnern an das Beispiel von Sandra Holze, siehe Abschnitt 4.3.6).

Tipp

Auch Anbieter von professionellen WordPress-Themes kooperieren oft mit freien Entwicklern und empfehlen diese weiter, wenn ihre Kunden Anpassungen wünschen, die über den normalen Theme-Support hinausgehen. Hieraus können sich durchaus lohnenswerte Kooperationen entwickeln, wenn Sie den Theme-Anbieter im Erfolgsfall prozentual am Auftragswert beteiligen.

Zugleich könnten Sie darüber nachdenken, ein eigenes Partnerprogramm zur Bewerbung Ihrer Blog-Dienstleistungen aufzusetzen, wobei Sie dem Vermittler (Affiliate) bei Zustandekommen eines Leads oder eines konkreten Auftrags eine entsprechende Provision zahlen.

Nehmen Sie die ersten Hürden der Akquise erfolgreich, so verfügen Sie nicht nur über eine – gerade für die hauptberufliche Blogger-Existenz – wichtige zweite und von den sonstigen Refinanzierungsmodellen unabhängige Einnahmequelle, sondern können zudem bei Firmenkunden durchaus lohnenswerte Stunden- beziehungsweise Tagessätze bis in den vierstelligen Bereich hinein durchsetzen (also ähnlich wie bei sonstigen IT-Consulting-Dienstleistungen).

Und je mehr externe Projekte Sie neben den eigenen Portalen verwirklichen – wenn auch zunächst vergünstigt oder gar kostenlos und ausschließlich im Freundes- und Bekanntenkreis, umso mehr Empfehlungen können Sie bei der zukünftigen Akquise vorweisen.

In eine ähnliche Richtung geht auch der WordPress-Theme-Anbieter »Studiopress« (`http://market.studiopress.com/themes`), bei dem Sie Ihre eigenen, auf Studiopress-Basis kreierten und verfeinerten Templates vermarkten können. Gerade für Theme-Entwickler ist dies eine weitere Gelegenheit für einen Zusatzverdienst, zumal sich auch hierüber wieder neue Projekte ergeben können, wenn der Käufer eines solchen vorgefertigten Themes gleich noch einen Spezialisten sucht, der ihm dieses Design implementiert und möglicherweise noch weiter anpasst. Auch Verzeichnisse wie `www.wp-theme-base.de` oder `www.mhthemes.com/de/` kommen unter Umständen für die Vermarktung solcher Eigenkreationen infrage, sofern sie professionell genug und »massentauglich« sind.

Ihr Blog-Consulting können Sie ebenfalls auf zahlreiche Unterbereiche spezialisieren, mit denen Sie teilweise eine noch kleinere und damit exklusivere Zielgruppe erreichen. Vergleichbare Dienstleistungen im eigenen Beratungsportfolio könnten beispielsweise sein:

- Anwenderschulungen für die Nutzung von WordPress, Joomla! & Co. Vor allem im Firmenumfeld (für Corporate Blogger) dürfte eine solche Variante – entsprechende Kenntnisse und Referenzen Ihrerseits vorausgesetzt – recht gute Chancen haben.

- Seminare zu Themen wie Blog-Marketing, Blog-SEO, Content-Erstellung und -Vermarktung, Social Media, Webdesign etc.

- Wartung, Aktualisierung und Erweiterung bereits vorhandener WordPress- und sonstiger Instanzen

- Supportverträge für Firmen, die den technischen Betrieb ihres Blogportals möglichst auslagern wollen.

- Sie stellen Ihr Expertenwissen zum Thema Shopsysteme auf Blogbasis oder Foren mit Blogtechnologie zur Verfügung, um anderen Bloggern und Unternehmen beim technischen und inhaltlichen Aufbau solcher Nischenthemen behilflich zu sein.

Tipp

Wenn Sie Stellenausschreibungen öffentlicher und privater Bildungsträger unterschiedlichster Art betrachten, so ist auch hier der Trend hin zu Blogs erkennbar, und sei es auch nur in Begleitung eines ähnlichen Themas aus dem Umfeld des Web 2.0. Es ist also durchaus im Bereich des Möglichen, dass Sie auch in diesem Bereich aktiv werden, um beispielsweise selbst E-Learning-Kurse anzubieten oder anderen in diesem Bereich als Experte zur Verfügung zu stehen – ob an Fortbildungsinstituten, in Unternehmen, an Fachhochschulen, in Medieninstituten oder sogar an Universitäten. Da sich nur wenige Blogger an eine solche Thematik herantrauen, dürften Ihre Chancen nicht schlecht stehen, sich über eine vergleichbare Aufgabe hervorzutun – und neben Ihrer eigenen Reputation auch das Expertenwissen stets weiter auszubauen.

Im Corporate-Blog-Bereich bietet sich bei jedem Vertragsabschluss zur Implementierung eines Firmenblogs zudem eine weitere Chance, denn die meisten Unternehmen und Marketingverantwortlichen planen, den Aufbau und die Pflege der zugehörigen Inhalte durch eigene Mitarbeiter vorzunehmen. Erfahrungsgemäß scheitert dieser Vorsatz jedoch oft an zu geringen eigenen personaltechnischen Kapazitäten, eben weil ein guter Corporate Blog nicht einfach so »nebenbei« läuft. Dann können Sie als weitere Consultingleistung bei der Suche nach einem geeigneten Fachautor behilflich sein oder sogar die komplette Redaktion in Auftragsarbeit übernehmen. Einen besseren Experten können sich viele Unternehmen für diese Aufgabe gar nicht vorstellen, vorausgesetzt natürlich, der engagierte Blogger vertritt das Themengebiet der Firma auch mit Expertise und der nötigen Leidenschaft. Sollten Sie selbst nicht über das entsprechende Themen-Know-how verfügen, dann lohnt es sich, über die Zusammenarbeit mit einem freien Autor nachzudenken.

Oder – bei entsprechender Größe des Firmenblogs – sogar eine Teil- beziehungsweise Vollzeitkraft einzustellen. Vergessen Sie nicht, dass Sie als erfolgreicher Blogbetreiber sehr begehrte Kenntnisse darüber haben, wie sich ein (Corporate) Blog möglichst gut vermarkten lässt. Dies kann auch über das reine Implementierungsprojekt hinaus hilfreich sein, um aus dieser ursprünglich zeitlich befristeten Kundenbeziehung eine dauerhafte Zusammenarbeit zu entwickeln.

Für andere Blogs schreiben

Dass Sie – zusätzlich zu Ihrem eigenen Blog – auch für andere schreiben sollen, hört sich zunächst vielleicht ein wenig widersprüchlich an. Doch bezahlte Schreibaufträge können, in Abgrenzung zu den in Abschnitt 8.2.6 beschriebenen Gastbeiträgen, besonders im Firmenumfeld eine weitere lukrative Einnahmequelle darstellen.

Angenommen Sie sind ein Experte auf einem bestimmten Fachgebiet und betreiben erfolgreich einen eigenen Blog. Um Ihre Expertise beziehungsweise Ihre Reputation in der jeweiligen Fachwelt weiter auszubauen, müssen Sie das Thema weiter diversifizieren, würden sich mit einem zweiten, ähnlichen Portal aber höchst wahrscheinlich selbst Konkurrenz machen. In diesem Fall ergibt es durchaus Sinn, für andere relevante Internetportale zu diesem Thema zu schreiben und sich dadurch gleichzeitig ein weiteres finanzielles Standbein aufzubauen.

Sind Sie wirklich ein Experte auf Ihrem Gebiet, werden andere (Corporate) Blogbetreiber unter Umständen ein großes Interesse daran haben, Sie gegen Bezahlung für sich schreiben zu lassen, ohne dass dies Ihrem eigenen Portal allzu viel Konkurrenz bereitet. Etwa dann, wenn dieser andere Blogbetreiber sein Themengebiet erweitern möchte, nicht mehr über genügend Zeit verfügt, um seinen Weblog auf dem Laufenden zu halten, oder aber mit Ihren Artikeln sein eigenes Blog-Renommee erweitern will.

Beispiel

Ein gutes Beispiel hierfür ist Bjoern Tantau, der zwar sein eigenes Magazin für Online-Marketing betreibt, gleichzeitig aber auch eine thematisch passende Kolumne für *t3n* schreibt.

Das umgekehrte Szenario ist übrigens ebenfalls denkbar: Der – vielleicht nur teilweise ausgelastete – Corporate Blogger baut in Abstimmung mit seinem Unternehmen nebenbei ein eigenes Blogportal auf, wodurch sich unter Umständen sogar der eine oder andere gegenseitige Synergieeffekt ergibt. Vielen Firmen dürfte dieses Szenario lieber sein, als dass sich ihr wertvoller Mitarbeiter eines Tages dazu entscheidet, von der Festanstellung komplett in die Selbstständigkeit mit ausschließlich eigenen Projekten zu wechseln.

9.8 Sonstige Möglichkeiten der Monetarisierung

Einige weniger verbreitete und bekannte Ansätze zur Refinanzierung von Blogs möchten wir Ihnen nachfolgend in einer kleinen Übersicht darstellen – allen voran das Konzept kostenpflichtiger Inhalte.

Exklusiver »Paid Content«

Einige namhafte Blogs bieten besonders ausführliche und exklusive Beiträge in einer kostenpflichtigen Sektion an. Das bedeutet, dass neben dem frei zugänglichen Blogbereich weiterführende Inhalte (etwa über ein Passwort geschützt) nur zahlenden Premium-Mitgliedern zugänglich sind. Auch dauerhaft interessante Archivartikel werden auf diese Weise von manchen Bloggern vermarktet.

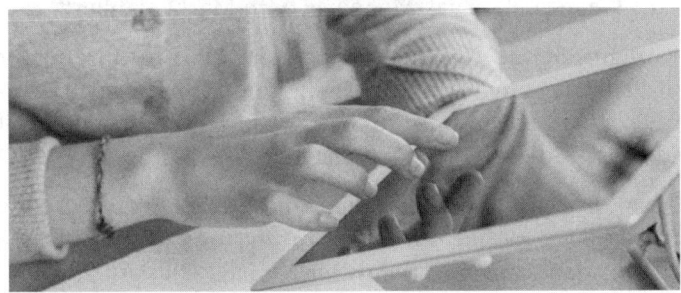

Abb. 9.14: Premium-Inhalte auf eisy.eu sind nur registrierten (und zahlenden) Lesern zugänglich.

Vor allem unter begehrten SEO- und »Geld verdienen im Internet«-Blogs ist dieser Ansatz recht weit verbreitet. Gerade bei Inhalten mit einem deutlichen Alleinstellungsmerkmal lässt sich diese Art der Vermarktung jedoch für alle möglichen Themengebiete vorstellen.

Als Bezahlmodelle bietet sich entweder eine pauschale Einmalzahlung an, die den kompletten zukünftigen Zugriff auf diese Premium-Inhalte ermöglicht, eine monatliche Gebühr oder ein festgelegter Preis pro Artikel-Download beziehungsweise pro Zugriff (für besonders umfangreiche und werthaltige Beiträge).

Ein geeigneter Dienstleister für die Zahlungsabwicklung könnte das Münchner Start-up »LaterPay« (`https://laterpay.net/`) sein. Nach dem Prinzip »Read now. Pay later«, was übersetzt so viel bedeutet wie »jetzt lesen, später bezahlen«, können Nutzer derartige Premium-Inhalte mit nur zwei Klicks frei konsumieren und müssen erst bezahlen, wenn ein festgelegter Betrag (etwa 5 Euro) überschritten wird. Ähnlich wie beim Dienst Flattr hat also jeder Nutzer von LaterPay ein Kundenkonto, über das jegliche Bezahlabsichten getrackt und zum entsprechenden Zeitpunkt abgerechnet werden. Dieses Prinzip vereinfacht die Nutzung und erhöht damit insgesamt die Chance, dass das Modell sich im Markt etabliert.

Der Journalist Richard Gutjahr, der seinen Blog `www.gutjahr.biz` während der Entwicklungszeit als Test-Plattform zur Verfügung stellte und LaterPay auch darüber hinaus als Berater unterstützt, hat bisher durchaus positive Erfahrungen mit Paid Content an sich und speziell diesem Dienst gemacht:

> *»Anfangs hatte ich Angst, mir einen veritablen Shitstorm einzufangen, wenn ich anfange, einzelne Blogposts von meinen Lesern bezahlen zu lassen. Zu meiner Überraschung musste ich feststellen, dass meine Sorge unbegründet war. Im Gegenteil: Den Kommentaren zufolge hatten die Leser offenbar kein Problem mit der Bezahlung als solches. Vielmehr entbrannte eine Diskussion darüber, was wohl ein angemessener Preis wäre. Hier gab es gleich die zweite Überraschung: Nicht wenige meinten nämlich, ich sei mit meinen Preisen (ca. 30 Cent pro Artikel) zu billig, sie hätten auch mehr bezahlt. Im Schnitt mache ich heute mit meinen LaterPay-Artikeln zwischen 80 und 100 Euro. Was mich in meiner Grundthese bestätigt: Solange der Bezahlvorgang für den Leser bequem und unkompliziert ist, Preis und Inhalt stimmen, lässt sich im Netz sehr wohl Geld verdienen. Zugegeben, keine Riesen-Summen, aber wenn man mal vergleicht, was Tageszeitungen heutzutage freien Autoren für ihre Texte bezahlen, kann sich das echt sehen lassen.«*

Einbindung bezahlter Videoinhalte

Relativ neu, oder sagen wir »ungenutzt« auf dem Onlinewerbemarkt ist die Möglichkeit, sich eigene Videoinhalte »sponsern« zu lassen, etwa auf einem Videoblog. Das Ganze funktioniert teilautomatisiert, indem Sie in selbst erstellte Videoclips möglichst passende Bewegtbild-Werbung einbinden, die dann etwa zu Beginn der eigentlichen Inhalte gezeigt wird. Dieses Prinzip ist aus immer mehr kleineren, aber auch größeren Plattformen bekannt, die ihre Videodarstellungen auf diese Weise refinanzieren, wobei auch unterschiedliche Bezahlmodelle möglich sind (Bezahlung je Videoaufruf oder auf einen bestimmten Werbemittelklick hin).

Für Blogbetreiber bietet sich in diesem Zusammenhang der hierauf spezialisierte Dienst »Teads« (http://teads.tv/, ehemals »ebuzzing«) an, über den Sie unterschiedliche Video-Werbeformate in Ihren Blog integrieren können – von der einfachen Einbindung innerhalb des Blogartikels über die Anzeige außerhalb des Inhaltsbereichs bis hin zur fixierten Werbeeinblendung am unteren Bildschirmrand. Einen ähnlichen Ansatz verfolgt beispielsweise der internationale Dienst »Be On« (http://beon.aolplatforms.com/de/), der Webseitenbetreiber dafür bezahlt, dass sieWerbeclips namhafter Unternehmen in den eigenen Webseitenkontext einbinden.

Geschlossene Blogs

Eine extreme Form der exklusiven Content-Vermarktung sind komplett geschlossene Blogs. Inhalte werden dort zunächst nur über einen kurzen Text angerissen, den vollständigen Artikel kann der Leser dann nur als Mitglied beziehungsweise gegen Bezahlung einsehen.

Während es in den USA bereits mehrere solcher Projekte gibt, ist eine gewisse Zurückhaltung hierzulande kaum verwunderlich, widerspricht die komplett gesperrte Blogoberfläche doch dem ursprünglichen Grundprinzip der Blogosphäre von stets frei zugänglichen Informationen. Und während lediglich teilweise exklusiv angebotene Inhalte durchaus den einen oder anderen Anhänger finden dürften, da es dort immer auch frei verfügbare Blogbeiträge gibt, so wird sich dieses durchgängige Bezahlmodell wohl nur schwer durchsetzen und vor allem kaum mittels konventioneller Blog-Vermarktungstechniken zu bewerben sein.

Eventuell könnten mit der zunehmenden Verbreitung von E-Book-Readern, Tablet-PCs etc. zunehmend auch kleinere Zeitschriftenverlage auf diesen dann durchaus lukrativen Markt vorstoßen, wobei eine der einfachsten technischen Grundlagen hierfür sicherlich ein kostenpflichtig zugänglicher Blog als Medium wäre. Dennoch hat dies unserer Meinung nach mit dem Bloggen an sich nicht mehr viel zu tun.

VG Wort

Bei der Verwertungsgesellschaft Wort (kurz VG Wort, www.vgwort.de) handelt es sich um eine Institution, bei der sich Autoren und Verlage zur gemeinsamen Verwertung von Urheberrechten zusammengeschlossen haben. Die Einnahmen, die aus unterschiedlichsten Quellen nach dem Urheberrechtsgesetz stammen – etwa aus allen möglichen »öffentlichen Wiedergaben eines erschienenen Werks« und sogenannten Zweitnutzungsrechten wie einer Abgabe auf Kopiergeräte und dergleichen – werden nach einem bestimmten Schlüssel auch an teilnehmende Autoren verteilt. Dabei handelt es sich jedoch nicht nur um Romanautoren, Offline-Journalisten und dergleichen, auch Onlinemedien können grundsätzlich einen Anspruch auf Entlohnung aus diesem Umlagetopf haben.

Der Service der VG Wort kann teilweise auch von Bloggern genutzt werden, siehe www.vgwort.de/verguetungen/auszahlungen/texte-im-internet.html. Die Grenzen für eine Teilnahme sind jedoch relativ eng gefasst, neben einem »Mindestumfang von 1.800 Anschlägen« je Text (dies gilt pro Artikel und entspricht 1.800 Zeichen inklusive der Leerzeichen) muss zudem ein eigenes Reporting-Instrument, ein sogenanntes Zählpixel in jedem infrage kommenden Beitrag eingebaut werden. Nur so kann gegenüber der Verwertungsgesellschaft die Reichweite – in diesem Fall die einzelnen Artikelabrufe – nachgewiesen werden, die neben der Textlänge eine Grundlage für die eventuelle Vergütung aus dem Umlageschlüssel darstellt. Nicht zuletzt muss auch ein gewisser Schwellenwert bei diesen Abrufzahlen (Visits) der jeweils erfassten Artikel erreicht werden, damit Sie überhaupt in den Genuss einer Vergütung kommen können.

Unterschätzen Sie als Blogger nicht die Möglichkeiten einer Gewinnbeteiligung über die VG Wort, erst recht nicht, wenn Sie hochwertige und umfangreiche Inhalte jeglicher Art bereitstellen. Die durch die VG Wort veröffentlichten Beteiligungs- und Auszahlungsquoten ergaben für das Jahr 2014 eine Standardausschüttung für Internetseiten ab 10 Euro aufwärts und dies bereits ab einem Schwellenwert von 1.500 erfolgten Zugriffen je bemessenem Beitrag, der somit doch von einigen Blogs erreicht werden kann. Hinzu kommt teilweise sogar noch eine Sonderausschüttung für alle Autoren entsprechender online publizierter Texte.

Plista

Bei Plista (www.plista.com) handelt es sich um eine vor allem für mittelgroße bis größere Internetportale sehr spannende Vermarktungsform. Das Unternehmen wurde 2008 in Berlin gegründet und ist derzeit bei Publishern wie beispielsweise der Süddeutschen Zeitung im Einsatz. Doch auch in vielen Blogs wird Plista bereits verwendet. Ähnlich wie bei Google AdSense, jedoch auf eine natürlichere und der restlichen Blog-Gestaltung entsprechenden Art und Weise (etwa mit einem Bild sowie einem kurzen Teaser-Text) werden dabei Werbeanzeigen als Leseempfehlung zur Verfügung gestellt. Klickt ein Besucher auf solch eine Empfehlung, wird dies vergütet. Die komplette Anzeigensteuerung erfolgt durch den Berliner Dienstleister, Sie müssen lediglich ein sehr schlankes Plug-in in den eigenen Blog einbauen, um diese Funktionalität zu übernehmen.

Einzelne Plista-Werbeformate werden zwischen die internen Artikelempfehlungen eingebunden und stehen somit – gekennzeichnet als Werbung – in einem redaktionellen Kontext. Hierdurch kann eine teilweise erstaunlich hohe Erfolgsrate erzielt werden. Bei einigen von Michaels Blogs waren diese sogar deutlich höher als die Einnahmen vergleichbarer AdSense-Werbeflächen, wobei das doch sehr vom jeweiligen Blog-Thema abhängt.

Abb. 9.15: Beispiel für eine Plista-Einbindung – zwischen weiterführenden Beiträgen werden einzelne Werbeblöcke gelistet.

Neben diesen kontextuellen Werbeformen (*Recommendation Ads* genannt) bietet Plista auch weitere Formate wie sogenannte *PictureAds* an, was eventuell für Blogger im Fotobereich interessant sein könnte. Fährt der Besucher über ein eingebundenes Bild, so wird hierbei eine zugehörige Werbung im unteren Bereich der Grafik angezeigt.

Hinweis

Ähnliche Ansätze der kontextuellen Werbung verfolgen auch die beiden Anbieter »veeseo« (www.veeseo.com), der beispielsweise bei Sport1 und Spiegel Online eingesetzt wird, und »Outbrain« (www.outbrain.com), den unter anderen die PC-WELT nutzt.

Natürlich brauchen Sie für diese Form der Werbung eine gewisse Anzahl an tägli-chen beziehungsweise monatlichen Lesern, sodass sich Recommendation Ads für sehr »junge« Blogs wohl eher nicht rentieren dürften.

Blogads.de

`Blogads.de` kann eine gute Alternative zur Eigenvermarktung von Blog-Werbeflä-chen sein, etwa wenn Sie sich (noch) nicht an die Selbstvermarktung herantrauen, über zu wenig Geschäftskontakte hierfür verfügen oder ganz einfach den entspre-chenden Aufwand scheuen. Blogads ist ein Marktplatz, bei dem Werbetreibende auf themenspezifische Blogs treffen und das Portal Anzeigenkunden an die jeweils passenden Blogbetreiber vermittelt.

Registrierten Bloggern ist es möglich, sowohl die Art der eingebundenen Wer-bung (beziehungsweise die Advertiser selbst) als auch die Höhe der hierfür ver-langten monatlichen Fixpreise selbst zu bestimmen. Die Blogads-Flächen können zudem parallel zu anderen Werbeformen wie etwa Google AdSense oder Affiliate-Bannern betrieben werden. Um die Plattform nutzen zu können, müssen Sie sich lediglich bei Blogads anmelden und einen vordefinierten Quellcode in den eige-nen Blog integrieren. Es stehen insgesamt zahlreiche sehr unterschiedliche Ban-nerformate zur Auswahl, die Sie für eine Blogads-Platzierung heranziehen können. Dabei wird die entsprechende Werbebox erst angezeigt, wenn ein passen-der Werbepartner für Ihr Blogportal gefunden ist. Alternativ können Sie ein »Hier Werbung schalten«-Banner einbinden, das direkt auf den eigenen Blogads-Bereich verweist. Dadurch steigt natürlich die Chance, dass sich potenzielle Anzei-genkunden melden.

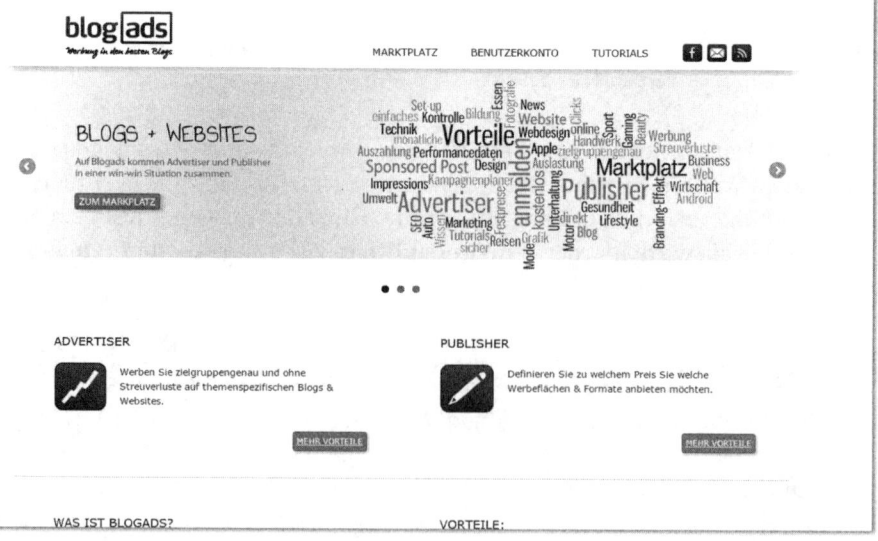

Abb. 9.16: Blogads als Alternative zur Eigenvermarktung

Im Prinzip kann Blogads also die komplette Selbstvermarktung übernehmen. Gelingt es den Anbietern, genügend Publisher als auch Advertiser für ihren Marktplatz zu gewinnen, dürfte es sich hierbei um eine spannende Werbeform für alle (Berufs-)Blogger handeln.

Weitere Bloggerjobs

Unter anderem auf dem Portal `bloggerjobs.de` finden sich zahlreiche weitere, teils sehr individuelle Möglichkeiten, um als (professioneller) Blogger Geld und auch sonstige Gegenleistungen zu verdienen. Verfasser für Blog-Reviews werden dort genauso gesucht wie Produkttester, Podcaster, Blogpartner, teils bezahlte Gastautoren, Blog-Webmaster, Plug-in-Entwickler und vieles Weitere mehr.

Sie können dort natürlich auch proaktiv Ihre eigenen Dienstleistungen anbieten, sollten jedoch – auf beiden Seiten – Vorsicht vor unseriösen beziehungsweise unlauteren Blog-Praktiken walten lassen (etwa das Verfassen beziehungsweise Veröffentlichen eines bezahlten Werbebeitrags ohne eine entsprechende Kennzeichnung und dergleichen).

Lead-Kooperation mit externen Dienstleistern

Wer bereits seit Längerem bloggt, wird ab und an Anfragen von Lesern oder Externen erhalten, die nicht wirklich zum eigenen Geschäftsmodell passen. So erreichen uns beispielsweise regelmäßig Anfragen von Besuchern, ob wir ihnen nicht bei der Umsetzung eines neuen Webshops behilflich sein könnten. Jene Besucher realisieren nicht, dass ein Blog-Dienstleister nicht unbedingt das Rüstzeug dazu hat, einen umfangreichen E-Shop zu implementieren.

Häufen sich derlei Anfragen, egal aus welchem Bereich, ist es gegebenenfalls sinnvoll, mit einem entsprechenden Dienstleister zusammenzuarbeiten. In unserem Beispiel könnte dies so aussehen, dass wir dem anfragenden Besucher einen Dienstleister aus dem Bereich der E-Commerce-Programmierung empfehlen (und ihm dabei fairerweise auch mitteilen, dass es sich um einen Kooperationspartner handelt) und somit den Lead – also einen Kaufinteressenten – an unseren Partner übergeben. Im Gegenzug erhalten wir dafür – oder auch erst bei Zustandekommen eines Auftrags – eine Provision. Und da es sich bei dem Partnerunternehmen in diesem Fall um keine direkte Konkurrenz handelt, ist diese Vorgehensweise für beide Seiten ein lohnenswertes Geschäft.

9.9 Der Blog-Marketing-Mix

Ihnen steht eine ganze Reihe von Möglichkeiten zur Verfügung, um mit einem Blog Ihr Taschengeld aufzubessern oder sogar den eigenen Lebensunterhalt zu sichern. Entscheidend ist jedoch die Antwort auf die Frage, welche dieser Vermarktungsformen Sie nutzen sollten.

Sicherlich ist nicht jede der bis hierhin aufgeführten Finanzierungsmodelle nach Ihrem Geschmack. Und selbst bei den Ertragsarten, die dann noch übrig bleiben, werden sich einige als nicht lukrativ genug erweisen, da es natürlich immer auch vom jeweiligen Blog, dessen Reichweite und den Inhalten abhängt. Aus eigener Erfahrung empfehlen wir, mit maximal zwei bis drei Vermarktungsmöglichkeiten (pro Blog) regelmäßig zu arbeiten, da jede Methode sehr zeitaufwendig werden kann und Sie sich bei zu vielen Alternativen schnell selbst überfordern. Zudem besteht die Gefahr, dass sich die unterschiedlichen Formate gegenseitig Konkurrenz machen, da der Leser ohnehin nur einen Bruchteil der dargebotenen Werbeformen nutzt oder überhaupt wahrnimmt.

Sie könnten also beispielsweise die klassische Variante aus PPC-Werbung, Affiliate-Links und ab und an einem bezahlten Beitrag wählen, oder Sie verzichten komplett auf Werbeeinbindung und setzen auf eine Mischung aus exklusivem, kostenpflichtigem Content und Consulting.

Andererseits erfordert gerade der Neustart eines Blogs sehr viel Geduld. Viele Neulinge in diesem Metier sind enttäuscht, wenn nicht schon nach den ersten Beiträgen oder nicht einmal in den ersten Monaten entsprechende Werbeeinnahmen fließen. Weder AdSense noch Affiliate-Marketing & Co. können Wunder vollbringen. Nicht selten wird die Geduld des Bloggers extrem strapaziert, bevor sich die ersten Mühen auch finanziell lohnen. Bis dahin müssen Sie jedoch eine Menge Vorarbeit leisten, sei es permanent neue Texte schreiben, Backlinks aufbauen, lukrative Kooperationen anbahnen, Werbung für den eigenen Blog machen oder Ihre Webseite für Suchmaschinen optimieren. Wenn Sie von Anfang an auf mehrere Blog-Einnahmequellen setzen, steigt die Wahrscheinlichkeit, dass zumindest die ersten spärlichen Geldflüsse schneller in Erscheinung treten. Dies sorgt nicht nur für einen zusätzlichen Motivationsschub, sondern Sie können dadurch auch frühzeitig testen, welche Formen der Refinanzierung in Ihrem Blog funktionieren – und genau diese gezielt weiter auszubauen. Zudem erkennen Sie frühzeitig, wenn sich ein bestimmtes Blog-Thema selbst auf die unterschiedlichsten Arten nur sehr schwierig oder überhaupt nicht refinanzieren lässt – was in Einzelfällen durchaus vorkommen kann –, und können entsprechend darauf reagieren.

Bei manchen Blog-Themen werden Sie zu Beginn kaum realisieren, womit sie am besten zu refinanzieren sind. Insbesondere bei anspruchsvollen oder sehr kleinen Nischenthemen ist dies erfahrungsgemäß der Fall. Probieren Sie dann verschiedene Kombinationen aus, um möglichst schnell Erkenntnisse über die Wirksamkeit der Einzelmaßnahmen zu erhalten.

Bei bereits bekannten Blog-Themen können Sie zusätzlich einen Blick auf die erfolgreichsten Mitbewerber werfen und in Erfahrung bringen, womit diese hauptsächlich ihr Geld verdienen. Denn die zugehörigen Blogbetreiber werden einen entsprechenden Findungsprozess bereits hinter sich haben und sicherlich nicht auf Methoden setzen, die nur unzureichende Einnahmen versprechen.

Schauen Sie sich in diesem Zusammenhang auch genau an, mit welchen Partner-programmen diese Mitbewerber am meisten arbeiten, welche (in diesem Falle wohl lohnenswerten) Keywords sie über Google AdSense eingebunden haben, mit welchen Keywords die Artikelüberschriften hauptsächlich ausgestattet sind etc. Wir raten definitiv davon ab, andere Seiten zu kopieren (was ohnehin nur in den seltensten Fällen von Erfolg gekrönt wird), aber von der Erfahrung anderer kön-nen Sie durchaus lernen und dadurch viel Zeit sparen.

Welche Einnahmequelle sich nun für welches Blog-Thema am besten eignet, das können wir an dieser Stelle leider nicht pauschal beantworten. Nichtsdestotrotz lassen sich anhand einer längerfristig angelegten Analyse unserer Blogs einige Parallelen erkennen.

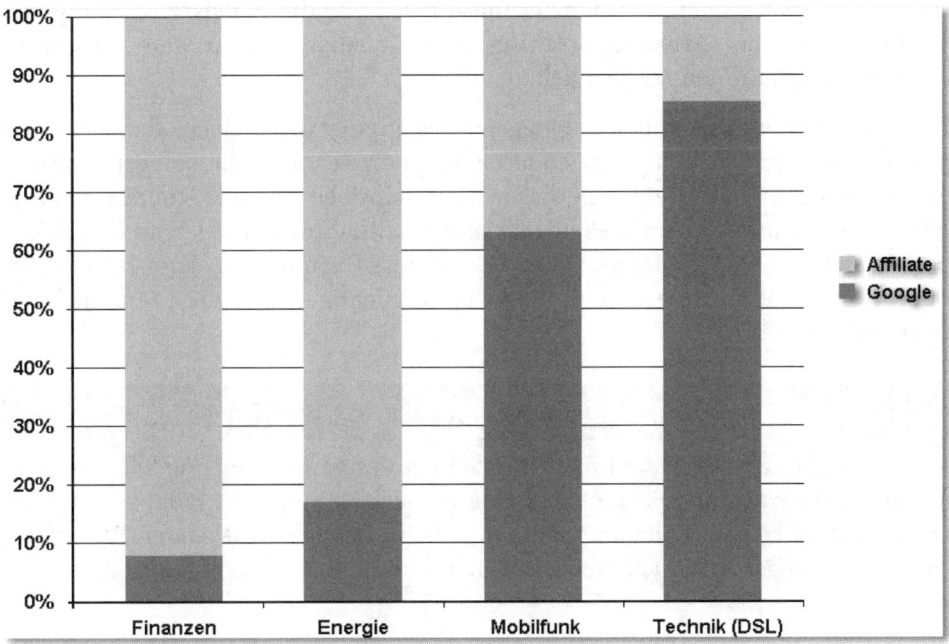

Abb. 9.17: Welche Einnahmequelle sich für welches Blog-Thema lohnt

Diese Ergebnisse lassen folgende Rückschlüsse zu:

- Für den Bereich Finanzen und Energie lohnen sich vor allem Affiliate-Partner-programme zur Refinanzierung, wie sie von Banken, Energieversorgern und ähnlichen Firmen angeboten werden. Die Monetarisierung aus Google AdSen-se heraus ist in diesem Sektor zwar ebenfalls nicht zu verachten, macht jedoch nur einen geringen Anteil der Gesamteinnahmen aus.

- Im eher technischen Bereich dominieren die Umsätze aus Suchmaschinen und sonstigen Cost-per-Click-Programmen.

Diese Effekte lassen sich relativ gut erklären: Während technisch versierte Leser seltener bereit sind, einem (als solchen gekennzeichneten) Affiliate-Link zu folgen, so tun sich »normale«, an eher allgemeinen Themen interessierte Blogbesucher damit deutlich leichter (zumal sie vielleicht auch mit dem Begriff »Affiliate-Link« an sich weniger anfangen können). Die Vielfalt neuer Angebote in AdSense-Werbeblöcken verleitet hingegen auch einen durchaus internetkundigen Leser, sich die dahinterliegenden Seiten und Angebote einmal näher anzuschauen.

Diese Messungen lassen sich sicherlich nicht verallgemeinern, bei so manchem Blogportal zum Thema DSL und Internet wird das Ergebnis womöglich genau umgekehrt ausfallen, da es beispielsweise ein zu seinen Besucherströmen exakt passendes Partnerprogramm an prominenter Stelle eingebunden hat. Zudem haben wir hier auch nur reine Affiliate- und AdSense-Einnahmen gegenübergestellt, nicht etwa weitere Refinanzierungsquellen wie die Eigenvermarktung von Werbeflächen, das Artikel-Sponsoring oder sonstige der in den vorherigen Abschnitten genannten Möglichkeiten.

Umfragen unter befreundeten Bloggern bestätigten uns jedoch, dass sich der gezeigte Trend auch in manch anderen Blognetzwerken widerspiegelt. Idealerweise führen Sie nach einer gewissen Zeit selbst eine entsprechende Analyse durch, um herauszufinden, welche Marketingmaßnahme auf welchem Ihrer Blogportale sich am ehesten lohnt. Diese Erkenntnisse können Sie dann bei der Planung weiterer Projekte eventuell direkt berücksichtigen und die Leerlaufzeit zu Beginn verkürzen.

> **Tipp**
>
> Nicht nur die richtige Mischung der einzelnen Refinanzierungsmodelle untereinander trägt zum Blog-Erfolg bei, sondern auch die zu jedem Blogbereich (wie einzelnen Beiträgen, Kategorien etc.) inhaltlich möglichst passenden Werbeformate. Gerade bei vielschichtigen Blog-Themen sollten Sie hierauf achten.

9.10 Vorsicht Grauzone

Wir haben es bereits mehrmals erwähnt und auch davor gewarnt, doch wenn wir uns die Geschichten und Erfahrungsberichte manch anderer Blogger anschauen, so können wir hier wohl nicht oft genug den Zeigefinger heben. Es geht um den immer größer werdenden Markt des Bloggens, von dem jeder einen Anteil für sich zu beanspruchen versucht. Insbesondere seitdem sich auch hierzulande herumgesprochen hat, dass »Bloggen« ein durchaus einträgliches Geschäft sein kann. Und wie überall, wo das Geld scheinbar in jeder Ecke lauert, werden schwarze Schafe angezogen, unlautere Methoden angewandt und es entstehen regelrechte Graumärkte.

Hierbei gibt es eine einfache Faustregel, an die Sie sich halten sollten: Verspricht Ihnen jemand schnellen Erfolg oder das »schnelle Geld«, und dies auch noch ohne größere Gegenleistung, so lässt der leider meist gut verborgene Haken oft nicht lange auf sich warten. Wenn Sie Ihren Blog nicht nur als reines Hobby betreiben, sondern auf die Einnahmen teilweise oder komplett angewiesen sind, kann es dann schnell ungemütlich werden. Folgende beispielhafte Angebote (die wir selbst bereits erlebt haben) sollten Sie also ablehnen:

- Ein Ihnen bislang unbekanntes Unternehmen verspricht Ihnen eine große Geldsumme für einen einfachen Backlink in Ihrem Blog.

- Sie sollen gegen Bezahlung ein angeblich »unabhängiges« Blog-Review schreiben, in dem jedoch die genaue Art, Anzahl und Form der einzubindenden Links vorgeschrieben sind. Das klingt sehr nach reinem Linkbuilding ...

- Ein unbekannter Anbieter möchte Ihnen irgendwelche Blog-Tools oder -Templates gratis zur Verfügung stellen, jedoch nur unter der Bedingung, dass sie diese auf ganz speziellen Blogs integrieren. Ob da wohl jemand einen Backlink versteckt?

- Jemand will Werbung auf Ihrem Blog schalten, möchte aber erst nach einem Gratismonat oder gar im Nachhinein bezahlen. Darauf fallen Sie sicherlich nicht herein!

- Als Gegenleistung für Bannereinbindungen, Gastartikel, Links oder Ähnliches werden Ihnen kuriose Sachwerte versprochen. Das ist an sich nicht verwerflich, erbringen Sie in einem solchen Fall jedoch Ihren Teil der Vereinbarung erst nach Erhalt der Ware.

- Ihnen werden ohne eigenes Zutun plötzlich hohe Beträge für den Blogverkauf oder die eigene Domain geboten.

9.11   Blog-Einnahmen reinvestieren

Wenn Sie wirklich auf Dauer teil- oder hauptberuflich von Ihren Blog-Einnahmen leben möchten, dann werden Sie kaum darum herumkommen, eigenes Kapital in Ihre Portale zu investieren. Sei es in Form von Arbeitszeit, die Sie zu Beginn – stellenweise auch in späteren Phasen – ohne Vergütung investieren, oder durch eine Anschubfinanzierung. Einen Teil der ersten regelmäßigen Blog-Einnahmen sollten Sie direkt wieder reinvestieren – etwa in die Vermarktung, den technischen Ausbau oder in hochwertigen Content. Meist sichert erst das den nachhaltigen finanziellen Erfolg eines Portals. Wir betonen das, weil nicht wenige Blogger diese kritische Phase unterschätzen: Vor lauter Freude über den steigenden finanziellen Erfolg wird der Blog nicht im gleichen Maße optimiert, was sich bei einem kurz- oder mittelfristigen Einbruch der Besucherzahlen schnell rächt. Gerade zu Beginn eines Blogprojekts sollten Sie vor allem in jene Bereiche investieren, die eine direkte Auswirkung auf die Reichweite und die Einnahmen haben. Also etwa in eigene Werbung, den Linkaufbau, die Suchmaschinenoptimierung, eine professionelle Pressearbeit und ähnliche Disziplinen. Später – mit stabil wachsenden Kennzahlen – können Sie sich dann immer noch um zusätzliche und eher periphere Aspekte kümmern, also um die Optimierung des Webdesigns, letzte Arbeiten an der Performance Ihres Servers oder um den Feinschliff an einzelnen Landingpages.

In einzelnen Stufen gedacht, könnte ein Plan zur Reinvestition der ersten Gewinne wie folgt aussehen:

1. Beauftragung eines SEO-Experten mit den ersten Onpage- und Offpage-Maßnahmen (dabei ist gerade beim Linkaufbau unbedingt auf »saubere« Methoden zu achten). Alternativ können Sie in ein gutes SEO-Plug-in und eigene Fortbildungen zum Thema investieren

2. Schaltung von Werbeanzeigen und -Beiträgen, dies auf thematisch passenden Weblogs mit möglichst großer Stammleserschaft

3. Gegebenenfalls Planung einer umfangreicheren Kampagne, zusammen mit einer Blog-erfahrenen Agentur (siehe auch das Content-Marketing-Beispiel aus Abschnitt 8.2.9)

4. Beauftragung von freien Autoren für zusätzliche, qualitativ hochwertige Inhalte

5. Suche nach einem unabhängigen Designer oder einer Agentur, um das grafische Erscheinungsbild des Blogs zu vereinheitlichen und auf eine durchgängige Blog-Identity hin zu optimieren (inklusive aller enthaltenen Elemente wie Logo, zum Blog gehörige Social-Media-Profile etc.)

6. Technische Optimierung des Blogs durch einen Experten oder Dienstleister (Performance, Sicherheit, besseres Webhosting etc.). Dies, um für steigende Besucherzahlen gewappnet zu sein, aber auch als SEO-Vorteil

Einige dieser Arbeiten werden Sie möglicherweise selbst übernehmen können. Sie müssen jedoch nicht alles selbst erledigen, das wäre ineffizient. Seien Sie ehrlich zu sich selbst, wenn es um Ihre eigenen Kompetenzen geht, und kontrollieren Sie stets Ihre Arbeit. Überlassen Sie die Steuererklärung lieber einem Fachmann, wenn Sie mehr der Designer sind, und beauftragen Sie lieber einen SEO-Experten, wenn Sie selbst nicht mit den einzelnen Disziplinen der Blog-Optimierung vertraut sind. Bauen Sie Ihr eigenes Netzwerk aus Dienstleistern auf, die Ihre eigenen Fähigkeiten ideal ergänzen, und investieren Sie die gesparte Zeit in Geschäftsbereiche, in denen Sie ein Meister sind.

An der einen oder anderen Stelle werden Sie – so wie jeder Unternehmer auch – durchaus »Lehrgeld« bezahlen müssen, etwa wenn Sie Investitionen tätigen, die sich erst im Nachhinein als nicht sonderlich rentabel herausstellen. So kann es sein, dass Sie in eine Werbekampagne investieren, von der Sie sich viel versprechen – deren Auswirkungen dann jedoch recht überschaubar sind. Dafür entwickelt sich eine kostenlose oder besonders günstige Aktion viral, die so gar nicht eingeplant war.

Wir möchten das unternehmerische Risiko keineswegs verharmlosen, gerade zu Beginn einer Blogger-Karriere tut jeder verlorene Euro weh. Umso wichtiger ist es, dass Sie sich andere Dienstleister ganz genau anschauen, bevor Sie einen Auftrag unterschreiben. Wenn möglich arbeiten Sie lediglich mit Personen, die Ihnen von anderen (Bloggern) empfohlen wurden. Selbstständige und Freiberufler sind dabei meist die bessere Wahl, denn sie kennen die Sorgen und Nöte »kleiner« Unternehmer und sind sich oft nicht zu schade, Arbeiten mit (zunächst) niedriger Auftragssumme anzunehmen.

Tipp

Versuchen Sie – sofern es die Dienstleistung zulässt – ein erfolgsabhängiges Honorar auszuhandeln. Im SEO-Umfeld ist dies ab und an möglich und auch freien Autoren können Sie einen Teil des Entgelts erfolgsbasiert auszahlen, etwa in Form von Anteilen an den Werbeeinnahmen. Denken Sie jedoch daran, dass gute Arbeit ihren Preis hat. Wer Ihnen Dumpingpreise anbietet, wird in der Regel auch nur entsprechende Leistungen erbringen.

Ein weiterer Vorteil von externen Fachkräften ist die Möglichkeit, nach Abschluss eines Projekts als Referenz oder Testimonial (dabei handelt es sich um eine werbende Empfehlungsaussage) auf ihren Seiten genannt zu werden. Meist geht dies mit einer Verlinkung Ihres Portals einher, was Ihre Backlink-Strategie unterstützt, aber auch Ihren Blog bekannter macht. Zudem können sich hierdurch weiterführende Kooperationen mit anderen Dienstleistern ergeben. Sprechen Sie die Möglichkeit einer solchen Referenz aktiv an, sie kann als zusätzlicher Vertragsbestandteil verhandelt werden.

Und damit sind wir am Ende des zweiten Marketing-Kapitels angelangt. Bevor wir Ihnen im Anschluss noch weitere, bewährte Praxis-Tipps geben, um Ihr Blog-Business anzukurbeln, möchten wir noch einmal die Refinanzierungsmöglichkeiten im Schnelldurchlauf rekapitulieren.

1. CPC-Bannerwerbung mittels AdSense & Co.
2. Provisionsbasiertes Affiliate-Marketing über Partnerprogramme
3. Direktmarketing zum Verkauf von Anzeigenflächen
4. Veröffentlichung bezahlter Blogbeiträge (Sponsored Posts)
5. Verkauf von Publikationen und anderen digitalen Produkten
6. Verkauf von (Web-)Dienstleistungen
7. Monetarisierung von Blog-Inhalten (Paid Content)
8. Verkauf von Blogportalen

9. Blog-Consulting und bezahlte Schreibaufträge

10. Anbieten von Seminaren, Workshops und (Online-)Kursen

11. Empfehlungsmarketing

12. Lead-Kooperationen

Kapitel 10

Profitipps für mehr Umsatz und Reichweite

Sie kennen die Grundlagen eines erfolgreichen Blogs, sind mit den gängigsten Marketingmöglichkeiten vertraut und wissen, wie Sie sowohl den Traffic als auch Ihre Reichweite und Ihren Umsatz steigern können.

In diesem Kapitel folgt eine zusätzliche Liste mit Tipps und Tricks, die uns selbst bei einzelnen Projekten ein deutliches Wachstum im Umsatz oder der Blogreichweite eingebracht haben. Die Wirkung der unterschiedlichen Tipps wird je nach Blog-Art und -Thema sicherlich unterschiedlich stark sein, doch selbst wenn in einzelnen Fällen nur wenige Prozent Steigerung der für Ihre Situation relevanten Erfolgskennzahlen erreicht werden, können Sie mittel- und langfristig in der Summe eine deutliche Verbesserung wahrnehmen.

In einigen Fällen war der Erfolg dieser Maßnahmen so groß, dass wir die Wirkung zunächst nachweisen mussten, bevor wir dem positiven Ausschlag unserer Erfolgskennzahlen Glauben schenken konnten. Dies geschah durch den direkten Vergleich mehrerer eigener oder auch fremder Blogs untereinander sowie anhand ausführlicher A/B-Tests.

Hinweis

Ein A/B-Test (oder auch Split-Test genannt) dient der Optimierung von Webseiten, E-Mails, Grafikelementen oder Ähnlichem. Dabei werden zwei verschiedene Varianten hinsichtlich ihrer Auswirkungen auf ein vordefiniertes Ziel verglichen (zum Beispiel Klicks, Newsletter-Anmeldungen, Downloads etc.). In Blogs dient ein solcher Test üblicherweise zur Verbesserung der Seitenladezeit und der Conversion-Rate.

Die meisten dieser Maßnahmen sind dabei (dank entsprechender Blogsysteme und zusätzlicher Plug-ins) relativ einfach umzusetzen und – sollten diese nicht den gewünschten Effekt erzielen – in der Regel ebenso einfach wieder zu entfernen. Die Sammlung richtet sich sowohl an Anfänger als auch an Fortgeschrittene. Mit dem Einsatz der Tipps haben Sie wenig zu verlieren, können aber sehr viel gewinnen.

10.1 Verweis auf ähnliche Artikel

Nicht nur aus Gründen der Suchmaschinenoptimierung ist die durchschnittliche Besuchszeit ein wichtiger Faktor, um dessen Verbesserung Sie sich als Blogbetreiber kümmern sollten. Genauso versuchen wir die Verweildauer unserer Blogleser zu erhöhen, um dadurch die Chance auf eine Aktion zu verbessern, die der Refinanzierung dient (etwa der Klick auf einen Werbelink) oder sie zu dauerhaften Lesern macht (Newsletter-Anmeldung, RSS-Abonnement, Twitter- & Facebook-Like etc.).

Dieses Ziel erreichen Sie natürlich dadurch, indem Sie guten Content mit Mehrwert bereitstellen, der Ihre Leser interessiert, sodass sie von sich aus die einzelnen Artikel Ihres Blogs durchklicken. Manchmal müssen Sie Ihre Zielgruppe jedoch auch zu ihrem Glück zwingen und sie explizit auf Ihre Inhalte hinweisen, indem Sie beispielsweise am Ende eines jeden Artikels auf weitere »ähnliche Artikel« verweisen. Auf diese Weise konnten wir die durchschnittliche Besuchszeit teilweise um bis zu 60 Prozent steigern. Gleichzeitig sinkt dadurch übrigens auch die Absprungrate, die ebenfalls einen relevanten Faktor der SEO darstellt.

Anderen Lesern gefällt auch...

- Blogparade: Würdest Du für Webinhalte Geld bezahlen? (Stichwort: Paid Content) (Kommentare: 29)
- Beziehungen & Einfluss: So erreichst du diese zwei grundlegenden Marketingziele (Kommentare: 8)
- Content Marketing: Kein Hype sondern Teil des Inbound Marketing Prozesses (Kommentare: 5)

Abb. 10.1: Eine einfach gestaltete Auflistung ähnlicher Artikel – thematisch anhand von Tags ermittelt und nach der Anzahl der Kommentare priorisiert

Um eine solche Blogfunktion möglichst einfach einzubinden, empfiehlt sich beispielsweise das »Yet Another Related Posts«-Plug-in (`https://wordpress.org/plugins/yet-another-related-posts-plugin/`), das von sehr vielen Bloggern eingesetzt und regelmäßig durch den Autor aktualisiert wird. Es kann jedoch die Performance Ihres Webservers negativ beeinflussen. Eine beliebte Alternative ist das »WordPress Related Posts«-Plug-in (`www.yarpp.com`), aber auch darüber hinaus finden Sie eine Vielzahl weiterer Plug-ins. Blog-Marketing-Tools wie »AddThis« (siehe Abschnitt 6.5) oder Werbenetzwerke wie Plista (siehe Abschnitt 9.8) erweitern Ihren Blog ebenfalls um vergleichbare Funktionen.

Die Funktionsweise solcher Erweiterungen ist relativ einfach: Als Basis für die Auswahl empfehlenswerter Artikel dienen entweder Kategorien oder Schlüsselwörter, sogenannte »Tags«, die Sie einzelnen Beiträgen manuell zuordnen können. In einigen professionelleren Entwicklungen wird sogar der gesamte Artikelinhalt analysiert und auf Basis des tatsächlichen Inhalts werden entsprechende Empfehlungen ausgewählt.

Je nach Plug-in haben Sie die Möglichkeit, erweiterte Einstellungen vorzunehmen und beispielsweise bestimmte Begriffe und Kategorien auszuschließen oder die Priorisierung von Inhalten auf Basis der Artikelaufrufe beziehungsweise der Anzahl an Kommentaren festzulegen. In einigen Fällen können Sie sogar die zu jedem Beitrag ausgespielten Empfehlungen individuell wählen und die einzelnen Kriterien miteinander kombinieren. Denken Sie jedoch daran: Je mehr Optionen ein solches Plug-in zur Verfügung stellt und je komplizierter die Berechnung ist, umso eher kann dies Ihre Webseite ausbremsen. Dies sollten Sie gegebenenfalls messen.

Sollte auf Ihrem Blog noch keine ähnliche Funktion installiert sein, so sollten Sie dies so schnell wie möglich nachholen. Messen Sie am besten direkt vor der Einbindung Ihre Blog-Kennzahlen zum Wert Besuchszeit oder noch besser die »Seitenaufrufe je Besuch«. Wiederholen Sie diese Analyse einige Zeit nach dem Einbau des entsprechenden Plug-ins. Idealerweise können Sie ähnliche Steigerungsraten verzeichnen wie zuvor beschrieben.

10.2 Anzeige der neuesten/aktivsten Kommentatoren

Wie wertvoll eingehende Backlinks und regelmäßige Kommentare Ihrer Leser sind, das wissen Sie inzwischen. Die spannende Frage ist also, wie wir unsere Besucher dazu motivieren beziehungsweise belohnen können, sich aktiv am »Blog-Geschehen« zu beteiligen.

Eine sehr effektive Möglichkeit ist die, den aktivsten Lesern mit einem Backlink zu ihrer Webseite zu danken, etwa in Form eines Sidebar-Widgets mit den fünf (oder auch mehr) neuesten Kommentaren und deren Autoren. Ein weiterer Vorteil einer solchen Top-Liste ist die Dynamik, wodurch Kommentatoren in gewisser Weise dazu motiviert werden, regelmäßig zu kommentieren, um nicht irgendwann – abhängig davon, wie groß beziehungsweise aktiv die Community ist – aus dieser Liste zu verschwinden und damit den für sie wertvollen Backlink zu verlieren. Ein kleines Beispiel hierfür finden Sie im Blog von Robert.

Natürlich verlinken und kommentieren viele Leser und Blogger-Kollegen auch ohne eine solche »Belohnung«. Trotzdem haben wir festgestellt, dass dieser kleine »Wettbewerb« noch einmal deutlich dazu anregen kann, öfter zu kommentieren (und gleichzeitig auch öfter Ihren Blog zu besuchen).

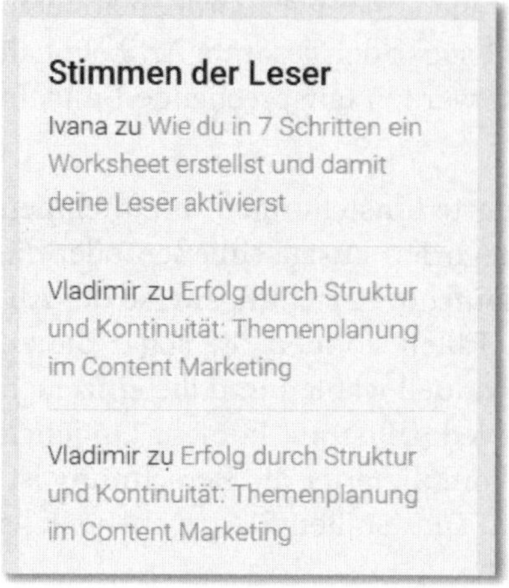

Stimmen der Leser

Ivana zu Wie du in 7 Schritten ein
Worksheet erstellst und damit
deine Leser aktivierst

Vladimir zu Erfolg durch Struktur
und Kontinuität: Themenplanung
im Content Marketing

Vladimir zu Erfolg durch Struktur
und Kontinuität: Themenplanung
im Content Marketing

Abb. 10.2: Die neuesten Kommentatoren auf `toushenne.de`

Tipp

Zur Anzeige der aktivsten Kommentatoren können Sie – sofern Ihr (professionelles) WordPress-Theme noch nicht von Haus aus mit einem entsprechenden Modul ausgestattet ist – beispielsweise das »Top Commentators Widget« (`http://wordpress.org/extend/plugins/top-commentators-widget/`) einsetzen.

Dasselbe Prinzip können Sie bei WordPress und anderen spezifischen Blogsystemen auch für Trackbacks nutzen. Alleine durch Aktivierung dieser einfachen Funktion konnte Michael bei einigen seiner Blogs die eingehenden Trackbacks innerhalb eines bestimmten Zeitraums um 20 bis 30 Prozent steigern. Wir warnen jedoch gleichzeitig vor dem Missbrauch dieser automatischen Blog-Funktion, da sie sehr leicht als Linkbuilding-Methode ausgenutzt wird und im schlimmsten Fall damit auch Ihrem eigenen Blog schaden kann. Überprüfen Sie daher regelmäßig eingehende Backlinks beziehungsweise Trackbacks auf Relevanz.

10.3 Das Potenzial von Blog-Kommentaren ausschöpfen

Vor allem bei Content-Blogs hängt ein Großteil des Erfolgs, zumindest hinsichtlich der Reichweite, mit den werthaltigen und zahlreichen Kommentaren zusammen. Gleichzeitig ist eine aktive Community wichtig, die über den Blog hinaus aktiv ist. Im besten Falle fangen Ihre Leser sogar an, Ihren Blog als Kompetenzplattform wahrzunehmen – sie tauschen sich dann auch untereinander aus, etwa über die Kommentarfunktion. So stellen beispielsweise neue Leser Fragen zu bestimmten Themen oder Inhalten und Ihre Stammleser antworten. Mit der Zeit schließen sich immer neue Leser den Diskussionen an. Schnell wird dann klar, dass hier qualifizierte Antworten auf konkrete Fragen gegeben werden. Der von Ihnen produzierte – und hoffentlich ohnehin schon sehr werthaltige – Content wird dann um eine »Crowd«-Komponente erweitert (wir sprechen hier in der Regel von User Generated Content, kurz UGC, also durch den Nutzer generierte Inhalte), wodurch Ihr Blog ein deutliches Qualitätsplus erhält – und zwar von ganz alleine, ohne Ihr Zutun. Um eine solche Eigendynamik in Gang zu bringen, sind die ersten Kommentare und Stammleser natürlich kritisch, Sie sollten sich also sehr um erste aktive Leser kümmern.

Sie denken, das wäre leichter gesagt als getan? Mitnichten! Sie müssen nichts dem Zufall überlassen. Denn auch hierfür stehen Ihnen einige Optionen zur Auswahl, die auch in unseren Blogs zu mehr Kommentaren und einer insgesamt aktiveren Leserschaft geführt haben:

- Motivieren Sie im Artikeltext den Leser zur Kommentarabgabe und erläutern Sie dabei diese Möglichkeit gegebenenfalls auch gleich kurz, denn nicht jeder Blogbesucher kennt auch die Mechanismen des Bloggens. Hilfreich können dabei einfache Sätze sein wie »Welche Erfahrungen hast du gemacht? Schreib einen Kommentar am Ende dieses Artikels« oder ein »Haben Sie noch weitere Fragen zum Artikel? Stellen Sie diese hier in den Kommentaren.« Ein Beispiel hierfür (inklusive einer ordentlichen Anzahl darauf folgender Kommentare) finden Sie unter `http://www.toushenne.de/buch/beziehungen-und-einfluss`.

- Beantworten Sie alle neue Kommentare, vor allem auch zeitnah, wenn dies nicht ein anderer Leser bereits übernommen hat (und idealerweise selbst dann). Dadurch fühlt sich nicht nur der Fragende ernst genommen, es entwickelt sich dann auch mit viel höherer Wahrscheinlichkeit eine Diskussion daraus, an der sich gegebenenfalls auch andere Leser beteiligen – erst recht, wenn Sie Ihre Antwort mit einer Gegenfrage kombinieren. Und schon können aus einem einzigen Kommentar schnell mehrere Dutzend werden.

- Bauen Sie (beispielsweise über soziale Netzwerke) direkte Kontakte zu Lesern auf, die des Öfteren bei Ihnen kommentieren, denn ihre Mitarbeit ist im wahrsten Sinne des Wortes Gold wert. Auch ein einfaches »Danke« für ihre rege Beteiligung ist sicherlich nicht zu viel verlangt und freut jeden Stammleser.

- Ganz wichtig: Kommentieren Sie in den Blogs Ihrer Leser. Schauen Sie sich gerade die Blogs neuer Kommentatoren an und hinterlassen Sie dort ebenfalls Ihre Spuren. Natürlich nicht nur um des »Wie du mir, so ich dir«-Willens, sondern auch, weil Sie dabei viel Spannendes entdecken können, neue Kooperationspartner ausfindig machen, sich Denkanstöße für weitere Artikel holen und vieles weitere mehr. Hat Ihr Leser/Kommentator keinen Blog, sondern eine normale Webseite, so können Sie stattdessen auch in Ihrer Kommentarantwort eine Frage dazu stellen. Damit signalisieren Sie, dass Sie sich für ihn interessieren.

- Schreiben Sie erhaltene E-Mail-Anfragen in Kommentare um (anonymisiert natürlich, denn der Absender möchte seinen Namen nicht unautorisiert veröffentlich wissen). Schicken Sie dann dem Absender – neben Ihrer Antwort, die Sie auch über die Kommentarfunktion gegeben haben – den Link zu diesem Kommentar in Ihrer E-Mail-Antwort, um ihn so zu Feedback in Ihrem Blog zu animieren. So haben zudem alle Leser etwas von seiner persönlich gestellten Frage.

■ Ebenso können Sie E-Mail-Kooperationsanfragen und Anfragen von Ratsuchenden, die nicht wirklich zu 100 Prozent passen (oder Ihnen schlicht und einfach »zu viel« werden) auf die Kommentarfunktion verweisen – am besten gleich mit einem Link zu einem inhaltlich passenden Artikel. Dies ganz nach dem Motto: »Meine Leser können Ihnen vielleicht weiterhelfen, wenn Sie dort Ihre Frage stellen/Ihr Angebot vorstellen.« Wir haben damit bislang gute Erfahrungen gemacht und Sie können ungewollte Kommentare (bei Spamversuchen) immer noch moderieren.

■ Natürlich sollte die Kommentarfunktion selbst prominent und auffällig platziert sein und möglichst einfach funktionieren! Es ist nichts gegen Captcha-Felder zur Spam-Vermeidung einzuwenden, aber gerade, wenn sie auch noch schlecht gestaltet oder kaum zu lesen sind, kann dies so manchen Besucher vom Kommentieren abhalten. Eine weitere Erleichterung für Ihre Leser wäre es, ein Social-Media-Login zu ermöglichen, wodurch sie sich mittels Twitter- oder Facebook-Account anmelden und die Eingabe ihres Namens und der E-Mail-Adresse ersparen können.

> ### Hinweis
>
> Eine einfache Lösung zur Integration eines Social-Logins ist das in Abschnitt 7.2 vorgestellte »Jetpack«-Plug-in. Alternativ bieten sich hierfür spezielle Plug-ins wie »WordPress Social Login« (`https://wordpress.org/plugins/wordpress-social-login/`) an.

■ Binden Sie, sofern noch nicht durch ein Plug-in wie »Jetpack« oder Ihr Blog-Theme geschehen, »Gravatar« (`http://de.gravatar.com/`) in Ihre Kommentare ein. Per HTML können Sie diese Funktion in jedem Blogsystem integrieren. Über diese Plattform können Nutzer eine Art globales Profilbild innerhalb des Webs anlegen, das mittlerweile von sehr vielen weiteren Plattformen und Netzwerken verwendet wird. Daher haben auch die meisten Nutzer, selbst bei weniger Blogger-relevanten Themen, ein solches Bild mit ihrer E-Mail-Adresse verknüpft. Hinterlassen solche Gravatar-Besitzer nun einen Kommentar in Ihrem Blog, so wird über ihre E Mail-Adresse automatisch das bei »Gravatar« hinterlegte Profilbild innerhalb des Kommentars eingebunden. Damit sehen die Kommentare nicht nur attraktiver aus, sondern erhalten auch eine persönliche und vor allem authentische Note.

Bei den meisten Blog-Templates ist diese »Gravatar«-Möglichkeit bereits eingebunden, in WordPress selbst können Sie unter EINSTELLUNGEN|DISKUSSION|AVATARE festlegen, ob und wie diese kleinen Symbole angezeigt werden sollen. Auch als Blogautor selbst sollten Sie sich natürlich einen entsprechenden »Gravatar« anlegen, damit sich die Leser bei den bloginternen Kommentaren ein Bild von Ihnen machen können. Und bei mehreren Autoren auf ein und demselben Blog steigert dies zudem die generelle Übersichtlichkeit.

■ Falls noch nicht geschehen, sollten Sie auch die WordPress-Option für »verschachtelte« Kommentare unter EINSTELLUNGEN|DISKUSSION|VERSCHACHTELTE KOMMENTARE IN EBENEN ORGANISIEREN aktivieren. Damit erscheint zu jedem abgegebenen Kommentar ein zugehöriger »Antwort«-Button, mit dem sich andere Leser direkt an den Verfasser des jeweiligen Kommentars wenden können. Dies spornt einige Leser noch einmal zusätzlich an, sich ebenfalls an einer Diskussion zu beteiligen oder einem Besucher Feedback auf dessen Aussagen zu geben.

Tipp

Ebenfalls eine schöne und meist aktiv genutzte Funktion innerhalb der Blog-Kommentare sind – wie in Abbildung 10.3 erkennbar – sogenannte *Up-Votes* (dargestellt mittels gelbem Daumen-hoch-Icon), wodurch Leser die Kommentare anderer quasi bewerten können. Auch hier haben Sie, je nach technischer Umsetzung, die Möglichkeit, die besten Kommentare weiter oben anzuzeigen und damit Ihren Lesern einen zusätzlichen Anreiz für werthaltige Kommentare zu bieten.

11. FEBRUAR 2015 UM 10:05

Wow, wie cool ist das denn ? Ich bin unter den Top 10 ? *freu*
Ihr seid der Burner – dankeschön 😊

+6

↳ ANTWORTEN

11. FEBRUAR 2015 UM 10:55

Wir danken dir, liebe Tina, für deinen guten Beitrag!
Ebenso wie alle anderen Top-10-Beiträge hat er uns durch
seinen Mehrwert für andere Blogger überzeugt.

+3

↳ ANTWORTEN

Abb. 10.3: Ein Beispiel für (einfach) »verschachtelte« Kommentare auf `toushenne.de`

Auch nach der Abgabe eines Kommentars können Sie die entsprechenden Besucher durchaus weiter zum Verweilen animieren, etwa indem Sie die WordPressinterne »Danke-Seite« um aussagekräftige Inhalte erweitern. Anstelle der typischen Danke-Nachricht (die in den einzelnen Templates meist »Ihr Kommentar muss erst noch moderiert werden« oder ähnlich lautet), könnten Sie Ihren Kommentatoren auf einer Landingpage etwa die meistgelesenen Artikel und Beitragsserien oder den Blog im Ganzen vorstellen, auf ein kleines kostenloses E-Book als »Einstiegsgeschenk« hinweisen oder die Funktionsweise der »Top-Kommentatoren« präsentieren, um sie auch künftig zu weiteren Kommentaren zu motivieren. Außerdem können weitere Elemente sinnvoll sein, die Sie – je nach Zielstellung – jedoch testen und im Einzelfall hinsichtlich ihrer Effektivität bewerten sollten:

- Twitter-, Facebook- und Google-Plus-Folgebuttons sowie ein Hinweis beziehungsweise ein direktes Anmeldeformular für den eigenen Newsletter
- Die Erläuterung eingebundener Kommentar-Plug-ins wie die Kommentar-Abo-Funktion
- Eine Vorstellung der bloginternen Kommentar-Netiquette, in der Sie beispielsweise erklären, welche Arten von Links in einem Kommentar gepostet werden dürfen und welche eher unerwünscht sind. Ein Beispiel für derartige Regeln finden Sie unter `http://www.toushenne.de/kommentarrichtlinien.html`.

Natürlich sollten Sie sich hierbei, wie auf einer Landingpage üblich, auf einige wenige Möglichkeiten fokussieren, die am ehesten dem jeweiligen Blog-Ziel entsprechen. Trotzdem ist eine solche Dankes- und gleichzeitig auch Willkommens-Seite eine gute Möglichkeit, ernsthaft interessierte Blogleser (denn sonst hätten diese wohl kaum einen Kommentar abgegeben) noch mehr für sich zu gewinnen und an sich zu binden.

Ebenso dient diesem Zweck die Erweiterung der Kommentare um eine Abonnement-Funktion. Das WordPress-Plug-in »Subscribe To Comments Reloaded« (erhältlich unter `http://wordpress.org/extend/plugins/subscribe-to-comments-reloaded/`) ermöglicht dem Verfasser eines Kommentars, die zukünftigen Kommentarbeiträge des entsprechenden Artikels per E-Mail zu abonnieren. Somit kann er nachverfolgen, ob ein anderer Leser (oder der Autor selbst) eine Antwort verfasst hat, auf die er dann wiederum mit einer erneuten Antwort reagieren kann.

> **Hinweis**
>
> Dieses Plug-in erledigt dies sogar datenschutzkonform, indem die Funktionalität des sogenannten *Double-Opt-in*-Verfahrens genutzt werden kann. In diesem Fall erhält der Kommentator zunächst eine E-Mail, über die er sein soeben getätigtes Abonnement bestätigen muss, bevor er tatsächlich weitere Folgebeiträge erhält. Denn ansonsten wäre es theoretisch möglich, unter der Angabe einer E-Mail-Adresse für eine dritte Person ein solches Abonnement anzufordern, was den gesetzlichen Vorgaben des Datenschutzes widerspricht – und von einzelnen Abmahnanwälten absichtlich ausgelöst und danach strafrechtlich verfolgt wird.

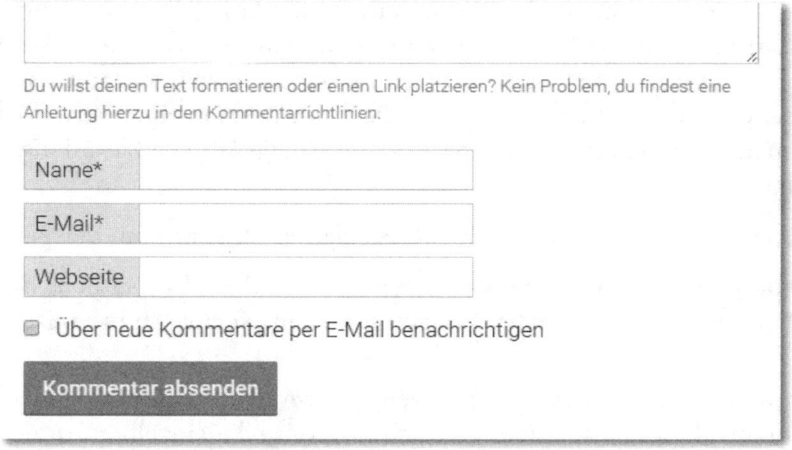

Abb. 10.4: Über diese Auswahlbox kann ein Kommentator sehr einfach die folgenden Kommentarbeiträge mitverfolgen.

Durch diese Erweiterung erhöht sich die Chance, dass ein Kommentator erneut zur Tastatur greift, wenn er per E-Mail davon erfährt, dass sein Kommentar Feedback erhalten hat. Manchmal ergeben sich hieraus umfangreiche Frage-Antwort-»Spielchen« in Form von immer neuen gegenseitigen Kommentarbeiträgen. Außerdem haben Sie die Möglichkeit, bei älteren Blogbeiträgen selbst einen neuen Aspekt oder einen neuen Link, den Sie zu diesem Artikelthema entdeckt haben, zu kommentieren. Kommentar-Abonnementen werden dann über diesen neuen, zusätzlichen Beitrag informiert. So kommt es ab und an dazu, dass eine alte, an sich bereits beendete Diskussion wieder neu auflebt und für rege Beteiligung sorgt.

10.4 A/B-Tests zur Optimierung

Sehr oft raten wir in diesem Buch zum »Ausprobieren« und schreiben dabei hin und wieder von »A/B-Tests«. Da quasi jeder Blog einzigartig ist, kann sich eine für den einen Blog erfolgreiche Maßnahme für den anderen als völlig unwirksam herausstellen. Einen Teil unserer täglichen Arbeit mit Blogs investieren wir in die Analyse und Optimierung von Veränderungen, sei es im Content, Marketing, Design oder der Technik. Durch nichts anderes ist übrigens auch Amazon zu einem weltweit erfolgreichen Unternehmen geworden. Dort haben diese vergleichenden Tests – wenn auch um ein Vielfaches umfangreicher und systematisiert – eine lange Tradition auf dem Weg hin zum »besten« Onlineshop überhaupt. Wollen Sie Ihren (Corporate) Blog nachhaltig optimieren, so werden wohl auch Sie um vergleichbare Testläufe nicht herumkommen, egal um welchen Bereich es sich dabei jeweils handelt.

Finden Sie heraus, ob eine oberhalb oder unterhalb der Artikelüberschrift integrierte AdSense-Anzeige mehr Umsatz erzielt oder wo auf der »Über uns«-Seite Sie den Link zu Ihrem internen Werbeprogramm platzieren müssen, um möglichst viele Leser darüber zu informieren. Auch die ideale Position eines Verweises zur Unternehmenswebseite innerhalb Ihres Corporate Blogs können Sie auf diese Weise bestimmen.

Generell sind bei einem A/B-Test unzählige Testszenarien denkbar, zum Beispiel:

■ Die Ermittlung des optimalen Verkaufspreises Ihres E-Books, bei dem Absatz- und Umsatzzahlen im idealen Verhältnis stehen (Stichwort: Preiselastizität)

■ Die Konvertierungs-Optimierung Ihrer Newsletter-Anmeldung, etwa indem Sie die erforderlichen Formularfelder beziehungsweise die einzelnen Anmeldeschritte reduzieren oder schlicht die Farbe des Anmelde-Buttons ändern

■ Die Erhöhung der Interaktionsrate über Kommentare durch den Verzicht einer Captcha-Abfrage (in Relation zum Mehraufwand durch eingehende Spam-Kommentare)

■ Die Text- beziehungsweise Werbemittel-Optimierung für eingebundene Affiliate-Banner in den entsprechenden Blogbeiträgen

■ Die allgemeine Landingpage-Optimierung durch die Reduktion der Inhalte auf ein Minimum (beispielsweise durch den Verzicht auf eine Navigation oder die Seitenleiste)

Der Effekt solcher Vergleichstests kann erstaunlich sein. Wir konnten beispielsweise auf verschiedenen Landingpages die Klickrate auf Call-to-Action-Buttons um 300 Prozent und mehr steigern.

Dazu sollten wir erwähnen, dass die Testergebnisse nicht immer Ihrem persönlichen Geschmack beziehungsweise Ihren Vorlieben der Blog-Gestaltung entsprechen werden, vor allem was Farben angeht, kann das optimale Ergebnis schnell von Ihrem Schönheitsideal abweichen.

Hinweis

Der A/B-Test – auch als Split-Run-Test oder Anzeigensplitting bezeichnet – kommt ursprünglich aus der Werbewelt und wurde verwendet, um die Effektivität verschiedener Werbemittel zu vergleichen. Mittlerweile hat sich dieses Verfahren jedoch auch für die Optimierung von Internetportalen bewährt und etabliert.

Bei einem einfachen A/B-Test bekommen 50 Prozent der Besucher Variante A einer Webseite zu sehen, bei den anderen 50 Prozent wird hingegen Variante B ausgespielt. Dabei wird jeweils über einen zuvor festgelegten Erfolgsfaktor (dies kann zum Beispiel die Konvertierung, Abbruchquote, Verweilzeit etc. sein) gemessen, welche Variante sich besser auf die Ziele der jeweiligen Webseite auswirkt.

Manche technische Varianten führen die entsprechenden Tests nacheinander aus, was wissenschaftlich gesehen zwar nicht ganz korrekt ist, in den allermeisten Fällen (und bei einem ausreichend langen Betrachtungszeitraum zum Sammeln von Daten) jedoch zu den gleichen Ergebnissen führen dürfte.

Wie lange Sie einen solchen Test laufen lassen, kommt dabei ganz darauf an, wie viele Besucher Sie benötigen, um eine ausreichende Masse an Daten zur Auswertung Ihrer Hypothese zu erhalten. Bei großen Internetportalen können hierfür schon ein bis zwei Stunden ausreichen, im Weblogbereich sind jedoch zwei Wochen oder gar mehr üblich, um genügend Teilnehmer für den Vergleich zu sammeln. Bei kleinen Blogportalen mit entsprechend wenigen Besuchern vergleichen wir etwa die Effektivität einzelner Werbeplatzierungen durchaus über Monate hinweg. Sofern sich einzelne Tests nicht tangieren, spricht schließlich auch nichts dagegen, mehrere A/B-Tests gleichzeitig durchzuführen.

Praktische und kostenlose Tools zur Bemessung von aussagekräftigen Mengen, aber auch zur Gegenüberstellung von A/B-Test-Ergebnissen finden Sie beispielsweise unter `https://vwo.com/resources/free-tool`. Damit können Sie unter anderem feststellen, wie aussagekräftig beziehungsweise repräsentativ die innerhalb eines solchen Tests gewonnenen Erkenntnisse tatsächlich sind. Der »Visual Website Optimizer« ist ganz abgesehen davon einer der Marktführer im Bereich der Website-Optimierung, bietet jedoch im Vergleich zur Konkurrenz »Optimizely« (`www.optimizely.com`) keine kostenlose Basisversion an. Für den Einstieg und erste Tests empfehlen wir daher Letzteres.

Wenn Sie sich noch weiter in die faszinierende Welt der Webseitenoptimierung mittels A/B- und sonstiger Variantentests einarbeiten möchten, empfehlen wir Ihnen hierfür die Lektüre von *Unbounce* (`http://unbounce.com/blog/`) sowie das Portal `http://whichtestwon.com`, das wöchentlich wechselnd prominente Beispiele unterschiedlichster Tests präsentiert. Als Leser können Sie dabei nicht nur mitraten, welche der gezeigten Varianten den Vergleich gewonnen hat, sondern Sie erfahren auch noch sehr detailliert, warum sich der jeweilige Siegerentwurf besser eignet beziehungsweise eher von den Betrachtern favorisiert wird. Dabei lernen Sie sehr viel über die optimale Gestaltung von Webseitenelementen jeglicher Art und können somit die eigene Blogdesignstrategie fortlaufend ausbauen und optimieren. Ein anschauliches Beispiel aus dem WordPress-

Onlineshop-Umfeld ist hier nachzulesen: `https://marketpress.de/2014/` `conversion-rate-optimierung-onlineshops/`.

Abb. 10.5: In einem einfachen Test bei `toushenne.de` zur Steigerung der Anmelderate werden zwei verschiedenfarbige »Call-to-Action«-Elemente verglichen.

10.5 Landingpages zu den wichtigsten Affiliates

Viele Blogger optimieren Beiträge, Überschriften, Kategorien und mehr auf die wichtigsten Partnerprogramme hin, vergessen aber oft, diesen inhaltlich genug eigenen »Raum« zu geben. In Form von Landingpages kann das jedoch bei entsprechender Gestaltung sowohl das Suchmaschinenranking positiv beeinflussen als auch für zusätzliche Klicks und Konvertierungen sorgen. Außerdem erleichtert eine zentrale Landingpage pro Affiliate-Partner langfristig die Pflege der ausgehenden Links. Denn anstatt einen direkten Affiliate-Link innerhalb eines jeden Beitrags zu platzieren, ist es einfacher, zunächst auf die Landingpage zu verweisen.

Wir konnten bereits mehrfach die Suchmaschinenposition (und damit auch gleichzeitig die Affiliate-Einnahmen) in einigen Weblogs deutlich steigern, indem wir tendenziell weniger ausgehende Affiliate-Links verwendeten und dafür mehr interne Verweise setzten. Am besten verweisen Sie nur aus den meistbesuchten Artikeln zu einem Thema direkt per Tracking-Link auf Ihren Affiliate-Partner. Den Traffic der restlichen Beiträge können Sie nutzen, indem Sie von dort auf eben jene besser besuchten Beiträge oder Landingpages verlinken. Auf diesen können Sie

- optimierte und immer wieder wechselnde SEO-Texte zum jeweiligen Partnerprogramm unterbringen.
- neben den Artikeln zusätzlichen wertvollen und auf diesen wichtigen Partner zugeschnittenen Content von Google indexieren lassen.

- mit einem zentral und auffällig ausgerichteten »Call to Action«-Element (wie in Abschnitt 9.2.2 dargestellt) direkt zur Seite des Advertisers weiterleiten.

- indirekte Besucherströme auf diesen Partner lenken (etwa als Zwischenschritt von eigenen Google-AdWords-Kampagnen, prominenten Querverweisen innerhalb des Blogs oder aber von Backlinks anderer Portale aus).

- weniger störende Verweise zu Ihrem Werbepartner implementieren, wobei die Kennzeichnung als »Werbung« oder »Anzeige« nach wie vor bestehen bleiben sollte.

Unsere Erfahrungen mit dieser Vorgehensweise sind durchweg positiv. Ändern Sie doch testweise auch Ihre Linkstruktur in einem gut besuchten Blog derartig und beobachten Sie, ob und welche positiven Veränderungen sich ergeben. Nutzen Sie interne Verweise auf Landingpages aus einzelnen Blogbeiträgen heraus oder integrieren Sie entsprechende Links im Hauptmenü sowie innerhalb der Kategorie-Auflistung in Ihrer Seitenleiste.

10.6 Aktives Keyword-Ranking

Fast jeder Affiliate-Blog hat einige wenige Partnerprogramme, die den Großteil des Umsatzes ausmachen. Entsprechend werden Sie öfter dazu passende Artikel veröffentlichen. Mit der Zeit wird dadurch jeder Affiliate-Blog auf bestimmte Kampagnen-Keywords hin optimiert.

Angenommen, Ihr Ernährungsblog refinanziert sich hauptsächlich über zwei Partnerprogramme zu den Themen »Öko-Babynahrung« und »isotonische Getränke«. Bewusst oder unbewusst optimieren Sie Ihren Blog nun dahin gehend, dass Sie des Öfteren über diese beiden Themen berichten, um möglichst häufig entsprechende Partnerlinks platzieren und damit Ihre Einnahmen steigern zu können.

Dabei kann es durchaus passieren, dass die Babynahrung-Kampagne, zum Beispiel aufgrund einer erhöhten Provision oder eines sich positiv auf die Leads auswirkenden TV-Spots, deutlich mehr Umsatz verspricht. In solch einem Falle sollte Ihr Ranking während dieses Zeitraums von den entsprechenden Keywords dominiert werden, um möglichst hohe Einnahmen zu erzielen. Im umgekehrten Fall passiert es allerdings auch manchmal, dass ein Partnerprogramm vorübergehend eingestellt wird, um nach einigen Wochen neu zu starten. Auch auf solche Umstände sollten Sie in Hinblick auf Ihre Keywords reagieren.

Im Optimalfall sieht die Keyword-Analyse mittels Google-Webmaster-Tools in diesem Fall wie folgt aus: Auf Platz eins steht das Keyword »Babynahrung«, ganz dicht dahinter (was die Häufigkeit der jeweiligen Nennungen in Ihrem Blog angeht) auf Platz zwei die »Isotonische Getränke«, danach mit deutlichem Abstand weitere für den Blog und dessen Refinanzierung wichtige Keywords.

Content-Keywords

Keyword	Bedeutung
1. babynahrung (2 Varianten)	██████████████
2. isotonische getraenke	████████████
3. smoothie (2 Varianten)	████████░░░░░
4. vegan	████████░
5. milchshake (2 Varianten)	█████░░░░░░░

Abb. 10.6: Überblick in den Google-Webmaster-Tools – welche Keywords sind ähnlich stark verteilt?

Manchmal reicht eine einzige, prominente Platzierung der Wortfolge »Isotonische Getränke« (etwa in einer <h1>-Überschrift auf der Startseite), um dieses Verhältnis umzukehren, sodass die Getränke auf Rang eins und die Babynahrung auf Rang zwei stehen. Merken Sie, worauf wir hinauswollen?

Halten Sie diese Balance aufrecht, so kann nur ein einziger Artikel ausreichen, um eben jenes Thema in den Keywords ganz nach vorne zu bringen (innerhalb Ihrer Seite versteht sich, nicht zwangsläufig auch in den Google-Suchergebnissen), mit dem Sie aktuell am meisten verdienen. Das zusätzliche Umsatzplus durch die verbesserte Keyword-Platzierung in Suchergebnissen kann teilweise erstaunlich hoch sein. In einem solchen Szenario können Sie sehr flexibel auf Veränderungen seitens der Partnerprogramme reagieren und je nach Gewinnaussicht das eine oder das andere bevorzugen.

Bauen Sie eine derartige Keyword-Struktur jedoch stets natürlich – etwa über entsprechende Blogartikel – auf, um nicht gegen Partnerprogrammrichtlinien zu verstoßen oder die Missgunst des Partnerprogrammbetreuers auf sich zu ziehen (denn selbst wenn er eigentlich von Ihrem Erfolg profitiert, möchte er natürlich, dass seine Kunden hauptsächlich über das eigene Portal zu ihm finden).

Das dargestellte Schema lässt sich selbstverständlich auf weitere Themen und sogar den Corporate-Blog-Bereich hin adaptieren, denn auch dort werden Sie in bestimmten Zeiträumen einzelne Produkt- oder Aktionskeywords in den Vordergrund rücken wollen. Zum Beispiel wenn eine neue unternehmensweite Marketingkampagne startet, die sich auch möglichst innerhalb des Firmenblogs und seiner jeweiligen Suchmaschinenbesuchern widerspiegeln soll.

10.7   Inhalte auf die Suchbegriffe der Besucher abstimmen

Unabhängig davon, welche inhaltliche Linie Ihr Blog verfolgt, besteht die Gefahr, dass Ihre publizierten Inhalte die typischen Besucher aus Suchmaschinen nicht wirklich interessieren. Das ist beispielsweise dann der Fall, wenn Ihr Blog durch thematisch abweichende Keywords in den Suchergebnissen gelistet wird. Einen derartigen »Mismatch« sollten Sie natürlich durch das zu Beginn des Buches beschriebene Monitoring schnell erkennen (etwa anhand der durchschnittlichen Sitzungsdauer und Absprungquote), doch die Korrektur ist häufig sehr zeitaufwendig. In einigen Fällen ist es einfacher, umgekehrt die Inhalte an die bereits gut rankenden Suchbegriffe anzupassen. Schreiben Sie einfach einen Beitrag mit den entsprechenden Keywords, über die bereits jetzt die meisten Besucher auf Ihren Blog gelangen. Sie werden in vielen Fällen erstaunt sein, wie groß das Besucherplus allein dadurch ausfallen kann.

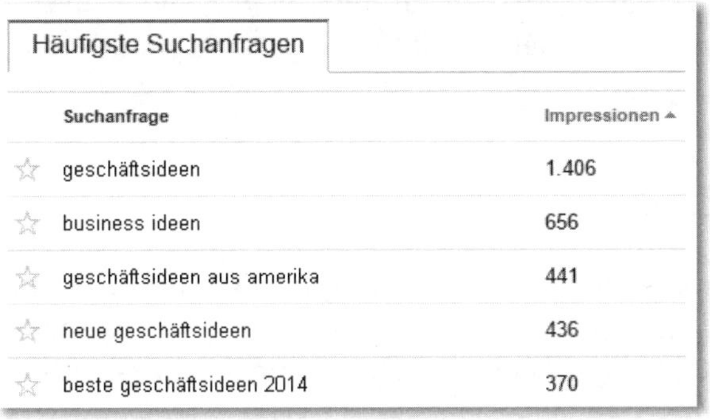

Häufigste Suchanfragen	
Suchanfrage	**Impressionen** ▲
☆ geschäftsideen	1.406
☆ business ideen	656
☆ geschäftsideen aus amerika	441
☆ neue geschäftsideen	436
☆ beste geschäftsideen 2014	370

Abb. 10.7: Eine Auswertung aus den Google-Webmaster-Tools – über welche Google-Suchbegriffe finden die Leser meinen Blog?

Auch Michael war bei einem seiner ersten Blogs sehr erstaunt darüber, dass ein Großteil seiner Besucher über eine Keyword-Kombination auf seinem Blog landete, über die er bis dato noch nicht nachgedacht hatte (und wohl auch selbst nicht auf die Idee gekommen wäre). Daraufhin schrieb er einen passenden Artikel und innerhalb kürzester Zeit stieg die Besucherzahl extrem schnell an. Bis heute ist dieser Artikel einer seiner meistgelesenen im besagten Blog.

Seither arbeiten wir in fast allen unseren Blogs regelmäßig mit dieser einfachen, aber sehr effektiven Methode, um neue Besucher anzulocken. Wir analysieren dazu mittels Google Analytics oder den Webmaster-Tools die gesuchten Begriffe sowie deren Click-Through-Rate und optimieren dahin gehend unsere Blog-Inhalte – vor allem Artikel, aber auch Kategorien, Tags, einzelne Seiten und Landingpages oder sogar Affiliate-Programme.

Gerade im sogenannten Long-Tail-Bereich – also bei Nischen-Keyword-Kombinationen, die in dieser Form kaum oder überhaupt nicht auf anderen Internetportalen verwendet werden – kann diese Strategie erstaunlich erfolgreich sein. Keywords, aus denen Sie neue Inhalte für Ihren Blog gestalten wollen, sollten Sie demnach sinnvoll erweitern, um hierdurch in einen völlig neuen Nischenbereich in eben diesem Kontext vordringen zu können. Trotz all dieser Strategien müssen natürlich die Qualität und die hilfreiche Ausrichtung des Blogs im Vordergrund stehen.

Ihre Inhalte – und das, was Sie damit aussagen wollen – kommen an erster Stelle. Dann erst folgt eine mögliche Optimierung.

> **Tipp**
>
> Wenn Sie merken, dass plötzlich eine Vielzahl von Besuchern durch womöglich völlig absurde Wortkombinationen – die thematisch in keinem Bezug zu Ihren Inhalten stehen – auf Ihrem Blog landen, so könnten Sie kurzfristig eine passende Landingpage erstellen und mit relevanten Inhalten bestücken. Integrieren Sie dann Affiliate-Links oder Werbeanzeigen, so kann dies einen netten Zusatzverdienst bedeuten, auch wenn der thematische Fokus Ihres Blogs ein ganz anderer ist.

10.8 Content- & Link-Pflege

Die meisten Blogger konzentrieren sich auf die Erstellung neuer Inhalte. Unsere Erfolgskennzahlen haben jedoch gezeigt, dass die regelmäßige (und intensive) Beschäftigung mit den wertvollsten Blogartikeln im Archiv ebenfalls extrem wichtig ist. Mit wertvoll meinen wir die meistbesuchten, umsatzstärksten oder werbewirksamsten Beiträge sowie generell alle Artikel, die Sie in den möglichst dauerhaften Fokus Ihrer Leser rücken wollen.

Wie Sie bereits erfahren haben, schätzt Google aktuelle Inhalte. Wenn Sie Ihre Highlights regelmäßig pflegen, steigt die Chance, dass Sie nicht nur weiterhin gut besucht werden und die Konvertierungsrate nicht abbricht, sondern dass Sie auch immer weiter in den Google-Suchergebnisseiten (SERPs) aufsteigen. Die Pflege solcher Artikel (und auch Seiten) bedeutet dabei unter anderem:

- Überprüfen Sie die Texte auf inhaltliche Korrektheit sowie Aktualität (etwa im Finanzblog-Bereich ist dies aufgrund der eventuellen Haftung unter Umständen von enormer Bedeutung).

- Analysieren Sie (externe und interne) Links hinsichtlich Funktionalität und korrekter Zielseiten. Besonders Ihre Affiliate-Links sollten Sie hierbei überprüfen und sicherstellen, dass sie stets auf die passende Landingpage verweisen, das Tracking weiterhin korrekt arbeitet, das Partnerprogramm selbst überhaupt noch besteht etc.

- Prüfen Sie bei älteren Beiträgen gegebenenfalls die korrekte Einbindung der Google-AdSense-Werbeblöcke beziehungsweise der entsprechenden Publisher-ID (klicken Sie aber niemals selbst auf eine in Ihrem Blog eingebundene Werbefläche von Google, da dies den Ausschluss aus dem Werbeprogramm mit sich bringen kann).

Tipp

Wir empfehlen für den Einsatz diverser Code-Schnipsel (etwa für AdSense, Tracking etc.) die Verwendung des »Google Tag Managers« (`www.google.de/tagmanager/`), da dieser die Wartung enorm vereinfacht.

- Binden Sie – sofern noch nicht geschehen – bei den meistgelesenen Beiträgen thematisch passende (!) Google-AdSense- oder Affiliate-Textlinks direkt im oder am Ende des Artikels ein, sofern diese nicht mit anderen Refinanzierungsmethoden konkurrieren.

- Ergänzen Sie ein oder zwei kleinere Absätze oder schreiben Sie bestehende Textelemente um, etwa um den Leser mit Updates und neuen Informationen zu bereichern. Kennzeichnen Sie solche Änderungen ruhig mit einem entsprechenden Datum, denn dann wissen auch Ihre Leser, dass der vermeintlich alte Beitrag stets aktualisiert wird. Falls ein Artikel komplett überarbeitet werden müsste, ist es oft sinnvoller, einen neuen Beitrag zum selben Thema zu veröffentlichen und den alten – um keine Besucher zu verlieren – entweder per 301-Redirect auf den neuen weiterzuleiten oder wenigstens auf die neue Version zu verweisen. Alternativ können Sie Updates auch über die Kommentarfunktion beisteuern.

- Lockern Sie Inhalte durch zusätzliche Bilder oder Verweise auf weitere thematisch passende Blogartikel auf, die sich mittlerweile in Ihrer Datenbank befinden. Variieren Sie auch bestehende Affiliate- und Werbebanner und testen Sie, welches Format oder Banner den meisten Umsatz generiert.

- Prüfen Sie, ob die häufig aufgerufenen und damit besonders interessanten Artikel in einem anderen befreundeten Blog verlinkt werden können, um bei Google noch prominenter in den Suchergebnissen gelistet zu werden.

- Gestalten Sie wenn möglich aus dem Thema der prominentesten Artikel eine kleine Pressemeldung und veröffentlichen Sie sie auf kostenlosen Presseportalen samt Link zu Ihrem Blog.

Wie wichtig und effektiv die Content-Pflege sein kann, zeigte sich in Michaels Finanzblog, der durch die beschriebenen Maßnahmen dauerhaft etwa 40 Prozent mehr Umsatz generierte. Selbst bei den darauffolgenden Optimierungsrunden war eine weitere Steigerung um immerhin noch fünf Prozent möglich.

Allerdings ist es kaum zielführend, bei einem Blog mit mehreren Hundert oder gar Tausend Artikeln das komplette Archiv zu pflegen. Wir empfehlen eher einen auf Zahlen basierenden Ansatz: Die wichtigsten (das heißt vor allem umsatzstärksten) 20 Prozent werden regelmäßig und ausführlich gepflegt, die darauffolgenden 30 Prozent nur noch grob aktualisiert und die restlichen 50 Prozent im

Grunde nicht beachtet (lediglich die Funktionalität der gesetzten Verweise sollte gewährleistet sein). Diese Vorgehensweise hängt natürlich von der Anzahl der Artikel, der Relevanz der Inhalte sowie Ihrem persönlichen Qualitätsanspruch an das Blogarchiv ab.

10.9 Maskierung von Affiliate-Links

Wie bereits öfter schon erwähnt, wirkt sich die Kennzeichnung von Affiliate-Links als »Werbung« oder Ähnliches nicht spürbar negativ auf die entsprechenden Einnahmen aus. Was in diesem Zusammenhang jedoch durchaus einen Unterschied in Hinblick auf die Klickrate ausmacht, sind die oft recht kryptischen Links, die viele Partnerprogramme als Ziel-URL nutzen. Ein derartiger Link könnte beispielsweise *http://www.affiliatedomain.com/idevaffiliate/idevaffiliate.php?id=12341* lauten. Zwar werden diese Links meistens nur kurz in der unteren Leiste der diversen Browser angezeigt, wenn der Benutzer mit der Maus über einen Link fährt (so zumindest bei Internet Explorer, Firefox und Chrome), doch gerade weniger internetaffine Besucher scheinen bewusst oder unbewusst auf diesen Eintrag zu achten. Da viele der Tracking-Links eine gewisse Ähnlichkeit mit Spam-Verweisen haben, lohnt sich hier der Einsatz entsprechender Plug-ins oder Tools, um diesen Ziellink zu maskieren. Das bedeutet, dass Links mit einem eigenen Verweis überschrieben und dann wiederum auf das eigentliche Ziel weitergeleitet werden. Der Besucher sieht dadurch nur den optimierten Linktext, wodurch die Wahrscheinlichkeit des Klicks steigt. Außerdem hat die Maskierung von Links weitere Vorteile:

- Die Verwaltung von Affiliate-Links ist durch derartige Tools leichter als die manuelle Pflege.

- Mitbewerber erkennen nicht auf den ersten Blick, welche Affiliate-Programme Sie bewerben.

- Sie entgehen E-Mail-Spamfiltern leichter und laufen keine Gefahr, aufgrund zu langer Links und einem forcierten Umbruch die Funktionalität zu verlieren.

- Sie können – je nach verwendetem Plug-in – weitere Tracking-Parameter vergeben, um Ihre eigenen Klickdaten zu sammeln.

- Ihre Links werden häufiger von AdBlockern »akzeptiert«, vor allem dann, wenn Sie statt Textlinks Werbebanner nutzen.

Wir konnten die Konvertierungsrate zumindest in einigen unserer Blogs durch die Maskierung der Links deutlich steigern. Besonders effektiv scheinen Lösungen mit der eigenen Blog-Domain als Grundlage zu sein, etwa nach dem Muster *www.blogdomain.de/empfiehlt/partnerprogramm*. Ein bewährtes WordPress-Plug-in für diesen Zweck ist beispielsweise »Pretty Link« (erhältlich unter `https://wordpress.org/plugins/pretty-link/`), das Sie sowohl in einer eingeschränkten kostenlosen als auch deutlich umfangreicheren Bezahlversion erhalten. Eine weitere Blogsystem-unabhängige Alternative ist »Yourls« (http://yourls.org/). Überprüfen Sie jedoch regelmäßig die Funktionalität maskierter Links, damit diese eigentlich arbeitserleichternde und umsatzsteigernde Maßnahme keine technischen Fehler verursacht – und in Mehrarbeit und geringeren Umsätzen resultiert.

10.10 Konkurrenzfilter für umsatztreibende Affiliate-Programme

Viele Blogger verzichten bei der Schaltung von Affiliate-Links auf die gleichzeitige Verwendung von Pay-per-Click-Programmen wie Google AdSense, damit die Leser diesem ertragreichen Link mehr Aufmerksamkeit schenken. In den meisten (Affiliate-)Blogs kann es aber dennoch sinnvoll sein, beide Varianten zu kombinieren. Denn wenn Sie zwar über den Affiliate-Link oder das -banner keinen Lead generieren, so klickt der Besucher vielleicht wenigstens in das AdSense-Werbefeld oder umgekehrt. Unsere Erfahrungen in diesem Bereich sind zumindest sehr positiv.

Ein Umstand kann jedoch gerade bei sehr gut laufenden Partnerprogrammen verheerend sein: Angenommen, Sie haben einen umsatzträchtigen Link innerhalb eines Blogartikels platziert und es erscheint aufgrund der dort verwendeten Keywords just in den AdSense-Anzeigen daneben eine Werbung desselben Partners. Die Wahrscheinlichkeit, dass ein Besucher auf die Google-Anzeige klickt, weil beispielsweise deren Text passender formuliert ist als der des Affiliate-Banners, ist leider relativ hoch. Ihnen geht dann eine (je nach Partnerprogramm) stattliche Provision für den Affiliate-Lead verloren und Sie verdienen durch den AdSense-Klick lediglich ein paar Cents. Oder um es deutlicher zu formulieren: Wenn Sie die Konkurrenzfilter Ihrer AdSense-Blöcke nutzen, um die wichtigsten Affiliate-Partner auszuschließen, können Sie Ihren Umsatz quasi verdreißigfachen (im Falle, dass Sie für einen Affiliate-Lead beispielsweise 30 Euro erhalten und für einen AdSense-Klick lediglich einen). Nicht schlecht, oder? Sie finden die entsprechende Einstellung in Ihrem AdSense-Administrationsbereich unter ANZEIGEN ZULASSEN UND BLOCKIEREN|WERBETREIBENDEN-URLS. Dort hinterlegen normalerweise Unternehmensportale ihre Mitbewerber, damit sie nicht versehentlich Werbung für sie machen. Ebenso können Sie diese Funktion jedoch auch »kreativ erweitern« und eben eine Sperre der wichtigsten Affiliate-Partner einrichten, um Ihre Leser davon abzuhalten, AdSense-Links anstelle der für Sie lukrativeren Affiliate-Links zu klicken. Dabei reicht es, die Anzeigen-URL oder Ziel-URL (Domain) des entsprechenden Unternehmens in diesem Konkurrenzanzeigen-Filter einzutragen.

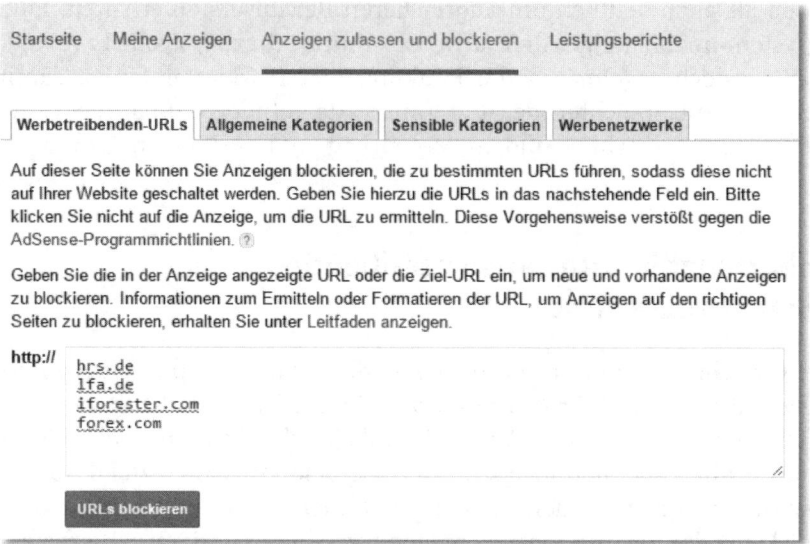

Abb. 10.8: Konkurrierende und unpassende Werbeanzeigen können Sie im Google-AdSense-Filter für Content-Seiten sperren lassen.

Natürlich können Sie hier auch konkurrierende Webseiten sperren. Wird zum Beispiel von einem großen Finanz-Vergleichsportal AdSense-Werbung in Ihrem Finanzblog eingeblendet, kann es unter Umständen sinnvoll sein, auch dieses zu blockieren (es sei denn, der Klickpreis ist extrem gut). Schließlich wollen Sie nicht, dass Ihre Besucher ihr neues Girokonto über das Vergleichsportal eröffnen, sondern besser über Ihren direkten Affiliate-Link, sodass Sie dafür vergütet werden. Dasselbe gilt für konkurrierende Blogs, die sich an eine ähnliche Nischenzielgruppe wie Sie richten und versuchen, mittels AdSense-Werbung potenzielle Kunden von Ihrem Blog abzugreifen.

Tipp

Wir nutzen diese Filter auch, um kuriose und unseriöse Anzeigen zu verhindern. Auf einem professionellen Blog sieht es nicht sonderlich gut aus, wenn plötzlich themenfremde Anzeigen etwa zu Online-Casinos, dubiosen Gewinnspielen oder Erotikseiten erscheinen.

Daneben bietet Google AdSense auch das sogenannte *Überprüfungszentrum für Anzeigen* an, über das sich bestimmte Werbekategorien wie etwa Politik, Religion, Videospiele, Arzneimittel, Dating, aber vor allem auch im Über-18-Bereich zur Auslieferung sperren lassen. Von diesen Grundeinstellungen sollten Sie auf jeden Fall Gebrauch machen, um möglichst relevante Anzeigen ausspielen zu lassen.

10.11 Banner-Rotation mit unterschiedlichen Werbequellen

Das manuelle Testen und Analysieren von Werbeflächen zur Ermittlung der effektivsten Werbeform (AdSense-Text- oder Grafikverweise, Affiliate-Banner, selbst vermarktete Flächen, Videoeinbindung etc.), Ausgestaltung und jeweiligen Position innerhalb des Blogs ist extrem zeitaufwendig. Die automatisierte Banner-Rotation ist ein hilfreiches Mittel, um zufällig wechselnde Inhalte auf der jeweiligen Werbefläche je Seitenaufruf zu generieren und somit alternative Werbemittel miteinander vergleichen zu können (selbst vermarktete Werbebanner dann natürlich nur auf Basis der tatsächlich ausgelieferten Visits). Dieses Vorgehen ist insbesondere dann lohnenswert, wenn

- es sich grundsätzlich um ein nur schwer zu monetarisierendes Blog-Thema handelt,

- das Thema nicht sehr spezifisch ist oder viele verschiedene inhaltliche Bandbreiten umfasst,

- der Wert der Seitenaufrufe pro Besucher/Besuch recht hoch ist (etwa deutlich größer als zwei), weil dann die Wahrscheinlichkeit größer ist, dass sich diese Besucher zumindest für eines der angezeigten Werbemittel interessieren und dort eine Aktion auslösen,

- Sie mit den genannten unterschiedlichen Werbeformen in etwa gleich viel verdienen und das Risiko beziehungsweise die Verdienstformen möglichst streuen wollen oder

- wenn nur wenig Zeit für die fortlaufende Optimierung und den Austausch der einzelnen Werbemittel bleibt und Sie mit einer Banner-Rotation zumindest für eine gewisse Abwechslung sorgen können.

Zudem sind solche Banner-Rotationen relativ schnell und einfach umzusetzen, wobei Sie etwa einzelne Werbemittel mit nur einem Mausklick hinzufügen, wieder entfernen oder besser noch archivieren und selbst mehrere untereinander austauschbare Rotationen erzeugen können.

> **Tipp**
>
> Wir können für diesen Zweck das WordPress-Plug-in »AdRotate« (`https://wordpress.org/plugins/adrotate/`) empfehlen. Für die einzelnen Werbemittel erhalten Sie bei Bedarf sogar ein Reporting der Views und Klicks (wichtig etwa bei der Eigenvermarktung von Werbeflächen als Nachweis für den Kunden oder aber auch bei der Messung der Attraktivität selbst gestalteter bloginterner Werbeanzeigen). Die Laufzeiten der Banner können Sie individuell einstellen (nach Zeit oder einer bestimmten Anzahl an Impressions beziehungsweise Klicks), einzelne Werbemittel priorisieren (etwa Banner A doppelt so häufig wie Banner B ausgeben) und das Tool via Shortcode, Widgets oder auch PHP an unterschiedlichen Stellen innerhalb Ihres Blogs integrieren.

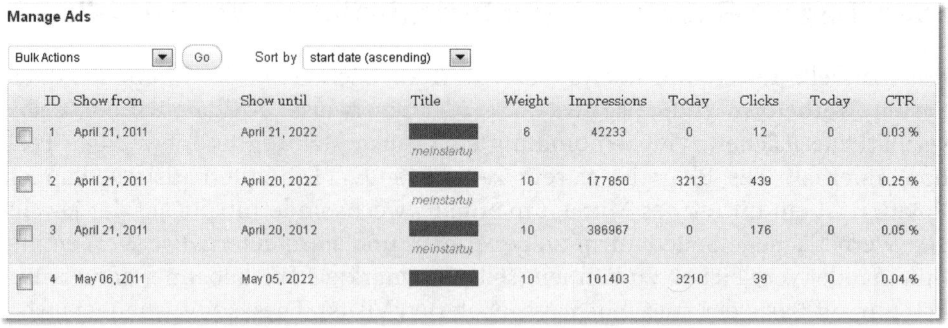

Manage Ads

	ID	Show from	Show until	Title	Weight	Impressions	Today	Clicks	Today	CTR
☐	1	April 21, 2011	April 21, 2022	meinstartuj	6	42233	0	12	0	0.03 %
☐	2	April 21, 2011	April 20, 2022	meinstartuj	10	177850	3213	439	0	0.25 %
☐	3	April 21, 2011	April 20, 2012	meinstartuj	10	386967	0	176	0	0.05 %
☐	4	May 06, 2011	May 05, 2022		10	101403	3210	39	0	0.04 %

Abb. 10.9: Eine Analyse von AdRotate – Welches Werbebanner läuft wie erfolgreich?

10.12 Zufällig oder regelmäßig wechselnde Seiteninhalte

Google liebt Veränderung auf Webseiten, weswegen es kleine, dafür aber regelmäßig gepflegte Weblogs oftmals einfacher haben als so manch großes, aber in der Seitenstruktur und den Inhalten doch recht statisches Onlineportal. Das ist übrigens auch einer der ausschlaggebenden Gründe, warum Unternehmen überhaupt angefangen haben, zu bloggen oder wenigstens aktiv einen Nachrichtenbereich innerhalb ihrer Webseite zu pflegen. Gerade im Blogbereich haben Sie unzählige Möglichkeiten zur Optimierung, die Sie besonders dann nutzen sollten, wenn Sie eben nicht täglich neue Artikel veröffentlichen. Für uns haben sich hierfür jene Plug-ins und sonstige technische Erweiterungen bewährt, die mit jedem Seitenaufruf in irgendeiner Form wechselnde Inhalte generieren. Das sorgt nicht nur beim Leser für Abwechslung (vor allem dann, wenn er mehrere Seiten in Folge besucht), sondern signalisiert auch Google eine konstante Veränderung, wodurch der Google-Bot künftig öfter in Ihrem Blog vorbeischauen wird. Solche Erweiterungen könnten beispielsweise sein:

- Eine Liste zur Anzeige der neuesten Kommentare beziehungsweise aktivsten Leser

- Eine zufällig generierte, limitierte Auswahl an Blog-Links aus Ihrer mit der Zeit immer länger werdenden Blogroll. Diese Liste können Sie stattdessen durch die Anzeige des jeweils letzten Artikels aus diesen Blogs ergänzen (das WordPress-Plug-in »WordPress Blogroll Widget with RSS Feeds« eignet sich hierfür sehr gut, siehe https://wordpress.org/plugins/blogroll-rss-widget/)

- Wechselnde Werbeanzeigen und sonstige Elemente in der Sidebar

- Zufällig ausgespielte Kundenstimmen im Blog eines Dienstleisters (beispielsweise mittels »Testimonials Widget«, siehe https://wordpress.org/plugins/testimonials-widget/) oder eine automatisch generierte Liste mit den neuesten Produktbewertungen im Technikblog

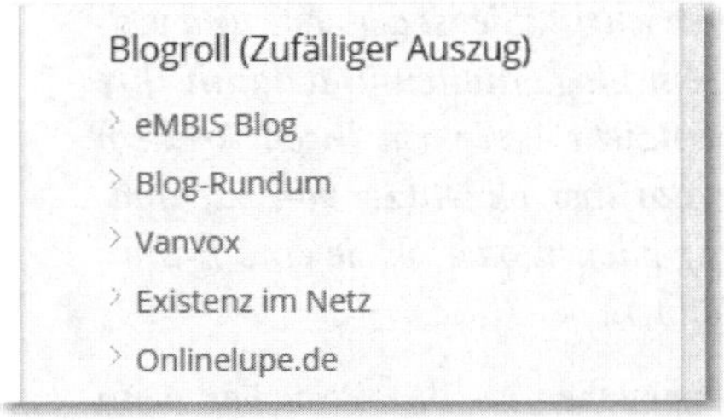

Blogroll (Zufälliger Auszug)

> eMBIS Blog
> Blog-Rundum
> Vanvox
> Existenz im Netz
> Onlinelupe.de

Abb. 10.10: Ergebnis des »WordPress Blogroll Widget with RSS Feeds« bei den Blogprofis

- Social-Media-Widgets wie beispielsweise die letzten Twitter-Nachrichten, die neuesten Pinterest-Pins oder letzten Beiträge bei Facebook. Achten Sie bei diesen Widgets jedoch auf die Datenschutzkonformität

- Einige Blogger wechseln sogar mittels Tools zufallsgesteuert ihre Artikelüberschriften aus, sodass ein Beitrag zum Beispiel einmal »Die 10 besten Tipps für mehr Blogbesucher« betitelt ist, ein andermal – mit unterschiedlichen Keywords – »Traffic steigern leicht gemacht«. Diese Form der Dynamik würden wir persönlich nicht dauerhaft empfehlen, sondern lediglich als Test-Szenario nutzen, um generell herauszufinden, welches Wording die bessere Click-Through-Rate erzielt, und dann die bessere Variante übernehmen. Auch ist der SEO-Effekt unklar, sodass wir hier definitiv zur Vorsicht raten

Es sind sicher noch weitere Möglichkeiten denkbar, um dynamische Inhalte auf den jeweils aktuell aufgerufenen Beitrag anzupassen. Nicht selten finden sich in themenverwandten Blogs entsprechende Content-Widgets, die individuelle Inhalte mit Mehrwert für die eigenen Besucher bieten. Michael hatte etwa bei den *Blogprofis* zeitweise ein Widget des Portals `bloggerjobs.de` eingebunden, das die aktuellsten fünf Blogjob-Angebote listet (siehe `http://www.bloggerjobs.de/widgets/`). Sein Blog erhielt dadurch eine dynamische Komponente, seine Leser interessante Job-Angebote. Sehr ausgeklügelte Content-Logiken und -Zusteuerungen lassen sich mit dem Plug-in »Widget Logic« realisieren (`https://wordpress.org/plugins/widget-logic/`). Eine Anleitung hierzu finden Sie unter `http://www.perun.net/2014/10/23/wordpress-widget-ausgabe-mit-widget-logic-steuern/`.

10.13 Artikelüberschriften optimieren

Guter Content macht mehr als die halbe Miete bei einem Blog aus, das wissen Sie bereits. Und wiederum fast mehr als die Hälfte des guten Contents macht eine gelungene, wohlüberlegte Artikelüberschrift aus. Erfolgreiche Blogger wissen um diese Bedeutung und investieren eben fast 50 Prozent der für einen neuen Blogartikel benötigten Zeit in die Überschrift. So auch Vladislav Melnik (`www.affenblog.de`), aus dessen Sicht alles mit der Überschrift steht oder fällt:

»Nur zwei von zehn Menschen lesen Ihre Überschrift. Sie ist der erste und vielleicht letzte Eindruck, den Besucher von Ihrem Blog erhalten und damit Ihre erste und womöglich letzte Chance, um potenzielle Leser von Ihren Artikeln zu überzeugen. Sie entscheidet zum Beispiel darüber, ob Nutzer von Suchmaschinen oder RSS-Readern auf Ihren Beitrag klicken oder ob sie eine E-Mail mit Ihrer Artikelüberschrift als Betreffzeile öffnen.

In gewisser Weise ist Ihre Überschrift ein Versprechen an Ihre Besucher, denn warum sonst sollten sie sich die Zeit nehmen, um Ihren Artikel zu lesen? Achten Sie beim Formulieren Ihres Titels also darauf, dass dieser entweder einen direkten Nutzen stiftet, Neuigkeiten enthält oder zumindest allgemein neugierig macht.

Je mehr Mühe Sie sich mit Ihren Artikelüberschriften geben – qualitativ hochwertige Inhalte natürlich vorausgesetzt –, umso mehr Leser werden hierauf aufmerksam. Dabei ist es egal, ob Besucher diese »anziehende« Überschrift in den Google-Suchergebnissen bevorzugen und anklicken, sie im RSS-Reader unter den sonstigen Abonnements hervorsticht oder der Beitrag auf Facebook ob der Wortwahl für besondere Aufmerksamkeit sorgt.«

Inhaltlich gute Überschriften zu gestalten ist eine große Kunst für sich. Wir werden an dieser Stelle nur teilweise auf diesen Aspekt eingehen – da sich einiges auch mit den bereits genannten Kriterien einer guten inhaltlichen Gestaltung überschneidet –, möchten aber gerne auf Roberts Artikel mit weiterführenden Überlegungen unter `http://www.toushenne.de/buch/erfolgreiche-headlines` verweisen. Aus unserer Erfahrung heraus haben sich zur Optimierung von Überschriften folgende Aspekte bewährt und dabei für eine deutliche Steigerung der Besucherzahlen gesorgt:

- Überraschen Sie Ihre Besucher: Das ist zwar nicht mit jeder nüchternen Meldung oder jedem eher »trockenen« Artikel möglich, doch im Zusammenhang mit dem richtigen Beitragsthema darf eine Überschrift durchaus deutliches Interesse bei den potenziellen Lesern wecken.

- Eine Überschrift muss emotional, aber nicht »marktschreierisch« sein: Die Zeilen »Linktausch-Spam: Jetzt wird zurückgeschossen« sind dabei vielleicht schon grenzwertig, ein »Vorsicht: Gefährliche Links in Kommentaren« bewirkt jedoch meistens den gewünschten Effekt.

- Künstliche Verknappung wirkt fast immer: Ein Titel nach dem Motto »Melde dich bis Montag an und wir schenken dir ein kostenloses E-Book« verfehlt nur selten das Ziel. Dieses Prinzip funktioniert übrigens auch für regionale Berichterstattung oder Angebote. Mit einem »Auftritt nur in Bremen: [Musikband] kommen nach Deutschland« finden Sie nicht nur die richtige Zielgruppe für Ihren Artikel, auch der Lokalpatriotismus kann hier für einige zusätzliche Leser sowie für eine bessere Verbreitung innerhalb der sozialen Netzwerke sorgen.

- Antworten Sie auf Fragen: Headlines wie »Blogger-Netiquette: Ist die persönliche Ansprache ein Muss?« resultieren in unseren Blogs regelmäßig in mehr Feedback und Kommentaren als neutrale Formulierungen oder Feststellungen.

- Der »Befehlston« ist Geschmacksache, kommt aber dennoch bei vielen erfolgreichen Bloggern gerne zum Einsatz. Beispiele hierfür wären »Diese Tipps müssen Sie kennen« oder »Das Schnäppchen darfst du dir nicht entgehen lassen«.

- Wörter und Phrasen wie »Ihre Meinung ist gefragt«, »Hilfe! ...«, »Was nun? ...«, »Meine Erfahrungen zu ...« oder auch »Nachgefragt: ...« suggerieren spannende und werthaltige Informationen, der Artikel dahinter sollte die Besucher dann aber natürlich in dieser Hinsicht auch nicht enttäuschen. Gleiches gilt für Begründungen der Form »Warum du xy besser nicht mehr tun solltest«.

- Ähnlich ist es mit der Nennung von Zahlen und sogenannten Listenbeiträgen. Interessanterweise kann ein »Die 10 besten WordPress-Plug-ins für Affiliate-Blogger« für deutlich mehr Aufmerksamkeit sorgen als eine alternative, zahlenlose Überschrift wie beispielsweise »Die wichtigsten Funktionen eines Affiliate-Blogs«.

- Ein eindeutiger, vielleicht sogar kontroverser oder provokativer Standpunkt sorgt häufig für erhöhte Aufmerksamkeit. Natürlich nur, wenn Sie diesen auch tatsächlich vertreten. Beispielsweise »Das neue Smartphone von Marke x kann mit dem Modell von Marke z nicht mithalten«. Zwar sollten Sie hierbei vorsichtig sein und keine Abmahnung aufgrund von vergleichenden Inhalten riskieren (vor allem wenn es sich um eine nicht rein redaktionelle und auf neutralen Fakten basierende Berichterstattung handelt), doch die Fans der jeweiligen Marken werden sehr schnell auf Ihren Artikel aufmerksam.

- Beantworten Sie die »W-Fragen« (*Wer? Was? Wann? Wie? Wo? Warum? Wieso?* – jedoch nicht zwangsläufig alle), um die Erwartungen Ihrer Leser zu lenken. Durch das gezielte Zurückhalten bestimmter Antworten spielen Sie mit der Neugier Ihrer Leser und erhalten so deren Aufmerksamkeit.

Tipp

Erfinden Sie das Rad nicht neu: Lassen Sie sich ruhig von anderen Blogs oder (Print-)Magazinen bei der Formulierung Ihrer Überschriften inspirieren. Nutzen Sie bewährte Formeln als Grundlage für Ihre eigenen Kreationen, orientieren Sie sich an beliebten Adjektiven zur Verstärkung Ihrer Aussagen, sprechen Sie Leser direkt an oder lassen Sie einfach einen Kunden in Form eines Testimonials für Sie sprechen. Auch in einer Überschrift kann eine solche Empfehlung für Sie wirken.

Bei der Gestaltung von Überschriften kommt es, wie an vielen anderen Stellen auch, auch die Abwechslung an. Testen Sie unterschiedliche Formate und analysieren Sie genau, welche Art von Aufmachern von Ihren Lesern besonders gut aufgenommen wird. Achten Sie jedoch stets darauf, dass der Titel zum Inhalt passt und dass Sie Ihre Leser nicht durch zu »kreative« Konstrukte überfordern oder durch zu banale Überschriften unterfordern. Auch hierbei kommt es maßgeblich auf Ihr Blog-Thema und vor allem das Ziel des Blogs an. Wir erwischen uns selbst hin und wieder, wie wir auf klassische *Clickbaits* (das sind Überschriften, die ganz bewusst so formuliert wurden, dass möglichst viele Leser sie anklicken) hereinfallen, obwohl wir eigentlich genau wissen, dass sie nur dazu dienen, um Traffic zu generieren.

> ### Tipp
>
> Mit dem WordPress-Plug-in »Title Experiments« (`https://wordpress.org/plugins/wp-experiments-free/`) können Sie unterschiedliche Varianten Ihrer Beitragstitel testen.

Neben der rein textlichen Gestaltung ist die Verwendung der richtigen Keywords innerhalb einer Headline mindestens genauso wichtig – wenn auch nicht immer genauso »schön« zu lesen. Idealerweise kombinieren Sie die oben genannten Formate mit ein bis maximal zwei relevanten Schlüsselwörtern. Nutzen Sie zum Aufspüren dieser Keywords zum Beispiel eine der folgenden Möglichkeiten.

10.13.1 Google Suggest

Google Suggest ist die Funktion, die bei Tippen eines bestimmten Wortes in der Sucheingabemaske bereits Vorschläge zur Wortvervollständigung beziehungsweise möglichen Wortkombinationen macht. Suchen Sie zum Beispiel nach einem neuen Girokonto, haben sich jedoch noch nicht für eine bestimmte Bank entschieden, so werden Sie (wie viele andere Suchende ebenfalls) mit hoher Wahrscheinlichkeit auf den Vorschlag »Girokonto Vergleich« klicken, den Ihnen Google Suggest bereits beim Schreiben des Begriffs »Girokonto« anbietet.

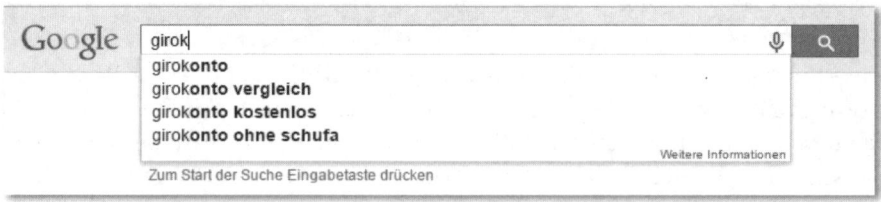

Abb. 10.11: Google Suggest macht bereits während der Eingabe von Suchbegriffen Vorschläge für konkretere Suchanfragen.

Gerade im sogenannten *Long Tail* (`http://de.wikipedia.org/wiki/The_Long_Tail`), also bei weniger prominenten Suchbegriffskombinationen, kann dies natürlich erhebliche Auswirkungen auf die optimale Gestaltung Ihrer Blogartikelüberschriften haben. So kann es sein, dass Sie die Überschrift Ihres Musikblogs besser mit »Gitarrenunterricht in Berlin« beginnen, statt mit »Gitarrenunterricht nehmen in Berlin«, weil Google Suggest – zumindest bei Drucklegung dieses Buches – seinen Nutzern den erstgenannten Begriff vorschlägt, den zweiten jedoch nicht. Sind Sie dann vielleicht sogar der Einzige, der einen Artikel mit diesem Long-Tail-Keyword betitelt, so haben Sie eine recht gute Chance, auf Platz eins der Suchergebnisse zu erscheinen. Ein solcher Umstand kommt zwar selten vor, ist dann jedoch ein echter Glücksgriff, da Sie sich mit Ihrem Blog womöglich an zahlreichen »normalen« und vielleicht auch weit größeren Internetportalen mit denselben Keywords vorbeidrängeln können. Und selbst wenn Sie durch eine vergleichbare Maßnahme einfach nur häufiger in den Suchergebissen auftauchen, so konnten Sie den gewünschten Effekt bereits erzielen.

Haben Sie also noch keine passende und griffige Überschrift für einen Beitrag parat oder müssen sich noch zwischen mehreren möglichen Varianten entscheiden, hilft oft ein Blick in Googles eigene Suchvorschläge.

10.13.2 Google AdWords Keyword-Planner

Dieses bereits in Kapitel 9 beschriebene, sehr mächtige Werkzeug von Google kommt bei uns regelmäßig zum Einsatz, wenn wir an neuen Beitragsüberschriften feilen. Denn dieses Tool zeigt zum einen an, wie häufig bei Google nach bestimmten Suchwörtern und Keyword-Kombinationen recherchiert wird (dargestellt in der Spalte DURCHSCHNITTLICHE SUCHANFRAGEN PRO MONAT), und zum anderen, wie hoch der Wettbewerb um die jeweiligen Keywords bei Google-AdWords-Werbekunden ist (hoch, mittel, niedrig).

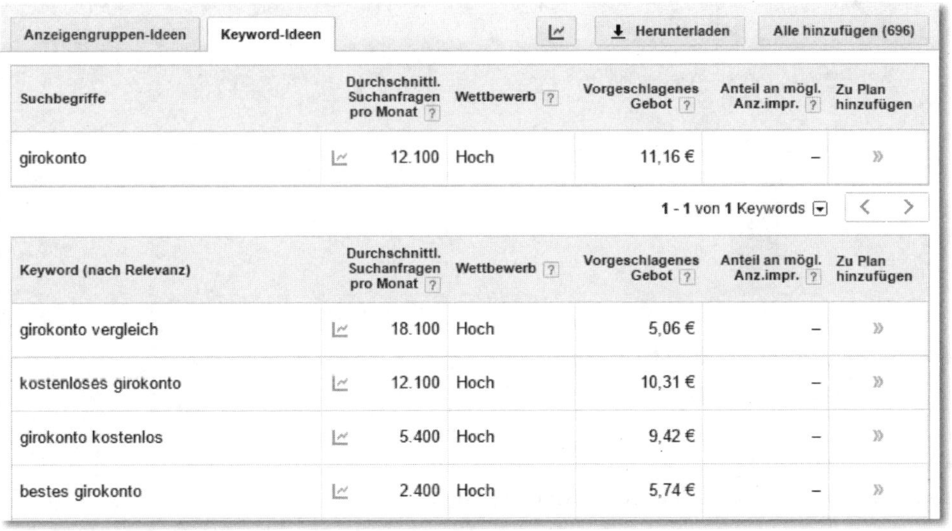

Suchbegriffe		Durchschnittl. Suchanfragen pro Monat [?]	Wettbewerb [?]	Vorgeschlagenes Gebot [?]	Anteil an mögl. Anz.impr. [?]	Zu Plan hinzufügen
girokonto	〰	12.100	Hoch	11,16 €	–	»

1 - 1 von 1 Keywords ▾   ‹ ›

Keyword (nach Relevanz)		Durchschnittl. Suchanfragen pro Monat [?]	Wettbewerb [?]	Vorgeschlagenes Gebot [?]	Anteil an mögl. Anz.impr. [?]	Zu Plan hinzufügen
girokonto vergleich	〰	18.100	Hoch	5,06 €	–	»
kostenloses girokonto	〰	12.100	Hoch	10,31 €	–	»
girokonto kostenlos	〰	5.400	Hoch	9,42 €	–	»
bestes girokonto	〰	2.400	Hoch	5,74 €	–	»

Abb. 10.12: Der Keyword-Planner gibt Aufschluss über prominente themenverwandte Suchbegriffe.

Wählen Sie hieraus für Ihre Überschriften Schlüsselwörter und Kombinationen, die zwar seltener gesucht, dafür aber auch deutlich weniger gebucht beziehungsweise verwendet werden, so ist die Chance, von Suchenden gefunden zu werden, deutlich größer. Orientieren Sie sich bei der Wahl der besten Suchbegriffe stets nach dem Suchvolumen und verwenden Sie jenes Keyword, das den geringsten Wettbewerb aufweist.

10.13.3 Google Trends

Für eine noch tiefer gehende Analyse eignet sich zudem das Tool »Google Trends« (www.google.de/trends/), mit dem Sie nicht nur Trends in der jeweiligen Wettbewerbsentwicklung betrachten, sondern auch gleich mehrere Keywords hinsichtlich ihrer derzeitigen Attraktivität vergleichen können.

Nehmen wir als Beispiel wieder unseren Finanzblog, in dem wir innerhalb eines neuen Beitrags unterschiedliche Bankkonten vorstellen möchten. Um herauszufinden, welcher der Begriffe »Girokonto«, »Sparbuch« und »Tagesgeldkonto« für unsere Besucher aus Suchmaschinen derzeit am interessantesten ist, vergleichen wir diese Keywords mittels »Google Trends« über einen definierten Zeitraum (in diesem Fall zwölf Monate).

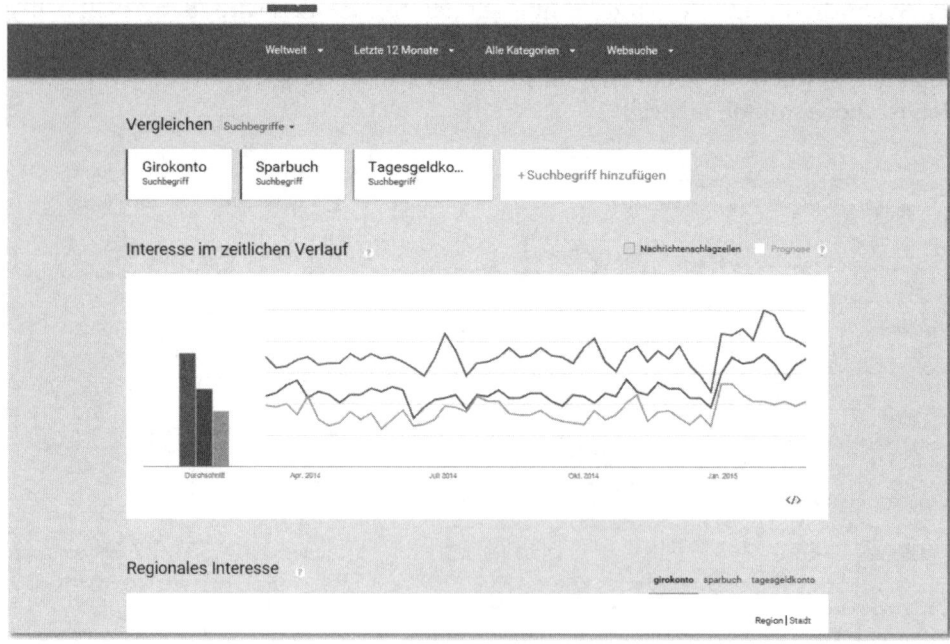

Abb. 10.13: Vergleichende Analyse mit Google Trends

Wie Sie in Abbildung 10.13 deutlich erkennen können, liegt das Girokonto bei dieser Abfrage zum aktuellen Zeitpunkt vorne, das Sparbuch auf Rang zwei und das

Tagesgeldkonto ganz hinten. Wenn Ihre Zielgruppe für den entsprechenden Beitrag also nicht weiter spezifiziert ist – zum Beispiel dann, wenn Sie ein passendes Affiliate-Programm einbinden möchten –, wäre die Ausrichtung Ihrer Artikelüberschrift auf das Girokonto höchstwahrscheinlich am effektivsten, um die meisten Leser aus der Suche zu gewinnen. Durch eine Überprüfung der Konkurrenz mittels »Google Keyword«-Tool (Stärke des Wettbewerbs) und einer einfachen Google-Suchabfrage (Anzahl der Suchergebnisse) können Sie Ihre Wahl schlussendlich absichern.

Der eigentliche Vorteil von »Google Trends« – und daher rührt auch der Name – ist in diesem Beispiel sehr schön zu erkennen, wenn Sie die aktuelle Tendenz der Suchanfragen betrachten (rechtes Ende der Graphen): Während das Tagesgeldkonto über die letzten Wochen hinweg konstante (bis leicht abfallende) Suchanfragen verzeichnet, ist bei den anderen beiden Begriffen mehr Bewegung im Spiel. Das Girokonto verliert seit einigen Wochen deutlich an Suchvolumen, während das Sparbuch augenscheinlich immer mehr Suchende interessiert. Sie wären demnach also womöglich besser beraten, Ihren Artikel auf das Sparbuch zu konzentrieren, um im Falle eines anhaltenden Trends für die zu erwartende Rangabwechslung der Suchbegriffe besser positioniert zu sein.

Gerade bei kurzfristigen Trendthemen lohnt sich ein Blick in dieses Google-Tool, zumal Sie die Suche noch auf weitere Kriterien wie das Land oder unterschiedliche thematische Suchkategorien (für dieses Beispiel etwa »Finanzen«) eingrenzen können. So würden Sie vielleicht feststellen, dass sich die Verteilung der drei genannten Begriffe in der Schweiz anders als in Deutschland und Österreich darstellt. Für Ihre Schweizer Zielgruppe würden Sie zum gleichen Zeitpunkt also unter Umständen besser eine andere Keyword- und Überschriftenstrategie wählen als in ihren Nachbarländern. Gerade bei einem gut besuchten Blog oder einem lohnenswerten Affiliate-Artikel können solche Nuancen für die Höhe der entsprechenden Einnahmen eine wesentliche Rolle spielen.

10.14 Besucherzeiten berücksichtigen

Gerade große Unternehmen im Onlinebereich überlassen nichts dem Zufall: Newsletter werden an bestimmten Tagen und zu bestimmten Uhrzeiten verschickt, das telefonische Akquisegespräch am liebsten am Freitagvormittag durchgeführt und selbst der Versand einer persönlichen E-Mail an einen wichtigen Kooperationspartner zeitlich abgestimmt. Wieso sollten Blogger dies nicht ebenso machen?

Dass ähnliche Blogartikel teilweise sehr unterschiedliche Kennzahlen aufweisen, hat möglicherweise damit zu tun, wann die Beiträge veröffentlicht wurden. Während der eine schon kurz nach der Veröffentlichung sehr häufig gelesen, kommentiert und geteilt wird, so kann ein inhaltlich ähnlicher Artikel ohne einen auf Anhieb erkennbaren Grund auch völlig missachtet werden. Eine detaillierte Analyse gibt Aufschluss darüber, wann (und über welche Kanäle) Besucher auf Ihren Blog gelangen. Betrachten Sie sowohl die Wochentage als auch Uhrzeiten und suchen Sie nach Mustern, wann Leser nicht nur verweilen, sondern auch Aktionen ausführen und beispielsweise auf Partnerprogramm-Links klicken. Abbildung 10.14 und Abbildung 10.15 zeigen Ihnen das Ergebnis einer solchen Betrachtung mittels Google Analytics.

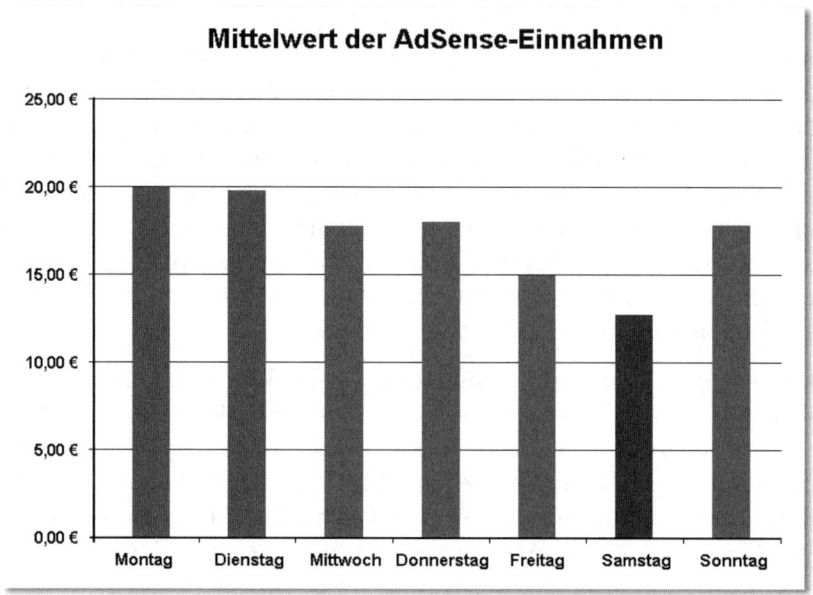

Abb. 10.14: Bei der tageweisen Verteilung von Werbeeinnahmen kann es deutliche Unterschiede geben, wie diese Auswertung exemplarisch zeigt.

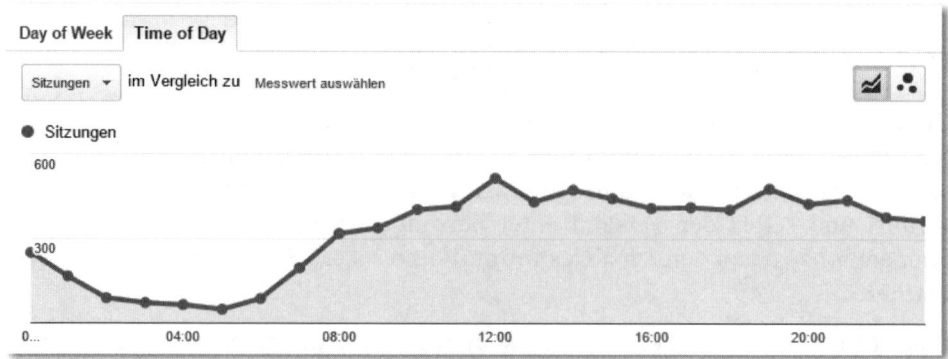

Abb. 10.15: Die Analyse der Uhrzeiten zeigt, wann Ihr Blog die meisten Leser verzeichnet.

Interessant werden diese Ergebnisse natürlich im Vergleich mehrerer Blogportale. So unterscheidet sich ein Foodblog wahrscheinlich deutlich von einem Corporate Blog, da viele Faktoren das Nutzerverhalten beeinflussen: Wann konsumieren die spezifischen Blogbesucher typischerweise ihre einzelnen Medien, wie konsumieren sie diese (etwa per RSS-Feedreader oder soziale Netzwerke), handelt es sich um ein Freizeit- oder eher Businessthema etc.?

Diese Erkenntnisse sind deshalb so wertvoll, weil Sie die Veröffentlichung von neuen Blogbeiträgen dahin gehend optimieren können. Einen wichtigen Artikel – egal ob für die hierdurch hoffentlich zunehmende Reichweite des Blogs oder für zusätzliche Blog-Einnahmen – publizieren Sie nämlich am besten dann, wenn Sie die meisten Besucher auf Ihrem Blog erwarten (was mittels der üblichen Planungsfunktion von WordPress und anderen Blogsystemen keine Herausforderung mehr darstellt). Michael würde beispielsweise einen Affiliate-Artikel in seinem Finanzblog – von dem er weiß, dass viele Leser daran interessiert sein werden – zum Monatsbeginn an einem Montag am frühen Vormittag freischalten. Dadurch generiert er nämlich deutlich mehr Besucher, Klicks und damit auch Einnahmen als mit einem vergleichbaren Beitrag, den er samstags gegen Monatsende veröffentlicht. Der Grund hierfür liegt in der allgemeinen Bereitschaft, eher zu Beginn eines neuen Monats oder gar Quartals etwas zu kaufen oder einen bestimmten Vertrag abzuschließen, als dies in den letzten Tagen der Fall ist.

Entdecken Sie Ihren eigenen Rhythmus und unterstützen Sie den Erfolg Ihrer Artikel durch zusätzliche Bewerbung (auch zu anderen vielversprechenden Zeitpunkten), etwa über soziale Medien oder mittels Presseverteiler.

10.15 E-Mail-Verteiler aufbauen

E-Mail-Marketing ist ein größeres Thema, das wir in diesem Rahmen nicht vollständig abhandeln können und wollen. Doch wir kommen nicht umhin, die Bedeutung eines E-Mail-Verteilers für Blogger zu betonen. Denn spätestens, wenn Sie über Ihren Blog Dienstleistungen oder Produkte verkaufen möchten, profitieren Sie von den im Vorfeld gesammelten E-Mail-Adressen potenzieller Kunden. Beim E-Mail-Marketing müssen Sie sich nämlich nicht direkt gegen die unzähligen Fans und Follower Ihrer Mitbewerber behaupten, um die Aufmerksamkeit Ihrer Zielgruppe zu gewinnen, sondern können Ihre Nachrichten direkt an diese schicken.

Die Effektivität von Newslettern wird uns regelmäßig in unabhängigen Studien sowie von Kollegen aus der Branche bestätigt. Auch wir nutzen solche Verteiler, um neue Inhalte zu verbreiten, aktuelle Aktionen von Partnerprogrammen zu bewerben oder um einfach nur in direktem Kontakt zu unseren Lesern und Abonnenten zu stehen, denn nichts ist wertvoller als persönliche Beziehungen. Ganz nebenbei sind Beziehungen eine hervorragende Basis, um Verkäufe einzuleiten oder Kooperationen zu starten.

Zum Sammeln neuer E-Mail-Adressen stehen Ihnen im Blogbereich diverse Möglichkeiten zur Verfügung:

- Integrieren Sie ein Anmeldeformular an prominenten Stellen innerhalb des Blogs, etwa unterhalb eines jeden Beitrags oder in der Seitenleiste. Auch auf der »Über uns«-Seite und auf Landingpage hat sich ein solches Registrierungsformular bereits mehrfach bewährt.

- Nutzen Sie Pop-up-Tools wie »SumoMe« (`http://sumome.com/`) oder Website-Plug-ins wie »Hellobar« (`https://www.hellobar.com/`), um Leser auf Ihren Newsletter aufmerksam zu machen. Auch wenn gerade Pop-ups hinsichtlich der Benutzerfreundlichkeit sehr kontrovers diskutiert werden, ist ihre Effektivität so gut wie unumstritten. Sie sollten jedoch beobachten und messen, ob Ihre Zielgruppe solche Möglichkeiten akzeptiert oder abbricht.

- Informieren Sie, kurz bevor (wir erinnern an das Prinzip der zeitlichen Verknappung) Sie einen Newsletter verschicken, Ihr Netzwerk über Facebook oder Google Plus, denn häufig können Sie so noch kurzfristig weitere Adressen einsammeln.

- Falls Sie als Gastautor für andere Blogs schreiben, können Sie den Link in Ihrer Autorenbiografie auf eine Landingpage innerhalb Ihres Blogs verweisen, wo Sie neben relevanten Inhalten auch gleich Ihren Newsletter bewerben.

- Sind Sie als Speaker aktiv oder halten regelmäßig Vorträge, so können Sie den Teilnehmern während der Veranstaltung anbieten, ihnen im Nachgang Ihre Präsentationsfolien per E-Mail zukommen zu lassen, und im gleichen Zuge das Einverständnis einholen, sie gleichzeitig auch in Ihren E-Mail-Verteiler einzutragen.

Wichtig

Diese Einverständniserklärung ist wichtig und nicht nur »offline« erforderlich. Das sogenannte Double-Opt-in-Verfahren, bei dem der Empfänger seine Einwilligung in einem zweiten Schritt zunächst auch noch bestätigen muss, ist gemäß § 7, Absatz 2 des Gesetzes gegen den unlauteren Wettbewerb (UWG) sowie § 28, Absatz 3 des Bundesdatenschutzgesetzes (BDSG) Pflicht. Ohne diese ausdrückliche Einwilligung ist der Versand von E-Mails nicht gestattet. Außerdem müssen Sie eine leicht zu handhabende Abmeldemöglichkeit gewährleisten und in jeder E-Mail darauf hinweisen.

Hinweis

Die entsprechenden Formulare können Sie über Ihren E-Mail-Provider generieren und nach Ihren Wünschen an das übrige Blogdesign anpassen. Für welchen E-Mail-Anbieter Sie sich entscheiden, hängt maßgeblich von Ihren Anforderungen (und natürlich dem Budget) ab. Ein Großteil der deutschsprachigen Blogger nutzt »MailChimp« (`www.mailchimp.com`), »CleverReach« (`www.cleverreach.de`) oder »GetResponse« (`www.getresponse.de`), die sich überwiegend nur im Detail unterscheiden.

Besonders wichtig für die Steigerung der Anmelderate sind der Kontext, in dem Sie nach der E-Mail-Adresse (und gegebenenfalls weiterer Informationen über Ihren Leser) fragen, und der Gegenwert, also der Mehrwert für den Leser, sodass er sich für Ihren Newsletter anmeldet. Kostenlose E-Books, Worksheets oder ganze E-Mail-Kurse bieten sich hierfür an. Denken Sie an die Möglichkeiten aus Abschnitt 9.5 zurück; all diese können Sie beispielsweise in einer abgespeckten Version kostenlos anbieten. Auch sollten Sie nur die absolut notwendigen Informationen abfragen, denn je einfacher die Anmeldung ist und je weniger der Leser von sich preisgeben muss, desto höher ist die Wahrscheinlichkeit, dass er sich diese Arbeit macht. In den meisten Fällen genügen die E-Mail-Adresse und gegebenenfalls noch der Vorname, sodass Sie Ihre Mitteilungen personalisieren können.

Es ist wichtig, dass Sie frühzeitig mit dem Sammeln von E-Mail-Adressen beginnen, um dann bereit für E-Mail-Marketing zu sein, wenn Ihre Produkte und Dienstleistungen die Marktreife erlangen und Sie beginnen möchten, Ihren Blog zu monetarisieren. Bis Sie sich ausgiebig mit diesem Medium vertraut gemacht haben und das nötige Handwerk zur Gestaltung von E-Mails erlernt haben, können Sie beispielsweise automatisierte E-Mails (etwa neue Blogbeiträge per RSS) verschicken, um in Kontakt mit Ihren Lesern zu bleiben.

10.16 Einbindung einer Sitemap

Nicht immer indexiert Google sämtliche Unterseiten und Beiträge eines Blogs, was vor allem (aber nicht nur) bei neueren Portalen vorkommen kann. In diesem Fall bringt die Einreichung einer sogenannten *XML-Sitemap* bei Google oft deutliche Vorteile mit sich. Zwar enthält eine solche Sitemap nichts anderes als die maschinenlesbare Auflistung aller Seiten eines Blogs, doch Google wird daraufhin sämtliche Seiten identifizieren und indexieren, wodurch sie letztendlich auch in den Suchergebnissen gelistet werden. Bei einzelnen Blogs gelang es uns auf diese

Weise, die Quote der indexierten Seiten um bis zu 20 Prozent zu erhöhen, was theoretisch sowohl einen Besucheranstieg als auch ein Umsatzplus im gleichen Maße zur Folge haben kann.

Eine solche XML-Sitemap können Sie entweder per Online-Tool manuell erstellen (beispielsweise mit dem »Sitemap Generator« unter `www.xml-sitemaps.com`) und in Ihr Blogverzeichnis hochladen oder Sie verwenden ein spezifisches System-Plug-in. Falls Sie das in Abschnitt 6.2.2 vorgestellte SEO-Plug-in von Yoast verwenden, haben Sie bereits ein entsprechendes Tool zur Automatisierung dieses Vorgangs installiert (erreichbar über den Menüeintrag SEO|XML-SITEMAPS). Manuell können Sie die Sitemap in den Webmaster-Tools über den Eintrag CRAWLING|SITEMAPS|SITEMAP HINZUFÜGEN/TESTEN einreichen. Fortan sucht Google von sich aus in bestimmten Abständen nach der jeweils neuesten Version der Sitemap. In diesem Bereich können Sie auch ablesen, wie viele Seiten dadurch übermittelt wurden und welche davon tatsächlich in den Google-Index aufgenommen wurden.

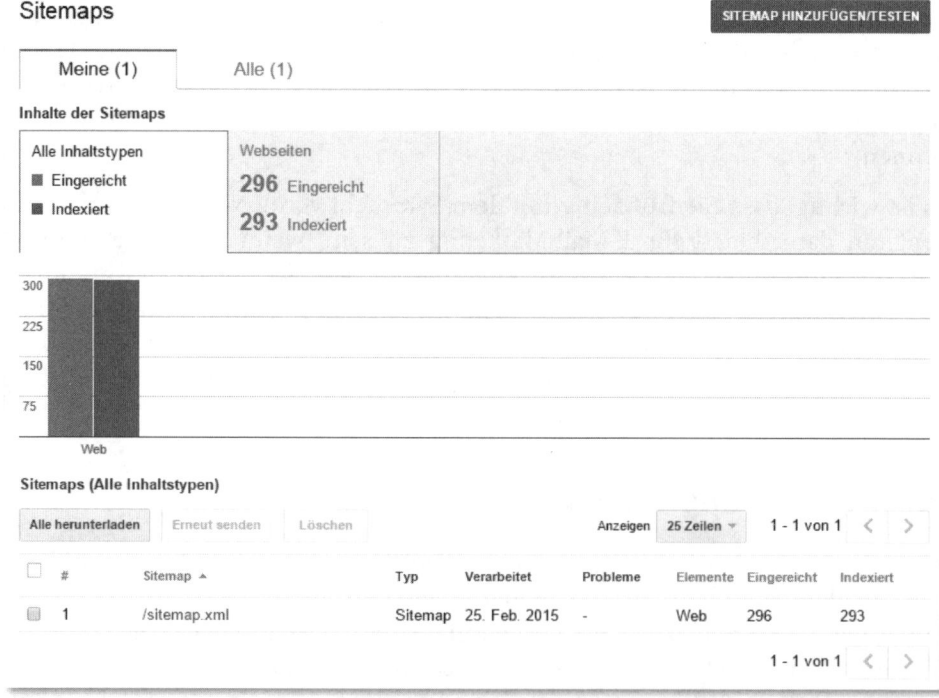

Abb. 10.16: Die Webmaster-Tools von Google zeigen die Anzahl der indexierten Seiten aus der Sitemap an.

Hinweis

Die Anzahl der eingereichten und tatsächlich indexierten Seiten stimmt in den seltensten Fällen vollkommen überein. Es kann durchaus der Fall sein, dass Google bestimmte neue Unterseiten noch nicht indexieren konnte oder dass diese sogar (etwa vom verwendeten SEO-Plug-in) absichtlich von der Indexierung ausgeschlossen wurden, weil sie keine relevanten Informationen enthalten. Eine hohe Abweichung beider Werte– gerade wenn Sie Google eine zusätzliche Sitemap zur Verfügung gestellt haben – kann jedoch darauf hindeuten, dass bestimmte Seiten beispielsweise Fehler im Quellcode enthalten, sodass sie aus diesem Grund nicht in den Index aufgenommen werden konnten. Prüfen Sie daher regelmäßig den Indexierungsstatus Ihres Blogs und beheben Sie eventuell auftretende Crawling-Fehler.

10.17 Wiederverwertung von Inhalten

Durch die steigende Anzahl an Blogprojekten, die immer größer werdende Datenbank an Blogartikeln und dem proportional dazu steigenden Pflegeaufwand haben Blogbetreiber immer weniger Zeit für die eigentliche Content-Produktion. Natürlich dürfen die Inhalte als Grundlage des gesamten Projekts in ihrer Qualität nicht abnehmen, doch nicht immer können wir ausführlich recherchierte Beiträge zu aktuellen Themen anschaulich präsentieren und ausführlich über diverse Plattformen bewerben. Ein mögliches Resultat ist die Verringerung der Frequenz, mit der Sie neue Beiträge in Ihrem Blog veröffentlichen. Sofern Sie jedoch weiterhin ein Minimum (je nach Thema kann das ein Beitrag pro Monat sein, wir empfehlen jedoch in den meisten Fällen mindestens einen Beitrag pro Woche) an Content produzieren, können Sie in der Zwischenzeit mit verhältnismäßig wenig Aufwand und dennoch hohem Mehrwert für Ihre Zielgruppe fremde Inhalte bewerben. Diese *Content Curation* genannte Wiederverwertung beziehungsweise Aufbereitung vorhandener (eigener und vor allem fremder) Inhalte ist eine ideale Lösung, um Ihrer Zielgruppe regelmäßig relevante Informationen bereitzustellen, ohne diese selbst und in Ihrem eigenen Blog bereitstellen zu müssen.

»Rein theoretisch ist Content Curation einfach«, sagt unser Freund Maël Roth, der seit mehreren Jahren Unternehmen bei der Entwicklung digitaler Content-Strategien begleitet. »Es geht wie im Content-Marketing darum, Mehrwert zu schaffen. Das sollte auf zwei Ebenen geschehen: für den Leser, aber auch für den Blogger/Publisher. Ersteres erweist sich als nicht allzu schwierig, wenn Sie Ihre Leser gut kennen. Letzteres ist aber nicht so einfach, schließlich soll das Kuratieren von externen Inhalten auch dem Kurator etwas bringen. Oft haben Publisher Angst, dass der Leser zur Konkurrenz wandern könnte. Außerdem möchte man seine eigenen Inhalte nicht in den Hintergrund schieben«.

Dazu hat er folgende Tipps parat:

- Legen Sie für Ihre gesamte Kommunikation über soziale Medien ein Verhältnis von eigenen zu fremden Inhalten fest. Es geht nicht darum, dieses Verhältnis streng einzuhalten, bietet jedoch einen Rahmen, an dem Sie sich orientieren können.

Hinweis

Viele Social-Media-Experten predigen ein 80/20-Verhältnis, wobei 80 Prozent fremde Inhalte sind und 20 Prozent eigene. Das mag Ihnen vielleicht zunächst verkehrt vorkommen, doch angenommen, Sie setzen einen Tweet oder Facebook-Beitrag pro Tag ab (ausgehend von einer 5-Tage-Arbeitswoche), so brauchen Sie nur an einem dieser Tage einen eigenen neuen Blogbeitrag zu bewerben. Sie haben auf diese Weise also eine Woche Zeit, um neue Blog-Inhalte zu veröffentlichen, in der Sie Ihre Fans und Follower mit Inhalten Dritter versorgen.

- Nutzen Sie einen RSS-Reader (wie zum Beispiel »Feedly«) den Sie als zentrale Plattform für Ihre Lieblingsquellen nutzen. So entgeht Ihnen – anders als bei Facebook – künftig kein neuer Artikel mehr. Wir selbst haben Hunderte von Quellen in einem derartigen Verzeichnis und sind so zu jeder Zeit im Bilde über aktuelle Beiträge ausgewählter Blogs und anderer Internetportale.

- Recherchieren Sie Artikel, die nicht in Ihrem Feed auftauchen, aber trotzdem sehr beliebt sind, mithilfe von »Buzzsumo« (`http://buzzsumo.com/`). Mit diesem Tool können Sie das Internet anhand von Keywords durchsuchen und die meistgeteilten Inhalte identifizieren – sowohl Blogartikel als auch Infografiken, Interviews oder Videos. Nutzen Sie diese Inhalte als Inspiration für neue Blogbeiträge oder empfehlen Sie sie direkt in Ihrem Netzwerk.

- Machen Sie das Beste aus der Kuration, indem Sie ein Tool wie »Sniply« (`http://snip.ly/`) nutzen. Hierbei handelt es sich um einen Link-Shortener, der es Ihnen ermöglicht, geteilte Inhalte um Ihre eigenen zu ergänzen, indem ein kleiner Verweis direkt auf der Seite eingeblendet wird (siehe Abbildung 10.17).

Tipp

Ein typisches und gleichzeitig relativ erfolgreiches Beispiel von Content Curation in Blogs sind Listenbeiträge, die etwa »Die interessantesten News der Woche« zusammenfassen. Für einen solchen Artikel brauchen Sie selbst keinen neuen Beitrag zu schreiben, sondern präsentieren Ihre Auswahl lediglich anhand eines kurzen Auszugs der empfohlenen Quellen. Das spart Zeit, stellt aber dennoch einen Mehrwert für Ihre Leser dar.

- **Identify distribution channels.** Once content is created, how will it reach your audience on the web? Will you use press releases, newsletters, blogs, social media, or webinars to get the word out? Creating a cross-channel distribution plan can get tricky, because you'll likely have different content goals and promotional strategies based on content type, but it's absolutely worth the time.

No one strategy is best for any online marketer, but documenting an initial plan will help you backtrack to find out what is working and what isn't.

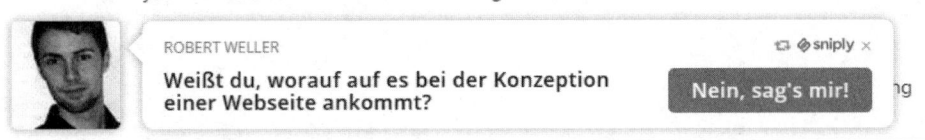

Abb. 10.17: Per »Sniply« geteilte Inhalte können Sie mit einem Verweis auf Ihre eigenen Inhalte annotieren.

Kapitel 11

Chancen & Risiken des neuen Berufsbildes

Während in den USA der Beruf Blogger oder Videoblogger bereits zum Alltag gehört, so ist es hierzulande noch relativ schwierig, seinen Lebensunterhalt alleine mit Bloggen zu bestreiten, doch Erfolgsgeschichten der jüngeren Zeit machen Mut. Selbst große Portale wie Spiegel Online berichten über Reise-, Mode- oder Techblogger, die sehr gut von ihrem neuen Beruf leben, und auch in anderen Sub-Blogosphären ist dies möglich. Wir selbst sind ein gutes Beispiel, auch wenn Michael mittlerweile nur noch einen Teil seiner Einnahmen aus Blogs erwirtschaftet und Robert als Corporate Blogger arbeitet. Wir haben beide festgestellt, dass sich Blog-Einnahmen ein Stück weit linear aufbauen und stetig steigern lassen, wenn die Punkte berücksichtigt werden, die wir in diesem Buch dargestellt haben.

Es gibt nicht wenige Blogger, die davon träumen, ihr Hobby zumindest teilweise zum Beruf zu machen. Auch auf Blogger-Events geht es immer wieder um die Frage: Wie schaffe ich es, Einnahmen zu erzielen, um mich ganz auf das Bloggen konzentrieren zu können? Erfolgreiche Blogger – die ihre Portale teilweise innerhalb von nur zwei Jahren und weniger etablieren konnten – zeigen, dass der Traum nicht unrealistisch ist. Doch der Weg vom inhaltlichen hin zum finanziellen Erfolg hängt von zahlreichen Fragestellungen ab, die Sie sich persönlich stellen sollten:

- Wie gut lässt sich das Blog-Thema monetarisieren und refinanzieren?
- Wie viel Zeit kann und will ich in den Betrieb eines oder mehrerer Blogs stecken?
- Habe ich neben meinen eigentlichen Aufgaben die Kraft und Zeit, die der Aufbau eines professionellen Blogs erfordert?
- Welche Ansprüche habe ich an meine Einnahmen? Kann ich, gerade in der Anfangsphase, auf Teile davon verzichten?
- Wie überzeugt bin ich vom Erfolg meiner Blog-Idee, sodass ich möglicherweise mit vorhandenen finanziellen Mitteln in Vorleistung gehe (und gegebenenfalls Durststrecken überbrücken kann)? Lässt sich der mögliche Erfolg abschätzen (etwa durch den Vergleich mit ähnlichen Konzepten, Erfahrungswerten aus der bisherigen Arbeit mit Blogs etc.)?

- Ist ein »Soft-Launch« möglich, sodass ich Einnahmequellen prüfe und die Arbeit am Blog nach und nach entsprechend steigere? Kann ich mein Konzept, parallel zu einem fest bezahlten Job, zunächst testen?

- Wie stark ist mein Netzwerk an Freunden, Bekannten, ehemaligen Studien- und Arbeitskollegen, Experten, Unterstützern sowie Mitwirkenden auf meinem Blog-Gebiet?

- Wie stark ist mein Zielmarkt bereits umkämpft? Wie hoch gestaltet sich dabei der Anteil wirklich hochwertiger Blogs? Welches Budget und welche Vernetzungen stehen diesen Konkurrenten zur Verfügung?

- Kann ich vielleicht eine (auf dem deutschsprachigen Gebiet) gänzlich neue Nische besetzen? Wie gut lässt sich diese vermarkten?

- Werde ich dauerhaft Spaß daran haben, täglich neue Beiträge und Social-Media-Inhalte zu verfassen oder diese zu verwalten? Gelingt es mir, mich permanent mit den sich verändernden Bedürfnissen und Fragen meiner Leser auseinanderzusetzen?

- Welche Kenntnisse (Content, Design, SEO, IT, Marketing) decke ich selbst ab und wo muss ich gegebenenfalls extern investieren?

- Spezialisiere ich mich zu sehr auf das Thema »Blogs« oder habe ich im Notfall auch einen Plan B, etwa als Entwickler, Berater, Designer, Texter etc.?

- Kann ich mich möglicherweise in einem Unternehmen zum Beispiel als Corporate Blogger verwirklichen? Gibt es vielleicht sogar Firmen, die Interesse an der Übernahme und Professionalisierung meines bereits existierenden Blogs haben könnten?

Michael ist mit seiner Blogger-Selbstständigkeit gewissermaßen ins kalte Wasser gesprungen, nachdem er viele Jahre als Angestellter arbeitete. Dennoch testete er den möglichen Erfolg vorab und kümmerte sich zunächst in seiner Freizeit um seine Blogs. Somit ließ sich in etwa einschätzen, ob der Vollzeit-Betrieb ausreichen würde, um seine Existenz abzusichern. Dabei half ihm eine schlichte Hochrechnung: Er setzte den Faktor der zusätzlichen Zeit, die er als Vollzeit-Blogger arbeiten würde, in Relation zu den bereits erzielten Einnahmen. Das kann sich jedoch auch schnell als »Milchmädchenrechnung« erweisen, denn gerade Nischenblogs lassen sich nur selten wirklich zuverlässig skalieren. Das bedeutet, dass ab einer gewissen Anzahl von Lesern der Zustrom neuer Leser stagniert, da ein Nischenthema nur eine zahlenmäßig begrenzte Zielgruppe anspricht. Ist Ihr Zielmarkt gesättigt, dann können Sie noch so viel Zeit in neue Beiträge oder das Marketing investieren – die Einnahmen lassen sich kaum mehr steigern. Es sei denn, Sie setzen auf neue Erlösquellen, die mehr Umsatz je Leser versprechen (siehe Kapitel 9).

Eine weitere Möglichkeit besteht darin, nicht nur einen, sondern mehrere Blogs zu betreiben. Doch Vorsicht: Ab einer bestimmten Anzahl eigener Webseiten geraten Sie schnell in Gefahr, sich zu »verzetteln«. Michael kümmerte sich teilweise um acht Weblogs und mehr – gleichzeitig. Das sorgte zwar für stabile Einnahmen, denn ein oder zwei schwächelnde Blogs wurden von den anderen ausgeglichen. Wirklich Freude hatte er daran allerdings nicht immer – das ständige Gefühl, sich mit keinem der Blogs tiefer auseinandersetzen zu können, sorgte schnell für Frustration. Und das, obwohl er sehr wohl Schwerpunkte bei einzelnen Blogs setzte.

Hinweis

Vor den Qualitätsupdates von Google war es noch deutlich einfacher, mehrere Blogs gleichzeitig zu unterhalten. Gerade Affiliate-Blogs sorgten für lukrative Einnahmen, ohne dass allzu viel Zeit in qualitativ hochwertige Inhalte gesteckt werden musste, doch das hat sich deutlich gewandelt. Zum Glück, muss man sagen, denn reine Affiliate-Blogs haben nichts mehr mit der ursprünglichen Blogosphäre zu tun. Sie sollten es sich gut überlegen, mit mehr als zwei bis maximal drei Blogs an den Start zu gehen. Es sei denn, Sie kümmern sich mehr um redaktionelle Aufgaben und überlassen das Schreiben anderen. Dennoch sind wir der Meinung, dass Sie umso erfolgreicher sein werden, je mehr Sie sich auf ein einzelnes Blogprojekt oder Thema fokussieren.

Nur auf ein oder zwei Projekte zu setzen, macht das Bloggen wesentlich entspannter, birgt aber natürlich auch einige Risiken. Denn nahezu jeder Blog kann sich plötzlich rückläufig entwickeln, gerade zu Beginn. Die fehlende Stammleserschaft sorgt dann für deutlich mehr Schwankungen bei den Besucherzahlen. Die Gründe für einen Rückgang der Erfolgszahlen sowie der Einnahmen können vielfältig sein:

- Ihr Blog verliert – etwa unter den wichtigsten Keywords – deutlich in den Suchmaschinenrankings, etwa aufgrund eines Ranking-Updates, des Verlusts wichtiger Backlinks oder geringeren Interesses am Thema seitens der Suchenden.

- Wichtige Partnerprogramme oder Werbetreibende springen plötzlich ab, da ihnen weniger Marketingbudget zur Verfügung steht oder sie ihr Online-Marketing neu ausrichten.

- Sie bekommen neue und eventuell kapitalstärkere Konkurrenz von anderen Blogs oder sonstigen Internetportalen. Gerade im Blog-Umfeld ist dies in letzter Zeit des Öfteren zu beobachten: Entwickelt sich ein Portal sehr gut, so ruft dies Nachahmer auf den Plan. Diese können privater oder institutioneller Natur sein. Konkurrenz kann dann das Geschäft beleben, aber auch den Verlust von Werbeeinnahmen bedeuten.

- Die Leserschaft des Themenbereichs, in dem Sie sich bewegen, wandert hin zu neuen mobilen oder sozialen Medien.

- Sie haben die – immer wieder auftretenden und nur bedingt prognostizierbaren – einnahmeschwachen Zeiten Ihres Blogs nicht mit einkalkuliert.

■ Wenn Sie über längere Zeit hinweg professionell bloggen, so besteht in Teilen die Gefahr, das Wichtigste aus den Augen zu verlieren: das regelmäßige leidenschaftliche Schreiben und Texten. Nicht jedem gelingt es gleichermaßen, trotz temporärer Schreibunlust gute Texte zu verfassen. Selbst das Auslagern dieser Tätigkeit hilft Ihnen dann nur bedingt weiter. Sie müssen dennoch eng an den Bedürfnissen Ihrer Leser bleiben und kontrollieren, ob die Ergebnisse der beauftragten Texte dem entsprechen.

Wir wollen Ihnen mit dieser Aufzählung keinesfalls Angst machen. Der Start eines Blogs hat immer etwas mit Ausprobieren, Experimentieren und Sich-leiten-Lassen zu tun. Genau das macht den Reiz dieser Tätigkeit aus: Der Erfolg ist – mit den Hinweisen aus dem Buch – kalkulierbarer, aber in seiner endgültigen Ausrichtung nicht vorhersehbar. Die meisten Blogprojekte sehen nach ein paar Monaten anders aus, als sie zu Beginn geplant waren.

Dennoch sollten Sie sich mit den aufgeworfenen Fragestellungen intensiv auseinandersetzen, denn nur dann gehen Sie realistisch an die Aufgabe heran, die ein Leben als Blogger bedeutet. Hinzu kommt, dass viele der hauptberuflichen Blogger, die wir bisher kennengelernt haben, zunächst (oder gar dauerhaft) ihre eigenen Bedürfnisse reduziert haben. Oder sie sichern ihre Existenz durch mehrere Blog-Standbeine und -Aufgaben ab. Wirklich reich werden nur sehr wenige Blogger. Seien Sie also vorsichtig, wenn es heißt, durch Bloggen ließe sich ohne große Anstrengung »schnelles Geld« machen. Leider gibt es nach wie vor Kurse und selbst ernannte Experten, die genau das behaupten.

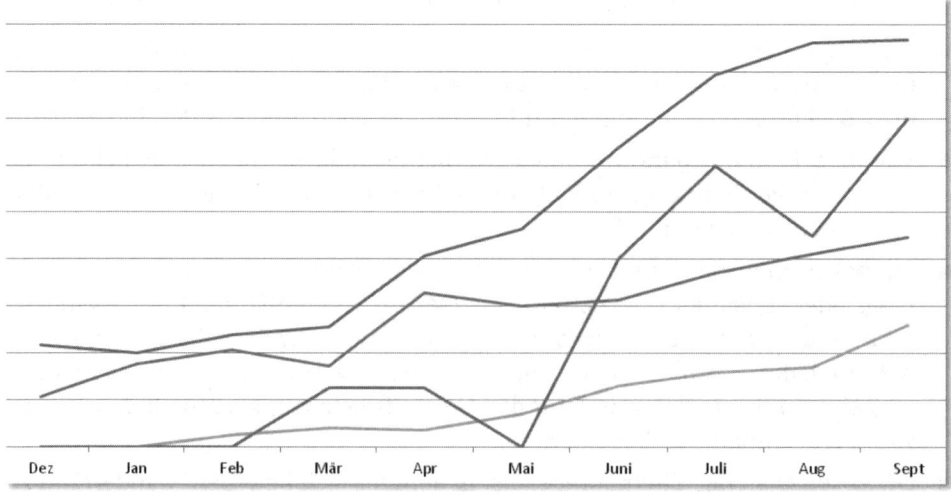

Abb. 11.1: Die Entwicklung der einzelnen Einnahmen von Michaels Blogportalen innerhalb des ersten Jahres (jede Linie beschreibt den Verlauf eines Blogs)

Das Berufsbild des Bloggers ist noch sehr jung. Das ist vor allem dadurch erkennbar, dass kein Blogger-Weg dem anderen gleicht – vor allem, was die unterschiedlichsten Refinanzierungsmodelle anbelangt. Der eine kombiniert Bloggen mit Affiliate-Marketing, der andere konzipiert im Kundenauftrag Blogs oder entwickelt diese. Manche hauptberuflichen Blogger verdienen sich zusätzliche Einnahmen, indem sie gleichzeitig für Firmenblogs schreiben. Oder sie

- setzen auf neue Vermarktungskanäle wie Amazon Kindle & Co.,
- vermarkten ihre Design-Fähigkeiten,
- schreiben für Textagenturen,
- bauen auf eigene E-Books,
- bieten Blogger- beziehungsweise Online-Marketing-Kurse und -Beratung an,
- programmieren Templates und Plug-ins, bieten das Webdesign für kleinere und mittelgroße Portale mittels Blogtechnologie an,
- sind als Suchmaschinenmarketing- oder Social-Media-Spezialist unterwegs,
- haben sonstige (IT- oder Marketing-)Nebenjobs oder
- wandern bei Bedarf auch schon einmal ins Ausland aus, um ihre Kosten zu senken (ja, zu diesem Beispiel sind uns Blogger-Kollegen bekannt).

Mit zunehmendem Erfolg und zunehmender Vernetzung profitieren Sie von den unterschiedlichsten Kenntnissen, die Sie durch das Bloggen erlernen. Mit der Zeit werden Sie zudem ein Gespür dafür entwickeln, welche Blog-Themen sich eher lohnen und welche nicht. Sie werden geschickter auftreten, wenn es um die Akquise von Werbe- und Kooperationspartnern geht. Dadurch werden Sie gleichzeitig nicht mehr nur als der »kleine« Blogbetreiber wahrgenommen, sondern als Geschäftsmann oder -frau auf Augenhöhe. Diese Tatsache mag zwar so manchem alteingesessenen Blogger widerstreben, für einen nachhaltigen Erfolg sind derartige Lernprozesse jedoch unerlässlich. Was übrigens keinesfalls bedeutet, dass Sie sich und Ihre Blogger-Ideale »verkaufen« müssen. Wir selbst haben bereits genügend Kooperations- und Werbeangebote abgelehnt, die uns nicht transparent erschienen. Und wir bloggen dennoch – oder gerade deswegen – nach wie vor sehr erfolgreich.

Es gibt noch einen weiteren positiven Faktor, den Sie nicht unterschätzen sollten: In Deutschland, Österreich oder der Schweiz vom Bloggen zu leben, das ist nach wie vor ein relativ neues Phänomen. Sie verfügen damit über ein Alleinstellungsmerkmal, mit dem Sie sich um einiges leichter tun werden als nachkommende Generationen von Bloggern und privaten Online-Publizisten. Noch ist die Konkurrenz durch qualitativ hochwertige Blogs relativ gering – abgesehen von einigen überstrapazierten Nischen wie etwa den »Schnäppchen«- oder Gutschein-Blogs. Doch es spricht sich herum, dass sich mit Blogs beziehungsweise dem Bloggen

Geld verdienen lässt. Wenn Sie früh genug auf diesen Zug aufspringen und dies aus echter Überzeugung tun, dann werden Sie auch noch in einigen Jahren mit dabei sein – wenn auch vielleicht mit einem anderen inhaltlichen Fokus, als Sie es sich heute vorstellen können. Nicht zuletzt wird jede Domain mit jedem Jahr und jedem zusätzlichen (werthaltigen) Beitrag per se wertvoller und somit auch lukrativer. Noch vor ein paar Jahren hätten wir kaum zu träumen gewagt, dass prominente Blogger ihre Webseiten für teils sehr gutes Geld verkaufen können.

Tipp

Falls Sie dieses Buch lesen, ohne bislang selbst regelmäßig zu bloggen, raten wir Ihnen dazu, rechtzeitig damit anzufangen. Sichern Sie sich eine Domain und ein kleines Webhosting-Paket. Beides zusammen gibt es bereits (Blog-tauglich) ab etwa fünf Euro im Monat. Es muss zu Beginn noch längst nicht alles perfekt sein, weder bei der Technik noch beim Design. Auch an das gute und flüssige Schreiben werden Sie sich nach und nach herantasten (wir selbst sind keineswegs immer stolz auf unsere ersten Gehversuche als Blogger). Je früher Sie mit einem Blogprojekt beginnen, umso größer ist Ihr Vorsprung vor eventuellen Mitbewerbern. Gerade dann, wenn Sie eine gute inhaltliche Idee haben, die es in dieser Ausrichtung bislang nur selten gibt.

Dazu gleich einige kleine Gedankenspiele zur Ideenfindung: Sie wollen über Ihre Koch-Leidenschaft bloggen, es gibt aber bereits unzählige Rezepte-Blogs und Ähnliches mehr? Bekochen Sie Ihre Freunde und Bekannte und machen Sie aus jedem dieser Koch-Abende eine kleine Schritt-für-Schritt-Anleitung inklusive Fotostory. Das wäre eine ungewöhnliche, neue Perspektive, aus der heraus das Thema betrachtet wird. Oder vielleicht möchten Sie in den hart umkämpften Markt der Reiseblogger einsteigen? Dann machen Sie einen Blog, indem Sie Teilnehmer von Single-Reisen zu ihren Erfahrungen befragen. Oder zu Fallstricken und lustigen Erlebnissen beim Urlaub mit Haustieren, zum Thema »Geschichten, die beim Wohnungssharing-Urlaub passieren können«, verknüpfen Sie den Blog mit einem Selbstreise-Experiment. Sie merken, was wir Ihnen anhand dieser beliebig zusammengestellten Beispiele vermitteln möchten – keine Idee ist zu verrückt, um sie nicht auszuprobieren. Zumindest dann, wenn

- Sie sich damit einen unverwechselbaren Blog schaffen,
- das Thema auch andere interessiert oder interessieren könnte (manche Märkte müssen erst geschaffen werden, wie Online- und Content-Start-ups immer wieder unter Beweis stellen),
- Sie sich wirklich und ehrlich mit dem Thema identifizieren.

Gerade der letzte Punkt ist sehr wichtig. Bloggen um des Bloggens willen funktioniert aus unserer Erfahrung heraus nicht. Erfolgreiche Blogs beziehungsweise

Blogger haben eine Persönlichkeit. Eine solche aufzubauen gelingt nur, wenn Sie selbst hinter Ihrer Idee und den Inhalten stehen. Eine spannende Alternative für Unternehmen sowie Netzwerke von Selbstständigen ist der Aufbau mehrerer Expertenblogs. Das Unternehmen Red Hat macht dies vor.

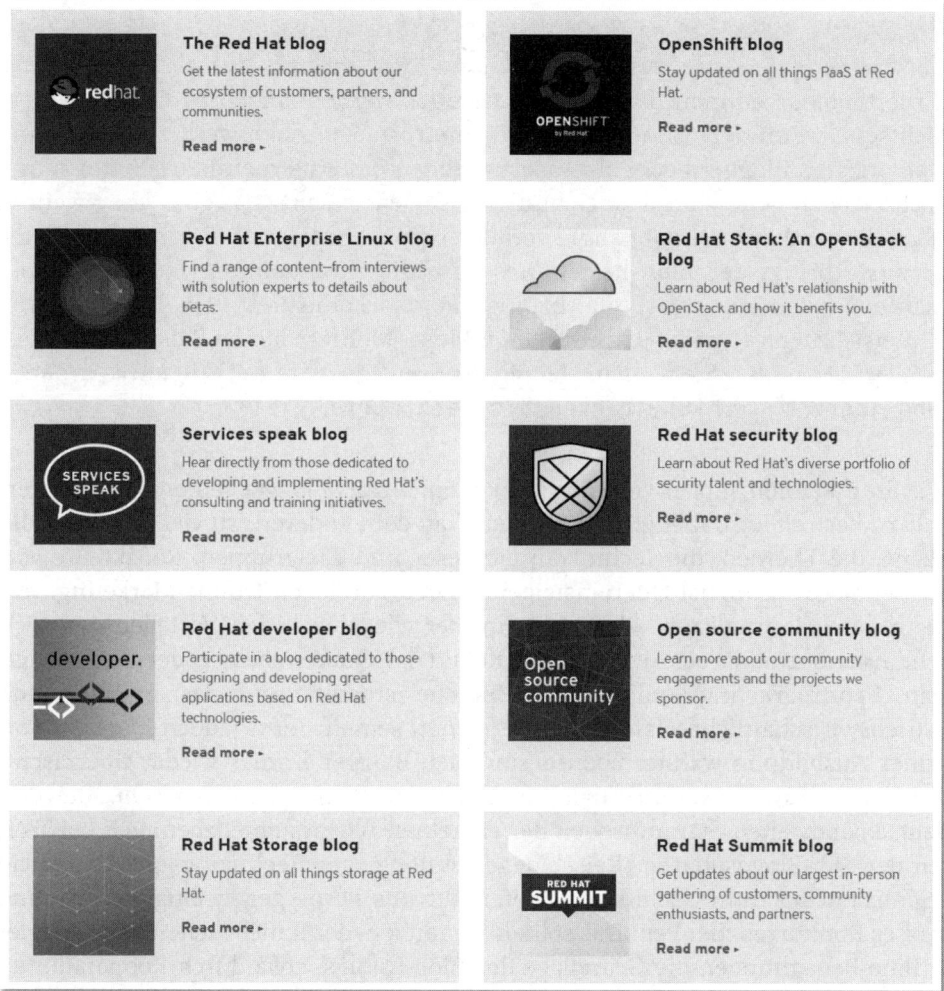

Abb. 11.2: Die Expertenblogs von Red Hat

Jeder dieser Blogs befasst sich mit einem Subthema des Unternehmens. Das wirkt besonders authentisch, wenig werblich und zahlt voll auf die Firmenziele ein. Eine wichtige Voraussetzung ist jedoch, dass die einzelnen Autoren genügend Zeit und Freiraum zum Bloggen haben und dass sie dabei über den Tellerrand des Unternehmens hinausblicken – wie bei einem tatsächlich privaten Technikblog. Zwar ist auch eine Umsetzung mittels Ghostwritern möglich, doch oft unterscheiden sich diese Beiträge erkennbar von den »eigenen« und dann kann dieses Vorgehen der Reputation des Unternehmens und der Autoren schaden. Ein Kompromiss, der sich bewährt hat: Die Experten schreiben die Rohfassung der Beiträge, geben also die fachlichen Inhalte und die Struktur vor und eine Redaktion kümmert sich dann im Hintergrund um den Feinschliff und die Veröffentlichung.

> **Tipp**
>
> Expertenblogs können durchaus ein eigenes werbefinanziertes Geschäftsmodell sein, wenn der Ansatz innovativ genug ist. Betrieben werden diese dann von privaten Bloggern oder als Ausgründung eines Unternehmens. Somit kann sich nahezu jede Firma beziehungsweise jeder Selbstständige ein zweites Standbein schaffen, unabhängig von der Branche, in der er sich bewegt. Idealerweise bringt der Blog beziehungsweise die Ausgründung nicht nur Einnahmen, sondern stützt gleichzeitig die Marketingziele des initiierenden Unternehmens – das ist jedoch ist kein Muss. Mehrere kleine Beispiele für diesen Ansatz finden Sie in dem Beitrag `www.wuv.de/digital/ibrahim_evsan_und_joerg_blumtritt_starten_big_data_portal`.

Wie Sie erkennen, gibt es viele Möglichkeiten, um als Blogger seinen Lebensunterhalt zu bestreiten. Dabei gleicht fast kein Tag dem anderen, zu vielseitig sind die Szene, die Themen, die Techniken, die Leser und Zielgruppen. Redakteure von Firmenblogs – zumeist Quereinsteiger aus den Bereichen Online-Marketing, vermehrt auch Journalisten – berichten immer wieder von den Vorteilen der doch sehr interdisziplinären Arbeit. Auch Robert ist Quereinsteiger, der zwar durch sein Sportmarketing-Studium die Branche studiert und das grundlegende betriebswirtschaftliche Handwerk erlernt hat, seinen Beruf jedoch losgelöst von seiner Ausbildung wählte. Ebenso sind Neu-Blogger immer wieder überrascht, welcher positive Zusammenhalt innerhalb der Blogosphäre herrscht. Bei den deutschlandweiten Stammtischen der einzelnen Blogsysteme, aber auch bei Treffen der Sub-Blogosphären (Reiseblogger, Autoblogger, Technkiblogger etc. sowie regionalen Zusammenschlüssen) helfen wir uns gerne gegenseitig weiter, ohne großes Konkurrenzdenken. Das sollten Sie nutzen, denn nicht selten bilden derlei Offline-Begegnungen die Grundlage des Blog-Erfolgs, etwa durch Kooperationen im Content- oder Marketing-Bereich.

Zweifelsfrei ist die Arbeit als Blogger ein sehr schöner Beruf. Sie können damit ein Thema Ihrer Wahl voranbringen. Und dies ganz ohne die wirtschaftlichen oder inhaltlichen Konventionen, wie sie in vielen Online-Redaktionen mittlerweile vorherrschen. Viele Blogger schätzen zudem die Ortsungebundenheit. Zum Bloggen benötigen Sie nichts weiter als eine Internetverbindung (und natürlich ein entsprechendes technisches Gerät). Gerade Reiseblogger verbinden ihre Leidenschaft mit dem neuen Beruf. Sie schreiben von unterwegs und verbinden das

Angenehme mit dem Nützlichen. Auch wenn Sie nicht vergessen dürfen, dass ein erfolgreicher Blog viel Arbeit macht, so kann das viel zitierte »Bloggen unter Palmen« tatsächlich gelebt werden – wenn Sie die entsprechende Disziplin aufbringen. Aber auch (deutschsprachige) Blogger anderer Sub-Blogosphären sind in der ganzen Welt verstreut. Profitieren Sie gleichzeitig von niedrigen Lebenshaltungskosten, etwa in Südamerika oder Asien, dann ist selbst der wirtschaftliche Druck deutlich geringer. Gleichzeitig steigt allerdings das Risiko, sich im Ausland von einem einzigen Beruf und damit von einem Thema, seinen Lesern oder von Google abhängig zu machen. Ein »Plan B« schadet in solchen Fällen also nicht.

Weitere konkrete Vorteile und Nachteile des Blogger-Lebens möchten wir in den folgenden Abschnitten mit Ihnen teilen.

11.1 Persönliche Chancen

Wenn wir unsere Tätigkeit als Blogger oder Corporate Blogger mit unseren früheren Tätigkeiten vergleichen, so fällt uns immer wieder auf, wie viel wir durch diesen neuen Beruf hinzugewonnen haben. Sowohl an Fachwissen als auch generell an unternehmerischer Erfahrung. Schließlich ist ein sich refinanzierendes Blogprojekt nichts anderes als ein kleines Medienunternehmen, das wirtschaftlich gelenkt werden will. Natürlich liegt dieser Zugewinn – bei Profi-Bloggern – in der Selbstständigkeit an sich begründet, die Freiräume ermöglicht. Doch es gibt viele Kleinunternehmer und Freiberufler, die längst nicht dieselbe Unabhängigkeit genießen können wie ein Blogger. Auch Corporate Blogger agieren idealerweise möglichst frei von unternehmens-, aber auch marketingpolitischen (jedoch nicht markenpolitischen!) Vorgaben. Denn nur dann gelingt eine offene Blog-Kommunikation, die zu den wichtigsten Grundvoraussetzungen für den Firmenblog-Erfolg zählt.

Blogger und Corporate Blogger werden von ganz alleine zu Allroundern. Content- und Social-Media-Marketing, Suchmaschinenoptimierung, Web-Analyse und mehr: All dies sind Disziplinen, die nur von wenigen beherrscht werden, dementsprechend hoch ist der Bedarf an vergleichbaren Fachkräften. Wer lange und intensiv genug bloggt, der verfügt in manchen dieser Disziplinen über mehr Praxiserfahrung als so manche Fachkraft. Das bietet auch berufliche Chancen über das Bloggen hinaus. Michael etwa wurde relativ bald nach seinen ersten Blog-Erfolgen von Unternehmen als Berater gebucht, Robert wurde aufgrund seines Blogs bereits vor Ende seines Studiums rekrutiert.

Doch das sind nicht die einzigen Chancen, die sich für Blogger bieten. Zu den weiteren Vorteilen gehören:

- Sie können völlig unabhängig arbeiten, sich die Themen, über die Sie schreiben, selbst heraussuchen, Werbeprogramme akzeptieren oder eben auch ablehnen, Kooperationen sowie die Konditionen hierzu selbst aushandeln, fast ausschließlich bevorzugte Kontakte knüpfen und vieles Weiteres mehr – wenn Sie sich Ihr eigenes Regelwerk aufstellen und diesem treu bleiben. Eine gute Übung gerade zu Beginn ist es, über solch ein Regelwerk nachzudenken und es schriftlich zu fixieren. Was wollen Sie im Rahmen Ihrer Bloggertätigkeit und was wollen Sie auf keinen Fall? Überprüfen Sie regelmäßig, wie unabhängig Sie tatsächlich agieren. Arbeiten Sie stets transparent. Alles andere fänden auch Sie selbst – als Leser von anderen (Online-)Medien – unfair.

- Wenn Sie sich Ihre Arbeitszeit einteilen – etwa strukturiert nach Blogs, Themen, Aufgabenfeldern etc. – und gewisse Dinge in Auftragsarbeit vergeben (technische Entwicklung des Blogs, SEO, Design-Arbeiten etc.), so arbeiten Sie derzeit deutlich effizienter als in sonstigen Aufgabengebieten. Ein fachlich abgesteckter Blog kann einem Medienunternehmen ähneln. Aber dennoch schlank genug beziehungsweise in sehr kleinen Teams betrieben werden. Begünstigt wird dies durch den pragmatischen Ansatz, dem Blogger folgen: Ein Design- oder Content-Ergebnis muss nicht zu 100 Prozent perfekt sein, 80 Prozent reichen für die Veröffentlichung. Was jedoch nicht bedeutet, dass Sie bei wichtigen Disziplinen – wie etwa der fundierten Recherche von Themen – und somit am falschen Ende sparen sollten.

- Wie bereits erwähnt, bauen Sie teilweise ein wichtiges, individuelles Know-how auf, das zudem sehr breit gefächert ist. Sei es in Fachdisziplinen oder bezüglich der Expertise in Ihrem Blog-Thema. Selbst periphere Aspekte wie die Mitarbeiterführung (durch das Steuern freier Autoren, Gastbeitragender oder gar eigener Angestellter), das effiziente Management von Kooperationen jeglicher Art, aber auch buchhalterische und rechtliche Belange sind Profi- und Corporate Bloggern schnell geläufig.

- Die Fähigkeit, sich innerhalb der sozialen Netzwerke selbst vermarkten zu können, wird heutzutage jedem Blogger abverlangt. Auch Sie werden das schnell lernen, alleine durch die Vielfalt der Inhalte, die Sie bald schon weitertragen werden. Ganz nebenbei erwerben Sie somit Fähigkeiten, die schon jetzt zur begehrten »Ware« geworden sind, denn es gewinnen zukünftig die Portale und jene Personen, die das Spiel in den sozialen Medien am besten beherrschen.

- Durch all dieses Wissen bleiben Sie flexibel. Sollte sich die reine Blogarbeit als nicht tragfähig genug erweisen, so können Sie relativ leicht auf ähnliche Berufsfelder ausweichen und beispielsweise Unternehmen beim Online-Marketing unterstützen.

Ein weiterer spannender Aspekt kommt noch hinzu: Wenn Sie mit qualitativ hochwertigen Blog-Inhalten arbeiten, dann erschaffen Sie sich eine sehr wertvolle Artikel- und Content-Basis. Diese lässt sich gegebenenfalls auch anderweitig verwerten, etwa innerhalb einer anderen Webseite, als Newsletter, kostenpflichtiges E-Book, in Vorträgen und Onlinekursen, innerhalb einer Beratungstätigkeit oder als Buch. *Blog Boosting* selbst ist ein gutes Beispiel hierfür. Auch gibt es nicht wenige Blogger, die eine zweite Karriere als Speaker oder Consultant beginnen. In diesem Fall nicht zum Thema Bloggen oder Online-Marketing, sondern bezogen auf das Thema ihres Blogs. Durch einen gut laufenden Blog schaffen Sie sich schnell einen Expertenstatus, den andere selbst in jahrzehntelanger Arbeit nicht erlangen. All diese Möglichkeiten hängen jedoch davon ab, wie langlebig die Inhalte Ihres Blogs generell sind, und das hängt wiederum vom Fachthema ab.

11.2 Gesellschaftspolitische Aspekte

Gesellschaftspolitisch? Ist diese Wortwahl nicht zu hochtrabend? Dass politische Blogs die Welt prägen und teilweise sogar verändern können, haben wir in den letzten Monaten und Jahren oft genug erlebt. Aber »normale«, zudem auch noch kommerzielle Weblogs?

Sicherlich. Denn über einen Blog können Sie Ihr ganz persönliches Thema deutlich mehr nach vorne bringen, sich dafür einsetzen und andere Personen dabei unterstützen, es weiterzuverbreiten, als dies noch vor wenigen Jahren der Fall war. Die Gegebenheiten des Internets machen es möglich. Jeder kann seine Meinung kundtun und eine potenziell sehr große Leserschaft ansprechen. Ein Blog wirkt schnell so professionell wie ein verlagsgetriebenes Online-Nachrichtenmagazin. Gerade, wenn sie sich in eine Nische begeben, sind einige Blogger dem klassischen Journalismus deutlich voraus. Die großen – Spiegel Online & Co. – zitieren immer öfter aus Blogs, weil diese bei einem bestimmten Thema eben schneller waren, tiefer recherchierten oder auch näher an der Quelle saßen. Die Blogosphäre in den USA macht es uns vor: Dort treiben engagierte Blogger längst nicht nur Unternehmen, sondern auch die Politik vor sich her. Dabei sind selbst die Politikblogger kleine Medienunternehmer. Sie leben von den Einnahmen aus ihren Webseiten.

Sie müssen nicht gleich die Welt verändern wollen oder – wie beispielsweise der Blogger Glenn Greenwald – zur Aufdeckung globaler Netzspionage-Skandale beitragen. Sie können auch etwas bewegen, indem Ihr Blog etwa Gründungswillige zum Thema Start-ups berät und motiviert, Finanzprodukte kritisch durchleuchtet, der Technikszene den Spiegel vorhält oder sich nachhaltigen Zukunftsthemen widmet. Jedes Blog-Thema bietet die Chance, nicht nur zu unterhalten, sondern auch mitzugestalten und aufzuklären. Blogger sind sehr mächtig geworden und werden von den Unternehmen teils mit gehörigem Respekt betrachtet. Wenn Sie diese Macht verantwortungsvoll einsetzen, stützen Sie tatsächlich Werte, die von gesellschaftlicher Relevanz sind.

Abb. 11.3: Blogger können hilfreiche Informationen der unterschiedlichsten Art weitergeben.

Dazu gibt es zahlreiche Möglichkeiten, selbst im kommerziellen, sprich sich refinanzierenden Bereich. Innovative Social-Media-Blogger etwa helfen dabei, neue Technologien und Netzwerke nach vorne zu bringen, und unterstützen gleichzeitig Webseitenbetreiber dabei, diese für sich zu nutzen. Ebenso könnte eine noch nicht sonderlich internetaffine Zielgruppe durch einen Blog ein Sprachrohr erhalten und dadurch ein neutraleres Gegengewicht zu so mancher (Fach-)Zeitschrift etablieren.

Auch im Bereich der Corporate Blogs gibt es unseres Erachtens ähnliche Chancen. In diesem Fall wirken sie zunächst in ein Unternehmen hinein, bevor sie ihre Außenwirkung entfalten. Blog-Mechanismen tragen zur Optimierung von Kommunikations- und PR-Strukturen bei, zumindest dann, wenn der Firmenblog tatsächlich als solcher gelebt wird. Ein Blog kann – so haben wir es beide bereits erlebt – die Unternehmenskultur nachhaltig beeinflussen und offener werden lassen. Blog-Redakteure und -Macher etablieren teilweise eine gänzlich andere Unternehmens- und Marketingphilosophie, als es nach der »alten« Marketing-Schule üblich war. Gleichzeitig haben Firmenblogger die einmalige Chance, die neue, sehr faire und transparente Art des Kommunizierens – ohne die ein Corporate Blog nicht erfolgreich funktionieren kann – auch in andere Unternehmensbereiche zu tragen.

Bei kleineren Firmenblogs – beispielsweise von Handwerkern, Künstlern, im Gesundheitswesen etc. – liegt die positive Außenwirkung nahe. Gleiches gilt für die Blog-Kommunikation von Verbänden oder NGOs. Wir möchten an dieser Stelle als kleines Beispiel die Blogs `http://shivanireutlingen.wordpress.com/` einer Hypnotherapeutin oder auch `www.yogatraumreise.de` eines alternativen Reiseveranstalters nennen, die sich nicht nur für die Belange ihres jeweiligen Berufszweiges, sondern immer auch für ihre eigene Kundenklientel starkmachen. Indem sie dieser – völlig kostenfrei – werthaltige und hilfreiche Informationen vermitteln. Dieses Prinzip zieht sich durch alle erfolgreichen Corporate Blogs, so unterschiedlich ihre Inhalte und Zielgruppen auch sein mögen. Sie geben stets etwas zurück, anstatt reines Eigenmarketing zu betreiben, indem sie Antworten auf die Fragen der potenziellen Kunden geben, die weit über die Produktpalette hinausgehen. Nichts anderes macht im Übrigen gelungenes Content-Marketing aus.

Gerade »kommerzielle« Blogger müssen sich der Verantwortung stellen, einen Mehrwert zu erzeugen, der diesen Namen auch tatsächlich verdient. Es geht keineswegs darum, Expertise oder werthaltige Informationen vorzutäuschen. Blog- oder Content-Marketing wirkt meist indirekt, sodass Sie diesen Effekt nicht kalkulieren und ausnutzen können. Nur wenn Sie das »Zurückgeben« tatsächlich leben, werden Sie auf Dauer erfolgreich sein, davon sind wir überzeugt. Wer Blog-Marketing lediglich als preiswerte PR betrachtet, wird niemals jenes Maß an Authentizität erreichen, das sehr gute von mittelmäßigen Blogs unterscheidet.

Natürlich birgt auch das Bloggen an sich – egal ob als kleiner Nebenjob, im Hauptberuf oder als Firmenblogger – bestimmte Risiken. Von diesen sollten Sie sich zwar nicht den Spaß an Ihrer Arbeit nehmen lassen, es schadet jedoch nicht, sie zu kennen und zu beobachten.

11.3 Online-Recht und die Gefahr von Abmahnungen

Wie alle Webseitenbetreiber im Web müssen auch Blogger mit den Gefahren von Abmahnungen und anderen rechtlichen Fallstricken leben. Begünstigt werden sie von einer unglücklich oder gar überhaupt nicht definierten Rechtsauslegung, die im Onlinebereich nach wie vor vorherrscht – »Neuland« lässt grüßen.

> **Hinweis**
>
> Eine *Abmahnung* ist – vereinfacht formuliert – eine Art Anzeige. Ein Mitbewerber (etwa ein anderer Webseitenbetreiber) wirft Ihnen darin ein bestimmtes Fehlverhalten vor. Das kann ein fehlerhaft ausgefülltes Impressum, ein unrechtmäßig verwendetes Bild oder die falsche Preisauszeichnung in einem Shop zum Blog sein. Kommt die Abmahnung vor Gericht durch, sind nicht selten hohe Strafzahlungen fällig. Das Perfide dabei ist die Tatsache, dass sich einige – wenngleich wenige – Anwaltskanzleien darauf spezialisiert haben, das Web nach möglichen Verstößen zu durchforsten. Sie machen nichts anderes, als ihnen völlig unbekannte Webseitenbetreiber und Blogger abzumahnen. Daraus ist in unserem Rechtssystem leider ein lukratives Geschäftsmodell geworden.

Viele Blogbetreiber unterschätzen diese Gefahr. Sie werden höchstens von ab und an kursierenden aktuellen Abmahnwellen aufgeschreckt, um dann nach der Devise, »mich hat es ja nicht getroffen, sondern nur ein paar andere Blogger«, wieder weiterzumachen. Wir möchten Sie keineswegs verunsichern. Uns selbst hat die Falle bislang noch nicht getroffen, abgesehen von der angedrohten Abmahnung eines angeblich falsch eingebundenen Beitragsbildes. Doch wir kennen einige Blogger, die weniger Glück hatten.

Gerade im Affiliate-Bereich, der ja viele Blogger direkt oder indirekt betreffen wird, aber auch hinsichtlich wettbewerbsrechtlicher Bestimmungen, Copyright-Verfahrensweisen, Bild- und Textrechten, Verbraucherschutzkriterien und Ähnlichem mehr hat bereits der eine oder andere Blogbetreiber eine böse Überraschung erlebt. Sie sollten stets auf dem Laufenden sein, wie die jeweils aktuellen Abmahnmodelle aussehen, da sie sich durchaus ändern können. So war es eine Zeit lang Mode, die Zweitverwertung von Bildern abzumahnen, bei denen eine Urhebernennung Pflicht ist. Diese Nennung war im Blogbeitrag korrekt erfolgt. Abgemahnt wurde jedoch das automatisch erstellte Vorschaubild der zugehörigen Facebook-Posts. Eine durchaus perfide Masche, da Sie es selbst gar nicht immer in der Hand haben, wer Ihre Blogbeitragsbilder wo teilt.

Einen einhundertprozentigen Schutz gibt es leider nicht, durch ein paar grundlegende Verhaltensweisen können Sie sich jedoch relativ gut gegen Abmahnungen absichern:

- Idealerweise verwenden Sie eigene Fotografien und Grafiken für Beitragsbilder (siehe Kapitel 5). Das hört sich oftmals schwieriger an, als es ist. Robert etwa arbeitet mit einem vorgefertigten Satz schicker Grafiken, bei denen lediglich ein Symbol, die Hintergrundfarbe und der Text ausgetauscht werden müssen. Eine solche Vorlage können Sie sich in der Regel relativ günstig von einem Designer erstellen lassen. Michael arbeitet gerne mit abstrakten (aber dennoch zum Thema passenden) Fotografien, für deren Aufnahme Sie kein Profi sein müssen – ein Smartphone mit Fotokamera reicht meist völlig aus. Dann ziert die Aufnahme eines Stopp-Straßenschilds den Beitrag zu Abmahngefahren, um ein beliebiges Beispiel zu nennen. Nicht selten machen solche abstrakten Fotos zudem neugierig auf den eigentlichen Beitrag.

- Sollten Sie das Bildmaterial nicht selbst erstellen wollen oder können, dann fragen Sie befreundete Blogger, Fotografen und Designer, ob Sie deren Material verwenden dürfen. Oder Sie suchen – etwa bei Flickr – nach Fotografien, die explizit der Creative-Commons-Lizenz unterliegen (siehe `www.flickr.com/creativecommons/`). Weitere Portale für kostenloses Bildmaterial finden Sie auf `www.toushenne.de/buch/stockarchive`, beide dieser Varianten sind jedoch nicht vollkommen sicher, schließlich lässt sich nicht ausschließen, dass jemand anderes als der Urheber die Bilder hochgeladen hat. Robert hat hierzu eine ausführliche Checkliste zur Verwendung von Bildern in Blogs und sozialen Netzwerken erstellt, siehe `http://www.toushenne.de/buch/rechtliche-risiken-visueller-inhalte`.

- Berichten Sie über ein Unternehmen und verwenden Sie Bildmaterial von diesem, dann lassen Sie sich diese Verwendung vor der Veröffentlichung Ihres Blogbeitrags freigeben. Eine einfache E-Mail an die Pressestelle reicht meist vollkommen aus, idealerweise bereits mit einem Vorschaulink Ihres Artikels oder dem zu verwendenden Bild im E-Mail-Anhang – dadurch ist Ihre Dokumentation der Freigabe auch zu späterem Zeitpunkt stets nachvollziehbar. Gleichzeitig machen Sie mit dieser Anfrage auf Ihren Blog und Ihren Bericht aufmerksam – manche Blogger lassen sich allein deshalb selbst Screenshots freigeben, die sie von einer Webseite machen. Ob dies notwendig ist, ist rechtlich umstritten, da das Bildmotiv (etwa die Webseite) ohnehin öffentlich einsehbar ist. Es handelt sich – wie so oft – um eine Grauzone. Nachfragen dieser Art erhöhen den administrativen Aufwand oft erheblich, sodass viele Blogger darauf verzichten. Wir empfehlen Ihnen an dieser Stelle jedoch, zumindest im Zweifelsfall auf Nummer sicher zu gehen und die schriftliche Freigabe durch den Urheber auch zu dokumentieren.

- Achten Sie auf aktuelle und umfassende Inhalte in Ihrer Datenschutzerklärung und in Ihrem Impressum. In diesem muss ebenfalls Ihre Rechtsform enthalten sein. (Bloggen Sie noch privat? Oder sind Sie aus steuerlicher und rechtlicher Sicht doch schon ein Unternehmer? Falls ja, welche Art von Unternehmer?) Zur richtigen Gestaltung des Impressums folgt gleich noch ein Tipp.

- Seien Sie vorsichtig, wenn Sie Inhalte von anderen Webseiten oder aus Social-Media-Beiträgen, Zeitungen, Zeitschriften, Büchern etc. zitieren beziehungsweise Auszüge verwenden. Dies ist nur in einem sehr begrenzten Umfang und unter Nennung der Quelle erlaubt, wobei es auch hierzu widersprüchliche Urteile gibt. Im Zweifelsfall empfehlen wir auch hier, lieber nachzufragen.

- Gerade wenn Sie regelmäßig mit externen Autoren arbeiten, sollten Sie sich zum einen versichern lassen, dass diese auch tatsächlich die Rechte an den Texten besitzen, und zum anderen sollten Sie sich diese Rechte zur Veröffentlichung in Ihrem Blog schriftlich übertragen lassen.

- Kennzeichnen Sie jegliche Werbung auf Ihrem Blog. Das gilt insbesondere für Advertorials (Werbung in Form eines Blogbeitrags), aber auch für Affiliate-Links (etwa Amazon-Partnerlinks). Das ist nicht nur fair Ihren Lesern gegenüber, es sichert Sie auch rechtlich ab (auch Affiliate-Links müssen als Anzeigen gekennzeichnet werden, wie Fachanwälte mehrfach bestätigt haben). Wir haben außerdem beide die Erfahrung gemacht, dass eine solche Kennzeichnung keine negative Auswirkung auf die entsprechenden Blog-Metriken (etwa die Klick- beziehungsweise Conversion-Rate) hat, wovon viele Blogger zunächst ausgehen.

Um sich über drohende Abmahngefahren zu informieren, empfehlen wir Ihnen den Newsletter des Portals »eRecht 24« (www.e-recht24.de). Dieser berichtet stets aktuell über die neuesten Entwicklungen des Internetrechts. Blogger und Anwalt Thomas Schwenke gibt zudem unter http://blog.wpde.org/2013/09/16/interview-anwalt-thomas-schwenke-blogs-gefahr-abmahnung.html einen Überblick über mögliche Abmahnfallen speziell für Blogs. Da der Beitrag auf generelle Gefahren hinweist, ist er nach wie vor aktuell, weitere Blogbeiträge zum Thema erhalten Sie jedoch auch in seinem eigenen Blog unter http://rechtsanwalt-schwenke.de/blog/.

Wenn Sie mit Affiliate- und Partnerprogrammen arbeiten, sollten Sie sich zusätzlich die Bedingungen der einzelnen Programmbetreiber durchlesen. Darin wird geschildert, welche Vermarktungspraktiken erlaubt sind und welche nicht, etwa in Bezug auf Fragestellungen wie:

- In welcher Ausgestaltung dürfen bezahlte Google-AdWords-Anzeigen verwendet werden, um Besucher auf die eigenen Seiten mit Affiliate-Links zu lotsen?
- Dürfen der Marken- und Produktname Bestandteil der Beitragsüberschrift, der URL etc. sein?
- Wie und in welchem Umfang dürfen Logos des Unternehmens zum Einsatz kommen, ebenso Produktabbildungen, Produkttexte, Zitate von Kunden etc.?
- Welche werblichen Aussagen sind erlaubt, bestehen bestimmte Kennzeichnungspflichten?
- Manche Unternehmen legen gar fest, ob Sie sich kritisch zu einem Produkt äußern dürfen oder ob ein Vergleich mit anderen Produkten und Herstellern erlaubt ist.

Ähnliches gilt auch für die Verwendung anderer Anzeigeformate, die Sie von Agenturen, Netzwerken, Anbietern wie Amazon etc. einbinden. Nicht immer sind die Nutzungsbedingungen jedoch eindeutig oder verständlich formuliert. Scheuen Sie sich nicht, in solchen Fällen nachzuhaken, bevor Sie möglicherweise dauerhaft aus einem lukrativen Programm ausgeschlossen werden oder Ihnen gar Schadenersatzforderungen drohen. Bei Amazon und Google AdSense etwa gibt es immer wieder einmal solche Ausschlüsse. Lebt Ihr Blog zu einem großen Teil vom zugehörigen Partnerprogramm, stehen Sie vor einem ernsthaften Problem. Auch Corporate Blogger müssen Fallstricke wie die vergleichende Berichterstattung über verschiedene Unternehmen vermeiden oder ihre Leser – zum Beispiel im Finanzbereich – über bestimmte stets zu nennende Produktmerkmale aufklären.

Egal ob Sie als selbstständiger Blogger oder für ein Unternehmen arbeiten, kann es nicht schaden, sich rechtzeitig nach einer versierten Rechtsanwaltskanzlei beziehungsweise nach einer dafür zuständigen Stelle umzuschauen. Dann sind Sie gewappnet, denn im Fall der Fälle müssen Sie gegebenenfalls sehr schnell reagieren. Diese Anlaufstelle sollte sich jedoch sehr umfassend mit der Thematik des Internetrechts auskennen. Als Profi-Blogger können Sie sich zudem hinsichtlich einer geeigneten Unternehmensform beraten lassen, die das Risiko einer persönlichen Haftung minimiert. Doch Vorsicht: Rechtsformen wie die UG oder die GmbH bieten zwar durch die beschränkte Haftung einen Schutz vor den finanziellen Risiken, die Sie als Privatperson treffen könnten, dafür ist deren Gründung und Betrieb jedoch mit teilweise sehr hohen Kosten verbunden – etwa aufgrund des erforderlichen Stammkapitals und der notwendigen Bilanzierung.

11.4 Abhängigkeit von Werbepartnern und Kunden

Dieses Thema gehört in allen dienstleistenden Disziplinen mit zu einem der wesentlichsten Geschäftsrisiken. Im Blog- oder Internetbereich wird die Situation noch verschärft, da es hier meist keinerlei vertraglich festgelegte finanzielle oder zeitliche Bindung zwischen Ihnen und Ihren Werbekunden gibt. Das bedeutet im Ernstfall, dass Ihnen ein wichtiger Anzeigenkunde oder ein zentrales Partnerprogramm über Nacht wegbrechen kann. Sei es, weil die Online-Marketing-Abteilung des Unternehmens eine neue Strategie verfolgt, die Marge zu niedrig war oder sie sich plötzlich nur noch auf »große« Webseiten als Vermarktungspartner konzentrieren möchte. Es kann also durchaus passieren, dass Sie eines Tages eine Nachricht in Ihrem Posteingang finden, dass just jenes Affiliate-Programm eingestellt wurde, dem Sie 50 Prozent Ihrer bisherigen Einnahmen verdanken – das tut weh. Vor allem dann, wenn Sie als Berufsblogger nicht breit genug aufgestellt sind. Fehlen dann auch noch Rücklagen, die Sie möglicherweise erst nach drei oder vier Jahren des Bloggens anlegen können, folgt schnell ein leichter Anfall von Panik.

Auch wenn Sie als zweites Standbein mit Kunden im Blogbereich arbeiten, sei es als Consultant, Texter oder Designer, so ist dies erfahrungsgemäß ein Geschäft, das deutlichen Schwankungen unterliegt. Einmal müssen Sie Aufträge ablehnen, weil die Kapazitäten für neue Projekte fehlen, ein andermal haben Sie gleich mehrere, an sich vielversprechende Angebote bei potenziellen Kunden platziert, doch keines kommt unterschrieben zurück. Das Gleiche passiert bei der Selbstvermarktung von Werbeflächen auf dem Weblog. Hier hilft nur die Diversifizierung Ihres Blog-Geschäftsmodells auf mehrere Blogs, Themen, Technologien, Refinanzierungsmodelle, gegebenenfalls Kundengruppen etc.

Ein weiterer Hebel, um derlei Abhängigkeiten gar nicht erst entstehen zu lassen, ist der Zusammenschluss mit gleich gesinnten Bloggern. Falls Sie im Kundenauftrag arbeiten, so lassen sich durch ein solches Netzwerk nicht nur Ihre Angebote professioneller und inhaltlich vielschichtiger erstellen – etwa indem Kompetenzen mit angeboten werden, über die Sie selbst nicht verfügen –, sondern auch Schwankungen in der Auftragslage können somit besser ausgeglichen werden. Denn hat Blogger A aktuell keine Ressourcen zur Verfügung, springt Blogger B ein. Wer dem Kunden gegenüber als offizieller Ansprechpartner dient und wer im Hintergrund arbeitet, lässt sich individuell regeln. Dasselbe gilt auch für die Content-Produktion: Hat ein Netzwerkmitglied Zeit zur Verfügung, bloggt er Gastbeiträge für die anderen Teilnehmer, umgekehrt erhält er Hilfe, wenn er selbst nicht dazu kommt, seine Webseite zu pflegen. Das Gleiche gilt auch für den gegenseitigen Austausch von Werbekunden. Gerade im Agenturbereich werden nicht selten zu erreichende Mindest-Impressions gefordert, die ein Blogger alleine gar nicht bieten kann, wodurch er womöglich lukrative Werbeaufträge verliert. Ein Netzwerk von Bloggern mit der gleichen Zielgruppe könnte sich dann zu einem Publisher-Verbund zusammentun und den Auftrag doch noch erhalten.

11.5 Wettlauf gegen die Zeit

Einen guten und erfolgreichen Blog etablieren Sie nicht von heute auf morgen, das wissen Sie bereits. Viele anfangs durchaus euphorische Blogger sind sich nicht im Klaren darüber, wie lange eine solche Durststrecke tatsächlich dauern kann. Und am Ende kann es immer noch passieren, dass ein mit viel Engagement und Arbeitsaufwand verfolgtes Blog-Thema einfach nicht fruchtet oder dass es sich doch nicht ausreichend refinanziert.

Hinzu kommt der Aufwand, der hinter dem professionellen Betrieb eines Weblogs steht. Denn um das eben genannte Ausfallrisiko einzelner Webseiten möglichst zu minimieren, empfiehlt es sich, gerade zu Beginn mit mehreren Blogs und Blog-Themen gleichzeitig durchzustarten. In diesem Fall erkennen Sie schnell, welcher Ansatz sich wie schnell und wie gut etabliert. Doch Bloggen ist mehr, als nur ab und an ein paar kleine Beiträge zu schreiben. Zu einem professionellen Blog gehören gleichsam zeitaufwendige Aufgaben wie das B2C-Marketing (gegenüber den Lesern), aber auch B2B-Marketing (etwa für Kooperationen), die Pressearbeit, die Bereitstellung und Wartung der technischen Infrastruktur, die Pflege und der Austausch der Werbemittelcodes, die buchhalterische Abrechnung, die Werbekundenakquise, die Betreuung von Leseranfragen und Kommentaren, die Vergabe und Kontrolle von Texter-Aufträgen oder freien Mitarbeitern, gegebenenfalls der Aufbau neuer Blogprojekte und vieles weitere mehr. Und so ganz nebenbei möchten Sie ja auch noch dem eigentlichen Zweck dieses Berufs nachgehen, indem Sie einfach nur bloggen.

Deswegen ist es umso wichtiger, eine Blog-»Karriere« so gut wie möglich vorzubereiten. Wenn Sie über die ersten einigermaßen regelmäßigen Einnahmen aus Ihren Blogs verfügen, so können Sie einen Teil dieser Einnahmen wieder in eigene Werbung, SEO etc. investieren. Damit lässt sich der zentrale Blog vorantreiben oder Sie lenken noch schwächelnde Blogs aus Ihrem Portfolio in die richtige Richtung. Wie schnell sich ein neuer Blog vom finanziellen Gesichtspunkt her etablieren lässt, hängt nicht nur von der reinen Energie ab, die Sie in den Content investieren. Der Erfolg kann über zielgerichtete und teilweise auch kostenpflichtige Vermarktungsmethoden – wie Sie sie in den vorangegangenen Kapiteln kennengelernt haben – doch deutlich beschleunigt werden. Je eher Sie sich mit einem oder mehreren Portalen an den »Break-even-Point« – also an die Gewinnschwelle – herantasten, umso entspannter werden Sie schreiben. Teile des restlichen Marketings ergeben sich dann fast von selbst.

Berücksichtigen Sie bei Ihrer Planung auch, dass ein neuer Blog sehr erfolgreich bei den Lesern sein kann, ohne dass sich die Einnahmen im gleichen Rahmen entwickeln. Dass Sie gute Inhalte schreiben, spricht sich dank der Macht der sozialen Netzwerke unter Umständen sehr schnell herum, potenzielle Werbepartner werden jedoch oftmals erst deutlich später auf Sie aufmerksam. Außerdem beobachten wir regelmäßig einen »Schneeball«-Effekt, nachdem Werbekunden erst dann auf Sie aufmerksam werden, wenn bereits ein anderes Netzwerk oder Unternehmen Werbung bei Ihnen schaltet. Genau deswegen lohnt es sich, brachliegende Werbeflächen günstig oder gar »kostenlos« zu vergeben, etwa im Rahmen einer gegenseitigen Verlinkung. Messen Sie jedoch auch diese Leistung gut – etwa hinsichtlich der vermittelten Klicks und der damit resultierenden Verkaufschancen für Ihr Gegenüber –, um entsprechende Argumente in späteren Verhandlungen vortragen und Ihren Wert dadurch definieren (und im Idealfall steigern) zu können. All dies sollten jedoch nur temporäre Maßnahmen sein, die Sie durch den Neustart Ihres Blogs offen und transparent begründen können. Verkaufen Sie sich niemals dauerhaft unter Wert – das spricht sich schnell herum und die niedrige Gewinnmarge könnte das Aus für Ihr ambitioniertes Blogprojekt bedeuten.

11.6 Kontakt nach außen nicht verlieren

Meist sind Blogger doch recht gesellige und vor allem offene Menschen, wieso sollte dies also ein Risiko darstellen? Nun, mit zunehmender Professionalisierung besteht zumindest die Gefahr, dass Sie sich zu sehr auf Ihren eigenen Blog konzentrieren und nicht mehr »out of the box« denken. Kontakte werden hauptsächlich über E-Mails gepflegt und Sie können gleich mehrere Blogs gleichzeitig betreiben, ohne auch nur einmal einen Fuß vor die Tür zu setzen. Gleichzeitig fehlt schnell die notwendige Zeit, um lieb gewonnene Blogger-Kontakte weiter zu vertiefen und jede einzelne E-Mail-Anfrage der Leser bis ins letzte Detail zu beantworten. Das ist gefährlich, denn damit verlieren Sie den Kontakt zu Ihrer Basis und damit genau das, was einen Blogger von sonstigen schreibenden Berufsgruppen unterscheidet. Der Kontakt zu den Lesern und zu anderen Blogbetreibern ist das Kapital, von dem jeder Blog(ger) lebt.

Trotz der recht lebhaften und offenen Blogosphäre ist diese autarke Arbeitsweise ein Nachteil gegenüber »konventionellen« Berufsbildern, bei denen Sie unweigerlich in direkten Kontakt mit Gleichgesinnten kommen – und sich somit ein ganz anderes berufliches soziales Netzwerk aufbauen. Wenn Sie sich als Blogger selbstständig machen, so ist es ungemein hilfreich, den Kontakt zu ehemaligen Kollegen zu pflegen – nicht selten ergeben sich hieraus spannende Möglichkeiten der Zusammenarbeit. Wie Sie wissen, sind Sie als Blogger begehrt, gerade wenn Ihr ehemaliges Unternehmen – oder das eines Bekannten – nicht oder nur in geringem Umfang selbst bloggt. Auch mit dem privaten Umfeld sollten Sie Ihr neues Bloggerdasein gut abstimmen. Hier stehen – organisatorisch wie auch finanziell – einige gewichtige Änderungen im Vergleich zu Ihrer bisherigen Arbeit an. Aber auch so mancher Kontakt aus Ihrem Umfeld dürfte interessiert aufhorchen, wenn Sie mit dem Bloggen beginnen oder wenn Sie ihm dabei helfen können, ebenfalls ein Onlineportal zu etablieren. All diese »weichen« Faktoren entscheiden über den Erfolg oder Misserfolg einer Existenzgründung, gerade wenn Sie den Sprung in das kalte Wasser wagen und sich gleich gänzlich auf Ihre Blogs konzentrieren.

Die genannten Blogger- und Affiliate-Events sind ideal dazu geeignet, ein passendes Netzwerk aufzubauen. Falls es noch keine solchen Gruppen in Ihrer Region gibt, dann könnten Sie darüber nachdenken, selbst einen Blogger-Stammtisch zu gründen. Das muss nicht mit viel Aufwand verbunden sein. Sie benötigen lediglich einen Ort (beispielsweise ein ruhiges Café), eine Anlaufstelle im Web (etwa einen kleinen Blog oder auch nur einen Social-Media-Kanal) und einen regelmäßigen Termin. Wir haben die Erfahrung gemacht, dass sich selbst in kleineren Städten schnell eine Gruppe Gleichgesinnter finden lässt. Für ein solches Vorhaben können Sie in der Community Ihres Blogsystems werben oder auf einer bekannten Webseite der jeweiligen Sub-Blogosphäre. Recherchieren Sie zusätzlich aktiv nach Blogbetreibern in Ihrer Region und sprechen Sie diese gezielt an. Durch den »Boost«, den Blogs derzeit erleben, werden Sie womöglich schnell fündig.

Kapitel 12

Trends der Zukunft

Wenn wir uns vergegenwärtigen, wie schnell im Internetzeitalter Technologien kommen, aber auch wieder verschwinden, so sind Blogs seit Mitte der 90er Jahre eine Erfolgsgeschichte. Natürlich gab und gibt es immer wieder Veränderungen, vom privaten Web-Tagebuch-Hype über die teilweise Kommerzialisierung bis hin zu den politischen Bewegungen dieser Tage, die das Bloggen zum Glück wieder etwas näher an seine Ursprüngen zurückbringen. Corporate Blogs sind so erfolgreich wie nie. Meist sind es kleine Unternehmen, für die der Firmenblog zu einem wichtigen Akquise- oder Umsatzkanal geworden ist sowie zur Basis der gesamten Social-Media-Kommunikation – zum Trotz all jener, die dem Blog als Unternehmenssprachrohr bereits jetzt den Untergang voraussagen. Firmenbloggen »bringe nichts«, heißt es dann. Schauen wir uns die Blogs der Vertreter dieser Meinung an, wissen wir auch, warum der Erfolg ausbleibt. Blogs sind mehr gelebte Philosophie denn Technik. Im Rahmen des Content-Marketing-Hypes spricht sich das erst allmählich herum. Denn kaum ein anderes Medium ist so prädestiniert für Content-Marketing-Ansätze – die von informellen Inhalten und der Persönlichkeit der Autoren leben – wie ein Blog.

Angesichts zunehmender Mobilität, schnelllebiger Medien, des Trends zu immer kürzeren Botschaften (Stichwort »Storify« oder »Vine«) und neuer Technologien wie etwa Augmented Reality (der Vermischung von Echtbildern mit virtuellen Informationen) ist es dennoch schwierig, vorherzusagen, wie die Blogosphäre in einigen Jahren aussehen wird. Wir wollen trotzdem einen kleinen Versuch wagen.

12.1 Zunehmende Professionalisierung

Der Begriff »Professionalisierung« mag traditionsbewussten Bloggern vielleicht nur wenig gefallen, doch das Profi-Blogging nimmt hierzulande gerade erst Fahrt auf. Wenn der bereits zitierte Spiegel Online dem Thema »Bloggen als Beruf« eine eigene Artikelserie widmet, dann ist die Disziplin endgültig im alltäglichen Leben angekommen. Mittlerweile bieten zahlreiche Anbieter Kurse an, in denen Interessierte das professionelle Bloggen erlernen. Selbst Trainings für bestimmte Berufsgruppen befinden sich darunter, etwa für Journalisten oder Handwerker. Auch das Corporate Blogging ist erwachsen geworden. Natürlich gibt es schon seit einigen Jahren Firmenblogs der unterschiedlichsten Art, doch meist galten sie unter Marketingexperten als mehr oder weniger überzeugt gelebte Experimente, ganz nach dem Motto: »Das ist was Neues in Richtung Web 2.0, das müssen wir jetzt auch machen.« In vielen Fällen werden sie mittlerweile ernster genommen und entfalten so ihre volle Kapazität. Private beziehungsweise semiprofessionelle Blogger haben seit jeher Geld mit ihren Blogs verdient. Doch es ist noch nicht lange her, da sie dies eher »verschämt« taten: Sich die Blogger-Arbeit refinanzieren zu lassen, das galt lange als Tabu. Hinzu kommt, dass diese Blogger oftmals erst jetzt professionell genug agieren, um tatsächlich von ihren Einnahmen leben zu können. Dazu hat auch die Außenwahrnehmung von Bloggern beigetragen. Werbeagenturen gehen heutzutage gezielt auf Blogbetreiber zu, während diese früher schlicht nicht verstanden und oftmals gar belächelt wurden. Dieser Paradigmenwechsel kommt letztendlich allen Bloggern zugute. Selbst Firmenblogger profitieren davon, da sich Kooperationen mit ihren »privaten« Kollegen mittlerweile um einiges leichter und entspannter knüpfen lassen.

Hinweis

Die Zusammenarbeit zwischen Corporate und normalen Bloggern ist noch stark ausbaufähig, zumal sich Corporate Blogger selbst erst jetzt und sehr langsam zu vernetzen beginnen. Ein Grund hierfür sind die noch immer vorhandenen Vorbehalte privater Blogger gegenüber Unternehmen und ihren Online-Marketing-Bemühungen. Das liegt nicht zuletzt an der Unmenge schwarzer Schafe, die täglich versuchen, Blogger zu kaufen. Dementsprechend misstrauisch sind manche Blogger, wenn sie von Unternehmen angesprochen werden. Sie vermuten – aus schlechten Erfahrungen heraus – eine Zusammenarbeit, die nicht wirklich auf Augenhöhe stattfindet und nur das Unternehmen bereichert. Hier müssen Corporate Blogger von vorneherein transparent und ehrlich kommunizieren und Win-win-Situationen schaffen, die diesen Namen tatsächlich verdienen.

Ein anderer Grund scheint die fehlende Offenheit erfolgreicher Corporate Blogger gegenüber anderen Firmenbloggern zu sein. Die Versuche, hierzulande Corporate-Blogger-Stammtische und ähnliche Events zu organisieren, scheiterten bislang bis auf wenige lokale und eher informelle Ausnahmen. Firmenbloggern können wir so lange nur raten, die Treffen der normalen Blogosphäre zu nutzen. Dort, wo wir uns offline vernetzten (Michael spricht hier vor allem für die Word-Press-Szene, Robert für die Münchner Blogger-Szene) sind die Erfahrungen von Corporate Bloggern willkommen, solange diese nicht nur sich selbst beziehungsweise ihr Unternehmen inszenieren wollen.

Allen weniger geschickten Anbahnungsversuchen zum Trotz, denen sich private Blogger ausgesetzt sehen, werden sie dennoch von den Unternehmen zunehmend ernster genommen. In diesem Sinne hat sich der Stellenwert, den Blogger genießen, in den letzten Jahren deutlich gebessert. Für Unternehmen wird es zunehmend schwerer, im Strom der Onlinenachrichten Gehör zu finden, und genau dafür brauchen sie Blogger, die bereits das Vertrauen ihrer Leser genießen – wobei um die ideale Form der Zusammenarbeit noch gerungen wird. Offiziell gekennzeichnete Advertorials werden von vielen Lesern bewusst überlesen, was jedoch auch daran liegt, dass sie inhaltlich meist schlecht gemacht sind (sie müssen denselben, wenn nicht sogar noch höheren Mehrwert bieten, wie normale Blogbeiträge). Schleichwerbung in Form von nicht gekennzeichneten Beiträgen ist ebenfalls keine gute Idee. Denn wenn Leser »den Braten riechen« – und sie werden darin zunehmend besser –, steht sowohl der komplette Ruf eines Blogs als auch der des werbenden Unternehmens selbst auf dem Spiel – einige jüngere Skandale rund um gekaufte Produktbewertungen von Bloggern zeigen dies recht deutlich. Bannerwerbung gilt als »tot«. Was bleibt also noch?

Zukünftig wird es auf das intelligente und transparente Sponsoring inhaltlich passender Blogs oder einzelner Kategorien und Themenstränge hinauslaufen, so wie es die großen Onlinemagazine in Form von Native Advertising bereits vormachen (siehe `http://de.wikipedia.org/wiki/Native_Advertising`). Blogger müssen hierbei äußerst transparent vorgehen und eine solche Kooperation deutlich kennzeichnen, denn sie übertragen beim Content-Sponsoring ihren guten Namen auf ein Unternehmen. Diesen Namen werden sie sich nur erhalten, wenn jeder Verdacht der intransparenten Beeinflussung von vorneherein vermieden wird. Hochwertige sowie langfristige Kooperationen sind dabei gefragter denn je und sie dürfen dann auch deutlich mehr kosten als vergleichbare Cost-per-Click-Kampagnen. Das wiederum kommt den Bloggern zugute, die sich auf wenige oder gar einen einzigen Sponsor konzentrieren können, um sich ganz ihrer eigentlichen Leidenschaft zu widmen. Für Unternehmen, die noch am Anfang ihrer Corporate-Blog-Bemühungen stehen, wäre es ideal, mit einem sehr guten privaten Blogger zusammenzuarbeiten oder gar dessen Blog zu übernehmen – und mit ihm als Corporate Blogger an der Spitze zu agieren. Es gäbe wohl keinen besseren Weg, Blog-Know-how und -Reichweite zu nutzen. Noch sind Unternehmen hierzulande mit derlei Vorstößen jedoch sehr zurückhaltend, wohl auch, um sich nicht der zu großen Beeinflussung der Blogosphäre ausgesetzt zu sehen. Wir könnten uns jedoch vorstellen, dass sich dies in naher Zukunft ändern wird.

Die Ausgangsposition für Blogger hat sich insgesamt definitiv verbessert, nicht zuletzt dank vieler erfolgreicher Online-Geschäftsmodelle im *Long Tail* (siehe Chris Andersons gleichnamiges Buch), über die kleine Blogs auf ideale Weise ihre sehr individuellen Zielgruppen ansprechen können, ohne hohe Streuverluste zu erleiden (wie es bei größeren, thematisch allgemeiner geführten Blogs teilweise der Fall ist).

> **Hinweis**
>
> *Long-Tail-Geschäftsmodelle* basieren auf der Annahme, dass Nischenprodukte in hoher Anzahl zum selben Gewinn führen können wie von der breiten Masse nachgefragte Produkte. Bekannte Beispiele für einen derartigen Vertrieb sind Amazon oder eBay. Natürlich bieten diese nicht ausschließlich Nischenprodukte an, doch durch ihre überlegene Logistik rentiert sich der Vertrieb.

Es gibt sie zwar nach wie vor, die großen Portale des Internetzeitalters, und es wird sie auch weiterhin geben, doch daneben koexistieren mittlerweile Tausende und Abertausende Klein(st)unternehmen und Blogbetreiber, die in der Summe zu einem echten »Player« auf dem Online-Markt avanciert sind. Es hat sich herumgesprochen, dass eine gut gemachte Werbung in einem Blog, eine Social-Media-Erwähnung oder ein Link von einem kleinen, aber erfolgreichen Nischenblog ein größerer Erfolgshebel sein kann als so manche aufwendig inszenierte Onlinekampagne. Vor allem dann, wenn der Blogger einen sehr guten Ruf in der Szene genießt, lassen sich damit nicht nur Endkunden, sondern gleichzeitig wichtige Multiplikatoren ansprechen. Ein solcher Erfolg kann nicht nur unmittelbar nachgewiesen werden, er ist in den meisten Fällen auch deutlich günstiger zu haben. Blog-Kampagnen können einigen Unternehmen Neukunden einbringen, die sie ansonsten überhaupt nicht mehr erreichen würden. Insofern helfen Blogs als Nischen-Publisher so mancher Firma dabei, selbst in die kleinen »Ecken« des Internets vordringen zu können.

Was heißt das alles nun für uns Blogger? Und für Unternehmen, im Falle von Corporate Blogs? Ganz einfach: Es sind gute Zeiten, mit einem Blog zu beginnen. Und noch bessere Zeiten, wenn Sie bereits seit Längerem einen Blog Ihr Eigen nennen, über den Sie bereits eine gewisse Reichweite aufgebaut haben.

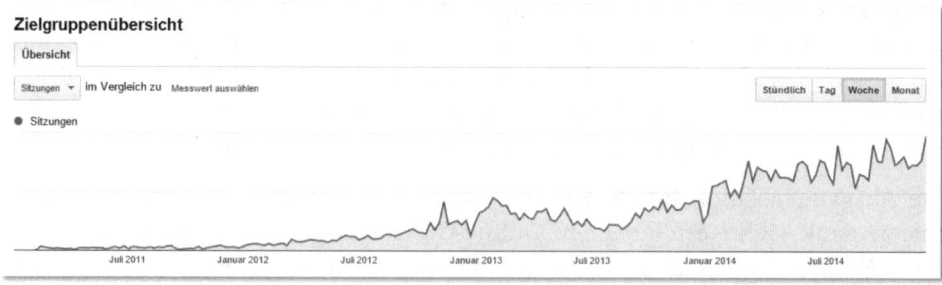

Abb. 12.1: Die Leserentwicklung von toushenne.de innerhalb von vier Jahren

Wenn Sie die Vermarktungstricks, die wir in diesem Buch vorstellen, berücksichtigen, gute Bloggerarbeit leisten und nicht unbedingt mit einem stark umkämpften

Themengebiet anfangen, können Sie die zunehmende Marktmacht durchaus für sich nutzen. Und noch längst nicht alle Firmen haben begriffen, dass sich die Blogosphäre weiterentwickelt hat – so bekommen wir heute noch Anfragen von »großen« Firmen, die meinen, Blogger wären stets für kostenlose PR zu haben. Doch das sind zunehmend Randerscheinungen in einem Markt, der von vielen gerade erst entdeckt wird.

Auch von »normalen« Onlineportalen – Nachrichtenmagazinen, Vergleichsportalen, Online-Dienstleistern etc. – werden Blogs wohlwollend und fast sogar ein wenig neidisch beäugt. Nicht selten werden Blogger gefragt, wie sie ihre Webseite als Einzelkämpfer so gut bei Google und in den sozialen Netzwerken positionieren konnten, während hinter den klassischen Webseiten meist größere Teams mit deutlich mehr Budget stecken. Dabei verschwinden die Grenzen zunehmend und auch aus Blogs werden kleine Medienunternehmen, wie die Beispiele der *Karrierebibel* (siehe `http://karrierebibel.de/selbstaendig-mit-blog-wie-die-karrierebibel-wurde-was-sie-ist/`), der *Gründerszene* (ein Teil der Erfolgsgeschichte könne Sie unter `www.gruenderszene.de/allgemein/finanzierung-gruenderszene` nachlesen) oder auch `deutsche-startups.de` zeigen. Und es gibt viele weitere Erfolgsgeschichten, wie etwa die des international bekannten Webdesignerblogs `smashingmagazine.com`. Kaum jemand weiß, dass das englischsprachige Portal von einem Team in Freiburg geschrieben wird.

Gleichzeitig gehen etablierte Marken mit neuen Blog-Experimenten an den Start. Etwa *Two for Fashion* (siehe `www.otto.de/twoforfashion/`), ein vom Versandhändler Otto gesponserter Modeblog, bei dem bis auf die Domain und ein kleines »powered by«-Otto-Logo wenig auf den Auftraggeber hinweist. Der Blog dient also keineswegs als verlängerter Verkaufsarm des Shops, sondern stellt in erster Linie einen persönlich präsentierten Styling-Ratgeber dar, dessen Produkte – vorbildlich gemäß Content-Marketing-Grundregel – unabhängig von der eigentlichen Produktpalette sind. Genau hierdurch wirkt der Blog authentisch und nicht aufgesetzt und wir sind gespannt zu sehen, ob das Redaktionsteam diese aufwendige, langfristig wirkende Strategie durchhalten kann, ohne sich dem Diktat direkter Absatzziele unterwerfen zu müssen. Alleine SEO-technisch dürfte sich der Blog durchaus lohnen und Google mit genügend Content versorgen.

Die E-Plus-Gruppe geht noch einen Schritt weiter: Mit ihrer Plattform namens *Curved* (`https://curved.de/`, nicht in Blogtechnologie, aber im Blogstil umgesetzt) präsentiert sie ein Technik-Magazin, das vollkommen im redaktionellen Kleid daherkommt. E-Plus tritt – wenn überhaupt – nur sehr dezent und im Hintergrund auf und schreibt: »Curved ist in seiner redaktionellen Arbeit von der E-Plus-Gruppe unabhängig.« Solche Versuche sind nicht ganz ungefährlich, denn sie werden angesichts der zunehmend kritisierten Verschleierung von werblichen Inhalten in Blogs zu Recht argwöhnisch beäugt.

Abb. 12.2: Curved ist »eine Initiative der E-Plus-Gruppe« und wird von einer Agentur gestaltet.

Deichmann Schweiz sponsert einzelnen Modebloggern einen Sub-Blog, in dem diese ihre Lieblingskollektionen präsentieren dürfen. Selbst die Filialen wurden mit einbezogen und dadurch Blog- und Offline-Marketing miteinander verknüpft. Diese Aktion war aufgrund einer sehr werblichen Ansprache und des fehlenden Mehrwert-Contents allerdings nicht ideal umgesetzt.

Dennoch geht der Trend dahin, die Macht der Blogger in die eigene Marketingstrategie einzubinden. Auch Automobilkonzerne und Reiseanbieter beauftragen bekannte Blogger, um öffentlichkeitswirksam für neue Initiativen und Produkte zu werben. Dieser Trend wird sich weiterhin verstärken, sodass beide Seiten (Corporate und normale Blogger) – sofern kreativ gestaltet und offen gekennzeichnet – hiervon profitieren können. Zunehmend gehen die Unternehmen dabei auch auf kleinere Blogger zu, etwa im Outdoor- und Sport-Umfeld. Denn längst haben die Marketingstrategen erkannt, dass auch die Reichweite kleiner Blogs spannend ist, wenn sie eine Nische bedienen oder wertvolle Multiplikatoren in ihrer Leserschaft haben.

Derlei Ansätze sollten Sie ebenfalls gut beobachten, egal aus welcher Motivation heraus Sie bloggen. Gerade wenn es um das Blog-Marketing geht, werden sich hieraus zahlreiche spannende Kooperationsmodelle entwickeln. Was die von Unternehmen gesponserten Blogs anbelangt, so ist die Resonanz der Leser teils noch verhalten. Das hängt sicherlich auch damit zusammen, dass die genannten Portale in einen inhaltlichen Bereich vordringen, der jetzt schon stark umkämpft ist. Dann tun sich die Blog-Neulinge schwer gegenüber privaten Bloggern, die ihre

Leserschaft über Jahre hinweg aufbauen konnten. Dennoch weisen aktuelle Online-Marketing-Trends darauf hin, dass sich die Nutzer immer mehr an von Firmen präsentierte, redaktionell aufbereitete Inhalte gewöhnen werden, solange sie hochwertig und interessant genug sind.

12.2 Qualität statt Quantität

Das bereits mehrfach erwähnte Thema »Qualität« sollte ein Trost für all jene sein, die die zunehmende Kommerzialisierung der Blogosphäre mit gemischten Gefühlen betrachten. Nicht wenige Profi-Blogger haben in der Vergangenheit mit schnell und billig produzierten Blog-Inhalten experimentiert – Michael möchte sich dabei gar nicht ausnehmen. Doch mehr schlechte als rechte Beiträge zu publizieren, lediglich aufpoliert durch lukrative Affiliate-Textlinks und Google-Ad-Sense-Formate, das macht auf Dauer weder Freude noch ein ruhiges Gewissen. Ein kleiner Trost für Vertreter der traditionellen Blogosphäre ist der, dass diese Modelle zwar in der Vergangenheit funktionierten, in Zukunft aber nur durch den Einsatz eigener Werbeausgaben (SEO, AdWords-Anzeigen etc.) möglich sein werden, wodurch sich vergleichbare Blogkonzepte nur noch in wenigen Fällen lohnen dürften.

Diese Entwicklung verdanken wir nicht zuletzt den Qualitätsoffensiven von Google. Wenn wir mit Bloggern sprechen, die sich bereits seit mehreren Jahren und über mehrere Webseiten refinanzieren, dann stellen wir fest, dass die meisten ihre Strategie zugunsten durchdachter und vor allem nützlicherer Inhalten anpassen mussten. In diesem Sinne ist das Bloggen anstrengender geworden, denn die zeitliche Investition für Analysen, das Schreiben, das Marketing, die Leserbetreuung, die Social-Media-Auftritte etc. ist deutlich gestiegen, um die wegfallenden Google-Besucherströme durch echte Werte auszugleichen (eben eine treu folgende Leserschaft, die dem Blogger und seinen Beiträgen vertraut). Von daher war es ein bereinigendes Gewitter, das der Suchmaschinengigant aus Kalifornien ausgelöst hat. Die meisten Blogbetreiber – bei denen ein oder mehrere Blogs von den Abstrafungen betroffen waren – zeigten sich im Nachhinein sogar erleichtert. Die finanziellen Einbußen schmerzten zwar, dafür gelang es ihnen, sich auf echte Blogger-Werte zurückzubesinnen. Und diese sind der beste Garant dafür, langfristig erfolgreich zu sein. Qualitätsbloggen ist mühsam, wirkt dafür jedoch umso nachhaltiger und lässt Ihnen gleichzeitig die Chance, durchzuatmen, sobald sich Ihr Blog erst einmal etabliert hat.

Diese Dynamik hin zu mehr Qualität wirkt sich noch weiter aus: Sehr schlicht gestaltete Blogs – um es einmal vorsichtig auszudrücken – dürften es zunehmend schwer haben, am Markt zu bestehen, denn Blogleser entwickeln ihren ganz eigenen Standard hinsichtlich der Blog-Optik. Hinzu kommt, dass viele Besucher nicht zwischen einem Blog und einer regulären Webseite unterscheiden können und somit auch keinen nachsichtigen Bonus für den »kleinen Blogger« vergeben, dessen Webseite nicht perfekt gestaltet ist. Vielleicht erwischen Sie sich ab und an selbst dabei, dass Sie vorschnell einen Blog oder eine Webseite wieder verlassen, ohne den Inhalten eine echte Chance gegeben zu haben, weil Sie der erste Eindruck nicht überzeugt hat. Gegen diesen Trend können Sie sich jedoch relativ einfach wappnen, indem Sie professionelle Blog-Templates verwenden, die heutzutage kaum mehr Kosten verursachen. Viele sind gar gratis verfügbar und zudem leicht zu installieren. Dennoch sollten Sie diesen Faktor bei Ihrer Kalkulation berücksichtigen, gerade wenn Sie Design- und Entwicklungsarbeiten auslagern müssen. Webdesign- und Mobile-Web-Trends entwickeln sich derzeit so rasant, dass nicht wenige Blogger alle zwei bis drei Jahre auf einen Relaunch ihrer Webseite setzen.

Gleiches gilt übrigens für die inhaltliche Qualität, in diesem Fall nicht nur in Bezug auf die möglichst gehaltvollen Informationen, die Sie in Ihren Texten selbst vermitteln, sondern hinsichtlich der Präsentation. Spannend und kreativ formulierte Überschriften, die richtige Beitragsgestaltung (siehe Abschnitt 5.2), eine zielführende Gliederung, die professionelle Bildsprache – all dies gehört für den Leser mit dazu. Vor allem dann, wenn Ihre Beiträge in sozialen Netzwerken weiterempfohlen werden sollen. Informieren Sie sich ausführlich über Webtexte, Content-Marketing- und Storytelling-Strategien, wenn Ihr Content noch den letzten Feinschliff benötigt.

> **Tipp**
>
> Auch ein Kurs in kreativen Schreibtechniken ist sehr zu empfehlen, gerade wenn Sie sich mit dem Schreiben flüssiger und verständlicher Texte schwer tun. Vergleichbare Trainings werden von zahlreichen Anbietern zu fairen Preisen angeboten, achten Sie jedoch unbedingt auf den Hintergrund der Trainer: Welche Kompetenzen bringen sie mit und haben sie eigene Webseite oder Blogs? Das Online-Schreiben unterscheidet sich nämlich in vielerlei Hinsicht vom Offline-Texten – selbst für Journalisten und Corporate Blogger gibt es mittlerweile spezielle Kursangebote.

12.3 Wie wird in Zukunft gelesen?

Der Onlinejournalismus befindet sich derzeit mangels alternativer Einnahmeformen in einer schweren Krise und stellt sich immer wieder die Frage, was und vor allem wie die Leser zukünftig ihre Inhalte konsumieren werden. Manche Blogger schauen fast schon verächtlich oder zumindest gleichgültig auf das Ringen der Journalisten um Antworten, dabei könnte es uns als Nächstes treffen. Weblogs sind keine Selbstläufer. Genauso wenig ist sicher, ob das Format in seiner jetzigen Gestalt überleben wird. Schon jetzt erkennen einige Experten einen Trend darin, dass Nachrichten interaktiver werden, und auch Erzählformate wie »Medium«

(www.medium.com) oder »Storify« (http://storify.com), aber auch Video-Blog-formate weisen in diese Richtung. Ihr großer Hoffnungsträger ist der Siegeszug der Tablet-PCs. Sie eignen sich perfekt, um optimierte Blogformate darzustellen. Doch was kommt nach Tablet, Smartphone & Co.? Andere Experten sind der Überzeugung, dass sich Ausgabeformate wie Google Glass, Smartwatches etc. durchsetzen werden, was eine sehr starke Komprimierung von Inhalten voraussetzt – von so manch einer Geschichte blieben dann nicht mehr als einige wenige Zeilen übrig. Nach wie vor ist zudem ungeklärt, wie effiziente mobile Werbeformate aussehen könnten. Google etwa experimentiert mit immer neuen AdSense-Formaten, aber ob sie sich tatsächlich durchsetzen werden, bleibt abzuwarten.

Die Wahrheit dürfte irgendwo dazwischen liegen. Wir Blogger müssen jetzt schon auf unterschiedliche Ausgabeformate wie Smartphones, Tablets etc. reagieren, indem wir unser Blogdesign entsprechend optimieren, denn schon bald wird die Landschaft deutlich fragmentierter sein. Zum Frühstück die flexible E-Zeitung im Tablet-Format, unterwegs im Auto dann das Head-up-Display, auf der Arbeit angekommen arbeiten wir an etwas, was sich früher einmal Personal Computer nannte, auf dem Weg in die Mittagspause kommt das Klein-Zoll-Smartphone am Handgelenk zum Einsatz, abends dann die Online-TV-Projektion an der Wand oder gleich 3D im Raum »schwebend«. Nicht jedes Gerät eignet sich dazu, klassische Blogformate darzustellen (also in klar festgelegter Reihenfolge ein Beitragsbild, Teaser, längere Texte etc.). Wir müssten also individuelle Content-Bereiche wie eine Desktop-Version mit vollständiger Textanzeige, eine gekürzte Version mit vielen Bildern für Geräte wie Google Glass etc. bereitstellen. Aber können wir das alles als Einzelkämpfer leisten oder profitieren von diesem Trend hauptsächlich größere Redaktionen?

Ein weiteres Szenario, das wir selbst schon leben, ist das »Vormerken« längerer Beiträge über mobile Geräte, wo wir lediglich Teaser-Texte beziehungsweise Social-Media-Beiträge lesen und uns die Vollversion später zu Hause auf einem größeren Bildschirm ansehen. Das geht so weit, dass wir mehrere dieser gespeicherten Beiträge in einem eigenen Nachrichtenstrom zusammenfassen und daraus quasi ein personalisiertes Onlinemagazin erstellen – Apps wie »Pocket« (http://getpocket.com/), Scoop.it oder »Rebelmouse« (https://www.rebelmouse.com/) unterstützen uns bereits dabei. Davon profitieren zwar die Inhalte von Bloggern, der Leser müsste jedoch nicht mehr zwangsweise Ihren Blog selbst besuchen. Je nachdem, über welche Methoden Sie Ihren Blog refinanzieren, verlieren diese womöglich an Effizienz – etwa in Bezug auf Werbebanner, die in Feed-Readern nicht mit ausgegeben werden. Läuft die Refinanzierung dann über eine Art Werbeeinnahmen-Sharing, so wie Künstler bei einem Musikstreaming-Dienst entlohnt werden? Können wir in diesem Fall tatsächlich noch vom Bloggen leben oder wird es zu einem starken Preisverfall kommen? Und kann es bei zunehmender Content-Konkurrenz noch gelingen, eine Blog-Marke aufzubauen? Sie sehen, es bleibt spannend. All dies wird nicht unbedingt von heute auf morgen eintreten. Aber gerade wenn Sie vom Bloggen leben oder wenn Ihr Unternehmen große Hoffnungen auf das Online-Marketing mit einem Corporate Blog setzt, sollten Sie sich rechtzeitig mit all diesen Trends auseinandersetzen.

Vielleicht werden Ihre Beiträge dabei immer kürzer und multimedialer, möglicherweise gehen Blogs selbst in einer Art *Nachrichtenstream* als Mischwesen zwischen Social-Media-Beiträgen, Videos, Textinhalten und Bildern auf. Der Bedarf an ausführlich dimensionierten Informationen wird nach wie vor da sein (und weiter wachsen), er ist allerdings stark vom Thema Ihres Blogs abhängig. Ein Ratgeberblog, der von bebilderten und ausführlichen Tutorials lebt, wird eher überleben als das Schnäppchen-Portal, das lediglich fremde Inhalte präsentiert. Denn für Letzteres reichen im Grunde die sozialen Netzwerke aus, es braucht hier keinen Blog als Zwischenstation. Auch Weblogs im Nachrichten- und Politikbereich etc. sind ohne umfangreich recherchierte Inhalte kaum denkbar, sofern es die erzählten Geschichten hergeben, sprich, sofern sie exklusiv genug sind. Verkürzt lässt sich sagen: Je einzigartiger Ihre Inhalte sind, desto eher eignen sie sich für einen Blog. Kuratierte Formate (das Aufgreifen von Nachrichten anderer) werden es hingegen schwer haben, in einem eigenen, finanziell rentablen Portal zu bestehen, wobei auch hier natürlich wieder alles von der Qualität der Inhalte abhängt. Hinterfragen Sie Ihre bisherige Blog-Strategie: Sind die Inhalte tatsächlich so unverzichtbar oder handelt es sich um mehr oder weniger austauschbaren Content, bei dem Sie in Zukunft mit unzähligen anderen Formaten konkurrieren müssen? Wenn Sie sich diese Frage ehrlich beantworten und entsprechend reagieren, dann sind Sie gut für die Blog-Zukunft gerüstet.

Hinweis

Schon jetzt lässt sich absehen, dass ein Teil der Zukunft den automatisiert erstellten Nachrichten gehören wird. Der sogenannte *Robo-Journalismus* ist keine Fiktion mehr (siehe `http://michaelfirnkes.de/robocontent-werbemaschine/`). Auch unter dieser neuen Konkurrenz werden hauptsächlich jene Blogger leiden, die Texte mit wenig Persönlichkeit und wenig eigenem Wissen verfassen. Schwierig wird es hierdurch insbesondere für Affiliate-Blogger, denn zahlreiche lukrative Themen dürften mit künstlich generierten Inhalten geflutet werden, um einen Teil der Einnahmen abzugreifen. Umso mehr kommt es dann auf eine intelligente Kombination aus Mehrwert-Inhalten und Produktempfehlungen an, so wie manche Reiseblogger ihre individuell gehaltenen Berichte aus aller Welt um Affiliate-Empfehlungen ergänzen. (Aber bitte die Kennzeichnung als Werbung nicht vergessen!) Denn Inhalte, die auf persönlichen Erfahrungen basieren, lassen sich nur sehr schwer von einem »Roboter« generieren. Eine solche Vorgehensweise lässt sich auch auf andere Themen hin adaptieren.

Mobile Apps

Apps – also die nicht rein HTML-basierten Minianwendungen für iPhone & Co. – stellen weniger eine Gefahr für Blogs dar, als zunächst befürchtet. Zum einen ist es angesichts der unüberschaubaren Anzahl an Apps nicht einfach, eine solche erfolgreich zu vermarkten, zum anderen sind die technischen Hürden beziehungsweise die Aufwände zur Entwicklung meist deutlich höher als bei der Erstellung eines Blogs. Vor allem dann, wenn der Nutzen der App über die reine Bereitstellung von Inhalten hinausgehen soll – wozu wir definitiv raten. Denn die Umsetzung einer eigenen Anwendung, die ausschließlich einfache Textinhalte bietet, steht in keinem sinnvollen Verhältnis zum Programmieraufwand. Dementsprechend schaffen es nur sehr wenige Onlinemedien, Apps neben ihrer normalen Webseite zu etablieren. Die bislang wenig erfolgreichen Versuche einiger Blogger, ihre Weblog-Inhalte gleichzeitig auch als mobile App herauszubringen, zeigen, dass die meisten Leser solche zusätzlichen Programme schlicht für unnötig halten. Eine eigene App würde nur dann Sinn machen, wenn die dort bereitgestellten Inhalte um aufwendige interaktive Zusatzinformationen wie Charts, variable Videoformate oder E-Learning-Module und dergleichen erweitert werden. Für einzelne Blogger ist dies viel zu aufwendig, lediglich durch die angesprochenen Content-Streaming-Dienste könnten Apps mit Blog-Inhalten einen neuen Aufschwung erleben.

12.4 Konzentration oder weitere Deregulierung

Früher gab es zahlreiche Suchmaschinen (wer erinnert sich noch an *Alta Vista*, den *MetaCrawler* oder *Lycos?*), heute quasi nur noch eine. Wurden früher jedes Mal andere Urlaubs-, Shopping- oder sogar Datingseiten genutzt, so bleiben mittlerweile nur noch wenige Namen haften. Es sind jene, die aus Dauerwerbesendungen bekannt sind; vor allem online, aber auch im TV sowie offline. Wird Blogs Ähnliches drohen? Werden Leser in Zukunft nur noch den einen Technikblog kennen, den einen Reiseblog, Finanzblog, Gartenblog, Deals-Blog, Gadget-Blog, Lifestyle-Weblog etc. lesen? Und zwar hauptsächlich jenen, der über das höchste Marketingbudget verfügt? Mit zunehmender Professionalisierung – und damit zunehmenden Einnahmen der größten Blogs – ist eine derartige Tendenz möglich. Dennoch wird die Vielschichtigkeit der Blogszene, aber auch der Wunsch des typischen Bloglesers nach Unabhängigkeit, eine solche Entwicklung zumindest verlangsamen.

Es wird immer den kleinen Blog – oder zumindest etwas strukturell und inhaltlich Ähnliches – zum Nischenthema »Ökologische Hamsterernährung« geben. Denn für große Blogbetreiber sind solche Inhalte schlicht uninteressant, da sie nicht marktumfassend und somit nicht lukrativ genug sind. Betrachten wir zudem die Start-up-Szene, neu aufkommende Technologien, aber auch stets neu aufkeimende

Interessen der Verbraucher, so müssen wir uns um die Nischenportale der Zukunft wenig Sorgen machen. Als Beispiel dient das Thema *mass customization* (kundenpersönliche Anpassung von Massenprodukten, ursprünglich von Portalen wie mymuesli.com gegründet). Um dieses herum entstehen unzählige neue Onlineshops und Dienstleistungen. Das unterstreicht den Wunsch der Web-Konsumenten hin zu mehr Individualität. Ganz ähnliche Muster greifen bei Content-Portalen, von denen sich die Verbraucher ebenfalls eine größere Abwechslung versprechen. Aktuelle Diskussionen rund um eine einseitige Berichterstattung in den etablierten Medien zeigen, dass all dies eine große Chance für jene Blogger ist, die mit einem kleinen, dafür aber spezialisierten und feinen Magazin aufwarten können, während sich die restliche Medienlandschaft auf marktkonforme Inhalte konzentriert.

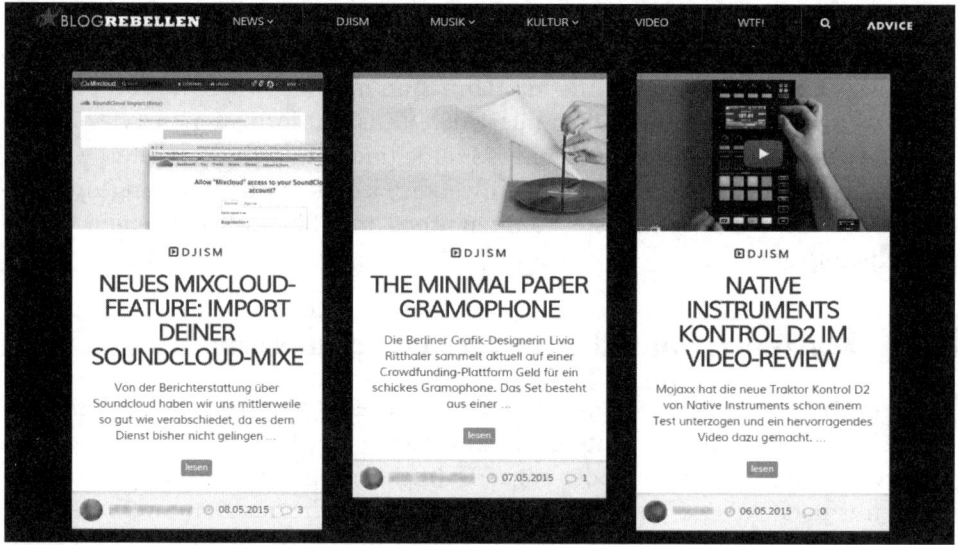

Abb. 12.3: Die Blogrebellen (www.blogrebellen.de) zeigen, wie spannend und individuell die Inhalte eines Weblogs sein können. Der Blog greift Themen auf, die die großen Magazine nicht mehr bedienen.

12.5 Was macht Google?

Nach wie vor hängt der Erfolg Ihres Weblogs zu einem Großteil von Google ab, gerade wenn er erst seit Kurzem existiert. Oder wenn Sie sich gänzlich neu innerhalb der Blogosphäre bewegen und noch auf kein Netzwerk von Unterstützern und Social-Media-Followern zurückgreifen können. Die interessante Frage jedoch lautet, wie sich Google in Zukunft ausrichten wird und was die Konsequenz für uns Blogger sein wird. Zum einen muss Google selbst hochwertige Inhalte, sprich relevante Suchergebnisse liefern, um weiterhin erfolgreich zu bleiben – und das auch bei der Eingabe komplexer Suchanfragen. Diese Tatsache könnte Nischenblogs zugutekommen, die überwiegend durch Long-Tail-Keywords gefunden werden, da Google diese Zusammenhänge besser »versteht«.

Doch das Unternehmen aus Mountain View steht mittlerweile neben zahlreichen mächtigen sozialen Netzwerken. Damit kommt eine weitere Herausforderung auf Sie als Blogger zu: Sie stehen nun im Wettbewerb mit vielen kleinen »Mini-Blogs«. Denn um nichts anderes handelt es sich bei all den Informationen, die uns direkt in den sozialen Netzwerken und gar direkt innerhalb der Suchergebnisse empfohlen werden – unabhängig davon, ob die Urheber selbst über einen Blog verfügen oder nicht. Das bedeutet, dass die Anzahl der Medienschaffenden rapide ansteigt. Das gleiche Prinzip gilt für alle Netzwerke wie Facebook, Twitter, You-Tube, Pinterest, Instagram, Tumblr-Blogs etc. Hier bleibt Ihnen nur der Hebel der Einzigartigkeit, um gehört oder besser gelesen zu werden. Dabei werden soziale Netzwerke zum verlängerten Arm des Blogs. Sie müssen also keineswegs immer nur Blogartikel verfassen, um für diesen zu werben. Pointierte Beiträge tragen ebenso dazu bei, dass Sie, Ihre Meinung, Ihr Wissen und damit Ihr Portal Aufmerksamkeit erhalten.

Eine andere Errungenschaft (die nicht nur von Google angeboten wird, aber hierdurch bekannt wurde) dürfte uns Bloggern hingegen ganz neue Möglichkeiten bieten. Die Rede ist von *Google Translate* und ähnlichen Übersetzungsprogrammen, deren angestrebte Perfektion im Interesse des Suchmaschinenkonzerns sein dürfte. Das wiederum bedeutet den Durchbruch für Übersetzungen in Echtzeit – und folglich für uns Blogger, dass wir nicht mehr nur deutschsprachige Leser für uns gewinnen können, sondern theoretisch Milliarden von potenziellen Blogbesuchern. Diese werden beim Lesen gar nicht mehr bemerken, dass der Ursprungsblog in Deutschland, Österreich oder der Schweiz beheimatet ist (es sei denn, Ihre Inhalte sind lediglich von lokalem Interesse). Das bietet große Chancen, erhöht aber gleichzeitig den Konkurrenzdruck. Denn ebenso selbstverständlich werden wir hierzulande Blogs lesen, die in Chinesisch, Indisch oder einer beliebigen anderen Sprache verfasst wurden.

12.6 Das Web 3.0

Wie auch immer das World Wide Web der Zukunft aussehen wird, es wird wohl generell individueller – im Sinne von persönlicher – und weniger statisch, aber gleichzeitig auch öffentlicher sein. Was heute ein Blog-Widget abbildet, das werden morgen die sogenannten *Lifestreams* sein, also auf unsere persönlichen Interessen abgestimmte Nachrichtenströme mit Text-, Audio- und Videoinformationen, die wir in Auszügen mit unseren Followern teilen.

Die derzeitigen Entwicklungen von Facebook, Twitter und anderen sozialen Netzwerken weisen exakt in diese Richtung. Eine Online-Nachrichtenseite wird bei Nutzer A andere Inhalte anzeigen, als dies bei Nutzer B der Fall ist. Blogger können dies technisch kaum selbst leisten. Sie sind auf die Hilfe von Aggregatoren angewiesen, die beispielsweise den RSS-Datenstrom von Blogs auslesen, oder eben auf das individuelle Abonnement, indem der Leser den Weblog manuell zu seinem Strom hinzufügt.

Diese Lifestreams werden aus aktuellen Wetterdaten und Nachrichten in jeglicher Form bestehen. Oder aus Angeboten Ihres Lieblingshops, an dem Sie gerade vorbeifahren oder in dem Sie gerade online stöbern. Und womöglich auch aus Informationsschnipseln Ihres Arbeitgebers, der Sie damit schon einmal auf das nächste Meeting einstimmen möchte. Blogs sind eigentlich hervorragend auf dieses individualisierte Informationsbedürfnis hin ausgerichtet. Zumindest dann, wenn sie zielgerichtet ein bestimmtes Thema verfolgen, das in dieser Form, der Qualität oder auch in dieser Zusammenstellung kein Zweiter bietet. Die Schwierigkeit besteht eher darin, auf sich aufmerksam zu machen. Gleichzeitig ist eine gleichbleibende Qualität der Blogbeiträge gefragt, denn ebenso schnell, wie Leser Ihren Blog einem Newsstream hinzufügen können, so schnell können sie ihn auch wieder entfernen. Blogger sind mehr denn je auf die Empfehlung durch ihre Leser in sozialen Netzwerken angewiesen. Das gefällt nicht jedem, denn gutes Bloggen und Selbstmarketing sind zwei Paar Schuhe, wobei wirklich gute Inhalte zum Teil von ganz alleine für die nötige »Werbung« sorgen.

Kapitel 13

Praxistipps

Innerhalb der vergangenen Kapitel haben Sie (hoffentlich) hinsichtlich der unterschiedlichsten Möglichkeiten zur Vermarktung eines Blogs, der Steigerung Ihrer Reichweite, des »richtigen« Textens, der Suchmaschinenoptimierung und der begleitenden Betreuung sozialer Netzwerke sowie der wichtigsten Tricks und Werkzeuge, die Ihnen auf dem Weg zur eigenen Blogger-Karriere behilflich sein können, viel gelernt.

Im Folgenden möchten wir Ihnen – je nach aktuellem Wissensstand und den bis heute erreichten Weblog-Erfolgen – eine Art Maßnahmenkatalog an die Hand geben, der Ihnen auch noch die letzten Fragen beantworten soll:

- Welche der gegebenen Tipps sollte ich zuerst angehen?
- Welche Maßnahmen versprechen in meiner konkreten Situation die schnellste Wirkung?
- Und wie könnte eine kurzfristige, mittelfristige, aber auch langfristige Planung aussehen, um den Erfolg meiner Blogportale weiter steigern zu können?

Sicherlich wird nicht jedes Unterkapitel gleichermaßen interessant für Sie sein. Einiges wird sich auch wiederholen, da die entsprechenden Inhalte für gleich mehrere Phasen eines Blogger-Lebens interessant und hilfreich sein können. Dennoch lohnt es sich selbst für fortgeschrittene Blogger, auch den Maßnahmenkatalog für »Anfänger« durchzulesen. Sei es als Planungsgrundlage für ein neues Blogprojekt oder um einfach nur zu überprüfen, ob Sie bislang alle notwendigen Schritte berücksichtigt haben. Vielleicht gibt es bei einigen Punkten auch noch Nachholbedarf? Das Bloggen ist so vielschichtig, dass schnell einzelne Aspekte in Vergessenheit geraten. Neulinge auf dem Gebiet des Bloggens werden hingegen erfahren, auf welche zukünftigen Arbeiten und Herausforderungen sie sich schon einmal vorbereiten und freuen dürfen. Und der Abschnitt für Corporate Blogger ist für den »normalen« Blogger ebenso interessant, wie es auch umgekehrt der Fall sein dürfte.

13.1 Bloggen für Anfänger

Mittlerweile haben wir nicht nur den Start und das Wachstum zahlreicher eigener Blogs aus unterschiedlichsten Bereichen erleben können, auch Blogger-Kollegen berichten uns von ihren Erfahrungen während der ersten Schritte mit ihrem Blog-portal – und geben uns Feedback zu den einzelnen Hinweisen und Empfehlungen auf unseren Blogs blogprofis.de und toushenne.de. In der ersten Phase eines Blogprojekts können Sie eigentlich gar nicht so viel »falsch« machen, wenn (!) Sie

- mit Leidenschaft hinter Ihrem Blog und seiner Grundidee stehen,

- qualitativ hochwertig sowie abwechslungsreich und vor allem regelmäßig schreiben und

- einige Fallstricke etwa aus dem Kapitel Suchmaschinenoptimierung berück-sichtigen (etwa die Vermeidung von Linkkauf und ähnlichen Praktiken).

Ganz im Gegenteil: Gerade mit dem Start eines neuen Blogs ergeben sich so viele Aufgaben und Möglichkeiten, diesen innerhalb und außerhalb der Blogosphäre zu vermarkten, dass Sie gar nicht immer wissen werden, an welcher Stelle Sie denn nun beginnen sollen.

Eines können wir Ihnen an dieser Stelle bereits verraten: Der Start eines Blogs – wenn Sie es denn gleich richtig angehen möchten – bedeutet Arbeit, Arbeit und noch mehr Arbeit. So muss nicht nur relativ schnell ein gewisser Grundstock an umfangreichen Blogbeiträgen erstellt und veröffentlicht werden, auch die Ver-marktung beansprucht parallel hierzu Ihre Aufmerksamkeit. Nicht immer bereitet dabei jeder dieser Aspekte die größte Freude, gerade wenn Sie irgendwann Ihren zweiten, dritten, x-ten Blog starten. Denn egal, mit wie viel Leidenschaft Sie inhalt-lich an ein Thema herangehen: Innerhalb kurzer Zeit um die 30 bis 50 unter-schiedliche Beiträge für den ersten Start der Webseite zu schreiben – und dies auch noch so, dass die Leser diese Anstrengung nicht bemerken –, das liegt nicht jedem Blogger. Mit weniger Inhalten sollten Sie jedoch nicht an den Start gehen, sonst macht Ihr Blog womöglich gleich von Beginn an einen verwaisten Eindruck. Dadurch laufen Ihre Marketing-Aktivitäten ins Leere und Leser werden Ihren Blog schlimmstenfalls als »nicht lesenswert« kategorisieren. Der erste Eindruck zählt enorm viel, unterschätzen Sie diese Gefahr nicht. Sehen Sie es vielmehr als Chance, Ihre Leser gleich beim ersten Kontakt zu überzeugen. Was Sie sich an die-ser Stelle jedoch immer wieder beruhigend selbst sagen können: Je mehr Arbeit Sie in diese erste Blog-Phase stecken und je mehr Energie Sie dabei investieren, desto mehr wird sich dies im weiteren Verlauf auszahlen.

Damit Sie sich bei all diesen zu Beginn anstehenden Aufgaben nicht verzetteln, haben wir Ihnen nachfolgend eine Prioritätenliste zusammengestellt, die wir auch selbst nutzen, um die immer wieder neue Herausforderung beim Blog-Start struk-turiert zu meistern. Dabei setzen wir einen installierten Blog mit einem grund-legend individualisierten Design (Logo und Template) samt wichtiger Plug-ins voraus. Diese Arbeiten werden spätestens beim zweiten oder dritten Blog auch für Sie Routine sein.

13.1.1 Schreiben, Schreiben, Schreiben

Wenn Ihnen dieser Aspekt keinen Spaß macht, dann würden Sie sich wohl kaum für ein »Leben« als Blogger interessieren – egal ob nun hauptberuflich, nebenberuflich oder rein als (einträgliches) Hobby. Dennoch ist die Produktion der ersten Inhalte nicht immer ein komplettes Vergnügen. Hinzu kommt ein Aspekt, der für viele Blogbetreiber frustrierend sein mag, der sich aber leider nicht wirklich ändern lässt: Die ersten 30, 40, 50 Beiträge müssen qualitativ und inhaltlich ebenso gut sein wie die darauf folgenden, denn Ihr Blog verfügt am Anfang weder über Stammleser noch über entsprechende Positionierungen innerhalb der Suchmaschinen. In der Praxis erhalten diese Artikel jedoch oft wenig Aufmerksamkeit durch die Leser. Mit etwas Glück und unterstützender (interner) Linkstruktur ranken später auch diese ersten Gehversuche gut bei Google & Co. – und tragen somit ihren Teil zur Akquisition neuer Leser bei.

> **Hinweis**
>
> Vor allem bei Themen mit Inhalten, die schnell an Aktualität und damit Leserinteresse verlieren, sind Sie stets auf eine möglichst hohe Reichweite direkt nach der Veröffentlichung angewiesen. Was nicht bedeutet, dass ältere Beiträge wertlos sind – Google schätzt sie unter Umständen nach wie vor. Zudem sind Leser an Blogs mit umfangreichem Archiv interessiert, denn das signalisiert, dass Ihr Blog lebt und Sie sich seit Längerem mit der Thematik auseinandersetzen. Vor allem für Blogs von Freiberuflern und Selbstständigen ist dies ein nicht zu unterschätzender Faktor.

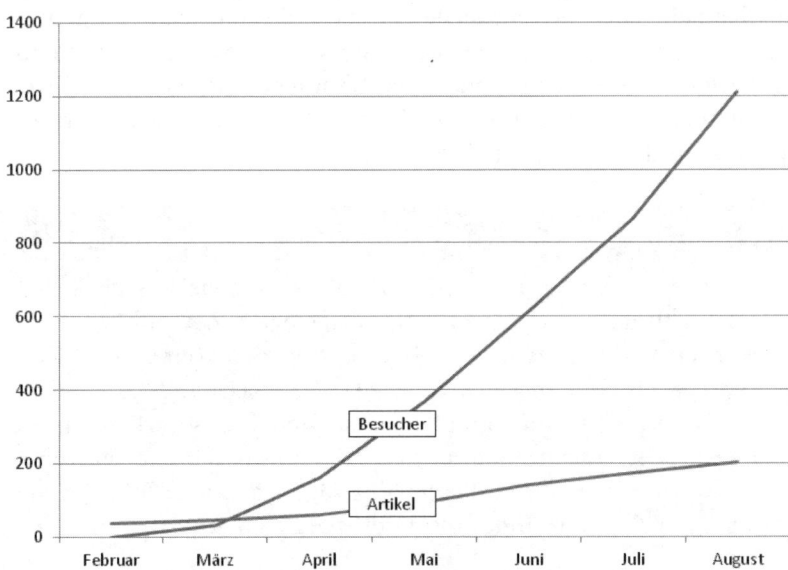

Abb. 13.1: Die Entwicklung der Artikelanzahl von MeinStartup.com im Verhältnis zu den monatlichen Besuchern, innerhalb der ersten Monate nach dem Start

Gerade in den ersten Wochen und Monaten (bis Sie vielleicht über die ersten 80 bis 100 Beiträge verfügen) kann es sich zudem lohnen, keine Werbung in Ihren Blog einzubinden. Einerseits würden diese Anzeigen – mangels Besucher – kaum nennenswerte Umsätze generieren. Andererseits wirkt ein Blog mit wenigen Inhalten bei gleichzeitig umfangreicher Werbeschaltung nicht sonderlich attraktiv, weder auf Leser noch auf potenzielle Kooperationspartner, andere Blogger oder sogar Suchmaschinen. Dasselbe gilt auch für gesponserte Beiträge und ähnliche Formen der Umsatzgenerierung, denn ein neuer Blog mit bezahlten Inhalten wirkt schnell unseriös. Je erfolgreicher Ihr Blog ist, desto selbstbewusster können Sie mit der Schaltung von Anzeigen etc. umgehen. – solange Ihre Leserschaft diese akzeptiert (was aufdringliche Formate wie Pop-ups, animierte Layer-Banner etc. zumeist ausschließt). Corporate Blogger stehen vor ähnlichen Problemen: Die ersten Beiträge müssen besonders nicht-werblich sein, damit ihr Blog überhaupt eine Chance erhält.

Bis zu den ersten 200 Beiträgen – idealerweise aber auch darüber hinaus – sollten Sie täglich bloggen, sofern Ihnen dies möglich ist. Nur so sorgen Sie gleich zu Beginn für ein sich nachhaltig verbesserndes Ranking bei Google & Co. Die Besucherzahlen steigen – je nach Thema des Blogs – oft erst nach etwa 100 Beiträgen deutlich an. Wirklich spannend wird es meist erst ab rund 200 Artikeln (sofern das Thema auf Interesse bei Ihren Lesern stößt). Wenn Sie diese Zahlen als Grundlage nehmen, dann können Sie sich in ungefähr ausrechnen, mit welcher Schreib-Frequenz Sie welche Zeit für den Start Ihres Blogs benötigen. Eine Schreibpause von mehreren Tagen oder gar Wochen kommt hingegen weniger gut an – gerade in dieser so wichtigen Phase des Blog-Aufbaus. Sollte eine solche Pause unvermeidbar sein, so stellen Sie sicher, dass mindestens jeden zweiten bis dritten Tag ein Beitrag online geht. Die meisten Blogsysteme bieten Optionen, mit denen Sie vorgefertigte Artikel zeitgesteuert veröffentlichen können. Als Einzelkämpfer benötigen Sie dieses Hilfsmittel auch immer dann, wenn Sie längere Zeit nicht zum Bloggen kommen – etwa im Urlaub.

Beispiel

Robert veröffentlicht seine Beiträge auf www.toushenne.de quasi ausschließlich anhand einer Zeitschaltung, da er stets zu einer festgelegten Zeit publiziert, die er mit einer manuellen Veröffentlichung nicht gewährleisten könnte. Eine Zeit, die seine Leser mittlerweile kennen und auf die sie sich verlassen. Betrachten Sie außerdem erneut seinen Wachstumsgraphen aus Kapitel 12 so erkennen Sie auch grob die angesprochene Quantitätsschwelle, ab der die Zahl der Besucher im Verhältnis zur Anzahl der veröffentlichten Beiträge stärker ansteigt (in diesem Fall aufgrund einer Frequenzänderung Ende 2012 und einer weiteren Anfang 2014).

Erfolgreiches Bloggen hat mit harter Arbeit zu tun, nicht nur zu Beginn. Einige der erfolgreichsten Weblogs gehen fortlaufend mit bis zu zehn Artikeln und mehr pro Tag (!) online, was sich in der Regel nur im Team oder mit externen Autoren realisieren lässt. Sicherlich trifft dies nicht für jede Thematik zu. Wenn Sie Ihr Portal jedoch etwa zum führenden Sport-Onlinemagazin für das Ruhrgebiet ausbauen wollen, so werden Sie um ähnliche Schlagzahlen wohl kaum herumkommen, in diesem speziellen Fall gerade am Wochenende. Je mehr Beiträge, desto mehr potenzielle Leser und umso größer ist der Erfolg. Dennoch geht die Qualität stets vor. Verfassen Sie lieber zwei hochwertige Blogbeiträge in der Woche als vier halbherzig dahingeschriebene. Die Zeiten, in denen sich Blogs schnell mit billigem Content bestücken lassen, sind zum Glück vorbei. Seit sowohl Leser als auch Google immer mehr auf fundiert recherchierte Beiträge setzen, haben auch jene Blogs eine Chance, die weniger, aber dafür sehr gute Inhalte liefern. Selbst in sehr umkämpften Bereichen zeigt sich, dass auch ein führendes Portal Leser verlieren kann, wenn diese mit der inhaltlichen Qualität unzufrieden sind.

Tipp

Beobachten Sie gut, was passiert, wenn Sie Ihre Schreib-Frequenz oder auch die inhaltliche Tiefe Ihrer Beiträge variieren. Was schätzen Ihre Leser? Welche Inhalte welcher Qualitätsstufe werden wann besonders gut geteilt? Lässt sich eine Schwelle ausmachen, bei der die Aufmerksamkeit Ihrer Follower sinkt? Oder bei der es diesen gar zu viel wird, wenn Sie mehrmals täglich eigene Beiträge promoten? Wenn Sie schon länger bloggen, können Sie Ihre Leser aktiv zu diesen Punkten befragen. Alternativ bieten sich entsprechende Content-Analysen an, wie sie beispielsweise Kevan Lee sehr ausführlich beschreibt (Englisch): `https://blog.bufferapp.com/content-audit`.

Viele angehende Blogger unterschätzen die erste recht anstrengende Schreib-Phase. Zu Beginn bleiben Erfolge wie stetig steigende Besucherzahlen oder gar Werbeeinnahmen aus, da Internetnutzer Ihren Blog zu diesem Zeitpunkt schlichtweg nicht finden. Eine solche Durststrecke erfordert Durchhaltevermögen, zumal Sie zu diesem Zeitpunkt noch nicht wirklich wissen, wie sich das Blog-Thema zukünftig entwickeln wird. Diese Phase ist der Grund dafür, dass es sich nur sehr selten lohnt, mit einer Blogger-Selbstständigkeit bei »null« zu beginnen. Je mehr Vorlauf Sie Ihren Projekten einräumen, und sei es nur versuchsweise beziehungsweise nebenbei, desto schneller und erfolgreicher wird die spätere Vermarktung sein. Und desto eher können Sie sich auf jene Blog-Themen konzentrieren, die am erfolgversprechendsten starten.

Auf eine Übung sollten Sie sich in der ersten Phase ganz besonders konzentrieren, wenn Sie sie nicht schon durch eine frühere Tätigkeit oder einen Ihrer Berufe kennengelernt haben: das effiziente Schreiben. Es ist mit einiger Übung und natürlich abhängig vom Thema möglich, innerhalb von 30 bis 60 Minuten (exklusive der Zeit für eine fundierte Recherche) einen guten, ausführlichen Blogartikel zu verfassen. Dies gelingt selbst den besten Bloggern nicht immer, dennoch sollten Sie nach einiger Zeit Ihren persönlichen Schreibstil analysieren:

- An welchen Stellen halten Sie sich am längsten auf?
- Sammeln Sie zu lange die entsprechenden Fakten?
- Benötigen Sie überproportional viel Zeit für die Aufbereitung und Einbindung der Grafiken und Bilder?
- Feilen Sie zu lange an einzelnen Sätzen, gehen Sie diese immer wieder durch, bis Sie die vermeintlich optimale Lösung gefunden habe?

Es geht uns nicht darum, für ein Weniger an Qualität zu plädieren, ganz im Gegenteil. Doch als Blogger sollten Sie nach und nach Ihre Taktrate steigern können. Leicht werden es hierbei ehemalige Print-Journalisten haben, die oftmals aus fast keinen Informationen innerhalb kürzester Zeit und noch rechtzeitig vor Redaktionsschluss mehrere qualitativ hochwertige Beiträge verfassen mussten. Das funktioniert durchaus auch beim Bloggen – und solche Methoden können Sie lernen. Wenn Sie sich schwer damit tun und nach wie vor den Großteil Ihrer Blogbeiträge selbst verfassen wollen, dann hilft Ihnen der Besuch eines guten Texter-Seminars oder eine ähnliche Fortbildungsmaßnahme weiter. Ein weiterer Hebel ist das gute Zeit- und Selbstmanagement. Gerade Corporate Blogger, die von sehr vielen Seiten Input für ihre Beiträge erhalten, sollten hierin geübt sein. Seien Sie ehrlich zu sich selbst: Könnte Ihr Arbeitsstil mehr Struktur vertragen? Dann sollten Sie sich diesbezüglich schulen lassen.

13.1.2 Das erste Marketing

Wir möchten an dieser Stelle nicht im Detail auf die einzelnen notwendigen Schritte eingehen, da sie bereits in den vorangegangenen Kapiteln ausführlich beleuchtet wurden. Dennoch sollten Sie sich – möglichst parallel zu der Erstellung der ersten Inhalte – mit folgenden zusätzlichen Aufgaben auseinandersetzen, die der Vermarktung Ihres noch jungen Blogs dienen:

- Erstellen der ersten Pressemeldungen über den Start Ihres Blogs (ab etwa 30 bis 50 Beiträgen) sowie später in regelmäßigen Abständen zu Themen, die Leser, potenzielle Werbekunden oder Multiplikatoren interessieren (neue Kategorien, erste Leseraktionen, bekannte neue Gastautoren, aber auch neue Besucherrekorde etc.).
- Kooperationsanfragen an Blogger und andere potenzielle Partner, etwa zum Thema Blogroll-Tausch mit passenden und zu diesem Zeitpunkt noch nicht allzu prominenten Webseiten. Oder hinsichtlich des Artikeltauschs mit einem

themenverwandten und ebenfalls erst kürzlich gestarteten Blog (Blogverzeichnisse wie beispielsweise `bloggeramt.de` können hierbei Ihre Recherche unterstützen).

- Ausschreibung beziehungsweise Suche der ersten Gastautoren in Ihrem eigenen Blog (etwa über `bloggerjobs.de`). Gleichzeitig können Sie anbieten, selbst für andere Blogs hochwertige Gastartikel zu schreiben (zwecks initialer Verlinkung und gegenseitiger Aufmerksamkeit). Tauschen Sie sich auf Offline-Bloggertreffen aus, um mögliche Blogpartner zu finden. Denn E-Mail-Anfragen von bislang unbekannten Bloggern stehen gestandene Profi-Blogger zunehmend skeptisch gegenüber, da sie teilweise sehr viele Angebote erhalten.

- Auf für Ihr Thema relevanten Messen, Veranstaltungen etc. sollten Sie grundlegende Kontakte aufbauen, mit denen sich die ersten Blog-Interviews durchführen lassen. So gelangen Sie relativ einfach und schnell an qualitativ hochwertige sowie umfassende Beiträge. Bei einem solchen Interview werden die meisten Ansprechpartner nicht gleich verlangen, dass Ihr Blog bereits mehrere Jahre existiert oder über Tausende Besucher täglich verfügt – eine entsprechend gute grafische Aufmachung Ihrer Webseite sowie erste spannende und exklusive Inhalte jedoch vorausgesetzt.

  Generell hilft Ehrlichkeit weiter. Geben Sie ruhig zu, dass sich Ihr Blog noch im Aufbau befindet, und erläutern Sie gleichzeitig, dass es sich um ein langfristig orientiertes Projekt handelt. Je mehr Sie über Ihre Hintergründe und Ziele verraten, umso eher werden Ihnen potenzielle Partner vertrauen.

- Falls Sie sich mit den Erfolgschancen Ihres Projekts einigermaßen sicher sind und über entsprechende Rücklagen verfügen, so können Sie Ihrem Blogprojekt einen enormen Schub geben, indem Sie bereits zu diesem frühen Zeitpunkt Werbung schalten. Dies jedoch ausschließlich auf einer inhaltlich passenden Webseite. Michael hat die Erfahrung gemacht, dass hierüber wichtige Leser, Multiplikatoren, aber auch Kooperationspartner auf den eigenen Blog aufmerksam werden. Testen Sie solche Anzeigenplatzierungen sorgfältig, um die hierfür günstigste Webseite oder auch Werbeformate zu ermitteln. »Teure« Blogs müssen dabei nicht immer die beste Wahl sein. Recherchieren Sie auf Seiten wie `www.blogads.de` nach möglichen Platzierungen oder fragen Sie bei bekannten Blogs aus Ihrem inhaltlichen Umfeld nach den Mediadaten.

- Vorsicht vor Textlink-Anzeigen im DoFollow-Format. Einige Blogger bieten diese nach wie vor – aus Unwissenheit – an. Google könnte sich jedoch schnell an derlei Verweisen stören, etwa an den früher sehr weit verbreiteten Footer-Links. Natürlich dürfen Sie nicht zu viel Angst gegenüber derlei Formaten entwickeln, sonst wäre jeder Blogroll und jede Beitragsverlinkung eine potenzielle Gefahr. Gerade in Kombination mit Keyword-Verlinkungen können Suchmaschinen jedoch bezahlte Links immer besser erkennen. Das gilt vor allem für Verweise, die im Rahmen eines Netzwerks (etwa durch einen sogenannten

»Link-Ringtausch«) entstehen. Sicherheitshalber (und fairerweise) buchen Sie ausschließlich als Anzeige gekennzeichnete NoFollow-Textlinks.

■ Denken Sie gegebenenfalls über die Buchung eines Blog-Advertorials nach, also eines bezahlten Blogbeitrags. Blogleser haben viele Vorurteile gegenüber diesem Format, doch gerade in weniger Blog-affinen Zielgruppen ändert sich dieses Verhalten. Bietet ein Advertorial dem Leser einen echten Mehrwert, etwa indem Sie exklusive Tipps liefern, dann ist die Wirkung meist deutlich größer als bei klassischen Anzeigenformaten. So kommen Sie selbst in Blogs unter, die sich Gastbeiträge und anderen Formen der Zusammenarbeit verschließen. Prüfen Sie jedoch vorab, wie gut und von wem bezahlte Beiträge in diesen Blogs geteilt werden, indem Sie die Social-Media-Aktivitäten verfolgen und die soziale Reichweite ermitteln. Nutzen Sie dazu Tools wie »Shared Count« (siehe https://www.sharedcount.com/), um beispielsweise die Reichweite vorheriger Advertorials oder Sponsored Posts zu messen und dadurch den Wert des Angebots besser abschätzen zu können.

■ Eigene Kampagnen etwa bei Hallimash können die Vermarktung Ihres Blogportals deutlich beschleunigen, sie sind jedoch recht teuer. Sie sollten sich also gut beraten lassen und sich über den potenziellen Erfolg der Maßnahme im Klaren sein, auch wenn er sich nicht immer in Heller und Pfennig ausrechnen lässt. Eine gute Kampagnenidee kann jedoch dafür sorgen, dass sich der Name Ihres neuen Blogprojekts schneller verbreitet. Fragen Sie bei den Netzwerken nach Sonderkonditionen für neue Blogger oder vereinbaren Sie einen ersten Testlauf mit wenigen Publishern.

■ Nutzen Sie Ihr privates Netzwerk im jeweiligen Blogbereich. Dieser Tipp ist eigentlich selbstverständlich, wird aber auch von uns immer noch gerne vergessen. Das bedeutet: Schreiben Sie einen Kaninchenzüchterblog, so fragen Sie auch innerhalb Ihres Vereins, wer selbst über eine Homepage verfügt und sich mit Ihnen verlinken möchte. Im Elektronik-, Reise- oder Modeumfeld – um beliebige Beispiele zu nennen – werden Sie noch weit mehr solcher Möglichkeiten vorfinden, gerade wenn Sie bereits gut vernetzt sind. Sie werden teilweise mit Erstaunen feststellen, wie viele Freunde und Bekannte auf dem einen oder anderen Wege im World Wide Web »unterwegs« sind und Ihnen somit bei der Blogvermarktung behilflich sein können. Die Inhalte der beteiligten Seiten sollten jedoch möglichst zueinanderpassen. Corporate Blogger haben oft ein noch viel größeres Netzwerk potenzieller Verlinkungs- und Kooperationspartner zur Verfügung – von Lieferanten über Dienstleister bis hin zu Projekten von Kunden.

■ Sie werden in dieser Phase die ersten externen Anfragen von Bloggern oder sonstigen Personen erhalten, die sich um irgendeine Form der Zusammenarbeit mit Ihnen bemühen wollen. Filtern Sie hier – vor allem, wenn es sich nicht um Blogger-Kollegen handelt – sehr gut und auch kritisch. Sinnvolle Anfragen sollten Sie jedoch stets unmittelbar und auch ausführlich beantworten sowie weiter nachverfolgen.

- Vor lauter Schreiben sollten Sie nicht das Mitlesen auf anderen Blogs vergessen. Bleiben Sie stets auf dem Laufenden, nicht nur, was die Thematik Ihres Weblogs angeht. Was sind aktuelle Trends der Blogosphäre, aber auch der Onlineportale allgemein? Hinterlassen Sie Ihre Spuren, indem Sie mitdiskutieren und kommentieren, fremde Inhalte über soziale Netzwerke weiterempfehlen, Interviews mit Anbietern spannender Inhalte oder passender Dienstleistungen führen. Nur so wird sich Ihr Blog nach und nach einen Namen machen.

- Richten Sie sich in technischer Hinsicht möglichst schnell ein Analysewerkzeug ein, das Ihnen zeigt, ob und über welche Wege bereits Besucher zu Ihrem Blog finden (siehe Kapitel 3). Nur so erkennen Sie, welche Ihrer Marketingmaßnahmen sich wie auswirken.

Im Laufe der Zeit werden noch zahlreiche weitere Optionen hinzukommen. Bei den hier genannten Punkten handelt es sich um die wichtigsten Maßnahmen zum Start Ihres Blogs, die als Grundlage für alle weiteren Schritte dienen.

13.1.3 Geld verdienen

Mit den zuvor erwähnten Maßnahmen werden Sie gut und gerne ein paar Wochen oder gar mehrere Monate beschäftigt sein, je nachdem, wie viel Zeit Ihnen täglich zur Verfügung steht. Erst dann können Sie an die Entlohnung Ihrer Mühe denken.

Doch auch die ersten Einnahmen wollen gut vorbereitet sein und dazu gehören unter anderem folgende Schritte:

- Anlegen eines Google-AdSense-Accounts sowie die Einbindung entsprechender Formate auf den noch freien Blog-Werbeflächen, um sich mit wenig Aufwand und ohne Werbekunden-Akquise an das Thema heranzutasten. Um die ersten Leser nicht gleich wieder zu verschrecken, eignen sich hierfür zu Beginn dezente Flächen wie der typische 486x60-Pixel-Banner im Header oder aber Platzierungen innerhalb der Sidebar (300x250-Banner bilden hierbei einen guten Kompromiss zwischen Effizienz und nicht allzu aufdringlichem Erscheinungsbild oder aber ein kleiner Block aus vier 125x125-Anzeigen). Die genannten Varianten sind allgemein als Vermarktungsmöglichkeit von Onlineportalen bekannt und werden damit am ehesten akzeptiert. Wenn Sie zu diesem frühen Zeitpunkt mit AdSense-Werbeflächen innerhalb der einzelnen Beiträge experimentieren wollen, so empfehlen wir Ihnen eine Platzierung eher am Ende eines Artikels. Diese Position sorgt in der Regel für einen recht guten Erfolg, ohne dass die Besucher in ihrem Lesefluss signifikant gestört werden.

Später können Sie immer noch neuere, großflächigere Formate wie Wallpaper oder Billboards einsetzen (eine Formatübersicht finden Sie unter www.interactivemedia.net/de/onlinewerbeformen/), die gerade von Agenturen immer öfter vermittelt werden. Ihr Blog muss jedoch ein gutes Vertrauen seitens Ihrer Leser genießen, damit diese Formate nicht abschrecken. Je hochwertiger und nicht-werblicher Ihre Beiträge sind, umso eher werden prominent eingebundene Werbeformate geduldet.

Testen Sie Google AdSense auch rechtzeitig gegen andere Anbieter – etwa gegen Blogads.de und ähnliche Programme, denn je nach Blog-Thema ist die eine oder die andere Möglichkeit lukrativer.

- Achten Sie darauf, wie Ihr Blog-Theme in der mobilen Ansicht mit den Werbeanzeigen umgeht. Fragen Sie Ihren Entwickler, wie sich spezielle mobile Werbeformate etwa von Google AdSense einbinden lassen, sodass diese nur auf passenden Endgeräten angezeigt werden. Bei einer zunehmend mobilen Leserschaft ist dies ein wichtiger Faktor. Prüfen Sie die einzelnen Werbeformate zusammen mit Freunden und Bekannten oder anderen Bloggern auf unterschiedlichen Geräten und bewerten Sie, ob einzelne Formate womöglich zu aufdringlich sind.

- Gewöhnen Sie sich die genaue Beobachtung der hieraus entstehenden Einnahmen an, um einerseits den Erfolg späterer Optimierungsmaßnahmen jederzeit nachverfolgen zu können, und andererseits, um ein Gespür dafür zu erhalten, wie »wertvoll« Ihr Blog auf Cost-per-Click- beziehungsweise Cost-per-View-Ebene ist. Sie werden nie den ersten registrierten Klick sowie den ersten Verdienst aus AdSense vergessen – und wenn es sich dabei lediglich um zehn Cent handelt. Seien Sie jedoch nicht enttäuscht, wenn dieser Klick nicht gleich am ersten Tag der AdSense-Einbindung zustande kommt. Gut Ding will Weile haben.

- Sind die ersten Vergütungen geflossen – und bleiben die ersten Besucherzahlen zudem bereits relativ konstant (ab etwa 5.000 Seitenaufrufen im Monat) – so sollten Sie anfangen, zu experimentieren: Welche Platzierung lohnt sich am ehesten? Steigern sich die Einnahmen bei der Schaltung von Text-, Bild- oder kombinierten Anzeigen? Werde ich von Agenturen kontaktiert, die mir Werbeflächen vermitteln, was bei einigen Blog-Themen sehr schnell geschieht? Oder können mir befreundete Blogger einen Anbieter empfehlen? Welche Agentur bringt wie viele Aufträge zu welchem Preis? Wie verlässlich läuft die Abrechnung?

- Erst wenn Sie mit solchen Klick- oder View-Vergütungsprogrammen die ersten Erfahrungen gesammelt haben, lohnt es sich, über die Einbindung von passenden Affiliate-Links nachzudenken. Dies innerhalb von speziell hierfür vorgesehenen beziehungsweise geeigneten Beiträgen. Reiseblogger arbeiten beispielsweise ganz gerne mit zentral verlinkten Listen der Art »Dinge, die ich dir für deinen Backpacker-Urlaub empfehle«. Darunter befinden sich dann auch – aber nicht ausschließlich – Affiliate-Links. Hierbei gilt: Bitte übertreiben Sie es niemals. Denken Sie an den Eindruck, den die Besucher von Ihrem Blog erhalten, aber auch an eventuelle Qualitätskriterien der Suchmaschinen – beide haben ein gutes Gespür für Werbung. Auch wenn Sie diesen Hinweis schon oft gehört haben: Arbeiten Sie ehrlich und kennzeichnen Sie Ihre Links. Ein transparentes Vorgehen erhöht das Vertrauen in Ihre Arbeit. Und sofern Ihre Blog-Inhalte »stimmen« (sprich informativ und qualitativ hochwertig sind), werden Ihre Leser Ihnen diese Form der Werbung nicht übel nehmen.

- Wenn Sie sich zu einzelnen Partnerprogrammen anmelden, wird Ihr Blog überprüft. Manche Anbieter haben strengere Auswahlkriterien als andere, prinzipiell steigt jedoch die Chance, akzeptiert zu werden, wenn Ihr Blog bereits umfangreich mit qualitativ hochwertigen sowie thematisch passenden Inhalten gefüllt ist. Für die erste Provision über ein Partnerprogramm benötigen Sie in der Regel noch einmal einen deutlich längeren Atem, als dies bei AdSense und ähnlichen Klick-Formaten der Fall ist. Dafür dürfen Sie in einem solchen Fall mindestens doppelt so laut jubeln – je nach Art des Partnerprogramms können Einnahmen von bis zu 100 Euro und mehr je vermitteltem Produkt erzielt werden.

- Wenn Sie mehrere Partnerprogramme einbinden, kann es immer sein, dass ein ausbleibender Affiliate-Erfolg keinesfalls an Ihrem Blog, sondern an den zum Einsatz kommenden Partnern liegt. Je mehr Sie hier ausprobieren, umso eher finden Sie wirklich gute und passende Programme. Die meisten erfolgreichen Affiliate-Blogger verdienen den Großteil ihrer Einnahmen mit rund vier bis fünf Anbietern und/oder dem Amazon-Partnerprogramm.

Eingebundene Partnerlinks, die keinerlei Erfolg zeigen, sollten Sie wieder entfernen, um die richtige Mischung zwischen rein werthaltigen und eher werblichen Beiträgen beizubehalten. Zudem könnte es sein, dass Sie bei einem zu umfassenden Einsatz von Affiliate-Marketing in das Visier der Suchmaschinen geraten. Deswegen gilt: Lieber einige wenige Affiliate-Links an zentraler Stelle – etwa auf der beispielhaft erwähnten Reiseblogger-Landingpage, die von anderen Blogbeiträgen aus passend verlinkt wird – als ein wilder Mix aus blogweit eingesetzten Werbelinks.

Nach und nach können Sie alle weiteren in diesem Buch genannten Refinanzierungsoptionen ausprobieren, wobei die Selbstvermarktung normalerweise einen bereits erfolgreichen Blog voraussetzt – dafür ist sie jedoch sehr lukrativ. Machen Sie sich zudem Gedanken darüber, wie Sie Ihr Vermarktungsangebot attraktiv präsentieren – etwa über eine »Hier werben«-Seite und aussagekräftige Mediadaten (siehe Kapitel 9).

Abb. 13.2: Eine geschickte, da zentrale, aber dennoch nicht allzu aufdringliche Werbeplatzierung unterhalb der Menüleiste. Ob die Leser das genauso sehen? Das sollte hier durch einen Vergleich mit anderen Ausrichtungen getestet werden.

Hinweis

Gerade die Bannerwerbung funktioniert auf vielen Blogs nur noch sehr bedingt. Falls Sie in diesem Fall auf bezahlten Content als Einnahmequelle setzen wollen, machen Sie sich rechtzeitig Gedanken darüber, welches Format er haben soll, welche und wie viele Links enthalten sein dürfen, wie eine Kennzeichnung aussehen könnte, ob Sie die Beiträge selbst schreiben möchten oder ob der Kunde Texte anliefern darf. Agenturen und Unternehmen setzen voraus, dass Ihr Blog über einen Standard zur Beantwortung dieser Fragen verfügt. Auch sollten Sie eine klare Preisvorstellung haben. Von Hallimash oder Teads (ehemals eBuzzing) vermittelte Kampagnen helfen dabei, ein Gespür dafür zu entwickeln, wie viel ein Sponsored Post kosten darf. Ihr Blog wird ohnehin erst ab einer gewissen Reichweite für vergleichbare Werbeformate attraktiv sein. Etwa 20.000 Besucher im Monat und rund 1.000 Social-Media-Follower sind ein guter Richtwert – je zielgruppenspezifischer Ihre Inhalte sind, umso besser.

13.1.4 Der Nächste bitte

»Fürs Erste wäre es geschafft«, denken Sie vielleicht gerade. Doch wenn Sie aus Ihrer Blogger-Tätigkeit mehr als nur einen reinen Nebenverdienst machen wollen, so geht es jetzt erst richtig los. Denn parallel zu den Feinschliff-Arbeiten an

Ihrem ersten Blog können Sie sich nun so langsam Gedanken darüber machen, welches weitere Blog-Thema Sie möglicherweise verfolgen wollen. Sei es als Seitenprojekt zum ersten – für Unterkategorien, die dort zu speziell sind oder zu viel Raum einnehmen – oder in einem inhaltlich völlig unterschiedlichen Ansatz. Die erste Variante wird Ihnen leichter fallen, da sich der bisherige Content teilweise wiederverwenden lässt. Ein thematisch abweichender Blog erhöht jedoch die Chance, dass sich eines der beiden Projekte positiv entwickelt.

Es bringt nichts, hierbei einen unwillkürlichen und ungeplanten Opportunismus an den Tag zu legen. Sollten Sie mit Ihrem ersten Blog noch sehr gut beschäftigt sein und noch nicht alle dort fälligen Aufgaben erledigt haben, dann lohnt es sich nicht, vorschnell einen Schritt vor dem anderen zu tun. Gerade wenn das initiale Projekt die ersten Einnahmen einbringt, sollten Sie Ihre Kräfte bündeln und die dortigen Erträge Stück für Stück erhöhen. Von diesem Know-how profitieren auch alle Ihre künftigen Blogprojekte. Doch wenn Sie noch »Luft« und vor allem Spaß am Schreiben übrig haben, dann nutzen Sie die Chance. Sie wissen schließlich: Je eher Sie mit einem Blog beginnen, desto besser ist die Ausgangslage. Handelt es sich bei Ihrem ersten Blog um ein eher sachliches Projekt, dann experimentieren Sie vielleicht mit einem unkonventionellen Ansatz. In der Kombination wird dies Ihre persönliche Content-Strategie deutlich bereichern.

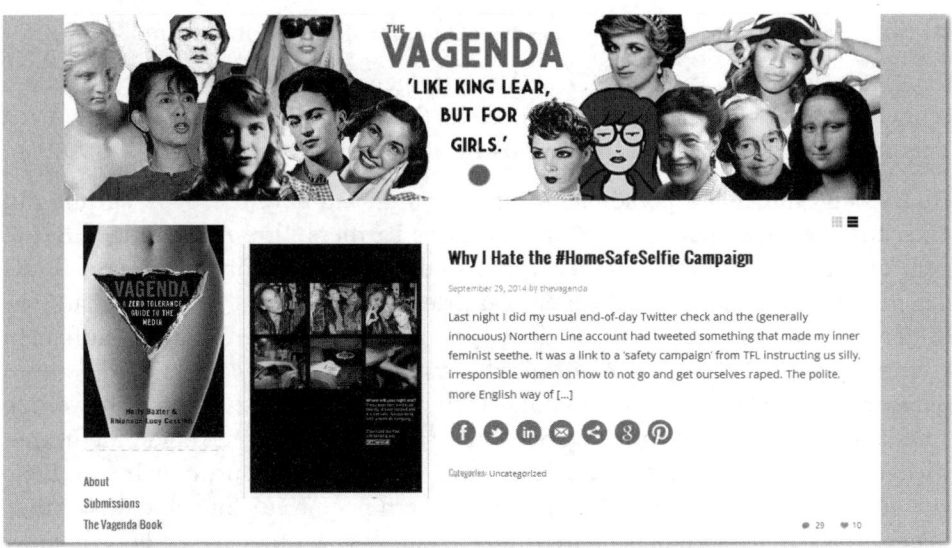

Abb. 13.3: Blogs wie Vagenda (`http://vagendamagazine.com`) machen vor, wie sich Themen auch weniger »offiziell« umsetzen lassen. Den Lesern gefällt es.

Egal, für welches Fachgebiet oder welche Form Sie sich entscheiden, Sie sollten über ein fundiertes Hintergrundwissen verfügen und die Umsetzung des Themas muss Ihnen Spaß machen. Da nicht jedes Blog-Modell und -Themengebiet zum durchschlagenden Erfolg wird – egal wie viel Mühe Sie sich damit auch geben mögen –, können Sie das unternehmerische Risiko über einen Zweit- oder Dritt-Blog deutlich senken. Selbst diametral gegensätzlichen Blog-Themen lassen sich bedienen, etwa wenn Sie für eines Ihre berufliche Erfahrung nutzen und für das andere private Interessen.

Michael hat eine Zeit lang die unterschiedlichsten Blog-Themen bedient. Von Finanzen über Technik, SEO und das Profi-Bloggen bis hin zu Haustierblogs, wobei er manche davon im Kundenauftrag betreute. Ist eine solche Themenvielfalt zu empfehlen? Ja und nein. Zwar sorgt diese Flexibilität für mehr und vor allem diversifizierte Einnahmequellen, dennoch sollten Sie sich auf jene Gebiete konzentrieren, zu denen Sie eine persönliche Bindung haben. Und Sie sollten mit jedem Blog eine Mission erfüllen, beispielsweise:

- Zu einem bestimmten Sachverhalt besser informieren, als es alle anderen vergleichbaren Blogs und Onlineportale tun
- Anleitungen und Hinweise geben, die auch Laien wirklich verstehen
- Die Nachrichten der »großen« Portale kritisch hinterfragen – und selbst tiefer recherchieren
- Den tatsächlichen Mehrwert von Produkten benennen, genauso aber auch deren Schattenseiten
- Einer Minderheit oder einer Interessensgruppe eine Stimme geben

Wenn Sie lediglich monetäre Zwecke verfolgen, wird es Ihren Blog-Inhalten schnell anzumerken sein. Blogs sind kein Selbstzweck, sondern sie sollen ein Thema voranbringen. Dann und nur dann werden sie erfolgreich.

Ob die angesprochene persönliche Bindung nun auf Ihrem Hobby beruht, auf einer früheren Ausbildung, der Tätigkeit Ihres Partners, Ihrem derzeitigen Beruf, dem Engagement innerhalb eines Vereins oder was auch immer, sie wird Ihnen das Arbeiten mit Ihrem Blog um einiges erleichtern. Michael verfolgt genau jene seiner Projekte nicht mehr, zu denen er keine wirkliche Bindung aufbauen konnte, selbst wenn sie noch so lukrativ waren. Ähnliches lässt sich bei vielen Bloggern beobachten, die mit der hiesigen Profi-Blogger-Szene groß geworden sind. Sammeln Sie Ihre ganz eigenen Erfahrungen, aber hinterfragen Sie immer wieder Ihre Strategie. Sind Sie noch auf dem Weg, der Sie ursprünglich zum Bloggen gebracht hat? Sind Sie sich und Ihren Lesern noch treu? Einzelne Missstände in der professionellen Blogosphäre führen dazu, dass wir uns diesen Fragen leider stellen müssen.

Zum Thema »Spaß an der Arbeit« kommt noch ein weiterer Aspekt hinzu: Das Blog-Thema, das Ihnen am meisten Freude bereitet, wird nicht zwangsläufig für den Hauptteil Ihrer Einnahmen sorgen. Doch Einnahmen aus Blogs unterliegen einem ständigen Wandel, so wie sich die Interessen Ihrer Leser verschieben.

Betreuen und schreiben Sie nur so viele Projekte, wie Sie auch wirklich meistern können, und vernachlässigen Sie keines davon. Einer Ihrer Blogs refinanziert sich gut, Sie haben jedoch inhaltlich keine Freude daran? Dann sollten Sie über einen Blog-Verkauf nachdenken. Das Kapital daraus können Sie in die übrigen Projekte investieren. Oder Sie übernehmen gar einen anderen Weblog, der Ihnen inhaltlich mehr liegt.

13.2 Bloggen für Fortgeschrittene

Sie verfügen bereits über einen, zwei oder vielleicht sogar noch mehr eigene Blogs? Ihre Einnahmen je Blog – also abzüglich aller Kosten – übersteigen bereits die 100 bis 500 Euro pro Monat? Herzlich willkommen, dann dürfte Sie der Blogger-Virus bereits erfasst haben. Was in Ihrem Fall besonders gefragt sein wird, ist einmal mehr Durchhaltevermögen. Die Höhe Ihrer Einnahmen zeigt Ihnen, dass »noch mehr« drin sein dürfte, selbst wenn es sich momentan um wenig mehr als einen kleinen Nebenverdienst handelt. Schließlich sind die meisten Blogportale – zumindest bis zu einer gewissen Größe – skalierbar. Investieren Sie nun mehr Zeit in einen Weblog, so erreichen Sie auch in etwa proportional dazu mehr Besucher und damit auch mehr Einnahmen. Zudem sorgt die steigende Bekanntheit dafür, dass sich mehr potenzielle Werbekunden für Ihre Webseite interessieren oder andere Blogs und Medien über Sie berichten.

Das klingt jetzt vielleicht wie das viel zitierte Märchen vom Tellerwäscher, der zum Millionär wird, doch das ist es keinesfalls. Zum einen scheint Ihr Geschäftsmodell bereits zu funktionieren – sonst hätten Sie keine Einnahmen – und zum anderen können Sie zwar vom Bloggen leben, doch reich werden Sie dadurch nur in den seltensten Fällen.

Was macht diese sehr reizvolle, aber auch alles entscheidende Phase eines Weblogs oder gar eines kompletten Blog-Netzwerks aus? Worauf sollten Sie an dieser Stelle besonders achten?

13.2.1 Die Optimierung

Nun könnten Sie einfach fleißig weiter Beitrag für Beitrag schreiben und abwarten, bis sich die Besucherzahlen entsprechend positiv entwickeln. Und bis demzufolge auch die Einnahmekurve langsam, aber stetig steigt. Nicht anders haben wir es schließlich mit unseren ersten eigenen Blogs gemacht – wenn auch eher unbewusst. Das hat funktioniert, benötigte jedoch einige Zeit. Wenn Sie selbst schneller vorankommen möchten, sollten Sie nach und nach vor allem die folgenden Maßnahmen planen und umsetzen, wobei es nicht so sehr auf die exakte Reihenfolge ankommt:

■ Arbeiten Sie nach und nach die Design-Optimierungstipps ab (vor allem aus Kapitel 5). Haben Sie mit einem sehr rudimentären Logo oder Blogdesign begonnen, so wird es spätestens jetzt höchste Zeit, über einen ersten Wechsel nachzudenken. Selbst wenn es sich dabei möglicherweise noch längst nicht um den »100 Prozent«-Entwurf handelt. Höchstwahrscheinlich werden Sie ohnehin ein Blogleben lang an den grafischen Aspekten Ihrer Webseiten feilen – glauben Sie uns, wir sprechen aus Erfahrung. Wenn Sie sich das selbst nicht zutrauen, dann schauen Sie sich im Bekanntenkreis nach einem versierten Grafiker oder Designer um, der über Online-Erfahrung verfügt.

■ Kontrollieren Sie Ihre Content-Strategie: Sind die Inhalte nach wie vor werthaltig genug? Suchen Ihre Leser auch tatsächlich nach den Tipps und Anregungen, die Sie Ihnen präsentieren? Werten Sie regelmäßig die jeweils meistgelesenen Artikel aus? Welche Rückschlüsse für zukünftige Blogbeiträge lassen sich hieraus ziehen? Fehlt möglicherweise eine gewisse Abwechslung in den Inhalten, die beispielsweise durch Gastbeiträge, Reviews oder Interviews ausgeglichen werden kann? Machen sich einzelne Beiträge gegenseitig Konkurrenz, da sie inhaltlich zu nahe beieinanderliegen? Erhalten Sie regelmäßig Leser-Feedback oder fordern Sie dieses aktiv ein? Und: Nehmen Sie die Rückmeldungen auch ernst und passen Ihre Inhalte dahin gehend an?

■ Auch das Marketing-Kapitel sollten Sie sich jetzt noch einmal ganz genau durchlesen: Welche der dort genannten Optionen – für die bislang möglicherweise einfach noch zu wenig Besucher vorhanden waren – lässt sich nun als Nächstes ausprobieren? Wie steht es um die Akquise passender Kooperationspartner? Sind Sie bereits innerhalb der Blogosphäre vernetzt, allgemein aber auch in Ihrem speziellen inhaltlichen Segment? Welche Veranstaltungen können Sie – hinsichtlich Ihres Blogsystems und vor allem innerhalb Ihres Themas – besuchen? Mit welchen bereits erfolgreicheren Bloggern und Fachexperten sollten Sie Kontakt aufnehmen, um über entsprechende Möglichkeiten der Zusammenarbeit zu sprechen?

■ Es wird nun zudem Zeit, sich um die einzelnen Aspekte der Suchmaschinenoptimierung zu kümmern. Sie sollten möglichst früh eines der vorgestellten SEO-Tools einsetzen, wenn Sie denn nicht händisch vorgehen wollen oder können. Versuchen Sie, Schritt für Schritt die weiteren Hinweise aus Kapitel 6 umzusetzen. Kaufen Sie sich gute Lektüre zum Thema und bilden Sie sich regelmäßig weiter – auf guten SEO-Blogs, SEO-Konferenzen oder über die erwähnte Fachzeitschrift.

■ Das Gleiche gilt für Ihre Aktivitäten in den sozialen Netzwerken. Wenn Sie regelmäßig Beiträge veröffentlichen, dürften Sie bereits jetzt ein gutes Gespür dafür haben, was dort von Ihren Followern angenommen wird und was nicht. Nutzen Sie das unmittelbare Feedback aus den einzelnen Social-Media-Kanälen, indem Sie mit unterschiedlichen Texten in den Beiträgen arbeiten. Bei manchen Zielgruppen wirken nüchterne, beschreibende Teaser-Texte Ihrer

Blogbeiträge besser, andere akzeptieren die neugierig machende indirekte Umschreibung. Halten Sie Ihren Nachrichtenstrom dennoch abwechslungsreich und verweisen Sie regelmäßig auf Inhalte anderer Experten, nicht nur auf Ihre eigenen Beiträge.

Tipp

Robert bietet auf seinem Blog einen Trainingsplan für Twitter an. Dieser bietet zahlreiche Tipps, wie Sie als Blogger mehr Reichweite und Follower generieren. Die darin enthaltenen Hinweise sind zudem auf andere soziale Netzwerke übertragbar. Den Ratgeber finden Sie unter `www.toushenne.de/twitter-trainingsplan.html`.

Zumindest für den Beginn reichen diese ersten Aufgaben, bevor Sie mit Ihrem Blog nach einiger Zeit in den »Fortgeschrittenen-Modus« wechseln können. Sie sind der Meinung, dass sich das alles gar nicht so schwer anhört? Ist es auch nicht, wenn Sie kontinuierlich am Ball bleiben und sich von gelegentlichen Durststrecken oder gar kleineren Rückschlägen nicht entmutigen lassen.

13.2.2 Nicht mehr nur (alleine) schreiben

Natürlich sollen Sie das wesentlichste Element des Blog-Berufs nicht aufgeben. Nach wie vor wird ein Großteil Ihrer täglichen Arbeit darin bestehen, aktuelle und passende Themen aufzunehmen, zu recherchieren und in Beiträge zu fassen. Nur wenn Sie möglichst nah an Ihren Lesern sind, können Sie Ihre Blogportale weiterhin mit Leben füllen. Wenn Sie dennoch Ihr Dasein als Blogger an dieser Stelle weiter ausbauen wollen, so werden Sie höchstwahrscheinlich nicht darum herumkommen, zumindest manche Ihrer Projekte teilweise oder komplett auch von anderen Autoren schreiben zu lassen. Zu sehr werden Sie mit Aufgaben für Ihre wichtigsten Blogs beschäftigt sein, etwa

- der fortlaufenden Administration von Anfragen jeglicher Art,
- der Planung diverser Marketingaktionen, Pressearbeit und Betreuung sozialer Netzwerke,
- der technischen Weiterentwicklung einzelner Webseiten,
- der Suchmaschinenoptimierung,
- der Konzeption von Inhalten und dem Aufspüren spannender Interviewpartner oder
- der Gewinnung und Betreuung von Werbekunden.

All dies wird Sie so sehr beschäftigen, dass das Schreiben schnell in den Hintergrund gerät. Es ist gut, wenn Sie diesen Spagat bewältigen können. Im Regelfall raten wir Ihnen jedoch dazu, bereits zu diesem Zeitpunkt einen Teil Ihrer ersten

Blog-Einnahmen zu reinvestieren, indem Sie die Zusammenarbeit mit externen Autoren auszuprobieren.

> **Hinweis**
>
> Wenn Sie noch am Beginn Ihrer Blog-Karriere stehen, dann haben Sie wahrscheinlich kein großes Budget zur Verfügung. Sie werden bei den Content-Dienstleistern dementsprechend auch nur niedrige Preisstufen wählen können. Überlegen Sie sich gut, ob die Ergebnisse hieraus Ihren Anforderungen genügen. Je mehr Geld Ihre Projekte einbringen, umso mehr können Sie einzelnen Autoren bezahlen. Sie finden auf diese Weise möglicherweise auch Fachkräfte, die regelmäßig für Ihren Blog schreiben.

Die Entscheidung, bei welchen Blogs und Themen Sie selbst in die Tasten greifen und in welchen Fällen sich eine Fremdbeauftragung lohnt, ist relativ einfach. Wenn Ihnen entsprechende Beiträge sehr leicht von der Hand gehen, Sie nicht schon im Vorhinein überlegen müssen, »wie bekomme ich nur meine 400 bis 500 Wörter zusammen«, und Sie nicht mehr als maximal eine bis zwei Stunden pro Beitrag benötigen, dann dürfen und sollten Sie durchaus selbst kreativ werden. Alles andere ist bei einem externen Spezialisten besser aufgehoben – solange Ihr Blog-Budget dies auch zulässt.

Stellen Sie es sich folgendermaßen vor: Wenn Sie von Ihren Blogs hauptberuflich und selbstständig leben wollen, dann müssen Sie zu einem bestimmten Zeitpunkt mindestens 3.000 bis 5.000 Euro pro Monat einnehmen, um nach Abzug aller Steuern und sonstiger laufender Betriebskosten einigermaßen bequem und zukunftssicher leben zu können. Selbst wenn Sie nur 3.000 Euro als Basis nehmen und eine durchschnittliche selbstständige Arbeitszeit von neun Stunden an insgesamt 18 Tagen pro Monat voraussetzen (denn irgendwann wollen Sie vielleicht Urlaub machen und sogar Selbstständige werden ab und an krank), müssten Sie demzufolge auf rund 170 Euro Nettoeinnahmen am Tag kommen. Oder auf fast 19 Euro pro Stunde. Ihr eigenes Gehalt oder Ihr Stundenlohn würde also ungefähr innerhalb dieser Größenordnung liegen. So wissen Sie, was Sie für externe Dienstleistungen ausgeben können, um nicht draufzahlen zu müssen. Hierbei handelt es sich allerdings nur um eine vereinfachte Rechnung, denn schließlich können Sie die Ausgaben für externe Autoren als Betriebsausgabe geltend machen. Zudem hängt viel von Ihrem Lebensstandard und Ihrer Zielstellung ab, ob und mit welcher Arbeitszeit Sie welche Erlössummen erzielen wollen. Wenn Sie es außerdem schaffen, jene Blogbeiträge extern verfassen zu lassen, die für den Großteil Ihrer Einnahmen sorgen (etwa Affiliate-Texte oder Sponsored Content), dann ergibt sich ein ganz anderer Hebel. Überweist Ihnen ein Unternehmen 200 Euro für einen gesponserten Text, den Sie selbst erstellen sollen, dann lässt sich dieser Auftrag sehr gut extern vergeben – mit einer fairen Marge für beide Seiten.

Wir haben hier ganz bewusst eine sehr einfache Kalkulation als Grundlage genommen. Wir wissen, dass nicht jeder Blogger von der Idee begeistert sein wird, seine Zukunft sowie seine tägliche Arbeit in solch unternehmerischer Art und Weise zu planen. Wir möchten auch in keiner Weise Dumpingpreise bei der Beauftragung von Freiberuflern und Dienstleistern jeglicher Art befürworten. Doch es führt kein Weg an einer professionelleren Arbeitseinteilung vorbei, die gewisse wirtschaftliche Grundlagen voraussetzt. Blogger mögen zwar locker kommunizieren, beim Selbsterhalt hört diese Lockerheit jedoch (leider) auf. Es nützt Ihnen wenig, wenn Sie mit viel Freude bloggen, aber am Ende Ihre Rechnungen nicht bezahlen oder für später vorsorgen können. Hauptberufliche Blogger sind immer auch Unternehmer, es sei denn, Sie schreiben für einen Firmenblog (selbst dann müssen Sie unternehmerisch denken). Überlegen Sie gut, ob Sie tatsächlich für die Selbstständigkeit geeignet sind. Das Wissen hierzu lässt sich aneignen, doch Sie müssen persönlich hinter diesem Weg stehen.

Abb. 13.4: Der Blog »Selbständig Im Netz« von Peer Wandiger bietet regelmäßig wichtige Ratgeber für Webworker, unter anderem die »52 Tipps für eine erfolgreiche Selbständigkeit«.

Selbst wenn Sie nur nebenberuflich bloggen, können Sie über eine Fremdvergabe diverser Aufgabenpakete nachdenken. Dies natürlich nur dann, wenn Ihnen das entsprechende Blogportal auf Dauer finanziell deutlich mehr einbringt, als Sie für Textagenturen und sonstige Dienstleister ausgeben müssen. Im Nebenberuf wird es Ihnen als Blogger wohl noch schwerer fallen, in der zur Verfügung stehenden

Zeit all die notwendigen Maßnahmen für einen erfolgreichen Blogbetrieb unter einen Hut zu bringen. Vergessen Sie dabei nicht die kostenlosen Möglichkeiten der Content-Generierung, wie Blog-Interviews, Gastartikel & Co. Oder tun Sie sich in einem Netzwerk aus Bloggern zusammen, das sich gegenseitig unterstützt, je nach Aufgabenschwerpunkt: Von Blogger A kommen das Design und die Beitragsgrafiken, Blogger B steuert die Inhalte zu, Blogger C die Technik. Leider sind solche Modelle bislang nur wenig verbreitet.

Im Laufe der Zeit – und mit steigenden Einkünften – werden Sie den Prozess des Wirtschaftens sowie des Outsourcings auf weitere Bestandteile Ihrer Blogarbeit ausdehnen, etwa was grafische und technische Aufgaben, die Pressearbeit oder das Suchmaschinen- oder Newsletter-Marketing anbelangt. Wenn Sie jederzeit flexibel bleiben, sich dabei nicht vertraglich binden und somit etwa bei einer finanziellen Durststrecke auch wieder selbst Hand anlegen können, so ist dies eine enorme Erleichterung. Vor allem dann, wenn Sie ein zweites Standbein als Berater oder Ähnliches etablieren wollen. Denn dann wird es Wochen oder gar Monate geben, an denen Sie nicht genügend Zeit für Ihre eigenen Projekte aufbringen können.

13.2.3 Konzentration auf das Wesentliche

Als fortgeschrittener Blogger betreiben Sie den einen oder anderen Weblog wohl bereits seit einigen Monaten oder gar Jahren. Einige der in den ersten Kapiteln dieses Buches genannten Tipps und Tricks werden Sie bereits zuvor in der Praxis angewendet haben. Von daher wissen Sie, welche Maßnahmen für Ihre Blogportale gut funktionieren und welche eher weniger.

Der folgende Hinweis mag selbstverständlich klingen, er wird aber doch in vielen Fällen nicht wirklich berücksichtigt: Sie sollten sich auf die wirklich zielführenden und einträglichen Methoden der Blogvermarktung konzentrieren. Jeder Blogger kennt Marketing- und sonstige Aktivitäten, die sehr zeitintensiv sind, die aber kaum messbare Erfolge einbringen. Führen Sie eine Zeit lang eine kleine Excel-Liste. In dieser dokumentieren Sie ganz genau, wie lange Sie für welches Aufgabengebiet benötigen. Versuchen Sie gleichzeitig zu erfassen, was Ihnen jede Tätigkeit einbringt, etwa gestaffelt nach Reichweite, Bekanntheit und Einkommen. Eine einfache Einstufung reicht dabei völlig aus, etwa nach dem Schulnotenprinzip oder nach Priorität A, B und C. Nimmt ein Aufgabengebiet großen Raum ein, bekommt aber durchweg schlechte Noten bei den resultierenden Ergebnissen, dann lassen Sie diese Aufgabe besser weg oder reduzieren sie auf ein Minimum. Beobachten Sie gleichzeitig, ob hieraus unerwünschte Nebeneffekte auftreten. Wenn nicht, so haben Sie mehr Zeit für wichtigere Blog-Marketing-Aufgaben gewonnen. Nutzen Sie diese Dokumentation für jeden Ihrer Blogs, denn was für den Modeblog funktioniert, das muss für den Mobilfunkblog noch lange nicht erträglich sein. Corporate Blogger können nach genau der gleichen Methode ihren

Arbeitsalltag optimieren, um sich voll auf den Content und das Marketing zu konzentrieren.

Als Beispiel – bei jedem Blog und Blogger sowie jeder Zielgruppe wird es andere Ergebnisse geben – könnten Sie auf diese Weise zu folgenden Erkenntnissen gelangen:

- Ihre Beiträge schreiben Sie zwar relativ zügig, für die letzte Überarbeitung benötigen Sie jedoch überproportional viel Zeit. Vielleicht sind Ihre Ansprüche an ein 100%-Ergebnis zu hoch? Was erwartet Ihre Zielgruppe von Ihnen? Siehe hierzu auch das sogenannte Pareto-Prinzip, das gerade für Webworker sehr wichtig ist (`http://de.wikipedia.org/wiki/Paretoprinzip`).

- Sie werden fortlaufend in Ihrer Arbeit unterbrochen, um Blog- und Social-Media-Kommentare zu beantworten. Hilft es, wenn Sie diese Tätigkeit auf eine bestimmte Tageszeit beschränken?

- Sie veröffentlichen regelmäßig Presseberichte auf den unterschiedlichsten Portalen, was jeweils einen hohen administrativen Aufwand bedeutet. Entweder Sie setzen nun auf einen Onlinedienst, der diese Arbeit übernimmt (siehe Abschnitt 8.5), oder Sie konzentrieren sich auf die wichtigsten Pressedienste.

- Blogleser, potenzielle Werbekunden, Kooperationspartner etc. fragen Sie per E-Mail immer wieder die gleichen Dinge? Gestalten Sie einen FAQ-Bereich oder eine passende Landingpage für jede dieser Gruppen. Dann können Sie ihnen künftig einfach den Link schicken, versehen mit einem netten Anschreiben. Verweisen Sie generell so oft wie möglich auf Ihre eigenen Beiträge, die Leserfragen etc. beantworten. Denn dann wird dieser Text nicht nur öfter gelesen, sondern eventuell auch geteilt, da er dem Leser bei einem konkreten Problem weitergeholfen hat. Im Eifer des Gefechts werden solche naheliegenden Selbstmarketing-Maßnahmen manchmal gerne vergessen.

- Natürlich werden sich auch positive Ansatzpunkte ergeben, etwa wenn die Zeit, die Sie in Gastbeiträge investieren, überschaubar ist, diese jedoch eine große Wirkung entfalten und zu neuen Besuchern und Followern führen. Prima, denn dann ist höchste Zeit, diese Marketingmaßnahme auszubauen.

Nun, da Sie eine grundlegende Liste mit ersten Punkten vorliegen haben, werden Sie sicher noch mehr Optimierungspotenzial für sich entdecken. Mit der Zeit resultieren aus der Selbstreflexion konkrete Maßnahmenpakete, zum Beispiel:

- Sie bauen ganz konsequent – im Verhältnis zum Aufwand, den Sie für ihre inhaltliche Pflege aufbringen müssen – jene maximal zwei bis drei Einnahmequellen je Blog aus, die am meisten Einnahmen generieren.

- Entwickeln Sie innerhalb eines Blogs vor allem jene thematischen Unterkategorien mit neuen Beiträgen weiter, die den Großteil Ihrer Zugriffszahlen oder Einnahmen ausmachen, beziehungsweise Ihren sonstigen Zielen dienen.

- Sie konzentrieren sich dabei noch detaillierter auf die einzelnen Beitragsformate (etwa Reviews, Produkttests, Blog-Interviews, Diskussionen, Ratgeber etc.), die am besten bei Ihren Lesern ankommen und auch weiterempfohlen werden.

- Für Blogs mit eingestreuten Affiliate-Beiträgen gilt in diesem Zusammenhang – im werblichen Teil – die thematische Konzentration der Berichterstattung auf jene Keywords, die am meisten Umsatz generieren – gemäß der in Kapitel 6 vorgestellten SEO-Methoden, etwa im Zusammenhang mit der Verwendung alternativer Begriffe. Am Beispiel des Themas »Girokonto« würde das auch Beiträge zu den Themen »Gehaltskonto«, »Studentenkonto« oder »Geldanlage« bedeuten. Der nicht-werbliche Teil sollte dennoch so natürlich und abwechslungsreich wie möglich gestaltet sein, um sowohl Leser anzuziehen als auch Ihre Lust am Bloggen zu erhalten.

- Prüfen Sie die bereits getätigten Marketingaktionen und stellen Sie beispielsweise fest, welche Gastbeiträge welcher Autoren für eine deutliche Zunahme an Besuchern gesorgt haben (und fragen Sie nach, ob Sie diese vielleicht für weitere Inhalte gewinnen können). Welchen Umsatz generiert welcher Werbebanner auf dem befreundeten Blog oder welche letzte Offline-Aktion? Nur wenn Sie die Zahlen hierzu kennen, können Sie herausfinden, wo der Hebel zum erfolgreichen Blog verborgen liegt.

- Testen Sie neue Plug-ins, um festzustellen, ob ihr Einsatz die wichtigen Blogkennzahlen erhöht, beispielsweise die Reichweite oder die Besuchszeit. Prüfen Sie, ob Sie die Verwendung dieser Tools auch auf Ihre anderen Weblogs ausdehnen sollten.

- Ermitteln Sie über mehrere Wochen die beste Anzeigenposition auf Blog A, danach führen Sie dasselbe für Blog B etc. durch. Oder Sie ermitteln die Beiträge mit den erfolgreichsten Affiliate-Links auf Blog A und versuchen, diese Strategie auf das Themengebiet von Blog B zu adaptieren. Sie haben damit zwar einen Ansatzpunkt, müssen aber dennoch für jeden Blog neu messen. Jeder Blog hat eine andere Ausgangslage, selbst bei sehr ähnlichen Inhalten beziehungsweise Zielgruppen.

- Ermitteln Sie, welche Pressemitteilung und welcher Social-Media-Post für die meiste Aufmerksamkeit gesorgt hat und welches Beitragsthema von Ihren Lesern innerhalb der Kommentare heiß diskutiert wurde. Auf welchen Beitrag hin sind potenzielle Kooperationspartner auf Sie aufmerksam geworden und warum? Versuchen Sie, diesen Erfolg über eine ähnliche Thematik oder Aktion zu kopieren.

Mit der Konzentration auf wirklich nützliche Maßnahmen und Ihre individuellen Stärken finden Sie nach und nach Ihren ganz eigenen »roten Faden« der Blogvermarktung. Von diesem profitieren Sie bei jedem zukünftigen Projekt, selbst wenn die Ergebnisse für jeden Blog unterschiedlich ausfallen. Erfolgreiches Bloggen hat viel mit Struktur zu tun, selbst wenn das Schreiben an sich von Kreativität und Spontanität lebt.

13.2.4 Marketing

Mit zunehmender Bekanntheit Ihres Blogs tun sich ganz neue Möglichkeiten der Blogvermarktung auf. Fast alle der im Marketing-Kapitel aufgelisteten Maßnahmen dürften nun für Sie infrage kommen. Sie sollten die aufgeführten Aspekte ausprobieren und feststellen, welche für Ihr Blogprojekt besonders hilfreich sind.

Seien Sie stolz auf den Namen, den sich Ihr Blog bereits gemacht hat, und bauen Sie das Image weiter aus. Gehen Sie selbstbewusster in Kooperationsgespräche mit anderen Bloggern und Unternehmen, Ihr Blog verfügt nun über eine sehr begehrte Währung: Reichweite, Leser und Social-Media-Follower. Selbst wenn Sie es noch nicht mit den großen Weblogs in Ihrer Branche aufnehmen können, sollten Sie zu diesem Zeitpunkt – falls noch nicht geschehen – verstärkt proaktiv auf prominentere Portale, Unternehmen und Agenturen zugehen. Gute Kontakte in die Blogosphäre helfen dabei, aber auch Ihre wichtigsten Erfolgskennzahlen sollten Sie stets benennen und auch belegen können.

Üben Sie solche Gespräche und Verhandlungen, denn sie liegen nicht jedem. Kooperationen sind jedoch für den nachhaltigen Erfolg unerlässlich, sei es, um gegenseitig Gastartikel zu publizieren oder Werbeflächen auszutauschen, gemeinsam eine Artikelserie zu verfassen, Sponsoren für gemeinsame Marketingaktionen oder gar ganze Blogbereiche zu rekrutieren, spannende Partnerangebote ausfindig zu machen (wie in Kapitel 9 beschrieben) oder um eine exklusive Berichterstattung, Sonderkonditionen beziehungsweise höhere CPC/CPV-Preise auszuhandeln. Oder einfach nur, damit Sie sich auf wichtigen Veranstaltungen, in Foren etc. als Experte auf Ihrem Sachgebiet präsentieren können.

Tipp

Ein Blog muss für Außenstehende ein »Gesicht« haben, denn das erhöht die Sichtbarkeit enorm. Als Voraussetzung hierfür sollte Ihre Persönlichkeit sehr eng mit dem Blog verknüpft sein. Schauen Sie sich die erfolgreichsten deutschsprachigen Blogs an. Mit den meisten verbinden wir sofort eine bestimmte Person, ob sie nun Sascha Lobo, Richard Gutjahr, Jessica Weiß, Carsten Knobloch (aka »Caschy«) oder Stefan Niggemeier heißt. So unterschiedlich ihre Themen sind, sie haben eines gemeinsam: Fällt der Name ihrer Blogs, haben wir automatisch den zugehörigen Namen im Kopf. Und genau deswegen sind sie so erfolgreich. Die prominenten Blogger schaffen das, indem sie sich jeweils sehr intensiv für eine Sache innerhalb und außerhalb ihres Blogs einsetzen. Zudem sind sie auf Veranstaltungen und in den Medien immer präsent.

Als eher introvertierte Persönlichkeit werden Sie es schwer haben, sich und Ihre Arbeit medial ins Rampenlicht zu stellen, denn es ist vielleicht einfach nicht Ihr Stil. Beobachten Sie dennoch regelmäßig die Webseite der Blogger-Größen, egal ob deren Themen zu Ihnen passen oder nicht. Aus der Art und Weise, wie diese öffentlich auftreten, können Sie eine Menge lernen.

Bei der Akquise ist ein gutes und professionelles Auftreten gefragt. Sie sollten daher bis zu diesem Zeitpunkt Ihr Blogdesign optimiert haben, um ernst genommen zu werden. Ob in Ihrer E-Mail-Signatur, auf dem Briefbogen, der Visitenkarte für Events oder im Rahmen der Gestaltung Ihrer Social-Media-Profile, stets sollten die zentralen Designmerkmale wie Blog-Logo und -Farben präsent sein. Unterschätzen Sie den Erfolg sowie die Wirkung eines derart durchdachten Auftretens nicht. Sie sind kein »einfacher kleiner« Blogger mehr, sondern gleichzeitig Auftraggeber und -nehmer, Kunde, Fachmann, Partnerunternehmen, Verleger, Autor und vieles weitere mehr. Unabhängig davon, in welcher wirtschaftlichen Form auch immer Sie Ihre Blogportale betreiben, sollten Sie die Erstellung der zentralen Designelemente einem professionellen Gestalter anvertrauen, auch wenn dies mit Kosten verbunden ist. Ein wohlüberlegtes Erscheinungsbild wirkt dauerhaft. Achten Sie stets darauf, dass Sie die »räumlich und zeitlich unbeschränkten Nutzungsrechte« an den Arbeitsergebnissen erhalten, ohne dafür separat bezahlen zu müssen, egal ob es sich um ein vom Fotografen gemachtes Autorenfoto oder den Hintergrund Ihres Twitter-Profils handelt. Seriöse Designer werden Ihnen ein solches einräumen.

Abb. 13.5: Bei dem Blog und Podcast von `technikload.de` stimmt nicht nur die Aktion, die für Aufmerksamkeit sorgt, sondern es stimmen auch die Social-Media-Posts – hier auf Google Plus – sind mit professionellen Grafiken versehen, die den viralen Effekt unterstützen.

13.2.5 Interaktion mit dem Leser

Spätestens wenn regelmäßig ausführliche fachliche Fragen in Ihrem Postfach landen oder wenn Sie bei Twitter & Co. den Überblick verlieren, wer Sie wann erwähnt hat, lernen Sie die unausweichlichen Schattenseiten eines bekannter werdenden Blogs kennen. Versuchen Sie, dennoch authentisch und hilfsbereit zu bleiben. Geben Sie ehrlich zu, wenn Sie eine Anfrage nicht im Detail beantworten können. Helfen Sie dafür an anderer Stelle oder antworten Sie öffentlich in Ihrem Blog (ohne den Fragenden namentlich zu nennen), sodass alle etwas davon haben. Halten Sie zu Ihren Stammbesuchern, etwa indem Sie deren Beiträge teilen, sie um Feedback bitten oder sie bei Google Plus, Facebook oder Twitter als Inspirationsquelle erwähnen. Vergessen Sie vor allen Dingen nie, dass Sie auch als kleiner Blogger angefangen haben, vor allem dann, wenn Ihnen Fragen gestellt werden, deren Antwort für Sie so offensichtlich erscheint (umso besser, denn dann können Sie ohne großen Aufwand antworten und einen Leser glücklich machen). Was für Sie als Profi selbsterklärend zu sein scheint, ist für Anfänger ein Buch mit sieben Siegeln. Freuen Sie sich über solche Anfragen. Sie bilden den Grundstock für erfolgreiche Tutorial-Beiträge auf Ihrem Blog. Für traditionsbewusste Vertreter der Blogosphäre werden all diese Aspekte eine Selbstverständlichkeit darstellen. Doch mit wachsender Professionalisierung und Kommerzialisierung verlieren wir sie leider zu oft aus den Augen.

Wir selbst – wie auch befreundete Blogger – waren stets mit den Blogportalen am erfolgreichsten, bei denen sich eine Community innerhalb und zusammen mit der Leserschaft entwickelte. Fördern können Sie diese Entwicklung durch folgende Maßnahmen:

- Bieten Sie Ihrer Leserschaft in Beiträgen, Kommentaren, Foren etc. immer wieder aktiv Unterstützung oder ein Expertenfeedback an, ohne dabei Ihr Wissen allzu sehr in den Vordergrund zu stellen beziehungsweise arrogant zu wirken. Letzteres vermeiden Sie, indem Sie auf Beispiele anderer Experten verweisen oder indem Sie in indirekter Form von Ihren Erfahrungen berichten.

- Ermuntern Sie Kommentatoren, eine erwähnte Erfahrung näher zu erläutern, und haken Sie aktiv mit Fragen nach, die auch Ihre anderen Leser beschäftigen.

- Weisen Sie befreundete Blogger oder Experten auf eine Diskussion in Ihrem Blog hin: Können diese eine Antwort beisteuern? Innerhalb von sozialen Netzwerken helfen kleine »Anstupser«, etwa das Erwähnen einer Person in einem Antwort-Tweet. Diese kann dann weiterführend ihr Wissen einbringen.

- Gehen Sie möglichst zeitnah auf Fragen innerhalb Ihrer Social-Media-Accounts ein. Kommunizieren Sie dabei jene Kontaktkanäle nach außen, bei denen Ihnen am meisten Personen folgen, sodass idealerweise andere Follower mit einer Antwort einspringen.

- Überlegen Sie, ob zur Kanalisierung der Anfragen eine eigene Community sinnvoll ist, wie sie einige soziale Netzwerke anbieten.

All das wird dazu beitragen, dass sich Ihre Leser untereinander kennenlernen. Die Unterstützung, die sie dabei erfahren, werden sie mit Ihrem Namen (und dem Ihres Blogs) in Verbindung bringen – auch wenn Sie selbst nicht immer beteiligt sind und antworten. Nutzen Sie jegliches Feedback, das hierbei aufläuft. Es gibt keine bessere Gelegenheit, um »Marktforschung« zu betreiben und Ihre Inhalte dadurch nachhaltig zu verbessern. Wenn Sie Ihren Blog stets komplett nach den aktuellen Bedürfnissen Ihrer Leser ausrichten, dann ist der Erfolg fast schon vorprogrammiert.

13.2.6 Selbstvermarktung

Den Fokus auf die wesentlichsten Refinanzierungsmodelle je Blog zu richten, das haben wir Ihnen bereits nahegelegt. Unabhängig davon ist jetzt der ideale Zeitpunkt gekommen, die Chancen bei der Selbstvermarktung Ihrer Blogportale auszuloten (siehe Kapitel 9). Lassen Sie sich dabei von den fast zwangsläufig auftretenden Rückschritten nicht entmutigen. Vielen Anfragenden geht es ausschließlich darum, die Preise für eine Werbebuchung auf Ihrem Blog herauszufinden, etwa um sie mit eigenen Angeboten zu vergleichen. Andere sind der Meinung, Blogger müssten sich unter Wert verkaufen. Wir selbst haben lange Zeit Angebote verschickt und potenzielle Kunden angesprochen, bis daraus der erste Auftrag resultierte. Doch mit der Zeit spricht es sich herum, dass über Ihren Blog Kunden und Leads generiert werden können, sofern die Inhalte und die Zielgruppe stimmen. Michael konnte seinen Existenzgründerblog bis zum Schluss exklusiv an einen Werbepartner binden. Das Portal passte in seiner inhaltlichen Ausrichtung viel besser zu den Zielen des Unternehmens als vergleichbare große Portale. In solchen Fällen können Sie oft höhere Preise durchsetzen, als sie am Markt üblich sind. Und dann sind auch die langen Zeiten der mühseligen Akquise schnell vergessen. Lukrative Werbepartner zu finden ist alles andere als einfach, wir wollen hier keine falschen Hoffnungen wecken. Es gibt jedoch einige Tricks. Michael hatte beispielsweise den erwähnten Blogpartner ursprünglich über ein Affiliate-Programm eingebunden, wodurch er vorab feststellen konnte, ob die Zusammenarbeit Erfolg verspricht. Das bringt Pluspunkte, wenn Sie in die direkte Verhandlung gehen.

Die Vorteile der Selbstvermarktung liegen auf der Hand: Zum einen sind Sie – eine entsprechende Auslastung mit Aufträgen vorausgesetzt – unabhängiger von den doch recht volatilen Einnahmen aus Affiliate- und Klickprogrammen. Zum anderen steigen die Preise, die Sie von Ihren Werbekunden verlangen können, manchmal überproportional zur erzielten Reichweite.

Zu diesem Zeitpunkt werden Sie bereits grob einschätzen können, ob die Einnahmen für ein Leben als selbstständiger Blogger ausreichen. Ist dabei abzusehen, dass Sie mit Ihren bisherigen Blogprojekten nicht auskommen oder dass die Zeit bis zum Erreichen der von Ihnen festgelegten Einnahmengrenze schlicht zu lange dauert, dann gibt es zwei Möglichkeiten: Denken Sie über den Aufbau weiterer

Blogportale nach oder experimentieren Sie mit alternativen Refinanzierungsmodellen, wie wir sie in den vorangegangenen Kapiteln vorgestellt haben.

13.3 Bloggen für Profis

Die beiden vorangegangenen Phasen haben Sie bereits hinter sich gelassen? Ihre Leserschaft und Ihre Einnahmen konnten Sie in den vergangenen Monaten und Jahren bereits deutlich steigern? Eines oder mehr Ihrer Portale haben sich innerhalb des jeweiligen Sachgebiets bereits etabliert? Herzlichen Glückwunsch und willkommen im Reigen der »Blogprofis«. Neben den bereits beschriebenen Handlungsschwerpunkten werden nun gänzlich neue Aufgaben auf Sie zukommen, die wir im Folgenden beschreiben. Aber auch einige generelle Ansätze zur Steigerung des eigenen Erfolgs werden dabei skizziert.

13.3.1 Blog-Portfolio optimieren

Sie schreiben nun möglicherweise zahlreiche Blogs in Eigenregie oder zusammen mit anderen Bloggern. Zwei oder drei davon laufen sehr gut, der Großteil »normal«. Sind jedoch welche dabei, die zu wünschen übrig lassen, dann ist es Zeit, sich zu entscheiden:

- Können Sie einzelne Blogs komplett in Auftragsarbeit oder über eine Gewinnbeteiligung an freie Autoren, Blogger oder Journalisten vergeben?

- Gründen Sie zusammen mit anderen Bloggern ein kleines Blognetzwerk, das sich weiter ausbauen lässt und bei dem Sie sich eher auf das Management und die Vermarktung statt das aktive Bloggen konzentrieren (siehe beispielsweise www.zielbar.de).

- Lassen Sie einzelne Projekte einfach weiterlaufen, ohne diese groß zu pflegen, solange die Einnahmen über den Ausgaben liegen. Können Sie diese womöglich in ein anderes Portal mit ähnlichen Inhalten integrieren?

- Denken Sie darüber nach, Ihren Blog zu verkaufen. Manche Blogger etablieren ein Projekt erfolgreich am Markt und verkaufen es dann, um sich dem nächsten zuzuwenden.

- Vielleicht sollten Sie sogar mehrere Projekte veräußern, die Ihnen weniger am Herzen liegen, und dafür ein/zwei komplett neue Blogs ins Leben rufen. Das kann vor allem nach langjähriger Tätigkeit hilfreich sein, um eine neue »Blog-Leidenschaft« zu entfachen.

- Stellen Sie einen Mitarbeiter freiberuflich, in Teilzeit oder gar in Vollzeit ein, der die Portale oder einen Auszug hieraus weiter betreut, während Sie sich auf andere Aspekte konzentrieren (Blog-Consulting, E-Books, Onlinekurse, den Launch neuer Onlineportale etc.). Besonders geschickt ist diese Strategie, wenn sich der Blog und das neue Projekt gegenseitig ergänzen beziehungsweise gegenseitig Leser und Kunden bringen. So wie etwa dieses Buch auf unsere Blogs abfärbt und umgekehrt.

Denken Sie immer wieder über Ihre anvisierte Blogger-Karriere sowie über Ihre ganz persönlichen Ziele nach, die Sie mit diesem Beruf verbinden. Jetzt, da Sie Ihren ersten »Durchbruch« geschafft haben, ist ein guter Zeitpunkt zur Selbstreflexion. Das Bloggen hat viele Facetten. Beschäftigen Sie sich hauptsächlich mit jenen, die Ihnen Freude bereiten und die Ihnen am besten liegen? Sehen Sie sich wirklich als breit aufgestellten Blogger eines eigenen Netzwerks? Oder würden Sie sich lieber auf ein oder zwei Projekte konzentrieren, um diese richtig »groß« aufzuziehen? Vielleicht mit einem eigenen Shop, einem Buch oder Ähnlichem? Wollen Sie Einzelkämpfer bleiben oder Mitstreiter suchen? In der Öffentlichkeit stehen oder im Hintergrund wirken? Oder macht Ihnen die Programmierung und die Blog-Beratung doch mehr Spaß? Vielleicht können und wollen Sie das erzielte Wissen an andere weitergeben?

Sie sehen, wir stellen Ihnen viele Fragen. Alleine deswegen, weil nahezu alle Blogger – auch wir selbst – früher oder später an diesen Punkt gelangen. Je schneller Sie Antworten finden, umso zielgerichteter können Sie agieren, statt sich von den Marktbedingungen lenken lassen zu müssen. Die Auseinandersetzung mit Ihren Zielen wird die weitere Laufbahn als professioneller Blogger mitbestimmen. Der Punkt, aus einem oder mehreren Blogportalen ein kleines Unternehmen mit eigenen Angestellten zu machen, erscheint manchen Bloggern zunächst befremdlich. Doch der Blick »über den großen Teich« zeigt, dass die Reise genau dorthin geht. In den USA schaffen Blogs wie `Gizmodo.com` oder das aus einem Blognetzwerk hervorgegangene `engadget.com` kleine News-Imperien. Sie publizieren Dutzende, teils in mehreren Sprachen verfügbare Beiträge täglich, was nur mit einer entsprechenden Anzahl an Mitarbeitern möglich ist. Wir denken, dass sich dieser Trend auch hierzulande durchsetzen wird, zumindest bei einigen der führenden Blogs. Schließlich lässt sich nur so die Schlagzahl eines Onlinemagazins – und damit die Leserschaft – deutlich erhöhen. Die Blogosphäre vollzieht damit in Teilen eine Konzentration, wie sie bei etablierten Onlinemedien bereits im vollen Gange ist. Was unter anderem daran liegt, dass täglich neue Blogs starten, die um die Werbe-Etats der Unternehmen buhlen. Die Konkurrenz wird größer, das hatten wir bereits erwähnt. Eine Möglichkeit ist die Konzentration auf eine Nische, die andere ein fortlaufendes Wachstum.

13.3.2 Diversifizierung

Dieser Punkt wurde ebenfalls bereits erwähnt. Er ist jedoch so wichtig für professionelle Blogger, dass wir ihn nicht oft genug wiederholen können. Selbst wenn Ihre Blogs zum ersten Mal monatliche Einnahmen generieren, die Ihnen langfristig das »Überleben« sichern könnten, ist an ein Zurücklehnen leider noch nicht zu denken. In der Regel werden Sie über eine Refinanzierungsquelle verfügen, die 50

Prozent und mehr Ihrer gesamten Blog-Einkünfte ausmacht. Folgendes könnte jederzeit passieren:

- Diese Einnahmequelle bricht Ihnen teilweise oder komplett weg.
- Das Interesse am Thema Ihres Blogs lässt generell nach.
- Eine insgesamt schwache wirtschaftliche Phase behindert das Wachstum Ihres Blogs.
- Es starten konkurrierende Blogs, Portale oder Onlinedienste, die den Nerv Ihrer Zielgruppe besser treffen.
- Sie kämpfen mit neuen Protagonisten, die über mehr Ressourcen verfügen. Beispielsweise mit großen Handelsunternehmen, die mit viel Geld eigene Modeblogs gründen, was den etablierten Bloggern gehörig zu schaffen macht.

Denken Sie rechtzeitig über die Diversifizierung Ihres Geschäftsmodells nach, denn all dies kann Ihre bisherige Planung schnell zunichtemachen. Je breiter Ihre Refinanzierungsstrategie aufgestellt ist, desto besser. Auch unternehmerische Flexibilität ist dabei gefragt. Nehmen wir an, die Werbeeinnahmen Ihres Blogs sind stark rückläufig. Verfügen Sie über das Wissen und die Kontakte, um diesen Verlust beispielsweise mit neuen Berateraufträgen zu kompensieren?

Es ist zudem wichtig, die erreichte Gewinnschwelle als Minimum anzusehen. Das reine Überleben sollte nicht Ihr Ziel sein, wenn Sie langfristig planen. Ein Unternehmer braucht Rücklagen, um auf ändernde Rahmenbedingungen angemessen reagieren zu können. Ein neues Blogprojekt – das eventuelle Einnahmeverluste ausgleichen soll – werden Sie entspannter planen, wenn ausreichend Budget dafür vorhanden ist. Denken Sie jedoch nicht nur an Blogs. Denn wer von uns weiß schon, wie das Web 3.0, 4.0 etc. aussehen und sich refinanzieren wird? Schauen Sie über den Content-Tellerrand und denken Sie über andere, wenn auch artverwandte Tätigkeiten nach – als Autor, Entwickler, Designer, Dozent, Consultant, Marketing-Dienstleister, Partnerprogrammbetreuer, Social-Media-Agenturinhaber, Blog-SEO-Experte, Onlineshop-Betreiber, E-Commerce-Content-Berater, Corporate Blog-Redakteur etc. In all diesen Disziplinen profitieren Sie von dem Know-how, dass Sie sich als Blogprofi aufbauen.

Hinweis

Beziehen Sie Ihre persönliche Lebensplanung mit ein. Michael verdiente einen guten Teil seiner Einnahmen mit der Blog-Beratung von Unternehmen. Doch dann wollte er sich mehr auf seine Familie konzentrieren, was sich schlecht mit seiner intensiven Reisetätigkeit verbinden ließ. Ein weiteres, ortsunabhängiges Standbein könnte sein, Onlinekurse für angehende Blogger anzubieten. Doch mittlerweile haben sich gleich mehrere Anbieter in diesem Umfeld etabliert. Möglicherweise können Sie Ihren »alten« Beruf mit in die Überlegungen einbringen, wie sich die Abhängigkeit vom Bloggen im Notfall reduzieren lässt.

Wie Sie sehen, will die Blogger-Selbstständigkeit gut überlegt sein. Schauen Sie stets nach vorne, aber behalten Sie im Hinterkopf, dass nicht jede Gründung gelingt – und dass nicht jeder für das Unternehmertum geschaffen ist.

13.3.3 Ihre Blogger-Mission

Wir sind – wie viele andere Blogger auch – schon immer recht offen mit den Inhalten, Quellen, Vermarktungstechniken, Kennzahlen, aber auch Erfolgsgeheimnissen unserer eigenen Blogs umgegangen. Einen wahren Schub seiner Projekte konnte Michael feststellen, als er mit seinem Portal *Blogprofis* an den Start ging. Denn es lebte – zumindest zu Beginn – von eben dieser Philosophie des gegenseitigen Austauschs (mit der späteren Ausrichtung auf Corporate Blogger ging dieser Charakter leider teilweise verloren, was an der neuen Zielgruppe lag). Angespornt durch die Tipps, die er dort gibt, meldeten sich viele andere Blogger. Sie teilten ebenfalls ihr Wissen, gingen Kooperationen mit ihm ein oder empfahlen sein Portal weiter. Ohne diese Blog-Kollegen wäre weder *Blog Boosting* entstanden, noch hätte Michael sein Blog-Portfolio ausbauen können. Robert profitiert von ganz ähnlichen Synergien innerhalb der Blogger-Szene.

Was wollen wir Ihnen damit vermitteln? Den größten Anteil an einer »Laufbahn« als professioneller Blogger macht die Bereitschaft aus, der eigenen Umgebung, der Blogosphäre sowie den Lesern etwas von diesem Erfolg zurückzugeben. Wenn Sie mit Ihren Portalen etwas Nachhaltiges bewirken wollen, dann sind Sie bereits auf dem richtigen Weg, was den Erfolg Ihrer Blogger-Existenz anbelangt. Dabei ist es egal, ob Sie Ihr Hobby bekannter machen, das Wissen über eine neue Technologie streuen, Verbraucher aufklären, mit Ihren Geschichten Vorurteile abbauen, von den großen Medien vernachlässigte Nachrichten bereitstellen oder ob Sie als Reiseblogger dazu animieren, fremde Länder und Kulturen kennenzulernen.

Möglicherweise betreiben Sie den einen oder anderen Blog – etwa aus dem Affiliate-Bereich – hauptsächlich, um Ihre anderen Blogprojekte finanziell abzusichern. Aber selbst dort haben Sie als Blogger die Macht, Dinge zum Positiven zu verändern. Sie sollten sich dieser Verantwortung bewusst sein. Ein Blog gibt seinen Lesern stets eine Richtung vor. Er verändert die Sichtweise auf ein bestimmtes Thema, so wie es jede Nachrichtenseite macht. Diese Richtung können Sie alleine dadurch steuern, dass Sie über gewisse Dinge berichten, die Ihnen wichtig und hilfreich erscheinen. Oder indem Sie konsequent auf eine Berichterstattung verzichten, etwa wenn es sich um ein lukratives Produkt für Ihren Blog handelt, das Sie jedoch nicht guten Gewissens weiterempfehlen können. Zwar schreiben sich viele Affiliate-Blogger ein solches Verhalten auf die Fahnen, doch im Alltag stehen die Monetarisierung und der Mehrwert für den Leser immer wieder im Konflikt miteinander.

Abb. 13.6: Anja Beckmann von traveIontoast.de will zeigen, wie schön die Welt ist. Und sie hat noch eine Mission: Sie unterstützt den Reiseblogger-Kodex, der sich für eine transparente Berichterstattung einsetzt.

Mittels SEO-Techniken, der regelmäßigen Bereitstellung neuer Inhalte sowie überhaupt sämtlicher Maßnahmen, um die es in diesem Buch geht, werden Sie sehr viel erreichen können. In die Top-Liga Ihres jeweiligen Gebiets stoßen Sie jedoch erst dann vor, wenn Ihr Blog ein ideelles Ziel verfolgt – wie auch immer dieses aussehen mag. Ihre Arbeit wird Ihnen mehr Freude bereiten, wenn der Blog kein Mittel zum Zweck des Geldverdienens ist. Profi-Blogger nähern sich wieder der ursprünglichen Kernidee der Web-Tagebücher an. Das wiederum holt verloren gegangenes Vertrauen der Leser zurück, die immer mehr verstehen, dass es gute und weniger vertrauenswürdige Blogs gibt.

Auch wenn Blogger meist keine ausgebildeten Journalisten sind, so können wir von den professionell schreibenden Kollegen einiges lernen, was Punkte wie eine »Mission« und die zugrunde liegende fundierte Recherche anbelangt. So schreibt der Deutsche Journalisten-Verband zum Berufsbild Journalist/in:

> »Journalistinnen und Journalisten haben die Aufgabe, Sachverhalte oder Vorgänge öffentlich zu machen, deren Kenntnis für die Gesellschaft von allgemeiner, politischer, wirtschaftlicher oder kultureller Bedeutung ist.«

Und selbst wenn Sie »nur« über den Bereich Elektronik, Lifestyle oder Finanzen berichten, so stehen Sie dennoch in der Pflicht Ihren Lesern gegenüber,

- stets wahrheitsgemäß und transparent zu berichten,
- sich gut und umfassend vorzubereiten,

- Ihren Lesern nichts an Informationen vorzuenthalten,
- jegliche Werbung deutlich von sonstigen Inhalten zu trennen,
- über die Kommentarfunktion jedem Leser die freie Meinungsäußerung zu ermöglichen,
- auf kritische Stimmen einzugehen.

Aufgabe

Sie wissen nicht, ob Ihre Tätigkeit als Blogger auch wirklich einer »Mission« folgt? Dann beantworten Sie folgende Fragen genau jetzt:

Was möchte ich mit meinem Portal bewirken?

_____

_____

_____

_____

Welches konkrete Ziel verfolge ich mit meinen einzelnen Blogs und deren Inhalten?

_____

_____

_____

Gibt es eine Art Kodex, dem ich folge? Welche Arten der Berichterstattung unterstütze ich, welche lehne ich ab?

_____

_____

_____

Inwieweit bin ich käuflich und kann ich das ändern?

_____

_____

_____

_____

Aufgabe

Schreibe ich hauptsächlich für Suchmaschinen oder für meine Leser?

_____

_____

_____

_____

Wie wichtig ist mir die möglichst rege und offene Beteiligung meiner Blogbesucher?

_____

_____

_____

_____

Was soll mein Blogportal von meinen Mitbewerbern unterscheiden, was will ich besser machen als diese?

_____

_____

_____

_____

Über welches Alleinstellungsmerkmal verfügen meine Blogs?

_____

_____

_____

_____

Wieso sollte ein Internetnutzer bei Milliarden von Seiten ausgerechnet meinen RSS-Feed abonnieren, meinem Twitter-Kanal folgen, meinen Blog-Newsletter abonnieren oder mich in seine Facebook-Kreise aufnehmen? Und warum sollte er langfristig bei dieser Entscheidung bleiben?

_____

_____

_____

_____

Sie werden hieraus einiges über sich, Ihre Motivation und Ihre Weblogs lernen. Erst wenn Ihre Blogportale einem wirklichen Ziel folgen, können Sie sich sicher sein, dass die notwendigen und richtigen Schritte folgen werden. Und nur dann werden Sie dauerhaft ein Blogprofi bleiben.

Tipp

Wer regelmäßig professionell bloggt, sollte mit einem Redaktionsplan arbeiten. Dieser listet auf, wann welcher Autor und Gastautor welchen Beitrag veröffentlichen wird, wer sich um einzelne Aspekte wie das Teilen auf den sozialen Netzwerken oder Übersetzungen kümmert und welche Beitragsideen in der Pipeline sind. Auch Einzelkämpfer können sich damit deutlich besser strukturieren – für Corporate Blogger ist der Redaktionsplan meist ein Muss. Robert gibt auf seinem Blog Tipps zum idealen Plan, inklusive einer Vorlage zur freien Verwendung: `www.toushenne.de/buch/redaktionsplan`.

13.4 Corporate Blogger

Falls Sie den letzten Abschnitt zum Thema »Mission« übersprungen haben, um direkt zu den für Sie als Firmenblogger relevanten Teilen zu gelangen, sollten Sie diese Lektüre jetzt noch nachholen (umgekehrt lernen auch Nicht-Corporate Blogger etwas dazu, wenn Sie die nachfolgenden Zeilen lesen). Im Unternehmensumfeld ist es mindestens ebenso wichtig, über eine klare Zielsetzung zu verfügen, die den Lesern und den (potenziellen) Kunden dient. Schauen wir uns weniger erfolgreiche Corporate Blogs an, dann fehlt genau das: die »Seele« des Projekts, die über ein rein technisches Kommunizieren austauschbarer Inhalte hinausgeht.

Tipps für Firmenblogger haben wir in den vergangenen Kapiteln immer dann eingestreut, wenn sich ein wesentlicher Unterschied zur Tätigkeit »normaler« Blogger ergab. So sehr sich die Ziele beider Blogger-Gruppen im Einzelnen unterscheiden, so ist die handwerkliche Basis doch die gleiche. Von daher haben Ihnen die bisherigen Hinweise hoffentlich dabei geholfen, die Blogosphäre besser zu verstehen. Lernen Sie auch zu verstehen, warum die Inhalte privater Blogger so erfolgreich sind. Bauen Sie ein eigenes Blogger-Netzwerk auf, um es in beiderseitigem Interesse zu nutzen. Je mehr Sie dabei als Blogger denken, umso besser. Das ist keineswegs so selbstverständlich, wie es sich anhören mag, gerade wenn Sie als Quereinsteiger – etwa als Marketingspezialist oder Journalist – in die Blogosphäre eintauchen.

Ergänzend zu den eingestreuten Ratschlägen folgen noch einige Hinweise eher genereller Natur. Sie sollen dabei helfen, Ihren Corporate Blog Schritt für Schritt zu verbessern und gleichzeitig Ihre eigene Rolle als Blog-Redakteur zu hinterfragen.

13.4.1 Mehrwert statt Selbstvermarktung

Eine Blog-Mission für ein Unternehmensportal zu finden ist – je nach Thema und seiner gesellschaftlichen Relevanz – nicht immer einfach. Auf dem Weg dahin hilft eine einfache Fragestellung: Warum möchten Sie, die Unternehmensführung oder Ihr Team den Blog voranbringen oder einen solchen ins Leben rufen? Hoffentlich nicht,

- weil Ihre Vorgesetzten Sie dazu »verdonnert« haben.
- weil außer Ihnen keiner im Team schreiben kann.
- weil sich die Geschäftsführung mehr Umsatz hieraus verspricht, egal mit welchen Mitteln.
- weil Ihre Firmenwebseite Besucher verloren hat.
- weil Ihre Konkurrenten auch einen Blog haben.
- weil noch Marketing-Budget übrig war.
- weil Sie jetzt Content-Marketing machen müssen.
- weil die Direktmarketing-Maßnahmen nicht mehr so gut laufen.
- weil Ihr für die Suchmaschinenoptimierung zuständiger Kollege meint, Sie bräuchten einen Blog.

Aus Gründen wie diesen einen Blog zu starten, verspricht wenig Erfolg – zumindest nicht den, der eigentlich möglich und auch wünschenswert wäre.

Wenn Sie einen Corporate Blog nur für Ihr Unternehmen oder die angebotenen Produkte und Dienstleistungen schreiben, so ist dies, als wenn ein »normaler« Blogger ausschließlich für Suchmaschinen oder zum Geldverdienen schreibt. Es funktioniert einigermaßen, bringt vielleicht Umsatz, macht aber nicht wirklich Spaß. Zudem entspricht es in keiner Weise dem Ideal eines Blogs. Es wird keine lebendige Kommunikation mit Ihren Kunden und Lesern ermöglichen, von der ein Firmenblog – wie jeder andere »normale« Blog auch – lebt. Wir haben diesbezüglich eine kleine Aufgabe für Sie:

Aufgabe

Suchen Sie sich als Erstes einige besonders gute Beispiele für Corporate Blogs heraus. Dabei ist es egal, aus welchem inhaltlichen Umfeld sie stammen. »Gut« bedeutet in diesem Fall:

- Es macht Ihnen Freude, mehr als nur den ersten Beitrag auf der Startseite komplett zu lesen. Sie sind neugierig auf mehr.
- Dies passiert, weil Sie etwas Neues dazulernen, das Sie weiterbringt. Oder weil Sie besonders gut unterhalten werden.

- Die Inhalte sind in irgendeiner Form unkonventionell und auf diese Weise sonst nicht im Web zu finden. Bei Ratgeberinhalten sind diese so ausführlich und verständlich gehalten, dass Ihnen komplett geholfen wird. Zugleich erkennen Sie die volle Kompetenz der Autoren.

- Sie denken kein einziges Mal daran, dass sich das Unternehmen nur selbst darstellen oder seine Produkte in ein besonders gutes Licht rücken möchte. Idealerweise teilen die Autoren lediglich ihr Fachwissen mit Ihnen, das sich auch unabhängig von der Produkt- oder Dienstleistungspalette anwenden lässt.

- Dennoch haben Sie bemerkt, zu welchem Unternehmen der Weblog gehört. Sie haben verstanden, welche Leistungen und Produkte es anbietet.

- Sie könnten sich vorstellen, einzelne Beiträge aus diesem Firmenblog Ihren Kollegen oder auch Ihrem persönlichen Freundeskreis zu empfehlen, auf Ihrer eigenen Facebook-Seite zu posten etc.

- Sie entdecken einzelne Aspekte, die Sie auch auf Ihrem Firmenblog verwenden wollen. Egal ob es sich dabei um ein kleines nützliches Sidebar-Widget, eine besondere Ansprache-Technik in den Beitragsüberschriften oder die persönliche Darstellung der Blogautoren handelt.

- Das Design vermittelt Professionalität, wirkt aber dennoch spannend und authentisch.

- Sie fügen den Blog zu Ihren Favoriten hinzu, abonnieren einen der Beitragskanäle, diskutieren Elemente des Blogs in Ihrem Team oder Ähnliches mehr.

Versuchen Sie in einem zweiten Schritt herauszufinden, warum Ihnen ausgerechnet diese Blogportale so gut gefallen. Was macht sie – aus Ihrer ganz persönlichen Sicht – so einzigartig? Schreiben Sie alle Punkte, die Ihnen einfallen, in eine Tabelle – gegliedert nach Unterpunkten wie Design, Content, Technik, Marketing, Autorendarstellung, Authentizität, Social-Media-Anbindung etc. Danach können Sie beginnen, diese Aspekte auf Ihren Blog und Ihr Geschäftsmodell zu adaptieren. Machen Sie all dies idealerweise in einer kleinen Gruppe beziehungsweise innerhalb der Blog-Redaktion, später auch zusammen mit Kollegen unterschiedlicher Unternehmensbereiche (Marketing, Vertrieb, Customer Service etc.).

In seinen Seminaren geht Michael ganz ähnlich vor. In Gruppenarbeit werden die Blogs der Teilnehmer analysiert. Es ist erstaunlich, welch vielfältigen Verbesserungspotenziale bereits nach kurzer Zeit aufgedeckt werden – durch das schlichte Beobachten von außen. Denn Sie selbst nehmen Ihren Blog nur mit einer sehr eingeschränkten Sichtweise wahr, gerade wenn er bereits eine Weile existiert.

Schauen wir uns besonders erfolgreiche Corporate Blogs an, so stellen wir fest, dass sie alle ein Ziel verfolgen, das sich nicht in Euro oder der Anzahl an erzielten Page-Views ausdrücken lässt. Beispielsweise erklärt der Elektronikversand-Blog seinen Lesern die neuesten technischen Spielzeuge noch besser – und auch durchaus (selbst-)kritischer – als der Mitbewerber. In einem derartigen Fall ist das Ziel, nicht nur einen verlängerten Arm des Onlineshops abzubilden, sondern den besten deutschsprachigen Technikblog zu schaffen. Ein ehrgeiziges Ziel? Absolut. Aber wirksameres Online- und Content-Marketing gibt es kaum, zumal die meisten Unternehmen die notwendigen finanziellen Ressourcen zur Verfügung haben, um ein solches Portal auf die Beine zu stellen.

Abb. 13.7: Die Blogger von notebooksbilliger.de berichten durchaus kritisch über Produkte aus der eigenen Warenpalette. Nur so wird es als echte Alternative zu anderen Blogs aus dem Umfeld wahrgenommen.

Oder die Modehausblogger präsentieren die neuesten Trends für die modische Frau ab 40, die sich eben nicht nur um die eigene Produktpalette drehen. Vielleicht stellen sie sogar Accessoires, modische Tricks und Designer-Arbeiten vor, die es nicht zu kaufen gibt. Die Mission wäre es dann weniger, zum führenden Corporate Blog für Produkte im Umfeld »feminine Mode ab 40« zu werden, sondern zum führenden Onlinemagazin in exakt diesem Bereich. Was hierbei den Unterschied ausmacht, zeigt Michaels Beitrag zum Content-Marketing-Trend *Narrative Retailing*, nachzulesen unter http://marketpress.de/2014/ narrative-retailing-fuer-onlineshops/. Oder aber der Großmetzgerei-Blog zeigt, warum artgerechte Tierhaltung und eine gesunde Küche mit regionalen Rezepten die besten Voraussetzungen für eine gute, nachhaltige Ernährung sind.

> **Hinweis**
>
> Die Erwartungshaltung, die Sie dabei aufbauen, muss sich natürlich auch in der eigenen Produktpalette und dem Handeln des Unternehmens widerspiegeln. Über den Corporate Blog falsche Tatsachen zu kommunizieren, hat schnell fatale Konsequenzen. Insofern ist ein Unternehmensblog immer auch ein Spiegelbild dessen, was sich *Corporate Responsibility* nennt (siehe auch `http://de.wikipedia.org/wiki/Corporate_Responsibility`).

Wir könnten diese Liste noch ewig weiterführen. Aber Sie haben sicherlich erkannt, worauf wir mit diesen Beispielen hinauswollen. Ein Corporate Blog ist weit mehr als ein weiterer PR-Kanal. Er soll ein Medium schaffen, das für seine Leser ebenso nützlich ist, als würde kein Unternehmen dahinterstehen (dennoch dürfen und sollen Sie transparent kommunizieren, wer für die Informationen verantwortlich ist). Dadurch bauen Sie eine echte Community auf, was nicht nur für die Neukundengewinnung, sondern auch zur Kundenbindung im Internet immer wichtiger wird.

Fragen Sie sich also nicht, welche unternehmerischen Botschaften Sie mit Ihrem Corporate Blog unter das Volk bringen können, dafür benötigen Sie keinen Weblog. Fragen Sie sich eher, wie Sie für einen echten Mehrwert sorgen, indem Sie Informationen bereitstellen, die Ihre Leser andernorts vergeblich suchen. Denken Sie nicht in Produkten und Dienstleistungen, sondern in Lösungen. Beschreiben Sie keine Waren, sondern liefern Sie Antworten. Fragen Sie sich stets und vor allem unabhängig von Ihrer unternehmensinternen Sichtweise, warum ausgerechnet Ihre Inhalte Ihre Leser interessieren sollten. Dann werden auch Ihre Umsätze aus dem Blog sowie die Entwicklung der Pageviews in die richtige Richtung gehen. Zwei sehr unterschiedliche Beispiele sollen dies verdeutlichen. Ausgerechnet viele Handwerker – an sich nicht immer sehr onlineaffin – sind sehr erfolgreich mit ihrem kleinen Firmenblog. Manche berichten gar davon, 100 Prozent ihrer Aufträge über den Blog zu akquirieren. Sie zeigen teilweise sehr detailliert, wie Handwerksarbeiten – die sie selbst anbieten – auch in Eigenregie erledigt werden können. Genau damit sind sie erfolgreich. Denn meist fehlt es den Lesern dann nämlich doch an Zeit und Geduld, selbst zum Pinsel oder zur Säge zu greifen. Was liegt in diesem Fall näher, als jenem Handwerker den Auftrag zu geben, der seine Fertigkeiten bereits im Blog unter Beweis stellt?

Auch Berater und Freiberufler profitieren sehr von ihrem Blog, sofern die Inhalte nicht nur der Eigendarstellung dienen. Dort wirkt der gleiche Mechanismus: Sie helfen den Lesern, ganz unabhängig davon, ob diese jemals zu Kunden werden oder nicht. Etwa der Blog von PR-Profi Klaus Eck (siehe `http://pr-blogger.de/`). In diesem lernen Sie nicht nur die neuesten Online-Marketing-Trends kennen, er ist gleichzeitig ein gutes Beispiel dafür, welche Reichweite Blogs erzielen können, wenn der Mehrwert stimmt. Diese Muster lassen sich auf alle anderen Branchen adaptieren. Sie funktionieren genauso für große Corporate Blogs und – mit ein wenig inhaltlicher Fantasie – auch im B2B-Umfeld.

Abb. 13.8: Dieser Blog von befestigungsfuchs.de geht ganz ähnlich vor. Er beschreibt, wie Sie Produkte selbst herstellen können, die Sie sonst auch im Shop des Anbieters kaufen können.

Hinweis

Wenn Ihr Unternehmen im B2B-Bereich tätig ist, dienen auch hier wieder die besten privaten Blogs aus Ihrem Segment als Inspirationsquelle. Mit welchen Inhalten schaffen es diese, so viele Leser und Social-Media-Follower anzusprechen? Sowohl Trends in der Form der Ansprache als auch angesagte Themen können Sie dort recht schnell recherchieren. Warum fragen Sie nicht besonders erfolgreiche private Blogger, ob sie Teil Ihres Redaktionsteams werden wollen, und sei es nur als bezahlte Gastblogger?

13.4.2 Persönlichkeit zeigen

Vor einiger Zeit wurde Michael vom Corporate-Blog-Verantwortlichen eines großen Unternehmens um Rat gefragt, dessen Portal so gar nicht von der Zielgruppe angenommen wurde. Er schaute sich den Blog an und wunderte sich. Die Beiträge waren zahlreich und aktuell, fundiert recherchiert und hochwertig geschrieben, das Blogdesign professionell. Die Inhalte waren nicht-werblicher Natur, sondern im Ratgeberstil gehalten – passend zum Thema. Beste Voraussetzungen eigentlich, möchte man meinen. Doch wer schrieb die Beiträge? Ein eigens hierfür eingestellter Blogger oder aber auch einzelne Mitarbeiter? Das ging aus den Inhalten nicht hervor. Der Ansprechpartner verriet, dass er sämtliche Artikel bei einer namhaften Textagentur anfertigen ließ. Und das zu einem Preis, für den er sogar über einen eigenen fest angestellten Redakteur hätte nachdenken können.

Genau darin lag bei näherer Betrachtung das Problem: Die einzelnen Blog-Inhalte waren so perfekt, aber gleichzeitig auch so glatt und schlicht unpersönlich, dass es keinen Spaß machte, sie zu lesen. Sie waren tatsächlich überoptimiert. Gleichzeitig hatten sie – nicht nur sprichwörtlich – kein Gesicht und wirkten durch ihre Anonymität deutlich kühler. Wer will schon solche Inhalte studieren oder gar weiterempfehlen?

Damit zeigt sich, wie wichtig die Personen hinter einem Corporate Blog sind. Unterschätzen Sie nicht, in welchem Umfang Sie als Firmenblogger zum Erfolg des Portals beitragen. Gerade dann, wenn Ihr Herz für das Blog-Thema schlägt, Sie sich also auch in Ihrer Freizeit damit auseinandersetzen. Ihre Leser werden es merken und honorieren. Wenn Sie in einem Team oder mit externen Mitarbeitern bloggen, dann gelten die gleichen Kriterien. Nicht der sprachlich versierteste Kandidat gewinnt, der innerhalb kürzester Zeit ein rechtschreibgeprüftes Content-Produkt abliefert, sondern jener Blogger, dem Sie (und später Ihre Leser) die Leidenschaft abnehmen – und der idealerweise über vielfältige Kontakte zu Ihrer Zielgruppe verfügt. Beim Outdoor-Ausrüster-Blog wäre dies jener, der regelmäßig selbst in der Natur unterwegs ist. Nur er weiß, welche Fragen die Leser wirklich beschäftigen, sodass er entsprechende Antworten liefern kann. Was natürlich nicht bedeutet, dass Schreibfähigkeiten und Blog-Know-how unbedeutend sind, ganz im Gegenteil. Doch diese sind erlernbar, anders als die Begeisterung für das Thema. Wie im normalen Blogbereich gilt auch beim Corporate Bloggen der Grundsatz: Sind Sie mit »Leib und Seele« dabei und bereit, sich mit Ihren Lesern auf Augenhöhe auszutauschen, so ist das schon mehr als die halbe Miete.

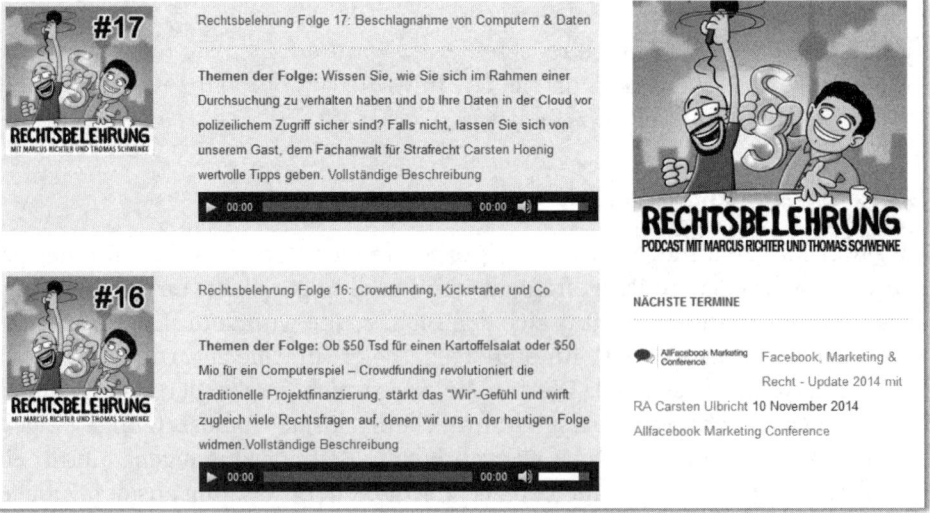

Abb. 13.9: Mit viel Leidenschaft präsentieren Marcus Richter und Thomas Schwenke ihren Podcast zu Rechtsfragen (http://rechtsanwalt-schwenke.de/ rechtsbelehrung-podcast/). Selbst ein sperriges Thema lässt sich kreativ verpacken – und stützt mit seinem Mehrwert-Content die Selbstvermarktung.

13.4.3 Bleiben Sie sich treu

Eine letzte Bemerkung, deren Hintergrund Sie als bereits etablierter Firmenblogger höchstwahrscheinlich gut nachvollziehen können: Wir raten Unternehmen stets dazu, die Redakteure beziehungsweise das Team eines Corporate Blogs möglichst unabhängig innerhalb des Betriebs zu verankern und mit möglichst weitreichenden Kompetenzen auszustatten. Findet sich für eine entsprechend verantwortungsvolle Position kein geeigneter Mitarbeiter, dann sollten Sie die Rekrutierung eines passenden Redakteurs in Erwägung ziehen.

Das ist besonders wichtig, denn wenn der Firmenblogger lediglich als gutes Mittel zum Zweck gesehen wird,

- um die so dringende Botschaft des Kampagnenmanagers unter die potenziellen Leser zu bringen,
- die von der Marketingleitung initiierte neue Anzeigenreihe in epischer Breite zu präsentieren,
- den Vertriebsleiter bei seiner bislang fehlgeschlagenen Neukundenkampagne zu unterstützen oder
- ein Mitglied der Geschäftsführung in möglichst positivem Licht darstellen zu lassen,

dann benötigen Sie keinen Corporate Blog. Vielleicht sollten Sie in diesem Fall lieber ein zusätzliches Hochglanz-Advertorial in einer Fachzeitschrift veröffentlichen oder eine weitere – für die meisten Leser relativ uninteressante – Pressemeldung herausgeben. Blog-Erfolg hat mit Mut zu tun. Und auch mit Inhalten, die altgedienten Marketingverantwortlichen nicht immer ganz geheuer sein mögen. Beides bekommt ein Unternehmen nur dann, wenn es dem Redaktionsteam Freiheiten lässt. Das bedeutet jedoch keineswegs, dass dies ohne Strategie vonstattengehen soll. Die Unternehmensleitung hat durchaus das Recht – und sollte dieses auch wahrnehmen –, sich ganz genau erläutern zu lassen, welche Schritte beim Zielpublikum was bewirken sollen. Nur so können Sie zu jedem Zeitpunkt die Wirksamkeit der Aktivitäten bewerten. Firmenblogs an sich sind kein Experiment, auch wenn innerhalb des Portals durchaus verschiedene Varianten gegeneinander getestet werden.

Als Corporate Blogger sollten Sie sich und Ihrer Blog-Philosophie stets treu bleiben. Ganz gemäß der zuvor erläuterten Aspekte, die einen erfolgreichen Corporate Blog ausmachen. Setzen Sie sich durch: Ein Blog ist nicht einfach nur ein weiteres Sprachrohr des Unternehmens, das als Sammelbecken für alle möglichen internen und externen Veröffentlichungen dient. Spätestens jetzt haben Sie die einmalige Chance, Inhalte bereitzustellen, die eine echte Wirkung entfalten. Und dies ganz unabhängig von den fein geschliffenen Marketingbotschaften der üblichen Art. Ein Firmenblog dient nur zum Teil der Vermarktung, vielmehr jedoch dem

Aufbau einer guten Kundenbeziehung. Damit ist er als Bestandteil beziehungsweise als Grundlage für das Customer-Relationship-Management (CRM) eines Unternehmens zu sehen. Und dies in all seinen Phasen: von der Ansprache Interessierter über die Lead-Generierung, Kundenakquise und -bindung bis hin zur Kundenrückgewinnung. Die Unternehmensleitung sollte diesen Aspekt berücksichtigen, wenn es um die Frage geht, an welchen Unternehmensbereich eine Corporate-Blog-Redaktion angedockt sein sollte.

13.5 Von den »Großen« lernen

Egal ob Sie Blog-Neuling sind oder bereits über einige Erfahrung verfügen: Nutzen Sie das unerschöpfliche Potenzial vorhandener Marketing-Strategien, die sich in der Praxis bereits bewährt haben. Viel zu selten schauen vermeintlich »kleine« Blogger auf die ganz Großen der Branche, etwa auf bekannte Nachrichtenportale. Dabei geben diese nicht nur die Trends vor, sondern sie können mit ihrer Belegschaft aus Hunderten oder Tausenden Mitarbeitern gleichzeitig Tag für Tag ausprobieren, was online funktioniert und was nicht – etwa über ausgeklügelte A/B-Tests von Designelementen, Überschriften, Beitragsbildern, der Beitragsgestaltung und vielem mehr. Warum sollten Sie das Rad also immer gleich neu erfinden? Lassen Sie sich inspirieren! Wie sagte der deutsche Gebrauchsphilosoph Klaus Klages so schön:

>*»Genial war nicht, wer das erste Rad erfand, sondern die übrigen drei.«*

Beispiel

Als Spiegel Online vor einiger Zeit wichtige Beiträge mit einem Titelbild versah, das sich über die gesamte Seitenbreite des Content-Bereichs erstreckte, so folgten einige erfolgreiche Blogger recht schnell mit einem ähnlichen Design – der Erfolg gab ihnen Recht. Seither werden solche zentralen Beitragsbilder immer wichtiger, bei vielen Bloggern sorgen sie für sinkende Abbruchquoten durch die Leser.

Übernehmen Sie neue Design- und Content-Trends jedoch niemals blind, ohne ihre Wirkung selbst zu bewerten. Je nach Zielgruppe und Thema Ihres Blogs kann es sein, dass Ihre Leser ein bestimmtes Feature nicht akzeptieren, obwohl dies bei anderen Portalen der Fall ist. Dennoch lohnt es sich, den Test nach einigen Monaten erneut durchzuführen. Auch bei den großflächigen Beitragsbildern reagierten viele Nutzer zunächst irritiert, doch mittlerweile haben sich Nutzer längst daran gewöhnt. Es kann also sein, dass Ihre Leser neue Trends erst mit einer zeitlichen Verzögerung akzeptieren.

Auch beim Thema Storytelling können Sie einiges von den Großen lernen, wie Abbildung 13.10 zeigt. Nachrichtenportale werten ihre Beiträge gerne mit wiederverwendbaren Zusatzinformationen auf, die sich beispielsweise in der Sidebar unterbringen lassen. Das wirkt nicht nur professionell, es hält den Leser gegebenenfalls auch länger auf dem Portal, wenn Sie geschickt mit passenden internen Verweisen arbeiten.

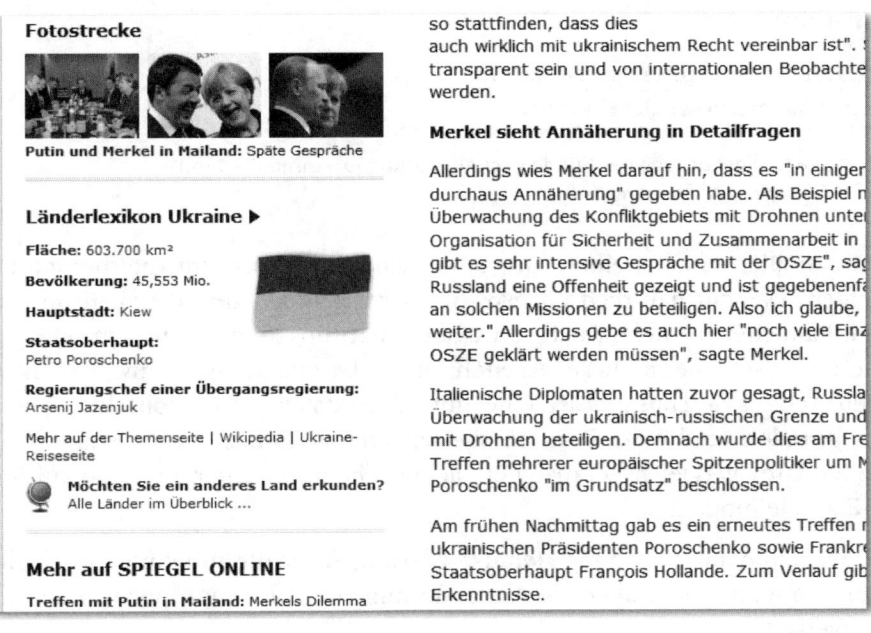

Abb. 13.10: Zusätzliche Content-Blöcke, die den Beitrag aufwerten. Hier am Beispiel von Spiegel Online.

Andere Onlinezeitungen gehen dazu über, mit einem verlängerten Teaser-Text in Aufzählungsform zu arbeiten. Darin werden die wichtigsten Inhalte des nachfolgenden Beitrags stichpunktartig aufgezählt. Wenn Sie mit derlei Content-Formen experimentieren, sollten Sie die Auswirkung auf Ihre wichtigsten Blog-Erfolgszahlen gut im Auge behalten, denn erweiterte Teaser können die Neugier des Lesers wecken, sodass er weiterlesen möchte. Es kann aber auch der gegenteilige Effekt eintreten und bei Ihren Besuchern das Gefühl erwecken, mit den ersten Zeilen bereits alles Wichtige erfahren zu haben. Entsprechend würde die durchschnittliche Besuchszeit je Nutzer steigen oder eben sinken.

Whisper-Chef Heyward verteidigt Speichern von Nutzerdaten

▮ Nach den Enthüllungen des *Guardian* äußert sich "Whisper"-Chef Michael Heyward erstmals zur Datenspeicherung der App.

▮ Die Vorwürfe der Zeitung kann Heyward nicht widerlegen und gibt zu, mit dem Pentagon zu kooperieren. Die Nutzer wussten davon nichts.

▮ Der *Guardian* und andere Partner von Whisper haben die Zusammenarbeit inzwischen beendet.

Abb. 13.11: Die Onlineausgabe der Süddeutschen Zeitung experimentiert mit Teasern in Aufzählungsform.

Wir können allen Blogbetreibern nur raten, die »Big Player« im Internet gut zu beobachten. Das gilt natürlich ebenso für wichtige Blogs, und das nicht nur in Ihrem inhaltlichen Umfeld. Auch von Online-Start-ups können Sie sich sehr gut inspirieren lassen, denn diese arbeiten meist besonders innovativ. Der Blog www.deutsche-startups.de ist eine gute Anlaufstelle zur Beobachtung von Existenzgründern und ihren Portalen, die regelmäßig Trends setzen. Egal welche Portale Sie zum Vergleich heranziehen, achten Sie dabei unter anderem auf folgende Fragestellungen:

■ Wie reagieren diese auf neue Herausforderungen wie die zunehmende mobile Internetnutzung oder aber die Abwanderung von Kundengruppen in soziale Netzwerke?

■ Mit welchen Strategien werden neue Kunden und Leser akquiriert? Wie gelingt es, Bestandskunden und Stammleser möglichst lange zu halten?

■ Ist in der Ausrichtung einzelner Internet-Geschäftskonzepte ein genereller Umbruch zu beobachten? Welche Player nehmen im Vergleich zu den Mitbewerbern deutlich an Fahrt auf und warum? Hat all dies potenzielle Auswirkungen auf Ihr Blog-Geschäftskonzept?

■ Wie refinanzieren sich diese Portale hauptsächlich? Gibt es innerhalb der Gewichtung der einzelnen Einnahmequellen sichtbare Verschiebungen? Wie reagiert wer auf neue Trends wie beispielsweise Native Advertising?

■ Welche verwendeten Technologien und Trends können Sie für Ihren Blog nutzen (beispielsweise die regionale Zielgruppenansprache und lokal ausgerichteten Content, nutzergenerierte Inhalte, Video-Anzeigen, YouTube- oder Podcasting-Formate etc.)?

Wenn Sie den Markt gut beobachten, werden Ihnen regelmäßig neue Strategien begegnen. Und nur dann können Sie einschätzen, was dies für die Blogosphäre, Ihre Portale oder Ihren Zielmarkt mittel- und langfristig bedeuten wird.

Hinweis

Für Corporate Blogger ist die Beobachtung der Mitbewerber und ihrer Blog- sowie Content-Marketing-Aktivitäten fast noch wichtiger. Schließlich gilt es herauszufinden, welches Maß an Werbung welche Zielgruppe akzeptiert. Auch um die Frage »Was bedeutet Mehrwert für unsere Leser« geht es dabei. Orientieren Sie sich ganz klar an Blogs, die regelmäßig erfolgreiche Beiträge veröffentlichen, was Sie relativ einfach anhand der Anzahl der Leserreaktionen messen können (Kommentare, Social-Media-Weiterempfehlungen, aber auch Backlinks etc.). Es gibt zahlreiche Corporate Blogs, die trotz ihres vermeintlich großen Namens nicht unbedingt als Vorbild dienen. Im Firmenblog-Umfeld sind kleine Unternehmen und Selbstständige nicht selten deutlich mutiger und damit erfolgreicher, weil sie sich weniger an eingefahrene Konventionen in der Kommunikation halten müssen.

13.6 Die acht Erfolgsbausteine des Bloggens

Die Übung, um die es in diesem Abschnitt geht, ist ein wichtiger Meilenstein hin zu einem erfolgreichen Blog. Auch erfahrene Blogger – egal ob im Corporate- oder privaten Umfeld – sollten sie immer wieder aufs Neue durchführen. Die Ergebnisse helfen Ihnen dabei, die Strategie Ihres Blogs zu überprüfen: Ist der Blog mit seiner Content-Strategie noch auf dem richtigen Weg oder sind an einzelnen Stellen Korrekturen notwendig?

Michael arbeitet in seinen Trainings gerne mit den nachfolgenden Kriterien, die er die »acht Erfolgsbausteine des Bloggens« nennt. Sie haben sie in den vergangenen Kapiteln und in den unterschiedlichsten Ausprägungen bereits kennengelernt. Diesen Kriterien zufolge muss ein (Corporate) Blog folgendermaßen gestaltet sein, um seine volle Wirkung zu entfalten:

1. Er muss den Lesern beziehungsweise den anvisierten Zielgruppen einen **Mehrwert** bieten.

2. Die Informationen darin sollten möglichst **nicht-werblich** sein. Das bedeutet bei Corporate Blogs keine Selbstdarstellung und Bewerbung eigener Produkte

und Dienstleistungen. Bei Profi-Bloggern geht es um das richtige Verhältnis zwischen Werbung und Redaktion, inklusive einer klaren Trennung beider Bereiche.

3. Ein Blog muss – über seine Autoren – **persönlich** gestaltet sein.

4. Ebenso wichtig ist es, Inhalte zu bieten, die nicht nur persönlich präsentiert werden, sondern gleichzeitig auch **authentisch** sind. Ihre Leser werden schnell merken, ob den Autoren das jeweilige Thema wirklich am Herzen liegt.

5. Gelungene Blogs sind **vielfältig**. In ihren Inhalten – trotz Fokussierung auf ein Kernthema –, aber auch bezüglich ihrer Autoren, Beitragsformate und der Meinungsvielfalt.

6. Die einzelnen Beiträge sollten möglichst **einzigartig** sein, das heißt, andere Portale bieten sie nicht oder nicht in dieser Form/Ausprägung an.

7. Die Blog-Kommunikation ist **mutig, aber auch kritikfähig** und vertritt ebenso kontroverse oder unkonventionelle Standpunkte, die der Sache dienen, ohne dabei provozieren zu müssen. Dieses Merkmal gilt ausdrücklich auch für Firmenblogs.

8. Die Content-Strategie ist nur erfolgreich, wenn sie **beständig** weiterverfolgt wird. Ein Blog ist kein einmaliges Projekt, sondern eine fortlaufende Aufgabe. Hinsichtlich einzelner Beiträge bedeutet dies beispielsweise die Weiterführung von thematisierten Ansätzen, etwa innerhalb ähnlicher Inhalte, mit Beitragsserien oder durch fortlaufende Updates.

Denken Sie in Ruhe über die genannten Punkte nach. Wie würden Sie Ihren eigenen Blog bewerten? Ermitteln Sie, welche Kriterien er gut erfüllt und bei welchen noch Nachholbedarf besteht.

Übung

Versuchen Sie, sich in Ihre Leser beziehungsweise Ihre Zielgruppen hineinzuversetzen. Welche Fragen stellen sie sich? Und welche konkreten Inhalte lassen sich daraus ableiten? Bewerten Sie anschließend Ihre Beitragsideen anhand der acht Erfolgsbausteine. Tragen Sie Ihre Ergebnisse direkt in die nachfolgende Tabelle ein und laden Sie sich das Worksheet zusätzlich unter www.toushenne.de/blog-boosting-links.html herunter.

Zielgruppe	Fragestellung	Beitragsideen	Bewertung	Note
			Mehrwert:	
			Nicht-werblich:	
			Persönlich:	
			Authentisch:	
			Vielfältig:	
			Einzigartig:	
			Mutig:	
			Beständig:	
			Mehrwert:	
			Nicht-werblich:	
			Persönlich:	
			Authentisch:	
			Vielfältig:	
			Einzigartig:	
			Mutig:	
			Beständig:	

Am Beispiel eines Modeblogs sähe dies im Ergebnis etwa wie folgt aus:

Zielgruppe	Fragestellung	Beitragsideen	Bewertung	Note
Die modebewusste Frau ab 40	Muss ich den neuen Modetrend xy unbedingt mitmachen?	Für wen eignet sich der Trend und für wen nicht (bebilderte Anleitung)?	Mehrwert:	1
			Nicht-werblich:	2
			Persönlich:	2
		Wie lässt sich der Trend leicht anpassen, sodass er auch zu Typ x passt?	Authentisch:	1
			Vielfältig:	3
		Kolumne »Was ist noch mutig, was schon peinlich?«	Einzigartig:	2
			Mutig:	2
			Beständig:	3
		Meine 11 Lieblingsbeispiele, wie man auch retro schick aussehen kann.		
Der kritische, aber dennoch neugierige Verbraucher	Das sieht auf dem Laufsteg ja ganz schick aus. Doch taugt das für den Alltag?	Welche Accessoires bestehen den Alltagstest (etwa innerhalb einer Beitragsserie mit stets gleichen Vergleichskriterien)?	Mehrwert:	2
			Nicht-werblich:	2
			Persönlich:	1
			Authentisch:	1
			Vielfältig:	1
		Wo kann man das nachhaltig, aber dennoch günstig kaufen?	Einzigartig:	1
			Mutig:	2
			Beständig:	4
		Blick hinter die Kulissen des kleinen Modelabels		
		Storytelling: Ein Tag im Leben eines Models		

Und beim (Corporate) Blog einer Anwaltskanzlei:

Zielgruppe	Fragestellung	Beitragsideen	Bewertung	Note
Existenzgründer	Welche rechtlichen Gefahren drohen in der Anfangsphase?	Wie kann man eine Abmahnung auch selbst abwehren?	Mehrwert:	1
			Nicht-werblich:	1
		Vorstellung von Werkzeugen zur Markennamen-Recherche	Persönlich:	2
			Authentisch:	3
			Vielfältig:	2
		Welche Institutionen können im Ernstfall unterstützen und beraten?	Einzigartig:	1
			Mutig:	1
			Beständig:	3
Stammkunden	Wie kann ich mir selbst rechtliches Wissen aneignen, um unabhängiger zu werden?	Serie: Rechts-phänomene verständlich erklärt	Mehrwert:	1
			Nicht-werblich:	2
		Best Practice: Wie hat Kunde x Problem y gelöst?	Persönlich:	3
			Authentisch:	2
		Wen konkret betrifft Gesetzesänderung x und wen nicht?	Vielfältig:	1
			Einzigartig:	3
		Wie lese ich die Schreiben oder auch die Rechnungen meines Anwalts?	Mutig:	2
			Beständig:	2

Es handelt sich hierbei um fiktive Beispiele. Auch die Bewertung wird je nach Situation des Unternehmens und seiner Ziele unterschiedlich ausfallen. An dieser Stelle geht es uns darum, die Methode zu verdeutlichen, denn diese lässt sich auf alle Blogs, Themen und Branchen anwenden.

> **Hinweis**
>
> Wenn möglich, führen Sie die Analyse als Erstes alleine beziehungsweise im Redaktionsteam durch, dann erst erneut mit unbeteiligten Personen. Auch befreundete Kunden oder Leser, Fachexperten und Laien können Sie mit einbeziehen. Einzelne Ergebnisse lassen sich ebenso in Umfragen auf dem Blog ermitteln. Dabei gibt es keine »falschen« oder unnützen Vorschläge. Erst das offene Brainstorming ohne jegliche Denkverbote wird Sie auf Beitragsideen bringen, die einzigartig sind und sich nachhaltig positiv auswirken.

Wir haben die Übung ganz bewusst an das Ende des Buches gestellt, denn Sie können das bisher Gelernte damit auf ideale Weise trainieren und auch festigen. Und sie ist keineswegs so einfach, wie es zunächst aussehen mag. Sowohl neuen als auch versierten Bloggern fällt es schwer, sich in die tatsächlichen Fragestellungen ihrer Zielgruppe hineinzuversetzen. Unterschiedliche Wissensstände, aber auch Zielsetzungen spielen dabei eine wichtige Rolle. Als Blogger haben wir stets eine Innensicht auf das Blog-Thema und die eigenen Inhalte, die sich von der Außensicht nicht selten deutlich unterscheidet. Wenn Sie lernen, in den genannten Erfolgsbausteinen zu denken, wird sich dies nach und nach auf sämtliche Bereiche Ihres Blogs auswirken. Zudem bloggen Sie dann deutlich bodenständiger. Und genau darauf kommt es an. Schließlich sind Weblogs nur durch die Nähe zu ihren Lesern so erfolgreich geworden. Als abschließende Anregung wollen wir die Liste mit Erfolgsbausteinen noch ein wenig erweitern, vielleicht fallen Ihnen im Laufe Ihrer Bloggerlaufbahn selbst noch weitere ein ...

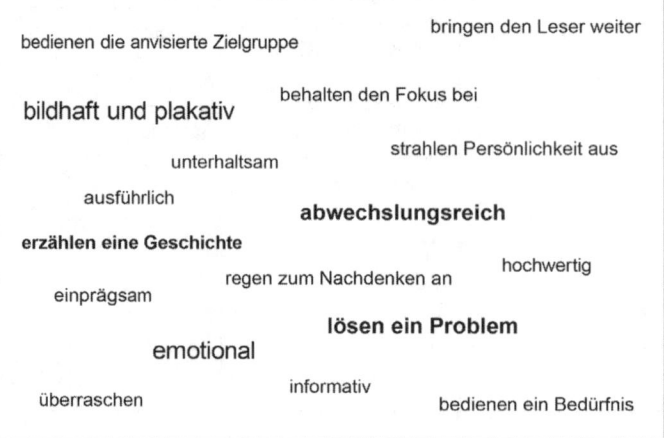

Abb. 13.12: Attribute, die gelungene Blogtexte berücksichtigen. Wie bewerten Sie Ihre Inhalte?

Kapitel 14

Ausblick

Wir hoffen, dass wir Ihnen mit diesem Buch ein gutes Rüstzeug mitgeben, um Ihre ganz persönliche Blog-Strategie immer weiter verfeinern und ausbauen zu können. Egal ob Sie nebenbei einen kleinen Hobby-Blog betreiben, ein ganzes Blog-Netzwerk, eine Selbstständigkeit als Blogger in Erwägung ziehen oder im Firmenumfeld bloggen: Die Mechanismen der einzelnen Vermarktungsstufen sind jeweils relativ ähnlich.

Was wir Ihnen abschließend ans Herz legen möchten – und was sich wie ein kleiner roter Faden durch die vorangegangenen Kapitel zog: Vernetzen Sie sich in der Blogosphäre und deren themenspezifischen Ablegern mit Nutzern des gleichen Blogsystems, mit Corporate und freien Bloggern. Vom oder mit dem Bloggen zu leben ist möglich, viele tolle Weblogs und ihre Autoren beweisen es täglich. Doch es wird nicht leichter, denn der Erfolg von Blogs spricht sich herum. Auf einem begrenzten Markt ist nur wenig Platz für den tausendsten Fashion- oder Technikblog, es sei denn, Sie gehen in die Nische (was die Reichweite begrenzt), arbeiten mit mehrsprachigen Inhalten oder wählen einen besonders kreativen Content-Ansatz. Gut vernetzte Blogger haben es dabei deutlich leichter.

Die Expertentipps erfolgreicher Blogbetreiber hier im Buch zeigen, wie offen die Blogosphäre mit der Hilfestellung umgeht. Das sollten Sie nutzen. Geben Sie jedoch auch Wissen zurück – die nächste Generation von (Corporate) Bloggern wartet bereits auf Ihre Ratschläge.

Des Weiteren würden wir uns freuen, wenn neue Blogger-Zusammenschlüsse entstehen. Das gemeinschaftliche Bloggen an einem gemeinsamen Projekt steckt leider noch in den Kinderschuhen. Dabei bietet es viel Potenzial, um mit den täglich neu entstehenden Nicht-Blog-Formaten – auch aus dem journalistischen Umfeld – mithalten zu können. Der Leser erwartet immer häufiger hochwertige, möglichst investigativ recherchierte oder besonders innovativ aufbereitete Inhalte. Nur diese unterscheiden ein Portal deutlich von dem anderen. Die zugehörige Recherche beziehungsweise der Arbeitsaufwand ist jedoch meist nur in Teams zu leisten. Gleichzeitig kann die professionell schreibende Zunft Blogs nutzen, um sich selbst eine Stimme zu verleihen. Kaum ein Freiberufler oder Journalist wird in Zukunft noch ohne Blog auskommen. Und gemeinsam mit anderen lässt sich deutlich mehr erreichen, wie die Netzwerke der Reise- oder Energieblogger unter Beweis stellen.

In dieses Buch sind bis zur letzten Minute immer wieder neue Ergänzungen und Änderungen eingeflossen und wir werden künftige Veränderungen stets über unsere eigenen Blogs diskutieren. Die Blogosphäre sowie die Online-Marketing-Szene bewegen sich sehr schnell. Fortlaufend kommen neue Trends hinzu, mit denen sich auch ein Blogger auseinandersetzen muss – vom Content-Marketing über neue soziale Netzwerke und Endgeräte bis hin zu mobilen oder interaktiven Formaten. Egal ob es sich um neue Tools, Plug-ins, Vermarktungsmethoden und -dienstleister, rechtliche Vorgaben, Design-Trends oder anderes handelt – Sie können und sollten jeden Tag dazulernen. Nur noch selten werden Sie sich auf dem einmal erreichten Blog-Erfolg ausruhen können. Wir selbst nutzen teilweise ältere, nicht mehr wirklich gepflegte Blogs, um all diese Neuerungen auszuprobieren und auf Herz und Nieren zu prüfen. Überzeugt ein Tool oder ein Anbieter, so kommt er beziehungsweise es auch auf den wichtigeren Portalen zum Einsatz.

Dabei stoßen wir immer wieder auf wertvolle Tipps und Tricks, die wir gerne an Sie weitergeben. Folgen Sie uns auf Twitter oder Google Plus und beobachten Sie den Hashtag #BlogBoosting. Sie können es ihn natürlich auch gerne nutzen, um Fragen an uns und in die Community zu stellen oder um Hinweise auf nützliche Blog-Marketing-Ansätze zu geben (idealerweise erwähnen Sie gleichzeitig unsere Accounts, falls die Frage an uns gerichtet ist, sodass wir nichts übersehen können). Tauschen Sie sich auch gegenseitig aus. Nach der ersten Auflage von *Blog Boosting* starteten einige Leser eine kleine Challenge, in der sie die Ratschläge aus dem Buch live ausprobierten – daraus ergaben sich praktische Hinweise für alle Beteiligten. Nicht zuletzt würden wir uns freuen, Sie bei der einen oder anderen Veranstaltung der Blogger-Szene kennenlernen zu dürfen. Michael ist im Word-Press-Umfeld recht aktiv, Robert im Inbound-Marketing und Content-Design.

Wenn Sie noch nicht so lange bloggen, dann wird nun eine Menge Arbeit auf Sie zukommen. Legen Sie sich für jeden Ihrer Blogs einen kleinen Plan zurecht. Darin tragen Sie ein, welche der von uns genannten Möglichkeiten Sie bei welchem Portal wann ausprobieren und umsetzen wollen. Dafür reicht eine einfache Word-Auflistung oder eine kleine Excel-Datei. Anhand dieser Anleitungen können Sie dann Schritt für Schritt vorgehen, erledigte Punkte abhaken sowie die Entwicklung einzelner Blog-Erfolgskennzahlen vermerken. Letzteres beispielsweise direkt vor der Implementierung des Tipps oder des zugehörigen Tools, einen Monat später, zwei Monate später etc. Somit lässt sich direkt überprüfen, welche Ihrer Maßnahmen sich in welchem Zeitraum wie auswirken – eine wichtige Grundlage für alle zukünftigen Optimierungsschritte, ob nun bei diesem oder einem anderen Blog. Das motiviert nicht nur, es gibt Ihrer Arbeit auch Struktur. Ein erfolgreicher Blog entsteht nicht von alleine und er ist auch keine Glückssache. Er hängt von Ihrer Leidenschaft für die Materie, aber auch von Ihrem Engagement für den jeweiligen Blog ab.

In diesem Sinne wünschen wir Ihnen viel Erfolg bei der Umsetzung der genannten Maßnahmen. Und wir heißen Sie herzlich willkommen in der wachsenden Riege der Blogprofis!

Stichwortverzeichnis

Susanne Diehm
Lisa Sintermann

Erfolgreiche Blogtexte
Inspiriert und kreativ schreiben für guten Content

Wirksame Methoden zum Fördern der eigenen Kreativität

Neue Ideen und Inspiration für einzigartigen Content

Erfolgreicher bloggen mit informativen und unterhaltsamen Texten

Auch den besten Bloggern gehen hin und wieder die Ideen aus und dann ist Kreativität gefragt. Die Autorinnen Susanne Diehm und Lisa Sintermann zeigen anhand kreativer Schreibanlässe und wirksamer Schreibmethoden, wie man über Themen bloggt, sodass sie Spaß machen und Mehrwert bieten.

Mit den bewährten Methoden und Übungen der Autorinnen schulen Sie Ihre eigene Kreativität und erlernen das Handwerk des regelmäßigen Schreibens. Auf diese Weise wird es Ihnen leichtfallen, gelungene Blogartikel zu schreiben, die Ihre Leser informieren und unterhalten. Sie überwinden Schreibblockaden und finden Ihre eigene Bloggerstimme.

Zwanzig Schreibanlässe aus unterschiedlichen Bereichen fördern Ihre Inspiration. Zehn kreative Schreibmethoden wie Clus-tern, Bezugslisten, Sketchnotes oder Serielles Schreiben animieren zum Bloggen.

Viele Beispiele und Blogposts aus unterschiedlichen Themenfeldern liefern zusätzliche Ideen für jede Menge interessante Artikel und authentischen Content – übrigens auch für Corporate Blogger, denn auch das Content Marketing verlangt nach immer neuen Inhalten.

Worüber soll ich heute bloggen? Die Frage wird sich bald gar nicht mehr stellen.

Miriam Rupp

Storytelling für Unternehmen

Mit Geschichten zum Erfolg in Content Marketing, PR, Social Media, Employer Branding und Leadership

Storytelling als Basis für modernes Content Marketing

Wirkung und Erzählformate guter Geschichten

Zahlreiche anschauliche Beispiele und praktische Checklisten zur Ideenfindung

Storytelling ist für Marketingabteilungen das neue Fundament in der Kundenkommunikation über alte und neue Kanäle wie PR, Content Marketing und Social Media.

Marken wie Red Bull, Apple, Coca-Cola, Dove oder airbnb sind heutzutage in aller Munde, wenn es um Brand Storytelling geht. Doch was genau machen sie anders, als wir es von der traditionellen Unternehmenskommunikation kennen? Was können Sie von ihnen lernen? Anhand konkreter Beispiele erfahren Sie in diesem Buch, wie Storytelling erfolgreich im Marketing und in der Unternehmensführung eingesetzt werden kann.

Im ersten Teil des Buches lernen Sie detailliert, welche Bestandteile eine gute Geschichte enthalten sollte, und erfahren, wie Sie für Ihr Unternehmen Helden, Konflikte, ein Happy End und letztendlich Ihre eigene Rolle in einer Geschichte finden – passend zu Ihrer Unternehmensstrategie und -vision.

Der zweite Teil des Buches erläutert, wie Sie Ihre Geschichten optimal an Ihr Publikum bringen.

Die Autorin zeigt im dritten Teil des Buches, dass Storytelling nicht nur ein Thema für Lifestyle-Produkte wie Energy-Drinks oder Smartphones ist. Geschichten bieten gerade für technische oder Nischen-Themen oder auch im B2B-Bereich enormes Potenzial, das meist einfacher umzusetzen ist als angenommen.

Darüber hinaus ist Storytelling nicht nur ein Tool für die Kommunikation nach außen. Sie erfahren, inwiefern es auch für Employer Branding und Leadership generell von großer Bedeutung ist, um Mitarbeiter zu finden, zu halten und zu motivieren.

In jedem Kapitel finden Sie detaillierte Fragestellungen zur Ideenfindung, die Sie dabei unterstützen, Ihre eigene Story zu finden.

Zusätzlich geben Interviews mit Entrepreneuren, Agenturen und Storytelling-Verantwortlichen in Unternehmen ganz persönliche Eindrücke aus der Praxis.

ISBN 978-3-95845-242-8

Probekapitel und Infos erhalten Sie unter:
www.mitp.de/242

Sabrina Forst

Erfolgreiche Webtexte

Verkaufsstarke Inhalte für Webseiten, Online-Shops und Content Marketing

2. Auflage

Die wesentlichen Elemente zielorientierter Webtexte

Themen und Inhalte für Content Marketing und Blogs

Storytelling, Werbe- und PR-Texte

Die textlichen Bausteine Ihrer Website haben einen enormen Einfluss auf Ihren Erfolg im Internet.

Über suchmaschinenoptimierte Inhalte holen Sie Besucher auf die Seite. Mit klaren Beschriftungen, knackigen Überschriften, Infotexten und Produktbeschreibungen beantworten Sie Fragen, beraten und begeistern. Durch transparente Team- und Firmenvorstellungen bauen Sie Vertrauen auf und machen Interessenten zu Kunden.

Frische Inhalte geben Anlass, auf Ihre Seite zurückzukehren. Hierbei sorgen verschiedene Content-Formate und Storytelling für Spannung und Abwechslung. Gleichzeitig machen Sie durch Pressemitteilungen, Fachartikel und Interviews die Medien auf Ihr Angebot aufmerksam.

In diesem Buch lernen Sie, wie Sie verkaufsstarke Texte für alle Bereiche Ihres Webauftritts erstellen.

Teil I des Buches beschäftigt sich mit der Grundausstattung Ihrer Website. Sie erfahren, wie eine gezielte Kundenansprache gelingt, welche Basistexte Sie brauchen und wie Sie diese für die Suchmaschinen optimieren.

Teil II behandelt den inhaltlichen Ausbau. Ein Mix aus Information, Unterhaltung und Interaktivität hält die Besucher bei Laune und lädt zum regelmäßigen Besuch ein.

In Teil III geht es um Social Media, Online-Marketing und Online-PR. Sie erfahren u.a., wie man Werbeanzeigen, Landingpages und Pressemitteilungen schreibt.

Teil IV hat das Outsourcing von Texten zum Inhalt. Hier bekommen Sie Tipps und Informationen zur Auslagerung der Texterstellung.

ISBN 978-3-95845-264-0

Probekapitel und Infos erhalten Sie unter:
www.mitp.de/264